中华人民共和国住房和城乡建设部

古建筑修缮工程消耗量定额

TY 01－01(03)－2018

第三册　明、清官式建筑

中国计划出版社

2018　北　京

图书在版编目（CIP）数据

古建筑修缮工程消耗量定额 : TY01-01(03)-2018.
第三册，明、清官式建筑 / 北京京园诚得信工程管理有
限公司主编. -- 北京 : 中国计划出版社，2018.11
ISBN 978-7-5182-0952-1

Ⅰ. ①古… Ⅱ. ①北… Ⅲ. ①古建筑－修缮加固－工
程施工－消耗定额 Ⅳ. ①TU723.34

中国版本图书馆CIP数据核字(2018)第249301号

古建筑修缮工程消耗量定额

TY 01－01(03)－2018

第三册　明、清官式建筑

北京京园诚得信工程管理有限公司　主编

中国计划出版社出版发行
网址：www.jhpress.com
地址：北京市西城区木樨地北里甲11号国宏大厦C座3层
邮政编码：100038　电话：(010) 63906433（发行部）
北京汇瑞嘉合文化发展有限公司印刷

880mm×1230mm　1/16　51.25印张　1533千字
2018年11月第1版　2018年11月第1次印刷
印数 1—4000册

ISBN 978-7-5182-0952-1
定价：285.00元

主编部门：中华人民共和国住房和城乡建设部

批准部门：中华人民共和国住房和城乡建设部

施行日期：2018年12月1日

住房城乡建设部关于印发古建筑修缮工程消耗量定额的通知

建标〔2018〕81 号

各省、自治区住房城乡建设厅，直辖市建委，国务院有关部门：

为健全工程计价体系，满足古建筑修缮工程计价需要，服务古建筑保护，我部组织编制了《古建筑修缮工程消耗量定额》（编号为 TY 01－01（03）－2018），现印发给你们，自 2018 年 12 月 1 日起执行。执行中遇到的问题和有关建议请及时反馈我部标准定额司。

《古建筑修缮工程消耗量定额》由我部标准定额研究所组织中国计划出版社出版发行。

中华人民共和国住房和城乡建设部

2018 年 8 月 28 日

总　说　明

一、《古建筑修缮工程消耗量定额》共分三册,包括:第一册　唐式建筑,第二册　宋式建筑,第三册　明、清官式建筑。

二、《古建筑修缮工程消耗量定额》(以下简称本定额)是完成规定计量单位分部分项工程、措施项目所需的人工、材料、施工机械台班的消耗量标准,是各地区、部门工程造价管理机构编制古建筑修缮工程定额确定消耗量,编制国有投资工程投资估算、设计概算、最高投标限价的依据。

三、本定额适用于按照古建筑传统工艺做法和质量要求进行施工的唐、宋、明、清古建筑修缮工程。不适用于新建、扩建的仿古建筑工程。对于实际工程中所发生的某些采用现代工艺做法的修缮项目,除各册另有规定外,均执行《房屋修缮工程消耗量定额》TY 01 - 41 - 2018 相应项目及有关规定。

四、本定额是依据古建筑相关时期的文献、技术资料,国家现行有关古建筑修缮的法律、法规、安全操作规程、施工工艺标准、质量评定标准,《全国统一房屋修缮工程预算定额　古建筑分册》GYD - 602 - 95 等相关定额标准,在正常的施工条件、合理的施工组织设计及选用合格的建筑材料、成品、半成品的条件下编制的。在确定定额水平时,已考虑了古建筑修缮工程施工地点分散、现场狭小、连续作业差、保护原有建筑物及环境设施等造成的不利因素的影响。本定额各项目包括全部施工过程中的主要工序和工、料、机消耗量,次要工序或工作内容虽未一一列出,但均已包括在定额内。

五、关于人工:

1. 本定额的人工以合计工日表示,并分别列出普工、一般技工和高级技工的工日消耗量。

2. 本定额人工包括基本用工、超运距用工、辅助用工和人工幅度差。

3. 本定额每工日按 8 小时工作制计算。

六、关于材料:

1. 本定额采用的材料(包括构配件、零件、半成品、成品)均为符合国家质量标准和相应设计要求的合格产品。

2. 本定额中的材料包括施工中消耗的主要材料、辅助材料、周转材料和其他材料。

3. 本定额中材料消耗量包括净用量和损耗量。损耗量包括:从工地仓库、现场集中堆放地点(或现场加工地点)至操作(或安装)地点的施工场内运输损耗、施工操作损耗、施工现场堆放损耗等。

4. 本定额中的周转性材料按不同施工方法,不同类别、材质计算出一次摊销量进入消耗量定额。

5. 用量少、低值易耗的零星材料列为其他材料。

七、关于机械:

1. 本定额结合古建筑工程以手工操作为主配合中小型机械的特点,选配了相应施工机械。

2. 本定额的机械台班消耗量是按正常机械施工工效并考虑机械幅度差综合取定。

3. 凡单位价值在 2000 元以内、使用年限在一年以内不构成固定资产的施工机械,未列入机械台班消耗量,可作为工具用具在建筑安装工程费的企业管理费中考虑。

4. 本定额除部分章节外均未包括大型机械,凡需使用定额之外的大型机械的应根据工程实际情况按各地区有关规定执行。

八、本定额使用的各种灰浆均以传统灰浆为准,各种灰浆均按半成品消耗量以体积表示,如实际使用的灰浆品种与定额不符,可按照各册传统古建筑常用灰浆配合比表进行换算。

九、本定额所使用的木材是以第一、二类木材中的红、白松木为准,分别表现原木、板方材、规格料,其中部分定额项目中的“样板料”为板方材,实际工程中如使用硬木,应按照相应章节说明相关规定执行。

十、本定额部分章节中的细砖砌体项目包含了砖件砍制加工的人工消耗量,如实际工程中使用已经砍制好的成品砖料,应扣除砍砖工消耗量,砖件用量乘以系数0.93。

十一、本定额所列拆除项目是以保护性拆除为准,包含了原有材料的清理、整修、分类码放以满足工程继续使用的技术要求。

十二、本定额修缮项目均包括搭拆操作高度在3.6m以内的非承重简易脚手架。

十三、本定额未考虑工程水电费,各地区结合当地情况自行确定。

十四、本定额是以现场水平运距300m以内,建筑物檐高在20m以下为准编制的。其檐高计算起止点规定如下:

1.檐高上皮以正身飞椽上皮为准,无飞椽的量至檐椽上皮。

2.檐高下皮规定如下:

(1)无月台或月台外边线在檐头外边线以内者,檐高由自然地坪量至最上一层檐头。

(2)月台边线在檐头外边线以外或城台、高台上的建筑物,檐高由台上皮量至最上一层檐头。

十五、本定额注有“××以内”或“××以下”者,均包括××本身;“××以外”或“××以上”者,则不包括××本身。

十六、凡本说明未尽事宜,详见各册、章说明和附录。

古建筑面积计算规则

一、计算建筑面积的范围。

(一)单层建筑不论其出檐层数及高度如何,均按一层计算面积,其中:

1. 有台明的按台明外围水平面积计算。

2. 无台明有围护结构的以围护结构水平面积计算,围护结构外有檐廊柱的,按檐廊柱外边线水平面积计算,围护结构外边线未及构架柱外边线的,按构架柱外边线计算;无台明无围护结构的按构架柱外边线计算。

(二)有楼层分界的二层及以上建筑,不论其出檐层数如何,均按自然结构楼层的分层水平面积总和计算面积。其中:

1. 首层建筑面积按上述单层建筑的规定计算。

2. 二层及以上各层建筑面积按上述单层建筑无台明的规定计算。

(三)单层建筑或多层建筑两自然结构楼层间,局部有楼层或内回廊的,按其水平投影面积计算。

(四)碉楼、碉房、碉台式建筑内无楼层分界的,按一层计算面积。有楼层分界的按分层累计计算面积。其中:

1. 单层或多层碉楼、碉房、碉台的首层有台明的按台明外围水平面积计算,无台明的按围护结构底面外围水平面积计算。

2. 多层碉楼、碉房、碉台的二层及以上楼层均按各层围护结构底面外围水平面积计算。

(五)二层及以上建筑构架柱外有围护装修或围栏的挑台建筑,按构架柱外边线至挑台外边线之间水平投影面积的 1/2 计算面积。

(六)坡地建筑、邻水建筑及跨越水面建筑的首层构架柱外有围栏的挑台,按首层构架柱外边线至挑台外边线之间的水平投影面积的 1/2 计算面积。

二、不计算建筑面积的范围。

(一)单层或多层建筑中无柱门罩、窗罩、雨棚、挑檐、无围护装修或围栏的挑台、台阶等。

(二)无台明建筑或二层及以上建筑突出墙面或构架柱外边线以外部分,如墀头、垛等。

(三)牌楼、影壁、实心或半实心的砖、石塔。

(四)构筑物:如月台、圜丘、城台、院墙及随墙门、花架等。

(五)碉楼、碉房、碉台的平台。

册 说 明

一、《古建筑修缮工程消耗量定额》第三册　明、清官式建筑（以下简称本册定额），包括石作工程、砌体工程、地面工程、屋面工程、抹灰工程、木构架及木基层工程、斗栱工程、木装修工程、场外运输、油饰彩画工程、裱糊工程及古建筑脚手架工程，共12章4659个子目。

二、本册定额适用于以明、清官式建筑为主，按传统工艺、工程做法和质量要求进行施工的古建筑修缮工程、保护性异地迁建工程、局部复建工程。

三、本册定额是依据明、清官式建筑的有关文献、技术资料、施工验收规范，结合近年来明、清官式建筑修缮工程实例编制的。

四、本册定额建筑垃圾外运按《房屋修缮工程消耗量定额》相应项目及相关规定执行。在施工现场外集中加工的砖件、石制品、木构件回运到施工现场所需的运输费用，按本定额第九章“场外运输”相应项目及相关规定执行。

五、本册定额中凡列出其他材料费的项目按材料费的百分比计算；拆除、拆卸等未列出其他材料费的项目均按相应人工费的1%计算。

六、本册定额材料消耗量凡用（　）表示的，应根据实际工程需用数量予以补充。

目　录

第一章　石 作 工 程

第二章　砌 体 工 程

第三章　地 面 工 程

第四章　屋 面 工 程

第五章　抹 灰 工 程

第六章　木构架及木基层工程

第七章　斗 栱 工 程

第八章　木装修工程

第九章　场 外 运 输

第十章　油饰彩画工程

第十一章　裱 糊 工 程

第十二章　古建筑脚手架工程

附　　录

第一章　石 作 工 程

说　　明

一、本章包括石构件拆除、石构件整修、石构件制作、石构件安装共4节303个子目。

二、石构件改制、见新加固、制作、安装均以汉白玉、青白石等普坚石为准，若用花岗岩等坚硬石材，人工乘以系数1.35。

三、本章石构件制作项目是按现场传统手工制作为主考虑的，如使用工厂加工的成品或半成品构件时，仅执行相应的石构件安装定额。

四、旧石构件改制如需截头或夹肋、执行旧条石截头、夹肋定额。

五、旧石构件挠洗见新不论用铁挠子挠洗或钢刷子刷洗均执行本定额。

六、旧石构件剁斧见新不分遍数，定额不做调整。

七、旧石构件因年久风化，花饰模糊，需重新落墨、剔凿出细、恢复原貌者，按相应制作定额扣除石料量后人工乘以系数0.7。

八、不带雕刻的石构件制作均包括了其露明面相应的剁斧（打道或砸花锤）等做法，不论采用上述何种做法定额均不调整。若有磨光要求时，另执行相应单独磨光定额。

九、不带雕刻的石构件安装包括打截头，以及最后以剁斧（打道或砸花锤）等做法交活的全部工序。

十、阶条石制作包括转角处的好头石制作。

十一、硬山建筑山墙及后檐墙下的均边石执行腰线石定额。

十二、柱顶石制作用工已综合了普通和异型等不同规格形状。带莲瓣柱顶以鼓径雕覆莲为准，柱顶石凿套顶榫眼、插扦榫眼另执行相应定额。

十三、石须弥座制作均包括圭脚雕刻，其中：有雕饰石须弥座制作定额以上下枋做浅浮雕、上下枭雕莲瓣、束腰雕绾花结带为准，若上下枋不作雕刻定额不调整；若只在束腰雕绾花结带时，执行无雕饰石须弥座定额及束腰雕绾花结带定额。有雕饰独立石须弥座定额不分方、圆均执行同一定额。

十四、石须弥座龙头制作不包括凿吐水眼，凿吐水眼另执行相应定额。

十五、狮子头石望柱制作以雕单只蹲狮为准，龙凤头石望柱制作以浮雕龙凤及祥云为准。

十六、抱鼓石制作以简单雕刻或起线为准。

十七、角柱石不分圭背角柱、墀头角柱，均执行同一定额。

十八、出檐带扣脊瓦墙帽制作包括雕凿冰盘檐、滴水头、半圆扣脊，墙帽与角柱石连作不分出檐带扣脊瓦或不出檐带八字均执行同一定额。

十九、除素面券脸石外其他券脸石制作均包括雕花饰，门窗券石拱券以下（或压砖板以下）部分执行角柱石定额。

二十、石菱花窗制作以正面的菱花纹雕刻为准。

二十一、门鼓石制作圆鼓以大鼓做浅浮雕、顶面雕兽面为准；幞头鼓以顶面素平或做浮雕，其他露明面做浅浮雕为准。

二十二、有雕饰的夹杆石制作包括雕莲瓣、巴达马、掐珠子、雕如意云、复莲头等。

二十三、圆形建筑物上的弧形阶条石、陡板石、踏跺石、石须弥座、地栿石、石栏板、腰线石，拱桥上的拱形地栿石、栏板石，扇面形地面石、弧形牙子石制作按相应定额乘以系数1.25。

二十四、石沟盖板制作、安装综合了带水槽等不同做法。

工程量计算规则

一、本章定额各项子目的工程量计算均以成品净尺寸为准，有图示者按图示尺寸计算，无图示者按原有实物计算。隐蔽部分无法测量时，可按下表计算，表中数据与实物的差额，竣工结算时应予以调整。

石构件工程量计算参考表

项　目	厚	宽	埋　深
土衬石（砖砌陡板）	本身宽的4/10	细砖宽的2倍	
土衬石（石陡板）	同阶条石厚度	陡板厚加2倍金边宽	
埋头石（侧面不露明）	同阶条石厚度		如带埋深，埋深按露明高
陡板石	本身高的1/3		
柱顶石	本身宽的1/2		
象眼石	本身高的1/3		
腰线石		本身厚的1.5倍	
槛垫石	本身宽的1/3		
石须弥座各层		同上枋宽	
石须弥座土衬	同圭角厚	同上枋宽	
夹杆石、镶杆石			按露明高

二、土衬石、埋头石、阶条石、柱顶石、石须弥座、地栿石、石望柱、角柱石、压砖板、腰线石、挑檐石、券脸石、券石、夹杆石、镶杆石等制作、安装、拆除工程量均按构件长、宽、厚（高）的乘积以体积计算，不扣除石构件本身凹进的柱顶石卡口、镶（夹）杆石的夹柱槽等所占体积。其中转角处采用割角拼头缝的阶条石，其长度按长角面的长度为准乘以宽、厚以体积计算；券脸石、券石长度按外弧长乘以宽、厚以体积计算；柱顶石凿套顶榫眼、插扦榫眼按数量计算。

三、陡板石、象眼石、石菱花窗按垂直投影面积计算。

四、栏板石、抱鼓石按本身高乘以望柱中至中长度以面积计算。

五、须弥座束腰雕绾花结带按花饰所占长度乘以束腰高以面积计算。

六、平座压面石、砚窝石、踏跺石、槛垫石、过门石、分心石、噙口石、路面石、垂带石、礓礤石，地面石、石沟盖板等均按水平投影面积计算，不扣除套顶石、夹（镶）杆石所占面积。

七、石墙帽（压顶）、牙子石、石排水沟槽均按其中线长度计算。

八、石须弥座龙头、石角梁、石墙帽与角柱石连作、元宝石、门枕石、门鼓石、滚墩石、石沟嘴子、石沟门、石沟漏等分不同规格按数量计算。

九、带下槛槛垫石按截面全高乘以宽乘以长以体积计算。

十、旧石活见新以面积计算。其中柱顶按水平投影面积计算，不扣除柱子所占面积；石须弥座按垂直投影面积乘以系数1.4；栏板石、抱鼓石按双面面积计算；门鼓石、石须弥座龙头、滚墩石等分三面或四面均以最大矩形面积计算。

十一、旧条石夹肋以单面长度为准，如做双面者，工程量乘以系数2。

十二、凿锔眼安扒锔、凿银锭榫安铁银锭、柱顶剔凿套顶榫眼、插扦榫眼不分大小按数量计算。

十三、挠洗见新、剁斧见新、单独磨光等均以面积计算。其中：柱顶石按水平投影面积计算，不扣除柱子所占面积；须弥座按垂直投影面积乘以系数1.4；栏板按双面垂直投影面积计算，不扣除孔洞所占面积；门鼓石、抱鼓石、须弥座龙头、滚墩石均按最大矩形面积计算。

一、石构件拆除

工作内容:准备工具、必要支顶、安全监护、成品保护、编号、拆卸并运至场内指定地点、分类码放、清理废弃物。

定额编号		3-1-1	3-1-2	3-1-3	3-1-4	3-1-5	3-1-6
项目		土衬石、埋头石拆除	陡板石、象眼石拆除	阶条石拆除	平座压面石拆除	石台阶、礓礤石拆除	柱顶石拆除
		m^3	m^2	m^3	m^2		m^3
名称	单位	消耗量					
人工 合计工日	工日	5.400	0.540	6.000	0.900	1.080	6.600
人工 石工普工	工日	4.860	0.486	5.400	0.810	0.972	5.940
人工 石工一般技工	工日	0.540	0.054	0.600	0.090	0.108	0.660

工作内容:准备工具、必要支顶、安全监护、成品保护、编号、拆卸并运至场内指定地点、分类码放、清理废弃物。

计量单位:个

定额编号		3-1-7	3-1-8	3-1-9	3-1-10	3-1-11	3-1-12
项目		石须弥座龙头拆除(明长)			石须弥座四角龙头拆除(明长)		
		50cm 以内	60cm 以内	60cm 以外	100cm 以内	120cm 以内	120cm 以外
名称	单位	消耗量					
人工 合计工日	工日	0.420	0.500	0.600	0.840	1.200	1.560
人工 石工普工	工日	0.378	0.450	0.540	0.756	1.080	1.404
人工 石工一般技工	工日	0.042	0.050	0.060	0.084	0.120	0.156

工作内容：准备工具、必要支顶、安全监护、成品保护、编号、拆卸并运至场内指定地点、分类码放、清理废弃物。

计量单位：m^3

定额编号			3-1-13	3-1-14	3-1-15
项目			石须弥座拆除	地栿石拆除	石望柱拆除
名称		单位	消耗量		
人工	合计工日	工日	6.000	5.400	6.600
	石工普工	工日	5.400	4.860	5.940
	石工一般技工	工日	0.600	0.540	0.660

工作内容：准备工具、必要支顶、安全监护、成品保护、编号、拆卸并运至场内指定地点、分类码放、清理废弃物。

计量单位：m^2

定额编号			3-1-16	3-1-17	3-1-18
项目			栏板石、抱鼓石拆除(厚度)		
			12cm 以内	16cm 以内	16cm 以外
名称		单位	消耗量		
人工	合计工日	工日	0.720	0.840	1.020
	石工普工	工日	0.648	0.756	0.918
	石工一般技工	工日	0.072	0.084	0.102

工作内容:准备工具、必要支项、安全监护、成品保护、编号、拆卸并运至场内指定地点、分类码放、清理废弃物。

计量单位:m^3

定额编号			3-1-19	3-1-20
项目			角柱石、压砖板、腰线石拆除	挑檐石拆除
名称		单位	消耗量	
人工	合计工日	工日	6.000	7.200
	石工普工	工日	5.400	6.480
	石工一般技工	工日	0.600	0.720

工作内容:准备工具、必要支项、安全监护、成品保护、编号、拆卸并运至场内指定地点、分类码放、清理废弃物。

定额编号			3-1-21	3-1-22	3-1-23	3-1-24
项目			石角梁拆除(梁宽)		石墙帽拆除(宽度)	
			15cm 以内	20cm 以内	40cm 以内	40cm 以外
			根		m	
名称		单位	消耗量			
人工	合计工日	工日	0.720	1.200	0.480	0.720
	石工普工	工日	0.648	1.080	0.432	0.648
	石工一般技工	工日	0.072	0.120	0.048	0.072

工作内容:准备工具、必要支顶、安全监护、成品保护、编号、拆卸并运至场内指定地点、分类码放、清理废弃物。

计量单位:份

定额编号			3-1-25	3-1-26
项目			石墙帽角柱连作拆除(宽度)	
			40cm 以内	40cm 以外
名称		单位	消耗量	
人工	合计工日	工日	0.540	0.780
	石工普工	工日	0.486	0.702
	石工一般技工	工日	0.054	0.078

工作内容:准备工具、必要支顶、安全监护、成品保护、编号、拆卸并运至场内指定地点、分类码放、清理废弃物。

计量单位:m^3

定额编号			3-1-27	3-1-28
项目			券脸石拆除	券石拆除
名称		单位	消耗量	
人工	合计工日	工日	8.400	7.800
	石工普工	工日	7.560	7.020
	石工一般技工	工日	0.840	0.780

工作内容:准备工具、必要支项、安全监护、成品保护、编号、拆卸并运至场内指定地点、分类码放、清理废弃物。

定额编号			3-1-29	3-1-30	3-1-31	3-1-32
项目			石菱花窗拆除	槛垫石、过门石、分心石拆除	带下槛槛垫石拆除	月洞门元宝石拆除
			m^2		m^3	块
名称		单位	消耗量			
人工	合计工日	工日	0.540	0.720	2.320	0.420
	石工普工	工日	0.486	0.648	2.088	0.378
	石工一般技工	工日	0.054	0.072	0.232	0.042

工作内容:准备工具、必要支项、安全监护、成品保护、编号、拆卸并运至场内指定地点、分类码放、清理废弃物。

计量单位:块

定额编号			3-1-33	3-1-34	3-1-35	3-1-36
项目			门枕石拆除(长度)		门鼓石拆除(长度)	
			80cm 以内	80cm 以外	80cm 以内	80cm 以外
名称		单位	消耗量			
人工	合计工日	工日	0.360	0.480	0.420	0.600
	石工普工	工日	0.324	0.432	0.378	0.540
	石工一般技工	工日	0.036	0.048	0.042	0.060

工作内容：准备工具、必要支顶、安全监护、成品保护、编号、拆卸并运至场内指定地点、分类码放、清理废弃物。

计量单位：块

定额编号			3-1-37	3-1-38	3-1-39
项目			滚墩石拆除（长度）		
			120cm 以内	150cm 以内	180cm 以内
名称		单位	消耗量		
人工	合计工日	工日	0.720	1.020	1.380
	石工普工	工日	0.648	0.918	1.242
	石工一般技工	工日	0.072	0.102	0.138

工作内容：准备工具、必要支顶、安全监护、成品保护、编号、拆卸并运至场内指定地点、分类码放、清理废弃物。

定额编号			3-1-40	3-1-41	3-1-42	3-1-43	3-1-44	3-1-45
项目			木牌楼夹杆石、镶杆石拆除	噙口石、路面石、地面石拆除（厚度）		牙子石拆除（宽度）		
				13cm 以内	每增 2cm	13cm 以内	16cm 以内	20cm 以内
			m^3	m^2		m		
名称		单位	消耗量					
人工	合计工日	工日	7.200	0.540	0.070	0.110	0.130	0.160
	石工普工	工日	6.480	0.486	0.063	0.099	0.117	0.144
	石工一般技工	工日	0.720	0.054	0.007	0.011	0.013	0.016

工作内容：准备工具、必要支顶、安全监护、成品保护、编号、拆卸并运至场内指定地点、分类码放、清理废弃物。

定额编号			3-1-46	3-1-47
项目			石沟盖板拆除	石排水沟槽拆除
			m^2	m
名称		单位	消耗量	
人工	合计工日	工日	0.300	0.300
	石工普工	工日	0.270	0.270
	石工一般技工	工日	0.030	0.030

工作内容：准备工具、必要支顶、安全监护、成品保护、编号、拆卸并运至场内指定地点、分类码放、清理废弃物。

计量单位：块

定额编号			3-1-48	3-1-49	3-1-50	3-1-51
项目			石沟嘴子拆除(宽度)		石沟门、石沟漏拆除(见方)	
			50cm 以内	50cm 以外	40cm 以内	40cm 以外
名称		单位	消耗量			
人工	合计工日	工日	1.200	1.680	0.090	0.110
	石工普工	工日	1.080	1.512	0.081	0.099
	石工一般技工	工日	0.120	0.168	0.009	0.011

二、石构件整修

工作内容：准备工具、必要支顶、安全监护、成品保护、拆卸或原位撬起、翻身、露明面挠洗、重新扁光或剁斧见新、修整并缝或截头重作接头缝、清理基层、调制灰浆、重新安装、场内运输及清理废弃物。

定额编号			3-1-52	3-1-53	3-1-54
项目			拆安归位		
			土衬石	陡板石、象眼石（厚度）10cm 以内	陡板石、象眼石（厚度）每增 2cm
			m^3	m^2	
名称		单位	消耗量		
人工	合计工日	工日	14.400	1.980	0.067
	石工普工	工日	11.520	1.584	0.063
	石工一般技工	工日	2.880	0.396	0.004
材料	素白灰浆	m^3	0.4100	0.0500	—
	铅板	kg	—	0.0500	—
	其他材料费（占材料费）	%	2.00	2.00	—

工作内容：准备工具、必要支顶、安全监护、成品保护、拆卸或原位撬起、翻身、露明面挠洗、重新扁光或剁斧见新、修整并缝或截头重作接头缝、清理基层、调制灰浆、重新安装、场内运输及清理废弃物。

定额编号			3-1-55	3-1-56	3-1-57	3-1-58
项目			拆安归位			
			阶条石	平座压面石	石台阶（包括垂带）	礓礤石（包括垂带）
			m^3	m^2		
名称		单位	消耗量			
人工	合计工日	工日	20.520	2.880	3.000	2.760
	石工普工	工日	16.416	2.304	2.400	2.208
	石工一般技工	工日	4.104	0.576	0.600	0.552
材料	素白灰浆	m^3	0.2500	0.0300	0.0500	0.0400
	其他材料费（占材料费）	%	2.00	2.00	2.00	2.00

工作内容：准备工具、必要支顶、安全监护、成品保护、拆卸或原位撬起、翻身、露明面挠洗、重新扁光或剁斧见新、修整并缝或截头重作接头缝、清理基层、调制灰浆、重新安装、场内运输及清理废弃物。

计量单位：m^3

定额编号			3-1-59	3-1-60	3-1-61	3-1-62	3-1-63	3-1-64
项目			拆安归位					
			柱顶石(见方)			石须弥座(高度)		
			50cm 以内	80cm 以内	80cm 以外	100cm 以下	150cm 以下	150cm 以上
名称		单位	消耗量					
人工	合计工日	工日	17.700	16.920	16.200	18.600	16.800	15.000
	石工普工	工日	14.160	13.536	12.960	14.880	13.440	12.000
	石工一般技工	工日	3.540	3.384	3.240	3.720	3.360	3.000
材料	素白灰浆	m^3	0.3900	0.2600	0.2000	0.1900	0.1600	0.1300
	铅板	kg	—	—	—	0.3600	0.3600	0.3600
	油灰	m^3	—	—	—	0.0018	0.0018	0.0018
	其他材料费(占材料费)	%	2.00	2.00	2.00	2.00	2.00	2.00

工作内容：准备工具、必要支顶、安全监护、成品保护、拆卸或原位撬起、翻身、露明面挠洗、重新扁光或剁斧见新、修整并缝或截头重作接头缝、清理基层、调制灰浆、重新安装、场内运输及清理废弃物。

定额编号			3-1-65	3-1-66	3-1-67	3-1-68	3-1-69	3-1-70
项目			拆安归位 石望柱(柱径)			拆安归位 石栏板、抱鼓石(厚度)		
			15cm 以内	20cm 以内	20cm 以外	12cm 以外	16cm 以内	16cm 以外
			m^3			m^2		
名称		单位	消耗量					
人工	合计工日	工日	22.200	18.600	16.200	1.980	2.340	2.820
	石工普工	工日	17.760	14.880	12.960	1.584	1.872	2.256
	石工一般技工	工日	4.440	3.720	3.240	0.396	0.468	0.564
材料	素白灰浆	m^3	0.0044	0.0036	0.0031	0.0020	0.0020	0.0019
	油灰	m^3	0.0004	0.0003	0.0002	0.0004	0.0003	0.0002
	铅板	kg	0.3600	0.3600	0.3600	0.0400	0.0600	0.0700
	其他材料费(占材料费)	%	2.00	2.00	2.00	2.00	2.00	2.00

工作内容：准备工具、必要支顶、安全监护、成品保护、拆卸或原位撬起、翻身、露明面挠洗、重新扁光或剁斧见新、修整并缝或截头重作接头缝、清理基层、调制灰浆、重新安装、场内运输及清理废弃物。

定额编号			3-1-71	3-1-72	3-1-73	3-1-74	3-1-75	3-1-76
项目			拆安归位					
			地栿石	角柱石、压砖板、腰线石	石墙帽压顶（宽度）		石墙帽与角柱石连作（宽度）	
					40cm 以内	40cm 以外	40cm 以内	40cm 以外
			m^3		m		份	
名称		单位	消耗量					
人工	合计工日	工日	16.560	17.760	1.920	2.880	1.560	3.120
	石工普工	工日	13.248	14.208	1.536	2.304	1.248	2.496
	石工一般技工	工日	3.312	3.552	0.384	0.576	0.312	0.624
材料	素白灰浆	m^3	0.0684	0.3100	0.0100	0.0200	0.0200	0.0200
	油灰	m^3	0.0026	—	—	—	—	—
	铅板	kg	0.3600	—	—	—	—	—
	其他材料费(占材料费)	%	2.00	2.00	2.00	2.00	2.00	2.00

工作内容：准备工具、必要支顶、安全监护、成品保护、拆卸或原位撬起、翻身、露明面挠洗、重新扁光或剁斧见新、修整并缝或截头重作接头缝、清理基层、调制灰浆、重新安装、场内运输及清理废弃物。

定额编号			3-1-77	3-1-78	3-1-79	3-1-80
项目			拆安归位			
			槛垫石、过门石、分心石	带下槛槛垫石	噙口石、路面石、地面石(厚度)13cm 以内	噙口石、路面石、地面石(厚度)每增 2cm
			m^2	m^3	m^2	
名称		单位	消耗量			
人工	合计工日	工日	2.880	3.224	1.620	0.055
	石工普工	工日	2.304	2.579	1.296	0.052
	石工一般技工	工日	0.576	0.645	0.324	0.003
材料	素白灰浆	m^3	0.0300	0.0300	0.0400	—
	其他材料费(占材料费)	%	2.00	2.00	2.00	—

工作内容：准备工具、必要支顶、安全监护、成品保护、拆卸或原位撬起、翻身、露明面挠洗、重新扁光或剁斧见新、修整并缝或截头重作接头缝、清理基层、调制灰浆、重新安装、场内运输及清理废弃物。

计量单位：m

定额编号			3-1-81	3-1-82	3-1-83
项目			拆安归位		
			牙子石(宽度)		
			13cm 以内	16cm 以内	20cm 以内
名称		单位	消耗量		
人工	合计工日	工日	0.360	0.420	0.480
	石工普工	工日	0.288	0.336	0.384
	石工一般技工	工日	0.072	0.084	0.096
材料	素白灰浆	m^3	0.0100	0.0100	0.0100
	其他材料费(占材料费)	%	2.00	2.00	2.00

工作内容：准备工具、必要支顶、安全监护、成品保护、拆卸或原位撬起、翻身、露明面挠洗、重新扁光或剁斧见新、修整并缝或截头重作接头缝、清理基层、调制灰浆、重新安装、场内运输及清理废弃物。凿锔眼安扒锔和凿银锭槽安铁银锭还包括剔凿锔眼或银锭槽、裁制安装铁件。

定额编号			3-1-84	3-1-85	3-1-86	3-1-87
项目			拆安归位		凿锔眼安扒锔	凿银锭槽安铁银锭
			石沟盖板(厚度)15cm 以内	石沟盖板(厚度)每增 2cm	个	
			m^2			
名称		单位	消耗量			
人工	合计工日	工日	0.989	0.034	0.300	0.360
	石工普工	工日	0.791	0.032	0.090	0.108
	石工一般技工	工日	0.198	0.002	0.180	0.216
	石工高级技工	工日	—	—	0.030	0.036
材料	素白灰浆	m^3	0.0200	—	—	—
	铁件 综合	kg	—	—	0.1300	0.9600
	其他材料费(占材料费)	%	2.00	—	2.00	2.00

工作内容：准备工具、成品保护、表面清洗见新、磨光、落墨找平、场内运输及清理废弃物。

计量单位：m^2

定额编号			3-1-88	3-1-89	3-1-90	3-1-91
项目			挠洗见新		剁斧见新	单独磨光
			素面	雕刻面		
名称		单位	消耗量			
人工	合计工日	工日	0.960	1.680	2.160	1.320
	石工普工	工日	0.288	0.504	0.648	0.396
	石工一般技工	工日	0.576	1.008	1.296	0.792
	石工高级技工	工日	0.096	0.168	0.216	0.132

工作内容：准备工具、成品保护、截头加肋、场内运输及清理废弃物。

定额编号			3-1-92	3-1-93
项目			旧条石截头	旧条石夹肋
			块	m
名称		单位	消耗量	
人工	合计工日	工日	0.520	0.940
	石工普工	工日	0.156	0.282
	石工一般技工	工日	0.312	0.564
	石工高级技工	工日	0.052	0.094

三、石构件制作

1. 台基、台阶及勾栏石构件制作

工作内容：准备工具、修理工具、选料、打荒、找规矩、弹线、制作完成、场内运输及清理废弃物。

计量单位：m^3

定额编号			3-1-94	3-1-95	3-1-96	3-1-97
项目			土衬石制作（垂直厚度）			埋头石制作
			15cm 以内	20cm 以内	20cm 以外	
名称		单位	消耗量			
人工	合计工日	工日	28.674	22.940	16.621	45.684
	石工普工	工日	8.602	6.882	4.986	13.705
	石工一般技工	工日	14.337	11.470	8.311	22.842
	石工高级技工	工日	5.735	4.588	3.324	9.137
材料	青白石	m^3	1.4324	1.3544	1.2714	1.5790
	其他材料费（占材料费）	%	0.50	0.50	0.50	0.50

工作内容：准备工具、修理工具、选料、打荒、找规矩、弹线、制作完成、场内运输及清理废弃物。

计量单位：m^2

定额编号			3-1-98	3-1-99
项目			陡板石制作（厚度）	
			10cm 以内	每增 2cm
名称		单位	消耗量	
人工	合计工日	工日	4.860	0.340
	石工普工	工日	1.458	0.102
	石工一般技工	工日	2.430	0.170
	石工高级技工	工日	0.972	0.068
材料	青白石	m^3	0.1490	0.0229
	其他材料费（占材料费）	%	0.50	0.50

工作内容:准备工具、修理工具、选料、打荒、找规矩、弹线、制作完成、场内运输及清理废弃物。

计量单位:m^3

定额编号			3-1-100	3-1-101	3-1-102
项目			阶条石制作(垂直厚度)		
			15cm 以内	20cm 以内	20cm 以外
名称		单位	消耗量		
人工	合计工日	工日	58.004	42.526	30.910
	石工普工	工日	15.819	12.758	9.273
	石工一般技工	工日	31.639	21.263	15.455
	石工高级技工	工日	10.546	8.505	6.182
材料	青白石	m^3	1.5666	1.4588	1.3450
	其他材料费(占材料费)	%	0.50	0.50	0.50

工作内容:准备工具、修理工具、选料、打荒、找规矩、弹线、制作完成、场内运输及清理废弃物。

计量单位:m^2

定额编号			3-1-103	3-1-104	3-1-105
项目			平座压面石制作	象眼石制作	
				厚度	
				10cm 以内	每增 2cm
名称		单位	消耗量		
人工	合计工日	工日	6.659	5.394	0.340
	石工普工	工日	1.998	1.618	0.102
	石工一般技工	工日	3.329	2.697	0.170
	石工高级技工	工日	1.332	1.079	0.068
材料	青白石	m^3	0.1525	0.1687	0.0258
	其他材料费(占材料费)	%	0.50	0.50	0.50

工作内容:准备工具、修理工具、选料、打荒、找规矩、弹线、制作完成、场内运输及清理废弃物。砚窝石还包括凿承接垂带的浅槽。

计量单位:m^2

定额编号			3-1-106	3-1-107	3-1-108	3-1-109	3-1-110	3-1-111
项目			垂带石制作		砚窝石制作	踏跺石制作		礓䃰石制作
			踏跺用	礓䃰用		垂带踏跺	如意踏跺	
名称		单位	消耗量					
人工	合计工日	工日	9.720	5.346	5.638	6.804	8.360	8.262
	石工普工	工日	2.916	1.604	1.691	2.041	2.508	2.479
	石工一般技工	工日	4.860	2.673	2.819	3.402	4.180	4.131
	石工高级技工	工日	1.944	1.069	1.128	1.361	1.672	1.652
材料	青白石	m^3	0.2069	0.2069	0.2006	0.2006	0.2006	0.1910
	其他材料费(占材料费)	%	0.50	0.50	0.50	0.50	0.50	0.50

工作内容:准备工具、修理工具、选料、打荒、找规矩、弹线、制作完成、场内运输及清理废弃物。

计量单位:m^3

定额编号			3-1-112	3-1-113	3-1-114	3-1-115	3-1-116
项目			无鼓径柱顶石制作	柱顶石制作(宽度)			
				方鼓径			
				40cm 以内	50cm 以内	60cm 以内	60cm 以外
名称		单位	消耗量				
人工	合计工日	工日	29.160	48.600	36.936	29.160	24.300
	石工普工	工日	8.748	14.580	11.081	8.748	7.290
	石工一般技工	工日	14.580	24.300	18.468	14.580	12.150
	石工高级技工	工日	5.832	9.720	7.387	5.832	4.860
材料	青白石	m^3	1.3902	1.6280	1.4726	1.3649	1.3078
	其他材料费(占材料费)	%	0.50	0.50	0.50	0.50	0.50

工作内容：准备工具、修理工具、选料、打荒、找规矩、弹线、找规矩、制作完成、场内运输及清理废弃物。

计量单位：m^3

定额编号			3-1-117	3-1-118	3-1-119	3-1-120	3-1-121
项目			柱顶石制作（宽度）				
			圆鼓径				
			50cm 以内	60cm 以内	80cm 以内	100cm 以内	100cm 以外
名称		单位	消耗量				
人工	合计工日	工日	33.340	27.702	21.579	16.719	13.122
	石工普工	工日	10.002	8.311	6.474	5.016	3.937
	石工一般技工	工日	16.670	13.851	10.789	8.359	6.561
	石工高级技工	工日	6.668	5.540	4.316	3.344	2.624
材料	青白石	m^3	1.4726	1.3649	1.3078	1.2379	1.1897
	其他材料费（占材料费）	%	0.50	0.50	0.50	0.50	0.50

工作内容：准备工具、修理工具、选料、打荒、找规矩、弹线、绘制图样、鼓径、雕刻莲瓣、制作完成、场内运输及清理废弃物。套顶榫眼还包括挖圆。插扦榫眼还包括打透眼。

定额编号			3-1-122	3-1-123	3-1-124	3-1-125	3-1-126	3-1-127
项目			柱顶石制作（宽度）				柱顶石剔凿	
			带莲瓣				套顶榫眼	插扦榫眼
			60cm 以内	80cm 以内	100cm 以内	100cm 以外	个	
			m^3					
名称		单位	消耗量					
人工	合计工日	工日	149.688	116.425	90.720	72.575	1.635	1.460
	石工普工	工日	29.938	23.285	18.144	14.515	0.490	0.438
	石工一般技工	工日	59.875	46.570	36.288	29.030	0.820	0.730
	石工高级技工	工日	59.875	46.570	36.288	29.030	0.325	0.292
材料	青白石	m^3	1.3649	1.3078	1.2379	1.1897	—	—
	其他材料费（占材料费）	%	0.50	0.50	0.50	0.50	—	—

工作内容：准备工具、修理工具、选料、打荒、找规矩、弹线、分层制作完成、场内运输及清理废弃物。

计量单位：m^3

定额编号			3-1-128	3-1-129	3-1-130	3-1-131	3-1-132
项目			无雕饰石须弥座制作(高度)				
			80cm 以内	100cm 以内	120cm 以内	150cm 以内	150cm 以外
名称		单位	消耗量				
人工	合计工日	工日	68.850	57.376	45.900	38.250	30.600
	石工普工	工日	13.770	11.475	9.180	7.650	6.120
	石工一般技工	工日	34.425	28.688	22.950	19.125	15.300
	石工高级技工	工日	20.655	17.213	13.770	11.475	9.180
材料	青白石	m^3	1.4853	1.4677	1.3817	1.3630	1.3001
	其他材料费(占材料费)	%	0.50	0.50	0.50	0.50	0.50

工作内容：准备工具、修理工具、选料、打荒、找规矩、弹线、绘制图样、雕凿花饰、分层制作完成、场内运输及清理废弃物。

计量单位：m^2

定额编号			3-1-133
项目			束腰雕缩花结带
名称		单位	消耗量
人工	合计工日	工日	22.680
	石工高级技工	工日	22.680
材料	五合板	m^2	0.7600
	其他材料费(占材料费)	%	1.00

工作内容:准备工具、修理工具、选料、打荒、找规矩、弹线、绘制图样、雕凿花饰、分层制作完成、场内运输及清理废弃物。

计量单位:m^3

定额编号			3-1-134	3-1-135	3-1-136	3-1-137	3-1-138	3-1-139
项目			有雕饰石须弥座制作(高度)					有雕饰独立石须弥座制作
			80cm 以内	100cm 以内	120cm 以内	150cm 以内	150cm 以外	
名称		单位	消耗量					
人工	合计工日	工日	148.051	123.375	98.700	82.251	65.800	162.667
	石工普工	工日	14.805	12.338	9.870	8.225	6.580	16.267
	石工一般技工	工日	22.208	18.506	14.805	12.338	9.870	16.267
	石工高级技工	工日	111.038	92.531	74.025	61.688	49.350	130.133
材料	青白石	m^3	1.4853	1.4677	1.3817	1.3630	1.3001	1.3248
	其他材料费(占材料费)	%	0.50	0.50	0.50	0.50	0.50	0.50

工作内容:准备工具、修理工具、选料、打荒、找规矩、弹线、绘制图样、雕凿龙头、分层制作完成、场内运输及清理废弃物。

计量单位:个

定额编号			3-1-140	3-1-141	3-1-142	3-1-143	3-1-144	3-1-145
项目			石须弥座龙头制作(明长)			石须弥座四角龙头制作(明长)		
			50cm 以内	60cm 以内	60cm 以外	100cm 以内	120cm 以内	120cm 以外
名称		单位	消耗量					
人工	合计工日	工日	28.512	38.017	47.520	48.383	64.800	80.352
	石工普工	工日	2.851	3.802	4.752	4.838	6.480	8.035
	石工一般技工	工日	2.851	3.802	4.752	4.838	6.480	8.035
	石工高级技工	工日	22.810	30.413	38.016	38.707	51.840	64.282
材料	青白石	m^3	0.1067	0.1894	0.2884	0.7175	1.2966	2.0159
	其他材料费(占材料费)	%	0.50	0.50	0.50	0.50	0.50	0.50

工作内容：准备工具、修理工具、选料、打荒、找规矩、弹线、制作完成、场内运输及清理废弃物。石须弥座龙头凿吐水眼还包括选点、校正、打眼。

定额编号			3-1-146	3-1-147
项目			石须弥座龙头凿吐水眼	地栿石制作
			个	m^3
名称		单位	消耗量	
人工	合计工日	工日	2.566	75.817
	石工普工	工日	0.770	22.745
	石工一般技工	工日	1.539	45.490
	石工高级技工	工日	0.257	7.582
材料	青白石	m^3	—	1.6007
	其他材料费(占材料费)	%	—	0.50

工作内容：准备工具、修理工具、选料、打荒、找规矩、弹线、绘制图样、落盒子心起线、雕凿柱头、制作完成、场内运输及清理废弃物。

计量单位：m^3

定额编号			3-1-148	3-1-149	3-1-150
项目			素方头石望柱制作		
			柱径		
			15cm 以内	20cm 以内	20cm 以外
名称		单位	消耗量		
人工	合计工日	工日	126.725	85.680	67.411
	石工普工	工日	11.907	8.568	6.741
	石工一般技工	工日	25.515	12.852	10.112
	石工高级技工	工日	89.303	64.260	50.558
材料	青白石	m^3	1.8275	1.5756	1.4488
	其他材料费(占材料费)	%	0.50	0.50	0.50

工作内容：准备工具、修理工具、选料、打荒、找规矩、弹线、落盒子心起线、绘制图样、雕凿柱头、制作完成、场内运输及清理废弃物。

计量单位：m^3

定额编号			3-1-151	3-1-152	3-1-153
项目			莲花头、石榴头石望柱制作(柱径)		
			15cm 以内	20cm 以内	20cm 以外
名称		单位	消耗量		
人工	合计工日	工日	213.571	171.360	148.680
	石工普工	工日	21.357	17.136	14.868
	石工一般技工	工日	32.036	25.704	22.302
	石工高级技工	工日	160.178	128.520	111.510
材料	青白石	m^3	1.8275	1.5756	1.4488
	其他材料费(占材料费)	%	0.50	0.50	0.50

工作内容：准备工具、修理工具、选料、打荒、找规矩、弹线、落盒子心起线、绘制图样、雕凿柱头、制作完成、场内运输及清理废弃物。

计量单位：m^3

定额编号			3-1-154	3-1-155	3-1-156	3-1-157	3-1-158	3-1-159
项目			龙凤头石望柱制作(柱径)			狮子头石望柱制作(柱径)		
			15cm 以内	20cm 以内	20cm 以外	15cm 以内	20cm 以内	20cm 以外
名称		单位	消耗量					
人工	合计工日	工日	270.270	221.130	192.150	323.190	262.710	233.730
	石工普工	工日	27.027	22.113	19.215	32.319	26.271	23.373
	石工一般技工	工日	27.027	22.113	19.215	32.319	26.271	23.373
	石工高级技工	工日	216.216	176.904	153.720	258.552	210.168	186.984
材料	青白石	m^3	1.8275	1.5756	1.4488	1.8275	1.5756	1.4488
	其他材料费(占材料费)	%	0.50	0.50	0.50	0.50	0.50	0.50

工作内容：准备工具、修理工具、选料、打荒、找规矩、弹线、绘制图样、雕凿净瓶、落盒子心起线、制作完成、场内运输及清理废弃物。

计量单位：m^2

定额编号			3-1-160	3-1-161	3-1-162	3-1-163	3-1-164	3-1-165
项目			寻杖栏板石制作(厚度)					
			12cm 以内	14cm 以内	16cm 以内	18cm 以内	20cm 以内	22cm 以内
名称		单位	消耗量					
人工	合计工日	工日	25.175	26.914	28.576	30.240	31.904	33.641
	石工普工	工日	5.035	5.383	5.715	6.048	6.381	6.728
	石工一般技工	工日	5.035	5.383	5.715	6.048	6.381	6.728
	石工高级技工	工日	15.105	16.148	17.146	18.144	19.142	20.185
材料	青白石	m^3	0.1571	0.1762	0.1952	0.2142	0.2333	0.2523
	其他材料费(占材料费)	%	0.50	0.50	0.50	0.50	0.50	0.50

工作内容：准备工具、修理工具、选料、打荒、找规矩、弹线、制套样板、雕凿起线、制作完成、场内运输及清理废弃物。

计量单位：m^2

定额编号			3-1-166	3-1-167	3-1-168	3-1-169	3-1-170	3-1-171
项目			寻杖栏板用抱鼓石制作(厚度)					
			12cm 以内	14cm 以内	16cm 以内	18cm 以内	20cm 以内	22cm 以内
名称		单位	消耗量					
人工	合计工日	工日	20.972	22.428	23.807	25.200	26.593	28.014
	石工普工	工日	4.193	4.487	4.760	5.040	5.320	5.607
	石工一般技工	工日	4.193	4.487	4.760	5.040	5.320	5.607
	石工高级技工	工日	12.586	13.454	14.287	15.120	15.953	16.800
材料	青白石	m^3	0.1570	0.1760	0.1950	0.2140	0.2330	0.2520
	其他材料费(占材料费)	%	0.50	0.50	0.50	0.50	0.50	0.50

工作内容:准备工具、修理工具、选料、打荒、找规矩、弹线、起线、制作完成、场内运输及清理废弃物。

计量单位:m^2

定额编号			3-1-172	3-1-173	3-1-174	3-1-175	3-1-176	3-1-177
项目			罗汉栏板石制作(厚度)					
			10cm 以内	12cm 以内	14cm 以内	16cm 以内	18cm 以内	20cm 以内
名称		单位	消耗量					
人工	合计工日	工日	18.446	19.731	21.016	22.226	23.511	24.796
	石工普工	工日	3.689	3.946	4.203	4.445	4.702	4.959
	石工一般技工	工日	3.689	3.946	4.203	4.445	4.702	4.959
	石工高级技工	工日	11.068	11.839	12.610	13.336	14.107	14.878
材料	青白石	m^3	0.1381	0.1571	0.1762	0.1950	0.2142	0.2333
	其他材料费(占材料费)	%	0.50	0.50	0.50	0.50	0.50	0.50

工作内容:准备工具、修理工具、选料、打荒、找规矩、弹线、制套样板、起线、制作完成、场内运输及清理废弃物。

计量单位:m^2

定额编号			3-1-178	3-1-179	3-1-180	3-1-181	3-1-182	3-1-183
项目			罗汉栏板用抱鼓石制作(厚度)					
			10cm 以内	12cm 以内	14cm 以内	16cm 以内	18cm 以内	20cm 以内
名称		单位	消耗量					
人工	合计工日	工日	15.379	16.422	17.584	18.515	19.579	20.657
	石工普工	工日	3.073	3.283	3.500	3.703	3.913	4.130
	石工一般技工	工日	3.073	3.283	3.500	3.703	3.913	4.130
	石工高级技工	工日	9.233	9.856	10.584	11.109	11.753	12.397
材料	青白石	m^3	0.1380	0.1570	0.1760	0.1950	0.2140	0.2330
	其他材料费(占材料费)	%	0.50	0.50	0.50	0.50	0.50	0.50

2. 墙体及门窗石构件制作

工作内容:准备工具、修理工具、选料、打荒、找规矩、弹线、制作完成、场内运输及清理废弃物。

计量单位:m^3

定额编号			3-1-184	3-1-185	3-1-186
项目			角柱石制作	压砖板、腰线石制作	挑檐石制作
名称		单位	消耗量		
人工	合计工日	工日	57.543	61.430	87.480
	石工普工	工日	17.263	18.429	26.244
	石工一般技工	工日	28.771	30.715	43.740
	石工高级技工	工日	11.509	12.286	17.496
材料	青白石	m^3	1.5318	1.4603	1.4865
	其他材料费(占材料费)	%	0.50	0.50	0.50

工作内容:准备工具、修理工具、选料、打荒、找规矩、弹线、绘制图样、雕刻角梁肚弦和兽头、制作完成、场内运输及清理废弃物。

计量单位:根

定额编号			3-1-187	3-1-188
项目			石角梁带兽头制作(梁宽)	
			15cm 以内	20cm 以内
名称		单位	消耗量	
人工	合计工日	工日	3.208	4.812
	石工普工	工日	0.642	0.962
	石工一般技工	工日	1.283	1.925
	石工高级技工	工日	1.283	1.925
材料	青白石	m^3	0.0417	0.0898
	其他材料费(占材料费)	%	0.50	0.50

工作内容：准备工具、修理工具、选料、打荒、找规矩、弹线、制作完成、场内运输及清理废弃物。出檐带扣脊瓦的还包括雕凿冰盘檐、滴水。

计量单位：m

定额编号			3-1-189	3-1-190	3-1-191	3-1-192
项目			石墙帽(压顶)制作(宽度)			
			不出檐带八字		出檐带扣脊瓦	
			40cm 以内	60cm 以内	40cm 以内	60cm 以内
名称		单位	消耗量			
人工	合计工日	工日	5.152	7.630	6.706	9.914
	石工普工	工日	1.546	2.289	2.012	2.974
	石工一般技工	工日	2.576	3.815	3.353	4.957
	石工高级技工	工日	1.030	1.526	1.341	1.983
材料	青白石	m^3	0.1117	0.2254	0.1280	0.2501
	其他材料费(占材料费)	%	0.50	0.50	0.50	0.50

工作内容：准备工具、修理工具、选料、打荒、找规矩、弹线、制作完成、场内运输及清理废弃物。

计量单位：份

定额编号			3-1-193	3-1-194
项目			石墙帽与角柱石连作(宽度)	
			40cm 以内	60cm 以内
名称		单位	消耗量	
人工	合计工日	工日	5.152	7.630
	石工普工	工日	1.546	2.289
	石工一般技工	工日	2.576	3.815
	石工高级技工	工日	1.030	1.526
材料	青白石	m^3	0.1247	0.2524
	其他材料费(占材料费)	%	0.50	0.50

工作内容:准备工具、修理工具、选料、打荒、找规矩、弹线、制套样板、制作完成、场内运输及清理废弃物。券脸石制作还包括绘制图样、雕刻花饰。 **计量单位**:m^3

定额编号			3-1-195	3-1-196	3-1-197	3-1-198
项目			券脸石制作			券石制作
			素面	卷草、卷云、带子	莲花、龙凤	
名称		单位	消耗量			
人工	合计工日	工日	77.414	135.627	154.261	50.804
	石工普工	工日	7.741	13.563	15.426	10.161
	石工一般技工	工日	15.483	13.563	15.426	30.482
	石工高级技工	工日	54.190	108.501	123.409	10.161
材料	青白石	m^3	1.3994	1.3994	1.3994	1.3994
	其他材料费(占材料费)	%	0.50	0.50	0.50	0.50

工作内容:准备工具、修理工具、选料、打荒、找规矩、弹线、制套样板、制作完成、场内运输及清理废弃物。石菱花窗制作还包括绘制图案、雕刻花饰。 **计量单位**:m^2

定额编号			3-1-199	3-1-200	3-1-201
项目			石菱花窗制作(厚度)10cm以内	石菱花窗制作(厚度)每增2cm	带下槛槛垫石制作
名称		单位	消耗量		
人工	合计工日	工日	20.790	0.265	9.624
	石工普工	工日	4.158	0.053	1.925
	石工一般技工	工日	12.474	0.159	5.774
	石工高级技工	工日	4.158	0.053	1.925
材料	青白石	m^3	0.1569	0.0224	0.4530
	其他材料费(占材料费)	%	0.50	0.50	0.50

工作内容:准备工具、修理工具、选料、打荒、找规矩、弹线、制作完成、场内运输及清理废弃物。月洞门元宝石还包括制套样板。

定额编号			3-1-202	3-1-203	3-1-204
项目			槛垫石、过门石、分心石制作		月洞门元宝石制作
			厚度		长度
			13cm 以内	每增 2cm	100cm 以内
			m^2		块
名称		单位	消耗量		
人工	合计工日	工日	4.811	0.340	8.360
	石工普工	工日	1.443	0.102	2.508
	石工一般技工	工日	2.406	0.170	4.180
	石工高级技工	工日	0.962	0.068	1.672
材料	青白石	m^3	0.1748	0.0219	0.0807
	其他材料费(占材料费)	%	0.50	0.50	0.50

工作内容:准备工具、修理工具、选料、打荒、找规矩、弹线、制作完成、场内运输及清理废弃物。

计量单位:块

定额编号			3-1-205	3-1-206	3-1-207	3-1-208
项目			门枕石制作(长度)			
			60cm 以内	80cm 以内	100cm 以内	120cm 以内
名称		单位	消耗量			
人工	合计工日	工日	3.888	6.804	9.720	14.580
	石工普工	工日	1.166	2.041	2.916	4.374
	石工一般技工	工日	1.944	3.402	4.860	7.290
	石工高级技工	工日	0.778	1.361	1.944	2.916
材料	青白石	m^3	0.0358	0.0733	0.1391	0.2359
	其他材料费(占材料费)	%	0.50	0.50	0.50	0.50

工作内容:准备工具、修理工具、选料、打荒、找规矩、弹线、制套样板、绘制图样、雕刻花饰、制作完成、场内运输及清理废弃物。

计量单位:块

定额编号			3-1-209	3-1-210	3-1-211	3-1-212	3-1-213	3-1-214
项目			门鼓石制作(长度)					
			圆鼓			幞头鼓		
			80cm 以内	100cm 以内	120cm 以内	60cm 以内	80cm 以内	100cm 以内
名称		单位	消耗量					
人工	合计工日	工日	37.800	52.920	68.040	22.680	33.264	45.360
	石工普工	工日	7.560	10.584	13.608	4.536	6.653	9.072
	石工一般技工	工日	7.560	10.584	13.608	4.536	6.653	9.072
	石工高级技工	工日	22.680	31.752	40.824	13.608	19.958	27.216
材料	青白石	m^3	0.1745	0.3268	0.5270	0.0843	0.1606	0.2810
	其他材料费(占材料费)	%	0.50	0.50	0.50	0.50	0.50	0.50

3. 庭院及排水石构件制作

工作内容:准备工具、修理工具、选料、打荒、找规矩、弹线、制套样板、绘制图样、雕刻花饰、制作完成、场内运输及清理废弃物。木牌楼夹杆石、镶杆石还包括剔铁箍槽、夹柱槽。

定额编号			3-1-215	3-1-216	3-1-217	3-1-218	3-1-219
项目			滚墩石制作(长度)			木牌楼夹杆石、镶杆石制作	
			120cm 以内	150cm 以内	180cm 以内	无雕饰	有雕饰
			块			m^3	
名称		单位	消耗量				
人工	合计工日	工日	60.480	83.160	105.083	21.168	49.744
	石工普工	工日	6.048	8.316	10.508	6.350	14.923
	石工一般技工	工日	6.048	8.316	10.508	12.701	24.872
	石工高级技工	工日	48.384	66.528	84.067	2.117	9.949
材料	青白石	m^3	0.2607	0.4937	0.8351	1.1564	1.1564
	其他材料费(占材料费)	%	0.50	0.50	0.50	0.50	0.50

工作内容：准备工具、修理工具、选料、打荒、找规矩、弹线、制作完成、场内运输及清理废弃物。

计量单位：m^2

定额编号			3-1-220	3-1-221	3-1-222
项目			噙口石制作	路面石、地面石制作	噙口石、路面石、地面石制作
			厚度		
			13cm 以内	13cm 以内	每增 2cm
名称		单位	消耗量		
人工	合计工日	工日	4.617	3.888	0.340
	石工普工	工日	1.385	1.166	0.102
	石工一般技工	工日	2.309	1.944	0.170
	石工高级技工	工日	0.923	0.778	0.068
材料	青白石	m^3	0.1737	0.1751	0.0217
	其他材料费(占材料费)	%	0.50	0.50	0.50

工作内容：准备工具、修理工具、选料、打荒、找规矩、弹线、制作完成、场内运输及清理废弃物。

计量单位：m

定额编号			3-1-223	3-1-224	3-1-225
项目			牙子石制作(宽度)		
			13cm 以内	16cm 以内	20cm 以内
名称		单位	消耗量		
人工	合计工日	工日	0.972	1.118	1.264
	石工普工	工日	0.292	0.335	0.379
	石工一般技工	工日	0.486	0.559	0.632
	石工高级技工	工日	0.194	0.224	0.253
材料	青白石	m^3	0.4140	0.0400	0.0479
	其他材料费(占材料费)	%	0.50	0.50	0.50

工作内容:准备工具、修理工具、选料、打荒、找规矩、弹线、制作完成、场内运输及清理废弃物。

定额编号			3-1-226	3-1-227	3-1-228
项目			石沟盖板制作(厚度)		石排水沟槽制作
			15cm 以内	每增 2cm	m
			m^2		
名称		单位	消耗量		
人工	合计工日	工日	7.776	0.680	3.160
	石工普工	工日	2.333	0.204	0.948
	石工一般技工	工日	3.888	0.340	1.580
	石工高级技工	工日	1.555	0.136	0.632
材料	青白石	m^3	0.1927	0.0230	0.1645
	其他材料费(占材料费)	%	0.50	0.50	0.50

工作内容:准备工具、修理工具、选料、打荒、找规矩、弹线、制作完成、场内运输及清理废弃物。石沟门、石沟漏还包括掏孔洞。

计量单位:块

定额编号			3-1-229	3-1-230	3-1-231	3-1-232
项目			石沟嘴子制作(宽度)		石沟门、石沟漏制作(见方)	
			50cm 以内	50cm 以外	40cm 以内	40cm 以外
名称		单位	消耗量			
人工	合计工日	工日	12.204	15.552	4.276	5.346
	石工普工	工日	3.937	4.666	1.283	1.604
	石工一般技工	工日	5.905	7.776	2.138	2.673
	石工高级技工	工日	2.362	3.110	0.855	1.069
材料	青白石	m^3	0.2950	0.4680	0.0227	0.0763
	其他材料费(占材料费)	%	0.50	0.50	0.50	0.50

四、石构件安装

工作内容：准备工具、修理工具、必要支顶、安全监护、成品保护、调制灰浆、修整接头缝、挂线、垫塞稳安、灌浆、场内运输及清理废弃物。

计量单位：m^3

定　额　编　号			3-1-233	3-1-234	3-1-235
项　　　目			土衬石安装	埋头石安装	阶条石安装
名　　称		单位	消　耗　量		
人工	合计工日	工日	11.760	12.480	13.920
	石工普工	工日	3.528	3.744	4.176
	石工一般技工	工日	5.880	6.240	6.960
	石工高级技工	工日	2.352	2.496	2.784
材料	素白灰浆	m^3	0.4100	0.3200	0.2300
	铅板	kg	—	0.3600	—
	其他材料费(占材料费)	%	2.00	2.00	2.00

工作内容：准备工具、修理工具、必要支顶、安全监护、成品保护、调制灰浆、修整接头缝、挂线、垫塞稳安、灌浆、场内运输及清理废弃物。

计量单位：m^2

定　额　编　号			3-1-236	3-1-237	3-1-238
项　　　目			陡板石、象眼石安装		平座压面石安装
			厚度		
			10cm 以内	每增 2cm	
名　　称		单位	消　耗　量		
人工	合计工日	工日	1.320	0.180	1.920
	石工普工	工日	0.396	0.054	0.576
	石工一般技工	工日	0.660	0.090	0.960
	石工高级技工	工日	0.264	0.036	0.384
材料	素白灰浆	m^3	0.0400	0.0100	0.0300
	铅板	kg	0.0500	—	—
	其他材料费(占材料费)	%	2.00	2.00	2.00

工作内容：准备工具、修理工具、必要支顶、安全监护、成品保护、调制灰浆、修整接头缝、挂线、垫塞稳安、灌浆、场内运输及清理废弃物。

计量单位：m^2

定额编号			3-1-239	3-1-240	3-1-241
项目			垂带石安装	踏跺石、砚窝石安装	礓礤石安装
名称		单位	消耗量		
人工	合计工日	工日	2.280	2.400	2.160
	石工普工	工日	0.684	0.720	0.648
	石工一般技工	工日	1.140	1.200	1.080
	石工高级技工	工日	0.456	0.480	0.432
材料	素白灰浆	m^3	0.0300	0.0400	0.0400
	其他材料费(占材料费)	%	2.00	2.00	2.00

工作内容：准备工具、修理工具、必要支顶、安全监护、成品保护、调制灰浆、修整接头缝、挂线、垫塞稳安、灌浆、场内运输及清理废弃物。

计量单位：m^3

定额编号			3-1-242	3-1-243	3-1-244
项目			柱顶石安装(宽度)		
			50cm以内	80cm以内	80cm以外
名称		单位	消耗量		
人工	合计工日	工日	13.100	12.900	12.000
	石工普工	工日	4.140	3.870	3.600
	石工一般技工	工日	6.400	6.450	6.000
	石工高级技工	工日	2.560	2.580	2.400
材料	素白灰浆	m^3	0.3800	0.2500	0.2000
	其他材料费(占材料费)	%	2.00	2.00	2.00

工作内容：准备工具、修理工具、必要支顶、安全监护、成品保护、调制灰浆、修整接头缝、挂线、垫塞稳安、灌浆、场内运输及清理废弃物。

计量单位：m^3

定额编号			3-1-245	3-1-246	3-1-247
项目			无雕饰石须弥座安装(高度)		
			100cm 以内	150cm 以内	150cm 以外
名称		单位	消耗量		
人工	合计工日	工日	15.540	13.980	11.820
	石工普工	工日	4.662	4.194	3.546
	石工一般技工	工日	7.770	6.990	5.910
	石工高级技工	工日	3.108	2.796	2.364
材料	素白灰浆	m^3	0.1900	0.1500	0.1200
	油灰	m^3	0.0018	0.0018	0.0018
	铅板	kg	0.3600	0.3600	0.3600
	其他材料费(占材料费)	%	2.00	2.00	2.00

工作内容：准备工具、修理工具、必要支顶、安全监护、成品保护、调制灰浆、修整接头缝、挂线、垫塞稳安、灌浆、场内运输及清理废弃物。

计量单位：m^3

定额编号			3-1-248	3-1-249	3-1-250	3-1-251
项目			有雕饰石须弥座安装(高度)			有雕饰石独立须弥座安装
			100cm 以内	150cm 以内	150cm 以外	
名称		单位	消耗量			
人工	合计工日	工日	16.920	15.480	13.320	13.920
	石工普工	工日	5.076	4.644	3.996	4.176
	石工一般技工	工日	8.460	7.740	6.660	6.960
	石工高级技工	工日	3.384	3.096	2.664	2.784
材料	素白灰浆	m^3	0.1900	0.1600	0.1300	0.0500
	油灰	m^3	0.0018	0.0018	0.0018	—
	铅板	kg	0.3600	0.3600	0.3600	—
	其他材料费(占材料费)	%	2.00	2.00	2.00	2.00

工作内容：准备工具、修理工具、必要支顶、安全监护、成品保护、调制灰浆、修整接头缝、挂线、垫塞稳安、灌浆、场内运输及清理废弃物。

计量单位：个

定额编号			3-1-252	3-1-253	3-1-254	3-1-255	3-1-256	3-1-257
项目			石须弥座龙头安装(明长)			石须弥座四角龙头安装(明长)		
			50cm 以内	60cm 以内	60cm 以外	100cm 以内	120cm 以内	120cm 以外
名称		单位	消耗量					
人工	合计工日	工日	0.720	1.020	1.440	2.160	2.880	3.600
	石工普工	工日	0.216	0.306	0.432	0.648	0.864	1.080
	石工一般技工	工日	0.360	0.510	0.720	1.080	1.440	1.800
	石工高级技工	工日	0.144	0.204	0.288	0.432	0.576	0.720
材料	素白灰浆	m^3	0.0100	0.0100	0.0100	0.0200	0.0300	0.0400
	油灰	m^3	0.0001	0.0001	0.0002	0.0003	0.0004	0.0004
	铅板	kg	—	—	—	0.2000	0.3800	0.6000
	其他材料费(占材料费)	%	2.00	2.00	2.00	2.00	2.00	2.00

工作内容：准备工具、修理工具、必要支顶、安全监护、成品保护、调制灰浆、修整接头缝、挂线、垫塞稳安、灌浆、场内运输及清理废弃物。

计量单位：m^3

定额编号			3-1-258	3-1-259	3-1-260	3-1-261
项目			地栿石安装	石望柱安装(柱径)		
				15cm 以内	20cm 以内	20cm 以外
名称		单位	消耗量			
人工	合计工日	工日	13.980	20.400	16.440	13.800
	石工普工	工日	4.194	6.120	4.932	4.140
	石工一般技工	工日	6.990	10.200	8.220	6.900
	石工高级技工	工日	2.796	4.080	3.288	2.760
材料	素白灰浆	m^3	0.0684	0.0044	0.0036	0.0031
	油灰	m^3	0.0026	0.0004	0.0003	0.0002
	铅板	kg	0.3600	0.3600	0.3600	0.3600
	其他材料费(占材料费)	%	2.00	2.00	2.00	2.00

工作内容：准备工具、修理工具、必要支顶、安全监护、成品保护、调制灰浆、修整接头缝、挂线、垫塞稳安、灌浆、场内运输及清理废弃物。

计量单位：m^2

定额编号			3-1-262	3-1-263	3-1-264
项目			栏板石、抱鼓石安装(厚度)		
			12cm 以内	16cm 以内	16cm 以外
名称		单位	消耗量		
人工	合计工日	工日	1.680	2.040	2.460
	石工普工	工日	0.504	0.612	0.738
	石工一般技工	工日	0.840	1.020	1.230
	石工高级技工	工日	0.336	0.408	0.492
材料	素白灰浆	m^3	0.0020	0.0020	0.0019
	油灰	m^3	0.0004	0.0003	0.0002
	铅板	kg	0.0400	0.0600	0.0700
	其他材料费(占材料费)	%	2.00	2.00	2.00

工作内容：准备工具、修理工具、必要支顶、安全监护、成品保护、调制灰浆、修整接头缝、挂线、垫塞稳安、灌浆、场内运输及清理废弃物。

计量单位：m^3

定额编号			3-1-265	3-1-266	3-1-267
项目			角柱石安装	压砖板、腰线石安装	挑檐石安装
名称		单位	消耗量		
人工	合计工日	工日	13.920	14.520	15.600
	石工普工	工日	4.176	4.356	4.680
	石工一般技工	工日	6.960	7.260	7.800
	石工高级技工	工日	2.784	2.904	3.120
材料	素白灰浆	m^3	0.3200	0.2900	0.3200
	铅板	kg	0.3600	—	—
	其他材料费(占材料费)	%	2.00	2.00	2.00

工作内容：准备工具、修理工具、必要支顶、安全监护、成品保护、调制灰浆、修整接头缝、挂线、垫塞稳安、灌浆、场内运输及清理废弃物。

计量单位：根

定额编号			3-1-268	3-1-269
项目			石角梁安装(梁宽)	
			15cm 以内	20cm 以内
名称		单位	消耗量	
人工	合计工日	工日	1.620	2.700
	石工普工	工日	0.486	0.810
	石工一般技工	工日	0.810	1.350
	石工高级技工	工日	0.324	0.540
材料	素白灰浆	m^3	0.0100	0.0100
	其他材料费(占材料费)	%	2.00	2.00

工作内容：准备工具、修理工具、必要支顶、安全监护、成品保护、调制灰浆、修整接头缝、挂线、垫塞稳安、灌浆、场内运输及清理废弃物。

定额编号			3-1-270	3-1-271	3-1-272	3-1-273
项目			石墙帽(压顶)安装(宽度)		石墙帽与角柱石连作安装(宽度)	
			40cm 以内	40cm 以外	40cm 以内	40cm 以外
			m		份	
名称		单位	消耗量			
人工	合计工日	工日	1.140	1.680	1.260	1.860
	石工普工	工日	0.342	0.504	0.378	0.558
	石工一般技工	工日	0.570	0.840	0.630	0.930
	石工高级技工	工日	0.228	0.336	0.252	0.372
材料	素白灰浆	m^3	0.0100	0.0200	0.0200	0.0200
	其他材料费(占材料费)	%	2.00	2.00	2.00	2.00

工作内容:准备工具、修理工具、必要支项、安全监护、支搭券胎、成品保护、调制灰浆、修整接头缝、挂线、垫塞稳安、灌浆、场内运输及清理废弃物。

计量单位:m^3

定额编号			3-1-274	3-1-275
项目			券脸石安装	券石安装
名称		单位	消耗量	
人工	合计工日	工日	36.000	30.000
	石工普工	工日	10.800	9.000
	石工一般技工	工日	18.000	15.000
	石工高级技工	工日	7.200	6.000
材料	素白灰浆	m^3	0.0200	0.0200
	铅板	kg	0.3600	0.3600
	铁件 综合	kg	0.1200	0.1200
	锯成材	m^3	0.0855	0.0855
	其他材料费(占材料费)	%	2.00	2.00

工作内容:准备工具、修理工具、必要支项、安全监护、成品保护、调制灰浆、修整接头缝、挂线、垫塞稳安、灌浆、场内运输及清理废弃物。

计量单位:m^2

定额编号			3-1-276	3-1-277	3-1-278
项目			石菱花窗安装		带下槛槛石垫安装
			厚度		
			10cm 以内	每增 2cm	
名称		单位	消耗量		
人工	合计工日	工日	1.200	0.180	1.940
	石工普工	工日	0.360	0.054	0.582
	石工一般技工	工日	0.600	0.090	0.970
	石工高级技工	工日	0.240	0.036	0.388
材料	素白灰浆	m^3	0.0100	0.0100	0.0300
	其他材料费(占材料费)	%	2.00	2.00	2.00

工作内容:准备工具、修理工具、必要支顶、安全监护、成品保护、调制灰浆、修整接头缝、挂线、垫塞稳安、灌浆、场内运输及清理废弃物。

定额编号			3-1-279	3-1-280	3-1-281
项目			槛垫石、过门石、分心石安装		月洞门元宝石安装
			厚度		长度
			13cm 以内	每增 2cm	100cm 以内
			m^2		块
名称		单位	消耗量		
人工	合计工日	工日	1.620	0.180	1.020
	石工普工	工日	0.486	0.054	0.306
	石工一般技工	工日	0.810	0.090	0.510
	石工高级技工	工日	0.324	0.036	0.204
材料	素白灰浆	m^3	0.0300	—	0.0100
	其他材料费(占材料费)	%	2.00	—	2.00

工作内容:准备工具、修理工具、必要支顶、安全监护、成品保护、调制灰浆、修整接头缝、挂线、垫塞稳安、灌浆、场内运输及清理废弃物。

计量单位:块

定额编号			3-1-282	3-1-283	3-1-284	3-1-285	3-1-286	3-1-287
项目			门枕石安装(长度)		门鼓石安装 圆鼓(长度)		门鼓石安装 幞头鼓(长度)	
			80cm 以内	80cm 以外	80cm 以内	80cm 以外	80cm 以内	80cm 以外
名称		单位	消耗量					
人工	合计工日	工日	0.900	1.140	1.260	1.740	1.080	1.500
	石工普工	工日	0.270	0.342	0.378	0.522	0.324	0.450
	石工一般技工	工日	0.450	0.570	0.630	0.870	0.540	0.750
	石工高级技工	工日	0.180	0.228	0.252	0.348	0.216	0.300
材料	素白灰浆	m^3	0.0100	0.0100	0.0100	0.0100	0.0100	0.0100
	铁件 综合	kg	0.3900	0.6100	0.3900	0.6100	0.3900	0.6100
	其他材料费(占材料费)	%	2.00	2.00	2.00	2.00	2.00	2.00

工作内容:准备工具、修理工具、必要支顶、安全监护、成品保护、调制灰浆、垫塞稳安、场内运输及清理废弃物。

计量单位:块

定额编号			3-1-288	3-1-289	3-1-290
项目			滚墩石安装		
			长度		
			120cm 以内	150cm 以内	180cm 以内
名称		单位	消耗量		
人工	合计工日	工日	1.380	1.950	2.340
	石工普工	工日	0.414	0.585	0.702
	石工一般技工	工日	0.690	0.975	1.170
	石工高级技工	工日	0.276	0.390	0.468
材料	素白灰浆	m^3	0.0033	0.0052	0.0076
	其他材料费(占材料费)	%	2.00	2.00	2.00

工作内容:准备工具、修理工具、必要支顶、安全监护、成品保护、调制灰浆、修整接头缝、挂线、垫塞稳安、灌浆、场内运输及清理废弃物。

计量单位:m^3

定额编号			3-1-291
项目			木牌楼夹杆石、镶杆石安装
名称		单位	消耗量
人工	合计工日	工日	16.200
	石工普工	工日	4.860
	石工一般技工	工日	8.100
	石工高级技工	工日	3.240
材料	素白灰浆	m^3	0.0700
	铁件 综合	kg	6.0500
	其他材料费(占材料费)	%	2.00

工作内容:准备工具、修理工具、必要支项、安全监护、成品保护、调制灰浆、修整接头缝、挂线、垫塞稳安、灌浆、场内运输及清理废弃物。

计量单位:m^2

定额编号			3-1-292	3-1-293
项目			噙口石、路面石、地面石安装	
			厚度	
			13cm 以内	每增 2cm
名称		单位	消耗量	
人工	合计工日	工日	1.320	0.180
	石工普工	工日	0.396	0.054
	石工一般技工	工日	0.660	0.090
	石工高级技工	工日	0.264	0.036
材料	素白灰浆	m^3	0.0400	—
	其他材料费(占材料费)	%	2.00	—

工作内容:准备工具、修理工具、必要支项、安全监护、成品保护、调制灰浆、修整接头缝、挂线、垫塞稳安、灌浆、场内运输及清理废弃物。

计量单位:m

定额编号			3-1-294	3-1-295	3-1-296
项目			牙子石安装		
			宽度		
			13cm 以内	16cm 以内	20cm 以内
名称		单位	消耗量		
人工	合计工日	工日	0.240	0.300	0.360
	石工普工	工日	0.072	0.090	0.108
	石工一般技工	工日	0.120	0.150	0.180
	石工高级技工	工日	0.048	0.060	0.072
材料	素白灰浆	m^3	0.0100	0.0100	0.0100
	其他材料费(占材料费)	%	2.00	2.00	2.00

工作内容：准备工具、修理工具、必要支顶、安全监护、成品保护、调制灰浆、修整接头缝、挂线、垫塞稳安、灌浆、场内运输及清理废弃物。

定额编号			3-1-297	3-1-298	3-1-299
项目			石沟盖板安装(厚度)		石排水沟槽安装
			15cm 以内	每增 2cm	m
			m^2		
名称		单位	消耗量		
人工	合计工日	工日	0.660	0.100	0.660
	石工普工	工日	0.198	0.030	0.198
	石工一般技工	工日	0.330	0.050	0.330
	石工高级技工	工日	0.132	0.020	0.132
材料	素白灰浆	m^3	0.0200	—	0.0200
	其他材料费(占材料费)	%	2.00	—	2.00

工作内容：准备工具、修理工具、必要支顶、安全监护、成品保护、调制灰浆、修整接头缝、挂线、垫塞稳安、灌浆、场内运输及清理废弃物。

计量单位：块

定额编号			3-1-300	3-1-301	3-1-302	3-1-303
项目			石沟嘴子安装		石沟门、石沟漏安装	
			宽度		见方	
			50cm 以内	50cm 以外	40cm 以内	40cm 以外
名称		单位	消耗量			
人工	合计工日	工日	2.760	4.020	0.180	0.240
	石工普工	工日	0.828	1.206	0.054	0.072
	石工一般技工	工日	1.380	2.010	0.090	0.120
	石工高级技工	工日	0.552	0.804	0.036	0.048
材料	素白灰浆	m^3	0.0200	0.0300	0.0100	0.0100
	其他材料费(占材料费)	%	2.00	2.00	2.00	2.00

第二章　砌 体 工 程

说　　明

一、本章包括砌体拆除、砌体整修、砖砌体、琉璃砌体共 4 节 432 个子目。

二、整砖墙拆除适用于各类传统做法的墙体拆除，不分细砖墙或糙砖墙均执行同一定额。墙体拆除时其相应抹灰面层及其他附着饰面（如方砖心、上下坎、立八字等）一并并入墙体之中，不再另行计算；如遇整砖墙与碎砖墙在同一墙体的拆除时应分别计算；外整里碎墙拆除按整砖墙拆除定额执行。毛石墙拆除按整砖墙拆除乘以系数 1.13，土坯墙拆除按整砖墙拆除乘以系数 0.95。花瓦心拆除、方砖心拆除、方砖博缝、挂落拆除等其他拆除定额子目应分别执行。

三、墙面、冰盘檐刷浆打点适用于以刷浆提色为主要做法的情况，如旧墙面需单独勾缝，执行本册第五章"抹灰工程"相应定额。

四、砌体整修中墙面剔补子目，分不同做法及部位，以单独剔补补换 $1m^2$ 以内为准，如遇剔补补换几块相连接的砖面积之和超过 $1m^2$ 时，应执行拆除和新作定额。

五、拆砌项目已综合考虑了利用旧砖、添配新砖的因素。砖墙体拆砌均以新砖添配在 30% 以内为准，新砖添配超过 30% 时，另执行新砖添配每增 10% 定额，不足 10% 的亦按 10% 执行。

六、博缝拆砌包括了博缝头及脊中分件，方砖梢子拆砌包括圈挑檐及腮帮部分。

七、拆砌、新砌定额子目除下表所列子目外，均不包括里皮衬砌，里皮衬砌应执行相应"糙砌砖墙"定额。

拆砌、新砌定额子目表

定额子目名称	备　注
带刀缝墙拆砌、新砌	
糙砖墙拆砌、新砌	
花瓦心拆砌、新砌	花瓦心一般不需要另加衬砌
十字空花墙拆砌、新砌	
虎皮石墙砌筑	
车棚券砌筑	
真硬顶墙帽拆砌、新砌	
城墙墙帽砌筑	
宝盒顶、馒头顶、鹰不落、蓑衣顶墙帽砌筑	包含胎子砖砌筑

八、本章所列定额子目中的细砖墙中砍砖工，均包括了砖件的砍制加工的内容。其中干摆墙、丝缝墙、淌白墙均综合了所需的八字砖、转头砖，透风砖的砍制加工以及因排砖方式不同可能产生的丁头砖的砍制内容，实际工程中不论其具体部位和排砖方式如何，定额均不做调整。

九、山花、象眼等零星砌体砌筑，按相应做法乘以系数 1.3。

十、墙体砌筑定额已综合了弧形墙、拱形墙、云墙等不同情况，实际工程中如遇上述情况定额不作调整；散砖博缝按墙体执行本章相应定额。

十一、石墙勾缝适用于新砌毛石墙和干背山做法。

十二、拆除、拆砌、摆砌花瓦心均以一进瓦（单面做法）为准，若为两进瓦定额乘以系数 2。墙帽花瓦心与墙身花瓦心执行同一定额。

十三、空花墙厚度是以所用一块砖长度为准，定额已综合考虑了其转角处所需增加的砖量。

十四、梢子砌筑均包括戗檐、盘头及点砌腮帮，其中干摆梢子还包括干摆后续尾。

十五、方砖博缝砌筑包括二层托山混和脊中分件，不包括博缝头，博缝头砌筑另外执行定额；琉璃博缝砌筑包括博缝头、脊中分件，不包括托山混。但方砖博缝、散装博缝拆砌包括博缝头拆砌的工作内容。

十六、须弥座包括圭脚、上下枋（盖板）、半混、串珠混、炉口、枭、束腰。

十七、方砖心、梢子、戗檐、博缝头，须弥座等均以无雕刻的为准（琉璃做法除外），如遇雕刻时应另行计算。

十八、冰盘檐除连珠混已含雕饰外，其他各层雕饰均另行计算。

菱角檐、鸡嗉檐、冰盘檐分层组合方式如下表：

菱角檐、鸡嗉檐、冰盘檐分层组合方式表

名　　称	分层组合做法	备　　注
菱角檐	直檐、菱角砖、盖板	
鸡嗉檐	直檐、半混、盖板	
四层冰盘檐	直檐、半混、枭、盖板	
五层素冰盘檐	直檐、半混、炉口、枭、盖板	
五层带连珠混冰盘檐	直檐、连珠混、半混、枭、盖板	
五层带砖椽冰盘檐	直檐、半混、枭、砖椽、盖板	
六层无砖椽冰盘檐	直檐、连珠混、半混、炉口、枭、盖板	
六层带连珠混砖椽冰盘檐	直檐、连珠混、半混、枭、砖椽、盖板	
六层带方、圆砖椽冰盘檐	直檐、半混、枭、圆椽、方椽、盖板	
七层带连珠混砖椽冰盘檐	直檐、连珠混、半混、炉口、枭、砖椽、盖板	
七层带方、圆砖椽冰盘檐	直檐、连珠混、半混、枭、圆椽、方椽、盖板	
八层冰盘檐	直檐、连珠混、半混、炉口、枭、圆椽、方椽、盖板	

十九、本章所列各种砖墙帽均以双面做法为准，包括相应的砌胎子砖，抹灰等，但不包括其下方的各种砖檐。若墙帽为单面做法时定额乘以系数0.65。瓦墙帽执行本册第四章“屋面工程”相应定额。

工程量计算规则

一、墙面、冰盘檐刷浆打点、墁干活均按垂直投影面积计算，其中墙面应扣除0.5m^2以外门窗洞口所占面积，其侧壁亦不增加，不扣柱门等所占面积。

二、墙面剔补砖，砖件、饰件补换均按所补换砖件的数量计算。

三、干摆、丝缝、淌白等细砖墙面及琉璃砖墙面按垂直投影面积计算，扣除门窗洞口、梢子及石构件所占面积，门窗洞口侧壁亦不增加，不扣除柱门所占面积。下肩、山尖、墀头做法不同时应分别计算。

四、带刀缝墙、糙砖墙砌筑、虎皮石墙、方整石墙砌筑等按体积计算，扣除门窗、过人洞、嵌入墙内的柱梁枋及细墙面所占体积，不扣除伸入墙内的梁头、桁檩头所占体积。

五、方砖心、琉璃花心及琉璃梁枋垫板按垂直投影面积计算，花瓦心、空花墙按垂直投影面积计算，不扣除孔洞所占面积。

六、糙砖墙面勾抹灰缝按相应墙面垂直投影面积计算，扣除门窗洞口、梢子及石构件所占面积，门窗洞口侧壁亦不增加。

七、门窗券细砌按券脸垂直投影面积计算；糙砌门窗券、车棚券按体积计算。

八、什锦窗套、什锦门套贴脸以单面为准按数量计算，双面均做时乘以系数2。门窗内侧壁贴砌按贴砌长度计算。

九、方砖博缝包括其下二层檐（或托山混）以博缝上皮长度计算，不扣除博缝头所占长度；博缝头按数量计算。琉璃博缝不包括其下的托山混，按垂直投影面积计算，博缝头不再单独计算；琉璃托山混按长度计算。

十、方砖挂落按外皮长度计算；琉璃挂落按垂直投影面积计算。

十一、须弥座按露明垂直投影面积计算。

十二、砖檐、琉璃檐砌筑以最上一层长度计算，拆砌按累计长度计算。

十三、墙帽按中心线长度计算。

十四、正身椽飞及翼角椽飞以起翘处为分界，其中：正身椽飞按正身椽望所处檐头长度计算。翼角椽飞自起翘处起到角梁端头中心长度计算。

十五、梢子摆砌按不同尺寸、规格按数量计算。

十六、影壁及看面墙的枋子、箍头枋、上下槛、立八字、线枋子、琉璃枋、圆角柱、线砖均以中线长度计算。

十七、影壁及看面墙的马蹄磉、三岔头、耳子不分规格按数量计算。

十八、影壁及看面墙的廊心墙的小脊子、穿插档不分规格按数量计算。

十九、琉璃方、圆马蹄磉、垂头、霸王拳、耳子、宝瓶按数量计算。

二十、琉璃斗栱及琉璃斗栱附件分不同高度按数量计算。

一、砌 体 拆 除

工作内容：准备工具、必要支项、安全监护、成品保护、编号、拆除旧砖料、清理码放、场内运输及清理废弃物。

定额编号			3-2-1	3-2-2	3-2-3	3-2-4	3-2-5
项目			整砖墙拆除	碎砖墙拆除	花瓦心拆除	方砖心拆除	方砖博缝、挂落拆除
			m^3		m^2		m
名称		单位	消耗量				
人工	合计工日	工日	0.780	0.540	0.120	0.180	0.120
	瓦工普工	工日	0.702	0.486	0.108	0.162	0.108
	瓦工一般技工	工日	0.078	0.054	0.012	0.018	0.012

工作内容：准备工具、必要支项、安全监护、成品保护、编号、拆除旧砖料、清理码放、场内运输及清理废弃物。

计量单位：m

定额编号			3-2-6	3-2-7	3-2-8	3-2-9	3-2-10	3-2-11
项目			直檐、鸡嗉檐拆除		五层以下冰盘檐拆除		五层以上冰盘檐拆除	
			城砖	停泥砖、方砖	城砖	停泥砖、方砖	城砖	停泥砖、方砖
名称		单位	消耗量					
人工	合计工日	工日	0.070	0.080	0.110	0.120	0.252	0.160
	瓦工普工	工日	0.063	0.072	0.099	0.108	0.126	0.144
	瓦工一般技工	工日	0.007	0.008	0.011	0.012	0.126	0.016

工作内容：准备工具、必要支顶、安全监护、成品保护、编号、拆除旧砖料、清理码放、场内运输及清理废弃物。

计量单位：m

定额编号			3-2-12	3-2-13	3-2-14
项目			真硬顶墙帽拆除		假硬顶、宝盒顶、馒头顶、鹰不落顶墙帽拆除
			城砖、大停泥砖	小停泥砖、四丁砖	
名称		单位	消耗量		
人工	合计工日	工日	0.160	0.100	0.080
	瓦工普工	工日	0.144	0.090	0.072
	瓦工一般技工	工日	0.016	0.010	0.008

工作内容：准备工具、必要支顶、安全监护、成品保护、编号、拆除旧砖料、清理码放、场内运输及清理废弃物。

计量单位：m^2

定额编号			3-2-15	3-2-16	3-2-17
项目			拆玻璃砖墙、琉璃砖空花墙、琉璃花心拆除	琉璃面砖、琉璃博缝、挂落拆除	琉璃须弥座拆除
名称		单位	消耗量		
人工	合计工日	工日	0.360	0.300	0.400
	瓦工普工	工日	0.324	0.270	0.360
	瓦工一般技工	工日	0.036	0.030	0.040

工作内容：准备工具、必要支项、安全监护、成品保护、编号、拆除旧砖料、清理码放、场内运输及清理废弃物。

计量单位：m

定额编号			3-2-18	3-2-19	3-2-20
项目			琉璃冰盘檐拆除	琉璃坐斗枋、挑檐桁拆除	琉璃椽飞拆除
名称		单位	消耗量		
人工	合计工日	工日	0.120	0.060	0.120
	瓦工普工	工日	0.108	0.054	0.108
	瓦工一般技工	工日	0.012	0.006	0.012

工作内容：准备工具、必要支项、安全监护、成品保护、编号、拆除旧砖料、清理码放、场内运输及清理废弃物。

计量单位：攒

定额编号			3-2-21	3-2-22	3-2-23
项目			琉璃斗栱拆除(高度)		
			30cm 以内	50cm 以内	50cm 以外
名称		单位	消耗量		
人工	合计工日	工日	0.140	0.240	0.300
	瓦工普工	工日	0.126	0.216	0.270
	瓦工一般技工	工日	0.014	0.024	0.030

二、砌 体 整 修

工作内容:准备工具、调制灰浆、打扫清理、打点、场内运输及清理废弃物。

墁干活还包括打磨墙面。墁干活前剁油皮还包括剁、挠墙面。

计量单位:m^2

定额编号			3-2-24	3-2-25	3-2-26	3-2-27	3-2-28	3-2-29
项目			刷浆打点		墁干活			墁干活前剁油皮
			墙面	冰盘檐	干摆、丝缝墙	淌白、带刀缝墙	素冰盘檐	
名称		单位	消耗量					
人工	合计工日	工日	0.250	0.350	0.720	0.360	1.010	1.200
	瓦工普工	工日	0.125	0.175	0.360	0.180	0.505	0.600
	瓦工一般技工	工日	0.125	0.175	0.360	0.180	0.505	0.600
材料	生石灰	kg	1.5000	2.2200	—	—	—	—
	青灰	kg	0.8000	0.8900	—	—	—	—
	麻刀	kg	0.0600	0.1300	—	—	—	—
	骨胶	kg	0.0100	0.0200	—	—	—	—
	其他材料费(占材料费)	%	2.00	2.00	—	—	—	—

工作内容：准备工具、剔除残损旧砖、挑选砖料并砍制加工、清理基层、调制灰浆、摆砌、打点、场内运输及清理废弃物。

计量单位：块

定额编号			3-2-30	3-2-31	3-2-32	3-2-33
项目			干摆、丝缝墙面剔补			
			大城砖	二样城砖	大停泥砖	小停泥砖
名称		单位	消耗量			
人工	合计工日	工日	0.804	0.714	0.636	0.360
	瓦工普工	工日	0.130	0.119	0.108	0.065
	瓦工一般技工	工日	0.324	0.297	0.270	0.162
	瓦工高级技工	工日	0.194	0.178	0.162	0.097
	砍砖工普工	工日	0.016	0.012	0.010	0.004
	砍砖工一般技工	工日	0.094	0.072	0.058	0.022
	砍砖工高级技工	工日	0.047	0.036	0.029	0.011
材料	大城砖	块	1.1300	—	—	—
	二样城砖	块	—	1.1300	—	—
	大停泥砖	块	—	—	1.1300	—
	小停泥砖	块	—	—	—	1.1300
	素白灰浆	m^3	0.0360	0.0026	0.0022	0.0011
	其他材料费（占材料费）	%	2.00	2.00	2.00	2.00
机械	切砖机 2.8kW	台班	0.0113	0.0113	0.0094	0.0094

工作内容：准备工具、剔除残损旧砖、挑选砖料并砍制加工、清理基层、调制灰浆、摆砌、打点、场内运输及清理废弃物。

计量单位：块

定额编号			3-2-34	3-2-35	3-2-36	3-2-37	3-2-38
项目			淌白墙剔补				
			大城砖	二样城砖	大停泥砖	地趴砖	小停泥砖
名称		单位	消耗量				
人工	合计工日	工日	0.370	0.332	0.286	0.270	0.180
	瓦工普工	工日	0.066	0.059	0.051	0.048	0.032
	瓦工一般技工	工日	0.165	0.148	0.128	0.121	0.080
	瓦工高级技工	工日	0.099	0.089	0.077	0.073	0.048
	砍砖工普工	工日	0.004	0.004	0.003	0.003	0.002
	砍砖工一般技工	工日	0.024	0.021	0.017	0.017	0.012
	砍砖工高级技工	工日	0.012	0.011	0.009	0.008	0.006
材料	大城砖	块	1.1300	—	—	—	—
	二样城砖	块	—	1.1300	—	—	—
	大停泥砖	块	—	—	1.1300	—	—
	地趴砖	块	—	—	—	1.1300	—
	小停泥砖	块	—	—	—	—	1.1300
	素白灰浆	m^3	0.0110	0.0100	0.0090	0.0096	0.0070
	其他材料费(占材料费)	%	2.00	2.00	2.00	2.00	2.00
机械	切砖机 2.8kW	台班	0.0113	0.0113	0.0094	0.0094	0.0094

工作内容:准备工具、剔除残损旧砖、挑选砖料并砍制加工、清理基层、调制灰浆、摆砌、打点、场内运输及清理废弃物。

计量单位:块

定额编号			3-2-39	3-2-40	3-2-41	3-2-42	3-2-43
项目			带刀缝墙、糙砌墙面剔补				
			大城砖	二样城砖	大停泥砖	地趴砖	小停泥砖
名称		单位	消耗量				
人工	合计工日	工日	0.330	0.296	0.256	0.220	0.160
	瓦工普工	工日	0.132	0.118	0.102	0.088	0.064
	瓦工一般技工	工日	0.165	0.148	0.128	0.110	0.080
	瓦工高级技工	工日	0.033	0.030	0.026	0.022	0.016
材料	大城砖	块	1.0300	—	—	—	—
	二样城砖	块	—	1.0300	—	—	—
	大停泥砖	块	—	—	1.0300	—	—
	地趴砖	块	—	—	—	1.0300	—
	小停泥砖	块	—	—	—	—	1.0300
	素白灰浆	m^3	0.0090	0.0070	0.0050	0.0045	0.0220
	其他材料费(占材料费)	%	2.00	2.00	2.00	2.00	2.00

工作内容:准备工具、剔除残损旧砖、挑选砖料并砍制加工、清理基层、调制灰浆、摆砌、打点、场内运输及清理废弃物。

计量单位:块

定额编号			3-2-44	3-2-45	3-2-46	3-2-47	3-2-48	3-2-49
项目			方砖心剔补		柱子、箍头枋、上下槛、立八字、线枋子剔补	门窗贴脸砖剔补	透风砖剔补	
			尺二方砖	尺四方砖			大停泥砖	小停泥砖
名称		单位	消耗量					
人工	合计工日	工日	0.816	0.852	0.624	2.232	4.308	2.832
	瓦工普工	工日	0.101	0.096	0.072	0.096	0.120	0.072
	瓦工一般技工	工日	0.252	0.240	0.180	0.240	0.300	0.180
	瓦工高级技工	工日	0.151	0.144	0.108	0.144	0.180	0.108
	砍砖工普工	工日	0.031	0.037	0.026	0.175	0.371	0.247
	砍砖工一般技工	工日	0.187	0.223	0.158	1.051	2.225	1.483
	砍砖工高级技工	工日	0.094	0.112	0.079	0.526	1.112	0.742
材料	尺二方砖	块	1.1300	—	—	—	—	—
	尺四方砖	块	—	1.1300	—	0.5600	—	—
	大停泥砖	块	—	—	—	—	1.1300	—
	小停泥砖	块	—	—	1.1300	—	—	1.1300
	素白灰浆	m^3	0.0016	0.0021	0.0011	0.0011	0.0021	0.0011
	其他材料费(占材料费)	%	2.00	2.00	2.00	2.00	2.00	2.00
机械	切砖机 2.8kW	台班	0.0141	0.0141	0.0094	0.0070	0.0094	0.0094

工作内容：准备工具、剔除残损旧砖、挑选砖料并砍制加工、清理基层、调制灰浆、摆砌、打点、场内运输及清理废弃物。

计量单位：块

定额编号			3-2-50	3-2-51	3-2-52	3-2-53
项目			戗檐砖、博缝砖、博缝砖补换			
			三才	尺二方砖	尺四方砖	尺七方砖
名称		单位	消耗量			
人工	合计工日	工日	0.720	0.960	1.080	1.440
	瓦工普工	工日	0.060	0.084	0.096	0.108
	瓦工一般技工	工日	0.150	0.210	0.240	0.270
	瓦工高级技工	工日	0.090	0.126	0.144	0.162
	砍砖工普工	工日	0.042	0.054	0.060	0.090
	砍砖工一般技工	工日	0.252	0.324	0.360	0.540
	砍砖工高级技工	工日	0.126	0.162	0.180	0.270
材料	尺四方砖	块	0.5600	—	1.1300	—
	尺二方砖	块	—	1.1300	—	—
	尺七方砖	块	—	—	—	1.1300
	深月白中麻刀灰	m^3	0.0010	0.0016	0.0021	0.0030
	其他材料费(占材料费)	%	2.00	2.00	2.00	2.00
机械	切砖机 2.8kW	台班	0.0070	0.0141	0.0141	0.0141

工作内容:准备工具、剔除残损旧砖、挑选砖料并砍制加工、清理基层、调制灰浆、摆砌、打点、场内运输及清理废弃物。

计量单位:块

定额编号			3-2-54	3-2-55	3-2-56	3-2-57
项目			挂落砖补换			
			三才	尺二方砖	尺四方砖	尺七方砖
名称		单位	消耗量			
人工	合计工日	工日	0.600	0.800	0.900	1.010
	瓦工普工	工日	0.036	0.052	0.060	0.070
	瓦工一般技工	工日	0.090	0.130	0.150	0.175
	瓦工高级技工	工日	0.054	0.078	0.090	0.105
	砍砖工普工	工日	0.042	0.054	0.060	0.066
	砍砖工一般技工	工日	0.252	0.324	0.360	0.396
	砍砖工高级技工	工日	0.126	0.162	0.180	0.198
材料	尺四方砖	块	0.5600	—	1.1300	—
	尺二方砖	块	—	1.1300	—	—
	尺七方砖	块	—	—	—	1.1300
	深月白小麻刀灰	m^3	0.0011	0.0016	0.0021	0.0030
	其他材料费(占材料费)	%	2.00	2.00	2.00	2.00
机械	切砖机 2.8kW	台班	0.0070	0.0141	0.0141	0.0141

工作内容：准备工具、剔除残损旧砖、挑选砖料并砍制加工、清理基层、调制灰浆、摆砌、打点、场内运输及清理废弃物。

计量单位：块

定额编号			3-2-58	3-2-59	3-2-60
项目			城墙箭孔砖补配	城墙砖墙帽补配	
				大城砖	二样城砖
名称		单位	消耗量		
人工	合计工日	工日	0.570	0.660	0.573
	瓦工普工	工日	0.066	0.132	0.115
	瓦工一般技工	工日	0.165	0.330	0.287
	瓦工高级技工	工日	0.099	0.198	0.172
	砍砖工普工	工日	0.024	—	—
	砍砖工一般技工	工日	0.144	—	—
	砍砖工高级技工	工日	0.072	—	—
材料	大城砖	块	1.1300	1.3680	—
	二样城砖	块	—	—	1.4610
	素白灰浆	m^3	0.0100	0.0033	0.0030
	其他材料费(占材料费)	%	2.00	2.00	2.00
机械	切砖机 2.8kW	台班	0.0113	—	—

工作内容：准备工具、必要支顶、安全监护、拆除、挑选整理旧砖件、清理基层、剔接碴、添配部分新砖、砖料砍制加工、调制灰浆、挂线、重新砌筑、背塞、灌浆、打点、场内运输及清理废弃物。

计量单位：m^2

定额编号			3-2-61	3-2-62	3-2-63	3-2-64	3-2-65	3-2-66
项目			丝缝墙面拆砌					
			二样城砖		大停泥砖		小停泥砖	
			新砖添配30%以内	新砖添配每增10%	新砖添配30%以内	新砖添配每增10%	新砖添配30%以内	新砖添配每增10%
名称		单位	消耗量					
人工	合计工日	工日	3.635	0.413	3.790	0.397	4.100	0.341
	瓦工普工	工日	0.458	—	0.494	—	0.598	—
	瓦工一般技工	工日	1.146	—	1.236	—	1.494	—
	瓦工高级技工	工日	0.688	—	0.742	—	0.896	—
	砍砖工普工	工日	0.134	0.041	0.132	0.040	0.111	0.034
	砍砖工一般技工	工日	0.806	0.248	0.791	0.238	0.667	0.205
	砍砖工高级技工	工日	0.403	0.124	0.395	0.119	0.334	0.102
材料	二样城砖	块	9.4428	3.1473	—	—	—	—
	大停泥砖	块	—	—	12.3488	4.1159	—	—
	小停泥砖	块	—	—	—	—	24.4799	8.1592
	素白灰浆	m^3	0.0486	—	0.0477	—	0.0368	—
	老浆灰	m^3	0.0004	—	0.0003	—	0.0004	—
	其他材料费(占材料费)	%	2.00	2.00	2.00	2.00	2.00	2.00
机械	切砖机 2.8kW	台班	0.1260	0.0420	0.1289	0.0430	0.2720	0.0907

工作内容：准备工具、必要支顶、安全监护、拆除、挑选整理旧砖件、清理基层、剔接碴、添配部分新砖、砖料砍制加工、调制灰浆、挂线、重新砌筑、背塞、灌浆、打点、场内运输及清理废弃物。

计量单位：m^2

定额编号			3-2-67	3-2-68	3-2-69	3-2-70	3-2-71	3-2-72
项目			淌白墙面拆砌					
			大城砖		二样城砖		大停泥砖	
			新砖添配30%以内	新砖添配每增10%	新砖添配30%以内	新砖添配每增10%	新砖添配30%以内	新砖添配每增10%
名称		单位	消耗量					
人工	合计工日	工日	2.208	0.119	2.304	0.120	2.676	0.138
	瓦工普工	工日	0.355	—	0.374	—	0.408	—
	瓦工一般技工	工日	0.888	—	0.936	—	1.020	—
	瓦工高级技工	工日	0.533	—	0.562	—	0.612	—
	砍砖工普工	工日	0.043	0.012	0.043	0.012	0.064	0.014
	砍砖工一般技工	工日	0.259	0.071	0.259	0.072	0.382	0.083
	砍砖工高级技工	工日	0.130	0.036	0.130	0.036	0.191	0.041
材料	大城砖	块	6.0200	2.0065	—	—	—	—
	二样城砖	块	—	—	7.3800	2.4598	—	—
	大停泥砖	块	—	—	—	—	10.9400	3.6463
	老浆灰	m^3	0.0284	—	0.0268	—	0.0278	—
	其他材料费(占材料费)	%	2.00	2.00	2.00	2.00	2.00	2.00
机械	切砖机 2.8kW	台班	0.0602	0.0201	0.0738	0.0246	0.0912	0.0304

工作内容：准备工具、必要支顶、安全监护、拆除、挑选整理旧砖件、清理基层、剔接碴、添配部分新砖、砖料砍制加工、调制灰浆、挂线、重新砌筑、背塞、灌浆、打点、场内运输及清理废弃物。

计量单位：m^2

定额编号			3-2-73	3-2-74	3-2-75	3-2-76
项目			淌白墙面拆砌			
			地趴砖		小停泥砖	
			新砖添配30%以内	新砖添配每增10%	新砖添配30%以内	新砖添配每增10%
名称		单位	消耗量			
人工	合计工日	工日	2.252	0.127	2.760	0.103
	瓦工普工	工日	0.374	—	0.473	—
	瓦工一般技工	工日	0.936	—	1.182	—
	瓦工高级技工	工日	0.562	—	0.709	—
	砍砖工普工	工日	0.038	0.013	0.040	0.010
	砍砖工一般技工	工日	0.228	0.076	0.238	0.062
	砍砖工高级技工	工日	0.114	0.038	0.119	0.031
材料	地趴砖	块	9.1590	3.0527	—	—
	小停泥砖	块	—	—	19.4200	6.4727
	老浆灰	m^3	0.0100	—	0.0230	—
	其他材料费(占材料费)	%	2.00	2.00	2.00	2.00
机械	切砖机 2.8kW	台班	0.0763	0.0254	0.1618	0.0539

工作内容：准备工具、必要支顶、安全监护、拆除、挑选整理旧砖件、清理基层、剔接碴、添配部分新砖、调制灰浆、挂线、重新砌筑、打点、场内运输及清理废弃物。 **计量单位：**m³

定额编号			3-2-77	3-2-78	3-2-79	3-2-80	3-2-81	3-2-82
项目			带刀缝墙拆砌					
			大城砖		二样城砖		大停泥砖	
			新砖添配30%以内	新砖添配每增10%	新砖添配30%以内	新砖添配每增10%	新砖添配30%以内	新砖添配每增10%
名称		单位	消耗量					
人工	合计工日	工日	2.630	—	2.770	—	3.080	—
	瓦工普工	工日	1.052	—	1.108	—	1.232	—
	瓦工一般技工	工日	1.315	—	1.385	—	1.540	—
	瓦工高级技工	工日	0.263	—	0.277	—	0.308	—
材料	大城砖	块	19.2900	6.4294	—	—	—	—
	二样城砖	块	—	—	25.3500	8.4492	—	—
	大停泥砖	块	—	—	—	—	40.7400	13.5786
	深月白灰	m³	0.0820	—	0.0810	—	0.0900	—
	其他材料费(占材料费)	%	2.00	2.00	2.00	2.00	2.00	2.00

工作内容：准备工具、必要支顶、安全监护、拆除、挑选整理旧砖件、清理基层、剔接碴、添配部分新砖、调制灰浆、挂线、重新砌筑、打点、场内运输及清理废弃物。 **计量单位：**m³

定额编号			3-2-83	3-2-84	3-2-85	3-2-86
项目			带刀缝墙拆砌			
			大开条砖		蓝四丁砖	
			新砖添配30%以内	新砖添配每增10%	新砖添配30%以内	新砖添配每增10%
名称		单位	消耗量			
人工	合计工日	工日	3.890	—	4.681	—
	瓦工普工	工日	1.556	—	1.876	—
	瓦工一般技工	工日	1.945	—	2.345	—
	瓦工高级技工	工日	0.389	—	0.460	—
材料	大开条砖	块	105.5300	35.1731	—	—
	蓝四丁砖	块	—	—	181.2100	60.3973
	深月白灰	m³	0.0960	—	0.1470	—
	其他材料费(占材料费)	%	2.00	2.00	2.00	2.00

工作内容：准备工具、必要支顶、安全监护、拆除、挑选整理旧砖件、清理基层、剔接碴、添配部分新砖、调制灰浆、挂线、重新砌筑、打点、场内运输及清理废弃物。 **计量单位：**m³

定额编号			3-2-87	3-2-88	3-2-89	3-2-90	3-2-91	3-2-92
项目			糙砖墙拆砌					
			大城砖		二样城砖		大停泥砖	
			新砖添配30%以内	新砖添配每增10%	新砖添配30%以内	新砖添配每增10%	新砖添配30%以内	新砖添配每增10%
名称		单位	消耗量					
人工	合计工日	工日	2.440	—	2.540	—	2.820	—
	瓦工普工	工日	0.976	—	1.016	—	1.128	—
	瓦工一般技工	工日	1.220	—	1.270	—	1.410	—
	瓦工高级技工	工日	0.244	—	0.254	—	0.282	—
材料	大城砖	块	17.9700	5.9894	—	—	—	—
	二样城砖	块	—	—	23.1500	7.7159	—	—
	大停泥砖	块	—	—	—	—	37.3000	12.4321
	素白灰浆	m³	0.1470	—	0.1630	—	0.1690	—
	其他材料费(占材料费)	%	2.00	2.00	2.00	2.00	2.00	2.00

工作内容：准备工具、必要支顶、安全监护、拆除、挑选整理旧砖件、清理基层、剔接碴、添配部分新砖、调制灰浆、挂线、重新砌筑、打点、场内运输及清理废弃物。 **计量单位：**m³

定额编号			3-2-93	3-2-94	3-2-95	3-2-96	3-2-97	3-2-98
项目			糙砖墙拆砌					
			地趴砖		大开条砖		蓝四丁砖	
			新砖添配30%以内	新砖添配每增10%	新砖添配30%以内	新砖添配每增10%	新砖添配30%以内	新砖添配每增10%
名称		单位	消耗量					
人工	合计工日	工日	2.680	—	3.550	—	4.250	—
	瓦工普工	工日	1.072	—	1.420	—	1.700	—
	瓦工一般技工	工日	1.340	—	1.775	—	2.125	—
	瓦工高级技工	工日	0.268	—	0.355	—	0.425	—
材料	地趴砖	块	37.0270	12.3420	—	—	—	—
	大开条砖	块	—	—	95.9900	31.9980	—	—
	蓝四丁砖	块	—	—	—	—	162.1500	53.8870
	素白灰浆	m³	0.1565	—	0.1810	—	0.2390	—
	其他材料费(占材料费)	%	2.00	2.00	2.00	2.00	2.00	2.00

工作内容：准备工具、必要支顶、安全监护、拆除、挑选整理旧瓦件、清理基层、添配部分新瓦、样瓦、调制灰浆、挂线、重新摆砌、打点、场内运输及清理废弃物。 **计量单位**：m^2

定额编号			3-2-99	3-2-100	3-2-101	3-2-102	3-2-103	3-2-104
项目			花瓦心拆砌					
			板瓦			筒瓦		
			2#	3#	10#	2#	3#	10#
名称		单位	消耗量					
人工	合计工日	工日	4.700	5.760	9.724	6.340	7.820	12.660
	瓦工普工	工日	0.940	1.152	1.880	1.268	1.564	2.532
	瓦工一般技工	工日	2.820	3.456	5.964	3.804	4.692	7.596
	瓦工高级技工	工日	0.940	1.152	1.880	1.268	1.564	2.532
材料	板瓦	块	42.9600	53.0600	110.4200	—	—	—
	筒瓦	块	—	—	—	52.0600	77.7800	128.5800
	深月白中麻刀灰	m^3	0.0030	0.0030	0.0040	0.0040	0.0050	0.0040
	其他材料费(占材料费)	%	2.00	2.00	2.00	2.00	2.00	2.00

工作内容：准备工具、必要支顶、安全监护、拆除、挑选整理旧瓦件、清理基层、添配部分新瓦、样瓦、调制灰浆、挂线、重新摆砌、打点、场内运输及清理废弃物。 **计量单位**：m^2

定额编号			3-2-105	3-2-106	3-2-107	3-2-108	3-2-109	3-2-110
项目			花瓦心拆砌					
			鱼鳞瓦			板瓦、筒瓦混用		
			2#	3#	10#	2#	3#	10#
名称		单位	消耗量					
人工	合计工日	工日	4.330	5.290	8.600	6.920	8.510	13.930
	瓦工普工	工日	0.866	1.058	1.720	1.384	1.702	2.786
	瓦工一般技工	工日	2.598	3.174	5.160	4.152	5.106	8.358
	瓦工高级技工	工日	0.866	1.058	1.720	1.384	1.702	2.786
材料	板瓦	块	50.1800	60.3500	118.3100	23.5400	31.5400	59.4100
	筒瓦	块	—	—	—	23.5400	31.5400	59.4100
	深月白中麻刀灰	m^3	0.0030	0.0030	0.0040	0.0040	0.0040	0.0040
	其他材料费(占材料费)	%	2.00	2.00	2.00	2.00	2.00	2.00

工作内容：准备工具、必要支项、安全监护、拆除、挑选整理旧砖件、清理基层、剔接碴、添配部分新砖、砖料砍制加工、调制灰浆、挂线、重新砌筑、背塞、灌浆、打点、场内运输及清理废弃物。

定额编号			3-2-111	3-2-112	3-2-113	3-2-114	3-2-115
项目			方砖心拆砌		梢子拆砌		
			尺二方砖	尺四方砖	尺二方砖	尺四方砖	尺七方砖
			m^2		份		
名称		单位	消耗量				
人工	合计工日	工日	3.503	3.252	3.216	3.948	5.040
	瓦工普工	工日	0.528	0.504	0.444	0.554	0.662
	瓦工一般技工	工日	1.320	1.260	1.110	1.386	1.656
	瓦工高级技工	工日	0.792	0.756	0.666	0.832	0.994
	砍砖工普工	工日	0.086	0.146	0.100	0.118	0.173
	砍砖工一般技工	工日	0.518	0.366	0.598	0.706	1.037
	砍砖工高级技工	工日	0.259	0.220	0.299	0.353	0.518
材料	尺二方砖	块	3.1800	—	1.5300	—	—
	尺四方砖	块	—	2.2100	—	1.7000	—
	尺七方砖	块	—	—	—	—	1.7000
	大停泥砖	块	—	—	—	—	8.4800
	小停泥砖	块	—	—	—	8.4800	—
	蓝四丁砖	块	—	—	7.4200	—	—
	素白灰浆	m^3	0.0103	0.0103	—	—	—
	老浆灰	m^3	—	—	0.0080	0.0130	0.0270
	其他材料费(占材料费)	%	2.00	2.00	2.00	2.00	2.00
机械	切砖机 2.8kW	台班	0.0398	0.0276	0.0618	0.0707	0.0707

工作内容：准备工具、必要支顶、安全监护、拆除、挑选整理旧砖件、清理基层、剔接碴、添配部分新砖、砖料砍制加工、调制灰浆、挂线、重新砌筑、背塞、灌浆、苫小背、打点、场内运输及清理废弃物。

计量单位：m

定额编号			3-2-116	3-2-117	3-2-118	3-2-119
项目			干摆博缝拆砌			
			三才	尺二方砖	尺四方砖	尺七方砖
	名称	单位	消耗量			
人工	合计工日	工日	1.090	1.220	1.172	1.530
	瓦工普工	工日	0.174	0.149	—	0.182
	瓦工一般技工	工日	0.436	0.372	0.396	0.456
	瓦工高级技工	工日	0.262	0.223	0.238	0.274
	砍砖工普工	工日	0.022	0.048	0.054	0.062
	砍砖工一般技工	工日	0.131	0.286	0.323	0.371
	砍砖工高级技工	工日	0.065	0.143	0.161	0.185
材料	尺四方砖	块	0.4100	—	0.8200	—
	尺二方砖	块	—	0.9700	—	—
	尺七方砖	块	—	—	—	0.6700
	小停泥砖	块	2.3600	2.3900	2.4200	2.4400
	深月白中麻刀灰	m^3	0.0300	0.0300	0.0300	0.0300
	镀锌铁丝 10#	kg	0.0500	0.0900	0.0800	0.0700
	圆钉	kg	0.0600	0.0600	0.0600	0.0600
	其他材料费(占材料费)	%	2.00	2.00	2.00	2.00
机械	切砖机 2.8kW	台班	0.0248	0.0199	0.0202	0.0287

工作内容:准备工具、必要支顶、安全监护、拆除、挑选整理旧砖件、清理基层、剔接碴、添配部分新砖、砖料砍制加工、调制灰浆、挂线、重新砌筑、背塞、灌浆、打点、场内运输及清理废弃物。散装博缝拆砌还包括苫小背。

计量单位:m

定额编号			3-2-120	3-2-121	3-2-122	3-2-123	3-2-124
项目			散装博缝拆砌	挂落砖拆砌			
				三才	尺二方砖	尺四方砖	尺七方砖
名称		单位	消耗量				
人工	合计工日	工日	1.310	0.588	0.900	0.910	0.936
	瓦工普工	工日	0.156	0.055	0.084	0.089	0.108
	瓦工一般技工	工日	0.468	0.138	0.210	0.222	0.270
	瓦工高级技工	工日	0.156	0.083	0.126	0.133	0.162
	砍砖工普工	工日	0.053	0.031	0.048	0.047	0.040
	砍砖工一般技工	工日	0.318	0.187	0.288	0.280	0.238
	砍砖工高级技工	工日	0.159	0.094	0.144	0.140	0.119
材料	尺四方砖	块	0.2000	0.4100	—	0.8500	—
	尺二方砖	块	—	—	0.9700	—	—
	尺七方砖	块	—	—	—	—	0.6500
	小停泥砖	块	10.0000	—	—	—	—
	深月白浆	m^3	0.0200	—	—	—	—
	深月白中麻刀灰	m^3	0.0120	—	—	—	—
	深月白小麻刀灰	m^3	—	0.0020	0.0040	0.0040	0.0050
	铁件 综合	kg	—	0.0700	0.1500	0.1400	0.1400
	其他材料费(占材料费)	%	2.00	2.00	2.00	2.00	2.00
机械	切砖机 2.8kW	台班	0.0858	0.0051	0.0121	0.0106	0.0081

工作内容：准备工具、必要支顶、安全监护、拆除、挑选整理旧砖件、清理基层、剔接碴、添配部分新砖、砖料砍制加工、调制灰浆、挂线、重新砌筑、背塞、灌浆、打点、场内运输及清理废弃物。

计量单位：m

定额编号			3-2-125	3-2-126	3-2-127	3-2-128	3-2-129	3-2-130
项目			直檐、半混、炉口、枭、盖板拆砌					
			大城砖	二样城砖	大停泥砖	小停泥砖	尺二方砖	尺四方砖
名称		单位	消耗量					
人工	合计工日	工日	0.444	0.408	0.276	0.288	0.348	0.264
	瓦工普工	工日	0.022	0.022	0.022	0.024	0.024	0.024
	瓦工一般技工	工日	0.054	0.054	0.054	0.060	0.060	0.060
	瓦工高级技工	工日	0.032	0.032	0.032	0.036	0.036	0.036
	砍砖工普工	工日	0.034	0.030	0.017	0.017	0.023	0.014
	砍砖工一般技工	工日	0.202	0.180	0.101	0.101	0.137	0.086
	砍砖工高级技工	工日	0.101	0.090	0.050	0.050	0.068	0.043
材料	大城砖	块	1.0100	—	—	—	—	—
	二样城砖	块	—	1.0800	—	—	—	—
	大停泥砖	块	—	—	1.1600	—	—	—
	小停泥砖	块	—	—	—	1.6700	—	—
	尺二方砖	块	—	—	—	—	0.7300	—
	尺四方砖	块	—	—	—	—	—	0.6100
	素白灰浆	m^3	0.0030	0.0030	0.0030	0.0020	0.0030	0.0030
	其他材料费(占材料费)	%	2.00	2.00	2.00	2.00	2.00	2.00
机械	切砖机 2.8kW	台班	0.0101	0.0108	0.0097	0.0139	0.0091	0.0076

工作内容：准备工具、必要支顶、安全监护、拆除、挑选整理旧砖件、清理基层、剔接碴、添配部分新砖、砖料砍制加工、调制灰浆、挂线、重新砌筑、背塞、灌浆、打点、场内运输及清理废弃物。

计量单位：m

定额编号			3-2-131	3-2-132	3-2-133
项目			冰盘檐连珠混拆砌		
			尺二方砖	尺四方砖	尺七方砖
名称		单位	消耗量		
人工	合计工日	工日	0.480	0.492	0.492
	瓦工普工	工日	0.022	0.022	0.022
	瓦工一般技工	工日	0.054	0.054	0.054
	瓦工高级技工	工日	0.032	0.032	0.032
	砍砖工普工	工日	0.037	0.038	0.038
	砍砖工一般技工	工日	0.223	0.230	0.230
	砍砖工高级技工	工日	0.112	0.115	0.115
材料	尺二方砖	块	0.6300	—	—
	尺四方砖	块	—	0.5300	—
	尺七方砖	块	—	—	0.4300
	素白灰浆	m^3	0.0030	0.0030	0.0040
	其他材料费(占材料费)	%	2.00	2.00	2.00
机械	切砖机 2.8kW	台班	0.0079	0.0066	0.0054

工作内容：准备工具、必要支顶、安全监护、拆除、挑选整理旧砖件、清理基层、剔接碴、添配部分新砖、砖料砍制加工、调制灰浆、挂线、重新砌筑、背塞、灌浆、打点、场内运输及清理废弃物。

计量单位：m

定额编号			3-2-134	3-2-135	3-2-136	3-2-137	3-2-138	3-2-139
项目			冰盘檐砖椽拆砌					
			大城砖	二样城砖	大停泥砖	小停泥砖	尺二方砖	尺四方砖
名称		单位	消耗量					
人工	合计工日	工日	0.624	0.552	0.480	0.336	0.396	0.372
	瓦工普工	工日	0.026	0.026	0.029	0.029	0.029	0.024
	瓦工一般技工	工日	0.066	0.066	0.072	0.072	0.072	0.060
	瓦工高级技工	工日	0.040	0.040	0.043	0.043	0.043	0.036
	砍砖工普工	工日	0.049	0.042	0.034	0.019	0.025	0.025
	砍砖工一般技工	工日	0.295	0.252	0.202	0.115	0.151	0.151
	砍砖工高级技工	工日	0.148	0.126	0.101	0.058	0.076	0.076
材料	大城砖	块	1.5100	—	—	—	—	—
	二样城砖	块	—	1.6200	—	—	—	—
	大停泥砖	块	—	—	1.7400	—	—	—
	小停泥砖	块	—	—	—	2.5100	—	—
	尺二方砖	块	—	—	—	—	0.9700	—
	尺四方砖	块	—	—	—	—	—	0.8200
	素白灰浆	m^3	0.0050	0.0040	0.0040	0.0030	0.0040	0.0040
	其他材料费(占材料费)	%	2.00	2.00	2.00	2.00	2.00	2.00
机械	切砖机 2.8kW	台班	0.0151	0.0162	0.0145	0.0209	0.0121	0.0103

工作内容:准备工具、必要支顶、安全监护、拆除、挑选整理旧砖件、清理基层、剔接碴、添配部分新砖、调制灰浆、挂线、重新砌筑、打点、场内运输及清理废弃物。　**计量单位:**m

定额编号			3-2-140	3-2-141	3-2-142	3-2-143
项目			真硬顶墙帽拆砌			
			大城砖		二样城砖	
			褥子面	一顺出	褥子面	一顺出
名称		单位	消耗量			
人工	合计工日	工日	0.790	0.550	0.720	0.500
	瓦工普工	工日	0.158	0.110	0.144	0.100
	瓦工一般技工	工日	0.474	0.330	0.432	0.300
	瓦工高级技工	工日	0.158	0.110	0.144	0.100
材料	大城砖	块	5.8900	4.2100	—	—
	二样城砖	块	—	—	6.3000	4.5000
	素白灰浆	m^3	0.1040	0.0200	0.1100	0.0300
	其他材料费(占材料费)	%	2.00	2.00	2.00	2.00

工作内容:准备工具、必要支顶、安全监护、拆除、挑选整理旧砖件、清理基层、剔接碴、添配部分新砖、调制灰浆、挂线、重新砌筑、打点、场内运输及清理废弃物。　**计量单位:**m

定额编号			3-2-144	3-2-145	3-2-146	3-2-147	3-2-148	3-2-149
项目			真硬顶墙帽拆砌					
			大停泥砖		小停泥砖		蓝四丁砖	
			褥子面	一顺出	褥子面	一顺出	褥子面	一顺出
名称		单位	消耗量					
人工	合计工日	工日	0.600	0.430	0.430	0.320	0.420	0.300
	瓦工普工	工日	0.120	0.086	0.086	0.064	0.084	0.060
	瓦工一般技工	工日	0.360	0.258	0.258	0.192	0.252	0.180
	瓦工高级技工	工日	0.120	0.086	0.086	0.064	0.084	0.060
材料	大停泥砖	块	6.9600	4.8400	—	—	—	—
	小停泥砖	块	—	—	9.7600	6.9100	—	—
	蓝四丁砖	块	—	—	—	—	11.5400	8.2400
	素白灰浆	m^3	0.1500	0.0610	0.0590	0.0210	0.0470	0.0170
	其他材料费(占材料费)	%	2.00	2.00	2.00	2.00	2.00	2.00

三、砖　砌　体

1. 墙体、墙面、门窗

工作内容：准备工具、挑选砖件、加工砍制、调制灰浆、找规矩、挂线、摆砌、打点、场内运输及清理废弃物。

计量单位：m^2

定额编号			3-2-150	3-2-151	3-2-152	3-2-153	3-2-154
项目			干摆墙面砌筑				
			大城砖	二样城砖	大停泥砖	小停泥砖	贴斧刃陡板
名称		单位	消耗量				
人工	合计工日	工日	5.456	5.668	5.770	5.294	2.292
	瓦工普工	工日	0.242	0.276	0.307	0.372	0.156
	瓦工一般技工	工日	0.606	0.690	0.768	0.930	0.390
	瓦工高级技工	工日	0.364	0.414	0.461	0.558	0.234
	砍砖工普工	工日	0.424	0.429	0.423	0.343	0.151
	砍砖工一般技工	工日	2.547	2.573	2.540	2.061	0.907
	砍砖工高级技工	工日	1.273	1.286	1.270	1.030	0.454
材料	大城砖	块	26.5000	—	—	—	—
	二样城砖	块	—	33.5600	—	—	—
	大停泥砖	块	—	—	44.1200	—	—
	小停泥砖	块	—	—	—	83.8600	—
	斧刃砖	块	—	—	—	—	46.6900
	素白灰浆	m^3	0.0380	0.0430	0.0410	0.0380	0.0230
	其他材料费(占材料费)	%	1.00	1.00	1.00	1.00	1.00
机械	切砖机 2.8kW	台班	0.2650	0.3356	0.3677	0.6988	0.3891

工作内容：准备工具、挑选砖件、加工砍制、调制灰浆、找规矩、挂线、摆砌、打点、场内运输及清理废弃物。

计量单位：m^2

定额编号			3-2-155	3-2-156	3-2-157	3-2-158
项目			丝缝墙砌筑			
			二样城砖	大停泥砖	小停泥砖	贴斧刃陡板
名称		单位	消耗量			
人工	合计工日	工日	5.600	5.693	5.413	2.478
	瓦工普工	工日	0.314	0.348	0.415	0.204
	瓦工一般技工	工日	0.786	0.870	1.038	0.510
	瓦工高级技工	工日	0.472	0.522	0.623	0.306
	砍砖工普工	工日	0.403	0.395	0.334	0.146
	砍砖工一般技工	工日	2.417	2.372	2.002	0.875
	砍砖工高级技工	工日	1.209	1.186	1.001	0.437
材料	二样城砖	块	31.5100	—	—	—
	大停泥砖	块	—	41.1600	—	—
	小停泥砖	块	—	—	81.6000	—
	斧刃砖	块	—	—	—	44.8400
	素白灰浆	m^3	0.0490	0.0480	0.0370	0.0280
	老浆灰	m^3	0.0010	0.0010	0.0010	0.0010
	其他材料费(占材料费)	%	1.00	1.00	1.00	1.00
机械	切砖机 2.8kW	台班	0.3151	0.3430	0.6800	0.3737

工作内容：准备工具、挑选砖件、加工砍制、调制灰浆、找规矩、挂线、摆砌、打点、场内运输及清理废弃物。

计量单位：m^2

定额编号			3-2-159	3-2-160	3-2-161	3-2-162	3-2-163
项目			淌白墙砌筑				
			大城砖	二样城砖	大停泥砖	地趴砖	小停泥砖
名称		单位	消耗量				
人工	合计工日	工日	2.557	2.723	3.450	2.065	2.988
	瓦工普工	工日	0.254	0.283	0.312	0.275	0.360
	瓦工一般技工	工日	0.636	0.708	0.780	0.688	0.900
	瓦工高级技工	工日	0.382	0.425	0.468	0.413	0.540
	砍砖工普工	工日	0.129	0.131	0.189	0.069	0.119
	砍砖工一般技工	工日	0.771	0.784	1.134	0.413	0.713
	砍砖工高级技工	工日	0.386	0.392	0.567	0.207	0.356
材料	大城砖	块	18.8000	—	—	—	—
	二样城砖	块	—	23.0600	—	—	—
	大停泥砖	块	—	—	34.1900	—	—
	地趴砖	块	—	—	—	28.8030	—
	小停泥砖	块	—	—	—	—	60.7200
	老浆灰	m^3	0.0280	0.0270	0.0280	0.0100	0.0230
	其他材料费(占材料费)	%	1.00	1.00	1.00	1.00	1.00
机械	切砖机 2.8kW	台班	0.1880	0.2306	0.2849	0.2400	0.5060

工作内容：准备工具、挑选砖件、调制灰浆、找规矩、挂线、摆砌、打点、场内运输及清理废弃物。

计量单位：m^3

定额编号			3-2-164	3-2-165	3-2-166	3-2-167	3-2-168
项目			带刀缝墙砌筑				
			大城砖	二样城砖	大停泥砖	大开条砖	蓝四丁砖
名称		单位	消耗量				
人工	合计工日	工日	1.320	1.540	1.750	1.970	2.180
	瓦工普工	工日	0.264	0.308	0.350	0.394	0.436
	瓦工一般技工	工日	0.792	0.924	1.050	1.182	1.308
	瓦工高级技工	工日	0.264	0.308	0.350	0.394	0.436
材料	大城砖	块	64.3100	—	—	—	—
	二样城砖	块	—	84.4900	—	—	—
	大停泥砖	块	—	—	135.8000	—	—
	大开条砖	块	—	—	—	351.7800	—
	蓝四丁砖	块	—	—	—	—	604.0400
	深月白灰	m^3	0.0820	0.0810	0.0900	0.0960	0.1470
	其他材料费(占材料费)	%	1.00	1.00	1.00	1.00	1.00

工作内容：准备工具、挑选砖件、调制灰浆、找规矩、挂线、摆砌、打点、场内运输及清理废弃物。

计量单位：m^3

定额编号			3-2-169	3-2-170	3-2-171	3-2-172	3-2-173	3-2-174
项目			糙砖墙砌筑					
			大城砖	二样城砖	大停泥砖	地趴砖	大开条砖	蓝四丁砖
名称		单位	消耗量					
人工	合计工日	工日	1.160	1.340	1.540	1.430	1.730	1.920
	瓦工普工	工日	0.232	0.268	0.308	0.286	0.346	0.384
	瓦工一般技工	工日	0.696	0.804	0.924	0.858	1.038	1.152
	瓦工高级技工	工日	0.232	0.268	0.308	0.286	0.346	0.384
材料	大城砖	块	59.8900	—	—	—	—	—
	二样城砖	块	—	77.1800	—	—	—	—
	大停泥砖	块	—	—	124.3400	—	—	—
	地趴砖	块	—	—	—	123.4240	—	—
	大开条砖	块	—	—	—	—	319.9800	—
	蓝四丁砖	块	—	—	—	—	—	540.5100
	素白灰浆	m^3	0.1470	0.1630	0.1690	0.1565	0.1810	0.2390
	其他材料费(占材料费)	%	1.00	1.00	1.00	1.00	1.00	1.00

工作内容：准备工具、挑选砖件、加工砍制、调制灰浆、找规矩、挂线、打眼、拴铅丝、摆砌、打点、场内运输及清理废弃物。糙砖墙面勾缝还包括清理基层、打水茬、勾缝。　**计量单位：**m^2

定额编号			3-2-175	3-2-176	3-2-177	3-2-178	3-2-179
项目			糙砖墙面		方砖心摆砌		
			老浆灰勾缝	小麻刀灰抹缝	尺二方砖	尺四方砖	尺七方砖
名称		单位	消耗量				
人工	合计工日	工日	0.130	0.160	5.050	4.543	5.390
	瓦工普工	工日	0.026	0.032	0.480	0.456	0.504
	瓦工一般技工	工日	0.078	0.096	1.200	1.140	1.260
	瓦工高级技工	工日	0.026	0.032	0.720	0.684	0.756
	砍砖工普工	工日	—	—	0.265	0.226	0.287
	砍砖工一般技工	工日	—	—	1.590	1.358	1.722
	砍砖工高级技工	工日	—	—	0.795	0.679	0.861
材料	尺二方砖	块	—	—	10.5900	—	—
	尺四方砖	块	—	—	—	7.3800	—
	尺七方砖	块	—	—	—	—	4.7100
	素白灰浆	m^3	—	—	0.0100	0.0100	0.0100
	老浆灰	m^3	0.0030	—	—	—	—
	深月白小麻刀灰	m^3	—	0.0030	—	—	—
	镀锌铁丝(综合)	kg	—	—	0.1200	0.1000	0.1000
	其他材料费(占材料费)	%	1.00	1.00	1.00	1.00	1.00
机械	切砖机 2.8kW	台班	—	—	0.1324	0.0923	0.0589

工作内容：准备工具、挑选砖件、调制灰浆、找规矩、挂线、摆砌、打点、场内运输及清理废弃物。

计量单位：m^3

定额编号			3-2-180	3-2-181
项目			十字空花墙砌筑	
			小停泥砖	蓝四丁砖
名称		单位	消耗量	
人工	合计工日	工日	1.920	2.160
	瓦工普工	工日	0.384	0.432
	瓦工一般技工	工日	0.960	1.080
	瓦工高级技工	工日	0.576	0.648
材料	小停泥砖	块	62.8300	—
	蓝四丁砖	块	—	88.5800
	老浆灰	m^3	0.0280	0.0230
	其他材料费(占材料费)	%	1.00	1.00

工作内容：准备工具、挑选瓦件、样瓦、调制灰浆、找规矩、挂线、摆砌、打点、场内运输及清理废弃物。

计量单位：m^2

定额编号			3-2-182	3-2-183	3-2-184	3-2-185	3-2-186	3-2-187
项目			花瓦心摆砌					
			板瓦			筒瓦		
			2#	3#	10#	2#	3#	10#
名称		单位	消耗量					
人工	合计工日	工日	4.400	5.420	8.820	6.010	7.390	12.020
	瓦工普工	工日	0.880	1.084	1.764	1.202	1.478	2.404
	瓦工一般技工	工日	2.200	2.710	4.410	3.005	3.695	6.010
	瓦工高级技工	工日	1.320	1.626	2.646	1.803	2.217	3.606
材料	板瓦	块	143.2000	176.8500	368.0800	—	—	—
	筒瓦	块	—	—	—	173.5400	259.2800	428.5900
	深月白中麻刀灰	m^3	0.0030	0.0030	0.0040	0.0040	0.0050	0.0040
	其他材料费(占材料费)	%	1.00	1.00	1.00	1.00	1.00	1.00

工作内容：准备工具、挑选瓦件、样瓦、调制灰浆、找规矩、挂线、摆砌、打点、场内运输及清理废弃物。

计量单位：m^2

定额编号			3-2-188	3-2-189	3-2-190	3-2-191	3-2-192	3-2-193
项目			花瓦心摆砌					
			鱼鳞瓦			板瓦、筒瓦混用		
			2#	3#	10#	2#	3#	10#
名称		单位	消耗量					
人工	合计工日	工日	4.010	4.930	8.020	6.610	8.140	13.220
	瓦工普工	工日	0.802	0.986	1.604	1.322	1.628	2.644
	瓦工一般技工	工日	2.005	2.465	4.010	3.305	4.070	6.610
	瓦工高级技工	工日	1.203	1.479	2.406	1.983	2.442	3.966
材料	板瓦	块	167.2100	201.1800	396.3600	78.4600	105.1400	198.0300
	筒瓦	块	—	—	—	78.4600	105.1400	198.0300
	深月白中麻刀灰	m^3	0.0030	0.0030	0.0040	0.0040	0.0040	0.0040
	其他材料费(占材料费)	%	1.00	1.00	1.00	1.00	1.00	1.00

工作内容：准备工具、挑选石料、调制灰浆、找规矩、挂线、摆砌、清扫墙面、场内运输及清理废弃物。

计量单位：m^3

定额编号			3-2-194	3-2-195	3-2-196	3-2-197	3-2-198	3-2-199
项目			方整石砌筑	虎皮石砌筑				浆砌混水
				浆砌清水		干背山		
				单面	双面	单面	双面	
名称		单位	消耗量					
人工	合计工日	工日	2.450	2.130	2.930	2.630	3.630	1.730
	瓦工普工	工日	0.490	0.426	0.586	0.526	0.726	0.346
	瓦工一般技工	工日	1.225	1.065	1.465	1.315	1.815	0.865
	瓦工高级技工	工日	0.735	0.639	0.879	0.789	1.089	0.519
材料	花岗岩	m^3	1.0500	—	—	—	—	—
	毛石	t	—	1.9110	1.9110	2.2680	2.2680	1.9110
	素白灰浆	m^3	0.2100	0.4100	0.4100	0.2360	0.2360	0.4100
	其他材料费(占材料费)	%	1.00	1.00	1.00	1.00	1.00	1.00

工作内容:准备工具、挑选砖件、加工砍制、调制灰浆、找规矩、挂线、摆砌、打眼、绑铅丝、打点、场内运输及清理废弃物。石墙勾缝还包括清扫基层、打水茬、勾缝。

定额编号			3-2-200	3-2-201	3-2-202	3-2-203	3-2-204
项目			石墙勾缝		影壁墙、看面墙、廊心墙、槛墙		
			凸缝	平缝	柱子、箍头枋、上下槛、立八字		
					大城砖	小停泥砖	尺四方砖
			m^2		m		
名称		单位	消耗量				
人工	合计工日	工日	0.280	0.140	0.928	1.025	1.533
	瓦工普工	工日	0.112	0.056	0.029	0.024	0.024
	瓦工一般技工	工日	0.140	0.070	0.072	0.060	0.060
	瓦工高级技工	工日	0.028	0.014	0.043	0.036	0.036
	砍砖工普工	工日	—	—	0.078	0.091	0.141
	砍砖工一般技工	工日	—	—	0.470	0.543	0.848
	砍砖工高级技工	工日	—	—	0.235	0.272	0.424
材料	大城砖	块	—	—	2.5200	—	—
	小停泥砖	块	—	—	—	4.2800	—
	尺四方砖	块	—	—	—	—	1.3600
	素白灰浆	m^3	—	—	0.0030	0.0020	0.0020
	青灰	kg	1.2800	1.8600	—	—	—
	中麻刀灰	m^3	0.0130	0.0190	—	—	—
	镀锌铁丝(综合)	kg	—	—	0.0200	0.0200	0.0200
	其他材料费(占材料费)	%	1.00	1.00	1.00	1.00	1.00
机械	切砖机 2.8kW	台班	—	—	0.0252	0.0357	0.0170

工作内容：准备工具、挑选砖件、加工砍制、调制灰浆、找规矩、挂线、摆砌、打眼、绑铅丝、打点、场内运输及清理废弃物。

定额编号			3-2-205	3-2-206	3-2-207	3-2-208	3-2-209
项目			影壁墙、看面墙、廊心墙、槛墙			廊心墙	
			线枋子	马蹄磉	三叉头、耳子	小脊子	穿插档
			m	个		份	
名称		单位	消耗量				
人工	合计工日	工日	0.603	1.054	0.492	2.568	2.508
	瓦工普工	工日	0.017	0.012	0.017	0.072	0.060
	瓦工一般技工	工日	0.042	0.030	0.042	0.180	0.150
	瓦工高级技工	工日	0.025	0.018	0.025	0.108	0.090
	砍砖工普工	工日	0.052	0.099	0.041	0.221	0.221
	砍砖工一般技工	工日	0.311	0.596	0.245	1.325	1.325
	砍砖工高级技工	工日	0.156	0.298	0.123	0.662	0.662
材料	大城砖	块	—	0.5000	—	—	—
	小停泥砖	块	4.2800	—	—	5.0000	—
	尺四方砖	块	—	—	0.3000	—	1.5000
	素白灰浆	m^3	0.0020	0.0010	0.0010	0.0040	0.0010
	其他材料费(占材料费)	%	1.00	1.00	1.00	1.00	1.00
机械	切砖机 2.8kW	台班	0.0428	0.0050	0.0038	0.0417	0.0188

工作内容：准备工具、制套样板、挑选砖件、加工砍制、调制灰浆、支搭券胎、找规矩、挂线、摆砌、打点、场内运输及清理废弃物。

定额编号			3-2-210	3-2-211	3-2-212	3-2-213	3-2-214
项目			细砖门窗券砌筑		糙砖门窗券砌筑		
			平券	弧形券	大停泥砖	地趴砖	小停泥砖
			m^2		m^3		
名称		单位	消耗量				
人工	合计工日	工日	7.044	10.289	12.946	12.379	14.258
	瓦工普工	工日	0.360	0.744	0.900	0.863	1.008
	瓦工一般技工	工日	0.900	1.860	2.250	2.158	2.520
	瓦工高级技工	工日	0.540	1.116	1.350	1.295	1.512
	砍砖工普工	工日	0.524	0.657	0.845	0.806	0.922
	砍砖工一般技工	工日	3.146	3.941	5.067	4.838	5.531
	砍砖工高级技工	工日	1.573	1.971	2.534	2.419	2.766
材料	大停泥砖	块	—	—	151.5900	—	—
	地趴砖	块	—	—	—	120.8600	—
	小停泥砖	块	78.9600	89.0400	—	—	371.6800
	素白灰浆	m^3	0.0130	0.0150	—	—	—
	老浆灰	m^3	—	—	0.1370	0.0937	0.1660
	圆钉	kg	—	2.4300	0.5500	0.5500	0.5500
	锯成材	m^3	—	0.0269	0.0855	0.0855	0.0855
	其他材料费(占材料费)	%	1.00	1.00	1.00	1.00	1.00
机械	切砖机 2.8kW	台班	0.6580	0.7420	1.2633	1.0072	3.0973

工作内容:准备工具、制、套样板、挑选砖件、调制灰浆、支搭券胎、找规矩、挂线、摆砌、打点、场内运输及清理废弃物。

计量单位:m^3

定额编号			3-2-215	3-2-216	3-2-217
项目			车棚券砌筑		
			大城砖	二样城砖	地趴砖
名称		单位	消耗量		
人工	合计工日	工日	2.400	2.820	11.770
	瓦工普工	工日	0.480	0.564	2.354
	瓦工一般技工	工日	1.200	1.410	5.885
	瓦工高级技工	工日	0.720	0.846	3.531
材料	大城砖	块	62.7500	—	—
	二样城砖	块	—	82.3700	—
	地趴砖	块	—	—	104.9600
	老浆灰	m^3	0.1020	0.1020	0.0800
	圆钉	kg	0.5500	0.5500	0.5500
	锯成材	m^3	0.0855	0.0855	0.0855
	其他材料费(占材料费)	%	1.00	1.00	1.00

工作内容：准备工具、制、套样板、挑选砖料、砍制加工、调制灰浆、找规矩、挂线、摆砌、打眼、绑铅丝、打点、场内运输及清理废弃物。

计量单位：份

定额编号			3-2-218	3-2-219	3-2-220	3-2-221	3-2-222	3-2-223
项目			什锦窗套贴脸					
			直折线边框			曲线形边框		
			洞口面积					
			0.5m² 以内	0.8m² 以内	0.8m² 以外	0.5m² 以内	0.8m² 以内	0.8m² 以外
名称		单位	消耗量					
人工	合计工日	工日	2.714	3.408	4.126	5.176	6.389	7.636
	瓦工普工	工日	0.134	0.185	0.240	0.134	0.185	0.240
	瓦工一般技工	工日	0.336	0.462	0.600	0.336	0.462	0.600
	瓦工高级技工	工日	0.202	0.277	0.360	0.202	0.277	0.360
	砍砖工普工	工日	0.204	0.248	0.293	0.450	0.547	0.644
	砍砖工一般技工	工日	1.225	1.490	1.755	2.703	3.279	3.862
	砍砖工高级技工	工日	0.613	0.745	0.878	1.351	1.639	1.931
材料	尺二方砖	块	4.5000	—	—	—	—	—
	尺四方砖	块	—	4.8000	—	4.5000	—	—
	尺七方砖	块	—	—	4.5000	—	4.5000	5.1000
	素白灰浆	m^3	0.0030	0.0050	0.0070	0.0030	0.0050	0.0070
	镀锌铁丝(综合)	kg	0.0200	0.0200	0.0230	0.0200	0.0200	0.0230
	其他材料费(占材料费)	%	1.00	1.00	1.00	1.00	1.00	1.00
机械	切砖机 2.8kW	台班	0.0563	0.0600	0.0563	0.0563	0.0563	0.0638

工作内容：准备工具、制、套样板、挑选砖料、砍制加工、调制灰浆、找规矩、挂线、摆砌、打眼、绑铅丝、打点、场内运输及清理废弃物。

定额编号			3-2-224	3-2-225	3-2-226	3-2-227
项目			什锦门套贴脸		门窗内侧壁贴砌	
			直折线形	曲线形	尺二方砖	尺四方砖
			份		m	
名称		单位	消耗量			
人工	合计工日	工日	5.358	10.487	0.686	0.912
	瓦工普工	工日	0.312	0.329	0.060	0.072
	瓦工一般技工	工日	0.780	0.822	0.150	0.180
	瓦工高级技工	工日	0.468	0.493	0.090	0.108
	砍砖工普工	工日	0.380	0.884	0.039	0.055
	砍砖工一般技工	工日	2.279	5.306	0.232	0.331
	砍砖工高级技工	工日	1.139	2.653	0.116	0.166
材料	尺二方砖	块	8.5000	—	3.2300	—
	尺四方砖	块	—	7.8000	—	2.7200
	素白灰浆	m^3	0.0080	0.0090	0.0030	0.0040
	镀锌铁丝(综合)	kg	0.0230	0.0250	0.0300	0.0300
	其他材料费(占材料费)	%	1.00	1.00	1.00	1.00
机械	切砖机 2.8kW	台班	0.1063	0.0975	0.0404	0.0340

2. 梢子、博缝、挂落

工作内容：准备工具、制、套样板、挑选砖料、砍制加工、调制灰浆、找规矩、挂线、摆砌、点砌腮帮及外侧后续尾、打点、场内运输及清理废弃物。

计量单位：份

定额编号			3-2-228	3-2-229	3-2-230	3-2-231	3-2-232	3-2-233
项目			干摆梢子砌筑			灰砌梢子砌筑		
			尺四方砖	尺七方砖	圈石挑檐	尺二方砖	尺四方砖	尺七方砖
	名称	单位	消耗量					
人工	合计工日	工日	7.939	11.354	6.799	4.487	5.388	7.399
	瓦工普工	工日	0.720	0.840	0.576	0.288	0.360	0.420
	瓦工一般技工	工日	1.800	2.100	1.440	0.720	0.900	1.050
	瓦工高级技工	工日	1.080	1.260	0.864	0.432	0.540	0.630
	砍砖工普工	工日	0.434	0.715	0.392	0.305	0.359	0.530
	砍砖工一般技工	工日	2.603	4.292	2.352	1.828	2.153	3.180
	砍砖工高级技工	工日	1.302	2.146	1.176	0.914	1.076	1.590
材料	尺二方砖	块	—	—	—	5.0000	—	—
	尺四方砖	块	6.0500	—	—	—	5.5000	—
	尺七方砖	块	—	6.0500	2.7500	—	—	5.5000
	大停泥砖	块	—	50.8500	22.6000	—	—	28.2500
	小停泥砖	块	50.8500	—	—	—	28.2500	—
	蓝四丁砖	块	—	—	—	24.3800	—	—
	素白灰浆	m^3	0.0210	0.0390	0.0180	—	—	—
	老浆灰	m^3	—	—	—	0.0080	0.0120	0.0270
	其他材料费(占材料费)	%	1.00	1.00	1.00	1.00	1.00	1.00
机械	切砖机 2.8kW	台班	0.4994	0.4994	0.2227	0.2657	0.3042	0.3044

工作内容：准备工具、挑选砖料、砍制加工，调制灰浆、打眼、绑铅丝、找规矩、挂线、摆砌、苫小背、打点、场内运输及清理废弃物。

计量单位：m

定额编号			3-2-234	3-2-235	3-2-236	3-2-237
项目			方砖博缝干摆			
			三才	尺二方砖	尺四方砖	尺七方砖
名称		单位	消耗量			
人工	合计工日	工日	1.222	1.335	1.505	1.824
	瓦工普工	工日	0.101	0.108	0.120	0.144
	瓦工一般技工	工日	0.252	0.270	0.300	0.360
	瓦工高级技工	工日	0.151	0.162	0.180	0.216
	砍砖工普工	工日	0.072	0.080	0.091	0.110
	砍砖工一般技工	工日	0.431	0.477	0.543	0.662
	砍砖工高级技工	工日	0.215	0.239	0.272	0.331
材料	尺四方砖	块	1.3600	—	2.7200	—
	尺二方砖	块	—	3.2300	—	—
	尺七方砖	块	—	—	—	2.2200
	小停泥砖	块	7.8800	7.9700	8.0500	8.1400
	素白灰浆	m^3	0.0030	0.0060	0.0060	0.0080
	深月白中麻刀灰	m^3	0.0030	0.0030	0.0030	0.0030
	镀锌铁丝(综合)	kg	0.0500	0.0900	0.0800	0.0700
	圆钉	kg	0.0600	0.0600	0.0600	0.0600
	其他材料费(占材料费)	%	1.00	1.00	1.00	1.00
机械	切砖机 2.8kW	台班	0.0827	0.1068	0.1011	0.0956

工作内容：准备工具、挑选砖料、砍制加工，调制灰浆、打眼、绑铅丝、找规矩、挂线、摆砌、苫小背、打点、场内运输及清理废弃物。

计量单位：份

定额编号			3-2-238	3-2-239	3-2-240	3-2-241
项目			方砖博缝头安装			
			三才	尺二方砖	尺四方砖	尺七方砖
名称		单位	消耗量			
人工	合计工日	工日	0.797	1.138	1.363	1.589
	瓦工普工	工日	0.060	0.084	0.096	0.108
	瓦工一般技工	工日	0.150	0.210	0.240	0.270
	瓦工高级技工	工日	0.090	0.126	0.144	0.162
	砍砖工普工	工日	0.050	0.072	0.088	0.105
	砍砖工一般技工	工日	0.298	0.431	0.530	0.629
	砍砖工高级技工	工日	0.149	0.215	0.265	0.315
材料	尺四方砖	块	0.5000	—	1.0000	—
	尺二方砖	块	—	1.0000	—	—
	尺七方砖	块	—	—	—	1.0000
	小停泥砖	块	2.0000	2.0000	2.0000	2.0000
	素白灰浆	m^3	0.0010	0.0020	0.0020	0.0030
	深月白中麻刀灰	m^3	0.0010	0.0010	0.0010	0.0010
	镀锌铁丝（综合）	kg	0.0300	0.0300	0.0300	0.0300
	圆钉	kg	0.0300	0.0300	0.0300	0.0300
	其他材料费（占材料费）	%	1.00	1.00	1.00	1.00
机械	切砖机 2.8kW	台班	0.0229	0.0292	0.0292	0.0292

工作内容：准备工具、挑选砖料、砍制加工、调制灰浆、打眼、找规矩、挂线、摆砌、钉挂落、打点、场内运输及清理废弃物。

计量单位：m

定额编号			3-2-242	3-2-243	3-2-244	3-2-245
项目			方砖挂落干摆			
			三才	尺二方砖	尺四方砖	尺七方砖
名称		单位	消耗量			
人工	合计工日	工日	1.212	1.841	1.801	1.729
	瓦工普工	工日	0.050	0.077	0.086	0.101
	瓦工一般技工	工日	0.126	0.192	0.216	0.252
	瓦工高级技工	工日	0.076	0.115	0.130	0.151
	砍砖工普工	工日	0.096	0.146	0.137	0.123
	砍砖工一般技工	工日	0.576	0.874	0.821	0.735
	砍砖工高级技工	工日	0.288	0.437	0.411	0.368
材料	尺四方砖	块	1.3600	—	2.7200	—
	尺二方砖	块	—	3.2300	—	—
	尺七方砖	块	—	—	—	2.2100
	深月白中麻刀灰	m^3	0.0020	0.0040	0.0040	0.0050
	铁件(综合)	kg	0.0700	0.1500	0.1400	0.1400
	其他材料费(占材料费)	%	1.00	1.00	1.00	1.00
机械	切砖机 2.8kW	台班	0.0170	0.0404	0.0340	0.0276

3. 须弥座、砖檐、墙帽

工作内容：准备工具、挑选砖料、砍制加工、调制灰浆、找规矩、挂线、摆砌、打点、场内运输及清理废弃物。

计量单位：m^2

定额编号			3-2-246	3-2-247	3-2-248	3-2-249	3-2-250
项目			须弥座摆砌				
			大城砖	二样城砖	大停泥砖	小停泥砖	尺四方砖
名称		单位	消耗量				
人工	合计工日	工日	7.700	7.906	7.888	6.241	12.209
	瓦工普工	工日	0.317	0.362	0.401	0.478	0.439
	瓦工一般技工	工日	0.792	0.906	1.002	1.194	1.098
	瓦工高级技工	工日	0.475	0.544	0.601	0.716	0.659
	砍砖工普工	工日	0.612	0.609	0.588	0.385	1.001
	砍砖工一般技工	工日	3.670	3.656	3.531	2.312	6.008
	砍砖工高级技工	工日	1.835	1.828	1.765	1.156	3.004
材料	大城砖	块	24.9100	—	—	—	—
	二样城砖	块	—	31.5100	—	—	—
	大停泥砖	块	—	—	41.1600	—	—
	小停泥砖	块	—	—	—	81.6000	—
	尺四方砖	块	—	—	—	—	31.8300
	素白灰浆	m^3	0.0490	0.0490	0.0480	0.0370	0.0500
	老浆灰	m^3	0.0010	0.0010	0.0010	0.0010	0.0010
	其他材料费(占材料费)	%	1.00	1.00	1.00	1.00	1.00
机械	切砖机 2.8kW	台班	0.2491	0.3151	0.3430	0.6800	0.3979

工作内容：准备工具、挑选砖料、砍制加工、调制灰浆、找规矩、挂线、摆砌、打点、场内运输及清理废弃物。

计量单位：m

定额编号			3-2-251	3-2-252	3-2-253	3-2-254	3-2-255
项目			一层直檐干摆				二层直檐干摆
			大城砖	二样城砖	大停泥砖	小停泥砖	小停泥砖
名称		单位	消耗量				
人工	合计工日	工日	0.560	0.493	0.428	0.285	0.569
	瓦工普工	工日	0.019	0.019	0.022	0.022	0.043
	瓦工一般技工	工日	0.048	0.048	0.054	0.054	0.108
	瓦工高级技工	工日	0.029	0.029	0.032	0.032	0.065
	砍砖工普工	工日	0.046	0.040	0.032	0.018	0.035
	砍砖工一般技工	工日	0.278	0.239	0.192	0.106	0.212
	砍砖工高级技工	工日	0.139	0.119	0.096	0.053	0.106
材料	大城砖	块	2.5100	—	—	—	—
	二样城砖	块	—	2.6900	—	—	—
	大停泥砖	块	—	—	2.9000	—	—
	小停泥砖	块	—	—	—	4.1900	8.3700
	素白灰浆	m^3	0.0020	0.0020	0.0020	0.0020	0.0020
	其他材料费(占材料费)	%	1.00	1.00	1.00	1.00	1.00
机械	切砖机 2.8kW	台班	0.0251	0.0269	0.0242	0.0349	0.0698

工作内容：准备工具、挑选砖料、砍制加工、调制灰浆、找规矩、挂线、摆砌、打点、场内运输及清理废弃物。

计量单位：m

定额编号			3-2-256	3-2-257	3-2-258	3-2-259	3-2-260	3-2-261
项目			鸡嗉檐干摆					
			大城砖	二样城砖	大停泥砖	小停泥砖	尺二方砖	尺四方砖
	名称	单位	消耗量					
人工	合计工日	工日	2.397	2.111	1.769	1.174	1.184	1.292
	瓦工普工	工日	0.058	0.060	0.062	0.065	0.062	0.055
	瓦工一般技工	工日	0.144	0.150	0.156	0.162	0.156	0.138
	瓦工高级技工	工日	0.086	0.090	0.094	0.097	0.094	0.083
	砍砖工普工	工日	0.211	0.181	0.146	0.085	0.087	0.102
	砍砖工一般技工	工日	1.265	1.086	0.874	0.510	0.523	0.609
	砍砖工高级技工	工日	0.633	0.543	0.437	0.255	0.262	0.305
材料	大城砖	块	10.0400	—	—	—	—	—
	二样城砖	块	—	10.7600	—	—	—	—
	大停泥砖	块	—	—	11.5900	—	—	—
	小停泥砖	块	—	—	—	16.7400	—	—
	尺二方砖	块	—	—	—	—	6.4600	—
	尺四方砖	块	—	—	—	—	—	5.4300
	素白灰浆	m^3	0.0090	0.0090	0.0080	0.0060	0.0070	0.0090
	其他材料费(占材料费)	%	1.00	1.00	1.00	1.00	1.00	1.00
机械	切砖机 2.8kW	台班	0.1004	0.1076	0.0966	0.1395	0.0808	0.0679

工作内容：准备工具、挑选砖料、砍制加工、调制灰浆、找规矩、挂线、摆砌、打点、场内运输及清理废弃物。

计量单位：m

定额编号			3-2-262	3-2-263	3-2-264	3-2-265	3-2-266	3-2-267
项目			四层冰盘檐干摆					
			大城砖	二样城砖	大停泥砖	小停泥砖	尺二方砖	尺四方砖
名称		单位	消耗量					
人工	合计工日	工日	4.127	3.599	2.970	1.845	2.363	2.270
	瓦工普工	工日	0.077	0.082	0.084	0.086	0.084	0.072
	瓦工一般技工	工日	0.192	0.204	0.210	0.216	0.210	0.180
	瓦工高级技工	工日	0.115	0.122	0.126	0.130	0.126	0.108
	砍砖工普工	工日	0.374	0.319	0.255	0.141	0.194	0.191
	砍砖工一般技工	工日	2.246	1.914	1.530	0.848	1.166	1.146
	砍砖工高级技工	工日	1.123	0.957	0.765	0.424	0.583	0.573
材料	大城砖	块	13.3900	—	—	—	—	—
	二样城砖	块	—	14.3500	—	—	—	—
	大停泥砖	块	—	—	15.4500	—	—	—
	小停泥砖	块	—	—	—	22.3200	—	—
	尺二方砖	块	—	—	—	—	9.6900	—
	尺四方砖	块	—	—	—	—	—	8.1500
	素白灰浆	m^3	0.0120	0.0120	0.0110	0.0070	0.0110	0.0130
	其他材料费(占材料费)	%	1.00	1.00	1.00	1.00	1.00	1.00
机械	切砖机 2.8kW	台班	0.1339	0.1435	0.1288	0.1860	0.1211	0.1019

工作内容：准备工具、挑选砖料、砍制加工、调制灰浆、找规矩、挂线、摆砌、打点、场内运输及清理废弃物。

计量单位：m

定额编号			3-2-268	3-2-269	3-2-270	3-2-271	3-2-272	3-2-273
项目			五层素冰盘檐干摆					
			大城砖	二样城砖	大停泥砖	小停泥砖	尺二方砖	尺四方砖
名称		单位	消耗量					
人工	合计工日	工日	5.139	4.478	3.708	2.295	2.946	2.830
	瓦工普工	工日	0.096	0.101	0.106	0.108	0.106	0.091
	瓦工一般技工	工日	0.240	0.252	0.264	0.270	0.264	0.228
	瓦工高级技工	工日	0.144	0.151	0.158	0.162	0.158	0.137
	砍砖工普工	工日	0.466	0.397	0.318	0.176	0.242	0.237
	砍砖工一般技工	工日	2.795	2.385	1.908	1.053	1.451	1.424
	砍砖工高级技工	工日	1.398	1.192	0.954	0.527	0.725	0.712
材料	大城砖	块	16.7400	—	—	—	—	—
	二样城砖	块	—	17.9400	—	—	—	—
	大停泥砖	块	—	—	19.3200	—	—	—
	小停泥砖	块	—	—	—	27.9000	—	—
	尺二方砖	块	—	—	—	—	12.1100	—
	尺四方砖	块	—	—	—	—	—	10.1900
	素白灰浆	m^3	0.0160	0.0150	0.0130	0.0090	0.0140	0.0160
	其他材料费(占材料费)	%	1.00	1.00	1.00	1.00	1.00	1.00
机械	切砖机 2.8kW	台班	0.1674	0.1794	0.1610	0.2325	0.1514	0.1274

工作内容：准备工具、挑选砖料、砍制加工、调制灰浆、找规矩、挂线、摆砌、打点、场内运输及清理废弃物。

计量单位：m

定额编号			3-2-274	3-2-275	3-2-276	3-2-277	3-2-278	3-2-279
项目			五层有连珠混冰盘檐干摆					
			大城砖	二样城砖	大停泥砖	小停泥砖	尺二方砖	尺四方砖
名称		单位	消耗量					
人工	合计工日	工日	4.885	4.357	3.741	2.616	3.310	3.205
	瓦工普工	工日	0.096	0.101	0.106	0.108	0.106	0.091
	瓦工一般技工	工日	0.240	0.252	0.264	0.270	0.264	0.228
	瓦工高级技工	工日	0.144	0.151	0.158	0.162	0.158	0.137
	砍砖工普工	工日	0.441	0.385	0.321	0.208	0.278	0.275
	砍砖工一般技工	工日	2.643	2.312	1.928	1.245	1.669	1.649
	砍砖工高级技工	工日	1.322	1.156	0.964	0.623	0.835	0.825
材料	大城砖	块	13.3900	—	—	—	—	—
	二样城砖	块	—	14.3500	—	—	—	—
	大停泥砖	块	—	—	15.4500	—	—	—
	小停泥砖	块	—	—	—	22.3200	—	—
	尺二方砖	块	—	—	—	1.6200	12.1100	2.4200
	尺四方砖	块	—	—	1.3600	—	—	8.1500
	尺七方砖	块	1.1100	1.1100	—	—	—	—
	素白灰浆	m^3	0.0140	0.0130	0.0120	0.0080	0.0140	0.0160
	其他材料费(占材料费)	%	1.00	1.00	1.00	1.00	1.00	1.00
机械	切砖机 2.8kW	台班	0.1478	0.1574	0.1458	0.2063	0.1514	0.1321

工作内容：准备工具、挑选砖料、砍制加工、调制灰浆、找规矩、挂线、摆砌、打点、场内运输及清理废弃物。

计量单位：m

定额编号			3-2-280	3-2-281	3-2-282	3-2-283	3-2-284	3-2-285
项目			五层有砖椽冰盘檐干摆					
			大城砖	二样城砖	大停泥砖	小停泥砖	尺二方砖	尺四方砖
名称		单位	消耗量					
人工	合计工日	工日	5.816	5.068	4.197	2.631	3.212	3.085
	瓦工普工	工日	0.106	0.110	0.115	0.120	0.110	0.094
	瓦工一般技工	工日	0.264	0.276	0.288	0.300	0.276	0.234
	瓦工高级技工	工日	0.158	0.166	0.173	0.180	0.166	0.140
	砍砖工普工	工日	0.529	0.452	0.362	0.203	0.266	0.262
	砍砖工一般技工	工日	3.173	2.709	2.173	1.219	1.596	1.570
	砍砖工高级技工	工日	1.586	1.355	1.086	0.609	0.798	0.785
材料	大城砖	块	18.4100	—	—	—	—	—
	二样城砖	块	—	19.7300	—	—	—	—
	大停泥砖	块	—	—	21.3500	—	—	—
	小停泥砖	块	—	—	—	30.6900	—	—
	尺二方砖	块	—	—	—	—	12.9200	—
	尺四方砖	块	—	—	—	—	—	10.8700
	素白灰浆	m^3	0.0170	0.0160	0.0150	0.0100	0.0140	0.0170
	其他材料费(占材料费)	%	1.00	1.00	1.00	1.00	1.00	1.00
机械	切砖机 2.8kW	台班	0.1841	0.1973	0.1779	0.2558	0.1615	0.1359

工作内容：准备工具、挑选砖料、砍制加工、调制灰浆、找规矩、挂线、摆砌、打点、场内运输及清理废弃物。

计量单位：m

定额编号			3-2-286	3-2-287	3-2-288	3-2-289	3-2-290	3-2-291
项目			六层无砖椽冰盘檐干摆					
			大城砖	二样城砖	大停泥砖	小停泥砖	尺二方砖	尺四方砖
名称		单位	消耗量					
人工	合计工日	工日	5.897	5.237	4.478	3.066	3.883	3.742
	瓦工普工	工日	0.115	0.120	0.127	0.130	0.127	0.108
	瓦工一般技工	工日	0.288	0.300	0.318	0.324	0.318	0.270
	瓦工高级技工	工日	0.173	0.180	0.191	0.194	0.191	0.162
	砍砖工普工	工日	0.532	0.464	0.384	0.242	0.325	0.320
	砍砖工一般技工	工日	3.193	2.782	2.305	1.451	1.948	1.921
	砍砖工高级技工	工日	1.596	1.391	1.153	0.725	0.974	0.961
材料	大城砖	块	16.7400	—	—	—	—	—
	二样城砖	块	—	17.9400	—	—	—	—
	大停泥砖	块	—	—	19.3200	—	—	—
	小停泥砖	块	—	—	—	27.9000	—	—
	尺二方砖	块	—	—	—	1.6200	14.5300	2.4200
	尺四方砖	块	—	—	1.3600	—	—	10.1900
	尺七方砖	块	1.1100	1.1100	—	—	—	—
	素白灰浆	m^3	0.0170	0.0160	0.0150	0.0100	0.0160	0.0190
	其他材料费(占材料费)	%	1.00	1.00	1.00	1.00	1.00	1.00
机械	切砖机 2.8kW	台班	0.1813	0.1933	0.1780	0.2528	0.1816	0.1576

工作内容：准备工具、挑选砖料、砍制加工、调制灰浆、找规矩、挂线、摆砌、打点、场内运输及清理废弃物。

计量单位：m

定额编号			3-2-292	3-2-293	3-2-294	3-2-295	3-2-296	3-2-297
项目			六层有连珠混、砖椽冰盘檐干摆					
			大城砖	二样城砖	大停泥砖	小停泥砖	尺二方砖	尺四方砖
名称		单位	消耗量					
人工	合计工日	工日	6.563	5.838	4.967	3.401	4.314	4.174
	瓦工普工	工日	0.125	0.132	0.137	0.142	0.132	0.113
	瓦工一般技工	工日	0.312	0.330	0.342	0.354	0.330	0.282
	瓦工高级技工	工日	0.187	0.198	0.205	0.212	0.198	0.169
	砍砖工普工	工日	0.593	0.518	0.428	0.269	0.365	0.361
	砍砖工一般技工	工日	3.564	3.107	2.570	1.616	2.193	2.166
	砍砖工高级技工	工日	1.782	1.553	1.285	0.808	1.096	1.083
材料	大城砖	块	18.4000	—	—	—	—	—
	二样城砖	块	—	19.7300	—	—	—	—
	大停泥砖	块	—	—	21.2500	—	—	—
	小停泥砖	块	—	—	—	30.6900	—	—
	尺二方砖	块	—	—	—	1.6200	15.3400	2.4200
	尺四方砖	块	—	—	1.3600	—	—	10.8700
	尺七方砖	块	1.1100	1.1100	—	—	—	—
	素白灰浆	m^3	0.0180	0.0170	0.0160	0.0110	0.0170	0.0200
	其他材料费(占材料费)	%	1.00	1.00	1.00	1.00	1.00	1.00
机械	切砖机 2.8kW	台班	0.1979	0.2112	0.1941	0.2760	0.1918	0.1661

工作内容:准备工具、挑选砖料、砍制加工、调制灰浆、找规矩、挂线、摆砌、打点、场内运输及清理废弃物。

计量单位:m

定额编号			3-2-298	3-2-299	3-2-300	3-2-301	3-2-302	3-2-303
项目			六层有方、圆椽冰盘檐干摆					
			大城砖	二样城砖	大停泥砖	小停泥砖	尺二方砖	尺四方砖
名称		单位	消耗量					
人工	合计工日	工日	8.256	7.211	5.966	3.704	4.559	4.418
	瓦工普工	工日	0.134	0.142	0.149	0.151	0.134	0.115
	瓦工一般技工	工日	0.336	0.354	0.372	0.378	0.336	0.288
	瓦工高级技工	工日	0.202	0.212	0.223	0.227	0.202	0.173
	砍砖工普工	工日	0.758	0.650	0.522	0.295	0.389	0.384
	砍砖工一般技工	工日	4.551	3.902	3.133	1.769	2.332	2.305
	砍砖工高级技工	工日	2.275	1.951	1.567	0.884	1.166	1.153
材料	大城砖	块	23.4400	—	—	—	—	—
	二样城砖	块	—	25.1100	—	—	—	—
	大停泥砖	块	—	—	27.0400	—	—	—
	小停泥砖	块	—	—	—	39.0600	—	—
	尺二方砖	块	—	—	—	—	16.1400	—
	尺四方砖	块	—	—	—	—	—	13.5800
	素白灰浆	m^3	0.0220	0.0200	0.0190	0.0130	0.0180	0.0210
	其他材料费(占材料费)	%	1.00	1.00	1.00	1.00	1.00	1.00
机械	切砖机 2.8kW	台班	0.2344	0.2511	0.2253	0.3255	0.2018	0.1698

工作内容：准备工具、挑选砖料、砍制加工、调制灰浆、找规矩、挂线、摆砌、打点、场内运输及清理废弃物。

计量单位：m

定额编号			3-2-304	3-2-305	3-2-306	3-2-307	3-2-308	3-2-309
项目			七层有连珠混、砖椽冰盘檐干摆					
			大城砖	二样城砖	大停泥砖	小停泥砖	尺二方砖	尺四方砖
名称		单位	消耗量					
人工	合计工日	工日	7.577	6.706	5.694	3.842	4.885	4.721
	瓦工普工	工日	0.144	0.151	0.158	0.163	0.151	0.130
	瓦工一般技工	工日	0.360	0.378	0.396	0.408	0.378	0.324
	瓦工高级技工	工日	0.216	0.227	0.238	0.245	0.227	0.194
	砍砖工普工	工日	0.686	0.595	0.490	0.303	0.413	0.407
	砍砖工一般技工	工日	4.114	3.570	2.941	1.815	2.477	2.444
	砍砖工高级技工	工日	2.057	1.785	1.471	0.908	1.239	1.222
材料	大城砖	块	21.7600	—	—	—	—	—
	二样城砖	块	—	23.3200	—	—	—	—
	大停泥砖	块	—	—	25.1100	—	—	—
	小停泥砖	块	—	—	—	36.2700	—	—
	尺二方砖	块	—	—	—	1.6200	17.7600	2.4200
	尺四方砖	块	—	—	1.3600	—	—	12.9000
	尺七方砖	块	1.1100	1.1100	—	—	—	—
	素白灰浆	m^3	0.0210	0.0200	0.0190	0.0130	0.0200	0.0230
	其他材料费(占材料费)	%	1.00	1.00	1.00	1.00	1.00	1.00
机械	切砖机 2.8kW	台班	0.2315	0.2471	0.2263	0.3225	0.2220	0.1915

工作内容：准备工具、挑选砖料、砍制加工、调制灰浆、找规矩、挂线、摆砌、打点、场内运输及清理废弃物。

计量单位：m

定　额　编　号			3-2-310	3-2-311	3-2-312	3-2-313	3-2-314	3-2-315
项　　目			七层有方、圆砖椽冰盘檐干摆					
			大城砖	二样城砖	大停泥砖	小停泥砖	尺二方砖	尺四方砖
名　称		单位	消　耗　量					
人工	合计工日	工日	9.015	7.970	6.724	4.462	5.604	5.442
	瓦工普工	工日	0.154	0.161	0.168	0.170	0.156	0.134
	瓦工一般技工	工日	0.384	0.402	0.420	0.426	0.390	0.336
	瓦工高级技工	工日	0.230	0.241	0.252	0.256	0.234	0.202
	砍砖工普工	工日	0.825	0.717	0.588	0.361	0.482	0.477
	砍砖工一般技工	工日	4.948	4.299	3.531	2.166	2.895	2.862
	砍砖工高级技工	工日	2.474	2.150	1.765	1.083	1.447	1.431
材料	大城砖	块	23.4400	—	—	—	—	—
	二样城砖	块	—	25.1100	—	—	—	—
	大停泥砖	块	—	—	27.0400	—	—	—
	小停泥砖	块	—	—	—	39.0600	—	—
	尺二方砖	块	—	—	—	1.6200	18.5700	2.4200
	尺四方砖	块	—	—	1.3600	—	—	13.5800
	尺七方砖	块	1.1100	1.1100	—	—	—	—
	素白灰浆	m^3	0.0330	0.0220	0.0200	0.0140	0.0210	0.0240
	其他材料费(占材料费)	%	1.00	1.00	1.00	1.00	1.00	1.00
机械	切砖机 2.8kW	台班	0.2483	0.2650	0.2423	0.3458	0.2321	0.2000

工作内容：准备工具、挑选砖料、砍制加工、调制灰浆、找规矩、挂线、摆砌、打点、场内运输及清理废弃物。

计量单位：m

定额编号			3-2-316	3-2-317	3-2-318	3-2-319	3-2-320	3-2-321
项目			八层冰盘檐干摆					
			大城砖	二样城砖	大停泥砖	小停泥砖	尺二方砖	尺四方砖
名称		单位	消耗量					
人工	合计工日	工日	10.027	8.850	7.461	4.924	6.188	5.989
	瓦工普工	工日	0.173	0.182	0.190	0.194	0.178	0.151
	瓦工一般技工	工日	0.432	0.456	0.474	0.486	0.444	0.378
	瓦工高级技工	工日	0.259	0.274	0.284	0.292	0.266	0.227
	砍砖工普工	工日	0.916	0.794	0.651	0.395	0.530	0.523
	砍砖工一般技工	工日	5.498	4.763	3.908	2.371	3.180	3.140
	砍砖工高级技工	工日	2.749	2.381	1.954	1.186	1.590	1.570
材料	大城砖	块	28.7000	—	—	—	—	—
	二样城砖	块	—	26.1600	—	—	—	—
	大停泥砖	块	—	—	30.9100	—	—	—
	小停泥砖	块	—	—	—	44.6400	—	—
	尺二方砖	块	—	—	—	1.6200	20.9900	2.4200
	尺四方砖	块	—	—	1.3600	—	—	15.6200
	尺七方砖	块	1.1100	1.1100	—	—	—	—
	素白灰浆	m^3	0.0260	0.0240	0.0230	0.0160	0.0240	0.0270
	其他材料费(占材料费)	%	1.00	1.00	1.00	1.00	1.00	1.00
机械	切砖机 2.8kW	台班	0.3009	0.2755	0.2746	0.3923	0.2624	0.2255

工作内容: 准备工具、挑选砖料、调制灰浆、找规矩、挂线、摆砌、打点、场内运输及清理废弃物。砖瓦檐砌筑还包括挑选瓦件。

计量单位: m

定额编号			3-2-322	3-2-323	3-2-324
项目			小停泥砖直檐灰砌		砖瓦檐砌筑
			一层	二层	
名称		单位	消耗量		
人工	合计工日	工日	0.060	0.110	0.370
	瓦工普工	工日	0.012	0.022	0.074
	瓦工一般技工	工日	0.030	0.055	0.185
	瓦工高级技工	工日	0.018	0.033	0.111
材料	小停泥砖	块	3.5800	7.1100	—
	蓝四丁砖	块	—	—	4.3000
	板瓦 3#	块	—	—	6.9000
	老浆灰	m^3	0.0020	0.0030	0.0030
	其他材料费(占材料费)	%	1.00	1.00	1.00

工作内容：准备工具、挑选砖料、砍制加工、调制灰浆、找规矩、挂线、摆砌、打点、场内运输及清理废弃物。

计量单位：m

定额编号			3-2-325	3-2-326	3-2-327	3-2-328
项目			鸡嗉檐灰砌			
			大城砖	二样城砖	大停泥砖	小停泥砖
名称		单位	消耗量			
人工	合计工日	工日	2.038	1.773	1.487	0.902
	瓦工普工	工日	0.043	0.043	0.046	0.048
	瓦工一般技工	工日	0.108	0.108	0.114	0.120
	瓦工高级技工	工日	0.065	0.065	0.068	0.072
	砍砖工普工	工日	0.182	0.156	0.126	0.066
	砍砖工一般技工	工日	1.093	0.934	0.755	0.397
	砍砖工高级技工	工日	0.547	0.467	0.378	0.199
材料	大城砖	块	9.4200	—	—	—
	二样城砖	块	—	10.0900	—	—
	大停泥砖	块	—	—	10.8700	—
	小停泥砖	块	—	—	—	15.6900
	老浆灰	m^3	0.0100	0.0090	0.0090	0.0060
	其他材料费(占材料费)	%	1.00	1.00	1.00	1.00
机械	切砖机 2.8kW	台班	0.0942	0.1009	0.0906	0.1308

工作内容：准备工具、挑选砖料、砍制加工、调制灰浆、找规矩、挂线、摆砌、打点、场内运输及清理废弃物。

计量单位：m

定额编号			3-2-329	3-2-330	3-2-331	3-2-332
项目			菱角檐灰砌			淌白菱角檐
			大城砖	二样城砖	地趴砖	
名称		单位	消耗量			
人工	合计工日	工日	0.216	0.280	0.280	1.596
	瓦工普工	工日	0.043	0.056	0.056	0.056
	瓦工一般技工	工日	0.108	0.140	0.140	0.140
	瓦工高级技工	工日	0.065	0.084	0.084	0.084
	砍砖工普工	工日	—	—	—	0.132
	砍砖工一般技工	工日	—	—	—	0.789
	砍砖工高级技工	工日	—	—	—	0.395
材料	大城砖	块	7.1890	—	—	—
	二样城砖	块	—	7.4860	—	—
	地趴砖	块	—	—	8.9450	9.8700
	老浆灰	m^3	0.0090	0.0090	—	0.0090
	其他材料费(占材料费)	%	1.00	1.00	1.00	1.00
机械	切砖机 2.8kW	台班	0.0719	0.0749	0.0745	0.0823

工作内容：准备工具、挑选砖料、砍制加工、调制灰浆、找规矩、挂线、摆砌、打点、场内运输及清理废弃物。

计量单位：m

定额编号			3-2-333	3-2-334	3-2-335	3-2-336	3-2-337	3-2-338
项目			四层冰盘檐灰砌					
			大城砖	二样城砖	大停泥砖	小停泥砖	尺二方砖	尺四方砖
名称		单位	消耗量					
人工	合计工日	工日	3.268	2.850	2.354	1.428	1.769	1.724
	瓦工普工	工日	0.055	0.060	0.062	0.062	0.062	0.053
	瓦工一般技工	工日	0.138	0.150	0.156	0.156	0.156	0.132
	瓦工高级技工	工日	0.083	0.090	0.094	0.094	0.094	0.079
	砍砖工普工	工日	0.299	0.255	0.204	0.112	0.146	0.146
	砍砖工一般技工	工日	1.795	1.530	1.225	0.669	0.874	0.876
	砍砖工高级技工	工日	0.898	0.765	0.613	0.335	0.437	0.438
材料	大城砖	块	12.5600	—	—	0.3640	—	—
	二样城砖	块	—	13.4500	—	—	—	—
	大停泥砖	块	—	—	14.4900	—	—	—
	小停泥砖	块	—	—	—	20.9300	—	—
	尺二方砖	块	—	—	—	—	8.8300	—
	尺四方砖	块	—	—	—	—	—	7.5700
	老浆灰	m^3	0.0130	0.0120	0.0110	0.0080	0.0120	0.0140
	其他材料费(占材料费)	%	1.00	1.00	1.00	1.00	1.00	—
机械	切砖机 2.8kW	台班	0.1256	0.1345	0.1208	0.1744	0.1104	0.0946

工作内容：准备工具、挑选砖料、砍制加工、调制灰浆、找规矩、挂线、摆砌、打点、场内运输及清理废弃物。

计量单位：m

定额编号			3-2-339	3-2-340	3-2-341	3-2-342	3-2-343	3-2-344
项目			五层冰盘檐灰砌					
			大城砖	二样城砖	大停泥砖	小停泥砖	尺二方砖	尺四方砖
名称		单位	消耗量					
人工	合计工日	工日	4.068	3.541	2.900	1.776	2.206	2.146
	瓦工普工	工日	0.070	0.074	0.074	0.079	0.077	0.067
	瓦工一般技工	工日	0.174	0.186	0.186	0.198	0.192	0.168
	瓦工高级技工	工日	0.104	0.112	0.112	0.119	0.115	0.101
	砍砖工普工	工日	0.372	0.317	0.253	0.138	0.182	0.181
	砍砖工一般技工	工日	2.232	1.901	1.517	0.828	1.093	1.086
	砍砖工高级技工	工日	1.116	0.951	0.758	0.414	0.547	0.543
材料	大城砖	块	15.7000	—	—	—	—	—
	二样城砖	块	—	16.8100	—	—	—	—
	大停泥砖	块	—	—	18.1100	—	—	—
	小停泥砖	块	—	—	—	26.1600	—	—
	尺二方砖	块	—	—	—	—	11.0300	—
	尺四方砖	块	—	—	—	—	—	9.4600
	老浆灰	m^3	0.0170	0.0150	0.0140	0.0100	0.0150	0.0170
	其他材料费(占材料费)	%	1.00	1.00	1.00	1.00	1.00	1.00
机械	切砖机 2.8kW	台班	0.1570	0.1681	0.1509	0.2180	0.1379	0.1183

工作内容:准备工具、挑选砖料、调制灰浆、找规矩、挂线、摆砌、打点、场内运输及清理废弃物。

计量单位:m

定额编号			3-2-345	3-2-346	3-2-347	3-2-348
项目			真硬顶墙帽砌筑			
			大城砖		二样城砖	
			褥子面	一顺出	褥子面	一顺出
名称		单位	消耗量			
人工	合计工日	工日	0.440	0.280	0.420	0.260
	瓦工普工	工日	0.132	0.084	0.126	0.078
	瓦工一般技工	工日	0.220	0.140	0.210	0.130
	瓦工高级技工	工日	0.088	0.056	0.084	0.052
材料	大城砖	块	23.1200	14.7200	—	—
	二样城砖	块	—	—	24.7400	15.7400
	素白灰浆	m^3	0.1040	0.0200	0.1100	0.0300
	其他材料费(占材料费)	%	1.00	1.00	1.00	1.00

工作内容:准备工具、挑选砖料、调制灰浆、找规矩、挂线、摆砌、打点、场内运输及清理废弃物。

计量单位:m

定额编号			3-2-349	3-2-350	3-2-351	3-2-352	3-2-353	3-2-354
项目			真硬顶墙帽砌筑					
			大停泥砖		小停泥砖		蓝四丁砖	
			褥子面	一顺出	褥子面	一顺出	褥子面	一顺出
名称		单位	消耗量					
人工	合计工日	工日	0.320	0.220	0.210	0.150	0.170	0.110
	瓦工普工	工日	0.096	0.066	0.063	0.045	0.051	0.033
	瓦工一般技工	工日	0.160	0.110	0.105	0.075	0.085	0.055
	瓦工高级技工	工日	0.064	0.044	0.042	0.030	0.034	0.022
材料	大停泥砖	块	26.6000	16.9200	—	—	—	—
	小停泥砖	块	—	—	38.0200	24.1900	—	—
	蓝四丁砖	块	—	—	—	—	45.3200	28.8400
	素白灰浆	m^3	0.1500	0.0610	0.0590	0.0210	0.0470	0.0170
	其他材料费(占材料费)	%	1.00	1.00	1.00	1.00	1.00	1.00

工作内容：准备工具、挑选砖料、调制灰浆、找规矩、挂线、摆砌、打点、场内运输及清理废弃物。

计量单位：m

定额编号			3-2-355	3-2-356	3-2-357	3-2-358	3-2-359
项目			蓑衣顶墙帽砌筑				
			大城砖				
			三层	四层	五层	六层	七层
名称		单位	消耗量				
人工	合计工日	工日	0.190	0.220	0.270	0.320	0.390
	瓦工普工	工日	0.057	0.066	0.081	0.096	0.117
	瓦工一般技工	工日	0.095	0.110	0.135	0.160	0.195
	瓦工高级技工	工日	0.038	0.044	0.054	0.064	0.078
材料	大城砖	块	9.3000	14.5000	21.0000	29.0000	37.4000
	素白灰浆	m^3	0.0090	0.0140	0.0200	0.0300	0.0360
	其他材料费(占材料费)	%	1.00	1.00	1.00	1.00	1.00

工作内容：准备工具、挑选砖料、调制灰浆、找规矩、挂线、摆砌、打点、场内运输及清理废弃物。

计量单位：m

定额编号			3-2-360	3-2-361	3-2-362	3-2-363	3-2-364
项目			蓑衣顶墙帽砌筑				
			蓝四丁砖				
			三层	四层	五层	六层	七层
名称		单位	消耗量				
人工	合计工日	工日	0.230	0.280	0.340	0.410	0.470
	瓦工普工	工日	0.069	0.084	0.102	0.123	0.141
	瓦工一般技工	工日	0.115	0.140	0.170	0.205	0.235
	瓦工高级技工	工日	0.046	0.056	0.068	0.082	0.094
材料	蓝四丁砖	块	17.0000	26.2000	37.2000	50.5000	66.0000
	素白灰浆	m^3	0.0080	0.0130	0.0180	0.0240	0.0320
	其他材料费(占材料费)	%	1.00	1.00	1.00	1.00	1.00

工作内容：准备工具、挑选砖料、调制灰浆、找规矩、挂线、摆砌压顶砖、砌砖胎、抹灰、打点、场内运输及清理废弃物。

计量单位：m

定额编号			3-2-365	3-2-366
项目			假硬顶墙帽砌筑（墙厚）	
			30cm 以内	30cm 以外
名称		单位	消耗量	
人工	合计工日	工日	0.400	0.650
	瓦工普工	工日	0.120	0.195
	瓦工一般技工	工日	0.200	0.325
	瓦工高级技工	工日	0.080	0.130
材料	蓝四丁砖	块	20.6000	32.9600
	素白灰浆	m^3	0.0240	0.0380
	深月白中麻刀灰	m^3	0.0170	0.0240
	其他材料费（占材料费）	%	1.00	1.00

工作内容：准备工具、挑选砖瓦、调制灰浆、找规矩、挂线、摆砌、抹灰、打点、场内运输及清理废弃物。

计量单位：m

定额编号			3-2-367	3-2-368	3-2-369	3-2-370
项目			宝盒顶、馒头顶墙帽砌筑	鹰不落顶墙帽砌筑	城墙砖墙帽砌筑	
					大城砖	二样城砖
名称		单位	消耗量			
人工	合计工日	工日	0.320	0.360	2.002	1.741
	瓦工普工	工日	0.096	0.108	0.065	0.065
	瓦工一般技工	工日	0.160	0.180	0.108	0.108
	瓦工高级技工	工日	0.064	0.072	0.043	0.043
	砍砖工普工	工日	—	—	0.179	0.153
	砍砖工一般技工	工日	—	—	1.071	0.915
	砍砖工高级技工	工日	—	—	0.536	0.457
材料	蓝四丁砖	块	24.7200	16.4800	—	—
	大城砖	块	—	—	4.5600	—
	二样城砖	块	—	—	—	4.8700
	板瓦 2#	块	—	13.1300	—	—
	老浆灰	m^3	—	—	0.0110	0.0090
	素白灰浆	m^3	0.0130	0.0320	—	—
	深月白中麻刀灰	m^3	0.0220	0.0220	—	—
	其他材料费(占材料费)	%	1.00	1.00	1.00	1.00
机械	切砖机 2.8kW	台班	—	—	0.0456	0.0487

工作内容：准备工具、挑选砖瓦、调制灰浆、找规矩、挂线、摆砌、抹灰、打点、宽底瓦、安放滴水、堆抹灰梗、场内运输及清理废弃物。

计量单位：份

定额编号			3-2-371
项目			滚水
名称		单位	消耗量
人工	瓦工普工	工日	0.360
	瓦工一般技工	工日	0.600
	瓦工高级技工	工日	0.240
材料	板瓦 2#	块	12.6000
	折腰板瓦 2#	块	1.0500
	续折腰板瓦 2#	块	2.1000
	滴水 2#	块	2.1000
	素白灰浆	m^3	0.0080
	深月白中麻刀灰	m^3	0.0050
	其他材料费(占材料费)	%	1.00

四、琉 璃 砌 体

1. 墙面及花饰

工作内容:准备工具、调制灰浆、样活、打琉璃珠、摆砌、勾缝、擦缝、打点、场内运输及清理废弃物,琉璃花心拼砌还包括绑铅丝。

计量单位:m^2

定额编号			3-2-372	3-2-373	3-2-374	3-2-375	3-2-376
项目			琉璃砖平砌	琉璃砖陡砌	琉璃空花墙摆砌	琉璃面砖贴砌	琉璃花心拼砌
名称		单位	消耗量				
人工	合计工日	工日	1.220	1.000	1.070	1.800	2.340
	瓦工普工	工日	0.244	0.200	0.214	0.360	0.468
	瓦工一般技工	工日	0.732	0.600	0.642	1.080	1.404
	瓦工高级技工	工日	0.244	0.200	0.214	0.360	0.468
材料	琉璃砖(320×160×75)	块	37.4700	18.5100	55.3000	—	—
	琉璃面砖	m^2	—	—	—	1.0300	—
	琉璃花板	m^2	—	—	—	—	1.0300
	大麻刀灰	m^3	—	—	—	—	0.0020
	中麻刀灰	m^3	0.0230	0.0150	0.0170	—	—
	小麻刀灰	m^3	0.0010	0.0010	0.0050	—	—
	红素灰	m^3	—	—	—	0.0040	—
	素白灰浆	m^3	—	—	—	0.0130	—
	铁件(综合)	kg	—	—	—	—	0.4300
	镀锌铁丝(综合)	kg	—	—	—	—	0.0600
	其他材料费(占材料费)	%	0.50	0.50	0.50	0.50	0.50

工作内容：准备工具、调制灰浆、样活、打琉璃珠、摆砌、勾缝、擦缝、打点、场内运输及清理废弃物，琉璃梁、枋、垫板还包括绑铅丝。

定额编号			3-2-377	3-2-378	3-2-379	3-2-380
项目			琉璃方角柱摆砌	琉璃圆角柱摆砌	琉璃线砖摆砌	琉璃梁、枋、垫板摆砌
			m			m^2
名称		单位	消耗量			
人工	合计工日	工日	0.420	0.830	0.240	2.040
	瓦工普工	工日	0.084	0.166	0.048	0.408
	瓦工一般技工	工日	0.252	0.498	0.144	1.224
	瓦工高级技工	工日	0.084	0.166	0.048	0.408
材料	方、圆角柱	m	1.0200	1.0200	—	—
	琉璃砖	块	—	—	3.1400	—
	琉璃梁、枋、垫板	m^2	—	—	—	1.0200
	小麻刀灰	m^3	0.0011	0.0010	0.0014	0.0210
	红素灰	m^3	0.0001	—	0.0001	0.0002
	其他材料费(占材料费)	%	0.50	0.50	0.50	0.50

工作内容：准备工具、调制灰浆、样活、打琉璃珠、摆砌、勾缝、擦缝、打点、场内运输及清理废弃物。

计量单位：份

定额编号			3-2-381	3-2-382	3-2-383	3-2-384	3-2-385
项目			琉璃饰件安装				
			方马蹄磉、垂头	圆马蹄磉、垂头	霸王拳	耳子	宝瓶
名称		单位	消耗量				
人工	合计工日	工日	0.060	0.120	0.120	0.060	0.220
	瓦工普工	工日	0.012	0.024	0.024	0.012	0.044
	瓦工一般技工	工日	0.036	0.072	0.072	0.036	0.132
	瓦工高级技工	工日	0.012	0.024	0.024	0.012	0.044
材料	马蹄磉、垂头	块	1.0200	1.0200	—	—	—
	霸王拳	块	—	—	1.0200	—	—
	耳子	块	—	—	—	1.0200	—
	宝瓶	件	—	—	—	—	1.0000
	小麻刀灰	m^3	0.0001	0.0001	0.0001	0.0001	0.0001
	其他材料费(占材料费)	%	0.50	0.50	0.50	0.50	0.50

2. 梢子、博缝、挂落、须弥座、砖檐、墙帽

工作内容:准备工具、调制灰浆、样活、打琉璃珠、摆砌、勾缝、擦缝、打点、场内运输及清理废弃物。

计量单位:份

定额编号			3-2-386	3-2-387	3-2-388	3-2-389	3-2-390
项目			琉璃梢子摆砌				
			有后续尾			无后续尾	圈石挑檐
			三层	四层	五层		
名称		单位	消耗量				
人工	合计工日	工日	3.360	3.780	4.340	2.400	3.600
	瓦工普工	工日	0.672	0.756	0.868	0.480	0.720
	瓦工一般技工	工日	2.016	2.268	2.604	1.440	2.160
	瓦工高级技工	工日	0.672	0.756	0.868	0.480	0.720
材料	戗檐	块	1.0200	1.0200	1.0200	1.0200	1.0200
	盘头	块	2.0400	2.0400	2.0400	2.0400	2.0400
	琉璃砖	块	25.5000	38.2500	55.3400	3.0600	31.1100
	中麻刀灰	m^3	0.0180	0.0230	0.0290	0.0080	0.0210
	小麻刀灰	m^3	0.0010	0.0014	0.0020	0.0003	0.0012
	其他材料费(占材料费)	%	0.50	0.50	0.50	0.50	0.50

工作内容：准备工具、调制灰浆、样活、打琉璃珠、摆砌、勾缝、擦缝、打点、场内运输及清理废弃物。琉璃博缝还包括绑铅丝或钉铁件、苫小背。

定额编号			3-2-391	3-2-392	3-2-393	3-2-394
项目			琉璃托山混摆砌(砖长)		琉璃博缝摆砌	
			384mm	416mm	硬山、歇山	悬山
			m		m^2	
名称		单位	消耗量			
人工	合计工日	工日	0.240	0.220	1.150	0.970
	瓦工普工	工日	0.048	0.044	0.230	0.194
	瓦工一般技工	工日	0.144	0.132	0.690	0.582
	瓦工高级技工	工日	0.048	0.044	0.230	0.194
材料	琉璃檐子砖(384×192×64)	块	5.3100	—	—	—
	琉璃檐子砖(416×208×80)	块	—	4.9000	—	—
	琉璃博缝板	m^2	—	—	1.0200	1.0200
	中麻刀灰	m^3	0.0053	0.0103	0.0103	0.0052
	小麻刀灰	m^3	0.0001	0.0001	0.0006	0.0006
	铁件(综合)	kg	—	—	—	0.1800
	镀锌铁丝(综合)	kg	—	—	0.1600	—
	其他材料费(占材料费)	%	0.50	0.50	0.50	0.50

工作内容:准备工具、调制灰浆、样活、打琉璃珠、摆砌、勾缝、擦缝、打点、场内运输及清理废弃物。琉璃挂落、琉璃滴珠板还包括安装铁件。 **计量单位:**m^2

定额编号			3-2-395	3-2-396	3-2-397	3-2-398	3-2-399
项目			琉璃挂落摆砌	琉璃滴珠板摆砌	琉璃山花摆砌	琉璃须弥座摆砌(砖长)	
						384mm	416mm
名称		单位	消耗量				
人工	合计工日	工日	0.840	0.900	2.040	1.620	1.440
	瓦工普工	工日	0.168	0.180	0.408	0.324	0.288
	瓦工一般技工	工日	0.504	0.540	1.224	0.972	0.864
	瓦工高级技工	工日	0.168	0.180	0.408	0.324	0.288
材料	琉璃挂落	m^2	1.0200	—	—	—	—
	琉璃花板	m^2	—	1.0200	—	—	—
	琉璃异形板	m^2	—	—	1.0200	—	—
	琉璃檐子砖(384×192×64)	块	—	—	—	41.5100	—
	琉璃檐子砖(416×208×80)	块	—	—	—	—	30.6500
	中麻刀灰	m^3	0.0052	0.0052	0.0206	0.0609	0.0670
	红素灰	m^3	0.0006	0.0006	0.0003	0.0008	0.0007
	铁件(综合)	kg	0.8100	0.8100	—	—	—
	其他材料费(占材料费)	%	0.50	0.50	0.50	0.50	0.50

工作内容：准备工具、调制灰浆、样活、打琉璃珠、摆砌、勾缝、擦缝、打点、场内运输及清理废弃物。

计量单位：m

定额编号			3-2-400	3-2-401	3-2-402	3-2-403	3-2-404
项目			琉璃砖檐摆砌(砖长384mm)				
			一层檐	二层檐	鸡嗉檐	四层冰盘檐	五层冰盘檐
	名称	单位	消耗量				
人工	合计工日	工日	0.130	0.240	0.350	0.460	0.560
	瓦工普工	工日	0.026	0.048	0.070	0.092	0.112
	瓦工一般技工	工日	0.078	0.144	0.210	0.276	0.336
	瓦工高级技工	工日	0.026	0.048	0.070	0.092	0.112
材料	琉璃檐子砖（384×192×64）	块	2.6600	5.3200	7.9700	10.6200	13.2800
	中麻刀灰	m^3	0.0030	0.0060	0.0080	0.0110	0.0130
	小麻刀灰	m^3	0.0001	0.0002	0.0002	0.0003	0.0003
	其他材料费(占材料费)	%	0.50	0.50	0.50	0.50	0.50

工作内容：准备工具、调制灰浆、样活、打琉璃珠、摆砌、勾缝、擦缝、打点、场内运输及清理废弃物。

计量单位：m

定额编号			3-2-405	3-2-406	3-2-407	3-2-408	3-2-409	3-2-410
项目			琉璃砖檐摆砌(砖长416mm)					琉璃屋脊墙帽摆砌
			一层直檐	二层直檐	鸡嗉檐	四层冰盘檐	五层冰盘檐	
	名称	单位	消耗量					
人工	合计工日	工日	0.120	0.216	0.310	0.410	0.500	0.600
	瓦工普工	工日	0.024	0.043	0.062	0.082	0.100	0.120
	瓦工一般技工	工日	0.072	0.130	0.186	0.246	0.300	0.360
	瓦工高级技工	工日	0.024	0.043	0.062	0.082	0.100	0.120
材料	琉璃檐子砖（416×208×80）	块	2.4500	4.9100	7.3600	9.8100	12.2600	—
	屋脊砖	块	—	—	—	—	—	6.0700
	筒瓦（六样）	块	—	—	—	—	—	3.4300
	中麻刀灰	m^3	0.0040	0.0070	0.0100	0.0130	0.0170	0.0120
	小麻刀灰	m^3	0.0001	0.0002	0.0002	0.0003	0.0003	0.0003
	其他材料费(占材料费)	%	0.50	0.50	0.50	0.50	0.50	0.50

3. 斗栱、椽飞

工作内容：准备工具、调制灰浆、样活、打琉璃珠、摆砌、勾缝、擦缝、打点、场内运输及清理废弃物。

计量单位：m

定额编号			3-2-411	3-2-412
项目			琉璃坐斗枋摆砌(高度)	
			12cm 以下	12cm 以上
名称		单位	消耗量	
人工	合计工日	工日	0.240	0.300
	瓦工普工	工日	0.048	0.060
	瓦工一般技工	工日	0.144	0.180
	瓦工高级技工	工日	0.048	0.060
材料	坐斗枋	m	1.0200	1.0200
	中麻刀灰	m^3	0.0015	0.0020
	小麻刀灰	m^3	0.0001	0.0001
	其他材料费(占材料费)	%	0.50	0.50

工作内容：准备工具、调制灰浆、样活、打琉璃珠、摆砌、勾缝、擦缝、打点、场内运输及清理废弃物。

计量单位：攒

定额编号			3-2-413	3-2-414	3-2-415	3-2-416
项目			琉璃三踩斗栱摆砌			
			平身科(高度)		角科(高度)	
			30cm 以下	30cm 以上	30cm 以下	30cm 以上
名称		单位	消耗量			
人工	合计工日	工日	0.400	0.450	0.450	0.600
	瓦工普工	工日	0.080	0.090	0.090	0.120
	瓦工一般技工	工日	0.240	0.270	0.270	0.360
	瓦工高级技工	工日	0.080	0.090	0.090	0.120
材料	三踩平身科斗拱	攒	1.0000	1.0000	—	—
	三踩角科斗栱	攒	—	—	1.0000	1.0000
	中麻刀灰	m^3	0.0124	0.0124	0.0124	0.0124
	小麻刀灰	m^3	0.0001	0.0001	0.0002	0.0002
	铁件(综合)	kg	0.5100	0.6100	0.5100	0.6100
	其他材料费(占材料费)	%	0.50	0.50	0.50	0.50

工作内容：准备工具、调制灰浆、样活、打琉璃珠、摆砌、勾缝、擦缝、打点、场内运输及清理废弃物。

计量单位：攒

定额编号			3-2-417	3-2-418	3-2-419	3-2-420
项目			琉璃五踩斗栱摆砌			
			平身科（高度）		角科（高度）	
			40cm 以下	40cm 以上	40cm 以下	40cm 以上
名称		单位	消耗量			
人工	合计工日	工日	0.450	0.600	0.480	0.660
	瓦工普工	工日	0.090	0.120	0.096	0.132
	瓦工一般技工	工日	0.270	0.360	0.288	0.396
	瓦工高级技工	工日	0.090	0.120	0.096	0.132
材料	五踩平身科斗拱	攒	1.0000	1.0000	—	—
	五踩角科斗拱	攒	—	—	1.0000	1.0000
	中麻刀灰	m^3	0.0160	0.0160	0.0160	0.0160
	小麻刀灰	m^3	0.0001	0.0001	0.0002	0.0002
	铁件（综合）	kg	0.7600	0.8600	0.7600	0.8600
	其他材料费（占材料费）	%	0.50	0.50	0.50	0.50

工作内容：准备工具、调制灰浆、样活、打琉璃珠、摆砌、勾缝、擦缝、打点、场内运输及清理废弃物。

计量单位：攒

定额编号			3-2-421	3-2-422	3-2-423	3-2-424	3-2-425	3-2-426
项目			琉璃七踩斗栱摆砌					
			平身科（高度）			角科（高度）		
			50cm 以下	70cm 以下	70cm 以上	50cm 以下	70cm 以下	70cm 以上
名称		单位	消耗量					
人工	合计工日	工日	0.450	0.600	0.790	0.480	0.790	1.200
	瓦工普工	工日	0.090	0.120	0.158	0.096	0.158	0.240
	瓦工一般技工	工日	0.270	0.360	0.474	0.288	0.474	0.720
	瓦工高级技工	工日	0.090	0.120	0.158	0.096	0.158	0.240
材料	七踩平身科斗拱	攒	1.0000	1.0000	1.0000	—	—	—
	七踩角科斗拱	攒	—	—	—	1.0000	1.0000	1.0000
	中麻刀灰	m^3	0.0180	0.0180	0.0210	0.0180	0.0180	0.0210
	小麻刀灰	m^3	0.0001	0.0001	0.0002	0.0002	0.0002	0.0003
	铁件（综合）	kg	1.0200	1.1200	1.2700	1.0200	1.1200	1.2700
	其他材料费（占材料费）	%	0.50	0.50	0.50	0.50	0.50	0.50

工作内容:准备工具、调制灰浆、样活、打琉璃珠、摆砌、勾缝、擦缝、打点、场内运输及清理废弃物。

计量单位:m

定额编号			3-2-427	3-2-428
项目			琉璃挑檐桁摆砌(檩径)	
			12cm 以下	16cm 以下
名称		单位	消耗量	
人工	合计工日	工日	0.160	0.190
	瓦工普工	工日	0.032	0.038
	瓦工一般技工	工日	0.096	0.114
	瓦工高级技工	工日	0.032	0.038
材料	挑檐桁	m	1.0200	1.0200
	中麻刀灰	m^3	0.0050	0.0074
	小麻刀灰	m^3	0.0002	0.0002
	其他材料费(占材料费)	%	0.50	0.50

工作内容：准备工具、调制灰浆、样活、打琉璃珠、摆砌、勾缝、擦缝、打点、场内运输及清理废弃物。

定额编号			3-2-429	3-2-430	3-2-431	3-2-432
项目			琉璃正身椽飞摆砌	琉璃翼角椽飞摆砌	琉璃角梁摆砌	琉璃枕头木摆砌
			m		根	块
名称		单位	消耗量			
人工	合计工日	工日	0.300	0.600	0.300	0.120
	瓦工普工	工日	0.060	0.120	0.060	0.024
	瓦工一般技工	工日	0.180	0.360	0.180	0.072
	瓦工高级技工	工日	0.060	0.120	0.060	0.024
材料	正身椽飞	m	1.0000	—	—	—
	翼角椽飞	m	—	1.0000	—	—
	角梁	根	—	—	1.0000	—
	枕头木	块	—	—	—	1.0000
	中麻刀灰	m^3	0.0093	0.0093	0.0024	0.0011
	小麻刀灰	m^3	0.0004	0.0004	0.0002	0.0001
	铁件(综合)	kg	1.5200	1.5200	—	—
	其他材料费(占材料费)	%	0.50	0.50	0.50	0.50

第三章　地 面 工 程

说 明

一、本章包括地面拆除，地面整修，地面、散水砖细墁，糙砖地面、路面、散水铺墁，路面、地面墁石子、石板共 5 节 130 个子目。

二、细砖地面散水剔补、糙墁地面散水补换砖定额以所补换砖相连面积在 $1m^2$ 以内为准，相连面积超过 $1m^2$ 时，应执行拆除和新作定额。

三、新作或剔补细砖地面，散水等定额中的砍砖工均包括了砖件的砍制加工的内容。

四、各种砖地面铺装、揭墁均已综合考虑了不同的排砖方式及遇柱顶掏卡口等因素，实际工程中不得因排砖方式不同而调整定额；其中墁细砖地面不包括钻生桐油，若要求钻生时另执行地面钻生定额。

五、凡地面、散水中使用条砖铺墁且大面朝上者为平铺，小面朝上者为柳叶。糙砖踏道中凡使用条砖且叠铺时为平铺，凡小面朝上者为陡铺。

六、栽牙子砖砖料条面朝上者为顺栽，丁面朝上者为立栽。砖牙宽度为砖长的 1/4 者为立栽 1/4 砖，砖牙宽度为砖长的 1/2 者为立栽 1/2 砖。

七、本章定额各种地面结合层灰浆种类及厚度见下表，实际工程中所要求使用的灰浆种类和厚度与表中不符时应予换算，但定额人工不调整。

各种地面结合层灰浆品种及厚度表

地 面 种 类	结 合 层		立缝宽度(mm)
	灰浆品种	厚度(mm)	
墁细砖地面	掺灰泥 3:7	40	砖棱挂油灰
墁糙砖地面	掺灰泥 3:7	30	5
礓礤	掺灰泥 3:7	40	5
踏道	掺灰泥 3:7	30	—

八、砖地面、散水、路面揭墁均以新砖添配在 30% 以内为准，新砖添配量超过 30% 时，另执行新砖添配每增 10% 定额(不足 10% 亦按 10% 执行)。

工程量计算规则

一、地面、路面、散水剔补按所补换砖的数量计算。

二、地面揭墁按实际面积计算。

三、室内地面按主墙间面积计算,无围护砖墙者按阶条石里口围成的面积计算,檐廊部分按阶条石、压面石或冰盘檐里口至槛墙间面积计算,不扣除柱顶石、间壁墙、隔扇等所占面积。

四、庭院地面、路面、散水按砖石牙里口围成的面积计算,踏道按投影面积计算,礓磋、坡道按斜面积计算,均不扣除0.5m^2以内的井口、树池、花池所占面积。

五、砖牙按中心线长度计算。

六、方砖与石子间隔铺墁的地(路)面,应分别按面积计算。

一、地 面 拆 除

工作内容：准备工具、拆除旧砖料、清理码放、场内运输及清理废弃物。

计量单位：m^2

定额编号			3-3-1	3-3-2	3-3-3	3-3-4	3-3-5
项目			砖地面、路面、散水拆除				
			方砖	城砖		地趴砖、停泥砖	
				平铺	柳叶	平铺	柳叶
名称		单位	消耗量				
人工	合计工日	工日	0.070	0.090	0.150	0.070	0.120
	瓦工普工	工日	0.063	0.081	0.135	0.063	0.108
	瓦工一般技工	工日	0.007	0.009	0.015	0.007	0.012

工作内容：准备工具、拆除旧砖料、清理码放、场内运输及清理废弃物。

计量单位：m^2

定额编号			3-3-6	3-3-7	3-3-8
项目			踏道拆除		
			方砖	城砖、地趴砖	
				平铺	陡铺
名称		单位	消耗量		
人工	合计工日	工日	0.080	0.100	0.160
	瓦工普工	工日	0.072	0.090	0.144
	瓦工一般技工	工日	0.008	0.010	0.016

工作内容：准备工具、拆除旧砖料、清理码放、场内运输及清理废弃物。

计量单位：m

定额编号			3-3-9	3-3-10
项目			各种砖牙拆除	
			顺栽	立栽
名称		单位	消耗量	
人工	合计工日	工日	0.030	0.060
	瓦工普工	工日	0.027	0.054
	瓦工一般技工	工日	0.003	0.006

工作内容：准备工具、拆除旧石板(块)、筛选旧石子、清理码放、场内运输及清理废弃物。

计量单位：m^2

定额编号			3-3-11	3-3-12	3-3-13
项目			石子地面拆除	石板地面拆除	毛石地面拆除
名称		单位	消耗量		
人工	合计工日	工日	0.130	0.160	0.180
	瓦工普工	工日	0.117	0.144	0.162
	瓦工一般技工	工日	0.013	0.016	0.018

二、地 面 整 修

工作内容：准备工具、剔除破损砖件、挑选砖件、砍制加工、清理基层、调制灰浆、补墁新砖、场内运输及清理废弃物。

计量单位：块

定额编号			3-3-14	3-3-15	3-3-16	3-3-17
项目			金砖地面剔补			
			尺七金砖	二尺金砖	二尺二金砖	二尺四金砖
名称		单位	消耗量			
人工	合计工日	工日	2.436	3.493	3.876	4.284
	瓦工普工	工日	0.271	0.451	0.497	0.547
	瓦工一般技工	工日	0.678	1.128	1.242	1.368
	瓦工高级技工	工日	0.407	0.677	0.745	0.821
	砍砖工普工	工日	0.108	0.124	0.139	0.155
	砍砖工一般技工	工日	0.648	0.742	0.835	0.929
	砍砖工高级技工	工日	0.324	0.371	0.418	0.464
材料	尺七金砖	块	1.1300	—	—	—
	二尺金砖	块	—	1.1300	—	—
	二尺二金砖	块	—	—	1.1300	—
	二尺四金砖	块	—	—	—	1.1300
	生石灰	kg	13.0800	18.3300	21.9100	25.8600
	生桐油	kg	0.1000	0.1100	0.1200	0.1400
	面粉	kg	0.1900	0.2300	0.2500	0.2700
	松烟	kg	0.1000	0.1100	0.1200	0.1400
	其他材料费(占材料费)	%	2.00	2.00	2.00	2.00
机械	切砖机 2.8kW	台班	0.0283	0.0283	0.0283	0.0283

工作内容：准备工具、剔除破损砖件、挑选砖件、砍制加工、清理基层、调制灰浆、补墁新砖、场内运输及清理废弃物。

计量单位：块

定额编号			3-3-18	3-3-19	3-3-20
项目			细砖地面、散水剔补		
			尺二方砖	尺四方砖	尺七方砖
名称		单位	消耗量		
人工	合计工日	工日	0.552	0.852	1.332
	瓦工普工	工日	0.084	0.120	0.180
	瓦工一般技工	工日	0.210	0.300	0.450
	瓦工高级技工	工日	0.126	0.180	0.270
	砍砖工普工	工日	0.013	0.025	0.043
	砍砖工一般技工	工日	0.079	0.151	0.259
	砍砖工高级技工	工日	0.040	0.076	0.130
材料	尺二方砖	块	1.1300	—	—
	尺四方砖	块	—	1.1300	—
	尺七方砖	块	—	—	1.1300
	生石灰	kg	5.5200	7.3800	13.0800
	生桐油	kg	0.0600	0.0700	0.1000
	面粉	kg	0.1200	0.1400	0.1900
	松烟	kg	0.0600	0.0700	0.1000
	其他材料费(占材料费)	%	2.00	2.00	2.00
机械	切砖机 2.8kW	台班	0.0141	0.0141	0.0141

工作内容：准备工具、剔除破损砖件、挑选砖件、砍制加工、清理基层、调制灰浆、补墁新砖、场内运输及清理废弃物。

计量单位：块

定额编号			3-3-21	3-3-22	3-3-23	3-3-24	3-3-25	3-3-26
项目			细砖地面、散水剔补					
			大城砖		二样城砖		大停泥砖	小停泥砖
			平铺	柳叶	平铺	柳叶		
名称		单位	消耗量					
人工	合计工日	工日	0.743	0.672	0.660	0.589	0.312	0.168
	瓦工普工	工日	0.108	0.096	0.098	0.086	0.038	0.024
	瓦工一般技工	工日	0.270	0.240	0.246	0.216	0.096	0.060
	瓦工高级技工	工日	0.162	0.144	0.148	0.130	0.058	0.036
	砍砖工普工	工日	0.020	0.019	0.017	0.016	0.012	0.005
	砍砖工一般技工	工日	0.122	0.115	0.101	0.094	0.072	0.029
	砍砖工高级技工	工日	0.061	0.058	0.050	0.047	0.036	0.014
材料	大城砖	块	1.1300	1.1300	—	—	—	—
	二样城砖	块	—	—	1.1300	1.1300	—	—
	大停泥砖	块	—	—	—	—	1.1300	—
	小停泥砖	块	—	—	—	—	—	1.1300
	生石灰	kg	4.4400	2.4300	3.8800	2.0000	2.8500	1.6200
	生桐油	kg	0.0700	0.0700	0.0600	0.0600	0.0500	0.0400
	面粉	kg	0.1300	0.1300	0.1200	0.1200	0.1000	0.0700
	松烟	kg	0.0700	0.0700	0.0600	0.0600	0.0500	0.0400
	其他材料费(占材料费)	%	2.00	2.00	2.00	2.00	2.00	2.00
机械	切砖机 2.8kW	台班	0.0113	0.0113	0.0113	0.0113	0.0094	0.0094

工作内容:准备工具、剔除破损砖件、挑选砖件、清理基层、调制灰浆、补墁新砖、场内运输及清理废弃物。

计量单位:块

定额编号			3-3-27	3-3-28	3-3-29
项目			糙砖地面、散水补换砖		
			大城砖	二样城砖	地趴砖
名称		单位	消耗量		
人工	合计工日	工日	0.180	0.170	0.140
	瓦工普工	工日	0.072	0.068	0.056
	瓦工一般技工	工日	0.090	0.085	0.070
	瓦工高级技工	工日	0.018	0.017	0.014
材料	大城砖	块	1.0300	—	—
	二样城砖	块	—	1.0300	—
	地趴砖	块	—	—	1.0300
	掺灰泥 3∶7	m^3	0.0050	0.0040	0.0030
	其他材料费(占材料费)	%	2.00	2.00	2.00

工作内容:准备工具、剔除破损砖件、挑选砖件、清理基层、调制灰浆、补墁新砖、场内运输及清理废弃物。

计量单位:块

定额编号			3-3-30	3-3-31	3-3-32	3-3-33
项目			糙砖地面、散水补换砖			
			小停泥砖	尺二方砖	尺四方砖	尺七方砖
名称		单位	消耗量			
人工	合计工日	工日	0.110	0.130	0.140	0.160
	瓦工普工	工日	0.044	0.052	0.056	0.064
	瓦工一般技工	工日	0.055	0.065	0.070	0.080
	瓦工高级技工	工日	0.011	0.013	0.014	0.016
材料	小停泥砖	块	1.0300	—	—	—
	尺二方砖	块	—	1.0300	—	—
	尺四方砖	块	—	—	1.0300	—
	尺七方砖	块	—	—	—	1.0300
	掺灰泥 3∶7	m^3	0.0020	0.0060	0.0080	0.0110
	其他材料费(占材料费)	%	2.00	2.00	2.00	2.00

工作内容：准备工具、拆除、挑选整理旧砖件、添配部分新砖、砍制加工、清理基层、调制灰浆、找规矩、挂线、重新铺墁砖、场内运输及清理废弃物。　　**计量单位：**m^2

定额编号			3-3-34	3-3-35	3-3-36	3-3-37	3-3-38	3-3-39
项目			细砖地面、散水揭墁					
			尺二方砖		尺四方砖		尺七方砖	
			新砖添配30%以内	新砖添配每增10%	新砖添配30%以内	新砖添配每增10%	新砖添配30%以内	新砖添配每增10%
名称		单位	消耗量					
人工	合计工日	工日	1.513	0.112	1.464	0.143	1.415	0.167
	瓦工普工	工日	0.353	—	0.310	—	0.274	—
	瓦工一般技工	工日	0.588	—	0.516	—	0.456	—
	瓦工高级技工	工日	0.235	—	0.206	—	0.182	—
	砍砖工普工	工日	0.034	0.011	0.043	0.014	0.050	0.017
	砍砖工一般技工	工日	0.202	0.067	0.259	0.086	0.302	0.100
	砍砖工高级技工	工日	0.101	0.034	0.130	0.043	0.151	0.050
材料	尺二方砖	块	2.7700	0.9100	—	—	—	—
	尺四方砖	块	—	—	1.9700	0.6000	—	—
	尺七方砖	块	—	—	—	—	1.3000	0.4000
	掺灰泥 3 : 7	m^3	0.0420	—	0.0420	—	0.0420	—
	生石灰	kg	2.5700	—	2.4900	—	2.4400	—
	生桐油	kg	0.2700	—	0.2300	—	0.2000	—
	面粉	kg	0.5400	—	0.4600	—	0.4100	—
	松烟	kg	0.2700	—	0.2300	—	0.2000	—
	其他材料费(占材料费)	%	2.00	2.00	2.00	2.00	2.00	2.00
机械	切砖机 2.8kW	台班	0.0346	0.0114	0.0246	0.0075	0.0163	0.0050

工作内容:准备工具、拆除、挑选整理旧砖件、添配部分新砖、清理基层、调制灰浆、找规矩、挂线、重新铺墁砖、场内运输及清理废弃物。

计量单位:m^2

定额编号			3-3-40	3-3-41	3-3-42	3-3-43	3-3-44	3-3-45
项目			糙砖地面、散水揭墁					
			尺二方砖		尺四方砖		尺七方砖	
			新砖添配30%以内	新砖添配每增10%	新砖添配30%以内	新砖添配每增10%	新砖添配30%以内	新砖添配每增10%
名称		单位	消耗量					
人工	合计工日	工日	0.400	—	0.370	—	0.340	—
	瓦工普工	工日	0.160	—	0.148	—	0.136	—
	瓦工一般技工	工日	0.200	—	0.185	—	0.170	—
	瓦工高级技工	工日	0.040	—	0.037	—	0.034	—
材料	尺二方砖	块	2.0500	0.6890	—	—	—	—
	尺四方砖	块	—	—	1.5100	0.5070	—	—
	尺七方砖	块	—	—	—	—	1.0300	0.3460
	掺灰泥3:7	m^3	0.0330	—	0.0330	—	0.0330	—
	其他材料费(占材料费)	%	2.00	2.00	2.00	2.00	2.00	2.00

工作内容:准备工具、拆除、挑选整理旧砖件、添配部分新砖、清理基层、调制灰浆、找规矩、挂线、重新铺墁砖、场内运输及清理废弃物。

计量单位:m^2

定额编号			3-3-46	3-3-47	3-3-48	3-3-49
项目			糙砖地面、散水揭墁			
			大城砖平铺		大城砖柳叶	
			新砖添配30%以内	新砖添配每增10%	新砖添配30%以内	新砖添配每增10%
名称		单位	消耗量			
人工	合计工日	工日	0.460	—	0.820	—
	瓦工普工	工日	0.184	—	0.328	—
	瓦工一般技工	工日	0.230	—	0.410	—
	瓦工高级技工	工日	0.046	—	0.082	—
材料	大城砖	块	2.6000	1.0000	4.9400	1.6480
	掺灰泥3:7	m^3	0.0350	—	0.0440	—
	其他材料费(占材料费)	%	2.00	2.00	2.00	2.00

工作内容:准备工具、拆除、挑选整理旧砖件、添配部分新砖、清理基层、调制灰浆、找规矩、挂线、重新铺墁砖、场内运输及清理废弃物。

计量单位:m^2

定额编号			3-3-50	3-3-51	3-3-52	3-3-53	3-3-54	3-3-55
项目			糙砖地面、散水揭墁					
			二样城砖平铺		二样城砖柳叶		地趴砖平铺	
			新砖添配30%以内	新砖添配每增10%	新砖添配30%以内	新砖添配每增10%	新砖添配30%以内	新砖添配每增10%
名称		单位	消耗量					
人工	合计工日	工日	0.470	—	0.840	—	0.480	—
	瓦工普工	工日	0.188	—	0.336	—	0.192	—
	瓦工一般技工	工日	0.235	—	0.420	—	0.240	—
	瓦工高级技工	工日	0.047	—	0.084	—	0.048	—
材料	二样城砖	块	2.9800	1.1560	6.0100	2.1000	—	—
	地趴砖	块	—	—	—	—	4.0400	1.3510
	掺灰泥3:7	m^3	0.0350	—	0.0450	—	0.0350	—
	其他材料费(占材料费)	%	2.00	2.00	2.00	2.00	2.00	2.00

工作内容:准备工具、拆除、挑选整理旧砖件、添配部分新砖、清理基层、调制灰浆、找规矩、挂线、重新铺墁砖、场内运输及清理废弃物。

计量单位:m^2

定额编号			3-3-56	3-3-57	3-3-58	3-3-59	3-3-60	3-3-61
项目			糙砖地面、散水揭墁					
			地趴砖柳叶		小停泥砖平铺		小停泥砖柳叶	
			新砖添配30%以内	新砖添配每增10%	新砖添配30%以内	新砖添配每增10%	新砖添配30%以内	新砖添配每增10%
名称		单位	消耗量					
人工	合计工日	工日	0.860	—	0.520	—	0.920	—
	瓦工普工	工日	0.344	—	0.208	—	0.368	—
	瓦工一般技工	工日	0.430	—	0.260	—	0.460	—
	瓦工高级技工	工日	0.086	—	0.052	—	0.092	—
材料	地趴砖	块	8.1000	2.7470	—	—	—	—
	小停泥砖	块	—	—	7.0800	2.3600	15.7500	5.3600
	掺灰泥3:7	m^3	0.0450	—	0.0350	—	0.0460	—
	其他材料费(占材料费)	%	2.00	2.00	2.00	2.00	2.00	2.00

三、地面、散水砖细墁

工作内容：准备工具、砖料砍制加工、清理基层、调制灰浆、找规矩、挂线、铺墁砖、场内运输及清理废弃物。车辋、龟背锦等异形砖地面细墁还包括制、套样板。

计量单位：m^2

定额编号			3-3-62	3-3-63	3-3-64	3-3-65	3-3-66	3-3-67
项目			地面、散水砖细墁			车辋、龟背锦等异形砖地面细墁		
			尺二方砖	尺四方砖	尺七方砖	尺二方砖	尺四方砖	尺七方砖
名称		单位	消耗量					
人工	合计工日	工日	1.964	2.137	2.221	4.037	4.676	5.048
	瓦工普工	工日	0.192	0.168	0.144	0.269	0.235	0.202
	瓦工一般技工	工日	0.480	0.420	0.360	0.672	0.588	0.504
	瓦工高级技工	工日	0.288	0.252	0.216	0.403	0.353	0.302
	砍砖工普工	工日	0.100	0.130	0.150	0.269	0.350	0.404
	砍砖工一般技工	工日	0.603	0.778	0.901	1.616	2.100	2.424
	砍砖工高级技工	工日	0.301	0.389	0.450	0.808	1.050	1.212
材料	尺二方砖	块	9.2300	—	—	11.0700	—	—
	尺四方砖	块	—	6.5700	—	—	7.8800	—
	尺七方砖	块	—	—	4.3500	—	—	5.2200
	掺灰泥 3∶7	m^3	0.0420	0.0420	0.0420	0.0420	0.0420	0.0420
	生石灰	kg	2.5700	2.4900	2.4400	2.6800	2.5800	2.5200
	生桐油	kg	0.2700	0.2300	0.2000	0.3200	0.2800	0.2400
	面粉	kg	0.5400	0.4600	0.4100	0.6400	0.5500	0.4900
	松烟	kg	0.2700	0.2300	0.2000	0.3200	0.2700	0.2400
	其他材料费(占材料费)	%	1.00	1.00	1.00	1.00	1.00	1.00
机械	切砖机 2.8kW	台班	0.1154	0.0821	0.0544	0.1384	0.0985	0.0653

工作内容：准备工具、砖料砍制加工、清理基层、调制灰浆、找规矩、挂线、铺墁砖、场内运输及清理废弃物。

计量单位：m^2

定额编号			3-3-68	3-3-69	3-3-70	3-3-71	3-3-72	3-3-73
项目			地面、散水砖大城砖细墁					
			平铺		直柳叶		斜柳叶	
			普通	异形	整砖	半砖	整砖	半砖
名称		单位	消耗量					
人工	合计工日	工日	3.217	7.103	4.918	5.143	5.551	5.796
	瓦工普工	工日	0.192	0.230	0.288	0.264	0.346	0.317
	瓦工一般技工	工日	0.480	0.576	0.720	0.660	0.864	0.792
	瓦工高级技工	工日	0.288	0.346	0.432	0.396	0.518	0.475
	砍砖工普工	工日	0.226	0.595	0.348	0.382	0.382	0.421
	砍砖工一般技工	工日	1.354	3.571	2.087	2.294	2.294	2.527
	砍砖工高级技工	工日	0.677	1.785	1.043	1.147	1.147	1.264
材料	大城砖	块	11.2700	13.5200	22.6000	11.3000	24.8600	12.4300
	掺灰泥 3:7	m^3	0.0420	0.0420	0.0420	0.0420	0.0420	0.0420
	生石灰	kg	2.7400	2.8800	3.4500	3.4500	3.5900	3.5900
	生桐油	kg	0.3500	0.4300	0.7100	0.7100	0.7800	0.7800
	面粉	kg	0.7100	0.8500	1.4200	1.4200	1.5600	1.5600
	松烟	kg	0.3500	0.4200	0.7000	0.7000	0.7700	0.7700
	其他材料费(占材料费)	%	1.00	1.00	1.00	1.00	1.00	1.00
机械	切砖机 2.8kW	台班	0.1127	0.1352	0.2260	0.1130	0.2486	0.1243

工作内容:准备工具、砖料砍制加工、清理基层、调制灰浆、找规矩、挂线、铺墁砖、场内运输及清理废弃物。

计量单位:m^2

定额编号			3-3-74	3-3-75	3-3-76	3-3-77	3-3-78	3-3-79
项目			地面、散水砖二样城砖细墁					
			平铺		直柳叶		斜柳叶	
			普通	异形	整砖	半砖	整砖	半砖
名称		单位	消耗量					
人工	合计工日	工日	3.104	6.731	4.731	4.934	5.354	5.567
	瓦工普工	工日	0.202	0.242	0.302	0.278	0.362	0.334
	瓦工一般技工	工日	0.504	0.606	0.756	0.696	0.906	0.834
	瓦工高级技工	工日	0.302	0.364	0.454	0.418	0.544	0.500
	砍砖工普工	工日	0.210	0.552	0.322	0.354	0.354	0.390
	砍砖工一般技工	工日	1.257	3.311	1.931	2.125	2.125	2.339
	砍砖工高级技工	工日	0.629	1.656	0.966	1.063	1.063	1.170
材料	二样城砖	块	13.0700	15.6800	26.1600	13.0800	28.7800	14.3900
	掺灰泥 3:7	m^3	0.0420	0.0420	0.0420	0.0420	0.0420	0.0420
	生石灰	kg	2.8100	2.9600	3.5800	3.5800	3.7300	3.7300
	生桐油	kg	0.3900	0.4700	0.7700	0.7700	0.8500	0.8500
	面粉	kg	0.7800	0.9300	1.5500	1.5500	1.7000	1.7000
	松烟	kg	0.3900	0.4600	0.7700	0.7700	0.8500	0.8500
	其他材料费(占材料费)	%	1.00	1.00	1.00	1.00	1.00	1.00
机械	切砖机 2.8kW	台班	0.1307	0.1568	0.2616	0.1308	0.2878	0.1439

工作内容：准备工具、砖料砍制加工、清理基层、调制灰浆、找规矩、挂线、铺墁砖、场内运输及清理废弃物。细地面钻生还包括泼洒桐油、起油皮、手生、擦净。

计量单位：m^2

定额编号			3-3-80	3-3-81	3-3-82
项目			地面、散水砖细墁		细地面钻生
			大停泥砖平铺	小停泥砖平铺	
名称		单位	消耗量		
人工	合计工日	工日	2.893	2.794	0.170
	瓦工普工	工日	0.211	0.230	0.034
	瓦工一般技工	工日	0.528	0.576	0.085
	瓦工高级技工	工日	0.317	0.346	0.051
	砍砖工普工	工日	0.184	0.164	—
	砍砖工一般技工	工日	1.102	0.985	—
	砍砖工高级技工	工日	0.551	0.493	—
材料	大停泥砖	块	15.3400	—	—
	小停泥砖	块	—	31.0000	—
	掺灰泥 3∶7	m^3	0.0420	0.0420	—
	生石灰	kg	2.7900	3.0600	—
	生桐油	kg	0.3800	0.5200	0.5300
	面粉	kg	0.7600	1.0300	—
	松烟	kg	0.3800	0.5100	—
	其他材料费(占材料费)	%	1.00	1.00	1.00
机械	切砖机 2.8kW	台班	0.1278	0.2583	—

工作内容：准备工具、砖料砍制加工、调制灰浆、清扫基层、找规矩、挂线、栽砖牙、打点、场内运输及清理废弃物。

计量单位：m

定额编号			3-3-83	3-3-84	3-3-85	3-3-86
项目			细砖牙顺栽			
			大城砖	二样城砖	大停泥砖	小停泥砖
名称		单位	消耗量			
人工	合计工日	工日	0.498	0.445	0.392	0.317
	瓦工普工	工日	0.024	0.026	0.026	0.029
	瓦工一般技工	工日	0.060	0.066	0.066	0.072
	瓦工高级技工	工日	0.036	0.040	0.040	0.043
	砍砖工普工	工日	0.038	0.031	0.026	0.017
	砍砖工一般技工	工日	0.227	0.188	0.156	0.104
	砍砖工高级技工	工日	0.113	0.094	0.078	0.052
材料	大城砖	块	2.5300	—	—	—
	二样城砖	块	—	2.7200	—	—
	大停泥砖	块	—	—	2.9500	—
	小停泥砖	块	—	—	—	4.6700
	掺灰泥 3∶7	m^3	0.0060	0.0060	0.0040	0.0030
	生石灰	kg	0.3900	0.3700	0.2900	0.2600
	生桐油	kg	0.0800	0.0800	0.0700	0.0700
	面粉	kg	0.1600	0.1600	0.1500	0.1400
	松烟	kg	0.0800	0.0800	0.0700	0.0700
	其他材料费(占材料费)	%	1.00	1.00	1.00	1.00
机械	切砖机 2.8kW	台班	0.0253	0.0272	0.0246	0.0389

四、糙砖地面、路面、散水铺墁

工作内容：准备工具、调制灰浆、清扫基层、找规矩、挂线、铺墁、打点、场内运输及清理废弃物。

计量单位：m²

定额编号			3-3-87	3-3-88	3-3-89	3-3-90	3-3-91
项目			糙砖地面、路面、散水铺墁			糙砖踏道铺墁	
			尺二方砖	尺四方砖	尺七方砖	尺四方砖	尺七方砖
名称		单位	消耗量				
人工	合计工日	工日	0.240	0.220	0.190	0.260	0.240
	瓦工普工	工日	0.048	0.044	0.038	0.052	0.048
	瓦工一般技工	工日	0.144	0.132	0.114	0.156	0.144
	瓦工高级技工	工日	0.048	0.044	0.038	0.052	0.048
材料	尺二方砖	块	6.8100	—	—	—	—
	尺四方砖	块	—	5.0200	—	5.7800	—
	尺七方砖	块	—	—	3.4200	—	3.9300
	掺灰泥3:7	m^3	0.0330	0.0330	0.0320	0.0330	0.0480
	其他材料费(占材料费)	%	1.00	1.00	1.00	1.00	1.00

工作内容：准备工具、调制灰浆、清扫基层、找规矩、挂线、铺墁、打点、场内运输及清理废弃物。

计量单位：m²

定额编号			3-3-92	3-3-93	3-3-94	3-3-95	3-3-96
项目			糙砖地面、路面、散水铺墁大城砖		糙砖地面、散水铺墁礓磋大城砖	糙砖踏道铺墁大城砖	
			平铺	柳叶		平铺	陡铺
名称		单位	消耗量				
人工	合计工日	工日	0.300	0.540	0.600	0.320	0.600
	瓦工普工	工日	0.060	0.108	0.120	0.064	0.120
	瓦工一般技工	工日	0.180	0.324	0.360	0.192	0.360
	瓦工高级技工	工日	0.060	0.108	0.120	0.064	0.120
材料	大城砖	块	8.6700	16.4500	15.9700	9.9700	18.3600
	掺灰泥3:7	m^3	0.0350	0.0440	0.0530	0.0400	0.0490
	其他材料费(占材料费)	%	1.00	1.00	1.00	1.00	1.00

工作内容：准备工具、调制灰浆、清扫基层、找规矩、挂线、铺墁、打点、场内运输及清理废弃物。

计量单位：m^2

定额编号			3-3-97	3-3-98	3-3-99	3-3-100	3-3-101
项目			糙砖地面、路面、散水铺墁二样城砖		糙砖地面、散水铺墁礓礤二样城砖	糙砖踏道铺墁二样城砖	
			平铺	柳叶		平铺	陡铺
名称		单位	消耗量				
人工	合计工日	工日	0.310	0.560	0.620	0.340	0.620
	瓦工普工	工日	0.062	0.112	0.124	0.068	0.124
	瓦工一般技工	工日	0.186	0.336	0.372	0.204	0.372
	瓦工高级技工	工日	0.062	0.112	0.124	0.068	0.124
材料	二样城砖	块	9.9300	20.0200	19.4400	11.4200	22.3500
	掺灰泥 3:7	m^3	0.0350	0.0450	0.0540	0.0400	0.0500
	其他材料费(占材料费)	%	1.00	1.00	1.00	1.00	1.00

工作内容：准备工具、调制灰浆、清扫基层、找规矩、挂线、铺墁、打点、场内运输及清理废弃物。

计量单位：m^2

定额编号			3-3-102	3-3-103	3-3-104	3-3-105	3-3-106
项目			糙砖地面、路面、散水铺墁地趴砖		糙砖地面、散水铺墁礓礤地趴砖	糙砖踏道铺墁地趴砖	
			平铺	柳叶		平铺	陡铺
名称		单位	消耗量				
人工	合计工日	工日	0.320	0.590	0.650	0.350	0.650
	瓦工普工	工日	0.064	0.118	0.130	0.070	0.130
	瓦工一般技工	工日	0.192	0.354	0.390	0.210	0.390
	瓦工高级技工	工日	0.064	0.118	0.130	0.070	0.130
材料	地趴砖	块	13.4400	27.0000	26.2200	15.4600	30.1500
	掺灰泥 3:7	m^3	0.0350	0.0450	0.0540	0.0400	0.0500
	其他材料费(占材料费)	%	1.00	1.00	1.00	1.00	1.00

工作内容：准备工具、调制灰浆、清扫基层、找规矩、挂线、铺墁、打点、场内运输及清理废弃物。

计量单位：m^2

定额编号			3-3-107	3-3-108	3-3-109
项目			糙砖地面、路面、散水铺墁小停泥砖		糙砖地面、散水铺墁䃰䃰小停泥砖
			平铺	柳叶	
名称		单位	消耗量		
人工	合计工日	工日	0.340	0.600	0.670
	瓦工普工	工日	0.068	0.120	0.134
	瓦工一般技工	工日	0.204	0.360	0.402
	瓦工高级技工	工日	0.068	0.120	0.134
材料	小停泥砖	块	23.6000	52.4800	50.9500
	掺灰泥 3∶7	m^3	0.0340	0.0450	0.0440
	其他材料费(占材料费)	%	1.00	1.00	1.00

工作内容：准备工具、调制灰浆、清扫基层、挑选砖料栽砌、打点、场内运输及清理废弃物。

计量单位：m

定额编号			3-3-110	3-3-111	3-3-112	3-3-113	3-3-114	3-3-115
项目			糙砖牙栽墁					
			大城砖			二样城砖		
			顺栽	立栽 1/4 砖	立栽 1/2 砖	顺栽	立栽 1/4 砖	立栽 1/2 砖
名称		单位	消耗量					
人工	合计工日	工日	0.080	0.160	0.300	0.080	0.160	0.300
	瓦工普工	工日	0.016	0.032	0.060	0.016	0.032	0.060
	瓦工一般技工	工日	0.048	0.096	0.180	0.048	0.096	0.180
	瓦工高级技工	工日	0.016	0.032	0.060	0.016	0.032	0.060
材料	大城砖	块	2.1400	4.2900	8.0500	—	—	—
	二样城砖	块	—	—	—	2.3000	4.6000	9.2000
	掺灰泥 3∶7	m^3	0.0040	0.0100	0.0070	0.0040	0.0090	0.0060
	其他材料费(占材料费)	%	1.00	1.00	1.00	1.00	1.00	1.00

工作内容：准备工具、调制灰浆、清扫基层、挑选砖料栽砌、打点、场内运输及清理废弃物。

计量单位：m

定额编号			3-3-116	3-3-117	3-3-118	3-3-119	3-3-120	3-3-121
项目			糙砖牙栽墁					
			地趴砖			小停泥砖		
			顺栽	立栽1/4砖	立栽1/2砖	顺栽	立栽1/4砖	立栽1/2砖
名称		单位	消耗量					
人工	合计工日	工日	0.100	0.180	0.340	0.090	0.180	0.340
	瓦工普工	工日	0.020	0.036	0.068	0.010	0.036	0.068
	瓦工一般技工	工日	0.060	0.108	0.204	0.060	0.108	0.204
	瓦工高级技工	工日	0.020	0.036	0.068	0.020	0.036	0.068
材料	地趴砖	块	2.6800	5.3700	10.7300	—	—	—
	小停泥砖	块	—	—	—	3.5800	7.1500	16.0900
	掺灰泥3∶7	m^3	0.0030	0.0080	0.0050	0.0030	0.0060	0.0040
	其他材料费(占材料费)	%	1.00	1.00	1.00	1.00	1.00	1.00

五、路面、地面墁石子、石板

工作内容：准备工具、挑选石料、调制灰浆、清扫基层、铺墁、场内运输及清理废弃物。满铺拼花者还包括栽瓦条、拼花。

计量单位：m^2

定额编号			3-3-122	3-3-123	3-3-124	3-3-125	3-3-126
项目			石子地面、路面		石子地面、路面	毛石路地面铺墁	毛石踏道铺墁
			满铺		散铺		
			拼花	不拼花			
名称		单位	消耗量				
人工	合计工日	工日	2.100	1.200	0.240	0.220	0.200
	瓦工普工	工日	0.420	0.240	0.048	0.088	0.080
	瓦工一般技工	工日	1.260	0.840	0.168	0.110	0.100
	瓦工高级技工	工日	0.420	0.120	0.024	0.022	0.020
材料	彩色卵石 1～3cm	kg	23.1800	13.9100	—	—	—
	杂色卵石 3～7cm	kg	37.0800	51.9100	51.9100	—	—
	板瓦 2#	块	12.5000	—	—	—	—
	片石	t	—	—	—	0.3900	0.3500
	油灰	m^3	0.0420	0.0400	0.0450	0.0930	0.1000
	其他材料费(占材料费)	%	1.00	1.00	1.00	1.00	1.00

工作内容：准备工具、挑选石料、调制灰浆、清扫基层、铺墁、场内运输及清理废弃物。　　**计量单位：**m^2

定额编号			3-3-127	3-3-128	3-3-129	3-3-130
项目			石板地面、路面铺墁		石板踏道铺墁	
			方整石板	碎石板	方整石板	碎石板
名称		单位	消耗量			
人工	合计工日	工日	0.360	0.470	0.420	0.560
	瓦工普工	工日	0.144	0.188	0.168	0.224
	瓦工一般技工	工日	0.180	0.235	0.210	0.280
	瓦工高级技工	工日	0.036	0.047	0.042	0.056
材料	方整石板	t	0.0830	—	0.0960	—
	碎石板	t	—	0.0740	—	0.0850
	掺灰泥 3∶7	m^3	0.0360	0.0410	0.0420	0.0480
	其他材料费（占材料费）	%	1.00	1.00	1.00	1.00

第四章　屋 面 工 程

说 明

一、本章包括屋面拆除、屋面整修、苫背、新做布瓦屋面、新做琉璃屋面共5节517个子目。

二、布瓦屋面、琉璃屋面查补适用于瓦面基本完好,只是局部瓦面需要拔除杂草、小树,清扫瓦垄、落叶、杂物,抽换个别破损瓦件、加垄打点等,其工作内容中包括相应的屋脊和檐头部分的勾抹打点,使用时应按查补面积占比不同分别执行相应定额。

三、布瓦屋面、琉璃屋面檐头整修适用于檐头瓦件部分松动、歪闪、脱落需重点修复添换瓦件时的需要,使用时应按不同做法分别执行相应定额。

四、布瓦屋面揭宽以新瓦添配率在30%以内为准,琉璃屋面揭宽以新瓦添配率在20%以内为准,当瓦件添配率超过时,另执行新瓦添配每增10%定额。

五、屋面苫背厚度以平均厚度计算,其中泥背平均厚度不足5cm时按5cm计算,平均厚度超过5cm不足10cm时按10cm计算;灰背平均厚度不足3cm时仍按3cm计算,平均厚度超过3cm不足6cm时按6cm计算。

六、除硬山、悬山及竹节瓦(即圆形屋面)外,其他屋面形式的瓦(如攒尖、庑殿、歇山等屋面形式)单坡面积在$5m^2$以下者,其宽瓦部分(不包括屋面整修项目)按下表所列系数调整。

调整系数 面积在 屋面做法	$2m^2$以内	$5m^2$以内
布瓦屋面	1.18	1.14
琉璃屋面	1.06	1.05

七、角脊、戗岔脊及庑殿攒尖垂脊与瓦面相交处截割角瓦所需增加的底盖瓦及用工均包括在相应调脊定额中,因而不论瓦面面积大小,宽瓦及调脊定额均不做调整。

八、铃铛排山脊定额已包括排山勾滴在内,不得再执行檐头附件定额;披水排山脊定额已包括披水砖在内,不得再执行披水檐定额。

九、窝角角梁端头的套兽安装执行单独添配套兽定额,其他角梁端头的套兽已包括在相应的调脊附件中。

十、布瓦屋面除蝎子尾的平草、跨草、落落草有雕饰外,其他均以无雕饰为准,有雕饰要求者另行计算。

十一、琉璃檐头附件、琉璃铃铛排山脊均包括安钉帽。定额中所列单独安装钉帽子目适用于中腰节等部位另有要求的情况。

十二、布瓦屋面如遇天沟檐头部分执行檐头附件定额。琉璃天沟以双面做法为准,单面时乘以系数0.5。

十三、各种脊附件是指调脊时唯一的附属构件,使用时应注意对应补充完善。

十四、布瓦屋面、琉璃瓦屋面过垄脊仅列出了相应异形瓦件的材料用量,其调脊相应人工消耗量已综合在屋面宽瓦之中。

十五、琉璃角脊兽后部分若为垂脊筒做法时执行庑殿攒尖垂脊兽后定额,若为岔脊筒做法时执行戗岔脊兽后定额。

十六、布瓦瓦面揭宽以新瓦件添配在30%以内为准,琉璃瓦瓦面揭宽以新瓦件添配在20%以内为准,瓦件添配量超过上述数量时,另执行相应的新瓦添配每增10%定额(不足10%亦按10%执行)。

工程量计算规则

一、苫背、宽瓦按屋面图示面积计算，其中望板勾缝、抹护板灰、苫泥背、苫灰背不扣除连檐、扶脊木、角梁所占面积；宽瓦不扣除各种脊所占面积，坡长按屋面剖面曲线长计算，屋角飞檐冲出部分不增加，同一屋顶瓦面做法不同时应分别计算，其各部位边线规定如下：

1. 檐头以木基层或砖檐外边线为准；

2. 硬山、悬山建筑两山以博缝外皮为准；

3. 歇山建筑栱山部分边线以博缝外皮为准，撒头上边线以博缝外皮连线为准；

4. 重檐建筑下层檐上边线以重檐金柱（或重檐童柱）外皮连线为准。

二、屋面查补工程量计算规则与宽瓦工程量计算规则相同，脊的面积不再增加。

三、青灰背查补工程量计算规则与苫背工程量计算规则相同。

四、苫铅板（锡）背按图示铺作面积计算。

五、檐头附件按檐头长度计算，其中硬山、悬山建筑算至博缝外皮，带角梁的建筑按仔角梁端头中点连接直线长计算。

六、窝角沟按斜长度计算。

七、各种脊均按长度计算，其中：

1. 带吻（兽）正脊、围脊及清水脊应扣除吻（兽）、平草、跨草、落落草所占长度；

2. 歇山垂脊下端算至垂兽或盘子外皮，上端有正吻（兽）的算至正吻（兽）外皮，无正吻（兽）的算至正脊中线；

3. 戗（岔）脊、角脊及庑殿、攒尖、硬山、悬山垂脊带兽者，兽前（包括兽）、兽后分别计算。兽前部分由撺头或盘子外端量至垂兽或岔兽后口；兽后部分由兽后口起计算，戗（岔）脊量至垂脊外皮，角脊量至合角吻外皮，庑殿、攒尖建筑垂脊量至正吻或宝顶外皮，硬山、悬山建筑有正吻的量至正吻外皮，无正吻的量至正脊中线；

4. 琉璃博脊两端量至挂尖；

5. 披水梢垄由勾头外皮量至正脊中线；

6. 屋面揭宽按实际面积计算；

7. 排山脊卷棚部分以每山一条以数量计算；

8. 垂脊附件不分尖山、圆山以单坡为准，按数量计算。

一、屋 面 拆 除

工作内容：准备工具、安全监护、拆除瓦面、屋脊、挑选清理旧砖瓦件、脊件、清理归类、渣土下架归堆、场内运输及清理废弃物。

计量单位：m^2

定额编号			3-4-1	3-4-2	3-4-3	3-4-4
项目			布瓦瓦面拆除			
			头#~3#筒瓦	10#筒瓦	合瓦	仰瓦灰梗、干蹅瓦
名称		单位	消耗量			
人工	合计工日	工日	0.180	0.204	0.190	0.144
	瓦工普工	工日	0.162	0.184	0.171	0.130
	瓦工一般技工	工日	0.018	0.020	0.019	0.014

工作内容：准备工具、安全监护、拆除屋脊、挑选清理旧砖瓦件、脊件、清理归类、渣土下架归堆、场内运输及清理废弃物。

计量单位：m

定额编号			3-4-5	3-4-6	3-4-7	3-4-8
项目			布瓦屋脊拆除			
			无陡板脊	有陡板脊（脊高）		
				40cm以下	50cm以下	50cm以上
名称		单位	消耗量			
人工	合计工日	工日	0.180	0.220	0.260	0.340
	瓦工普工	工日	0.162	0.198	0.234	0.306
	瓦工一般技工	工日	0.018	0.022	0.026	0.034

工作内容：准备工具、安全监护、拆除屋脊、挑选清理旧砖瓦件、脊件、清理归类、渣土下架归堆、场内运输及清理废弃物。

计量单位：份

定额编号			3-4-9	3-4-10	3-4-11
项目			布瓦正吻拆除		
			脊高		
			50cm 以下	60cm 以下	60cm 以上
名称		单位	消耗量		
人工	合计工日	工日	0.300	0.480	1.080
	瓦工普工	工日	0.270	0.432	0.972
	瓦工一般技工	工日	0.030	0.048	0.108

工作内容：准备工具、安全监护、拆除屋脊、挑选清理旧砖瓦件、脊件、清理归类、渣土下架归堆、场内运输及清理废弃物。

定额编号			3-4-12	3-4-13	3-4-14
项目			布瓦垂、岔兽拆除	布瓦屋面合角吻拆除	琉璃瓦面拆除
			份	对	m^2
名称		单位	消耗量		
人工	合计工日	工日	0.180	0.480	0.190
	瓦工普工	工日	0.162	0.432	0.171
	瓦工一般技工	工日	0.018	0.048	0.019

工作内容：准备工具、安全监护、拆除瓦面、屋脊、挑选清理旧砖瓦件、脊件、清理归类、渣土下架归堆、场内运输及清理废弃物。

计量单位：m

定额编号			3-4-15	3-4-16	3-4-17	3-4-18	3-4-19	3-4-20
项目			琉璃正脊拆除			琉璃垂脊、岔脊、角脊、博脊、围脊、承奉连正脊拆除		
			四样、五样	六样、七样	八样、九样	四样、五样	六样、七样	八样、九样
名称		单位	消耗量					
人工	合计工日	工日	0.360	0.300	0.240	0.300	0.240	0.220
	瓦工普工	工日	0.324	0.270	0.216	0.270	0.216	0.198
	瓦工一般技工	工日	0.036	0.030	0.024	0.030	0.024	0.022

工作内容：准备工具、安全监护、拆除吻兽、挑选清理归类、渣土下架归堆、场内运输及清理废弃物。

计量单位：份

定额编号			3-4-21	3-4-22	3-4-23	3-4-24	3-4-25	3-4-26
项目			琉璃正吻拆除			琉璃垂、岔兽拆除		
			四样、五样	六样、七样	八样、九样	四样、五样	六样、七样	八样、九样
名称		单位	消耗量					
人工	合计工日	工日	3.600	1.080	0.300	0.300	0.240	0.180
	瓦工普工	工日	3.240	0.972	0.270	0.270	0.216	0.162
	瓦工一般技工	工日	0.360	0.108	0.030	0.030	0.024	0.018

工作内容：准备工具、安全监护、拆除吻兽、挑选清理归类、渣土下架归堆、场内运输及清理废弃物。

计量单位：对

定额编号			3-4-27	3-4-28	3-4-29
项目			琉璃合角吻拆除		
			四样、五样	六样、七样	八样、九样
名称		单位	消耗量		
人工	合计工日	工日	1.920	0.840	0.430
	瓦工普工	工日	1.728	0.756	0.387
	瓦工一般技工	工日	0.192	0.084	0.043

工作内容：准备工具、安全监护、挑选清理归类、渣土下架归堆、场内运输及清理废弃物。灰泥背拆除包括拆至望板以上底瓦泥以下的全部灰泥背。铅板背拆除还包括尽量完整拆除。

计量单位：m^2

定额编号			3-4-30	3-4-31	3-4-32
项目			灰泥背拆除		铅板背拆除
			厚度		
			10cm 以内	每增 5cm	
名称		单位	消耗量		
人工	合计工日	工日	0.110	0.060	0.120
	瓦工普工	工日	0.099	0.054	0.108
	瓦工一般技工	工日	0.011	0.006	0.012

二、屋 面 整 修

1. 布瓦屋面整修(附青灰背查补)

工作内容:准备工具、清除破损瓦面、杂草、小树、清扫瓦垄、调制灰浆、刷浆、剪脖、抽换添配瓦件、勾抹打点屋脊、场内运输及清理废弃物。

计量单位:m^2

定额编号			3-4-33	3-4-34	3-4-35	3-4-36
项目			头$^{\#}$~3$^{\#}$筒瓦屋面查补(捉节夹垄面积)			
			30%以内	60%以内	80%以内	80%以外
名称		单位	消耗量			
人工	合计工日	工日	0.130	0.250	0.320	0.360
	瓦工普工	工日	0.052	0.100	0.128	0.144
	瓦工一般技工	工日	0.065	0.125	0.160	0.180
	瓦工高级技工	工日	0.013	0.025	0.032	0.036
材料	筒瓦	块	2.1200	4.2500	6.8000	9.9200
	板瓦	块	2.5600	5.1200	6.8400	8.5500
	深月白大麻刀灰	m^3	0.0020	0.0040	0.0060	0.0080
	深月白小麻刀灰	m^3	0.0010	0.0010	0.0010	0.0020
	素白灰浆	m^3	0.0010	0.0020	0.0030	0.0030
	深月白浆	m^3	0.0020	0.0020	0.0020	0.0020
	青灰	kg	1.3700	2.2900	3.0100	3.7900
	其他材料费(占材料费)	%	2.00	2.00	2.00	2.00

工作内容:准备工具、清除破损瓦面、杂草、小树、清扫瓦垄、调制灰浆、刷浆、剪脖、抽换添配瓦件、勾抹打点屋脊、场内运输及清理废弃物。

计量单位:m^2

定额编号			3-4-37	3-4-38	3-4-39	3-4-40
项目			10#筒瓦屋面查补(捉节夹垄面积)			
			30% 以内	60% 以内	80% 以内	80% 以外
名称		单位	消耗量			
人工	合计工日	工日	0.240	0.340	0.430	0.480
	瓦工普工	工日	0.096	0.136	0.172	0.192
	瓦工一般技工	工日	0.120	0.170	0.215	0.240
	瓦工高级技工	工日	0.024	0.034	0.043	0.048
材料	筒瓦	块	4.3800	8.7600	11.6800	19.4700
	板瓦	块	3.4500	6.9100	14.7500	23.0500
	深月白大麻刀灰	m^3	0.0020	0.0030	0.0050	0.0060
	深月白小麻刀灰	m^3	0.0010	0.0020	0.0020	0.0020
	素白灰浆	m^3	0.0020	0.0030	0.0040	0.0050
	深月白浆	m^3	0.0020	0.0020	0.0020	0.0020
	青灰	kg	1.3700	2.6800	3.6000	4.4500
	其他材料费(占材料费)	%	2.00	2.00	2.00	2.00

工作内容：准备工具、清除破损瓦面、杂草、小树、清扫瓦垄、调制灰浆、刷浆、剪脖、抽换添配瓦件、勾抹打点屋脊、场内运输及清理废弃物。

计量单位：m^2

定额编号			3-4-41	3-4-42	3-4-43	3-4-44
项目			头# ~ 3#筒瓦屋面查补(裹垄面积)			
			30%以内	60%以内	80%以内	80%以外
名称		单位	消耗量			
人工	合计工日	工日	0.300	0.420	0.540	0.720
	瓦工普工	工日	0.120	0.168	0.216	0.288
	瓦工一般技工	工日	0.150	0.210	0.270	0.360
	瓦工高级技工	工日	0.030	0.042	0.054	0.072
材料	筒瓦	块	1.6600	4.1500	5.5200	8.2000
	板瓦	块	1.2500	3.0000	5.3300	8.3400
	深月白大麻刀灰	m^3	0.0110	0.0240	0.0330	0.0410
	素白灰浆	m^3	0.0010	0.0020	0.0030	0.0030
	深月白浆	m^3	0.0020	0.0020	0.0020	0.0020
	青灰	kg	1.3700	2.2900	3.0100	3.7900
	其他材料费(占材料费)	%	2.00	2.00	2.00	2.00

工作内容：准备工具、清除破损瓦面、杂草、小树、清扫瓦垄、调制灰浆、刷浆、剪脖、抽换添配瓦件、勾抹打点屋脊、场内运输及清理废弃物。

计量单位：m^2

定额编号			3-4-45	3-4-46	3-4-47	3-4-48
项目			10#筒瓦屋面查补(裹垄面积)			
			30%以内	60%以内	80%以内	80%以外
名称		单位	消耗量			
人工	合计工日	工日	0.420	0.590	0.760	0.840
	瓦工普工	工日	0.168	0.236	0.304	0.336
	瓦工一般技工	工日	0.210	0.295	0.380	0.420
	瓦工高级技工	工日	0.042	0.059	0.076	0.084
材料	筒瓦	块	5.6000	14.0000	18.6700	27.9900
	板瓦	块	3.3200	7.9600	14.1500	22.1100
	深月白大麻刀灰	m^3	0.0100	0.0200	0.0270	0.0330
	素白灰浆	m^3	0.0020	0.0030	0.0040	0.0050
	深月白浆	m^3	0.0020	0.0020	0.0020	0.0020
	青灰	kg	1.3700	2.6800	3.6000	4.4500
	其他材料费(占材料费)	%	2.00	2.00	2.00	2.00

工作内容：准备工具、清除破损瓦面、杂草、小树、清扫瓦垄、调制灰浆、刷浆、剪脖、抽换添配瓦件、勾抹打点屋脊、场内运输及清理废弃物。

计量单位：m^2

定额编号			3-4-49	3-4-50	3-4-51	3-4-52
项目			合瓦屋面查补（面积）			
			30%以内	60%以内	80%以内	80%以外
名称		单位	消耗量			
人工	合计工日	工日	0.140	0.260	0.310	0.400
	瓦工普工	工日	0.056	0.104	0.124	0.160
	瓦工一般技工	工日	0.070	0.130	0.155	0.200
	瓦工高级技工	工日	0.014	0.026	0.031	0.040
材料	板瓦	块	2.2300	5.3300	9.4900	14.8300
	深月白大麻刀灰	m^3	0.0050	0.0100	0.0140	0.0170
	素白灰浆	m^3	0.0010	0.0020	0.0030	0.0030
	深月白浆	m^3	0.0020	0.0020	0.0020	0.0020
	青灰	kg	1.3700	2.6800	3.6000	4.4500
	其他材料费（占材料费）	%	2.00	2.00	2.00	2.00

工作内容：准备工具、清除破损瓦面、杂草、小树、清扫瓦垄、调制灰浆、刷浆、剪脖、抽换添配瓦件、勾抹打点屋脊、场内运输及清理废弃物。

计量单位：m^2

定额编号			3-4-53	3-4-54	3-4-55	3-4-56	3-4-57
项目			仰瓦灰梗屋面查补（面积）				干蹅瓦屋面查补
			30%以内	60%以内	80%以内	80%以外	
名称		单位	消耗量				
人工	合计工日	工日	0.120	0.240	0.300	0.360	0.100
	瓦工普工	工日	0.048	0.096	0.120	0.144	0.040
	瓦工一般技工	工日	0.060	0.120	0.150	0.180	0.050
	瓦工高级技工	工日	0.012	0.024	0.030	0.036	0.010
材料	板瓦	块	1.3600	2.2300	6.4800	9.0000	7.2500
	深月白大麻刀灰	m^3	0.0030	0.0060	0.0080	0.0100	—
	素白灰浆	m^3	—	—	—	—	0.0010
	深月白浆	m^3	0.0010	0.0010	0.0010	0.0010	0.0010
	青灰	kg	0.7800	1.6400	2.1600	2.6800	—
	其他材料费（占材料费）	%	2.00	2.00	2.00	2.00	2.00

工作内容:准备工具、清除破损檐头瓦件、调制灰浆、抽换添配瓦件、剪脖、刷浆打点、场内运输及清理废弃物。

计量单位:m

定额编号			3-4-58	3-4-59	3-4-60	3-4-61	3-4-62
项目			筒瓦檐头整修				
			头#	1#	2#	3#	10#
名称		单位	消耗量				
人工	合计工日	工日	0.540	0.550	0.560	0.580	0.720
	瓦工普工	工日	0.216	0.220	0.224	0.232	0.288
	瓦工一般技工	工日	0.270	0.275	0.280	0.290	0.360
	瓦工高级技工	工日	0.054	0.055	0.056	0.058	0.072
材料	滴水	块	1.0500	1.0500	1.0500	1.0500	2.1000
	勾头	块	0.5300	0.5300	0.5300	0.5300	1.0500
	深月白大麻刀灰	m^3	0.0030	0.0030	0.0020	0.0020	0.0020
	浅月白中麻刀灰	m^3	0.0090	0.0080	0.0070	0.0060	0.0030
	松烟	kg	0.0100	0.0100	0.0100	0.0100	0.0100
	骨胶	kg	0.0100	0.0100	0.0100	0.0100	0.0100
	其他材料费(占材料费)	%	2.00	2.00	2.00	2.00	2.00

工作内容：准备工具、清除破损檐头瓦件、调制灰浆、抽换添配瓦件、粘瓦头、剪脖、刷浆打点、场内运输及清理废弃物。

计量单位：m

定额编号			3-4-63	3-4-64	3-4-65
项目			合瓦檐头整修		
			1#	2#	3#
名称		单位	消耗量		
人工	合计工日	工日	0.510	0.540	0.580
	瓦工普工	工日	0.204	0.216	0.232
	瓦工一般技工	工日	0.255	0.270	0.290
	瓦工高级技工	工日	0.051	0.054	0.058
材料	花边瓦 1#	块	1.0500	1.0500	1.0500
	瓦垫	块	2.1000	2.1000	2.1000
	深月白大麻刀灰	m^3	0.0110	0.0090	0.0090
	浅月白中麻刀灰	m^3	0.0010	0.0010	0.0010
	松烟	kg	0.0100	0.0100	0.0100
	骨胶	kg	0.0300	0.0200	0.0200
	其他材料费(占材料费)	%	2.00	2.00	2.00

工作内容:准备工具、拆除旧瓦面、挑选整理旧瓦件、找规矩、挂线、调制灰浆、补配部分新瓦、剪脖、重新宽瓦、刷浆打点、场内运输及清理废弃物。

计量单位:m²

定额编号			3-4-66	3-4-67	3-4-68	3-4-69	3-4-70	3-4-71
项目			筒瓦屋面揭宽(捉节夹垄)					
			头#		1#		2#	
			新瓦添配30%以内	新瓦添配每增10%	新瓦添配30%以内	新瓦添配每增10%	新瓦添配30%以内	新瓦添配每增10%
名称		单位	消耗量					
人工	合计工日	工日	1.020	—	1.040	—	1.080	—
	瓦工普工	工日	0.408	—	0.416	—	0.432	—
	瓦工一般技工	工日	0.510	—	0.520	—	0.540	—
	瓦工高级技工	工日	0.102	—	0.104	—	0.108	—
材料	筒瓦	块	5.2542	1.7520	6.8229	2.2740	8.4987	2.8330
	板瓦	块	18.0054	6.0020	20.4813	6.8740	25.6442	8.5480
	掺灰泥 4:6	m³	0.1140	—	0.0990	—	0.0930	—
	深月白大麻刀灰	m³	0.0060	—	0.0060	—	0.0050	—
	深月白中麻刀灰	m³	0.0130	—	0.0120	—	0.0090	—
	深月白小麻刀灰	m³	0.0030	—	0.0040	—	0.0030	—
	素白灰浆	m³	0.0010	0.0003	0.0009	0.0003	0.0009	0.0003
	深月白浆	m³	0.0020	—	0.0020	—	0.0020	—
	青灰	kg	3.0700	—	3.2700	—	3.4700	—
	其他材料费(占材料费)	%	2.00	2.00	2.00	2.00	2.00	2.00

工作内容：准备工具、拆除旧瓦面、挑选整理旧瓦件、找规矩、挂线、调制灰浆、补配部分新瓦、剪脖、重新宽瓦、刷浆打点、场内运输及清理废弃物。

计量单位：m^2

定额编号			3-4-72	3-4-73	3-4-74	3-4-75
项目			筒瓦屋面揭宽(捉节夹垄)			
			3#		10#	
			新瓦添配30%以内	新瓦添配每增10%	新瓦添配30%以内	新瓦添配每增10%
名称		单位	消耗量			
人工	合计工日	工日	1.140	—	1.200	—
	瓦工普工	工日	0.456	—	0.480	—
	瓦工一般技工	工日	0.570	—	0.600	—
	瓦工高级技工	工日	0.114	—	0.120	—
材料	筒瓦	块	10.8896	3.6300	29.1911	9.7310
	板瓦	块	33.0813	11.0270	69.1457	23.0490
	掺灰泥 4:6	m^3	0.0880	—	0.0830	—
	深月白大麻刀灰	m^3	0.0050	—	0.0050	—
	深月白中麻刀灰	m^3	0.0060	—	0.0070	—
	深月白小麻刀灰	m^3	0.0030	—	0.0050	—
	素白灰浆	m^3	0.0010	0.0003	0.0009	0.0003
	深月白浆	m^3	0.0020	—	0.0020	—
	青灰	kg	3.6600	—	4.0500	—
	其他材料费(占材料费)	%	2.00	2.00	2.00	2.00

工作内容：准备工具、拆除旧瓦面、挑选整理旧瓦件、找规矩、挂线、调制灰浆、补配部分新瓦、剪脖、重新宽瓦、刷浆打点、场内运输及清理废弃物。

计量单位：m^2

定额编号			3-4-76	3-4-77	3-4-78	3-4-79	3-4-80	3-4-81
项目			筒瓦屋面揭宽（裹垄）					
			头#		1#		2#	
			新瓦添配30%以内	新瓦添配每增10%	新瓦添配30%以内	新瓦添配每增10%	新瓦添配30%以内	新瓦添配每增10%
名称		单位	消耗量					
人工	合计工日	工日	1.380	—	1.380	—	1.620	—
	瓦工普工	工日	0.552	—	0.552	—	0.648	—
	瓦工一般技工	工日	0.690	—	0.690	—	0.810	—
	瓦工高级技工	工日	0.138	—	0.138	—	0.162	—
材料	筒瓦	块	5.1623	1.7210	5.7796	2.2239	6.5678	2.7615
	板瓦	块	17.6894	5.8968	20.0311	6.6770	24.2393	8.3318
	掺灰泥 4：6	m^3	0.1140	—	0.0990	—	0.0930	—
	深月白大麻刀灰	m^3	0.0320	—	0.0340	—	0.0330	—
	深月白中麻刀灰	m^3	0.0130	—	0.0120	—	0.0090	—
	深月白小麻刀灰	m^3	0.0030	—	0.0040	—	0.0030	—
	素白灰浆	m^3	0.0040	0.0004	0.0030	0.0003	0.0030	0.0002
	深月白浆	m^3	0.0020	—	0.0020	—	0.0020	—
	青灰	kg	3.0700	—	3.2700	—	3.4700	—
	其他材料费（占材料费）	%	2.00	2.00	2.00	2.00	2.00	2.00

工作内容：准备工具、拆除旧瓦面、挑选整理旧瓦件、找规矩、挂线、调制灰浆、补配部分新瓦、剪脖、重新宼瓦、刷浆打点、场内运输及清理废弃物。

计量单位：m^2

定额编号			3-4-82	3-4-83	3-4-84	3-4-85
项目			筒瓦屋面揭宼(裹垄)			
			3#		10#	
			新瓦添配30%以内	新瓦添配每增10%	新瓦添配30%以内	新瓦添配每增10%
名称		单位	消耗量			
人工	合计工日	工日	1.860	—	2.120	—
	瓦工普工	工日	0.744	—	0.848	—
	瓦工一般技工	工日	0.930	—	1.060	—
	瓦工高级技工	工日	0.186	—	0.212	—
材料	筒瓦	块	7.5135	3.5312	10.5084	9.3324
	板瓦	块	32.1802	10.7268	66.3264	22.1088
	掺灰泥4:6	m^3	0.0880	—	0.0830	—
	深月白大麻刀灰	m^3	0.0340	—	0.0300	—
	深月白中麻刀灰	m^3	0.0060	—	0.0070	—
	深月白小麻刀灰	m^3	0.0030	—	0.0050	—
	素白灰浆	m^3	0.0030	0.0002	0.0030	0.0003
	深月白浆	m^3	0.0020	—	0.0020	—
	青灰	kg	3.6600	—	4.0500	—
	其他材料费(占材料费)	%	2.00	2.00	2.00	2.00

工作内容：准备工具、拆除旧瓦面、挑选整理旧瓦件、重新沾浆、找规矩、挂线、调制灰浆、补配部分新瓦、剪脖、重新宄瓦、刷浆打点、场内运输及清理废弃物。　　计量单位：m^2

定额编号			3-4-86	3-4-87	3-4-88	3-4-89	3-4-90	3-4-91
项目			合瓦屋面揭宄					
			1#		2#		3#	
			新瓦添配30%以内	新瓦添配每增10%	新瓦添配30%以内	新瓦添配每增10%	新瓦添配30%以内	新瓦添配每增10%
名称		单位	消耗量					
人工	合计工日	工日	1.688	—	1.734	—	1.818	—
	瓦工普工	工日	0.675	—	0.694	—	0.727	—
	瓦工一般技工	工日	0.844	—	0.867	—	0.909	—
	瓦工高级技工	工日	0.169	—	0.173	—	0.182	—
材料	板瓦	块	36.0108	12.0040	44.4906	14.8300	53.5800	18.7530
	掺灰泥 4:6	m^3	0.1170	—	0.1170	—	0.1170	—
	深月白大麻刀灰	m^3	0.0160	—	0.0180	—	0.0200	—
	浅月白中麻刀灰	m^3	0.0120	—	0.0100	—	0.0070	—
	深月白小麻刀灰	m^3	0.0030	—	0.0030	—	0.0030	—
	素白灰浆	m^3	0.0008	0.0003	0.0008	0.0003	0.0008	0.0003
	深月白浆	m^3	0.0020	—	0.0030	—	0.0020	—
	青灰	kg	4.0500	—	4.0500	—	4.0500	—
	其他材料费(占材料费)	%	2.00	2.00	2.00	2.00	2.00	2.00

工作内容：准备工具、清理、调制灰浆、添配稳安脊件、打点、场内运输及清理废弃物。　**计量单位**：个

定额编号			3-4-92	3-4-93	3-4-94	3-4-95	3-4-96	3-4-97
项目			背兽添配(脊高)			剑把添配(脊高)		
			50cm 以下	60cm 以下	60cm 以上	50cm 以下	60cm 以下	60cm 以上
	名称	单位	消耗量					
人工	合计工日	工日	0.120	0.180	0.240	0.120	0.180	0.240
	瓦工普工	工日	0.048	0.072	0.096	0.048	0.072	0.096
	瓦工一般技工	工日	0.060	0.090	0.120	0.060	0.090	0.120
	瓦工高级技工	工日	0.012	0.018	0.024	0.012	0.018	0.024
材料	背兽	个	1.0000	1.0000	1.0000	—	—	—
	剑把	个	—	—	—	1.0000	1.0000	1.0000
	深月白大麻刀灰	m^3	0.0010	0.0030	0.0070	0.0010	0.0010	0.0020
	其他材料费(占材料费)	%	2.00	2.00	2.00	2.00	2.00	2.00

工作内容：准备工具、清理、调制灰浆、添配稳安脊件、打点、场内运输及清理废弃物。　**计量单位**：个

定额编号			3-4-98	3-4-99	3-4-100	3-4-101	3-4-102	3-4-103
项目			合角剑把添配(脊高)		垂兽添配(脊高)		岔兽添配(脊高)	
			40cm 以下	40cm 以上	40cm 以下	40cm 以上	40cm 以下	40cm 以上
	名称	单位	消耗量					
人工	合计工日	工日	0.120	0.180	0.300	0.360	0.300	0.360
	瓦工普工	工日	0.048	0.072	0.120	0.144	0.120	0.144
	瓦工一般技工	工日	0.060	0.090	0.150	0.180	0.150	0.180
	瓦工高级技工	工日	0.012	0.018	0.030	0.036	0.030	0.036
材料	合角剑把	对	1.0000	1.0000	—	—	—	—
	垂兽	个	—	—	1.0000	1.0000	—	—
	岔兽	个	—	—	—	—	1.0000	1.0000
	深月白大麻刀灰	m^3	0.0010	0.0010	0.0030	0.0070	0.0030	0.0070
	其他材料费(占材料费)	%	2.00	2.00	2.00	2.00	2.00	2.00

工作内容：准备工具、清理、调制灰浆、添配稳安脊件、打点、场内运输及清理废弃物。 **计量单位：**个

定额编号			3-4-104	3-4-105	3-4-106	3-4-107	3-4-108	3-4-109
项目			抱头狮子添配(脊高)		走兽添配(脊高)		套兽添配(脊高)	
			40cm 以下	40cm 以上	40cm 以下	40cm 以上	40cm 以下	40cm 以上
名称		单位	消耗量					
人工	合计工日	工日	0.180	0.240	0.180	0.240	0.180	0.240
	瓦工普工	工日	0.072	0.096	0.072	0.096	0.072	0.096
	瓦工一般技工	工日	0.090	0.120	0.090	0.120	0.090	0.120
	瓦工高级技工	工日	0.018	0.024	0.018	0.024	0.018	0.024
材料	抱头狮子	个	1.0000	1.0000	—	—	—	—
	走兽	个	—	—	1.0000	1.0000	—	—
	套兽	个	—	—	—	—	1.0000	1.0000
	深月白大麻刀灰	m^3	0.0020	0.0020	0.0020	0.0020	0.0020	0.0030
	其他材料费(占材料费)	%	2.00	2.00	2.00	2.00	2.00	2.00

工作内容：准备工具、清理、调制灰浆、添配稳安脊件、打点、场内运输及清理废弃物。 **计量单位：**对

定额编号			3-4-110	3-4-111	3-4-112	3-4-113
项目			兽角单独添配(脊高)		铁兽角单独添配(脊高)	
			40cm 以下	40cm 以上	40cm 以下	40cm 以上
名称		单位	消耗量			
人工	合计工日	工日	0.050	0.070	0.050	0.070
	瓦工普工	工日	0.020	0.028	0.020	0.028
	瓦工一般技工	工日	0.025	0.035	0.025	0.035
	瓦工高级技工	工日	0.005	0.007	0.005	0.007
材料	兽角	对	1.0000	1.0000	—	—
	铁兽角	kg	—	—	0.3000	0.5000
	深月白大麻刀灰	m^3	0.0010	0.0010	0.0010	0.0010
	其他材料费(占材料费)	%	2.00	2.00	2.00	2.00

工作内容:准备工具、清理、砍制砖件、调制灰浆、添配稳安脊件、打点、场内运输及清理废弃物。

定额编号			3-4-114	3-4-115	3-4-116	3-4-117	3-4-118
项目			规矩盘子、列角盘子添配	瓦条、混砖陡板等添配	跨草添配	平草、落落草添配	蝎子尾添配
			份	件	块		
名称		单位	消耗量				
人工	合计工日	工日	0.640	0.840	7.500	7.500	0.480
	瓦工一般技工	工日	0.060	0.120	0.120	0.120	0.192
	瓦工高级技工	工日	0.080	0.150	0.150	0.150	0.240
	瓦工普工	工日	0.020	0.030	0.030	0.030	0.048
	砍砖工普工	工日	0.048	0.054	0.720	0.720	—
	砍砖工一般技工	工日	0.288	0.324	4.320	4.320	—
	砍砖工高级技工	工日	0.144	0.162	2.160	2.160	—
材料	尺四方砖	块	1.1300	—	0.5700	1.1300	—
	尺二方砖	块	—	0.5700	—	—	—
	勾头 10#	块	—	—	—	—	1.0500
	深月白大麻刀灰	m^3	0.0010	—	0.0010	0.0010	0.0040
	锯成材	m^3	—	—	—	—	0.0019
	其他材料费(占材料费)	%	2.00	2.00	2.00	2.00	2.00
机械	切砖机 2.8kW	台班	0.0141	0.0071	0.0071	0.0141	—

工作内容：准备工具、清理基层、砍接茬口、洇水、调制灰浆、抹青灰、轧光、场内运输及清理废弃物。

定额编号			3-4-119	3-4-120	3-4-121
项目			青灰背查补(面积)		青灰背锯缝
			30%以内	60%以内	m
			m^2		
名称		单位	消耗量		
人工	合计工日	工日	0.180	0.240	0.240
	瓦工普工	工日	0.072	0.096	0.096
	瓦工一般技工	工日	0.090	0.120	0.120
	瓦工高级技工	工日	0.018	0.024	0.024
材料	深月白大麻刀灰	m^3	0.0100	0.0210	0.0030
	青灰	kg	2.0600	2.0600	—
	麻刀	kg	0.1800	0.3500	—
	其他材料费(占材料费)	%	2.00	2.00	2.00

2. 琉璃屋面整修

工作内容：准备工具、清除破损瓦面、杂草、小树、清扫瓦垄、调制灰浆、抽换添配瓦件、捉节、夹垄、勾抹打点屋脊、场内运输及清理废弃物。

计量单位：m^2

定额编号			3-4-122	3-4-123	3-4-124	3-4-125	3-4-126	3-4-127
项目			琉璃瓦屋面查补 面积在30%以内					
			四样	五样	六样	七样	八样	九样
名称		单位	消耗量					
人工	合计工日	工日	0.160	0.192	0.192	0.230	0.230	0.230
	瓦工普工	工日	0.064	0.077	0.077	0.092	0.092	0.092
	瓦工一般技工	工日	0.080	0.096	0.096	0.115	0.115	0.115
	瓦工高级技工	工日	0.016	0.019	0.019	0.023	0.023	0.023
材料	筒瓦	块	0.2700	0.3400	0.3900	0.4600	0.5400	0.5900
	板瓦	块	0.6700	0.8600	0.9600	1.1600	1.3500	1.4200
	大麻刀灰	m^3	0.0030	0.0030	0.0030	0.0030	0.0020	0.0020
	小麻刀灰	m^3	0.0010	0.0010	0.0010	0.0010	0.0010	0.0010
	其他材料费(占材料费)	%	2.00	2.00	2.00	2.00	2.00	2.00

工作内容：准备工具、清除破损瓦面、杂草、小树、清扫瓦垄、调制灰浆、抽换添配瓦件、捉节、夹垄、勾抹打点屋脊、场内运输及清理废弃物。

计量单位：m^2

定额编号			3-4-128	3-4-129	3-4-130	3-4-131	3-4-132	3-4-133
项目			琉璃瓦屋面查补 面积在60%以内					
			四样	五样	六样	七样	八样	九样
名称		单位	消耗量					
人工	合计工日	工日	0.200	0.250	0.250	0.290	0.290	0.290
	瓦工普工	工日	0.080	0.100	0.100	0.116	0.116	0.116
	瓦工一般技工	工日	0.100	0.125	0.125	0.145	0.145	0.145
	瓦工高级技工	工日	0.020	0.025	0.025	0.029	0.029	0.029
材料	筒瓦	块	1.0700	1.3800	1.5400	1.8400	2.1600	2.3500
	板瓦	块	2.6800	3.4500	3.8400	4.6000	5.4100	5.8900
	大麻刀灰	m^3	0.0080	0.0080	0.0060	0.0060	0.0040	0.0040
	小麻刀灰	m^3	0.0020	0.0020	0.0020	0.0020	0.0020	0.0020
	其他材料费(占材料费)	%	2.00	2.00	2.00	2.00	2.00	2.00

工作内容：准备工具、清除破损瓦面、杂草、小树、清扫瓦垄、调制灰浆、抽换添配瓦件、捉节、夹垄、勾抹打点屋脊、场内运输及清理废弃物。

计量单位：m^2

定额编号			3-4-134	3-4-135	3-4-136	3-4-137	3-4-138	3-4-139
项目			琉璃瓦屋面查补 面积在80%以内					
			四样	五样	六样	七样	八样	九样
名称		单位	消耗量					
人工	合计工日	工日	0.260	0.320	0.320	0.370	0.370	0.370
	瓦工普工	工日	0.104	0.128	0.128	0.148	0.148	0.148
	瓦工一般技工	工日	0.130	0.160	0.160	0.185	0.185	0.185
	瓦工高级技工	工日	0.026	0.032	0.032	0.037	0.037	0.037
材料	筒瓦	块	2.1300	2.7600	3.0700	3.6700	4.3200	4.6900
	板瓦	块	5.3000	6.9100	7.6800	9.1900	10.8100	11.7900
	大麻刀灰	m^3	0.0110	0.0120	0.0090	0.0080	0.0070	0.0060
	小麻刀灰	m^3	0.0020	0.0020	0.0020	0.0020	0.0020	0.0020
	其他材料费(占材料费)	%	2.00	2.00	2.00	2.00	2.00	2.00

工作内容:准备工具、清除破损瓦面、杂草、小树、清扫瓦垄、调制灰浆、抽换添配瓦件、捉节、夹垄、勾抹打点屋脊、场内运输及清理废弃物。

计量单位:m^2

定额编号			3-4-140	3-4-141	3-4-142	3-4-143	3-4-144	3-4-145
项目			琉璃瓦屋面查补 面积在80%以外					
			四样	五样	六样	七样	八样	九样
名称		单位	消耗量					
人工	合计工日	工日	0.310	0.380	0.380	0.440	0.440	0.440
	瓦工普工	工日	0.124	0.152	0.152	0.176	0.176	0.176
	瓦工一般技工	工日	0.155	0.190	0.190	0.220	0.220	0.220
	瓦工高级技工	工日	0.031	0.038	0.038	0.044	0.044	0.044
材料	筒瓦	块	2.1300	2.7600	3.0700	3.6700	4.3200	4.6900
	板瓦	块	5.3000	6.9100	7.6800	9.1900	10.8100	11.7900
	大麻刀灰	m^3	0.0140	0.0150	0.0110	0.0100	0.0090	0.0080
	小麻刀灰	m^3	0.0030	0.0030	0.0030	0.0030	0.0030	0.0030
	其他材料费(占材料费)	%	2.00	2.00	2.00	2.00	2.00	2.00

工作内容:准备工具、清除破损檐头瓦件、调制灰浆、抽换添配瓦件、打点、场内运输及清理废弃物。

计量单位:m

定额编号			3-4-146	3-4-147	3-4-148	3-4-149	3-4-150	3-4-151
项目			琉璃瓦檐头整修					
			四样	五样	六样	七样	八样	九样
名称		单位	消耗量					
人工	合计工日	工日	0.600	0.840	0.840	0.840	0.960	0.960
	瓦工普工	工日	0.240	0.336	0.336	0.336	0.384	0.384
	瓦工一般技工	工日	0.300	0.420	0.420	0.420	0.480	0.480
	瓦工高级技工	工日	0.060	0.084	0.084	0.084	0.096	0.096
材料	勾头	块	0.4700	0.5400	0.5800	0.6600	0.7000	0.7500
	滴水	块	0.4700	0.5400	0.5800	0.6600	0.7000	0.7500
	钉帽	个	1.2500	1.4600	1.5300	1.7400	1.8600	2.0000
	瓦钉	kg	0.0350	0.0310	0.0280	0.0250	0.0220	0.0200
	大麻刀灰	m^3	0.0210	0.0170	0.0150	0.0140	0.0120	0.0100
	其他材料费(占材料费)	%	2.00	2.00	2.00	2.00	2.00	2.00

工作内容：准备工具、清除瓦件、调制灰浆、抽换添配瓦件、打点、场内运输及清理废弃物。

计量单位：m

定额编号			3-4-152	3-4-153	3-4-154	3-4-155
项目			琉璃窝角沟整修			
			六样	七样	八样	九样
名称		单位	消耗量			
人工	合计工日	工日	0.600	0.600	0.660	0.660
	瓦工普工	工日	0.240	0.240	0.264	0.264
	瓦工一般技工	工日	0.300	0.300	0.330	0.330
	瓦工高级技工	工日	0.060	0.060	0.066	0.066
材料	斜方沿	对	0.4300	0.4600	0.4900	0.5300
	羊蹄勾头	对	0.4300	0.4600	0.4900	0.5300
	水沟瓦	块	1.8800	2.0700	2.1700	2.2800
	大麻刀灰	m^3	0.0640	0.0590	0.0570	0.0550
	其他材料费（占材料费）	%	2.00	2.00	2.00	2.00

工作内容：准备工具、拆除旧瓦面、挑选整理旧瓦件、调制灰浆、找规矩、挂线、补配部分新瓦、重新宽瓦、打点、场内运输及清理废弃物。

计量单位：m^2

定额编号			3-4-156	3-4-157	3-4-158	3-4-159	3-4-160	3-4-161
项目			琉璃瓦屋面揭宽					
			四样		五样		六样	
			新瓦添配20%以内	新瓦添配每增10%	新瓦添配20%以内	新瓦添配每增10%	新瓦添配20%以内	新瓦添配每增10%
名称		单位	消耗量					
人工	合计工日	工日	1.212	—	1.266	—	1.290	—
	瓦工普工	工日	0.485	—	0.506	—	0.516	—
	瓦工一般技工	工日	0.606	—	0.633	—	0.645	—
	瓦工高级技工	工日	0.121	—	0.127	—	0.129	—
材料	筒瓦	块	1.7792	0.8896	2.3005	1.1503	2.5584	1.2792
	板瓦	块	4.4481	2.2241	5.7512	2.8756	6.3960	3.1980
	掺灰泥 5∶5	m^3	0.1200	—	0.1200	—	0.1100	—
	大麻刀灰	m^3	0.0120	—	0.0120	—	0.0120	—
	中麻刀灰	m^3	0.0100	—	0.0100	—	0.0090	—
	小麻刀灰	m^3	0.0020	—	0.0020	—	0.0020	—
	其他材料费(占材料费)	%	2.00	2.00	2.00	2.00	2.00	2.00

工作内容：准备工具、拆除旧瓦面、挑选整理旧瓦件、调制灰浆、找规矩、挂线、补配部分新瓦、重新宽瓦、打点、场内运输及清理废弃物。

计量单位：m^2

定额编号			3-4-162	3-4-163	3-4-164	3-4-165	3-4-166	3-4-167
项目			琉璃瓦屋面揭宽					
			七样		八样		九样	
			新瓦添配20%以内	新瓦添配每增10%	新瓦添配20%以内	新瓦添配每增10%	新瓦添配20%以内	新瓦添配每增10%
名称		单位	消耗量					
人工	合计工日	工日	1.338	—	1.356	—	1.398	—
	瓦工普工	工日	0.535	—	0.542	—	0.559	—
	瓦工一般技工	工日	0.669	—	0.678	—	0.699	—
	瓦工高级技工	工日	0.134	—	0.136	—	0.140	—
材料	筒瓦	块	3.0643	1.5322	3.6011	1.8006	3.9235	1.9618
	板瓦	块	7.6606	3.8303	9.0029	4.5015	9.8089	4.9045
	掺灰泥 5:5	m^3	0.1000	—	0.0920	—	0.0840	—
	大麻刀灰	m^3	0.0120	—	0.0070	—	0.0060	—
	中麻刀灰	m^3	0.0080	—	0.0070	—	0.0060	—
	小麻刀灰	m^3	0.0020	—	0.0020	—	0.0020	—
	其他材料费(占材料费)	%	2.00	2.00	2.00	2.00	2.00	2.00

工作内容:准备工具、清除原有破损脊件、调制灰浆、重新装配脊件、打点、场内运输及清理废弃物。

计量单位:件

定额编号			3-4-168	3-4-169	3-4-170	3-4-171	3-4-172	3-4-173
项目			琉璃背兽添配					
			四样	五样	六样	七样	八样	九样
名称		单位	消耗量					
人工	合计工日	工日	0.420	0.360	0.300	0.240	0.180	0.120
	瓦工普工	工日	0.168	0.144	0.120	0.096	0.072	0.048
	瓦工一般技工	工日	0.210	0.180	0.150	0.120	0.090	0.060
	瓦工高级技工	工日	0.042	0.036	0.030	0.024	0.018	0.012
材料	背兽	个	1.0000	1.0000	1.0000	1.0000	1.0000	1.0000
	大麻刀灰	m^3	0.0240	0.0140	0.0060	0.0030	0.0010	0.0010
	其他材料费(占材料费)	%	2.00	2.00	2.00	2.00	2.00	2.00

工作内容:准备工具、清除原有破损脊件、调制灰浆、重新装配脊件、打点、场内运输及清理废弃物。

计量单位:件

定额编号			3-4-174	3-4-175	3-4-176	3-4-177	3-4-178	3-4-179
项目			琉璃剑把添配					
			四样	五样	六样	七样	八样	九样
名称		单位	消耗量					
人工	合计工日	工日	0.420	0.360	0.300	0.240	0.180	0.120
	瓦工普工	工日	0.168	0.144	0.120	0.096	0.072	0.048
	瓦工一般技工	工日	0.210	0.180	0.150	0.120	0.090	0.060
	瓦工高级技工	工日	0.042	0.036	0.030	0.024	0.018	0.012
材料	剑把	个	1.0000	1.0000	1.0000	1.0000	1.0000	1.0000
	大麻刀灰	m^3	0.0040	0.0030	0.0020	0.0020	0.0010	0.0010
	其他材料费(占材料费)	%	2.00	2.00	2.00	2.00	2.00	2.00

工作内容：准备工具、清除原有破损脊件、调制灰浆、重新装配脊件、打点、场内运输及清理废弃物。

计量单位：对

定额编号			3-4-180	3-4-181	3-4-182	3-4-183	3-4-184	3-4-185
项目			琉璃合角剑把添配					
			四样	五样	六样	七样	八样	九样
名称		单位	消耗量					
人工	合计工日	工日	0.250	0.250	0.180	0.180	0.120	0.120
	瓦工普工	工日	0.100	0.100	0.072	0.072	0.048	0.048
	瓦工一般技工	工日	0.125	0.125	0.090	0.090	0.060	0.060
	瓦工高级技工	工日	0.025	0.025	0.018	0.018	0.012	0.012
材料	合角剑把	对	1.0000	1.0000	1.0000	1.0000	1.0000	1.0000
	大麻刀灰	m^3	0.0010	0.0010	0.0010	0.0010	0.0010	0.0010
	其他材料费(占材料费)	%	2.00	2.00	2.00	2.00	2.00	2.00

工作内容：准备工具、清除原有破损脊件、调制灰浆、重新装配脊件、打点、场内运输及清理废弃物。

计量单位：件

定额编号			3-4-186	3-4-187	3-4-188	3-4-189	3-4-190	3-4-191
项目			博脊瓦添配					
			四样	五样	六样	七样	八样	九样
名称		单位	消耗量					
人工	合计工日	工日	0.200	0.200	0.200	0.200	0.200	0.200
	瓦工普工	工日	0.080	0.080	0.080	0.080	0.080	0.080
	瓦工一般技工	工日	0.100	0.100	0.100	0.100	0.100	0.100
	瓦工高级技工	工日	0.020	0.020	0.020	0.020	0.020	0.020
材料	博脊瓦	块	1.0000	1.0000	1.0000	1.0000	1.0000	1.0000
	大麻刀灰	m^3	0.0080	0.0070	0.0060	0.0050	0.0040	0.0030
	其他材料费(占材料费)	%	2.00	2.00	2.00	2.00	2.00	2.00

工作内容：准备工具、清除原有破损脊件、调制灰浆、重新装配脊件、打点、场内运输及清理废弃物。

计量单位：件

定额编号			3-4-192	3-4-193	3-4-194	3-4-195	3-4-196	3-4-197
项目			琉璃垂兽添配					
			四样	五样	六样	七样	八样	九样
名称		单位	消耗量					
人工	合计工日	工日	0.840	0.680	0.550	0.460	0.360	0.300
	瓦工普工	工日	0.336	0.272	0.220	0.184	0.144	0.120
	瓦工一般技工	工日	0.420	0.340	0.275	0.230	0.180	0.150
	瓦工高级技工	工日	0.084	0.068	0.055	0.046	0.036	0.030
材料	垂兽	件	1.0000	1.0000	1.0000	1.0000	1.0000	1.0000
	大麻刀灰	m^3	0.0480	0.0350	0.0220	0.0140	0.0070	0.0030
	其他材料费(占材料费)	%	2.00	2.00	2.00	2.00	2.00	2.00

工作内容：准备工具、清除原有破损脊件、调制灰浆、重新装配脊件、打点、场内运输及清理废弃物。

计量单位：件

定额编号			3-4-198	3-4-199	3-4-200	3-4-201	3-4-202	3-4-203
项目			琉璃岔兽添配					
			四样	五样	六样	七样	八样	九样
名称		单位	消耗量					
人工	合计工日	工日	0.680	0.550	0.460	0.360	0.300	0.240
	瓦工普工	工日	0.272	0.220	0.184	0.144	0.120	0.096
	瓦工一般技工	工日	0.340	0.275	0.230	0.180	0.150	0.120
	瓦工高级技工	工日	0.068	0.055	0.046	0.036	0.030	0.024
材料	岔兽	件	1.0000	1.0000	1.0000	1.0000	1.0000	1.0000
	大麻刀灰	m^3	0.0350	0.0220	0.0150	0.0070	0.0030	0.0030
	其他材料费(占材料费)	%	2.00	2.00	2.00	2.00	2.00	2.00

工作内容：准备工具、清除原有破损脊件、调制灰浆、重新装配脊件、打点、场内运输及清理废弃物。

计量单位：对

定额编号			3-4-204	3-4-205	3-4-206	3-4-207	3-4-208	3-4-209
项目			琉璃兽角添配					
			四样	五样	六样	七样	八样	九样
名称		单位	消耗量					
人工	合计工日	工日	0.100	0.100	0.080	0.080	0.060	0.060
	瓦工普工	工日	0.040	0.040	0.032	0.032	0.024	0.024
	瓦工一般技工	工日	0.050	0.050	0.040	0.040	0.030	0.030
	瓦工高级技工	工日	0.010	0.010	0.008	0.008	0.006	0.006
材料	兽角	对	1.0000	1.0000	1.0000	1.0000	1.0000	1.0000
	大麻刀灰	m^3	0.0010	0.0010	0.0010	0.0010	0.0010	0.0010
	其他材料费(占材料费)	%	2.00	2.00	2.00	2.00	2.00	2.00

工作内容：准备工具、清除原有破损脊件、调制灰浆、重新装配脊件、打点、场内运输及清理废弃物。

计量单位：件

定额编号			3-4-210	3-4-211	3-4-212	3-4-213	3-4-214	3-4-215
项目			琉璃套兽添配					
			四样	五样	六样	七样	八样	九样
名称		单位	消耗量					
人工	合计工日	工日	0.420	0.360	0.300	0.240	0.180	0.120
	瓦工普工	工日	0.168	0.144	0.120	0.096	0.072	0.048
	瓦工一般技工	工日	0.210	0.180	0.150	0.120	0.090	0.060
	瓦工高级技工	工日	0.042	0.036	0.030	0.024	0.018	0.012
材料	套兽	件	1.0000	1.0000	1.0000	1.0000	1.0000	1.0000
	大麻刀灰	m^3	0.0070	0.0060	0.0050	0.0040	0.0030	0.0020
	其他材料费(占材料费)	%	2.00	2.00	2.00	2.00	2.00	2.00

工作内容:准备工具、清除原有破损脊件、调制灰浆、重新装配脊件、打点、场内运输及清理废弃物。

计量单位:件

定额编号			3-4-216	3-4-217	3-4-218	3-4-219	3-4-220	3-4-221
项目			琉璃走兽添配					
			四样	五样	六样	七样	八样	九样
名称		单位	消耗量					
人工	合计工日	工日	0.420	0.360	0.300	0.240	0.180	0.120
	瓦工普工	工日	0.168	0.144	0.120	0.096	0.072	0.048
	瓦工一般技工	工日	0.210	0.180	0.150	0.120	0.090	0.060
	瓦工高级技工	工日	0.042	0.036	0.030	0.024	0.018	0.012
材料	走兽	件	1.0000	1.0000	1.0000	1.0000	1.0000	1.0000
	大麻刀灰	m^3	0.0080	0.0060	0.0050	0.0040	0.0030	0.0020
	其他材料费(占材料费)	%	2.00	2.00	2.00	2.00	2.00	2.00

工作内容:准备工具、清除原有破损脊件、调制灰浆、重新装配脊件、打点、场内运输及清理废弃物。

计量单位:份

定额编号			3-4-222	3-4-223	3-4-224	3-4-225	3-4-226	3-4-227
项目			琉璃仙人添配					
			四样	五样	六样	七样	八样	九样
名称		单位	消耗量					
人工	合计工日	工日	0.420	0.360	0.300	0.240	0.180	0.120
	瓦工普工	工日	0.168	0.144	0.120	0.096	0.072	0.048
	瓦工一般技工	工日	0.210	0.180	0.150	0.120	0.090	0.060
	瓦工高级技工	工日	0.042	0.036	0.030	0.024	0.018	0.012
材料	仙人	份	1.0000	1.0000	1.0000	1.0000	1.0000	1.0000
	大麻刀灰	m^3	0.0010	0.0010	0.0010	0.0010	0.0010	0.0010
	其他材料费(占材料费)	%	2.00	2.00	2.00	2.00	2.00	2.00

工作内容：准备工具、清除原有破损脊件、调制灰浆、重新装配脊件、打点、场内运输及清理废弃物。

计量单位：件

定额编号			3-4-228	3-4-229	3-4-230	3-4-231	3-4-232	3-4-233
项目			琉璃淌头添配					
			四样	五样	六样	七样	八样	九样
名称		单位	消耗量					
人工	合计工日	工日	0.250	0.250	0.200	0.200	0.150	0.150
	瓦工普工	工日	0.100	0.100	0.080	0.080	0.060	0.060
	瓦工一般技工	工日	0.125	0.125	0.100	0.100	0.075	0.075
	瓦工高级技工	工日	0.025	0.025	0.020	0.020	0.015	0.015
材料	淌头	块	1.0000	1.0000	1.0000	1.0000	1.0000	1.0000
	大麻刀灰	m^3	0.0020	0.0020	0.0020	0.0010	0.0010	0.0010
	其他材料费(占材料费)	%	2.00	2.00	2.00	2.00	2.00	2.00

工作内容：准备工具、清除原有破损脊件、调制灰浆、重新装配脊件、打点、场内运输及清理废弃物。

计量单位：件

定额编号			3-4-234	3-4-235	3-4-236	3-4-237	3-4-238	3-4-239
项目			琉璃撺头添配					
			四样	五样	六样	七样	八样	九样
名称		单位	消耗量					
人工	合计工日	工日	0.200	0.200	0.150	0.150	0.100	0.100
	瓦工普工	工日	0.080	0.080	0.060	0.060	0.040	0.040
	瓦工一般技工	工日	0.100	0.100	0.075	0.075	0.050	0.050
	瓦工高级技工	工日	0.020	0.020	0.015	0.015	0.010	0.010
材料	撺头	块	1.0000	1.0000	1.0000	1.0000	1.0000	1.0000
	大麻刀灰	m^3	0.0020	0.0020	0.0020	0.0010	0.0010	0.0010
	其他材料费(占材料费)	%	2.00	2.00	2.00	2.00	2.00	2.00

三、苫　　背

工作内容：准备工具、清理基层、调制灰浆、分层摊抹、拍实、场内运输及清理废弃物；勾抹望板缝还包括将缝隙勾抹平整、严实。

计量单位：m^2

定额编号			3-4-240	3-4-241	3-4-242	3-4-243
项目			望板勾缝	护板灰	泥背(厚5cm)	
					滑秸泥	麻刀泥
名称		单位	消耗量			
人工	合计工日	工日	0.030	0.040	0.170	0.160
	瓦工普工	工日	0.012	0.016	0.068	0.064
	瓦工一般技工	工日	0.015	0.020	0.085	0.080
	瓦工高级技工	工日	0.003	0.004	0.017	0.016
材料	浅月白中麻刀灰	m^3	0.0010	—	—	—
	护板灰	m^3	—	0.0190	—	—
	滑秸掺灰泥 3:7	m^3	—	—	0.0520	0.0520
	滑秸	kg	—	—	0.3800	—
	麻刀	kg	—	—	—	0.7700
	锯成材	m^3	—	0.0005	—	—
	其他材料费(占材料费)	%	1.00	1.00	1.00	1.00

工作内容:准备工具、清理基层、调制灰浆、分层摊抹、拍麻刀、轧实赶光、场内运输及清理废弃物。锡背还包括拍平、接口、裁剪铅板、焊接。

计量单位:m^2

定额编号			3-4-244	3-4-245	3-4-246	3-4-247	3-4-248
项目			苫灰背(厚3cm)		苫灰背(厚3cm)		铅板背(锡背)
			白灰	月白灰	青灰		
					坡顶	平顶	
名称		单位	消耗量				
人工	合计工日	工日	0.240	0.300	0.600	0.420	0.360
	瓦工普工	工日	0.096	0.120	0.240	0.168	0.144
	瓦工一般技工	工日	0.120	0.150	0.300	0.210	0.180
	瓦工高级技工	工日	0.024	0.030	0.060	0.042	0.036
材料	大麻刀灰	m^3	0.0310	—	—	—	—
	浅月白中麻刀灰	m^3	—	0.0310	—	—	—
	深月白大麻刀灰	m^3	—	—	0.0310	0.0310	—
	青灰	kg	—	—	2.0600	2.0600	—
	麻刀	kg	—	—	0.5200	0.5200	—
	板瓦 2#	块	—	—	—	5.8400	—
	铅板 3mm	kg	—	—	—	—	39.2200
	焊锡	kg	—	—	—	—	0.1500
	焊锡膏	kg	—	—	—	—	0.3000
	其他材料费(占材料费)	%	1.00	1.00	1.00	1.00	1.00

四、新做布瓦屋面

1. 瓦　　面

工作内容： 准备工具、调制灰浆、分中号垄、排钉瓦口、挑选瓦件、底瓦沾浆、找规矩、挂线、宽瓦、场内运输及清理废弃物。

计量单位：m^2

定额编号			3-4-249	3-4-250	3-4-251	3-4-252	3-4-253
项目			筒瓦屋面(捉节夹垄)				
			头#	1#	2#	3#	10#
名称		单位	消耗量				
人工	合计工日	工日	0.960	0.960	1.080	1.440	1.800
	瓦工普工	工日	0.288	0.288	0.324	0.432	0.540
	瓦工一般技工	工日	0.480	0.480	0.540	0.720	0.900
	瓦工高级技工	工日	0.192	0.192	0.216	0.288	0.360
材料	筒瓦	块	17.5200	22.7400	28.3300	36.3000	97.3100
	板瓦	块	60.0200	68.7400	85.4800	110.2700	230.4900
	掺灰泥 4∶6	m^3	0.1140	0.0990	0.0930	0.0880	0.0830
	深月白大麻刀灰	m^3	0.0050	0.0050	0.0050	0.0040	0.0050
	浅月白中麻刀灰	m^3	0.0130	0.0120	0.0090	0.0060	0.0070
	深月白小麻刀灰	m^3	0.0030	0.0040	0.0030	0.0030	0.0050
	素白灰浆	m^3	0.0040	0.0030	0.0030	0.0030	0.0030
	深月白浆	m^3	0.0020	0.0020	0.0020	0.0020	0.0020
	其他材料费(占材料费)	%	1.00	1.00	1.00	1.00	1.00

工作内容：准备工具、调制灰浆、分中号垄、排钉瓦口、挑选瓦件、底瓦沾浆、找规矩、挂线、宽瓦、场内运输及清理废弃物。

计量单位：m^2

定额编号			3-4-254	3-4-255	3-4-256	3-4-257	3-4-258
项目			筒瓦屋面(裹垄)				
			头#	1#	2#	3#	10#
名称		单位	消耗量				
人工	合计工日	工日	1.200	1.200	1.440	1.680	1.920
	瓦工普工	工日	0.360	0.360	0.432	0.504	0.576
	瓦工一般技工	工日	0.600	0.600	0.720	0.840	0.960
	瓦工高级技工	工日	0.240	0.240	0.288	0.336	0.384
材料	筒瓦	块	17.2100	22.2400	27.6200	35.3100	93.3300
	板瓦	块	58.9700	66.7700	83.3200	107.2700	221.0900
	掺灰泥 4:6	m^3	0.1140	0.0990	0.0930	0.0880	0.0830
	深月白大麻刀灰	m^3	0.0320	0.0340	0.0330	0.0340	0.0300
	浅月白中麻刀灰	m^3	0.0130	0.0120	0.0090	0.0060	0.0070
	深月白小麻刀灰	m^3	0.0030	0.0040	0.0030	0.0030	0.0050
	素白灰浆	m^3	0.0040	0.0030	0.0030	0.0030	0.0030
	深月白浆	m^3	0.0020	0.0020	0.0020	0.0020	0.0020
	青灰	kg	3.0700	3.2700	3.4700	3.6600	4.0500
	其他材料费(占材料费)	%	1.00	1.00	1.00	1.00	1.00

工作内容：准备工具、调制灰浆、挑选瓦件、底瓦沾浆、找规矩、挂线、宽檐头瓦件、剪脖、场内运输及清理废弃物。

计量单位：m

定额编号			3-4-259	3-4-260	3-4-261	3-4-262	3-4-263
项目			筒瓦檐头附件				
			头#	1#	2#	3#	10#
名称		单位	消耗量				
人工	合计工日	工日	0.320	0.360	0.360	0.480	0.480
	瓦工普工	工日	0.096	0.108	0.108	0.144	0.144
	瓦工一般技工	工日	0.160	0.180	0.180	0.240	0.240
	瓦工高级技工	工日	0.064	0.072	0.072	0.096	0.096
材料	滴水	块	4.2000	4.7800	5.3900	6.1800	8.7600
	勾头	块	4.2000	4.7800	5.3900	6.1800	8.7600
	深月白大麻刀灰	m^3	0.0050	0.0050	0.0050	0.0040	0.0040
	浅月白中麻刀灰	m^3	0.0230	0.0200	0.0170	0.0160	0.0080
	松烟	kg	0.0100	0.0100	0.0100	0.0100	0.0100
	骨胶	kg	0.0100	0.0100	0.0100	0.0100	0.0100
	其他材料费(占材料费)	%	1.00	1.00	1.00	1.00	1.00

工作内容：准备工具、调制灰浆、分中号垄、排钉瓦口、挑选瓦件、底瓦沾浆、找规矩、挂线、宽瓦、场内运输及清理废弃物。

计量单位：m^2

定额编号			3-4-264	3-4-265	3-4-266
项目			合瓦屋面		
			1#	2#	3#
名称		单位	消耗量		
人工	合计工日	工日	1.320	1.390	1.450
	瓦工普工	工日	0.396	0.417	0.435
	瓦工一般技工	工日	0.660	0.695	0.725
	瓦工高级技工	工日	0.264	0.278	0.290
材料	板瓦	块	120.0400	148.3000	187.5300
	掺灰泥 4：6	m^3	0.1170	0.1170	0.1170
	深月白大麻刀灰	m^3	0.0150	0.0160	0.0180
	浅月白中麻刀灰	m^3	0.0120	0.0100	0.0070
	深月白小麻刀灰	m^3	0.0030	0.0030	0.0030
	素白灰浆	m^3	0.0030	0.0020	0.0030
	深月白浆	m^3	0.0020	0.0030	0.0020
	青灰	kg	4.0500	4.0500	4.0500
	其他材料费(占材料费)	%	1.00	1.00	1.00

工作内容：准备工具、调制灰浆、挑选瓦件、底瓦沾浆、找规矩、挂线、宽檐头瓦件、剪脖、粘瓦脸、场内运输及清理废弃物。

计量单位：m

定额编号			3-4-267	3-4-268	3-4-269
项目			合瓦屋面檐头附件		
			1#	2#	3#
名称		单位	消耗量		
人工	合计工日	工日	0.420	0.470	0.600
	瓦工普工	工日	0.126	0.141	0.180
	瓦工一般技工	工日	0.210	0.235	0.300
	瓦工高级技工	工日	0.084	0.094	0.120
材料	花边瓦 1#	块	8.4000	9.3400	10.5000
	瓦垫	块	4.2000	4.6700	5.2500
	深月白大麻刀灰	m^3	0.0020	0.0020	0.0020
	浅月白中麻刀灰	m^3	0.0230	0.0200	0.0180
	松烟	kg	0.0100	0.0100	0.0100
	骨胶	kg	0.0100	0.0100	0.0100
	其他材料费(占材料费)	%	1.00	1.00	1.00

工作内容：准备工具、调制灰浆、分中号垄、排钉瓦口、挑选瓦件、底瓦沾浆、找规矩、挂线、宽瓦、场内运输及清理废弃物。仰瓦灰梗屋面还包括堆、抹灰梗。

计量单位：m^2

定额编号			3-4-270	3-4-271	3-4-272	3-4-273	3-4-274
项目			仰瓦灰梗屋面		干蹅瓦屋面		
			2#	3#	2#	3#	10#
名称		单位	消耗量				
人工	合计工日	工日	0.900	0.960	0.830	0.880	0.960
	瓦工普工	工日	0.270	0.288	0.249	0.264	0.288
	瓦工一般技工	工日	0.450	0.480	0.415	0.440	0.480
	瓦工高级技工	工日	0.180	0.192	0.166	0.176	0.192
材料	板瓦	块	89.9500	113.1400	91.1500	114.8800	238.6700
	掺灰泥 4∶6	m^3	0.0470	0.0470	0.0470	0.0470	0.0470
	深月白大麻刀灰	m^3	0.0090	0.0060	—	—	—
	浅月白中麻刀灰	m^3	0.0060	0.0040	—	—	—
	深月白小麻刀灰	m^3	0.0020	0.0020	0.0020	0.0020	0.0030
	素白灰浆	m^3	0.0020	0.0020	0.0020	0.0020	0.0020
	深月白浆	m^3	0.0010	0.0010	0.0010	0.0010	0.0010
	其他材料费(占材料费)	%	1.00	1.00	1.00	1.00	1.00

工作内容：准备工具、调制灰浆、挑选瓦件、底瓦沾浆、找规矩、挂线、宽瓦、安滴水、场内运输及清理废弃物。砌抹瓦口还包括裁瓦、做灰、勾抹。

计量单位：m

定额编号			3-4-275	3-4-276
项目			窝角沟铺宽	软瓦口砌抹
名称		单位	消耗量	
人工	合计工日	工日	0.860	0.480
	瓦工普工	工日	0.258	0.144
	瓦工一般技工	工日	0.430	0.240
	瓦工高级技工	工日	0.172	0.096
材料	板瓦 1#	块	17.0000	—
	板瓦 2#	块	—	5.3000
	滴水 2#	块	10.4000	—
	勾头 2#	块	9.4000	—
	掺灰泥 4∶6	m^3	0.0020	—
	深月白中麻刀灰	m^3	0.0550	0.0060
	素白灰浆	m^3	0.0010	—
	其他材料费(占材料费)	%	1.00	1.00

2. 正 脊

工作内容：准备工具、调制灰浆、砍制脊件、找规矩、挂线、摆砌脊件、打点、场内运输及清理废弃物。

计量单位：m

定额编号			3-4-277	3-4-278	3-4-279	3-4-280	3-4-281
项目			有陡板正脊(高度)			无陡板正脊	清水脊
			50cm 以下	60cm 以下	60cm 以上		
名称		单位	消耗量				
人工	合计工日	工日	3.977	4.292	7.172	2.049	2.049
	瓦工普工	工日	0.558	0.630	0.684	0.378	0.378
	瓦工一般技工	工日	0.744	0.840	0.912	0.504	0.504
	瓦工高级技工	工日	0.558	0.630	0.684	0.378	0.378
	砍砖工普工	工日	0.212	0.219	0.489	0.079	0.079
	砍砖工一般技工	工日	1.270	1.315	2.935	0.473	0.473
	砍砖工高级技工	工日	0.635	0.658	1.468	0.237	0.237
材料	地趴砖	块	9.3700	12.0500	14.7300	6.0300	—
	小停泥砖	块	—	—	—	—	3.9200
	大开条砖	块	7.8400	7.8400	7.8400	3.9200	—
	蓝四丁砖	块	—	—	—	—	10.7300
	尺二方砖	块	2.9400	—	5.8800	—	—
	尺四方砖	块	—	2.5200	—	—	—
	板瓦 2#	块	11.6800	11.6800	11.6800	11.6800	11.6800
	筒瓦 2#	块	5.5300	5.5300	5.5300	5.5300	5.0000
	掺灰泥 5:5	m^3	0.0180	0.0180	0.0180	0.0180	0.0180
	深月白大麻刀灰	m^3	0.0460	0.0530	0.0680	0.0460	0.0450
	深月白中麻刀灰	m^3	0.0720	0.0880	0.1140	0.0400	0.0580
	深月白浆	m^3	0.0020	0.0020	0.0020	0.0020	0.0020
	松烟	kg	0.0700	0.0800	0.0800	0.0700	0.0700
	骨胶	kg	0.0300	0.0300	0.0400	0.0300	0.0300
	其他材料费(占材料费)	%	1.00	1.00	1.00	1.00	1.00
机械	切砖机 2.8kW	台班	0.1802	0.1973	0.2616	0.0829	0.1221

工作内容：准备工具、调制灰浆、找规矩、挂线、调脊、场内运输及清理废弃物。 计量单位：m

定额编号			3-4-282	3-4-283	3-4-284	3-4-285	3-4-286
项目			筒瓦过垄脊				
			头#	1#	2#	3#	10#
名称		单位	消耗量				
人工	合计工日	工日	0.800	0.900	1.100	1.210	1.320
	瓦工普工	工日	0.240	0.270	0.330	0.363	0.396
	瓦工一般技工	工日	0.320	0.360	0.440	0.484	0.528
	瓦工高级技工	工日	0.240	0.270	0.330	0.363	0.396
材料	折腰板瓦	件	4.2000	4.7800	5.3900	6.1800	8.7600
	续折腰板瓦	件	16.8000	19.1200	21.5600	24.7200	35.0400
	板瓦	块	-21.0000	-23.9000	-26.9500	-30.9000	-43.8000
	罗锅筒瓦	件	4.2000	4.7800	5.3900	6.1800	8.7600
	续罗锅筒瓦	件	8.4000	9.5600	10.7800	12.3600	17.5200
	筒瓦	块	-12.6000	-14.3400	-16.1700	-18.5400	-26.2800
	深月白小麻刀灰	m^3	0.0002	0.0002	0.0002	0.0002	0.0002
	掺灰泥 4:6	m^3	0.0120	0.0120	0.0120	0.0120	0.0120
	其他材料费(占材料费)	%	1.00	1.00	1.00	1.00	1.00

工作内容:准备工具、调制灰浆、找规矩、挂线、调脊、场内运输及清理废弃物。 **计量单位:**m

定额编号			3-4-287	3-4-288	3-4-289	3-4-290	3-4-291	3-4-292
项目			鞍子脊			合瓦过垄脊		
			1#	2#	3#	1#	2#	3#
名称		单位	消耗量					
人工	合计工日	工日	0.840	0.951	1.080	0.780	0.920	1.040
	瓦工普工	工日	0.252	0.288	0.324	0.234	0.276	0.312
	瓦工一般技工	工日	0.336	0.384	0.432	0.312	0.368	0.416
	瓦工高级技工	工日	0.252	0.279	0.324	0.234	0.276	0.312
材料	折腰板瓦	件	—	—	—	4.7727	5.3846	6.1765
	板瓦	块	4.7727	5.3846	6.1765	-4.7727	-5.3846	-6.1765
	蓝四丁砖	块	1.5500	1.5500	2.0600	—	—	—
	掺灰泥 4:6	m^3	—	—	—	0.0059	0.0059	0.0059
	浅月白中麻刀灰	m^3	0.0550	0.0530	0.0520	—	—	—
	深月白小麻刀灰	m^3	0.0040	0.0030	0.0020	—	—	—
	其他材料费(占材料费)	%	1.00	1.00	1.00	1.00	1.00	1.00

工作内容：准备工具、调制灰浆、砍制砖件、拼装吻件、刷浆、打点、场内运输及清理废弃物；清水脊还包括脊饰雕刻制作、摆砌、安装蝎子尾。

计量单位：份

定额编号			3-4-293	3-4-294	3-4-295	3-4-296	3-4-297	3-4-298
项目			正吻安装(脊高)			清水脊附件		
			50cm 以下	60cm 以下	60cm 以上	平草蝎子尾	跨草蝎子尾	落落草蝎子尾
名称		单位	消耗量					
人工	合计工日	工日	3.111	5.695	11.868	18.860	40.940	49.920
	瓦工普工	工日	0.360	1.080	2.880	0.540	0.432	0.666
	瓦工一般技工	工日	0.480	1.440	3.840	0.720	0.576	0.888
	瓦工高级技工	工日	0.360	1.080	2.880	0.540	0.432	0.666
	砍砖工普工	工日	0.191	0.210	0.227	1.706	3.950	4.770
	砍砖工一般技工	工日	1.147	1.257	1.361	10.236	23.700	28.620
	砍砖工高级技工	工日	0.573	0.628	0.680	5.118	11.850	14.310
材料	正吻	个	1.0000	1.0000	1.0000	—	—	—
	剑把	个	1.0000	1.0000	1.0000	—	—	—
	背兽	个	1.0000	1.0000	1.0000	—	—	—
	背兽角	对	1.0000	1.0000	1.0000	—	—	—
	地趴砖	块	6.8100	9.6600	9.3900	—	—	—
	小停泥砖	块	5.0500	5.6200	6.1800	—	—	—
	尺四方砖	块	1.7000	1.7000	1.7000	3.9600	4.5200	7.3500
	蓝四丁砖	块	—	—	—	11.5400	23.0700	11.5400
	板瓦 2#	块	11.6700	14.0000	16.3300	15.6900	15.6900	15.6900
	筒瓦 2#	块	—	—	—	7.4200	7.4200	7.4200
	勾头 10#	块	—	—	—	2.1000	2.1000	2.1000
	锯成材	m^3	—	0.0095	0.0150	0.0019	0.0019	0.0019
	吻锔	kg	—	2.2800	3.6500	—	—	—
	深月白大麻刀灰	m^3	0.0520	0.0900	0.1420	0.0620	0.0740	0.0870
	深月白浆	m^3	0.0020	0.0020	0.0020	0.0020	0.0020	0.0020
	松烟	kg	0.0700	0.0700	0.0700	0.0700	0.0700	0.0700
	骨胶	kg	0.0300	0.0300	0.0300	0.0300	0.0300	0.0300
	其他材料费(占材料费)	%	1.00	1.00	1.00	1.00	1.00	1.00
机械	切砖机 2.8kW	台班	0.1201	0.1486	0.1510	0.1457	0.2338	0.2574

3. 垂脊、戗岔脊、角脊

工作内容：准备工具、调制灰浆、砍制脊件、找规矩、挂线、摆砌脊件、打点、场内运输及清理废弃物。

计量单位：m

定额编号			3-4-299	3-4-300	3-4-301
项目			带陡板庑殿、攒尖垂脊、戗岔脊、角脊		
			兽前	兽后（脊高）	
				40cm 以下	40cm 以上
名称		单位	消耗量		
人工	合计工日	工日	1.992	3.353	3.582
	瓦工普工	工日	0.360	0.468	0.540
	瓦工一般技工	工日	0.480	0.624	0.720
	瓦工高级技工	工日	0.360	0.468	0.540
	砍砖工普工	工日	0.079	0.179	0.178
	砍砖工一般技工	工日	0.475	1.076	1.069
	砍砖工高级技工	工日	0.238	0.538	0.535
材料	小停泥砖	块	3.9200	7.8400	7.8400
	蓝四丁砖	块	8.5900	12.7300	15.0300
	尺二方砖	块	—	1.4800	2.9600
	板瓦 2#	块	11.6800	11.6800	11.6800
	筒瓦 2#	块	5.5300	5.5300	5.5300
	掺灰泥 5∶5	m^3	0.0920	0.0900	0.0900
	深月白中麻刀灰	m^3	0.0440	0.0490	0.0500
	深月白浆	m^3	0.0020	0.0020	0.0020
	松烟	kg	0.0700	0.0700	0.0700
	骨胶	kg	0.0300	0.0300	0.0300
	其他材料费（占材料费）	%	1.00	1.00	1.00
机械	切砖机 2.8kW	台班	0.1043	0.1899	0.2276

工作内容：准备工具、调制灰浆、砍制脊件、找规矩、挂线、安耳子瓦、摆砌脊件、打点、场内运输及清理废弃物。

计量单位：m

定额编号			3-4-302	3-4-303	3-4-304
项目			带陡板悬山、硬山垂脊		
			兽前	兽后（脊高）	
				40cm 以下	40cm 以上
名称		单位	消耗量		
人工	合计工日	工日	2.349	3.593	3.833
	瓦工普工	工日	0.468	0.540	0.612
	瓦工一般技工	工日	0.624	0.720	0.816
	瓦工高级技工	工日	0.468	0.540	0.612
	砍砖工普工	工日	0.079	0.179	0.179
	砍砖工一般技工	工日	0.473	1.076	1.076
	砍砖工高级技工	工日	0.237	0.538	0.538
材料	小停泥砖	块	3.9200	7.8400	7.8400
	蓝四丁砖	块	8.5900	16.9600	22.9100
	尺二方砖	块	—	1.4800	2.9500
	板瓦 2#	块	23.3500	23.3500	23.3500
	筒瓦 2#	块	5.5300	5.5300	5.5300
	勾头 2#	块	5.8400	5.8400	5.8400
	滴水 2#	块	5.8400	5.8400	5.8400
	掺灰泥 5：5	m^3	0.0900	0.0900	0.0900
	深月白中麻刀灰	m^3	0.1270	0.1340	0.1340
	深月白浆	m^3	0.0020	0.0020	0.0020
	松烟	kg	0.1400	0.1400	0.1400
	骨胶	kg	0.0600	0.0600	0.0600
	其他材料费（占材料费）	%	1.00	1.00	1.00
机械	切砖机 2.8kW	台班	0.1043	0.2252	0.2931

工作内容：准备工具、调制灰浆、砍制脊件、找规矩、挂线、安耳子瓦、摆砌脊件、打点、场内运输及清理废弃物。

计量单位：m

定额编号			3-4-305	3-4-306
项目			带陡板歇山垂脊	
			脊高	
			40cm 以下	40cm 以上
名称		单位	消耗量	
人工	合计工日	工日	3.612	3.798
	瓦工普工	工日	0.603	0.540
	瓦工一般技工	工日	0.804	0.720
	瓦工高级技工	工日	0.603	0.540
	砍砖工普工	工日	0.160	0.200
	砍砖工一般技工	工日	0.961	1.199
	砍砖工高级技工	工日	0.481	0.599
材料	小停泥砖	块	7.8400	7.8400
	蓝四丁砖	块	16.9600	22.9100
	尺二方砖	块	1.4800	2.9500
	板瓦 2#	块	23.3500	23.3500
	筒瓦 2#	块	5.5300	5.5300
	勾头 2#	块	5.8400	5.8400
	滴水 2#	块	5.8400	5.8400
	掺灰泥 5∶5	m^3	0.0900	0.0900
	深月白中麻刀灰	m^3	0.1880	0.1880
	深月白浆	m^3	0.0030	0.0300
	松烟	kg	0.1400	0.1400
	骨胶	kg	0.0600	0.0600
	其他材料费(占材料费)	%	1.00	1.00
机械	切砖机 2.8kW	台班	0.2252	0.2931

工作内容：准备工具、调制灰浆、砍制脊件、找规矩、挂线、摆砌脊件、打点、场内运输及清理废弃物。铃铛排山脊还包括安耳子瓦。披水排山脊和披水梢垄还包括披水檐。

计量单位：m

定额编号			3-4-307	3-4-308	3-4-309	3-4-310
项目			无陡板脊			
			铃铛排山脊	庑殿攒尖垂脊、戗岔脊、角脊	披水排山脊	披水梢垄
名称		单位	消耗量			
人工	合计工日	工日	2.688	2.349	2.303	0.330
	瓦工普工	工日	0.504	0.468	0.432	0.072
	瓦工一般技工	工日	0.672	0.624	0.576	0.096
	瓦工高级技工	工日	0.504	0.468	0.432	0.072
	砍砖工普工	工日	0.101	0.079	0.086	0.009
	砍砖工一般技工	工日	0.605	0.473	0.518	0.054
	砍砖工高级技工	工日	0.302	0.237	0.259	0.027
材料	小停泥砖	块	3.9200	3.9200	7.8400	4.5000
	蓝四丁砖	块	8.5900	8.5900	8.5900	8.5900
	板瓦 2#	块	23.3500	11.6800	11.6800	—
	筒瓦 2#	块	5.5300	5.5300	5.5300	5.5300
	勾头 2#	块	5.8400	—	—	—
	滴水 2#	块	5.8400	—	—	—
	掺灰泥 5:5	m^3	0.0900	0.0900	0.0900	—
	深月白中麻刀灰	m^3	0.1270	0.0440	0.0370	0.0450
	深月白浆	m^3	0.0020	0.0020	0.0020	0.0190
	松烟	kg	0.1400	0.0700	0.0700	0.0010
	骨胶	kg	0.0600	0.0300	0.0300	—
	其他材料费(占材料费)	%	1.00	1.00	1.00	1.00
机械	切砖机 2.8kW	台班	0.1043	0.1043	0.1369	0.0716

工作内容:准备工具、调制灰浆、找规矩、挂线、安装附件、打点、场内运输及清理废弃物。 **计量单位:**条

定额编号			3-4-311	3-4-312	3-4-313	3-4-314	3-4-315	3-4-316
项目			带陡板垂、岔脊附件					
			庑殿、攒尖(脊高)		硬山、悬山(脊高)		歇山(脊高)	
			40cm 以下	40cm 以上	40cm 以下	40cm 以上	40cm 以下	40cm 以上
名称		单位	消耗量					
人工	合计工日	工日	0.555	0.606	1.100	1.210	0.550	0.889
	瓦工普工	工日	0.030	0.033	0.060	0.066	0.030	0.048
	瓦工一般技工	工日	0.040	0.044	0.080	0.088	0.040	0.064
	瓦工高级技工	工日	0.030	0.033	0.060	0.066	0.030	0.048
	砍砖工普工	工日	0.045	0.050	0.090	0.099	0.045	0.073
	砍砖工一般技工	工日	0.270	0.297	0.540	0.594	0.270	0.437
	砍砖工高级技工	工日	0.140	0.149	0.270	0.297	0.135	0.219
材料	垂兽	个	1.0000	1.0000	1.0000	1.0000	1.0000	1.0000
	兽座	个	1.0000	1.0000	1.0000	1.0000	1.0000	1.0000
	兽角	对	1.0000	1.0000	1.0000	1.0000	1.0000	1.0000
	套兽	个	1.0000	1.0000	—	—	—	—
	抱头狮子	个	1.0000	1.0000	1.0000	1.0000	—	—
	走兽	个	( )	( )	( )	( )	—	—
	滴水 2#	块	2.0000	2.0000	2.0000	2.0000	—	—
	勾头 2#	块	2.0000	2.0000	2.0000	2.0000	1.0000	1.0000
	板瓦 2#	块	1.0000	1.0000	1.0000	1.0000	2.0000	2.0000
	尺四方砖	块	—	—	1.0000	1.0000	—	—
	小停泥砖	块	1.0000	2.0000	1.0000	2.0000	1.0000	2.0000
	深月白中麻刀灰	m^3	0.0300	0.0400	0.0300	0.0400	0.0300	0.0400
	其他材料费(占材料费)	%	1.00	1.00	1.00	1.00	1.00	1.00
机械	切砖机 2.8kW	台班	0.0083	0.0167	0.0208	0.0292	0.0083	0.0167

工作内容:准备工具、调制灰浆、找规矩、挂线、安装附件、打点、场内运输及清理废弃物。 **计量单位**:条

定额编号			3-4-317	3-4-318
项目			带陡板戗、岔脊附件(脊高)	
			40cm 以下	40cm 以上
名称		单位	消耗量	
人工	合计工日	工日	0.550	0.606
	瓦工普工	工日	0.030	0.033
	瓦工一般技工	工日	0.040	0.044
	瓦工高级技工	工日	0.030	0.033
	砍砖工普工	工日	0.045	0.050
	砍砖工一般技工	工日	0.270	0.297
	砍砖工高级技工	工日	0.135	0.149
材料	岔兽	个	1.0000	1.0000
	兽座	个	1.0000	1.0000
	兽角	对	1.0000	1.0000
	套兽	个	1.0000	1.0000
	抱头狮子	个	1.0000	1.0000
	走兽	个	( )	( )
	滴水 2#	块	2.0000	2.0000
	勾头 2#	块	2.0000	2.0000
	板瓦 2#	块	1.0000	1.0000
	尺四方砖	块	1.0000	1.0000
	小停泥砖	块	1.0000	2.0000
	深月白中麻刀灰	m^3	0.0300	0.0400
	其他材料费(占材料费)	%	1.00	1.00
机械	切砖机 2.8kW	台班	0.0208	0.0292

工作内容：准备工具、调制灰浆、找规矩、挂线、安装附件、打点、场内运输及清理废弃物。　**计量单位：**条

定额编号			3-4-319	3-4-320	3-4-321	3-4-322	3-4-323
项目			无陡板脊附件				
			庑殿攒尖垂脊、戗岔脊、角脊	硬山、悬山垂脊	歇山垂脊	披水排山脊	披水梢垄
名称		单位	消耗量				
人工	合计工日	工日	0.440	0.458	0.440	0.423	0.047
	瓦工普工	工日	0.024	0.024	0.024	0.030	0.003
	瓦工一般技工	工日	0.032	0.032	0.032	0.040	0.004
	瓦工高级技工	工日	0.024	0.024	0.024	0.030	0.003
	砍砖工普工	工日	0.036	0.038	0.036	0.032	0.004
	砍砖工一般技工	工日	0.216	0.227	0.216	0.194	0.022
	砍砖工高级技工	工日	0.108	0.113	0.108	0.097	0.011
材料	滴水 2#	块	2.0000	—	—	1.0000	—
	勾头 2#	块	2.0000	3.0000	2.0000	2.0000	—
	板瓦 2#	块	2.5000	2.5000	2.5000	—	—
	尺二方砖	块	—	—	—	1.0000	—
	尺四方砖	块	2.5000	2.5000	2.5000	—	—
	小停泥砖	块	—	—	—	2.0000	1.0000
	深月白中麻刀灰	m^3	0.0030	0.0030	0.0030	0.0020	0.0020
	其他材料费(占材料费)	%	1.00	1.00	1.00	1.00	1.00
机械	切砖机 2.8kW	台班	0.0313	0.0313	0.0313	0.0292	0.0083

4. 博脊、围脊、花瓦脊

工作内容：准备工具、调制灰浆、砍制脊件、找规矩、挂线、摆砌脊件、打点、场内运输及清理废弃物。

计量单位：m

	定额编号		3-4-324	3-4-325	3-4-326
	项目		博脊、无陡板围脊	有陡板围脊	
				脊高	
				40cm 以下	40cm 以上
	名称	单位	消耗量		
人工	合计工日	工日	1.087	1.728	1.890
	瓦工普工	工日	0.216	0.270	0.324
	瓦工一般技工	工日	0.288	0.360	0.432
	瓦工高级技工	工日	0.216	0.270	0.324
	砍砖工普工	工日	0.037	0.083	0.081
	砍砖工一般技工	工日	0.220	0.497	0.486
	砍砖工高级技工	工日	0.110	0.248	0.243
材料	小停泥砖	块	3.9200	7.8400	7.8400
	蓝四丁砖	块	41.2800	75.9400	101.2500
	尺二方砖	块	—	0.9800	1.4800
	板瓦 2#	块	5.8400	5.8400	5.8400
	筒瓦 2#	块	5.5300	5.5300	5.5300
	锯成材	m^3	—	0.0021	0.0026
	掺灰泥 5：5	m^3	0.0090	0.0090	0.0090
	深月白中麻刀灰	m^3	0.0430	0.0090	0.0090
	深月白浆	m^3	0.0020	0.0020	0.0020
	松烟	kg	0.0700	0.0700	0.0700
	骨胶	kg	0.0300	0.0300	0.0300
	其他材料费(占材料费)	%	1.00	1.00	1.00
机械	切砖机 2.8kW	台班	0.3767	0.6982	0.9091

工作内容:准备工具、调制灰浆、砍制脊件、找规矩、挂线、打点、场内运输及清理废弃物。　**计量单位**:份

定额编号			3-4-327	3-4-328
项目			合角吻安装	
			脊高	
			40cm 以下	40cm 以上
	名称	单位	消耗量	
人工	合计工日	工日	2.063	3.863
	瓦工普工	工日	0.360	0.900
	瓦工一般技工	工日	0.480	1.200
	瓦工高级技工	工日	0.360	0.900
	砍砖工普工	工日	0.086	0.086
	砍砖工一般技工	工日	0.518	0.518
	砍砖工高级技工	工日	0.259	0.259
材料	合角吻	对	1.0000	1.0000
	合角剑把	对	1.0000	1.0000
	小停泥砖	块	10.1000	13.4900
	蓝四丁砖	块	50.6300	63.2800
	板瓦 2#	块	11.6800	11.6800
	深月白浆	m^3	0.0040	0.0040
	松烟	kg	0.1400	0.1400
	骨胶	kg	0.0600	0.0600
	其他材料费(占材料费)	%	1.00	1.00
机械	切砖机 2.8kW	台班	0.5061	0.6398

工作内容：准备工具、调制灰浆、砍制脊件、选瓦、样瓦、找规矩、挂线、摆砌脊件、打点、场内运输及清理废弃物。

计量单位：m

定额编号			3-4-329	3-4-330	3-4-331	3-4-332
项目			花瓦脊(脊高)			
			筒瓦		板瓦	
			40cm 以下	40cm 以上	30cm 以下	30cm 以上
名称		单位	消耗量			
人工	合计工日	工日	3.738	4.351	3.738	4.351
	瓦工普工	工日	0.360	0.544	0.360	0.544
	瓦工一般技工	工日	0.480	0.725	0.480	0.725
	瓦工高级技工	工日	0.360	0.544	0.360	0.544
	砍砖工普工	工日	0.254	0.254	0.254	0.254
	砍砖工一般技工	工日	1.523	1.523	1.523	1.523
	砍砖工高级技工	工日	0.761	0.761	0.761	0.761
材料	小停泥砖	块	7.8400	7.8400	7.8400	7.8400
	蓝四丁砖	块	12.8900	12.8900	12.8900	12.8900
	板瓦 2#	块	11.6800	11.6800	36.3800	61.0900
	筒瓦 2#	块	24.6200	43.7100	5.5300	5.5300
	掺灰泥 5∶5	m^3	0.0090	0.0090	0.0090	0.0090
	深月白中麻刀灰	m^3	0.0480	0.0500	0.0480	0.0500
	松烟	kg	0.0700	0.0700	0.0700	0.0700
	骨胶	kg	0.0300	0.0300	0.0300	0.0300
	其他材料费(占材料费)	%	1.00	1.00	1.00	1.00
机械	切砖机 2.8kW	台班	0.1728	0.1728	0.4106	0.6165

5.宝 顶

工作内容:准备工具、调制灰浆、挑选砖料、砍制加工、分层摆砌砖件、填馅、打点、场内运输及清理废弃物。

计量单位:份

定额编号			3-4-333	3-4-334	3-4-335
项目			宝顶座安装(座宽)		
			60cm 以内	80cm 以内	100cm 以内
名称		单位	消耗量		
人工	合计工日	工日	13.008	21.443	33.888
	瓦工普工	工日	1.440	1.800	2.520
	瓦工一般技工	工日	1.920	2.400	3.360
	瓦工高级技工	工日	1.440	1.800	2.520
	砍砖工普工	工日	0.821	1.544	2.549
	砍砖工一般技工	工日	4.925	9.266	15.293
	砍砖工高级技工	工日	2.462	4.633	7.646
材料	尺二方砖	块	24.8600	—	—
	尺四方砖	块	—	30.5100	52.2400
	小停泥砖	块	4.5200	6.7800	7.9100
	蓝四丁砖	块	47.3800	99.9100	204.9700
	板瓦 2#	块	14.0700	18.6900	23.4200
	深月白中麻刀灰	m^3	0.0490	0.0960	0.1240
	素白灰浆	m^3	0.0210	0.0440	0.1640
	其他材料费(占材料费)	%	1.00	1.00	1.00
机械	切砖机 2.8kW	台班	0.7433	1.2705	2.4270

工作内容:准备工具、调制灰浆、挑选砖料、砍制加工、分层摆砌砖件、填馅、打点、场内运输及清理废弃物。云冠还包括样活。

计量单位:份

定额编号			3-4-336	3-4-337	3-4-338	3-4-339
项目			宝顶珠安装(珠高)			云冠安装
			50cm 以内	60cm 以内	70cm 以内	
名称		单位	消耗量			
人工	合计工日	工日	8.723	14.832	23.377	1.260
	瓦工普工	工日	0.900	1.080	1.440	0.378
	瓦工一般技工	工日	1.200	1.440	1.920	0.504
	瓦工高级技工	工日	0.900	1.080	1.440	0.378
	砍砖工普工	工日	0.572	1.123	1.858	—
	砍砖工一般技工	工日	3.434	6.739	11.146	—
	砍砖工高级技工	工日	1.717	3.370	5.573	—
材料	尺二方砖	块	20.3400	—	—	—
	尺四方砖	块	—	22.6000	37.3000	—
	蓝四丁砖	块	4.6400	15.4500	28.3300	—
	云冠	份	—	—	—	1.0000
	深月白中麻刀灰	m^3	0.0310	0.0470	0.0730	0.0020
	其他材料费(占材料费)	%	1.00	1.00	1.00	1.00
机械	切砖机 2.8kW	台班	0.2929	0.4113	0.7023	—

五、新做琉璃屋面

1.瓦 面

工作内容:准备工具、调制灰浆、分中号垄、排钉瓦口、挑选瓦件、找规矩、挂线、宽瓦、打点、勾缝、清擦釉面、场内运输及清理废弃物。

计量单位:m²

定额编号			3-4-340	3-4-341	3-4-342
项目			琉璃瓦屋面宽瓦		
			四样	五样	六样
名称		单位	消耗量		
人工	合计工日	工日	0.950	0.980	1.020
	瓦工普工	工日	0.285	0.294	0.306
	瓦工一般技工	工日	0.475	0.490	0.510
	瓦工高级技工	工日	0.190	0.196	0.204
材料	板瓦	块	22.4500	29.0300	32.2900
	筒瓦	块	8.9800	11.6100	12.9200
	掺灰泥 5:5	m³	0.1100	0.1080	0.0990
	大麻刀灰	m³	0.0100	0.0100	0.0090
	中麻刀灰	m³	0.0080	0.0070	0.0070
	小麻刀灰	m³	0.0020	0.0020	0.0020
	其他材料费(占材料费)	%	0.50	0.50	0.50

工作内容：准备工具、调制灰浆、分中号垄、排钉瓦口、挑选瓦件、找规矩、挂线、宽瓦、打点、勾缝、清擦釉面、场内运输及清理废弃物。

计量单位：m^2

定额编号			3-4-343	3-4-344	3-4-345	3-4-346
项目			琉璃瓦屋面宽瓦			竹节瓦屋面宽瓦
			七样	八样	九样	
名称		单位	消耗量			
人工	合计工日	工日	1.060	1.080	1.100	1.260
	瓦工普工	工日	0.318	0.324	0.330	0.378
	瓦工一般技工	工日	0.530	0.540	0.550	0.630
	瓦工高级技工	工日	0.212	0.216	0.220	0.252
材料	竹节瓦	m^2	—	—	—	1.0300
	板瓦	块	38.6700	45.4500	49.5200	—
	筒瓦	块	15.4700	18.1800	18.9600	—
	掺灰泥 5∶5	m^3	0.0920	0.0840	0.0760	0.0920
	大麻刀灰	m^3	0.0080	0.0060	0.0050	0.0060
	中麻刀灰	m^3	0.0060	0.0060	0.0050	—
	小麻刀灰	m^3	0.0020	0.0020	0.0020	—
	浅月白中麻刀灰	m^3	—	—	—	0.0090
	其他材料费(占材料费)	%	0.50	0.50	0.50	0.50

工作内容：准备工具、调制灰浆、挑选瓦件、找规矩、挂线、宽檐头附件、钉瓦钉、安钉帽、打点、勾缝、清擦釉面、场内运输及清理废弃物。

计量单位：m

定额编号			3-4-347	3-4-348	3-4-349	3-4-350	3-4-351	3-4-352
项目			琉璃瓦檐头附件					
			四样	五样	六样	七样	八样	九样
名称		单位	消耗量					
人工	合计工日	工日	0.360	0.360	0.380	0.380	0.420	0.420
	瓦工普工	工日	0.108	0.108	0.114	0.114	0.126	0.126
	瓦工一般技工	工日	0.180	0.180	0.190	0.190	0.210	0.210
	瓦工高级技工	工日	0.072	0.072	0.076	0.076	0.084	0.084
材料	勾头	块	3.1500	3.6600	3.8800	4.3900	4.6900	5.0500
	滴水	块	3.1500	3.6600	3.8800	4.3900	4.6900	5.0500
	钉帽	个	3.1400	3.6500	3.8800	4.3900	4.6800	5.0500
	瓦钉	kg	0.0260	0.2700	0.2600	0.2600	0.2500	0.2400
	大麻刀灰	m^3	0.0070	0.0060	0.0050	0.0040	0.0030	0.0020
	中麻刀灰	m^3	0.0320	0.0280	0.0240	0.0220	0.0190	0.0160
	其他材料费(占材料费)	%	0.50	0.50	0.50	0.50	0.50	0.50

工作内容：准备工具、调制灰浆、钉瓦钉、安钉帽、打点、勾缝、清擦釉面、场内运输及清理废弃物。

计量单位：m

定额编号			3-4-353	3-4-354	3-4-355	3-4-356	3-4-357	3-4-358
项目			单独钉瓦钉 安钉帽					
			四样	五样	六样	七样	八样	九样
名称		单位	消耗量					
人工	合计工日	工日	0.110	0.110	0.120	0.120	0.130	0.130
	瓦工普工	工日	0.033	0.033	0.036	0.036	0.039	0.039
	瓦工一般技工	工日	0.055	0.055	0.060	0.060	0.065	0.065
	瓦工高级技工	工日	0.022	0.022	0.024	0.024	0.026	0.026
材料	钉帽	个	3.1400	3.6500	3.8800	4.3900	4.6800	5.0500
	瓦钉	kg	0.0260	0.2700	0.2600	0.2600	0.2500	0.2400
	中麻刀灰	m^3	0.0010	0.0010	0.0010	0.0010	0.0010	0.0010
	其他材料费(占材料费)	%	0.50	0.50	0.50	0.50	0.50	0.50

工作内容：准备工具、调制灰浆、天沟找泛水、安装正方檐瓦、净面勾头、清扫天沟、打点、勾缝、清擦釉面、场内运输及清理废弃物。

计量单位：m

定额编号			3-4-359	3-4-360	3-4-361	3-4-362	3-4-363	3-4-364
项目			琉璃天沟					
			四样	五样	六样	七样	八样	九样
名称		单位	消耗量					
人工	合计工日	工日	0.580	0.500	0.520	0.520	0.580	0.406
	瓦工普工	工日	0.174	0.150	0.156	0.156	0.174	0.174
	瓦工一般技工	工日	0.290	0.250	0.260	0.260	0.290	0.116
	瓦工高级技工	工日	0.116	0.100	0.104	0.104	0.116	0.116
材料	正方沿	件	6.1764	7.3200	7.7600	8.7800	9.3800	10.1000
	净面勾头	件	6.1764	7.3200	7.7600	8.7800	9.3800	10.1000
	蓝四丁砖	块	8.7500	8.7500	8.7500	8.7500	8.7500	8.7500
	浅月白中麻刀灰	m^3	0.0640	0.0560	0.0480	0.0440	0.0380	0.0320
	大麻刀灰	m^3	0.0140	0.0120	0.0100	0.0080	0.0060	0.0040
	其他材料费(占材料费)	%	0.50	0.50	0.50	0.50	0.50	0.50

工作内容：准备工具、调制灰浆、安装斜方檐瓦、羊蹄勾头、清扫天沟、打点、勾缝、清擦釉面、场内运输及清理废弃物。

计量单位：m

定额编号			3-4-365	3-4-366	3-4-367	3-4-368	3-4-369
项目			琉璃窝角沟				
			五样	六样	七样	八样	九样
名称		单位	消耗量				
人工	合计工日	工日	1.080	1.130	1.180	1.220	1.260
	瓦工普工	工日	0.324	0.339	0.354	0.366	0.378
	瓦工一般技工	工日	0.540	0.565	0.590	0.610	0.630
	瓦工高级技工	工日	0.216	0.226	0.236	0.244	0.252
材料	斜方沿	对	2.5400	2.8600	3.0500	3.2600	3.5100
	羊蹄勾头	对	2.5400	2.8600	3.0500	3.2600	3.5100
	板瓦	块	9.1200	9.5200	10.4200	10.9400	11.5200
	大麻刀灰	m^3	0.1400	0.1300	0.1200	0.1200	0.1100
	其他材料费(占材料费)	%	0.50	0.50	0.50	0.50	0.50

工作内容：准备工具、调制灰浆、安放勾滴、打点、勾缝、清擦釉面、场内运输及清理废弃物。

计量单位：条

定额编号			3-4-370	3-4-371	3-4-372	3-4-373	3-4-374
项目			琉璃窝角沟附件				
			五样	六样	七样	八样	九样
名称		单位	消耗量				
材料	滴水	块	1.0000	1.0000	1.0000	1.0000	1.0000
	其他材料费(占材料费)	%	0.50	0.50	0.50	0.50	0.50

工作内容:准备工具、调制灰浆、分中号垄、排钉瓦口、挑选瓦件、找规矩、挂线、宽瓦、打点、勾缝、场内运输及清理废弃物。

定额编号			3-4-375	3-4-376	3-4-377	3-4-378	3-4-379	3-4-380
项目			削割瓦屋面			削割瓦檐头附件		
			特#	1#	2#	特#	1#	2#
			m^2			m		
名称		单位	消耗量					
人工	合计工日	工日	0.950	0.980	1.020	0.320	0.340	0.360
	瓦工普工	工日	0.285	0.294	0.306	0.096	0.102	0.108
	瓦工一般技工	工日	0.475	0.490	0.510	0.160	0.170	0.180
	瓦工高级技工	工日	0.190	0.196	0.204	0.064	0.068	0.072
材料	削割板瓦	块	25.3600	29.4800	34.8200	—	—	—
	削割筒瓦	块	10.1300	11.7900	13.9200	—	—	—
	削割勾头	块	—	—	—	3.2407	3.5959	4.0385
	削割滴水	块	—	—	—	3.2407	3.5959	4.0385
	掺灰泥 5:5	m^3	0.1050	0.1000	0.0950	—	—	—
	深月白大麻刀灰	m^3	0.0070	0.0070	0.0070	—	0.0056	0.0055
	深月白中麻刀灰	m^3	0.0080	0.0070	0.0040	0.0656	0.0621	0.0562
	深月白小麻刀灰	m^3	0.0020	0.0020	0.0020	—	—	—
	钉帽	个	—	—	—	3.6500	3.8800	4.3900
	瓦钉	kg	—	—	—	0.2700	0.2600	0.2600
	其他材料费(占材料费)	%	0.50	0.50	0.50	0.50	0.50	0.50

2.正　脊

工作内容:准备工具、调制灰浆、找规矩、挂线、样活、摆砌各种脊件、分层填馅、背里、打点、勾缝、清擦釉面、场内运输及清理废弃物。

计量单位:m

定额编号			3-4-381	3-4-382	3-4-383	3-4-384	3-4-385	3-4-386
项目			琉璃屋面带兽正脊					
			四样	五样	六样	七样	八样	九样
名称		单位	消耗量					
人工	合计工日	工日	1.140	1.080	1.020	0.960	0.900	0.840
	瓦工普工	工日	0.342	0.324	0.306	0.288	0.270	0.252
	瓦工一般技工	工日	0.456	0.432	0.408	0.384	0.360	0.336
	瓦工高级技工	工日	0.342	0.324	0.306	0.288	0.270	0.252
材料	正当沟	块	6.4000	7.4400	7.8700	8.9400	9.5500	10.3000
	压当条	块	7.0000	7.4300	7.8700	8.9400	9.5500	10.3000
	大群色	块	1.3700	—	—	—	—	—
	群色条	块	—	5.1300	5.3900	5.6800	—	—
	黄道	块	1.4400	—	—	—	—	—
	赤脚通脊	块	1.4400	—	—	—	—	—
	正脊筒	块	—	1.4800	1.5500	1.7000	1.8800	2.1000
	扣脊瓦	块	3.0000	3.3400	3.5000	3.7000	3.9200	4.1200
	脊桩	m^3	0.0070	0.0010	0.0010	0.0010	—	—
	中麻刀灰	m^3	0.1560	0.0780	0.0640	0.0530	0.0440	0.0370
	小麻刀灰	m^3	0.0480	0.0240	0.0170	0.0160	0.0150	0.0130
	木炭	kg	5.0000	4.0000	3.0000	2.0000	—	—
	镀锌铁丝(综合)	kg	0.0800	0.0800	0.0800	0.0800	0.0500	0.0500
	其他材料费(占材料费)	%	0.50	0.50	0.50	0.50	0.50	0.50

工作内容:准备工具、调制灰浆、找规矩、挂线、样活、摆砌各种脊件、分层填馅、背里、打点、勾缝、清擦釉面、场内运输及清理废弃物。

计量单位:m

定额编号			3-4-387	3-4-388	3-4-389	3-4-390	3-4-391
项目			琉璃过垄脊				
			五样	六样	七样	八样	九样
名称		单位	消耗量				
人工	合计工日	工日	0.740	0.780	0.840	1.040	1.280
	瓦工普工	工日	0.222	0.234	0.252	0.312	0.384
	瓦工一般技工	工日	0.296	0.312	0.336	0.416	0.512
	瓦工高级技工	工日	0.222	0.234	0.252	0.312	0.384
材料	罗锅筒瓦	件	3.6585	3.8745	4.3933	4.6053	5.0481
	续罗锅筒瓦	件	7.3171	7.7491	8.7866	9.2105	10.0962
	折腰板瓦	件	3.6585	3.8745	4.3933	4.6053	5.0481
	续折腰板瓦	件	14.6341	15.4982	17.5732	18.4211	20.1923
	筒瓦	块	-10.9756	-11.6236	-13.1799	-13.8158	-15.1443
	板瓦	块	-18.2926	-19.3727	-21.9665	-23.0263	-25.2403
	掺灰泥 5:5	m^3	0.0120	0.0120	0.0120	0.0120	0.0120
	大麻刀灰	m^3	0.0015	0.0012	0.0011	0.0007	0.0006
	中麻刀灰	m^3	0.0010	0.0010	0.0010	0.0010	0.0010
	其他材料费(占材料费)	%	0.50	0.50	0.50	0.50	0.50

工作内容：准备工具、调制灰浆、找规矩、挂线、样活、摆砌各种脊件、分层填馅、背里、打点、勾缝、清擦釉面、场内运输及清理废弃物。

计量单位：m

定额编号			3-4-392	3-4-393	3-4-394	3-4-395
项目			琉璃墙帽承奉连正脊			
			六样	七样	八样	九样
名称		单位	消耗量			
人工	合计工日	工日	0.780	0.720	0.660	0.600
	瓦工普工	工日	0.234	0.216	0.198	0.180
	瓦工一般技工	工日	0.390	0.288	0.264	0.240
	瓦工高级技工	工日	0.156	0.216	0.198	0.180
材料	承奉连	块	2.5900	2.7300	3.0600	3.2100
	正当沟	块	7.8000	8.8600	9.4600	10.1900
	压当条	块	7.8000	8.8600	9.4600	10.1900
	扣脊瓦	块	3.4600	3.6600	3.8800	4.0800
	大麻刀灰	m^3	0.0020	0.0020	0.0010	0.0010
	中麻刀灰	m^3	0.0570	0.0480	0.0430	0.0330
	小麻刀灰	m^3	0.0170	0.0160	0.0150	0.0120
	其他材料费(占材料费)	%	0.50	0.50	0.50	0.50

工作内容：准备工具、调制灰浆、找规矩、挂线、样活、摆砌各种脊件、分层填馅、背里、打点、勾缝、清擦釉面、场内运输及清理废弃物。

计量单位：m

定额编号			3-4-396	3-4-397	3-4-398	3-4-399
项目			琉璃盝顶脊筒正脊盝顶承奉连正脊			
			六样	七样	八样	九样
名称		单位	消耗量			
人工	合计工日	工日	0.780	0.720	0.660	0.600
	瓦工普工	工日	0.234	0.216	0.198	0.180
	瓦工一般技工	工日	0.312	0.288	0.264	0.240
	瓦工高级技工	工日	0.234	0.216	0.198	0.180
材料	正当沟	块	3.9000	4.4300	4.7300	5.1000
	压当条	块	3.9000	4.4300	4.7300	5.1000
	承奉连	块	2.5900	2.7300	3.0600	3.2100
	扣脊瓦	块	3.4600	3.6600	3.8800	4.0800
	大麻刀灰	m^3	0.0020	0.0020	0.0010	0.0010
	中麻刀灰	m^3	0.0320	0.0270	0.0220	0.0190
	小麻刀灰	m^3	0.0010	0.0010	0.0010	0.0010
	其他材料费（占材料费）	%	0.50	0.50	0.50	0.50

工作内容:准备工具、调制灰浆、找规矩、挂线、样活、摆砌各种脊件、分层填馅、背里、打点、勾缝、清擦釉面、场内运输及清理废弃物。

计量单位:m

定额编号			3-4-400	3-4-401	3-4-402	3-4-403
项目			琉璃盝顶脊筒正脊			
			六样	七样	八样	九样
名称		单位	消耗量			
人工	合计工日	工日	0.840	0.780	0.720	0.660
	瓦工普工	工日	0.252	0.234	0.216	0.198
	瓦工一般技工	工日	0.336	0.312	0.288	0.264
	瓦工高级技工	工日	0.252	0.234	0.216	0.198
材料	垂脊筒	块	1.8700	1.9400	2.1000	2.2400
	正当沟	块	3.9000	4.4300	4.7300	5.1000
	压当条	块	3.9000	4.4300	4.7300	5.1000
	扣脊瓦	块	3.4600	3.6600	3.8800	4.0800
	大麻刀灰	m^3	0.0020	0.0020	0.0020	0.0020
	中麻刀灰	m^3	0.0620	0.0520	0.0420	0.0350
	小麻刀灰	m^3	0.0170	0.0160	0.0150	0.0130
	其他材料费(占材料费)	%	0.50	0.50	0.50	0.50

工作内容: 准备工具、调制灰浆、找规矩、挂线、样活、拼装摆砌、分层填馅、背里、打点、勾缝、清擦釉面、场内运输及清理废弃物。

计量单位:份

定额编号			3-4-404	3-4-405	3-4-406	3-4-407	3-4-408	3-4-409
项目			琉璃正吻安装					
			四样	五样	六样	七样	八样	九样
名称		单位	消耗量					
人工	合计工日	工日	14.400	12.000	6.000	2.400	1.240	0.960
	瓦工普工	工日	4.320	3.600	1.800	0.720	0.372	0.288
	瓦工一般技工	工日	5.760	4.800	2.400	0.960	0.496	0.384
	瓦工高级技工	工日	4.320	3.600	1.800	0.720	0.372	0.288
材料	正吻	件	1.0000	1.0000	1.0000	1.0000	1.0000	1.0000
	吻座	件	1.0000	1.0000	1.0000	1.0000	1.0000	1.0000
	剑把	件	1.0000	1.0000	1.0000	1.0000	1.0000	1.0000
	背兽	件	1.0000	1.0000	1.0000	1.0000	1.0000	1.0000
	兽角	对	1.0000	1.0000	1.0000	1.0000	1.0000	1.0000
	压当条	块	14.1000	7.7200	6.2000	4.3400	3.7500	3.3300
	大群色	块	2.6500	—	—	—	—	—
	群色条	块	—	5.1300	4.0800	2.6500	—	—
	正当沟	块	12.7900	7.7200	6.2000	4.3400	3.7500	3.3300
	吻下当沟	块	( )	( )	( )	( )	( )	( )
	吻桩	m^3	0.0290	0.0250	0.0150	0.0100	0.0070	0.0040
	铁锔	kg	6.2600	4.8800	3.7100	2.3200	—	—
	中麻刀灰	m^3	0.6800	0.2220	0.1150	0.0520	0.0380	0.0240
	小麻刀灰	m^3	0.0380	0.0200	0.0130	0.0050	0.0020	0.0010
	其他材料费(占材料费)	%	0.50	0.50	0.50	0.50	0.50	0.50

工作内容:准备工具、调制灰浆、找规矩、挂线、样活、拼装摆砌、分层填馅、背里、打点、勾缝、清擦釉面、场内运输及清理废弃物。

计量单位:份

定额编号			3-4-410	3-4-411	3-4-412	3-4-413	3-4-414
项目			琉璃合角吻安装				
			五样	六样	七样	八样	九样
名称		单位	消耗量				
人工	合计工日	工日	2.400	1.920	1.560	1.200	0.960
	瓦工普工	工日	0.720	0.576	0.468	0.360	0.288
	瓦工一般技工	工日	0.960	0.768	0.624	0.480	0.384
	瓦工高级技工	工日	0.720	0.576	0.468	0.360	0.288
材料	合角吻	对	1.0000	1.0000	1.0000	1.0000	1.0000
	合角剑把	对	1.0000	1.0000	1.0000	1.0000	1.0000
	正当沟	块	8.0100	6.4900	6.8000	6.6600	6.5300
	压当条	块	8.0100	6.4900	6.8000	6.6600	6.5300
	铁兽桩	kg	3.4800	2.9700	2.5100	2.0200	1.5100
	中麻刀灰	m^3	0.0620	0.0440	0.0310	0.0190	0.0150
	小麻刀灰	m^3	0.0160	0.0140	0.0110	0.0100	0.0090
	其他材料费(占材料费)	%	0.50	0.50	0.50	0.50	0.50

工作内容:准备工具、调制灰浆、找规矩、挂线、样活、拼装摆砌、分层填馅、背里、打点、勾缝、清擦釉面、场内运输及清理废弃物。

计量单位:份

定额编号			3-4-415	3-4-416	3-4-417	3-4-418
项目			琉璃盝顶合角吻安装			
			六样	七样	八样	九样
名称		单位	消耗量			
人工	合计工日	工日	1.920	1.560	1.200	0.960
	瓦工普工	工日	0.576	0.468	0.360	0.288
	瓦工一般技工	工日	0.768	0.624	0.480	0.384
	瓦工高级技工	工日	0.576	0.468	0.360	0.288
材料	合角吻	对	1.0000	1.0000	1.0000	1.0000
	合角剑把	对	1.0000	1.0000	1.0000	1.0000
	正当沟	块	3.4000	3.3300	3.2700	3.2700
	压当条	块	3.4000	3.3300	3.2700	3.2700
	中麻刀灰	m^3	0.0310	0.0190	0.0150	0.0150
	小麻刀灰	m^3	0.0090	0.0080	0.0070	0.0070
	其他材料费(占材料费)	%	0.50	0.50	0.50	0.50

3. 垂脊、戗岔脊、角脊

工作内容：准备工具、调制灰浆、找规矩、挂线、样活、摆砌各种脊件、分层填馅、背里、打点、勾缝、清擦釉面、场内运输及清理废弃物。

计量单位：m

定额编号			3-4-419	3-4-420	3-4-421	3-4-422	3-4-423	3-4-424
项目			琉璃庑殿及攒尖垂脊、角脊、戗(岔)脊兽前部分					
			四样	五样	六样	七样	八样	九样
名称		单位	消耗量					
人工	合计工日	工日	1.080	1.020	0.960	0.900	0.840	0.780
	瓦工普工	工日	0.324	0.306	0.288	0.270	0.252	0.234
	瓦工一般技工	工日	0.432	0.408	0.384	0.360	0.336	0.312
	瓦工高级技工	工日	0.324	0.306	0.288	0.270	0.252	0.234
材料	斜当沟	对	2.2800	2.6600	2.8200	3.2000	3.4200	3.6800
	压当条	块	7.0000	7.4400	7.8800	8.9500	9.5600	10.3000
	三连砖	块	2.3700	2.5200	2.6500	2.7800	3.1200	3.2700
	扣脊瓦	块	3.0100	3.3400	3.5000	3.7000	3.9200	4.1200
	板瓦	块	6.8400	7.9700	8.4400	9.5800	10.2400	11.0200
	大麻刀灰	m^3	0.0500	0.0520	0.0530	0.0560	0.0570	0.0680
	中麻刀灰	m^3	0.1540	0.1220	0.1030	0.0890	0.0760	0.0680
	小麻刀灰	m^3	0.0170	0.0150	0.0140	0.0100	0.0090	0.0080
	其他材料费(占材料费)	%	0.50	0.50	0.50	0.50	0.50	0.50

工作内容:准备工具、调制灰浆、找规矩、挂线、样活、摆砌各种脊件、分层填馅、背里、打点、勾缝、清擦釉面、场内运输及清理废弃物。

计量单位:m

	定额编号		3-4-425	3-4-426	3-4-427	3-4-428	3-4-429	3-4-430
项目			琉璃庑殿、攒尖垂脊兽后部分(垂脊筒做法)					
			四样	五样	六样	七样	八样	九样
	名称	单位	消耗量					
人工	合计工日	工日	1.140	1.080	1.020	0.960	0.900	0.840
	瓦工普工	工日	0.342	0.324	0.306	0.288	0.270	0.252
	瓦工一般技工	工日	0.456	0.432	0.408	0.384	0.360	0.336
	瓦工高级技工	工日	0.342	0.324	0.306	0.288	0.270	0.252
材料	斜当沟	对	2.2800	2.6600	2.8200	3.2000	3.4200	3.6800
	压当条	块	7.0000	7.4400	7.8800	8.9500	9.5600	10.3000
	垂脊筒	块	1.7200	1.8500	1.9100	1.9800	2.1500	2.2900
	扣脊瓦	块	3.0100	3.3400	3.5000	3.7000	3.9200	4.1200
	板瓦	块	6.8400	7.9700	8.4400	9.5800	10.2400	11.0200
	大麻刀灰	m^3	0.0500	0.0520	0.0530	0.0560	0.0570	0.0580
	中麻刀灰	m^3	0.0174	0.1360	0.1200	0.0980	0.0860	0.0770
	小麻刀灰	m^3	0.0170	0.0150	0.0140	0.0100	0.0090	0.0080
	其他材料费(占材料费)	%	0.50	0.50	0.50	0.50	0.50	0.50

工作内容：准备工具、调制灰浆、找规矩、挂线、样活、摆砌各种脊件、分层填馅、背里、打点、勾缝、清擦釉面、场内运输及清理废弃物。

计量单位：m

定额编号			3-4-431	3-4-432	3-4-433	3-4-434	3-4-435	3-4-436
项目			琉璃戗（岔）脊兽后部分（岔脊筒做法）					
			四样	五样	六样	七样	八样	九样
名称		单位	消耗量					
人工	合计工日	工日	1.140	1.080	1.020	0.960	0.900	0.840
	瓦工普工	工日	0.342	0.324	0.306	0.288	0.270	0.252
	瓦工一般技工	工日	0.456	0.432	0.408	0.384	0.360	0.336
	瓦工高级技工	工日	0.342	0.324	0.306	0.288	0.270	0.252
材料	斜当沟	对	2.2800	2.6600	2.8200	3.2000	3.4200	3.6800
	压当条	块	7.0000	7.4400	7.8800	8.9500	9.5600	10.3000
	岔脊筒	块	1.8100	1.9500	2.0200	2.1000	2.2400	2.4000
	扣脊瓦	块	3.0100	3.3400	3.5000	3.7000	3.9200	4.1200
	板瓦	块	6.8400	7.9700	8.4400	9.5800	10.2400	11.0200
	大麻刀灰	m^3	0.0500	0.0520	0.0530	0.0560	0.0570	0.0580
	中麻刀灰	m^3	0.1740	0.1360	0.1200	0.0980	0.0860	0.0770
	小麻刀灰	m^3	0.0170	0.0150	0.0140	0.0100	0.0090	0.0080
	其他材料费（占材料费）	%	0.50	0.50	0.50	0.50	0.50	0.50

工作内容:准备工具、调制灰浆、找规矩、挂线、安装附件、打点、勾缝、场内运输及清理废弃物。

计量单位:条

定额编号			3-4-437	3-4-438	3-4-439	3-4-440	3-4-441	3-4-442
项目			琉璃庑殿、攒尖垂脊附件(垂脊筒做法)					
			四样	五样	六样	七样	八样	九样
名称		单位	消耗量					
材料	套兽	件	1.0000	1.0000	1.0000	1.0000	1.0000	1.0000
	遮朽瓦	块	1.0000	1.0000	1.0000	1.0000	1.0000	1.0000
	割角滴水	块	2.0000	2.0000	2.0000	2.0000	2.0000	2.0000
	螳螂勾头	块	1.0000	1.0000	1.0000	1.0000	1.0000	1.0000
	撺头	块	1.0000	1.0000	1.0000	1.0000	1.0000	1.0000
	淌头	块	1.0000	1.0000	1.0000	1.0000	1.0000	1.0000
	方眼勾头	块	1.0000	1.0000	1.0000	1.0000	1.0000	1.0000
	仙人	份	1.0000	1.0000	1.0000	1.0000	1.0000	1.0000
	走兽	个	( )	( )	( )	( )	( )	( )
	垂兽	件	1.0000	1.0000	1.0000	1.0000	1.0000	1.0000
	垂兽座	件	1.0000	1.0000	1.0000	1.0000	1.0000	1.0000
	兽角	对	1.0000	1.0000	1.0000	1.0000	1.0000	1.0000
	戗尖(燕尾)垂脊筒	块	1.0000	1.0000	1.0000	1.0000	1.0000	1.0000
	戗尖(燕尾)扣脊瓦	块	1.0000	1.0000	1.0000	1.0000	1.0000	1.0000
	搭头垂脊筒	块	1.0000	1.0000	1.0000	1.0000	1.0000	1.0000
	铁兽桩	kg	2.0000	1.7400	1.4900	1.2600	1.0100	0.7500
	中麻刀灰	m^3	0.0470	0.0310	0.0220	0.0160	0.0100	0.0080
	其他材料费(占材料费)	%	0.50	0.50	0.50	0.50	0.50	0.50

工作内容:准备工具、调制灰浆、找规矩、挂线、安装附件、打点、勾缝、场内运输及清理废弃物。

计量单位:条

定额编号			3-4-443	3-4-444	3-4-445	3-4-446	3-4-447	3-4-448
项目			琉璃戗(岔)脊附件(岔脊筒做法)					
			四样	五样	六样	七样	八样	九样
名称		单位	消耗量					
材料	套兽	件	1.0000	1.0000	1.0000	1.0000	1.0000	1.0000
	遮朽瓦	块	1.0000	1.0000	1.0000	1.0000	1.0000	1.0000
	割角滴水	块	2.0000	2.0000	2.0000	2.0000	2.0000	2.0000
	螳螂勾头	块	1.0000	1.0000	1.0000	1.0000	1.0000	1.0000
	撺头	块	1.0000	1.0000	1.0000	1.0000	1.0000	1.0000
	淌头	块	1.0000	1.0000	1.0000	1.0000	1.0000	1.0000
	方眼勾头	块	1.0000	1.0000	1.0000	1.0000	1.0000	1.0000
	仙人	份	1.0000	1.0000	1.0000	1.0000	1.0000	1.0000
	走兽	个	(　)	(　)	(　)	(　)	(　)	(　)
	岔兽	件	1.0000	1.0000	1.0000	1.0000	1.0000	1.0000
	岔兽座	件	1.0000	1.0000	1.0000	1.0000	1.0000	1.0000
	兽角	对	1.0000	1.0000	1.0000	1.0000	1.0000	1.0000
	割角岔脊筒	块	1.0000	1.0000	1.0000	1.0000	1.0000	1.0000
	割角扣脊瓦	块	1.0000	1.0000	1.0000	1.0000	1.0000	1.0000
	搭头垂脊筒	块	1.0000	1.0000	1.0000	1.0000	1.0000	1.0000
	铁兽桩	kg	2.0000	1.7400	1.4900	1.2600	1.0100	0.7500
	中麻刀灰	m^3	0.0470	0.0310	0.0220	0.0160	0.0100	0.0080
	其他材料费(占材料费)	%	0.50	0.50	0.50	0.50	0.50	0.50

工作内容：准备工具、调制灰浆、找规矩、挂线、样活、摆砌各种脊件、分层填馅、背里、安耳子瓦、打点、勾缝、清擦釉面、场内运输及清理废弃物。　　**计量单位：**m

	定额编号		3-4-449	3-4-450	3-4-451	3-4-452	3-4-453	3-4-454
	项目		琉璃硬山、悬山铃铛排山脊(兽前部分)					
			四样	五样	六样	七样	八样	九样
	名称	单位	消耗量					
人工	合计工日	工日	1.140	1.080	1.020	0.960	0.900	0.840
	瓦工普工	工日	0.342	0.324	0.306	0.288	0.270	0.252
	瓦工一般技工	工日	0.456	0.432	0.408	0.384	0.360	0.336
	瓦工高级技工	工日	0.342	0.324	0.306	0.288	0.270	0.252
材料	勾头	块	3.4500	3.9200	4.1700	4.7800	5.1300	5.5600
	滴水	块	3.4500	3.9200	4.1700	4.7800	5.1300	5.5600
	正当沟	块	3.4500	3.9200	4.1700	4.7800	5.1300	5.5600
	压当条	块	7.0000	7.4400	7.8800	8.9500	9.5600	10.2900
	平口条	块	3.5000	3.7200	3.9400	4.4800	4.7800	5.1500
	三连砖	块	2.4200	2.5600	2.7000	2.8400	3.1800	3.3300
	板瓦	块	6.8900	7.8400	8.3400	9.5600	10.2500	11.1100
	扣脊瓦	块	3.0100	3.3400	3.5000	3.7000	3.9200	4.1200
	大麻刀灰	m^3	0.0500	0.0520	0.0520	0.0570	0.0570	0.0570
	中麻刀灰	m^3	0.1540	0.1220	0.1030	0.0890	0.0760	0.0680
	小麻刀灰	m^3	0.0180	0.0150	0.0140	0.0100	0.0090	0.0080
	钉帽	个	3.1400	3.6500	3.8800	4.3900	4.6800	5.0500
	瓦钉	kg	0.0260	0.2700	0.2600	0.2600	0.2500	0.2400
	其他材料费(占材料费)	%	0.50	0.50	0.50	0.50	0.50	0.50

工作内容:准备工具、调制灰浆、找规矩、挂线、样活、摆砌各种脊件、分层填馅、背里、安耳子瓦、打点、勾缝、清擦釉面、场内运输及清理废弃物。

计量单位:m

定额编号			3-4-455	3-4-456	3-4-457	3-4-458	3-4-459	3-4-460
项目			琉璃铃铛排山脊(兽后部分)(垂脊筒做法)					
			四样	五样	六样	七样	八样	九样
名称		单位	消耗量					
人工	合计工日	工日	1.320	1.260	1.200	1.150	1.090	1.030
	瓦工普工	工日	0.396	0.378	0.360	0.345	0.327	0.309
	瓦工一般技工	工日	0.528	0.504	0.480	0.460	0.436	0.412
	瓦工高级技工	工日	0.396	0.378	0.360	0.345	0.327	0.309
材料	垂脊筒	块	1.6900	1.8100	1.8700	1.9400	2.1000	2.2500
	滴水	块	3.4500	3.9200	4.1700	4.7800	5.1300	5.5600
	勾头	块	3.4500	3.9200	4.1700	4.7800	5.1300	5.5600
	板瓦	块	6.8900	7.8300	8.3400	9.5600	10.2500	11.1100
	正当沟	块	3.4500	3.9200	4.1700	4.7800	5.1300	5.5600
	压当条	块	7.0000	7.4400	7.8800	8.9500	9.5600	10.2900
	平口条	块	3.5000	3.7200	3.9400	4.4700	4.7800	5.1500
	扣脊瓦	块	3.0000	3.3400	3.5000	3.7000	3.9200	4.1200
	大麻刀灰	m^3	0.0500	0.0520	0.0530	0.0560	0.0570	0.0570
	中麻刀灰	m^3	0.1740	0.1320	0.1200	0.0980	0.0860	0.0770
	小麻刀灰	m^3	0.0170	0.0150	0.0140	0.0090	0.0080	0.0080
	铁兽桩	kg	2.0400	1.7800	1.4900	1.2600	1.0100	0.7500
	镀锌铁丝 综合	kg	0.1100	0.1100	0.1100	0.1100	0.1100	0.1100
	钉帽	个	3.1400	3.6500	3.8800	4.3900	4.6800	5.0500
	瓦钉	kg	0.0260	0.2700	0.2600	0.2600	0.2500	0.2400
	其他材料费(占材料费)	%	0.50	0.50	0.50	0.50	0.50	0.50

工作内容:准备工具、调制灰浆、找规矩、挂线、样活、摆砌各种脊件、分层填馅、背里、打点、勾缝、清擦釉面、场内运输及清理废弃物。

计量单位:份

定额编号			3-4-461	3-4-462	3-4-463	3-4-464	3-4-465
项目			琉璃铃铛排山脊卷棚部分(垂脊筒做法)				
			五样	六样	七样	八样	九样
名称		单位	消耗量				
材料	正当沟	块	-3.1500	-3.1500	-3.1500	-3.1500	-3.1500
	压当条	块	-4.2000	-4.2000	-4.2000	-4.2000	-4.2000
	筒瓦	块	-5.2500	-5.2500	-5.2500	-5.2500	-5.2500
	垂脊筒	块	-3.0600	-3.0600	-3.0600	-3.0600	-3.0600
	平口条	块	-5.2500	-5.2500	-5.2500	-5.2500	-5.2500
	罗锅当沟	件	1.0500	1.0500	1.0500	1.0500	1.0500
	续罗锅当沟	件	2.1000	2.1000	2.1000	2.1000	2.1000
	罗锅平口条	件	1.0500	1.0500	1.0500	1.0500	1.0500
	续罗锅平口条	件	4.2000	4.2000	4.2000	4.2000	4.2000
	罗锅压当条	件	2.1000	2.1000	2.1000	2.1000	2.1000
	续罗锅压当条	件	2.1000	2.1000	2.1000	2.1000	2.1000
	罗锅脊筒	件	1.0200	1.0200	1.0200	1.0200	1.0200
	续罗锅脊筒	件	2.0400	2.0200	2.0400	2.0400	2.0400
	罗锅筒瓦	件	1.0500	1.0500	1.0500	1.0500	1.0500
	续罗锅筒瓦	件	4.2000	4.2000	4.2000	4.2000	4.2000
	其他材料费(占材料费)	%	1.00	1.00	1.00	1.00	1.00

工作内容：准备工具、调制灰浆、找规矩、挂线、样活、摆砌各种脊件、分层填馅、背里、打点、勾缝、清擦釉面、场内运输及清理废弃物。

计量单位：m

定额编号			3-4-466	3-4-467	3-4-468	3-4-469
项目			琉璃披水排山脊兽前			
			六样	七样	八样	九样
名称		单位	消耗量			
人工	合计工日	工日	0.780	0.720	0.660	0.600
	瓦工普工	工日	0.234	0.216	0.198	0.180
	瓦工一般技工	工日	0.312	0.288	0.264	0.240
	瓦工高级技工	工日	0.234	0.216	0.198	0.180
材料	三连砖	块	2.6000	2.7300	3.0600	3.2000
	平口条	块	7.5800	8.6100	9.2800	9.9000
	压当条	块	7.5800	8.6100	9.2800	9.9000
	披水砖	块	3.5100	3.9500	4.5200	5.2600
	扣脊瓦	块	3.4600	3.6600	3.8800	4.0800
	大麻刀灰	m^3	0.0030	0.0030	0.0020	0.0020
	中麻刀灰	m^3	0.0570	0.0490	0.0400	0.0330
	小麻刀灰	m^3	0.0170	0.0160	0.0150	0.0130
	其他材料费(占材料费)	%	0.50	0.50	0.50	0.50

工作内容：准备工具、调制灰浆、找规矩、挂线、样活、摆砌各种脊件、分层填馅、背里、打点、勾缝、清擦釉面、场内运输及清理废弃物。

计量单位：m

定额编号			3-4-470	3-4-471	3-4-472	3-4-473
项目			琉璃披水排山脊兽后(岔脊筒做法)			
			六样	七样	八样	九样
名称		单位	消耗量			
人工	合计工日	工日	1.020	0.960	0.900	0.840
	瓦工普工	工日	0.306	0.288	0.270	0.252
	瓦工一般技工	工日	0.408	0.384	0.360	0.336
	瓦工高级技工	工日	0.306	0.288	0.270	0.252
材料	岔脊筒	块	1.9800	2.0600	2.1900	2.3500
	平口条	块	7.8000	8.8600	9.4700	10.1900
	压当条	块	7.8000	8.8600	9.4700	10.1900
	扣脊瓦	块	3.4600	3.6600	3.8800	4.0800
	披水砖	块	3.6100	4.0700	4.6500	5.4200
	大麻刀灰	m^3	0.0020	0.0020	0.0010	0.0010
	中麻刀灰	m^3	0.0510	0.0430	0.0350	0.0270
	小麻刀灰	m^3	0.0170	0.0160	0.0150	0.0130
	其他材料费(占材料费)	%	0.50	0.50	0.50	0.50

工作内容：准备工具、调制灰浆、找规矩、挂线、安装附件、打点、勾缝、清扫釉面、场内运输及清理废弃物。

计量单位：条

定额编号			3-4-474	3-4-475	3-4-476	3-4-477
项目			琉璃歇山垂脊附件（脊筒做法）			
			四样	五样	六样	七样
名称		单位	消耗量			
材料	托泥当沟	块	1.0000	1.0000	1.0000	1.0000
	垂兽座	件	1.0000	1.0000	1.0000	1.0000
	垂兽	件	1.0000	1.0000	1.0000	1.0000
	兽角	对	1.0000	1.0000	1.0000	1.0000
	压当条	块	4.4100	4.1000	3.7200	3.5200
	平口条	块	3.7400	3.2800	2.9800	2.8400
	戗尖脊筒	块	（　）	（　）	（　）	（　）
	搭头垂脊筒	块	1.0000	1.0000	1.0000	1.0000
	中麻刀灰	m^3	0.0470	0.0310	0.0220	0.0160
	铁兽桩	kg	2.0400	1.7800	1.4900	1.2600
	其他材料费（占材料费）	%	0.50	0.50	0.50	0.50

工作内容：准备工具、调制灰浆、找规矩、挂线、安装附件、打点、勾缝、清扫釉面、场内运输及清理废弃物。

计量单位：条

定额编号			3-4-478	3-4-479	3-4-480	3-4-481	3-4-482	3-4-483
项目			琉璃硬山、悬山排山垂脊附件（脊筒做法）					
			四样	五样	六样	七样	八样	九样
名称		单位	消耗量					
材料	割角滴水	块	2.0000	2.0000	2.0000	2.0000	2.0000	2.0000
	螳螂勾头	块	1.0000	1.0000	1.0000	1.0000	1.0000	1.0000
	列角撺头	块	1.0000	1.0000	1.0000	1.0000	1.0000	1.0000
	列角㧟头	块	1.0000	1.0000	1.0000	1.0000	1.0000	1.0000
	方眼勾头	块	1.0000	1.0000	1.0000	1.0000	1.0000	1.0000
	仙人	份	1.0000	1.0000	1.0000	1.0000	1.0000	1.0000
	走兽	个	(　)	(　)	(　)	(　)	(　)	(　)
	垂兽	件	1.0000	1.0000	1.0000	1.0000	1.0000	1.0000
	垂兽座	件	1.0000	1.0000	1.0000	1.0000	1.0000	1.0000
	垂兽角	对	1.0000	1.0000	1.0000	1.0000	1.0000	1.0000
	戗尖脊筒	块	(　)	(　)	(　)	(　)	(　)	(　)
	搭头脊筒	块	1.0000	1.0000	1.0000	1.0000	1.0000	1.0000
	中麻刀灰	m^3	0.0470	0.0310	0.0220	0.0160	0.0100	0.0080
	铁兽桩	kg	2.0000	1.7400	1.4900	1.2600	1.0100	0.7500
	其他材料费（占材料费）	%	0.50	0.50	0.50	0.50	0.50	0.50

4. 围脊、博脊

工作内容: 准备工具、调制灰浆、找规矩、挂线、样活、摆砌各种脊件、分层填馅、背里、打点、勾缝、清擦釉面、场内运输及清理废弃物。

计量单位:m

定额编号			3-4-484	3-4-485	3-4-486	3-4-487	3-4-488	3-4-489
项目			琉璃围脊					
			四样	五样	六样	七样	八样	九样
名称		单位	消耗量					
人工	合计工日	工日	1.020	0.960	0.900	0.840	0.780	0.720
	瓦工普工	工日	0.306	0.288	0.270	0.252	0.234	0.216
	瓦工一般技工	工日	0.408	0.384	0.360	0.336	0.312	0.288
	瓦工高级技工	工日	0.306	0.288	0.270	0.252	0.234	0.216
材料	正当沟	块	3.1800	3.7200	3.9400	4.4800	4.7800	5.1500
	压当条	块	3.1800	3.7200	3.9400	4.4800	4.7800	5.1500
	群色条	块	1.4000	2.5200	2.7000	2.8500	—	—
	围脊筒	块	1.5900	1.7600	1.8500	1.9900	2.1400	2.2900
	蹬脚瓦	块	3.0100	3.3400	3.5000	3.7000	3.9200	4.1200
	满面砖	块	3.3400	3.3400	3.3400	3.3400	3.3400	3.3400
	蓝机砖	块	94.0000	84.6100	75.2100	65.8000	62.0500	56.4100
	素白灰浆	m^3	0.0480	0.0430	0.0390	0.0340	0.0320	0.0290
	大麻刀灰	m^3	0.0020	0.0020	0.0020	0.0020	0.0020	0.0010
	中麻刀灰	m^3	0.0780	0.0400	0.0320	0.0270	0.0220	0.0190
	小麻刀灰	m^3	0.0240	0.0130	0.0080	0.0080	0.0080	0.0070
	其他材料费(占材料费)	%	0.50	0.50	0.50	0.50	0.50	0.50

工作内容：准备工具、调制灰浆、找规矩、挂线、样活、摆砌各种脊件、分层填馅、背里、打点、勾缝、清扫釉面勾缝、清擦釉面、场内运输及清理废弃物。

计量单位：份

定额编号			3-4-490	3-4-491	3-4-492	3-4-493	3-4-494	3-4-495
项目			琉璃围脊合角吻安装					
			四样	五样	六样	七样	八样	九样
名称		单位	消耗量					
人工	合计工日	工日	3.600	3.000	2.400	1.800	1.320	0.960
	瓦工普工	工日	1.080	0.900	0.720	0.540	0.396	0.288
	瓦工一般技工	工日	1.440	1.200	0.960	0.720	0.528	0.384
	瓦工高级技工	工日	1.080	0.900	0.720	0.540	0.396	0.288
材料	合角吻	对	1.0000	1.0000	1.0000	1.0000	1.0000	1.0000
	合角剑把	对	1.0000	1.0000	1.0000	1.0000	1.0000	1.0000
	正当沟	块	4.0900	4.0500	3.2800	3.4400	3.3600	3.3000
	压当条	块	4.0900	4.0500	3.2800	3.4400	3.3600	3.3000
	群色条	块	3.2100	2.8800	2.3200	2.3300	—	—
	满面砖	块	4.2700	3.6400	2.7700	2.5700	2.3600	2.3200
	蓝机砖	块	47.0000	42.3100	37.6100	32.9100	31.0300	28.2000
	中麻刀灰	m^3	0.0940	0.0630	0.0440	0.0320	0.0190	0.0150
	小麻刀灰	m^3	0.0170	0.0150	0.0140	0.0100	0.0090	0.0080
	素白灰浆	m^3	—	0.0220	0.0200	0.0180	0.0170	0.0150
	铁兽桩	kg	4.0000	3.4800	2.9700	2.5200	2.0200	1.5100
	其他材料费(占材料费)	%	0.50	0.50	0.50	0.50	0.50	0.50

工作内容: 准备工具、调制灰浆、找规矩、挂线、样活、摆砌各种脊件、分层填馅、背里、打点、勾缝、清扫釉面勾缝、清擦釉面、场内运输及清理废弃物。

计量单位:m

定额编号			3-4-496	3-4-497	3-4-498	3-4-499	3-4-500	3-4-501
项目			琉璃博脊					
			四样	五样	六样	七样	八样	九样
名称		单位	消耗量					
人工	合计工日	工日	0.960	0.900	0.840	0.780	0.720	0.660
	瓦工普工	工日	0.288	0.270	0.252	0.234	0.216	0.198
	瓦工一般技工	工日	0.384	0.360	0.336	0.312	0.288	0.264
	瓦工高级技工	工日	0.288	0.270	0.252	0.234	0.216	0.198
材料	博脊承奉连	块	2.3700	2.5700	2.6500	2.7800	3.1200	3.2800
	博脊瓦	块	2.4200	2.5700	2.7000	2.8400	3.1800	3.3400
	正当沟	块	3.1800	3.7200	3.9400	4.4800	4.7800	5.1500
	压当条	块	3.5000	3.7200	3.9400	4.4800	4.7800	5.1500
	大麻刀灰	m^3	0.0020	0.0020	0.0020	0.0020	0.0010	0.0010
	中麻刀灰	m^3	0.0970	0.0710	0.0590	0.0500	0.0430	0.0390
	小麻刀灰	m^3	0.0170	0.0150	0.0140	0.0100	0.0090	0.0080
	其他材料费(占材料费)	%	0.50	0.50	0.50	0.50	0.50	0.50

工作内容：准备工具、调制灰浆、找规矩、挂线、安装附件、打点、勾缝、清擦釉面、场内运输及清理废弃物。

计量单位：条

定额编号			3-4-502	3-4-503	3-4-504	3-4-505	3-4-506	3-4-507
项目			琉璃博脊附件					
			四样	五样	六样	七样	八样	九样
名称		单位	消耗量					
材料	挂尖	对	1.0000	1.0000	1.0000	1.0000	1.0000	1.0000
	其他材料费(占材料费)	%	0.50	0.50	0.50	0.50	0.50	0.50

5.宝　顶

工作内容：准备工具、调制灰浆、样活、打琉璃珠、分层摆砌砖件、填馅、打点、勾缝、清擦釉面、场内运输及清理废弃物。

计量单位：份

定额编号			3-4-508	3-4-509	3-4-510	3-4-511
项目			琉璃宝顶座安装			
			五样	六样	七样	八样
名称		单位	消耗量			
人工	合计工日	工日	12.000	8.400	6.000	4.800
	瓦工普工	工日	3.600	2.520	1.800	1.440
	瓦工一般技工	工日	4.800	3.360	2.400	1.920
	瓦工高级技工	工日	3.600	2.520	1.800	1.440
材料	琉璃宝顶座	份	1.0000	1.0000	1.0000	1.0000
	蓝四丁砖	块	222.5000	144.2000	86.5200	49.4400
	中麻刀灰	m^3	0.0550	0.0390	0.0260	0.0160
	小麻刀灰	m^3	0.0060	0.0050	0.0030	0.0020
	素白灰浆	m^3	—	0.0730	0.0440	0.0250
	镀锌铁丝 10#	kg	3.2200	1.4100	0.3100	—
	镀锌铁丝 22#	kg	1.4100	0.7700	0.2500	—
	其他材料费(占材料费)	%	0.50	0.50	0.50	0.50

工作内容：准备工具、调制灰浆、样活、打琉璃珠、分层摆砌砖件、填馅、打点、勾缝、清擦釉面、场内运输及清理废弃物。

计量单位：份

定额编号			3-4-512	3-4-513	3-4-514	3-4-515	3-4-516	3-4-517
项目			琉璃宝顶珠安装				琉璃云冠安装	
			五样	六样	七样	八样	80cm 以上	80cm 以下
名称		单位	消耗量					
人工	合计工日	工日	8.400	6.000	4.200	2.400	2.816	2.760
	瓦工普工	工日	2.520	1.800	1.260	0.720	0.845	0.828
	瓦工一般技工	工日	3.360	2.400	1.680	0.960	1.126	1.104
	瓦工高级技工	工日	2.520	1.800	1.260	0.720	0.845	0.828
材料	琉璃宝顶珠	份	1.0000	1.0000	1.0000	1.0000	—	—
	琉璃云冠 80cm 以上	份	—	—	—	—	1.0000	—
	琉璃云冠 80cm 以下	份	—	—	—	—	—	1.0000
	蓝四丁砖	块	144.2000	96.8200	59.7400	18.5400	—	—
	中麻刀灰	m^3	0.0310	0.0240	0.0180	0.0010	0.0030	0.0029
	小麻刀灰	m^3	0.0090	0.0060	0.0040	0.0010	0.0010	0.0010
	素白灰浆	m^3	0.0740	0.0480	0.0300	0.0290	—	—
	防腐油	kg	—	—	—	—	1.3000	1.2350
	镀锌铁丝 10#	kg	3.1700	1.3900	0.3100	—	—	—
	镀锌铁丝 22#	kg	1.3900	0.7900	0.2500	—	—	—
	其他材料费(占材料费)	%	0.50	0.50	0.50	0.50	0.50	0.50

第五章　抹 灰 工 程

说　　明

一、本章包括抹灰面铲灰皮及修补、抹灰共2节39个子目。

二、抹灰面修补定额适用于单片墙面局部补抹的情况，若单片墙（每面墙可由柱门、枋、梁等分割成若干单片）整体铲抹时，应执行铲灰皮和抹灰定额。

三、抹灰面修补不分墙面、山花、象眼、穿插档、匾心、廊心、券底等部位，均执行同一定额。

四、抹灰面修补及抹灰定额均已考虑了梁底、柱门抹八字线角及门窗洞口抹护角等因素，其中补抹青灰已综合了轧竖向小抹子花或做假砖缝等因素。

工程量计算规则

一、墙面、券底等抹灰面修补按实抹面积累计计算，冰盘檐、须弥座按所补抹部分的投影面积计算，墙帽按实际补抹的长度计算。

二、抹灰工程量均以建筑物结构尺寸计算，不扣除柱门、踢脚线、挂镜线、装饰线、什锦窗及 $0.5m^2$ 以内孔洞所占面积，其内侧壁面积亦不增加，墙面抹灰各部位的边界线如下表：

墙面抹灰各部位边界表

工程部位	底　边　线		上　边　线		左右竖向边线
室内抹灰	有墙裙	墙裙上皮	梁枋露明	梁枋下皮	砖墙里皮(不扣柱门)，若以柱门为界分块者以柱中为准
	无墙裙	地(楼)面上皮(不扣除踢脚板)	梁枋不露明	顶棚下皮(吊顶不抹灰者算至顶棚另加20cm)	
室外抹灰	下肩抹灰	台明上皮	墙帽或博缝出檐下皮		砖墙外皮棱线(垛的侧面积应计算)
	下肩不抹灰	下肩上皮			
槛墙抹灰	地面上皮		窗榻板下皮		同室内
棋盘心墙(五花山墙)	下肩上皮		山尖清水砖下皮		墀头清水砖里口

三、券底抹灰按券底展开面积计算。

四、须弥座、冰盘檐抹灰按垂直投影面积计算。

五、旧糙砖墙勾缝打点、旧毛石墙勾缝打点按垂直投影面积计算。

六、抹灰后做假砖缝或轧竖向小抹子花、象眼抹青灰镂花均按垂直投影面积计算。

七、石台基、台明打点勾缝按实际长度计算。

一、抹灰面铲灰皮及修补

工作内容：准备工具、铲除空鼓灰皮、砍出碴口、清理浮土、洇湿旧墙面、调制灰浆、打底、罩面、轧光、场内运输及清理废弃物。

计量单位：m^2

定额编号			3-5-1	3-5-2	3-5-3	3-5-4	3-5-5	3-5-6
项目			铲灰皮	靠骨灰修补				
				月白灰	青灰	红灰	黄灰	白灰
名称		单位	消耗量					
人工	合计工日	工日	0.040	0.220	0.230	0.220	0.220	0.220
	瓦工普工	工日	0.036	0.088	0.092	0.088	0.088	0.088
	瓦工一般技工	工日	0.004	0.110	0.115	0.110	0.110	0.110
	瓦工高级技工	工日	—	0.022	0.023	0.022	0.022	0.022
材料	浅月白小麻刀灰	m^3	—	0.0210	—	—	—	—
	深月白小麻刀灰	m^3	—	—	0.0210	—	—	—
	小麻刀红灰	m^3	—	—	—	0.0210	—	—
	小麻刀黄灰	m^3	—	—	—	—	0.0210	—
	小麻刀白灰	m^3	—	—	—	—	—	0.0210
	其他材料费(占材料费)	%	—	2.00	2.00	2.00	2.00	2.00

工作内容:准备工具、铲除空鼓灰皮、砍出碴口、清理浮土、洇湿旧墙面、调制灰浆、打底、罩面、轧光、场内运输及清理废弃物。

计量单位:m^2

定额编号			3-5-7	3-5-8	3-5-9	3-5-10	3-5-11
项目			掺灰泥底抹灰面修补				
			月白灰	青灰	红灰	黄灰	白灰
名称		单位	消耗量				
人工	合计工日	工日	0.240	0.250	0.240	0.250	0.240
	瓦工普工	工日	0.096	0.100	0.096	0.100	0.096
	瓦工一般技工	工日	0.120	0.125	0.120	0.125	0.120
	瓦工高级技工	工日	0.024	0.025	0.024	0.025	0.024
材料	掺灰泥 4:6	m^3	0.0220	0.0220	0.0220	0.0220	0.0220
	浅月白小麻刀灰	m^3	0.0220	—	—	—	—
	深月白小麻刀灰	m^3	—	0.0020	—	—	—
	小麻刀红灰	m^3	—	—	0.0020	—	—
	小麻刀黄灰	m^3	—	—	—	0.0020	—
	小麻刀白灰	m^3	—	—	—	—	0.0020
	其他材料费(占材料费)	%	2.00	2.00	2.00	2.00	2.00

工作内容：准备工具、铲除空鼓灰皮、砍出碴口、清理浮土、洇湿旧墙面、调制灰浆、打底、罩面轧光、场内运输及清理废弃物。

定　额　编　号			3-5-12	3-5-13
项　　目			冰盘檐、须弥座补抹青灰	补抹墙帽
			m^2	m
名　　称		单位	消　耗　量	
人工	合计工日	工日	0.310	0.120
	瓦工普工	工日	0.124	0.048
	瓦工一般技工	工日	0.155	0.060
	瓦工高级技工	工日	0.031	0.012
材料	深月白小麻刀灰	m^3	0.0230	—
	深月白中麻刀灰	m^3	—	0.0220
	其他材料费(占材料费)	%	2.00	2.00

工作内容：准备工具、清扫墙面、剔除残损勾缝灰、洇湿旧墙面、调制灰浆、勾缝、打点、场内运输及清理废弃物；旧毛石墙勾缝还包括补背塞。

定　额　编　号			3-5-14	3-5-15	3-5-16	3-5-17	3-5-18
项　　目			旧糙砖墙勾缝		旧毛石墙勾缝		石台基、台明打点勾缝
			老浆灰	小麻刀灰抹缝	凸缝	平缝	
			m^2				m
名　　称		单位	消　耗　量				
人工	合计工日	工日	0.196	0.240	0.630	0.250	0.060
	瓦工普工	工日	0.078	0.096	0.252	0.100	0.024
	瓦工一般技工	工日	0.098	0.120	0.315	0.125	0.030
	瓦工高级技工	工日	0.020	0.024	0.063	0.025	0.006
材料	深月白小麻刀灰	m^3	—	0.0016	—	—	—
	深月白中麻刀灰	m^3	—	—	0.0097	0.0095	—
	油灰	m^3	—	—	—	—	0.0010
	其他材料费(占材料费)	%	2.00	2.00	2.00	2.00	2.00

二、抹　　灰

工作内容：准备工具、清理浮土、洇湿旧墙面、调制灰浆、打底找平、罩面轧光、场内运输及清理废弃物。

计量单位：m^2

定额编号			3-5-19	3-5-20	3-5-21	3-5-22	3-5-23	3-5-24
项目			墙面抹靠骨灰（厚15mm）					
			月白灰	青灰	红灰	黄灰	白灰	每增厚5mm
名称		单位	消耗量					
人工	合计工日	工日	0.130	0.140	0.130	0.130	0.130	0.040
	瓦工普工	工日	0.052	0.056	0.052	0.052	0.052	0.016
	瓦工一般技工	工日	0.065	0.070	0.065	0.065	0.065	0.020
	瓦工高级技工	工日	0.013	0.014	0.013	0.013	0.013	0.004
材料	浅月白小麻刀灰	m^3	0.0160	—	—	—	—	—
	深月白小麻刀灰	m^3	—	0.0160	—	—	—	0.0050
	小麻刀红灰	m^3	—	—	0.0160	—	—	—
	小麻刀黄灰	m^3	—	—	—	0.0160	—	—
	其他材料费(占材料费)	%	1.00	1.00	1.00	1.00	1.00	1.00

工作内容：准备工具、清理浮土、洇湿旧墙面、调制灰浆、打底找平、罩面轧光、场内运输及清理废弃物。

计量单位：m^2

定额编号			3-5-25	3-5-26	3-5-27	3-5-28	3-5-29	3-5-30
项目			墙面掺灰泥底(厚16mm)麻刀灰罩面					
			月白灰	青灰	红灰	黄灰	白灰	泥灰底每增厚5mm
名称		单位	消耗量					
人工	合计工日	工日	0.160	0.170	0.160	0.160	0.160	0.040
	瓦工普工	工日	0.064	0.068	0.064	0.064	0.064	0.016
	瓦工一般技工	工日	0.080	0.085	0.080	0.080	0.080	0.020
	瓦工高级技工	工日	0.016	0.017	0.016	0.016	0.016	0.004
材料	掺灰泥 4：6	m^3	0.0170	0.0170	0.0170	0.0170	0.0170	0.0050
	浅月白小麻刀灰	m^3	0.0020	—	—	—	—	—
	深月白小麻刀灰	m^3	—	0.0020	—	—	—	—
	小麻刀红灰	m^3	—	—	0.0020	—	—	—
	小麻刀黄灰	m^3	—	—	—	0.0020	—	—
	小麻刀白灰	m^3	—	—	—	—	0.0020	—
	其他材料费(占材料费)	%	1.00	1.00	1.00	1.00	1.00	1.00

工作内容：准备工具、清理浮土、洇湿墙面、调制灰浆、打底找平、罩面轧光、场内运输及清理废弃物。

计量单位：m^2

定额编号			3-5-31	3-5-32	3-5-33	3-5-34
项目			券底抹靠骨灰(厚15mm)			
			月白灰	黄灰	白灰	每增厚0.5cm
名称		单位	消耗量			
人工	合计工日	工日	0.168	0.168	0.168	0.036
	瓦工普工	工日	0.067	0.067	0.067	0.014
	瓦工一般技工	工日	0.084	0.084	0.084	0.018
	瓦工高级技工	工日	0.017	0.017	0.017	0.004
材料	浅月白小麻刀灰	m^3	0.0160	—	—	0.0050
	小麻刀黄灰	m^3	—	0.0160	—	—
	小麻刀白灰	m^3	—	—	0.0160	—
	其他材料费(占材料费)	%	1.00	1.00	1.00	1.00

工作内容：准备工具、清理浮土、洇湿墙面、调制灰浆、打底找平、罩面轧光、场内运输及清理废弃物。画壁抹灰还包括镂画花饰图案；抹灰前钉麻揪还包括钉钉、拴麻；抹灰后做假砖缝或轧竖向小抹子花还包括反复赶轧。

计量单位：m^2

定额编号			3-5-35	3-5-36	3-5-37	3-5-38	3-5-39
项目			象眼抹青灰镂花	冰盘檐、须弥座抹青灰（垂直投影）	画壁抹灰	抹灰前钉麻揪	抹灰后做假砖缝或轧竖向小抹子花
名称		单位	消耗量				
人工	合计工日	工日	6.000	0.220	1.500	0.060	0.160
	瓦工普工	工日	2.400	0.088	0.600	0.024	0.064
	瓦工一般技工	工日	3.000	0.110	0.750	0.030	0.080
	瓦工高级技工	工日	0.600	0.022	0.150	0.006	0.016
材料	浅月白小麻刀灰	m^3	0.0160	—	—	—	—
	小麻刀白灰	m^3	0.0020	—	0.0052	—	—
	深月白浆	m^3	0.0020	—	—	—	—
	深月白小麻刀灰	m^3	—	0.0230	—	—	—
	掺灰泥 4：6	m^3	—	—	0.0261	—	—
	滑秸掺灰泥 3：7	m^3	—	—	0.0110	—	—
	自制铁钉	kg	—	—	0.2100	0.2100	—
	竹篾	百根	—	—	1.0300	—	—
	麻刀	kg	—	—	0.2100	—	—
	线麻	kg	—	—	—	0.0700	—
	青灰	kg	—	—	—	—	0.1000
	其他材料费（占材料费）	%	1.00	1.00	1.00	1.00	1.00

第六章　木构架及木基层工程

说 明

一、本章包括木构件拆卸,木构架整修加固,木构件制作,木构件吊装,其他构部件拆除、拆安、制安,木基层,垂花门及牌楼特殊构部件,共7节1162个子目。

二、定额中各类构、部件分档规格均以图示尺寸(即成品净尺寸)为准,柱类直径以与柱础或墩斗接触的底面直径为准,扶脊木按其下脊檩径分档。

三、墩接柱的接腿长度以明柱不超过柱高的1/5,暗柱不超过柱高的1/3为准。

四、柱类构件抽换不分方柱、圆柱,均执行同一定额。

五、新配制的木构件除另有注明者外,均不包括安铁箍等加固铁件,实际工程需要时另按安装加固铁件定额执行。

六、直接使用原木经截配、剥刮树皮、稍加修整即弹线、作榫卯的柱、梁、瓜柱、檩等均执行"草栿"定额。

七、各种柱拆卸、制作、安装及抽换定额已综合考虑了角柱的情况,实际工程中遇有角柱拆卸、制作、安装、抽换时,定额均不调整。

八、木构件拆卸、吊装定额以单檐建筑,人工或抱杆、卷扬机起重为准,重檐、三层檐或多层檐建筑(不包括牌楼)木构件拆卸、吊装(不包柱类及重檐建筑专用构件)定额乘以系数1.1。

九、牌楼边柱上端不论有无通天斗均与牌楼明柱执行同一定额。

十、下端带有垂头的悬挑童柱,执行攒尖雷公柱、交金灯笼柱定额。

十一、实际工程中遇有需拼攒制作柱时,其费用另计。

十二、一端或两端榫头交在柱头卯口中的枋及随梁,均执行大额枋、单额枋、桁檩枋定额;凡两端榫头均需插入柱身卯眼的枋及随梁,均执行小额枋、穿插枋、跨空枋、棋枋、天花枋、承椽枋定额。

十三、带斗底昂嘴随梁拆卸、制作、吊装均执行带桃尖头梁定额。

十四、三架梁至九架梁、单步梁至三步梁的梁头需挖翘栱者,执行带麻叶头梁定额。

十五、除草栿瓜柱外,各种瓜柱均以方形截面为准,若遇圆形截面定额不作调整。

十六、太平梁上雷公柱若与吻桩连作者另行计算。实际工程中更换脊檩若遇太平梁上雷公柱与吻桩连作的情况,需在檩木端头凿透眼时执行带搭角头圆檩定额。

十七、檩木一端或两端带搭角头(包括脊檩一个端头或两个端头凿透眼)均以同一根檩木为准。

十八、桁檩垫板与燕尾枋连作者应分别执行桁檩垫板和燕尾枋定额。

十九、挂檐板和挂落板不论横拼、竖拼均执行同一定额;其外虽安装砖挂落,但无需做胆卡口者执行普通挂檐(落)板定额。

二十、木楼板安装后净面磨平定额,只适用于其上无砖铺装、直接油饰的做法。

二十一、木楼梯以其帮板与地面夹角小于45°为准。帮板与地面夹角大于45°小于60°时定额乘以系数1.4,大于60°时定额乘以系数2.7。

二十二、额枋下大雀替以单翘为准,不包括三幅云栱、麻叶云栱,不带翘者定额不调整,重翘者与第七章中的丁头栱定额合并执行;三幅云栱、麻叶云栱另按第七章中添配三幅云栱、麻叶云栱定额执行。

二十三、望板、连檐制安均以正身为准,翼角部分望板、连檐制安定额乘以系数1.3;同一坡屋面望板、连檐正身部分的面积(长度)小于翼角部分的面积(长度)时,正身部分与翼角翘飞部分的工程量合并计算,定额乘以系数1.2。同一建筑屋面望板做法不同时,应分别执行相应定额。

二十四、顺望板、柳叶缝望板制安定额所列项目一栏中的望板规格分为带括弧和不带括弧的两组数字,不带括弧为刨光前厚度,带括弧为刨光后厚度。

二十五、牌楼高栱柱包括与其相连的角科斗栱通天斗;牌楼折柱定额已考虑了与平身科斗栱相连或不相连的情况。

二十六、木构件制作所用丈杆等样板料是按使用板枋材综合取定的,使用其他材料作丈杆、样板时定额不做调整。

工程量计算规则

一、拼攒柱换拼包木植按所更换部分的表面面积计算，更换两层或两层以上时分层累计计算。

二、安装加固铁件按设计图示尺寸以质量计算，圆钉，倒刺钉、机制螺栓、螺母的重量不计算在内。

三、木构件拆卸、制作、安装（除草栿构件及压金仔角梁、窝角仔角梁外），均按长乘以外接圆形或矩形截面积的体积计算。

1. 柱类截面积以与柱础或墩斗接触的底面积为准；柱高按图示由柱础或墩斗上皮量至梁、平板枋或檩下皮，套顶下埋部分按实长计入，牌楼边柱上端连作通天斗者，柱高量至通天斗（边楼脊檩）上皮。

2. 枋、梁（不包括草栿梁）、承重、楞木、沿边木、踏脚木截面积以宽乘全高为准，其端头为半榫或银锭榫的长度量至柱中，端头为透榫或箍头榫的长度量至榫头外端，透榫露明长度无图示者按柱径1/2计算；承重出挑部分长度量至挂落板外皮；踏脚木按外皮长两端量至角梁中线。

3. 角背、角云、假梁头、通雀替按全长乘全高乘宽（厚）计算。

4. 瓜柱、太平梁上雷公柱、柁墩高按图示尺寸计算。

5. 攒尖雷公柱截面积按截面外接圆面积计算，长度无图示者按其本身柱径的7倍计算。

6. 桁檩截面按圆形计算，长按每间梁架轴线间距计算，搭角出头部分按实计入，悬山出挑、歇山收山者，山面量至博缝板外皮，硬山建筑山面量至排山梁架外皮。

7. 扶脊木截面及长度按其下脊檩的截面及长度计算。

8. 檐步五举老角梁长度以檐步架水平长＋檐椽平出＋2椽径＋后尾榫长为基数，仔角梁长度以檐步架水平长＋飞椽平出＋3椽径＋后尾榫长为基数，正方角乘以系数1.5、六方角乘以系数1.26、八方角乘以系数1.2，其后尾榫长按1柱径或1檩径计算。

9. 桁檩垫板、由额垫板长由柱中量至柱中。

四、草栿构件长度按图示净长为准，不包括加榫长，按体积计算。

五、板类、木楼板、牌楼匾及龙凤板拆除、制安、拆安均按图示尺寸的面积计算。

1. 山花板按三角形面积计算，不扣除檩窝所占面积。

2. 博脊板、棋枋板、镶嵌柁挡板、挂檐（落）板、牌楼龙凤板、花板按垂直投影面积计算。

3. 滴珠板按长乘凸尖处竖直高度计算面积。

4. 博缝板按上皮长乘板宽计算面积。

5. 木楼板按水平投影面积计算，不扣除柱所占面积。

六、木楼梯按水平投影面积计算，不扣除50cm以内楼梯井所占面积。

七、直椽按檩中至檩中斜长计算，檐椽出挑量至端头外皮，后尾与承椽枋相交者量至枋中线，封护檐檐椽量至檐檩中外加一檩径。翼角椽单根长度按其正身檐椽单根长度计算。

八、大连檐硬、悬山建筑两端量至博缝板外皮，带角梁的建筑按仔角梁端头中点连线分段计算。

九、小连檐、闸挡板硬山建筑两端量至排山梁架中线，悬山建筑量至博缝板外皮，带角梁的建筑按老角梁端头中点连线分段计算，闸挡板不扣除椽所占长度。

十、椽椀、隔椽板、机枋条按每间梁架轴线至轴线间距计算，悬山出挑、歇山收山者山面量至博缝板外皮，硬山建筑山面量至排山梁架外皮。

十一、檐头瓦口长度按大连檐长计算，排山瓦口长度按博缝板上皮长计算。

十二、望板按屋面不同几何形状的斜面积计算，飞椽、翘飞椽椽尾重叠部分应计算在内，不扣除连檐、扶脊木、角梁所占面积，屋角冲出部分亦不增加，同一屋顶望板做法不同时应分别计量。各部位边界线及屋面坡长规定如下：

1. 硬山建筑两山以排山梁架轴线为准；

2. 悬山建筑两山以博缝板外皮为准；
3. 歇山建筑栱山边线以博缝板外皮为准，撒头上边线以踏脚木外皮为准；
4. 重檐建筑下层檐上边线以承椽枋外皮为准。

十三、望板涂刷防腐剂，按望板面积扣除飞椽、翘飞椽椽尾叠压部分的面积计算。

十四、木构件（不包括望板）涂刷防腐剂按展开面积计算。

一、木构件拆卸

1.柱类拆卸

工作内容：准备工具、必要支顶、安全监护、编号、起退销钉及拉接铁件、分解出位、分类码放、场内运输及清理废弃物。

计量单位：m^3

定额编号			3-6-1	3-6-2	3-6-3	3-6-4	3-6-5	3-6-6
项目			各种圆柱拆卸(柱径)					
			20cm 以内	25cm 以内	30cm 以内	40cm 以内	50cm 以内	50cm 以外
名称		单位	消耗量					
人工	合计工日	工日	6.840	5.520	4.800	4.320	3.360	3.240
	木工普工	工日	4.104	3.312	2.880	2.592	2.016	1.944
	木工一般技工	工日	2.052	1.656	1.440	1.296	1.008	0.972
	木工高级技工	工日	0.684	0.552	0.480	0.432	0.336	0.324

工作内容：准备工具、必要支顶、安全监护、编号、起退销钉及拉接铁件、分解出位、分类码放、场内运输及清理废弃物。

计量单位：m^3

定额编号			3-6-7	3-6-8	3-6-9	3-6-10	3-6-11
项目			童柱拆卸(柱径)				
			25cm 以内	30cm 以内	40cm 以内	50cm 以内	50cm 以外
名称		单位	消耗量				
人工	合计工日	工日	7.560	6.720	6.360	5.880	5.640
	木工普工	工日	4.536	4.032	3.816	3.528	3.384
	木工一般技工	工日	2.268	2.016	1.908	1.764	1.692
	木工高级技工	工日	0.756	0.672	0.636	0.588	0.564

工作内容：准备工具、必要支项、安全监护、编号、起退销钉及拉接铁件、分解出位、分类码放、场内运输及清理废弃物。

计量单位：m^3

定额编号			3-6-12	3-6-13	3-6-14	3-6-15
项目			梅花柱、风廊柱、方擎檐柱拆卸(柱径)			草栿柱拆卸
			20cm 以内	25cm 以内	25cm 以外	
名称		单位	消耗量			
人工	合计工日	工日	5.520	4.200	3.720	3.000
	木工普工	工日	3.312	2.520	2.232	1.800
	木工一般技工	工日	1.656	1.260	1.116	0.900
	木工高级技工	工日	0.552	0.420	0.372	0.300

2. 枋类拆卸

工作内容：准备工具、必要支项、安全监护、编号、起退销钉及拉接铁件、分解出位、分类码放、场内运输及清理废弃物。

计量单位：m^3

定额编号			3-6-16	3-6-17	3-6-18	3-6-19
项目			大额枋、单额枋、桁檩枋拆卸(截面高度)			
			20cm 以内	25cm 以内	30cm 以内	40cm 以内
名称		单位	消耗量			
人工	合计工日	工日	3.240	2.280	2.160	2.040
	木工普工	工日	1.944	1.368	1.296	1.224
	木工一般技工	工日	0.972	0.684	0.648	0.612
	木工高级技工	工日	0.324	0.228	0.216	0.204

工作内容:准备工具、必要支顶、安全监护、编号、起退销钉及拉接铁件、分解出位、分类码放、场内运输及清理废弃物。

计量单位:m^3

定额编号			3-6-20	3-6-21	3-6-22
项目			大额枋、单额枋、桁檩枋拆卸(截面高度)		
			50cm 以内	60cm 以内	60cm 以外
名称		单位	消耗量		
人工	合计工日	工日	1.920	1.800	1.780
	木工普工	工日	1.152	1.080	1.068
	木工一般技工	工日	0.576	0.540	0.534
	木工高级技工	工日	0.192	0.180	0.178

工作内容:准备工具、必要支顶、安全监护、编号、起退销钉及拉接铁件、分解出位、分类码放、场内运输及清理废弃物。

计量单位:m^3

定额编号			3-6-23	3-6-24	3-6-25	3-6-26
项目			小额枋、跨空枋、棋枋、博脊枋、穿插枋、间枋、天花枋、承椽枋拆卸(截面高度)			
			20cm 以内	25cm 以内	30cm 以内	40cm 以内
名称		单位	消耗量			
人工	合计工日	工日	3.840	3.240	3.000	2.760
	木工普工	工日	2.304	1.944	1.800	1.656
	木工一般技工	工日	1.152	0.972	0.900	0.828
	木工高级技工	工日	0.384	0.324	0.300	0.276

工作内容:准备工具、必要支顶、安全监护、编号、起退销钉及拉接铁件、分解出位、分类码放、场内运输及清理废弃物。

计量单位:m^3

定额编号			3-6-27	3-6-28	3-6-29
项目			小额枋、跨空枋、棋枋、博脊枋、穿插枋、间枋、天花枋、承椽枋拆卸(截面高度)		
			50cm 以内	60cm 以内	60cm 以外
名称		单位	消耗量		
人工	合计工日	工日	2.640	2.520	2.400
	木工普工	工日	1.584	1.512	1.440
	木工一般技工	工日	0.792	0.756	0.720
	木工高级技工	工日	0.264	0.252	0.240

工作内容:准备工具、必要支顶、安全监护、编号、起退销钉及拉接铁件、分解出位、分类码放、场内运输及清理废弃物。

计量单位:m^3

定额编号			3-6-30	3-6-31	3-6-32	3-6-33
项目			平板枋拆卸(截面高度)			
			10cm 以内	15cm 以内	20cm 以内	20cm 以外
名称		单位	消耗量			
人工	合计工日	工日	4.320	2.880	2.400	2.160
	木工普工	工日	2.592	1.728	1.440	1.296
	木工一般技工	工日	1.296	0.864	0.720	0.648
	木工高级技工	工日	0.432	0.288	0.240	0.216

3.梁类拆卸

工作内容:准备工具、必要支顶、安全监护、编号、起退销钉及拉接铁件、分解出位、分类码放、场内运输及清理废弃物。

计量单位:m^3

定额编号			3-6-34	3-6-35	3-6-36	3-6-37	3-6-38	3-6-39
项目			各种梁拆卸(截面宽度)					
			20cm 以内	25cm 以内	30cm 以内	40cm 以内	50cm 以内	50cm 以外
名称		单位	消耗量					
人工	合计工日	工日	3.240	2.760	2.400	2.160	2.040	1.980
	木工普工	工日	1.944	1.656	1.440	1.296	1.224	1.188
	木工一般技工	工日	0.972	0.828	0.720	0.648	0.612	0.594
	木工高级技工	工日	0.324	0.276	0.240	0.216	0.204	0.198

工作内容:准备工具、必要支顶、安全监护、编号、起退销钉及拉接铁件、分解出位、分类码放、场内运输及清理废弃物。

计量单位:m^3

定额编号			3-6-40	3-6-41	3-6-42	3-6-43	3-6-44
项目			桃尖假梁头拆卸(截面宽度)				
			25cm 以内	30cm 以内	40cm 以内	50cm 以内	50cm 以外
名称		单位	消耗量				
人工	合计工日	工日	5.400	5.160	4.920	4.440	3.960
	木工普工	工日	3.240	3.096	2.952	2.664	2.376
	木工一般技工	工日	1.620	1.548	1.476	1.332	1.188
	木工高级技工	工日	0.540	0.516	0.492	0.444	0.396

工作内容:准备工具、必要支顶、安全监护、编号、起退销钉及拉接铁件、分解出位、分类码放、场内运输及清理废弃物。

计量单位:m^3

定额编号			3-6-45	3-6-46	3-6-47	3-6-48	3-6-49
项目			角云、月梁、抱头假梁头拆卸(截面宽度)				草栿梁拆卸
			25cm 以内	30cm 以内	40cm 以内	40cm 以外	
名称		单位	消耗量				
人工	合计工日	工日	4.320	3.960	3.600	3.360	1.800
	木工普工	工日	2.592	2.376	2.160	2.016	1.080
	木工一般技工	工日	1.296	1.188	1.080	1.008	0.540
	木工高级技工	工日	0.432	0.396	0.360	0.336	0.180

4.瓜柱、坨墩、角背、雷公柱拆卸

工作内容:准备工具、必要支顶、安全监护、编号、起退销钉及拉接铁件、分解出位、分类码放、场内运输及清理废弃物。

计量单位:m^3

定额编号			3-6-50	3-6-51	3-6-52	3-6-53	3-6-54	3-6-55
项目			瓜柱、太平梁上雷公柱拆卸(柱径)					草栿瓜柱拆卸
			20cm 以内	25cm 以内	30cm 以内	40cm 以内	40cm 以外	
名称		单位	消耗量					
人工	合计工日	工日	11.880	6.960	4.440	3.960	2.400	2.400
	木工普工	工日	7.128	4.176	2.664	2.376	1.440	1.440
	木工一般技工	工日	3.564	2.088	1.332	1.188	0.720	0.720
	木工高级技工	工日	1.188	0.696	0.444	0.396	0.240	0.240

工作内容：准备工具、必要支顶、安全监护、编号、起退销钉及拉接铁件、分解出位、分类码放、场内运输及清理废弃物。

计量单位：m^3

定额编号			3-6-56	3-6-57	3-6-58	3-6-59
项目			攒尖雷公柱拆卸(柱径)			
			25cm 以内	30cm 以内	40cm 以内	40cm 以外
名称		单位	消耗量			
人工	合计工日	工日	5.280	4.440	3.360	2.520
	木工普工	工日	3.168	2.664	2.016	1.512
	木工一般技工	工日	1.584	1.332	1.008	0.756
	木工高级技工	工日	0.528	0.444	0.336	0.252

工作内容：准备工具、必要支顶、安全监护、编号、起退销钉及拉接铁件、分解出位、分类码放、场内运输及清理废弃物。

计量单位：m^3

定额编号			3-6-60	3-6-61	3-6-62	3-6-63	3-6-64
项目			柁墩、交金墩拆卸(长度)				
			40cm 以内	50cm 以内	70cm 以内	100cm 以内	100cm 以外
名称		单位	消耗量				
人工	合计工日	工日	12.360	7.560	5.520	4.080	2.760
	木工普工	工日	7.416	4.536	3.312	2.448	1.656
	木工一般技工	工日	3.708	2.268	1.656	1.224	0.828
	木工高级技工	工日	1.236	0.756	0.552	0.408	0.276

工作内容：准备工具、必要支顶、安全监护、编号、起退销钉及拉接铁件、分解出位、分类码放、场内运输及清理废弃物。

计量单位：m³

定额编号			3-6-65	3-6-66	3-6-67	3-6-68
项目			角背、荷叶角背拆卸(厚度)			
			10cm 以内	15cm 以内	20cm 以内	20cm 以外
名称		单位	消耗量			
人工	合计工日	工日	7.440	5.760	4.320	3.120
	木工普工	工日	4.464	3.456	2.592	1.872
	木工一般技工	工日	2.232	1.728	1.296	0.936
	木工高级技工	工日	0.744	0.576	0.432	0.312

工作内容：准备工具、必要支顶、安全监护、编号、起退销钉及拉接铁件、分解出位、分类码放、场内运输及清理废弃物。

计量单位：m³

定额编号			3-6-69	3-6-70	3-6-71	3-6-72
项目			童柱下墩斗拆卸(见方)			
			40cm 以内	50cm 以内	80cm 以内	80cm 以外
名称		单位	消耗量			
人工	合计工日	工日	6.960	5.280	4.320	2.640
	木工普工	工日	4.176	3.168	2.592	1.584
	木工一般技工	工日	2.088	1.584	1.296	0.792
	木工高级技工	工日	0.696	0.528	0.432	0.264

5. 桁檩、角梁、由戗拆卸

工作内容：准备工具、必要支顶、安全监护、编号、起退销钉及拉接铁件、分解出位、分类码放、场内运输及清理废弃物。

计量单位：m^3

定额编号			3-6-73	3-6-74	3-6-75	3-6-76	3-6-77	3-6-78
项目			圆檩、扶脊木拆卸(径)					草栿檩拆卸
			20cm 以内	25cm 以内	30cm 以内	40cm 以内	40cm 以外	
名称		单位	消耗量					
人工	合计工日	工日	3.360	2.760	2.520	2.280	2.160	1.800
	木工普工	工日	2.016	1.656	1.512	1.368	1.296	1.080
	木工一般技工	工日	1.008	0.828	0.756	0.684	0.648	0.540
	木工高级技工	工日	0.336	0.276	0.252	0.228	0.216	0.180

工作内容：准备工具、必要支顶、安全监护、编号、起退销钉及拉接铁件、分解出位、分类码放、场内运输及清理废弃物。

计量单位：m^3

定额编号			3-6-79	3-6-80	3-6-81	3-6-82	3-6-83
项目			老角梁、扣插金仔角梁拆卸(截面宽度)				
			15cm 以内	20cm 以内	25cm 以内	30cm 以内	30cm 以外
名称		单位	消耗量				
人工	合计工日	工日	5.640	4.200	3.840	3.360	3.000
	木工普工	工日	3.384	2.520	2.304	2.016	1.800
	木工一般技工	工日	1.692	1.260	1.152	1.008	0.900
	木工高级技工	工日	0.564	0.420	0.384	0.336	0.300

工作内容：准备工具、必要支顶、安全监护、编号、起退销钉及拉接铁件、分解出位、分类码放、场内运输及清理废弃物。

计量单位：根

定额编号			3-6-84	3-6-85	3-6-86	3-6-87	3-6-88	3-6-89
项目			压金仔角梁拆卸(截面宽度)					
			12cm 以内	15cm 以内	18cm 以内	21cm 以内	24cm 以内	27cm 以内
名称		单位	消耗量					
人工	合计工日	工日	0.280	0.380	0.500	0.640	0.780	0.940
	木工普工	工日	0.168	0.228	0.300	0.384	0.468	0.564
	木工一般技工	工日	0.084	0.114	0.150	0.192	0.234	0.282
	木工高级技工	工日	0.028	0.038	0.050	0.064	0.078	0.094

工作内容：准备工具、必要支顶、安全监护、编号、起退销钉及拉接铁件、分解出位、分类码放、场内运输及清理废弃物。

计量单位：根

定额编号			3-6-90	3-6-91	3-6-92	3-6-93	3-6-94	3-6-95
项目			压金仔角梁拆卸(截面宽度)			窝角仔角梁拆卸(截面宽度)		
			30cm 以内	33cm 以内	36cm 以内	12cm 以内	15cm 以内	18cm 以内
名称		单位	消耗量					
人工	合计工日	工日	1.104	1.284	1.480	0.120	0.170	0.230
	木工普工	工日	0.662	0.771	0.888	0.072	0.102	0.138
	木工一般技工	工日	0.331	0.385	0.444	0.036	0.051	0.069
	木工高级技工	工日	0.111	0.128	0.148	0.012	0.017	0.023

工作内容：准备工具、必要支顶、安全监护、编号、起退销钉及拉接铁件、分解出位、分类码放、场内运输及清理废弃物。

计量单位：根

定额编号			3-6-96	3-6-97	3-6-98	3-6-99	3-6-100	3-6-101
项目			窝角仔角梁拆卸（截面宽度）					
			21cm 以内	24cm 以内	27cm 以内	30cm 以内	33cm 以内	36cm 以内
名称		单位	消耗量					
人工	合计工日	工日	0.290	0.350	0.420	0.500	0.590	0.670
	木工普工	工日	0.174	0.210	0.252	0.300	0.354	0.402
	木工一般技工	工日	0.087	0.105	0.126	0.150	0.177	0.201
	木工高级技工	工日	0.029	0.035	0.042	0.050	0.059	0.067

工作内容：准备工具、必要支顶、安全监护、编号、起退销钉及拉接铁件、分解出位、分类码放、场内运输及清理废弃物。

计量单位：m^3

定额编号			3-6-102	3-6-103	3-6-104	3-6-105	3-6-106
项目			由戗拆卸（截面宽度）				
			15cm 以内	20cm 以内	25cm 以内	30cm 以内	30cm 以外
名称		单位	消耗量				
人工	合计工日	工日	3.480	1.920	1.560	1.080	0.840
	木工普工	工日	2.088	1.152	0.936	0.648	0.504
	木工一般技工	工日	1.044	0.576	0.468	0.324	0.252
	木工高级技工	工日	0.348	0.192	0.156	0.108	0.084

6.垫板拆卸

工作内容:准备工具、必要支顶、安全监护、编号、起退销钉及拉接铁件、分解出位、分类码放、场内运输及清理废弃物。

计量单位:m^3

定额编号			3-6-107	3-6-108	3-6-109	3-6-110
项目			桁檩垫板拆卸(截面高度)		由额垫板拆卸(截面高度)	
			20cm 以内	20cm 以外	20cm 以内	20cm 以外
名称		单位	消耗量			
人工	合计工日	工日	1.200	0.720	1.800	1.320
	木工普工	工日	0.720	0.432	1.080	0.792
	木工一般技工	工日	0.360	0.216	0.540	0.396
	木工高级技工	工日	0.120	0.072	0.180	0.132

7.承重拆卸

工作内容:准备工具、必要支顶、安全监护、编号、起退销钉及拉接铁件、分解出位、分类码放、场内运输及清理废弃物。

计量单位:m^3

定额编号			3-6-111	3-6-112	3-6-113
项目			承重拆卸(截面宽度)		
			30cm 以内	40cm 以内	40cm 以外
名称		单位	消耗量		
人工	合计工日	工日	2.520	2.400	2.160
	木工普工	工日	1.512	1.440	1.296
	木工一般技工	工日	0.756	0.720	0.648
	木工高级技工	工日	0.252	0.240	0.216

二、木构架整修加固

工作内容:准备工具、选料、下料、剔除槽朽部分,钉拼包木植、修整、涂刷防腐油(不包括安铁箍)、场内运输及清理废弃物。

计量单位:根

定额编号			3-6-114	3-6-115	3-6-116	3-6-117	3-6-118
项目			柱根包镶(柱径)				
			圆柱				
			30cm 以内	45cm 以内	60cm 以内	75cm 以内	75cm 以外
名称		单位	消耗量				
人工	合计工日	工日	0.360	0.540	0.720	0.900	1.200
	木工普工	工日	0.180	0.270	0.360	0.450	0.600
	木工一般技工	工日	0.144	0.216	0.288	0.360	0.480
	木工高级技工	工日	0.036	0.054	0.072	0.090	0.120
材料	板方材	m^3	0.0090	0.0160	0.0240	0.0350	0.0500
	圆钉	kg	0.2000	0.4000	0.7000	1.1000	1.6000
	防腐油	kg	0.5000	0.8000	1.2000	1.7000	2.3000
	其他材料费(占材料费)	%	2.00	2.00	2.00	2.00	2.00

工作内容：准备工具、选料、下料、剔除槽朽部分，钉拼包木植、修整、涂刷防腐油（不包括安铁箍）、场内运输及清理废弃物；

拼攒柱换拼包木植还包括起退铁箍及剔除糟朽木植、配换新料、修整、剔槽安装铁箍、刷防锈漆。

定额编号			3-6-119	3-6-120
项目			柱根包镶(方柱)	拼攒柱换拼包木植
			根	m^2
名称		单位	消耗量	
人工	合计工日	工日	0.240	1.800
	木工普工	工日	0.120	0.900
	木工一般技工	工日	0.096	0.720
	木工高级技工	工日	0.024	0.180
材料	板方材	m^3	0.0050	0.1370
	圆钉	kg	0.1000	0.2900
	铁件 综合	kg	—	7.0000
	乳胶	kg	—	1.2000
	防腐油	kg	0.4000	1.0000
	其他材料费(占材料费)	%	2.00	2.00

工作内容:准备工具、必要支项、安全监护、选料、下料、锯截槽朽柱脚、做墩接榫、接腿的预制、安钉铁箍、场内运输及清理废弃物。

计量单位:根

定额编号			3-6-121	3-6-122	3-6-123	3-6-124	3-6-125	3-6-126
项目			圆柱墩接(柱径)					
			21cm 以内		24cm 以内		27cm 以内	
			明柱	暗柱	明柱	暗柱	明柱	暗柱
名称		单位	消耗量					
人工	合计工日	工日	1.800	1.920	2.460	2.620	3.252	3.444
	木工普工	工日	0.900	0.960	1.230	1.310	1.626	1.722
	木工一般技工	工日	0.720	0.768	0.984	1.048	1.301	1.378
	木工高级技工	工日	0.180	0.192	0.246	0.262	0.325	0.344
材料	原木	m^3	0.0288	0.0465	0.0401	0.0647	0.0539	0.0870
	木砖	m^3	0.0120	0.0120	0.0190	0.0190	0.0260	0.0260
	铁件(综合)	kg	3.2500	3.2500	3.6800	3.6800	4.1500	4.1500
	其他材料费(占材料费)	%	2.00	2.00	2.00	2.00	2.00	2.00

工作内容:准备工具、必要支项、安全监护、选料、下料、锯截槽朽柱脚、做墩接榫、接腿的预制、安钉铁箍、场内运输及清理废弃物。

计量单位:根

定额编号			3-6-127	3-6-128	3-6-129	3-6-130	3-6-131	3-6-132
项目			圆柱墩接(柱径)					
			30cm 以内		33cm 以内		36cm 以内	
			明柱	暗柱	明柱	暗柱	明柱	暗柱
名称		单位	消耗量					
人工	合计工日	工日	4.152	4.380	5.184	5.440	6.350	6.624
	木工普工	工日	2.076	2.190	2.592	2.720	3.175	3.312
	木工一般技工	工日	1.661	1.752	2.074	2.176	2.540	2.650
	木工高级技工	工日	0.415	0.438	0.518	0.544	0.635	0.662
材料	原木	m^3	0.0706	0.1139	0.0904	0.1458	0.1135	0.1831
	木砖	m^3	0.0330	0.0330	0.0400	0.0400	0.0470	0.0470
	铁件(综合)	kg	5.9800	5.9800	6.6000	6.6000	7.2200	7.2200
	其他材料费(占材料费)	%	2.00	2.00	2.00	2.00	2.00	2.00

工作内容:准备工具、必要支顶、安全监护、选料、下料、锯截槽朽柱脚、做墩接榫、接腿的预制、安钉铁箍、场内运输及清理废弃物。

计量单位:根

定额编号			3-6-133	3-6-134	3-6-135	3-6-136	3-6-137	3-6-138
项目			圆柱墩接(柱径)					
			39cm 以内		42cm 以内		45cm 以内	
			明柱	暗柱	明柱	暗柱	明柱	暗柱
名称		单位	消耗量					
人工	合计工日	工日	7.620	7.944	9.040	9.420	10.584	11.020
	木工普工	工日	3.810	3.972	4.520	4.710	5.292	5.510
	木工一般技工	工日	3.048	3.178	3.616	3.768	4.234	4.408
	木工高级技工	工日	0.762	0.794	0.904	0.942	1.058	1.102
材料	原木	m^3	0.1402	0.2262	0.1708	0.2756	0.2055	0.3316
	木砖	m^3	0.0540	0.0540	0.0610	0.0610	0.0680	0.0680
	铁件(综合)	kg	7.7700	7.7700	8.3900	8.3900	8.9300	8.9300
	其他材料费(占材料费)	%	2.00	2.00	2.00	2.00	2.00	2.00

工作内容:准备工具、必要支顶、安全监护、选料、下料、锯截槽朽柱脚、做墩接榫、接腿的预制、安钉铁箍、场内运输及清理废弃物。

计量单位:根

定额编号			3-6-139	3-6-140	3-6-141	3-6-142	3-6-143	3-6-144
项目			方柱墩接(柱径)					
			14cm 以内		16cm 以内		18cm 以内	
			明柱	暗柱	明柱	暗柱	明柱	暗柱
名称		单位	消耗量					
人工	合计工日	工日	1.212	1.284	1.480	1.550	1.740	1.824
	木工普工	工日	0.606	0.642	0.740	0.775	0.870	0.912
	木工一般技工	工日	0.485	0.514	0.592	0.620	0.696	0.730
	木工高级技工	工日	0.121	0.128	0.148	0.155	0.174	0.182
材料	板方材	m^3	0.0115	0.0173	0.0156	0.0234	0.0204	0.0306
	木砖	m^3	0.0100	0.0100	0.0150	0.0150	0.0200	0.0200
	铁件(综合)	kg	2.2600	2.2600	2.5600	2.5600	2.8600	2.8600
	其他材料费(占材料费)	%	2.00	2.00	2.00	2.00	2.00	2.00

工作内容：准备工具、必要支顶、安全监护、选料、下料、锯截槽朽柱脚、做墩接榫、接腿的预制、安钉铁箍、场内运输及清理废弃物。

计量单位：根

定额编号			3-6-145	3-6-146	3-6-147	3-6-148	3-6-149	3-6-150
项目			方柱墩接(柱径)					
			20cm 以内		22cm 以内		24cm 以内	
			明柱	暗柱	明柱	暗柱	明柱	暗柱
名称		单位	消耗量					
人工	合计工日	工日	1.992	2.090	2.260	2.364	2.520	2.640
	木工普工	工日	0.996	1.045	1.130	1.182	1.260	1.320
	木工一般技工	工日	0.797	0.836	0.904	0.946	1.008	1.056
	木工高级技工	工日	0.199	0.209	0.226	0.236	0.252	0.264
材料	板方材	m^3	0.0260	0.0391	0.0325	0.0488	0.0399	0.0599
	木砖	m^3	0.0250	0.0250	0.0300	0.0300	0.0350	0.0350
	铁件(综合)	kg	3.1600	3.1600	5.4000	5.4000	5.8500	5.8500
	其他材料费(占材料费)	%	2.00	2.00	2.00	2.00	2.00	2.00

工作内容：准备工具、必要支顶、安全监护、选料、下料、锯截槽朽柱脚、做墩接榫、接腿的预制、安钉铁箍、场内运输及清理废弃物。

计量单位：根

定额编号			3-6-151	3-6-152	3-6-153	3-6-154	3-6-155	3-6-156
项目			方柱墩接(柱径)					
			26cm 以内		28cm 以内		30cm 以内	
			明柱	暗柱	明柱	暗柱	明柱	暗柱
名称		单位	消耗量					
人工	合计工日	工日	2.904	3.040	3.410	3.552	3.912	4.070
	木工普工	工日	1.452	1.520	1.705	1.776	1.956	2.035
	木工一般技工	工日	1.162	1.216	1.364	1.421	1.565	1.628
	木工高级技工	工日	0.290	0.304	0.341	0.355	0.391	0.407
材料	板方材	m^3	0.0483	0.0724	0.0576	0.0864	0.0680	0.1021
	木砖	m^3	0.0400	0.0400	0.0450	0.0450	0.0500	0.0500
	铁件(综合)	kg	6.2900	6.2900	6.7400	6.7400	7.1900	7.1900
	其他材料费(占材料费)	%	2.00	2.00	2.00	2.00	2.00	2.00

工作内容：准备工具、必要支顶、安全监护、抽出损坏的旧柱、安装新柱、场内运输及清理废弃物。

计量单位：根

定额编号			3-6-157	3-6-158	3-6-159	3-6-160	3-6-161	3-6-162
项目			檐柱、单檐金柱抽换（不分方柱、圆柱）（柱径）					
			21cm 以内	24cm 以内	27cm 以内	30cm 以内	33cm 以内	36cm 以内
名称		单位	消耗量					
人工	合计工日	工日	1.200	1.560	2.040	2.640	3.360	4.200
	木工普工	工日	0.600	0.780	1.020	1.320	1.680	2.100
	木工一般技工	工日	0.480	0.624	0.816	1.056	1.344	1.680
	木工高级技工	工日	0.120	0.156	0.204	0.264	0.336	0.420
材料	木砖	m^3	0.0120	0.0190	0.0260	0.0330	0.0400	0.0470
	其他材料费（占材料费）	%	2.00	2.00	2.00	2.00	2.00	2.00

工作内容：准备工具、必要支顶、安全监护、抽出损坏的旧柱、安装新柱、场内运输及清理废弃物。

计量单位：根

定额编号			3-6-163	3-6-164	3-6-165
项目			檐柱、单檐金柱抽换（不分方柱、圆柱）（柱径）		
			39cm 以内	42cm 以内	45cm 以内
名称		单位	消耗量		
人工	合计工日	工日	5.160	6.240	7.440
	木工普工	工日	2.580	3.120	3.720
	木工一般技工	工日	2.064	2.496	2.976
	木工高级技工	工日	0.516	0.624	0.744
材料	木砖	m^3	0.0540	0.0610	0.0680
	其他材料费（占材料费）	%	2.00	2.00	2.00

工作内容：准备工具、剔除槽朽部分、选料、下料、木料镶嵌随圆、粘、钉、平整刨光、场内运输及清理废弃物。

计量单位：块

定额编号			3-6-166	3-6-167	3-6-168	3-6-169	3-6-170	3-6-171
项目			圆形构部件剔补(单块面积)					
			0.1m² 以内	0.2m² 以内	0.3m² 以内	0.4m² 以内	0.5m² 以内	0.5m² 以外
名称		单位	消耗量					
人工	合计工日	工日	0.200	0.300	0.400	0.500	0.600	0.650
	木工普工	工日	0.100	0.150	0.200	0.250	0.300	0.325
	木工一般技工	工日	0.080	0.120	0.160	0.200	0.240	0.260
	木工高级技工	工日	0.020	0.030	0.040	0.050	0.060	0.065
材料	板方材	m^3	0.0070	0.0170	0.0300	0.0460	0.0670	0.0960
	圆钉	kg	0.1000	0.2000	0.3000	0.5000	0.7000	1.0000
	乳胶	kg	0.2000	0.4000	0.7000	1.1000	1.6000	2.2000
	其他材料费(占材料费)	%	2.00	2.00	2.00	2.00	2.00	2.00

工作内容：准备工具、剔除槽朽部分、选料、下料、木料镶嵌、粘、钉、平整刨光、场内运输及清理废弃物。

计量单位：块

定额编号			3-6-172	3-6-173	3-6-174	3-6-175	3-6-176	3-6-177
项目			方形构部件剔补(单块面积)					
			0.1m² 以内	0.2m² 以内	0.3m² 以内	0.4m² 以内	0.5m² 以内	0.5m² 以外
名称		单位	消耗量					
人工	合计工日	工日	0.180	0.240	0.312	0.400	0.492	0.600
	木工普工	工日	0.090	0.120	0.156	0.200	0.246	0.300
	木工一般技工	工日	0.072	0.096	0.125	0.160	0.197	0.240
	木工高级技工	工日	0.018	0.024	0.031	0.040	0.049	0.060
材料	板方材	m^3	0.0050	0.0120	0.0210	0.0320	0.0470	0.0670
	圆钉	kg	0.1000	0.2000	0.3000	0.5000	0.7000	1.0000
	乳胶	kg	0.2000	0.4000	0.7000	1.1000	1.6000	2.2000
	其他材料费(占材料费)	%	2.00	2.00	2.00	2.00	2.00	2.00

工作内容:旧榫眼填补包括准备工具、选料、下料、清理、剔凿、锯制木楔、钉木楔、场内运输及清理废弃物;铁件紧固包括准备工具、拆除、重新打眼、校正、场内运输及清理废弃物。

定额编号			3-6-178	3-6-179	3-6-180	3-6-181
项目			旧榫眼填补(柱径)			铁件紧固
			20cm 以内	25cm 以内	30cm 以内	kg
			块			
名称		单位	消耗量			
人工	合计工日	工日	0.173	0.230	0.300	0.180
	木工普工	工日	0.087	0.115	0.150	0.090
	木工一般技工	工日	0.069	0.092	0.120	0.072
	木工高级技工	工日	0.017	0.023	0.030	0.018
材料	乳胶	kg	0.0100	0.2000	0.4000	—
	圆钉	kg	0.0500	0.1000	0.2000	—
	板方材	m^3	0.0010	0.0020	0.0030	—
	铁件(综合)	kg	—	—	—	0.0100
	其他材料费(占材料费)	%	2.00	2.00	2.00	2.00

工作内容：准备工具、选料、下料、铁箍制作、修整、安装、场内运输及清理废弃物；剔槽安装铁箍还包括清除施工部位木构件表面的麻灰。

计量单位：kg

定额编号			3-6-182	3-6-183	3-6-184	3-6-185	3-6-186	3-6-187
项目			圆形构部件					
			剔槽安铁箍			明安铁箍		
			圆钉紧固	倒刺钉紧固	螺栓紧固	圆钉紧固	倒刺钉紧固	螺栓紧固
名称		单位	消耗量					
人工	合计工日	工日	0.200	0.240	0.150	0.100	0.120	0.080
	木工普工	工日	0.100	0.120	0.075	0.050	0.060	0.040
	木工一般技工	工日	0.080	0.096	0.060	0.040	0.048	0.032
	木工高级技工	工日	0.020	0.024	0.015	0.010	0.012	0.008
材料	铁件(综合)	kg	1.0200	1.0200	1.0200	1.0200	1.0200	1.0200
	圆钉	kg	0.2000	—	—	0.2000	—	—
	自制倒刺钉	kg	—	0.3000	—	—	0.3000	—
	镀锌六角螺栓	套	—	—	2.0000	—	—	2.0000
	其他材料费(占材料费)	%	2.00	2.00	2.00	2.00	2.00	2.00

工作内容：准备工具、选料、下料、铁箍制作、修整、安装、场内运输及清理废弃物；剔槽安装铁箍还包括清除施工部位木构件表面的麻灰。

计量单位：kg

定额编号			3-6-188	3-6-189	3-6-190	3-6-191	3-6-192	3-6-193
项目			方形构部件					
			剔槽安铁箍			明安铁箍		
			圆钉紧固	倒刺钉紧固	螺栓紧固	圆钉紧固	倒刺钉紧固	螺栓紧固
名称		单位	消耗量					
人工	合计工日	工日	0.140	0.170	0.180	0.080	0.100	0.120
	木工普工	工日	0.070	0.085	0.090	0.040	0.050	0.060
	木工一般技工	工日	0.056	0.068	0.072	0.032	0.040	0.048
	木工高级技工	工日	0.014	0.017	0.018	0.008	0.010	0.012
材料	铁件(综合)	kg	1.0200	1.0200	1.0200	1.0200	1.0200	1.0200
	圆钉	kg	0.2000	—	—	0.2000	—	—
	自制倒刺钉	kg	—	0.3000	—	—	0.3000	—
	自制螺栓	kg	—	—	1.0000	—	—	1.0000
	其他材料费(占材料费)	%	2.00	2.00	2.00	2.00	2.00	2.00

工作内容：准备工具、选料、下料、铁件制作修整、木构件上剔出卧槽、安装扁铁、场内运输及清理废弃物。

计量单位：kg

定额编号			3-6-194	3-6-195	3-6-196
项目			剔槽安拉接扁铁		
			圆钉紧固	倒刺钉紧固	螺栓紧固
名称		单位	消耗量		
人工	合计工日	工日	0.120	0.150	0.240
	木工普工	工日	0.060	0.075	0.120
	木工一般技工	工日	0.048	0.060	0.096
	木工高级技工	工日	0.012	0.015	0.024
材料	铁件(综合)	kg	1.0200	1.0200	1.0200
	圆钉	kg	0.2000	—	—
	自制倒刺钉	kg	—	0.3000	—
	自制螺栓	kg	—	—	0.4700
	螺母	个	—	—	5.5000
	平光垫	个	—	—	5.5000
	其他材料费(占材料费)	%	2.00	2.00	2.00

工作内容：准备工具、选料、下料、铁件制作、修整、清除施工部位木构件表面的麻灰、安装铁件、场内运输及清理废弃物；钉铁扒锔还包括铁扒锔制作安装。

计量单位：kg

定额编号			3-6-197	3-6-198	3-6-199	3-6-200
项目			明安拉接扁铁			钉铁扒锔
			圆钉紧固	倒刺钉紧固	螺栓紧固	
名称		单位	消耗量			
人工	合计工日	工日	0.060	0.090	0.180	0.020
	木工普工	工日	0.030	0.045	0.090	0.010
	木工一般技工	工日	0.024	0.036	0.072	0.008
	木工高级技工	工日	0.006	0.009	0.018	0.002
材料	铁件(综合)	kg	1.0200	1.0200	1.0200	1.0200
	圆钉	kg	0.2000	—	—	—
	自制倒刺钉	kg	—	0.3000	—	—
	自制螺栓	kg	—	—	0.4700	—
	螺母	个	—	—	5.5000	—
	平光垫	个	—	—	5.5000	—
	其他材料费(占材料费)	%	2.00	2.00	2.00	2.00

三、木构件制作

1.柱 类 制 作

工作内容:准备工具、排制丈杆、选料、下料、画线、制作成型、编号、试装、场内运输及清理废弃物。

计量单位:m³

定额编号			3-6-201	3-6-202	3-6-203	3-6-204	3-6-205	3-6-206
项目			檐柱、单檐金柱制作(柱径)					
			20cm 以内	25cm 以内	30cm 以内	40cm 以内	50cm 以内	50cm 以外
名称		单位	消耗量					
人工	合计工日	工日	27.000	22.464	17.712	13.500	9.936	7.992
	木工普工	工日	8.100	6.739	5.314	4.050	2.981	2.398
	木工一般技工	工日	13.500	11.232	8.856	6.750	4.968	3.996
	木工高级技工	工日	5.400	4.493	3.542	2.700	1.987	1.598
材料	原木	m³	1.3500	1.3500	1.3500	1.3500	1.3500	1.3500
	样板料	m³	0.0230	0.0230	0.0230	0.0230	0.0230	0.0230
	其他材料费(占材料费)	%	0.50	0.50	0.50	0.50	0.50	0.50

工作内容:准备工具、排制丈杆、选料、下料、画线、制作成型、编号、试装、场内运输及清理废弃物。

计量单位:m³

定额编号			3-6-207	3-6-208	3-6-209	3-6-210	3-6-211	3-6-212
项目			重檐金柱、通柱制作(柱径)					
			25cm 以内	30cm 以内	40cm 以内	50cm 以内	60cm 以内	60cm 以外
名称		单位	消耗量					
人工	合计工日	工日	26.568	21.699	17.064	12.636	9.288	7.452
	木工普工	工日	7.970	6.510	5.119	3.791	2.786	2.236
	木工一般技工	工日	13.284	10.850	8.532	6.318	4.644	3.726
	木工高级技工	工日	5.314	4.340	3.413	2.527	1.858	1.490
材料	原木	m³	1.3500	1.3500	1.3500	1.3500	1.3500	1.3500
	样板料	m³	0.0230	0.0230	0.0230	0.0230	0.0230	0.0230
	其他材料费(占材料费)	%	0.50	0.50	0.50	0.50	0.50	0.50

工作内容：准备工具、排制丈杆、选料、下料、画线、制作成型、编号、试装、场内运输及清理废弃物。

计量单位：m^3

定额编号			3-6-213	3-6-214	3-6-215	3-6-216	3-6-217	3-6-218
项目			中柱、山柱制作(柱径)					
			25cm 以内	30cm 以内	40cm 以内	50cm 以内	60cm 以内	60cm 以外
名称		单位	消耗量					
人工	合计工日	工日	20.088	17.388	13.608	10.260	7.344	6.156
	木工普工	工日	6.026	5.216	4.082	3.078	2.203	1.847
	木工一般技工	工日	10.044	8.694	6.804	5.130	3.672	3.078
	木工高级技工	工日	4.018	3.478	2.722	2.052	1.469	1.231
材料	原木	m^3	1.3500	1.3500	1.3500	1.3500	1.3500	1.3500
	样板料	m^3	0.0230	0.0230	0.0230	0.0230	0.0230	0.0230
	其他材料费(占材料费)	%	0.50	0.50	0.50	0.50	0.50	0.50

工作内容：准备工具、排制丈杆、选料、下料、画线、制作成型、编号、试装、场内运输及清理废弃物。

计量单位：m^3

定额编号			3-6-219	3-6-220	3-6-221	3-6-222	3-6-223
项目			童柱制作(柱径)				
			25cm 以内	30cm 以内	40cm 以内	50cm 以内	50cm 以外
名称		单位	消耗量				
人工	合计工日	工日	25.272	20.736	16.200	11.556	9.396
	木工普工	工日	7.582	6.221	4.860	3.467	2.819
	木工一般技工	工日	12.636	10.368	8.100	5.778	4.698
	木工高级技工	工日	5.054	4.147	3.240	2.311	1.879
材料	原木	m^3	1.3500	1.3500	1.3500	1.3500	1.3500
	样板料	m^3	0.0230	0.0230	0.0230	0.0230	0.0230
	其他材料费(占材料费)	%	0.50	0.50	0.50	0.50	0.50

工作内容:准备工具、排制丈杆、选料、下料、画线、制作成型、编号、试装、场内运输及清理废弃物。

计量单位:m^3

定额编号			3-6-224	3-6-225	3-6-226	3-6-227
项目			圆擎檐柱、牌楼戗柱制作(柱径)			
			20cm以内	25cm以内	30cm以内	30cm以外
名称		单位	消耗量			
人工	合计工日	工日	19.440	12.528	9.072	7.128
	木工普工	工日	5.832	3.758	2.722	2.138
	木工一般技工	工日	9.720	6.264	4.536	3.564
	木工高级技工	工日	3.888	2.506	1.814	1.426
材料	原木	m^3	1.3500	1.3500	1.3500	1.3500
	样板料	m^3	0.0230	0.0230	0.0230	0.0230
	其他材料费(占材料费)	%	0.50	0.50	0.50	0.50

工作内容:准备工具、排制丈杆、选料、下料、画线、制作成型、编号、试装、场内运输及清理废弃物。

计量单位:m^3

定额编号			3-6-228	3-6-229	3-6-230
项目			梅花柱、风廊柱制作(柱径)		
			20cm以内	25cm以内	25cm以外
名称		单位	消耗量		
人工	合计工日	工日	16.524	10.584	7.560
	木工普工	工日	4.957	3.175	2.268
	木工一般技工	工日	8.262	5.292	3.780
	木工高级技工	工日	3.305	2.117	1.512
材料	板方材	m^3	1.1700	1.1700	1.1700
	样板料	m^3	0.0230	0.0230	0.0230
	其他材料费(占材料费)	%	0.50	0.50	0.50

工作内容：准备工具、排制丈杆、选料、下料、画线、制作成型、编号、试装、场内运输及清理废弃物；草栿柱制作还包括剥刮树皮、砍节子。

计量单位：m³

定额编号			3-6-231	3-6-232	3-6-233	3-6-234	3-6-235
项目			方擎檐柱、抱柱制作（柱径）				各种草栿柱制作
			20cm 以内	25cm 以内	30cm 以内	30cm 以外	
名称		单位	消耗量				
人工	合计工日	工日	10.800	6.264	5.076	3.996	6.372
	木工普工	工日	3.240	1.879	1.523	1.199	1.912
	木工一般技工	工日	5.400	3.132	2.538	1.998	3.186
	木工高级技工	工日	2.160	1.253	1.015	0.799	1.274
材料	原木	m³	—	—	—	—	1.1700
	板方材	m³	1.1700	1.1700	1.1700	1.1700	—
	样板料	m³	0.0230	0.0230	0.0230	0.0230	0.0230
	其他材料费（占材料费）	%	0.50	0.50	0.50	0.50	0.50

2. 枋类制作

工作内容：准备工具、排制丈杆、样板、选料、下料、画线、制作成型、编号、试装、场内运输及清理废弃物。

计量单位：m³

定额编号			3-6-236	3-6-237	3-6-238	3-6-239
项目			普通大额枋、单额枋、桁檩枋制作（截面高度）			
			20cm 以内	25cm 以内	30cm 以内	40cm 以内
名称		单位	消耗量			
人工	合计工日	工日	11.556	7.344	5.508	4.320
	木工普工	工日	3.467	2.203	1.652	1.296
	木工一般技工	工日	5.778	3.672	2.754	2.160
	木工高级技工	工日	2.311	1.469	1.102	0.864
材料	板方材	m³	1.0900	1.0900	1.0900	1.0900
	样板料	m³	0.0230	0.0230	0.0230	0.0230
	其他材料费（占材料费）	%	0.50	0.50	0.50	0.50

工作内容:准备工具、排制丈杆、样板、选料、下料、画线、制作成型、编号、试装、场内运输及清理废弃物。

计量单位:m³

定额编号			3-6-240	3-6-241	3-6-242
项目			普通大额枋、单额枋、桁檩枋制作(截面高度)		
			50cm 以内	60cm 以内	60cm 以外
名称		单位	消耗量		
人工	合计工日	工日	3.240	2.700	2.160
	木工普工	工日	0.972	0.810	0.648
	木工一般技工	工日	1.620	1.350	1.080
	木工高级技工	工日	0.648	0.540	0.432
材料	板方材	m^3	1.0900	1.0900	1.0900
	样板料	m^3	0.0230	0.2300	0.0230
	其他材料费(占材料费)	%	0.50	0.50	0.50

工作内容:准备工具、排制丈杆、样板、选料、下料、画线、制作成型、编号、试装、场内运输及清理废弃物。

计量单位:m³

定额编号			3-6-243	3-6-244	3-6-245	3-6-246	3-6-247
项目			一端带三岔头箍头的大额枋、单额枋制作(截面高度)				
			20cm 以内	25cm 以内	30cm 以内	40cm 以内	40cm 以外
名称		单位	消耗量				
人工	合计工日	工日	16.092	9.936	8.586	5.346	4.536
	木工普工	工日	4.828	2.981	2.576	1.604	1.361
	木工一般技工	工日	8.046	4.968	4.293	2.673	2.268
	木工高级技工	工日	3.218	1.987	1.717	1.069	0.907
材料	板方材	m^3	1.0900	1.0900	1.0900	1.0900	1.0900
	样板料	m^3	0.0230	0.0230	0.0230	0.0230	0.0230
	其他材料费(占材料费)	%	0.50	0.50	0.50	0.50	0.50

工作内容：准备工具、排制丈杆、样板、选料、下料、画线、制作成型、编号、试装、场内运输及清理废弃物。

计量单位：m^3

定额编号			3-6-248	3-6-249	3-6-250	3-6-251
项目			两端带三岔头箍头的大额枋制作(截面高度)			
			20cm 以内	25cm 以内	30cm 以内	30cm 以外
名称		单位	消耗量			
人工	合计工日	工日	20.520	12.960	8.640	7.020
	木工普工	工日	6.156	3.888	2.592	2.106
	木工一般技工	工日	10.260	6.480	4.320	3.510
	木工高级技工	工日	4.104	2.592	1.728	1.404
材料	板方材	m^3	1.0900	1.0900	1.0900	1.0900
	样板料	m^3	0.0230	0.0230	0.0230	0.0230
	其他材料费(占材料费)	%	0.50	0.50	0.50	0.50

工作内容：准备工具、排制丈杆、样板、选料、下料、画线、制作成型、编号、试装、场内运输及清理废弃物。

计量单位：m^3

定额编号			3-6-252	3-6-253	3-6-254	3-6-255	3-6-256	3-6-257
项目			一端带霸王拳箍头的大额枋制作(截面高度)				二端带霸王拳箍头的大额枋、单额枋制作(截面高度)	
			40cm 以内	50cm 以内	60cm 以内	60cm 以外	30cm 以内	30cm 以外
名称		单位	消耗量					
人工	合计工日	工日	6.912	5.184	4.212	3.348	8.856	7.128
	木工普工	工日	2.074	1.555	1.264	1.004	2.657	2.138
	木工一般技工	工日	3.456	2.592	2.106	1.674	4.428	3.564
	木工高级技工	工日	1.382	1.037	0.842	0.670	1.771	1.426
材料	板方材	m^3	1.0900	1.0900	1.0900	1.0900	1.0900	1.0900
	样板料	m^3	0.0230	0.0230	0.0230	0.0230	0.0230	0.0230
	其他材料费(占材料费)	%	0.50	0.50	0.50	0.50	0.50	0.50

工作内容:准备工具、排制丈杆、样板、选料、下料、画线、制作成型、编号、试装、场内运输及清理废弃物。

计量单位:m^3

定额编号			3-6-258	3-6-259	3-6-260	3-6-261
项目			普通小额枋、跨空枋、棋枋、博脊枋、穿插枋、间枋、天花枋制作(截面高度)			
			20cm 以内	25cm 以内	30cm 以内	40cm 以内
名称		单位	消耗量			
人工	合计工日	工日	12.636	8.640	6.480	4.860
	木工普工	工日	3.791	2.592	1.944	1.458
	木工一般技工	工日	6.318	4.320	3.240	2.430
	木工高级技工	工日	2.527	1.728	1.296	0.972
材料	板方材	m^3	1.0900	1.0900	1.0900	1.0900
	样板料	m^3	0.0230	0.0230	0.0230	0.0230
	其他材料费(占材料费)	%	0.50	0.50	0.50	0.50

工作内容:准备工具、排制丈杆、样板、选料、下料、画线、制作成型、编号、试装、场内运输及清理废弃物。

计量单位:m^3

定额编号			3-6-262	3-6-263	3-6-264
项目			普通小额枋、跨空枋、棋枋、博脊枋、穿插枋、间枋、天花枋制作(截面高度)		
			50cm 以内	60cm 以内	60cm 以外
名称		单位	消耗量		
人工	合计工日	工日	3.672	3.132	2.160
	木工普工	工日	1.102	0.940	0.648
	木工一般技工	工日	1.836	1.566	1.080
	木工高级技工	工日	0.734	0.626	0.432
材料	板方材	m^3	1.0900	1.0900	1.0900
	样板料	m^3	0.0230	0.0230	0.0230
	其他材料费(占材料费)	%	0.50	0.50	0.50

工作内容:准备工具、排制丈杆、样板、选料、下料、画线、制作成型、编号、试装、场内运输及清理废弃物。

计量单位:m^3

定额编号			3-6-265	3-6-266	3-6-267	3-6-268
项目			带麻叶头的小额枋、穿插枋制作(截面高度)			
			20cm 以内	25cm 以内	30cm 以内	30cm 以外
名称		单位	消耗量			
人工	合计工日	工日	20.304	12.744	9.720	7.236
	木工普工	工日	6.091	3.823	2.916	2.171
	木工一般技工	工日	10.152	6.372	4.860	3.618
	木工高级技工	工日	4.061	2.549	1.944	1.447
材料	板方材	m^3	1.0900	1.0900	1.0900	1.0900
	样板料	m^3	0.0230	0.0230	0.0230	0.0230
	其他材料费(占材料费)	%	0.50	0.50	0.50	0.50

工作内容:准备工具、排制丈杆、样板、选料、下料、画线、制作成型、编号、试装、场内运输及清理废弃物。

计量单位:m^3

定额编号			3-6-269	3-6-270	3-6-271	3-6-272	3-6-273
项目			承椽枋制作(截面高度)				
			30cm 以内	40cm 以内	50cm 以内	60cm 以内	60cm 以外
名称		单位	消耗量				
人工	合计工日	工日	12.744	10.044	7.560	6.048	4.752
	木工普工	工日	3.823	3.013	2.268	1.814	1.426
	木工一般技工	工日	6.372	5.022	3.780	3.024	2.376
	木工高级技工	工日	2.549	2.009	1.512	1.210	0.950
材料	板方材	m^3	1.0900	1.0900	1.0900	1.0900	1.0900
	样板料	m^3	0.0230	0.0230	0.0230	0.0230	0.0230
	其他材料费(占材料费)	%	0.50	0.50	0.50	0.50	0.50

工作内容：准备工具、排制丈杆、样板、选料、下料、画线、制作成型、编号、试装、场内运输及清理废弃物；旧枋改短重新作榫还包括截料。

计量单位：m^3

定额编号			3-6-274	3-6-275	3-6-276	3-6-277	3-6-278
项目			平板枋制作（截面高度）				旧枋改短重新作榫
			10cm 以内	15cm 以内	20cm 以内	20cm 以外	
名称		单位	消耗量				
人工	合计工日	工日	19.332	11.988	8.640	6.156	2.592
	木工普工	工日	5.800	3.596	2.592	1.847	0.778
	木工一般技工	工日	9.666	5.994	4.320	3.078	1.296
	木工高级技工	工日	3.866	2.398	1.728	1.231	0.518
材料	板方材	m^3	1.0900	1.0900	1.0900	1.0900	—
	样板料	m^3	0.0230	0.0230	0.0230	0.0230	0.0130
	其他材料费（占材料费）	%	0.50	0.50	0.50	0.50	0.50

3.梁类制作

工作内容：准备工具、排制丈杆、样板、选料、下料、画线、制作成型、编号、试装、场内运输及清理废弃物。

计量单位：m^3

定额编号			3-6-279	3-6-280	3-6-281	3-6-282	3-6-283	3-6-284
项目			带桃尖头的梁制作（截面宽度）					
			25cm 以内	30cm 以内	40cm 以内	50cm 以内	60cm 以内	60cm 以外
名称		单位	消耗量					
人工	合计工日	工日	19.332	16.740	11.664	8.748	7.020	5.508
	木工普工	工日	5.800	5.022	3.499	2.624	2.106	1.652
	木工一般技工	工日	9.666	8.370	5.832	4.374	3.510	2.754
	木工高级技工	工日	3.866	3.348	2.333	1.750	1.404	1.102
材料	板方材	m^3	1.0900	1.0900	1.0900	1.0900	1.0900	1.0900
	样板料	m^3	0.0230	0.0230	0.0230	0.0230	0.0230	0.0230
	其他材料费（占材料费）	%	0.50	0.50	0.50	0.50	0.50	0.50

工作内容:准备工具、排制丈杆、样板、选料、下料、画线、制作成型、编号、试装、场内运输及清理废弃物。

计量单位:m³

定额编号			3-6-285	3-6-286	3-6-287	3-6-288	3-6-289
项目			桃尖假梁头制作(截面宽度)				
			25cm 以内	30cm 以内	40cm 以内	50cm 以内	50cm 以外
名称		单位	消耗量				
人工	合计工日	工日	29.808	20.520	16.632	11.988	11.232
	木工普工	工日	8.942	6.156	4.990	3.596	3.370
	木工一般技工	工日	14.904	10.260	8.316	5.994	5.616
	木工高级技工	工日	5.962	4.104	3.326	2.398	2.246
材料	板方材	m³	1.0900	1.0900	1.0900	1.0900	1.0900
	样板料	m³	0.0510	0.0510	0.0510	0.0510	0.0510
	其他材料费(占材料费)	%	0.50	0.50	0.50	0.50	0.50

工作内容:准备工具、排制丈杆、样板、选料、下料、画线、制作成型、编号、试装、场内运输及清理废弃物。

计量单位:m³

定额编号			3-6-290	3-6-291	3-6-292	3-6-293
项目			天花梁制作(截面宽度)			
			40cm 以内	50cm 以内	60cm 以内	60cm 以外
名称		单位	消耗量			
人工	合计工日	工日	4.320	3.240	2.160	1.620
	木工普工	工日	1.296	0.972	0.648	0.486
	木工一般技工	工日	2.160	1.620	1.080	0.810
	木工高级技工	工日	0.864	0.648	0.432	0.324
材料	板方材	m³	1.0900	1.0900	1.0900	1.0900
	样板料	m³	0.0230	0.0230	0.0230	0.0230
	其他材料费(占材料费)	%	0.50	0.50	0.50	0.50

工作内容:准备工具、排制丈杆、样板、选料、下料、画线、制作成型、编号、试装、场内运输及清理废弃物。

计量单位:m^3

定额编号			3-6-294	3-6-295	3-6-296	3-6-297
项目			一端带麻叶头的梁制作(截面宽度)			
			25cm 以内	30cm 以内	40cm 以内	40cm 以外
名称		单位	消耗量			
人工	合计工日	工日	22.239	16.632	13.284	9.828
	木工普工	工日	4.439	3.823	3.013	2.268
	木工一般技工	工日	7.398	6.372	5.022	3.780
	木工高级技工	工日	2.959	2.549	2.009	1.512
	雕刻工一般技工	工日	4.465	2.333	1.944	1.361
	雕刻工高级技工	工日	2.977	1.555	1.296	0.907
材料	板方材	m^3	1.0900	1.0900	1.0900	1.0900
	样板料	m^3	0.0230	0.0230	0.0230	0.0230
	其他材料费(占材料费)	%	0.50	0.50	0.50	0.50

工作内容:准备工具、排制丈杆、样板、选料、下料、画线、制作成型、编号、试装、场内运输及清理废弃物。

计量单位:m^3

定额编号			3-6-298	3-6-299	3-6-300	3-6-301
项目			两端带麻叶头的梁制作(截面宽度)			
			25cm 以内	30cm 以内	40cm 以内	40cm 以外
名称		单位	消耗量			
人工	合计工日	工日	19.440	16.200	12.744	9.288
	木工普工	工日	4.439	3.888	3.013	2.268
	木工一般技工	工日	7.398	6.480	5.022	3.780
	木工高级技工	工日	2.959	2.592	2.009	1.512
	雕刻工一般技工	工日	2.786	1.944	1.620	1.037
	雕刻工高级技工	工日	1.858	1.296	1.080	0.691
材料	板方材	m^3	1.0900	1.0900	1.0900	1.0900
	样板料	m^3	0.0230	0.0230	0.0230	0.0230
	其他材料费(占材料费)	%	0.50	0.50	0.50	0.50

工作内容：准备工具、排制丈杆、样板、选料、下料、画线、制作成型、编号、试装、场内运输及清理废弃物。

计量单位：m^3

定额编号			3-6-302	3-6-303	3-6-304	3-6-305
项目			角云、捧梁云、通雀替制作(截面宽度)			
			25cm 以内	30cm 以内	40cm 以内	40cm 以外
名称		单位	消耗量			
人工	合计工日	工日	41.290	31.574	23.516	16.339
	木工普工	工日	7.286	6.293	4.902	3.709
	木工一般技工	工日	12.144	10.488	8.170	6.182
	木工高级技工	工日	4.858	4.195	3.268	2.473
	雕刻工一般技工	工日	10.201	6.359	4.306	2.385
	雕刻工高级技工	工日	6.801	4.239	2.870	1.590
材料	板方材	m^3	1.0900	1.0900	1.0900	1.0900
	样板料	m^3	0.0510	0.0510	0.0510	0.0510
	其他材料费(占材料费)	%	0.50	0.50	0.50	0.50

工作内容：准备工具、排制丈杆、样板、选料、下料、画线、制作成型、编号、试装、场内运输及清理废弃物。

计量单位：m^3

定额编号			3-6-306	3-6-307	3-6-308	3-6-309	3-6-310	3-6-311
项目			九架梁制作(截面宽度)			七架梁、卷棚八架梁制作(截面宽度)		
			50cm 以内	60cm 以内	60cm 以外	40cm 以内	50cm 以内	50cm 以外
名称		单位	消耗量					
人工	合计工日	工日	3.348	2.268	1.728	4.725	3.672	2.484
	木工普工	工日	1.004	0.680	0.518	1.418	1.102	0.745
	木工一般技工	工日	1.674	1.134	0.864	2.363	1.836	1.242
	木工高级技工	工日	0.670	0.454	0.346	0.945	0.734	0.497
材料	板方材	m^3	1.0900	1.0900	1.0900	1.0900	1.0900	1.0900
	样板料	m^3	0.0230	0.0230	0.0230	0.0230	0.0230	0.0230
	其他材料费(占材料费)	%	0.50	0.50	0.50	0.50	0.50	0.50

工作内容:准备工具、排制丈杆、样板、选料、下料、画线、制作成型、编号、试装、场内运输及清理废弃物。

计量单位:m^3

定额编号			3-6-312	3-6-313	3-6-314	3-6-315	3-6-316	3-6-317
项目			五架梁、卷棚六架梁制作(截面宽度)				卷棚四架梁制作(截面宽度)	
			30cm 以内	40cm 以内	50cm 以内	50cm 以外	25cm 以内	30cm 以内
名称		单位	消耗量					
人工	合计工日	工日	6.480	5.076	3.888	3.132	13.392	7.992
	木工普工	工日	1.944	1.523	1.166	0.940	4.018	2.398
	木工一般技工	工日	3.240	2.538	1.944	1.566	6.696	3.996
	木工高级技工	工日	1.296	1.015	0.778	0.626	2.678	1.598
材料	板方材	m^3	1.0900	1.0900	1.0900	1.0900	1.0900	1.0900
	样板料	m^3	0.0230	0.0230	0.0230	0.0230	0.0230	0.0230
	其他材料费(占材料费)	%	0.50	0.50	0.50	0.50	0.50	0.50

工作内容:准备工具、排制丈杆、样板、选料、下料、画线、制作成型、编号、试装、场内运输及清理废弃物。

计量单位:m^3

定额编号			3-6-318	3-6-319	3-6-320	3-6-321	3-6-322	3-6-323
项目			卷棚四架梁制作(截面宽度)		三架梁制作(截面宽度)			
			40cm 以内	40cm 以外	25cm 以内	30cm 以内	40cm 以内	40cm 以外
名称		单位	消耗量					
人工	合计工日	工日	6.264	4.752	11.880	8.748	6.912	5.292
	木工普工	工日	1.879	1.426	3.564	2.624	2.074	1.588
	木工一般技工	工日	3.132	2.376	5.940	4.374	3.456	2.646
	木工高级技工	工日	1.253	0.950	2.376	1.750	1.382	1.058
材料	板方材	m^3	1.0900	1.0900	1.0900	1.0900	1.0900	1.0900
	样板料	m^3	0.0230	0.0230	0.0230	0.0230	0.0230	0.0230
	其他材料费(占材料费)	%	0.50	0.50	0.50	0.50	0.50	0.50

工作内容：准备工具、排制丈杆、样板、选料、下料、画线、制作成型、编号、试装、场内运输及清理废弃物。

计量单位：m^3

定额编号			3-6-324	3-6-325	3-6-326	3-6-327
项目			月梁制作(截面宽度)			
			20cm 以内	25cm 以内	30cm 以内	30cm 以外
名称		单位	消耗量			
人工	合计工日	工日	23.976	16.416	12.204	9.720
	木工普工	工日	7.193	4.925	3.661	2.916
	木工一般技工	工日	11.988	8.208	6.102	4.860
	木工高级技工	工日	4.795	3.283	2.441	1.944
材料	板方材	m^3	1.0900	1.0900	1.0900	1.0900
	样板料	m^3	0.0230	0.0230	0.0230	0.0230
	其他材料费(占材料费)	%	0.50	0.50	0.50	0.50

工作内容：准备工具、排制丈杆、样板、选料、下料、画线、制作成型、编号、试装、场内运输及清理废弃物。

计量单位：m^3

定额编号			3-6-328	3-6-329	3-6-330	3-6-331
项目			三步梁制作(截面宽度)			
			35cm 以内	40cm 以内	50cm 以内	50cm 以外
名称		单位	消耗量			
人工	合计工日	工日	5.940	4.860	3.780	3.024
	木工普工	工日	1.782	1.458	1.134	0.907
	木工一般技工	工日	2.970	2.430	1.890	1.512
	木工高级技工	工日	1.188	0.972	0.756	0.605
材料	板方材	m^3	1.0900	1.0900	1.0900	1.0900
	样板料	m^3	0.0230	0.0230	0.0230	0.0230
	其他材料费(占材料费)	%	0.50	0.50	0.50	0.50

工作内容:准备工具、排制丈杆、样板、选料、下料、画线、制作成型、编号、试装、场内运输及清理废弃物。

计量单位:m^3

定额编号			3-6-332	3-6-333	3-6-334	3-6-335	3-6-336
项目			双步梁制作(截面宽度)				
			25cm 以内	30cm 以内	40cm 以内	50cm 以内	50cm 以外
名称		单位	消耗量				
人工	合计工日	工日	8.964	7.776	6.156	4.644	3.672
	木工普工	工日	2.689	2.333	1.847	1.393	1.102
	木工一般技工	工日	4.482	3.888	3.078	2.322	1.836
	木工高级技工	工日	1.793	1.555	1.231	0.929	0.734
材料	板方材	m^3	1.0900	1.0900	1.0900	1.0900	1.0900
	样板料	m^3	0.0230	0.0230	0.0230	0.0230	0.0230
	其他材料费(占材料费)	%	0.50	0.50	0.50	0.50	0.50

工作内容:准备工具、排制丈杆、样板、选料、下料、画线、制作成型、编号、试装、场内运输及清理废弃物。

计量单位:m^3

定额编号			3-6-337	3-6-338	3-6-339	3-6-340	3-6-341
项目			单步梁、抱头梁、斜抱头梁制作(截面宽度)				
			25cm 以内	30cm 以内	40cm 以内	50cm 以内	50cm 以外
名称		单位	消耗量				
人工	合计工日	工日	13.932	10.260	8.100	6.156	4.968
	木工普工	工日	4.180	3.078	2.430	1.847	1.490
	木工一般技工	工日	6.966	5.130	4.050	3.078	2.484
	木工高级技工	工日	2.786	2.052	1.620	1.231	0.994
材料	板方材	m^3	1.0900	1.0900	1.0900	1.0900	1.0900
	样板料	m^3	0.0230	0.0230	0.0230	0.0230	0.0230
	其他材料费(占材料费)	%	0.50	0.50	0.50	0.50	0.50

工作内容：准备工具、排制丈杆、样板、选料、下料、画线、制作成型、编号、试装、场内运输及清理废弃物。

计量单位：m^3

定额编号			3-6-342	3-6-343	3-6-344	3-6-345	3-6-346
项目			抱头假梁头制作(截面宽度)				
			25cm 以内	30cm 以内	40cm 以内	50cm 以内	50cm 以外
名称		单位	消耗量				
人工	合计工日	工日	17.172	12.744	10.152	7.668	6.048
	木工普工	工日	5.152	3.823	3.046	2.300	1.814
	木工一般技工	工日	8.586	6.372	5.076	3.834	3.024
	木工高级技工	工日	3.434	2.549	2.030	1.534	1.210
材料	板方材	m^3	1.0900	1.0900	1.0900	1.0900	1.0900
	样板料	m^3	0.0230	0.0230	0.0230	0.0230	0.0230
	其他材料费(占材料费)	%	0.50	0.50	0.50	0.50	0.50

工作内容：准备工具、排制丈杆、样板、选料、下料、画线、制作成型、编号、试装、场内运输及清理废弃物。

计量单位：m^3

定额编号			3-6-347	3-6-348	3-6-349	3-6-350	3-6-351
项目			采步金制作(截面宽度)				
			25cm 以内	30cm 以内	40cm 以内	50cm 以内	50cm 以外
名称		单位	消耗量				
人工	合计工日	工日	14.364	10.476	8.208	6.264	5.076
	木工普工	工日	4.309	3.143	2.462	1.879	1.523
	木工一般技工	工日	7.182	5.238	4.104	3.132	2.538
	木工高级技工	工日	2.873	2.095	1.642	1.253	1.015
材料	板方材	m^3	1.0900	1.0900	1.0900	1.0900	1.0900
	样板料	m^3	0.0230	0.0230	0.0230	0.0230	0.0230
	其他材料费(占材料费)	%	0.50	0.50	0.50	0.50	0.50

工作内容:准备工具、排制丈杆、样板、选料、下料、画线、制作成型、编号、试装、场内运输及清理废弃物;草栿梁制作还包括剥刮树皮、砍节子。

计量单位:m^3

定额编号			3-6-352	3-6-353	3-6-354	3-6-355	3-6-356	3-6-357
项目			扒梁、抹角梁、太平梁制作(截面宽度)					各种草栿梁制作
			25cm 以内	30cm 以内	40cm 以内	50cm 以内	50cm 以外	
名称		单位	消耗量					
人工	合计工日	工日	7.452	5.400	4.320	3.240	2.592	6.480
	木工普工	工日	2.236	1.620	1.296	0.972	0.778	1.944
	木工一般技工	工日	3.726	2.700	2.160	1.620	1.296	3.240
	木工高级技工	工日	1.490	1.080	0.864	0.648	0.518	1.296
材料	板方材	m^3	1.0900	1.0900	1.0900	1.0900	1.0900	—
	原木	m^3	—	—	—	—	—	1.0900
	样板料	m^3	0.0230	0.0230	0.0230	0.0230	0.0230	0.0230
	其他材料费(占材料费)	%	0.50	0.50	0.50	0.50	0.50	0.50

4. 瓜柱、柁墩、角背、雷公柱制作

工作内容:准备工具、排制丈杆、样板、选料、下料、画线、制作成型、编号、试装、场内运输及清理废弃物。

计量单位:m^3

定额编号			3-6-358	3-6-359	3-6-360	3-6-361	3-6-362
项目			金瓜柱(不带角背口)制作(柱径)				
			20cm 以内	25cm 以内	30cm 以内	40cm 以内	40cm 以外
名称		单位	消耗量				
人工	合计工日	工日	42.660	25.272	17.172	12.744	8.964
	木工普工	工日	12.798	7.582	5.152	3.823	2.689
	木工一般技工	工日	21.330	12.636	8.586	6.372	4.482
	木工高级技工	工日	8.532	5.054	3.434	2.549	1.793
材料	板方材	m^3	1.3500	1.3500	1.3500	1.3500	1.3500
	样板料	m^3	0.0510	0.0510	0.0510	0.0510	0.0510
	其他材料费(占材料费)	%	0.50	0.50	0.50	0.50	0.50

工作内容:准备工具、排制丈杆、样板、选料、下料、画线、制作成型、编号、试装、场内运输及清理废弃物。

计量单位:m^3

定额编号			3-6-363	3-6-364	3-6-365	3-6-366	3-6-367
项目			金瓜柱(带角背口)制作(柱径)				
			20cm 以内	25cm 以内	30cm 以内	40cm 以内	40cm 以外
名称		单位	消耗量				
人工	合计工日	工日	55.404	34.560	22.356	16.524	11.664
	木工普工	工日	16.621	10.368	6.707	4.957	3.499
	木工一般技工	工日	27.702	17.280	11.178	8.262	5.832
	木工高级技工	工日	11.081	6.912	4.471	3.305	2.333
材料	板方材	m^3	1.3500	1.3500	1.3500	1.3500	1.3500
	样板料	m^3	0.0510	0.0510	0.0510	0.0510	0.0510
	其他材料费(占材料费)	%	0.50	0.50	0.50	0.50	0.50

工作内容:准备工具、排制丈杆、样板、选料、下料、画线、制作成型、编号、试装、场内运输及清理废弃物。

计量单位:m^3

定额编号			3-6-368	3-6-369	3-6-370	3-6-371	3-6-372
项目			脊瓜柱(不带角背口)制作(柱径)				
			20cm 以内	25cm 以内	30cm 以内	40cm 以内	40cm 以外
名称		单位	消耗量				
人工	合计工日	工日	39.096	22.248	15.120	11.340	8.100
	木工普工	工日	11.729	6.674	4.536	3.402	2.430
	木工一般技工	工日	19.548	11.124	7.560	5.670	4.050
	木工高级技工	工日	7.819	4.450	3.024	2.268	1.620
材料	板方材	m^3	1.3500	1.3500	1.3500	1.3500	1.3500
	样板料	m^3	0.0510	0.0510	0.0510	0.0510	0.0510
	其他材料费(占材料费)	%	0.50	0.50	0.50	0.50	0.50

工作内容:准备工具、排制丈杆、样板、选料、下料、画线、制作成型、编号、试装、场内运输及清理废弃物。

计量单位:m^3

定额编号			3-6-373	3-6-374	3-6-375	3-6-376	3-6-377
项目			脊瓜柱(带角背口)制作(柱径)				
			20cm 以内	25cm 以内	30cm 以内	40cm 以内	40cm 以外
名称		单位	消耗量				
人工	合计工日	工日	50.868	28.944	19.656	14.796	10.584
	木工普工	工日	15.260	8.683	5.897	4.439	3.175
	木工一般技工	工日	25.434	14.472	9.828	7.398	5.292
	木工高级技工	工日	10.174	5.789	3.931	2.959	2.117
材料	板方材	m^3	1.3500	1.3500	1.3500	1.3500	1.3500
	样板料	m^3	0.0510	0.0510	0.0510	0.0510	0.0510
	其他材料费(占材料费)	%	0.50	0.50	0.50	0.50	0.50

工作内容:准备工具、排制丈杆、样板、选料、下料、画线、制作成型、编号、试装、场内运输及清理废弃物;草栿瓜柱还包括剥刮树皮、砍节子。

计量单位:m^3

定额编号			3-6-378	3-6-379	3-6-380	3-6-381	3-6-382	3-6-383
项目			交金瓜柱制作(柱径)					草栿瓜柱制作
			20cm 以内	25cm 以内	30cm 以内	40cm 以内	40cm 以外	
名称		单位	消耗量					
人工	合计工日	工日	74.628	43.524	29.592	22.032	15.660	7.776
	木工普工	工日	22.388	13.057	8.878	6.610	4.698	2.333
	木工一般技工	工日	37.314	21.762	14.796	11.016	7.830	3.888
	木工高级技工	工日	14.926	8.705	5.918	4.406	3.132	1.555
材料	板方材	m^3	1.3500	1.3500	1.3500	1.3500	1.3500	—
	原木	m^3	—	—	—	—	—	1.2100
	样板料	m^3	0.0510	0.0510	0.0510	0.0510	0.0510	0.0510
	其他材料费(占材料费)	%	0.50	0.50	0.50	0.50	0.50	0.50

工作内容:准备工具、排制丈杆、样板、选料、下料、画线、制作成型、编号、试装、场内运输及清理废弃物。

计量单位:m^3

定额编号			3-6-384	3-6-385	3-6-386	3-6-387	3-6-388
项目			太平梁上雷公柱制作(柱径)				
			20cm 以内	25cm 以内	30cm 以内	40cm 以内	40cm 以外
名称		单位	消耗量				
人工	合计工日	工日	58.212	33.156	22.572	16.848	12.096
	木工普工	工日	17.464	9.947	6.772	5.054	3.629
	木工一般技工	工日	29.106	16.578	11.286	8.424	6.048
	木工高级技工	工日	11.642	6.631	4.514	3.370	2.419
材料	原木	m^3	1.3500	1.3500	1.3500	1.3500	1.3500
	样板料	m^3	0.0510	0.0510	0.0510	0.0510	0.0510
	其他材料费(占材料费)	%	0.50	0.50	0.50	0.50	0.50

工作内容:准备工具、排制丈杆、样板、选料、下料、画线、制作成型、编号、试装、场内运输及清理废弃物。

计量单位:m^3

定额编号			3-6-389	3-6-390	3-6-391	3-6-392
项目			带风摆柳垂头的攒尖雷公柱、交金灯笼柱制作(柱径)			
			25cm 以内	30cm 以内	40cm 以内	40cm 以外
名称		单位	消耗量			
人工	合计工日	工日	76.172	67.122	53.676	36.828
	木工普工	工日	8.521	7.096	5.249	3.694
	木工一般技工	工日	14.202	11.826	8.748	6.156
	木工高级技工	工日	5.681	4.730	3.499	2.462
	雕刻工一般技工	工日	28.661	26.082	21.708	14.710
	雕刻工高级技工	工日	19.107	17.388	14.472	9.806
材料	原木	m^3	1.3500	1.3500	1.3500	1.3500
	样板料	m^3	0.0510	0.0510	0.0510	0.0510
	其他材料费(占材料费)	%	0.50	0.50	0.50	0.50

工作内容：准备工具、排制丈杆、样板、选料、下料、画线、制作成型、编号、试装、场内运输及清理废弃物。

计量单位：m^3

定额编号			3-6-393	3-6-394	3-6-395	3-6-396
项目			带莲瓣芙蓉垂头的攒尖雷公柱、交金灯笼柱制作(柱径)			
			25cm 以内	30cm 以内	40cm 以内	40cm 以外
名称		单位	消耗量			
人工	合计工日	工日	117.979	86.562	69.185	47.132
	木工普工	工日	8.521	7.096	5.249	3.694
	木工一般技工	工日	14.202	11.826	8.748	6.156
	木工高级技工	工日	5.681	4.730	3.499	2.462
	雕刻工一般技工	工日	53.745	37.746	31.013	20.892
	雕刻工高级技工	工日	35.830	25.164	20.676	13.928
材料	原木	m^3	1.3500	1.3500	1.3500	1.3500
	样板料	m^3	0.0510	0.0510	0.0510	0.0510
	其他材料费(占材料费)	%	0.50	0.50	0.50	0.50

工作内容：准备工具、排制丈杆、样板、选料、下料、画线、制作成型、编号、试装、场内运输及清理废弃物。

计量单位：m^3

定额编号			3-6-397	3-6-398	3-6-399	3-6-400	3-6-401
项目			柁墩制作(长度)				
			40cm 以内	50cm 以内	70cm 以内	100cm 以内	100cm 以外
名称		单位	消耗量				
人工	合计工日	工日	36.936	21.060	13.932	9.288	5.832
	木工普工	工日	11.081	6.318	4.180	2.786	1.750
	木工一般技工	工日	18.468	10.530	6.966	4.644	2.916
	木工高级技工	工日	7.387	4.212	2.786	1.858	1.166
材料	板方材	m^3	1.1700	1.1700	1.1700	1.1700	1.1700
	样板料	m^3	0.0230	0.0230	0.0230	0.0230	0.0230
	其他材料费(占材料费)	%	0.50	0.50	0.50	0.50	0.50

工作内容：准备工具、排制丈杆、样板、选料、下料、画线、制作成型、编号、试装、场内运输及清理废弃物。

计量单位：m^3

定额编号			3-6-402	3-6-403	3-6-404	3-6-405	3-6-406
项目			交金墩制作(长度)				
			40cm 以内	50cm 以内	70cm 以内	100cm 以内	100cm 以外
名称		单位	消耗量				
人工	合计工日	工日	55.404	31.968	20.952	13.824	8.748
	木工普工	工日	16.621	9.590	6.286	4.147	2.624
	木工一般技工	工日	27.702	15.984	10.476	6.912	4.374
	木工高级技工	工日	11.081	6.394	4.190	2.765	1.750
材料	板方材	m^3	1.1700	1.1700	1.1700	1.1700	1.1700
	样板料	m^3	0.0230	0.0230	0.0230	0.0230	0.0230
	其他材料费(占材料费)	%	0.50	0.50	0.50	0.50	0.50

工作内容：准备工具、排制丈杆、样板、选料、下料、画线、制作成型、编号、试装、场内运输及清理废弃物。

计量单位：m^3

定额编号			3-6-407	3-6-408	3-6-409	3-6-410
项目			角背制作(厚度)			
			10cm 以内	15cm 以内	20cm 以内	20cm 以外
名称		单位	消耗量			
人工	合计工日	工日	53.323	31.022	18.989	13.910
	木工普工	工日	15.997	9.307	5.697	4.173
	木工一般技工	工日	26.662	15.511	9.494	6.955
	木工高级技工	工日	10.665	6.205	3.798	2.782
材料	板方材	m^3	1.1700	1.1700	1.1700	1.1700
	样板料	m^3	0.0230	0.0230	0.0230	0.0230
	其他材料费(占材料费)	%	0.50	0.50	0.50	0.50

工作内容：准备工具、排制丈杆、样板、选料、下料、画线、制作成型、编号、试装、场内运输及清理废弃物。

计量单位：m^3

定额编号			3-6-411	3-6-412	3-6-413	3-6-414
项目			荷叶角背制作(厚度)			
			10cm 以内	15cm 以内	20cm 以内	20cm 以外
名称		单位	消耗量			
人工	合计工日	工日	180.394	105.984	64.474	47.030
	木工普工	工日	24.376	14.473	8.711	6.359
	木工一般技工	工日	40.627	24.122	14.518	10.598
	木工高级技工	工日	16.251	9.649	5.807	4.239
	雕刻工一般技工	工日	59.484	34.644	21.263	15.500
	雕刻工高级技工	工日	39.656	23.096	14.175	10.333
材料	板方材	m^3	1.1700	1.1700	1.1700	1.1700
	样板料	m^3	0.0510	0.0510	0.0510	0.0510
	其他材料费(占材料费)	%	0.50	0.50	0.50	0.50

工作内容：准备工具、排制丈杆、样板、选料、下料、画线、制作成型、编号、试装、场内运输及清理废弃物。

计量单位：m^3

定额编号			3-6-415	3-6-416	3-6-417	3-6-418
项目			童柱下墩斗(包括铁箍)制作(见方)			
			40cm 以内	50cm 以内	80cm 以内	80cm 以外
名称		单位	消耗量			
人工	合计工日	工日	23.976	16.848	12.960	7.560
	木工普工	工日	7.193	5.054	3.888	2.268
	木工一般技工	工日	11.988	8.424	6.480	3.780
	木工高级技工	工日	4.795	3.370	2.592	1.512
材料	板方材	m^3	1.1700	1.1700	1.1700	1.1700
	铁件(综合)	kg	146.0000	97.0000	47.0000	39.0000
	其他材料费(占材料费)	%	0.50	0.50	0.50	0.50

5. 桁檩、角梁、由戗制作

工作内容：准备工具、排制丈杆、样板、选料、下料、画线、制作成型、编号、试装、场内运输及清理废弃物。

计量单位：m^3

定额编号			3-6-419	3-6-420	3-6-421	3-6-422	3-6-423
项目			普通圆檩制作(径)				
			20cm 以内	25cm 以内	30cm 以内	40cm 以内	40cm 以外
名称		单位	消耗量				
人工	合计工日	工日	21.384	14.040	10.368	8.208	6.264
	木工普工	工日	6.415	4.212	3.110	2.462	1.879
	木工一般技工	工日	10.692	7.020	5.184	4.104	3.132
	木工高级技工	工日	4.277	2.808	2.074	1.642	1.253
材料	原木	m^3	1.3500	1.3500	1.3500	1.3500	1.3500
	样板料	m^3	0.0230	0.0230	0.0230	0.0230	0.0230
	其他材料费(占材料费)	%	0.50	0.50	0.50	0.50	0.50

工作内容：准备工具、排制丈杆、样板、选料、下料、画线、制作成型、编号、试装、场内运输及清理废弃物。

计量单位：m^3

定额编号			3-6-424	3-6-425	3-6-426	3-6-427	3-6-428
项目			一端带搭角檩头的圆檩制作(径)				
			20cm 以内	25cm 以内	30cm 以内	40cm 以内	40cm 以外
名称		单位	消耗量				
人工	合计工日	工日	23.868	15.336	11.232	8.856	6.480
	木工普工	工日	7.160	4.601	3.370	2.657	1.944
	木工一般技工	工日	11.934	7.668	5.616	4.428	3.240
	木工高级技工	工日	4.774	3.067	2.246	1.771	1.296
材料	原木	m^3	1.3500	1.3500	1.3500	1.3500	1.3500
	样板料	m^3	0.0230	0.0230	0.0230	0.0230	0.0230
	其他材料费(占材料费)	%	0.50	0.50	0.50	0.50	0.50

工作内容：准备工具、排制丈杆、样板、选料、下料、画线、制作成型、编号、试装、场内运输及清理废弃物。

计量单位：m³

定额编号			3-6-429	3-6-430	3-6-431	3-6-432	3-6-433
项目			两端带搭角檩头的圆檩制作(径)				
			20cm 以内	25cm 以内	30cm 以内	40cm 以内	40cm 以外
名称		单位	消耗量				
人工	合计工日	工日	26.244	16.524	12.096	9.396	7.020
	木工普工	工日	7.873	4.957	3.629	2.819	2.106
	木工一般技工	工日	13.122	8.262	6.048	4.698	3.510
	木工高级技工	工日	5.249	3.305	2.419	1.879	1.404
材料	原木	m³	1.3500	1.3500	1.3500	1.3500	1.3500
	样板料	m³	0.0230	0.0230	0.0230	0.0230	0.0230
	其他材料费(占材料费)	%	0.50	0.50	0.50	0.50	0.50

工作内容：准备工具、排制丈杆、样板、选料、下料、画线、制作成型、编号、试装、场内运输及清理废弃物；草栿圆檩制作还包括剥刮树皮、砍节子；旧檩改短重新做榫还包括截料。

计量单位：m³

定额编号			3-6-434	3-6-435	3-6-436	3-6-437	3-6-438	3-6-439
项目			旧檩改短重新做榫	草栿圆檩制作	扶脊木制作(径)			
					20cm 以内	30cm 以内	40cm 以内	40cm 以外
名称		单位	消耗量					
人工	合计工日	工日	2.160	3.802	37.368	22.788	18.036	13.716
	木工普工	工日	0.648	1.141	11.210	6.836	5.411	4.115
	木工一般技工	工日	1.080	1.901	18.684	11.394	9.018	6.858
	木工高级技工	工日	0.432	0.760	7.474	4.558	3.607	2.743
材料	原木	m³	—	1.1700	1.3500	1.3500	1.3500	1.3500
	样板料	m³	0.0130	0.0230	0.0230	0.0230	0.0230	0.0230
	其他材料费(占材料费)	%	0.50	0.50	0.50	0.50	0.50	0.50

工作内容：准备工具、排制丈杆、样板、选料、下料、画线、制作成型、编号、试装、场内运输及清理废弃物。

计量单位：m^3

定额编号			3-6-440	3-6-441	3-6-442	3-6-443	3-6-444
项目			老角梁制作（截面宽度）				
			15cm 以内	20cm 以内	25cm 以内	30cm 以内	30cm 以外
名称		单位	消耗量				
人工	合计工日	工日	22.032	12.420	10.152	7.344	5.724
	木工普工	工日	6.610	3.726	3.046	2.203	1.717
	木工一般技工	工日	11.016	6.210	5.076	3.672	2.862
	木工高级技工	工日	4.406	2.484	2.030	1.469	1.145
材料	板方材	m^3	1.0900	1.0900	1.0900	1.0900	1.0900
	样板料	m^3	0.0510	0.0510	0.0510	0.0510	0.0510
	其他材料费（占材料费）	%	0.50	0.50	0.50	0.50	0.50

工作内容：准备工具、排制丈杆、样板、选料、下料、画线、制作成型、编号、试装、场内运输及清理废弃物。

计量单位：m^3

定额编号			3-6-445	3-6-446	3-6-447	3-6-448	3-6-449
项目			扣金、插金仔角梁制作（截面宽度）				
			15cm 以内	20cm 以内	25cm 以内	30cm 以内	30cm 以外
名称		单位	消耗量				
人工	合计工日	工日	20.952	11.988	9.828	7.128	5.508
	木工普工	工日	6.286	3.596	2.948	2.138	1.652
	木工一般技工	工日	10.476	5.994	4.914	3.564	2.754
	木工高级技工	工日	4.190	2.398	1.966	1.426	1.102
材料	板方材	m^3	1.0900	1.0900	1.0900	1.0900	1.0900
	样板料	m^3	0.0510	0.0510	0.0510	0.0510	0.0510
	乳胶	kg	1.5000	1.5000	1.5000	1.5000	1.5000
	其他材料费（占材料费）	%	0.50	0.50	0.50	0.50	0.50

工作内容:准备工具、排制丈杆、样板、选料、下料、画线、制作成型、编号、试装、场内运输及清理废弃物。

计量单位:根

定额编号			3-6-450	3-6-451	3-6-452	3-6-453	3-6-454	3-6-455
项目			压金仔角梁制作(截面宽度)					
			12cm 以内	15cm 以内	18cm 以内	21cm 以内	24cm 以内	27cm 以内
名称		单位	消耗量					
人工	合计工日	工日	0.972	1.350	1.782	2.268	2.808	3.402
	木工普工	工日	0.292	0.405	0.535	0.680	0.842	1.021
	木工一般技工	工日	0.486	0.675	0.891	1.134	1.404	1.701
	木工高级技工	工日	0.194	0.270	0.356	0.454	0.562	0.680
材料	板方材	m^3	0.0364	0.0701	0.1202	0.1896	0.2770	0.3995
	样板料	m^3	0.0022	0.0034	0.0049	0.0067	0.0088	0.0111
	乳胶	kg	0.3000	0.4500	0.6500	0.9000	1.2000	1.5000
	其他材料费(占材料费)	%	0.50	0.50	0.50	0.50	0.50	0.50

工作内容:准备工具、排制丈杆、样板、选料、下料、画线、制作成型、编号、试装、场内运输及清理废弃物。

计量单位:根

定额编号			3-6-456	3-6-457	3-6-458	3-6-459	3-6-460	3-6-461
项目			压金仔角梁制作(截面宽度)			窝角仔角梁制作(截面宽度)		
			30cm 以内	33cm 以内	36cm 以内	12cm 以内	15cm 以内	18cm 以内
名称		单位	消耗量					
人工	合计工日	工日	4.050	4.752	5.508	0.432	0.605	0.801
	木工普工	工日	1.215	1.426	1.652	0.130	0.181	0.240
	木工一般技工	工日	2.025	2.376	2.754	0.216	0.302	0.401
	木工高级技工	工日	0.810	0.950	1.102	0.086	0.121	0.160
材料	板方材	m^3	0.5464	0.7249	0.9400	0.0197	0.0347	0.0593
	样板料	m^3	0.0137	0.0166	0.0198	0.0011	0.0017	0.0024
	乳胶	kg	1.8000	2.2000	2.7000	—	—	—
	其他材料费(占材料费)	%	0.50	0.50	0.50	0.50	0.50	0.50

工作内容:准备工具、排制丈杆、样板、选料、下料、画线、制作成型、编号、试装、场内运输及清理废弃物。

计量单位:根

定额编号			3-6-462	3-6-463	3-6-464	3-6-465	3-6-466	3-6-467
项目			窝角仔角梁制作(截面宽度)					
			21cm 以内	24cm 以内	27cm 以内	30cm 以内	33cm 以内	36cm 以内
名称		单位	消耗量					
人工	合计工日	工日	1.017	1.253	1.512	1.793	2.097	2.421
	木工普工	工日	0.305	0.376	0.454	0.538	0.629	0.726
	木工一般技工	工日	0.509	0.626	0.756	0.896	1.049	1.211
	木工高级技工	工日	0.203	0.251	0.302	0.359	0.419	0.484
材料	板方材	m^3	0.0935	0.1387	0.1966	0.2686	0.3565	0.4616
	样板料	m^3	0.0033	0.0042	0.0054	0.0066	0.0080	0.0095
	其他材料费(占材料费)	%	0.50	0.50	0.50	0.50	0.50	0.50

工作内容:准备工具、排制丈杆、样板、选料、下料、画线、制作成型、编号、试装、场内运输及清理废弃物。

计量单位:m^3

定额编号			3-6-468	3-6-469	3-6-470	3-6-471	3-6-472
项目			由戗制作(截面宽度)				
			15cm 以内	20cm 以内	25cm 以内	30cm 以内	30cm 以外
名称		单位	消耗量				
人工	合计工日	工日	17.280	9.720	7.776	5.508	4.104
	木工普工	工日	5.184	2.916	2.333	1.652	1.231
	木工一般技工	工日	8.640	4.860	3.888	2.754	2.052
	木工高级技工	工日	3.456	1.944	1.555	1.102	0.821
材料	板方材	m^3	1.0900	1.0900	1.0900	1.0900	1.0900
	样板料	m^3	0.0230	0.0230	0.0230	0.0230	0.0230
	其他材料费(占材料费)	%	0.50	0.50	0.50	0.50	0.50

6.垫板制作

工作内容:准备工具、排制丈杆、样板、选料、下料、画线、制作成型、编号、试装、场内运输及清理废弃物。

计量单位:m³

定额编号			3-6-473	3-6-474	3-6-475	3-6-476	3-6-477	3-6-478
项目			桁檩垫板制作(截面高度)					
			15cm 以内	20cm 以内	25cm 以内	30cm 以内	40cm 以内	40cm 以外
名称		单位	消耗量					
人工	合计工日	工日	6.804	4.212	3.564	2.700	2.160	1.620
	木工普工	工日	2.041	1.264	1.069	0.810	0.648	0.486
	木工一般技工	工日	3.402	2.106	1.782	1.350	1.080	0.810
	木工高级技工	工日	1.361	0.842	0.713	0.540	0.432	0.324
材料	板方材	m³	1.1700	1.1700	1.1700	1.1700	1.1700	1.1700
	其他材料费(占材料费)	%	0.50	0.50	0.50	0.50	0.50	0.50

工作内容:准备工具、排制丈杆、样板、选料、下料、画线、制作成型、编号、试装、场内运输及清理废弃物。

计量单位:m³

定额编号			3-6-479	3-6-480	3-6-481
项目			由额垫板制作(截面高度)		
			15cm 以内	20cm 以内	20cm 以外
名称		单位	消耗量		
人工	合计工日	工日	8.424	3.780	2.700
	木工普工	工日	2.527	1.134	0.810
	木工一般技工	工日	4.212	1.890	1.350
	木工高级技工	工日	1.685	0.756	0.540
材料	板方材	m³	1.1700	1.1700	1.1700
	其他材料费(占材料费)	%	0.50	0.50	0.50

7. 承 重 制 作

工作内容： 准备工具、排制丈杆、样板、选料、下料、画线、制作成型、编号、试装、场内运输及清理废弃物。

计量单位：m^3

定额编号			3-6-482	3-6-483	3-6-484	3-6-485	3-6-486
项目			承重制作(截面宽度)				
			25cm以内	30cm以内	40cm以内	50cm以内	50cm以外
名称		单位	消耗量				
人工	合计工日	工日	8.640	7.560	5.940	4.536	3.672
	木工普工	工日	2.592	2.268	1.782	1.361	1.102
	木工一般技工	工日	4.320	3.780	2.970	2.268	1.836
	木工高级技工	工日	1.728	1.512	1.188	0.907	0.734
材料	板方材	m^3	1.0900	1.0900	1.0900	1.0900	1.0900
	样板料	m^3	0.0230	0.0230	0.0230	0.0230	0.0230
	其他材料费(占材料费)	%	0.50	0.50	0.50	0.50	0.50

四、木构件吊装

1. 柱 类 吊 装

工作内容： 准备工具、复核校对尺寸、修理榫卯、安装就位、校正背实、钉绑拉杆戗木、拆拉杆戗木、场内运输及清理废弃物。

计量单位：m^3

定额编号			3-6-487	3-6-488	3-6-489	3-6-490	3-6-491	3-6-492
项目			檐柱、单檐金柱吊装(柱径)					
			20cm以内	25cm以内	30cm以内	40cm以内	50cm以内	50cm以外
名称		单位	消耗量					
人工	合计工日	工日	7.080	6.600	5.640	5.160	4.680	4.440
	木工普工	工日	2.832	2.640	2.256	2.064	1.872	1.776
	木工一般技工	工日	2.832	2.640	2.256	2.064	1.872	1.776
	木工高级技工	工日	1.416	1.320	1.128	1.032	0.936	0.888
材料	板方材	m^3	0.0260	0.0260	0.0260	0.0260	0.0260	0.0260
	其他材料费(占材料费)	%	2.00	2.00	2.00	2.00	2.00	2.00

工作内容：准备工具、复核校对尺寸、修理榫卯、安装就位、校正背实、钉绑拉杆戗木、拆拉杆戗木、场内运输及清理废弃物。

计量单位：m^3

定额编号			3-6-493	3-6-494	3-6-495	3-6-496	3-6-497	3-6-498
项目			重檐金柱、通柱、中柱吊装(柱径)					
			25cm 以内	30cm 以内	40cm 以内	50cm 以内	60cm 以内	60cm 以外
名称		单位	消耗量					
人工	合计工日	工日	7.680	6.720	6.000	5.520	5.160	4.800
	木工普工	工日	3.072	2.688	2.400	2.208	2.064	1.920
	木工一般技工	工日	3.072	2.688	2.400	2.208	2.064	1.920
	木工高级技工	工日	1.536	1.344	1.200	1.104	1.032	0.960
材料	板方材	m^3	0.0260	0.0260	0.0260	0.0260	0.0260	0.0260
	其他材料费(占材料费)	%	2.00	2.00	2.00	2.00	2.00	2.00

工作内容：准备工具、复核校对尺寸、修理榫卯、安装就位、校正背实、钉绑拉杆戗木、拆拉杆戗木、场内运输及清理废弃物。

计量单位：m^3

定额编号			3-6-499	3-6-500	3-6-501	3-6-502	3-6-503
项目			童柱吊装(柱径)				
			25cm 以内	30cm 以内	40cm 以内	50cm 以内	50cm 以外
名称		单位	消耗量				
人工	合计工日	工日	10.080	9.000	8.400	7.800	7.440
	木工普工	工日	4.032	3.600	3.360	3.120	2.976
	木工一般技工	工日	4.032	3.600	3.360	3.120	2.976
	木工高级技工	工日	2.016	1.800	1.680	1.560	1.488
材料	板方材	m^3	0.0260	0.0260	0.0260	0.0260	0.0260
	其他材料费(占材料费)	%	2.00	2.00	2.00	2.00	2.00

工作内容：准备工具、复核校对尺寸、修理榫卯、安装就位、校正背实、钉绑拉杆戗木、拆拉杆戗木、场内运输及清理废弃物。

计量单位：m^3

定额编号			3-6-504	3-6-505	3-6-506	3-6-507
项目			圆擎檐柱、牌楼戗柱吊装(柱径)			
			20cm 以内	25cm 以内	30cm 以内	30cm 以外
名称		单位	消耗量			
人工	合计工日	工日	6.940	5.520	4.800	4.320
	木工普工	工日	2.776	2.208	1.920	1.728
	木工一般技工	工日	2.776	2.208	1.920	1.728
	木工高级技工	工日	1.388	1.104	0.960	0.864
材料	板方材	m^3	0.0260	0.0260	0.0260	0.0260
	其他材料费(占材料费)	%	2.00	2.00	2.00	2.00

工作内容：准备工具、复核校对尺寸、修理榫卯、安装就位、校正背实、钉绑拉杆戗木、拆拉杆戗木、场内运输及清理废弃物。

计量单位：m^3

定额编号			3-6-508	3-6-509	3-6-510
项目			梅花柱、风廊柱吊装(柱径)		
			20cm 以内	25cm 以内	25cm 以外
名称		单位	消耗量		
人工	合计工日	工日	7.920	5.760	4.920
	木工普工	工日	3.168	2.304	1.968
	木工一般技工	工日	3.168	2.304	1.968
	木工高级技工	工日	1.584	1.152	0.984
材料	板方材	m^3	0.0260	0.0260	0.0260
	其他材料费(占材料费)	%	2.00	2.00	2.00

工作内容:准备工具、复核校对尺寸、修理榫卯、安装就位、校正背实、钉绑拉杆戗木、拆拉杆戗木、场内运输及清理废弃物。

计量单位:m^3

定额编号			3-6-511	3-6-512	3-6-513	3-6-514	3-6-515
项目			方擎檐柱、抱柱吊装(柱径)				草栿柱吊装
			20cm 以内	25cm 以内	30cm 以内	30cm 以外	
名称		单位	消耗量				
人工	合计工日	工日	5.520	4.200	3.720	3.360	4.200
	木工普工	工日	2.208	1.680	1.488	1.344	1.680
	木工一般技工	工日	2.208	1.680	1.488	1.344	1.680
	木工高级技工	工日	1.104	0.840	0.744	0.672	0.840
材料	板方材	m^3	0.0260	0.0260	0.0260	0.0260	0.0260
	其他材料费(占材料费)	%	2.00	2.00	2.00	2.00	2.00

2.枋类吊装

工作内容:准备工具、复核校对尺寸、修理榫卯、安装就位、校正背实、钉绑拉杆戗木、拆拉杆戗木、场内运输及清理废弃物。

计量单位:m^3

定额编号			3-6-516	3-6-517	3-6-518	3-6-519
项目			普通大额枋、单额枋、桁檩枋吊装(截面高度)			
			20cm 以内	25cm 以内	30cm 以内	40cm 以内
名称		单位	消耗量			
人工	合计工日	工日	3.840	3.240	3.000	2.760
	木工普工	工日	1.536	1.296	1.200	1.104
	木工一般技工	工日	1.536	1.296	1.200	1.104
	木工高级技工	工日	0.768	0.648	0.600	0.552
材料	板方材	m^3	0.0240	0.0240	0.0240	0.0240
	其他材料费(占材料费)	%	2.00	2.00	2.00	2.00

工作内容:准备工具、复核校对尺寸、修理榫卯、安装就位、校正背实、钉绑拉杆戗木、拆拉杆戗木、场内运输及清理废弃物。

计量单位:m^3

定额编号			3-6-520	3-6-521	3-6-522
项目			普通大额枋、单额枋、桁檩枋吊装(截面高度)		
			50cm 以内	60cm 以内	60cm 以外
名称		单位	消耗量		
人工	合计工日	工日	2.640	2.500	2.400
	木工普工	工日	1.056	1.000	0.960
	木工一般技工	工日	1.056	1.000	0.960
	木工高级技工	工日	0.528	0.500	0.480
材料	板方材	m^3	0.0240	0.0240	0.0240
	其他材料费(占材料费)	%	2.00	2.00	2.00

工作内容:准备工具、复核校对尺寸、修理榫卯、安装就位、校正背实、钉绑拉杆戗木、拆拉杆戗木、场内运输及清理废弃物。

计量单位:m^3

定额编号			3-6-523	3-6-524	3-6-525	3-6-526
项目			普通小额枋、跨空枋、棋枋、博脊枋、穿插枋、间枋、天花枋、承椽枋吊装(截面高度)			
			20cm 以内	25cm 以内	30cm 以内	40cm 以内
名称		单位	消耗量			
人工	合计工日	工日	5.160	4.200	3.960	3.720
	木工普工	工日	2.064	1.680	1.584	1.488
	木工一般技工	工日	2.064	1.680	1.584	1.488
	木工高级技工	工日	1.032	0.840	0.792	0.744
材料	板方材	m^3	0.0240	0.0240	0.0240	0.0240
	其他材料费(占材料费)	%	2.00	2.00	2.00	2.00

工作内容:准备工具、复核校对尺寸、修理榫卯、安装就位、校正背实、钉绑拉杆戗木、拆拉杆戗木、场内运输及清理废弃物。

计量单位:m^3

定额编号			3-6-527	3-6-528	3-6-529
项目			普通小额枋、跨空枋、棋枋、博脊枋、穿插枋、间枋、天花枋、承椽枋吊装(截面高度)		
			50cm 以内	60cm 以内	60cm 以外
名称		单位	消耗量		
人工	合计工日	工日	3.480	3.360	3.120
	木工普工	工日	1.392	1.344	1.248
	木工一般技工	工日	1.392	1.344	1.248
	木工高级技工	工日	0.696	0.672	0.624
材料	板方材	m^3	0.0240	0.0240	0.0240
	其他材料费(占材料费)	%	2.00	2.00	2.00

工作内容:准备工具、复核校对尺寸、修理榫卯、安装就位、校正背实、钉绑拉杆戗木、拆拉杆戗木、场内运输及清理废弃物。

计量单位:m^3

定额编号			3-6-530	3-6-531	3-6-532	3-6-533
项目			平板枋吊装(截面高度)			
			10cm 以内	15cm 以内	20cm 以内	20cm 以外
名称		单位	消耗量			
人工	合计工日	工日	5.400	3.840	3.240	3.000
	木工普工	工日	2.160	1.536	1.296	1.200
	木工一般技工	工日	2.160	1.536	1.296	1.200
	木工高级技工	工日	1.080	0.768	0.648	0.600
材料	板方材	m^3	0.0240	0.0240	0.0240	0.0240
	其他材料费(占材料费)	%	2.00	2.00	2.00	2.00

3. 梁类吊装

工作内容：准备工具、复核校对尺寸、修理榫卯、安装就位、校正背实、钉绑拉杆戗木、拆拉杆戗木、场内运输及清理废弃物。

计量单位：m^3

定额编号			3-6-534	3-6-535	3-6-536	3-6-537	3-6-538	3-6-539
项目			带桃尖头梁、天花梁吊装（截面宽度）					
			25cm 以内	30cm 以内	40cm 以内	50cm 以内	60cm 以内	60cm 以外
名称		单位	消耗量					
人工	合计工日	工日	5.520	5.400	4.680	4.320	4.080	3.960
	木工普工	工日	2.208	2.160	1.872	1.728	1.632	1.584
	木工一般技工	工日	2.208	2.160	1.872	1.728	1.632	1.584
	木工高级技工	工日	1.104	1.080	0.936	0.864	0.816	0.792
材料	板方材	m^3	0.0240	0.0240	0.0240	0.0240	0.0240	0.0240
	其他材料费（占材料费）	%	2.00	2.00	2.00	2.00	2.00	2.00

工作内容：准备工具、复核校对尺寸、修理榫卯、安装就位、校正背实、钉绑拉杆戗木、拆拉杆戗木、场内运输及清理废弃物。

计量单位：m^3

定额编号			3-6-540	3-6-541	3-6-542	3-6-543	3-6-544
项目			桃尖假梁头吊装（截面宽度）				
			25cm 以内	30cm 以内	40cm 以内	50cm 以内	50cm 以外
名称		单位	消耗量				
人工	合计工日	工日	6.960	6.720	6.480	5.760	5.160
	木工普工	工日	2.784	2.688	2.592	2.304	2.064
	木工一般技工	工日	2.784	2.688	2.592	2.304	2.064
	木工高级技工	工日	1.392	1.344	1.296	1.152	1.032
材料	板方材	m^3	0.0240	0.0240	0.0240	0.0240	0.0240
	其他材料费（占材料费）	%	2.00	2.00	2.00	2.00	2.00

工作内容:准备工具、复核校对尺寸、修理榫卯、安装就位、校正背实、钉绑拉杆戗木、拆拉杆戗木、场内运输及清理废弃物。

计量单位:m^3

定额编号			3-6-545	3-6-546	3-6-547	3-6-548
项目			带麻叶头梁吊装(截面宽度)			
			25cm 以内	30cm 以内	40cm 以内	40cm 以外
名称		单位	消耗量			
人工	合计工日	工日	4.920	4.680	4.440	4.080
	木工普工	工日	1.968	1.872	1.776	1.632
	木工一般技工	工日	1.968	1.872	1.776	1.632
	木工高级技工	工日	0.984	0.936	0.888	0.816
材料	板方材	m^3	0.0240	0.0240	0.0240	0.0240
	其他材料费(占材料费)	%	2.00	2.00	2.00	2.00

工作内容:准备工具、复核校对尺寸、修理榫卯、安装就位、校正背实、钉绑拉杆戗木、拆拉杆戗木、场内运输及清理废弃物。

计量单位:m^3

定额编号			3-6-549	3-6-550	3-6-551	3-6-552
项目			角云、捧梁云、通雀替吊装(截面宽度)			
			25cm 以内	30cm 以内	40cm 以内	40cm 以外
名称		单位	消耗量			
人工	合计工日	工日	3.480	3.360	3.240	3.120
	木工普工	工日	1.392	1.344	1.296	1.248
	木工一般技工	工日	1.392	1.344	1.296	1.248
	木工高级技工	工日	0.696	0.672	0.648	0.624
材料	板方材	m^3	0.0240	0.0240	0.0240	0.0240
	其他材料费(占材料费)	%	2.00	2.00	2.00	2.00

工作内容：准备工具、复核校对尺寸、修理榫卯、安装就位、校正背实、钉绑拉杆戗木、拆拉杆戗木、场内运输及清理废弃物。

计量单位：m^3

定额编号			3-6-553	3-6-554	3-6-555	3-6-556	3-6-557	3-6-558
项目			九架梁吊装（截面宽度）			七架梁、卷棚八架梁吊装（截面宽度）		
			50cm 以内	60cm 以内	60cm 以外	40cm 以内	50cm 以内	50cm 以外
名称		单位	消耗量					
人工	合计工日	工日	2.040	1.980	1.920	2.520	2.400	2.280
	木工普工	工日	0.816	0.792	0.768	1.008	0.960	0.912
	木工一般技工	工日	0.816	0.792	0.768	1.008	0.960	0.912
	木工高级技工	工日	0.408	0.396	0.384	0.504	0.480	0.456
材料	板方材	m^3	0.0240	0.0240	0.0240	0.0240	0.0240	0.0240
	其他材料费（占材料费）	%	2.00	2.00	2.00	2.00	2.00	2.00

工作内容：准备工具、复核校对尺寸、修理榫卯、安装就位、校正背实、钉绑拉杆戗木、拆拉杆戗木、场内运输及清理废弃物。

计量单位：m^3

定额编号			3-6-559	3-6-560	3-6-561	3-6-562
项目			五架梁、卷棚六架梁吊装（截面宽度）			
			30cm 以内	40cm 以内	50cm 以内	50cm 以外
名称		单位	消耗量			
人工	合计工日	工日	3.240	3.000	2.760	2.640
	木工普工	工日	1.296	1.200	1.104	1.056
	木工一般技工	工日	1.296	1.200	1.104	1.056
	木工高级技工	工日	0.648	0.600	0.552	0.528
材料	板方材	m^3	0.0240	0.0240	0.0240	0.0240
	其他材料费（占材料费）	%	2.00	2.00	2.00	2.00

工作内容：准备工具、复核校对尺寸、修理榫卯、安装就位、校正背实、钉绑拉杆戗木、拆拉杆戗木、场内运输及清理废弃物。

计量单位：m^3

定额编号			3-6-563	3-6-564	3-6-565	3-6-566
项目			卷棚四架梁吊装（截面宽度）			
			25cm 以内	30cm 以内	40cm 以内	40cm 以外
名称		单位	消耗量			
人工	合计工日	工日	4.320	3.720	3.360	3.240
	木工普工	工日	1.728	1.488	1.344	1.296
	木工一般技工	工日	1.728	1.488	1.344	1.296
	木工高级技工	工日	0.864	0.744	0.672	0.648
材料	板方材	m^3	0.0240	0.0240	0.0240	0.0240
	其他材料费（占材料费）	%	2.00	2.00	2.00	2.00

工作内容：准备工具、复核校对尺寸、修理榫卯、安装就位、校正背实、钉绑拉杆戗木、拆拉杆戗木、场内运输及清理废弃物。

计量单位：m^3

定额编号			3-6-567	3-6-568	3-6-569	3-6-570
项目			三架梁吊装（截面宽度）			
			25cm 以内	30cm 以内	40cm 以内	40cm 以外
名称		单位	消耗量			
人工	合计工日	工日	4.200	3.840	3.600	3.360
	木工普工	工日	1.680	1.536	1.440	1.344
	木工一般技工	工日	1.680	1.536	1.440	1.344
	木工高级技工	工日	0.840	0.768	0.720	0.672
材料	板方材	m^3	0.0240	0.0240	0.0240	0.0240
	其他材料费（占材料费）	%	2.00	2.00	2.00	2.00

工作内容:准备工具、复核校对尺寸、修理榫卯、安装就位、校正背实、钉绑拉杆戗木、拆拉杆戗木、场内运输及清理废弃物。

计量单位:m^3

定额编号			3-6-571	3-6-572	3-6-573	3-6-574
项目			月梁吊装(截面宽度)			
			20cm 以内	25cm 以内	30cm 以内	30cm 以外
名称		单位	消耗量			
人工	合计工日	工日	4.800	3.840	3.240	3.000
	木工普工	工日	1.920	1.536	1.296	1.200
	木工一般技工	工日	1.920	1.536	1.296	1.200
	木工高级技工	工日	0.960	0.768	0.648	0.600
材料	板方材	m^3	0.0240	0.0240	0.0240	0.0240
	其他材料费(占材料费)	%	2.00	2.00	2.00	2.00

工作内容:准备工具、复核校对尺寸、修理榫卯、安装就位、校正背实、钉绑拉杆戗木、拆拉杆戗木、场内运输及清理废弃物。

计量单位:m^3

定额编号			3-6-575	3-6-576	3-6-577	3-6-578
项目			三步梁吊装(截面宽度)			
			35cm 以内	40cm 以内	50cm 以内	50cm 以外
名称		单位	消耗量			
人工	合计工日	工日	3.240	3.000	2.880	2.760
	木工普工	工日	1.296	1.200	1.152	1.104
	木工一般技工	工日	1.296	1.200	1.152	1.104
	木工高级技工	工日	0.648	0.600	0.576	0.552
材料	板方材	m^3	0.0240	0.0240	0.0240	0.0240
	其他材料费(占材料费)	%	2.00	2.00	2.00	2.00

工作内容：准备工具、复核校对尺寸、修理榫卯、安装就位、校正背实、钉绑拉杆戗木、拆拉杆戗木、场内运输及清理废弃物。

计量单位：m^3

定额编号			3-6-579	3-6-580	3-6-581	3-6-582
项目			双步梁吊装(截面宽度)			
			30cm 以内	40cm 以内	50cm 以内	50cm 以外
名称		单位	消耗量			
人工	合计工日	工日	4.320	3.840	3.600	3.480
	木工普工	工日	1.728	1.536	1.440	1.392
	木工一般技工	工日	1.728	1.536	1.440	1.392
	木工高级技工	工日	0.864	0.768	0.720	0.696
材料	板方材	m^3	0.0240	0.0240	0.0240	0.0240
	其他材料费(占材料费)	%	2.00	2.00	2.00	2.00

工作内容：准备工具、复核校对尺寸、修理榫卯、安装就位、校正背实、钉绑拉杆戗木、拆拉杆戗木、场内运输及清理废弃物。

计量单位：m^3

定额编号			3-6-583	3-6-584	3-6-585	3-6-586	3-6-587
项目			单步梁、抱头梁、斜抱头梁吊装(截面宽度)				
			25cm 以内	30cm 以内	40cm 以内	50cm 以内	50cm 以外
名称		单位	消耗量				
人工	合计工日	工日	5.280	4.800	4.440	4.200	3.960
	木工普工	工日	2.112	1.920	1.776	1.680	1.584
	木工一般技工	工日	2.112	1.920	1.776	1.680	1.584
	木工高级技工	工日	1.056	0.960	0.888	0.840	0.792
材料	板方材	m^3	0.0240	0.0240	0.0240	0.0240	0.0240
	其他材料费(占材料费)	%	2.00	2.00	2.00	2.00	2.00

工作内容:准备工具、复核校对尺寸、修理榫卯、安装就位、校正背实、钉绑拉杆戗木、拆拉杆戗木、场内运输及清理废弃物。

计量单位:m^3

定额编号			3-6-588	3-6-589	3-6-590	3-6-591
项目			抱头假梁头吊装(截面宽度)			
			30cm 以内	40cm 以内	50cm 以内	50cm 以外
名称		单位	消耗量			
人工	合计工日	工日	5.640	5.160	4.800	4.560
	木工普工	工日	2.256	2.064	1.920	1.824
	木工一般技工	工日	2.256	2.064	1.920	1.824
	木工高级技工	工日	1.128	1.032	0.960	0.912
材料	板方材	m^3	0.0240	0.0240	0.0240	0.0240
	其他材料费(占材料费)	%	2.00	2.00	2.00	2.00

工作内容:准备工具、复核校对尺寸、修理榫卯、安装就位、校正背实、钉绑拉杆戗木、拆拉杆戗木、场内运输及清理废弃物。

计量单位:m^3

定额编号			3-6-592	3-6-593	3-6-594	3-6-595	3-6-596
项目			采步金吊装(截面宽度)				
			25cm 以内	30cm 以内	40cm 以内	50cm 以内	50cm 以外
名称		单位	消耗量				
人工	合计工日	工日	3.600	3.240	3.000	2.760	2.640
	木工普工	工日	1.440	1.296	1.200	1.104	1.056
	木工一般技工	工日	1.440	1.296	1.200	1.104	1.056
	木工高级技工	工日	0.720	0.648	0.600	0.552	0.528
材料	板方材	m^3	0.0240	0.0240	0.0240	0.0240	0.0240
	其他材料费(占材料费)	%	2.00	2.00	2.00	2.00	2.00

工作内容：准备工具、复核校对尺寸、修理榫卯、安装就位、校正背实、钉绑拉杆戗木、拆拉杆戗木、场内运输及清理废弃物。

计量单位：m^3

定额编号			3-6-597	3-6-598	3-6-599	3-6-600	3-6-601	3-6-602
项目			扒梁、抹角梁、太平梁吊装(截面宽度)					草栿梁吊装
			25cm 以内	30cm 以内	40cm 以内	50cm 以内	50cm 以外	
名称		单位	消耗量					
人工	合计工日	工日	4.080	3.840	3.480	3.360	3.120	2.400
	木工普工	工日	1.632	1.536	1.392	1.344	1.248	0.960
	木工一般技工	工日	1.632	1.536	1.392	1.344	1.248	0.960
	木工高级技工	工日	0.816	0.768	0.696	0.672	0.624	0.480
材料	板方材	m^3	0.0240	0.0240	0.0240	0.0240	0.0240	0.0240
	其他材料费(占材料费)	%	2.00	2.00	2.00	2.00	2.00	2.00

4. 瓜柱、柁墩、角背、雷公柱吊装

工作内容：准备工具、复核校对尺寸、修理榫卯、安装就位、校正背实、钉绑拉杆戗木、拆拉杆戗木、场内运输及清理废弃物。

计量单位：m^3

定额编号			3-6-603	3-6-604	3-6-605	3-6-606	3-6-607	3-6-608
项目			瓜柱、交金瓜柱、太平梁上雷公柱吊装(柱径)					草栿瓜柱吊装
			20cm 以内	25cm 以内	30cm 以内	40cm 以内	40cm 以外	
名称		单位	消耗量					
人工	合计工日	工日	11.880	7.320	5.040	3.840	2.880	3.360
	木工普工	工日	4.752	2.928	2.016	1.536	1.152	1.344
	木工一般技工	工日	4.752	2.928	2.016	1.536	1.152	1.344
	木工高级技工	工日	2.376	1.464	1.008	0.768	0.576	0.672
材料	板方材	m^3	0.0240	0.0240	0.0240	0.0240	0.0240	0.0240
	其他材料费(占材料费)	%	2.00	2.00	2.00	2.00	2.00	2.00

工作内容:准备工具、复核校对尺寸、修理榫卯、安装就位、校正背实、钉绑拉杆戗木、拆拉杆戗木、场内运输及清理废弃物。

计量单位:m^3

定额编号			3-6-609	3-6-610	3-6-611	3-6-612
项目			交金灯笼柱吊装(柱径)			
			25cm 以内	30cm 以内	40cm 以内	40cm 以外
名称		单位	消耗量			
人工	合计工日	工日	16.800	9.960	6.720	5.040
	木工普工	工日	6.720	3.984	2.688	2.016
	木工一般技工	工日	6.720	3.984	2.688	2.016
	木工高级技工	工日	3.360	1.992	1.344	1.008
材料	板方材	m^3	0.0240	0.0240	0.0240	0.0240
	其他材料费(占材料费)	%	2.00	2.00	2.00	2.00

工作内容:准备工具、复核校对尺寸、修理榫卯、安装就位、校正背实、钉绑拉杆戗木、拆拉杆戗木、场内运输及清理废弃物。

计量单位:m^3

定额编号			3-6-613	3-6-614	3-6-615	3-6-616
项目			攒尖雷公柱吊装(柱径)			
			25cm 以内	30cm 以内	40cm 以内	40cm 以外
名称		单位	消耗量			
人工	合计工日	工日	6.960	5.880	4.440	3.240
	木工普工	工日	2.784	2.352	1.776	1.296
	木工一般技工	工日	2.784	2.352	1.776	1.296
	木工高级技工	工日	1.392	1.176	0.888	0.648
材料	板方材	m^3	0.0240	0.0240	0.0240	0.0240
	其他材料费(占材料费)	%	2.00	2.00	2.00	2.00

工作内容：准备工具、复核校对尺寸、修理榫卯、安装就位、校正背实、钉绑拉杆戗木、拆拉杆戗木、场内运输及清理废弃物。

计量单位：m^3

定额编号			3-6-617	3-6-618	3-6-619	3-6-620	3-6-621
项目			柁墩、交金墩吊装（长度）				
			40cm 以内	50cm 以内	70cm 以内	100cm 以内	100cm 以外
名称		单位	消耗量				
人工	合计工日	工日	18.480	11.400	7.920	5.520	3.600
	木工普工	工日	7.392	4.560	3.168	2.208	1.440
	木工一般技工	工日	7.392	4.560	3.168	2.208	1.440
	木工高级技工	工日	3.696	2.280	1.584	1.104	0.720
材料	板方材	m^3	0.0240	0.0240	0.0240	0.0240	0.0240
	其他材料费（占材料费）	%	2.00	2.00	2.00	2.00	2.00

工作内容：准备工具、复核校对尺寸、修理榫卯、安装就位、校正背实、钉绑拉杆戗木、拆拉杆戗木、场内运输及清理废弃物。

计量单位：m^3

定额编号			3-6-622	3-6-623	3-6-624	3-6-625
项目			角背、荷叶角背吊装（厚度）			
			10cm 以内	15cm 以内	20cm 以内	20cm 以外
名称		单位	消耗量			
人工	合计工日	工日	9.240	7.200	5.400	3.840
	木工普工	工日	3.696	2.880	2.160	1.536
	木工一般技工	工日	3.696	2.880	2.160	1.536
	木工高级技工	工日	1.848	1.440	1.080	0.768
材料	板方材	m^3	0.0240	0.0240	0.0240	0.0240
	其他材料费（占材料费）	%	2.00	2.00	2.00	2.00

工作内容：准备工具、复核校对尺寸、修理榫卯、安装就位、校正背实、钉绑拉杆戗木、拆拉杆戗木、场内运输及清理废弃物。

计量单位：m^3

定额编号			3-6-626	3-6-627	3-6-628	3-6-629
项目			童柱下墩斗吊装(见方)			
			40cm 以内	50cm 以内	80cm 以内	80cm 以外
名称		单位	消耗量			
人工	合计工日	工日	9.120	6.960	5.400	3.240
	木工普工	工日	3.648	2.784	2.160	1.296
	木工一般技工	工日	3.648	2.784	2.160	1.296
	木工高级技工	工日	1.824	1.392	1.080	0.648
材料	板方材	m^3	0.0240	0.0240	0.0240	0.0240
	其他材料费(占材料费)	%	2.00	2.00	2.00	2.00

5. 桁檩、角梁、由戗吊装

工作内容：准备工具、复核校对尺寸、修理榫卯、安装就位、校正背实、钉绑拉杆戗木、拆拉杆戗木、场内运输及清理废弃物。

计量单位：m^3

定额编号			3-6-630	3-6-631	3-6-632	3-6-633	3-6-634	3-6-635
项目			圆檩、扶脊木吊装(径)					草栿檩吊装
			20cm 以内	25cm 以内	30cm 以内	40cm 以内	40cm 以外	
名称		单位	消耗量					
人工	合计工日	工日	4.080	3.480	3.120	2.940	2.760	2.400
	木工普工	工日	1.632	1.392	1.248	1.176	1.104	0.960
	木工一般技工	工日	1.632	1.392	1.248	1.176	1.104	0.960
	木工高级技工	工日	0.816	0.696	0.624	0.588	0.552	0.480
材料	板方材	m^3	0.0240	0.0240	0.0240	0.0240	0.0240	0.0240
	其他材料费(占材料费)	%	2.00	2.00	2.00	2.00	2.00	2.00

工作内容:准备工具、复核校对尺寸、修理榫卯、安装就位、校正背实、钉绑拉杆戗木、拆拉杆戗木、场内运输及清理废弃物。

计量单位:m^3

定额编号			3-6-636	3-6-637	3-6-638	3-6-639	3-6-640
项目			老角梁吊装(截面宽度)				
			15cm 以内	20cm 以内	25cm 以内	30cm 以内	30cm 以外
名称		单位	消耗量				
人工	合计工日	工日	11.160	8.400	7.680	6.600	6.000
	木工普工	工日	4.464	3.360	3.072	2.640	2.400
	木工一般技工	工日	4.464	3.360	3.072	2.640	2.400
	木工高级技工	工日	2.232	1.680	1.536	1.320	1.200
材料	板方材	m^3	0.0240	0.0240	0.0240	0.0240	0.0240
	其他材料费(占材料费)	%	2.00	2.00	2.00	2.00	2.00

工作内容:准备工具、复核校对尺寸、修理榫卯、安装就位、校正背实、钉绑拉杆戗木、拆拉杆戗木、场内运输及清理废弃物。

计量单位:m^3

定额编号			3-6-641	3-6-642	3-6-643	3-6-644	3-6-645
项目			扣金、插金仔角梁吊装(截面宽度)				
			15cm 以内	20cm 以内	25cm 以内	30cm 以内	30cm 以外
名称		单位	消耗量				
人工	合计工日	工日	16.680	12.600	11.400	9.840	9.000
	木工普工	工日	6.672	5.040	4.560	3.936	3.600
	木工一般技工	工日	6.672	5.040	4.560	3.936	3.600
	木工高级技工	工日	3.336	2.520	2.280	1.968	1.800
材料	铁件(综合)	kg	26.4600	14.5100	8.1800	7.8000	5.2400
	板方材	m^3	0.0240	0.0240	0.0240	0.0240	0.0240
	其他材料费(占材料费)	%	2.00	2.00	2.00	2.00	2.00

工作内容：准备工具、复核校对尺寸、修理榫卯、安装就位、校正背实、钉绑拉杆戗木、拆拉杆戗木、场内运输及清理废弃物。

计量单位：根

定额编号			3-6-646	3-6-647	3-6-648	3-6-649	3-6-650	3-6-651
项目			压金仔角梁吊装(截面宽度)					
			12cm 以内	15cm 以内	18cm 以内	21cm 以内	24cm 以内	27cm 以内
名称		单位	消耗量					
人工	合计工日	工日	0.820	1.130	1.500	1.920	2.352	2.860
	木工普工	工日	0.328	0.452	0.600	0.768	0.941	1.144
	木工一般技工	工日	0.328	0.452	0.600	0.768	0.941	1.144
	木工高级技工	工日	0.164	0.226	0.300	0.384	0.470	0.572
材料	铁件(综合)	kg	1.1400	1.4200	2.1600	2.5200	3.5600	4.0000
	板方材	m^3	0.0240	0.0240	0.0240	0.0240	0.0240	0.0240
	其他材料费(占材料费)	%	2.00	2.00	2.00	2.00	2.00	2.00

工作内容：准备工具、复核校对尺寸、修理榫卯、安装就位、校正背实、钉绑拉杆戗木、拆拉杆戗木、场内运输及清理废弃物。

计量单位：根

定额编号			3-6-652	3-6-653	3-6-654	3-6-655	3-6-656	3-6-657
项目			压金仔角梁吊装(截面宽度)			窝角仔角梁吊装(截面宽度)		
			30cm 以内	33cm 以内	36cm 以内	12cm 以内	15cm 以内	18cm 以内
名称		单位	消耗量					
人工	合计工日	工日	3.400	3.984	4.560	0.360	0.504	0.672
	木工普工	工日	1.360	1.594	1.824	0.144	0.202	0.269
	木工一般技工	工日	1.360	1.594	1.824	0.144	0.202	0.269
	木工高级技工	工日	0.680	0.797	0.912	0.072	0.101	0.134
材料	铁件(综合)	kg	5.3600	5.9000	6.4400	—	—	—
	板方材	m^3	0.0240	0.0240	0.0240	0.0240	0.0240	0.0240
	其他材料费(占材料费)	%	2.00	2.00	2.00	2.00	2.00	2.00

工作内容:准备工具、复核校对尺寸、修理榫卯、安装就位、校正背实、钉绑拉杆戗木、拆拉杆戗木、场内运输及清理废弃物。

计量单位:根

定额编号			3-6-658	3-6-659	3-6-660	3-6-661	3-6-662	3-6-663
项目			窝角仔角梁吊装(截面宽度)					
			21cm 以内	24cm 以内	27cm 以内	30cm 以内	33cm 以内	36cm 以内
名称		单位	消耗量					
人工	合计工日	工日	0.852	1.044	1.260	1.500	1.752	2.020
	木工普工	工日	0.341	0.418	0.504	0.600	0.701	0.808
	木工一般技工	工日	0.341	0.418	0.504	0.600	0.701	0.808
	木工高级技工	工日	0.170	0.209	0.252	0.300	0.350	0.404
材料	板方材	m^3	0.0240	0.0240	0.0240	0.0240	0.0240	0.0240
	其他材料费(占材料费)	%	2.00	2.00	2.00	2.00	2.00	2.00

工作内容:准备工具、复核校对尺寸、修理榫卯、安装就位、校正背实、钉绑拉杆戗木、拆拉杆戗木、场内运输及清理废弃物。

计量单位:m^3

定额编号			3-6-664	3-6-665	3-6-666	3-6-667	3-6-668
项目			由戗吊装(截面宽度)				
			15cm 以内	20cm 以内	25cm 以内	30cm 以内	30cm 以外
名称		单位	消耗量				
人工	合计工日	工日	10.680	6.000	4.800	3.360	2.520
	木工普工	工日	4.272	2.400	1.920	1.344	1.008
	木工一般技工	工日	4.272	2.400	1.920	1.344	1.008
	木工高级技工	工日	2.136	1.200	0.960	0.672	0.504
材料	板方材	m^3	0.0240	0.0240	0.0240	0.0240	0.0240
	其他材料费(占材料费)	%	2.00	2.00	2.00	2.00	2.00

6.垫板吊装

工作内容:准备工具、复核校对尺寸、修理榫卯、安装就位、校正背实、钉绑拉杆戗木、拆拉杆戗木、场内运输及清理废弃物。

计量单位:m³

定额编号			3-6-669	3-6-670	3-6-671	3-6-672
项目			桁檩垫板吊装(截面高度)			
			15cm 以内	20cm 以内	25cm 以内	25cm 以外
名称		单位	消耗量			
人工	合计工日	工日	3.000	1.680	1.440	1.320
	木工普工	工日	1.200	0.672	0.576	0.528
	木工一般技工	工日	1.200	0.672	0.576	0.528
	木工高级技工	工日	0.600	0.336	0.288	0.264
材料	板方材	m³	0.0200	0.0200	0.0200	0.0200
	其他材料费(占材料费)	%	2.00	2.00	2.00	2.00

工作内容:准备工具、复核校对尺寸、修理榫卯、安装就位、校正背实、钉绑拉杆戗木、拆拉杆戗木、场内运输及清理废弃物。

计量单位:m³

定额编号			3-6-673	3-6-674	3-6-675
项目			由额垫板吊装(截面高度)		
			15cm 以内	20cm 以内	20cm 以外
名称		单位	消耗量		
人工	合计工日	工日	5.280	2.640	2.400
	木工普工	工日	2.112	1.056	0.960
	木工一般技工	工日	2.112	1.056	0.960
	木工高级技工	工日	1.056	0.528	0.480
材料	板方材	m³	0.0200	0.0200	0.0200
	其他材料费(占材料费)	%	2.00	2.00	2.00

7. 承 重 吊 装

工作内容:准备工具、复核校对尺寸、修理榫卯、安装就位、校正背实、钉绑拉杆戗木、拆拉杆戗木、场内运输及清理废弃物。

计量单位:m^3

定额编号			3-6-676	3-6-677	3-6-678	3-6-679	3-6-680
项目			承重吊装(截面宽度)				
			25cm 以内	30cm 以内	40cm 以内	50cm 以内	50cm 以外
名称		单位	消耗量				
人工	合计工日	工日	3.360	3.120	3.000	2.760	2.640
	木工普工	工日	1.344	1.248	1.200	1.104	1.056
	木工一般技工	工日	1.344	1.248	1.200	1.104	1.056
	木工高级技工	工日	0.672	0.624	0.600	0.552	0.528
材料	板方材	m^3	0.0200	0.0200	0.0200	0.0200	0.0200
	其他材料费(占材料费)	%	2.00	2.00	2.00	2.00	2.00

五、其他构部件拆除、拆安、制安

1. 板 类

工作内容:准备工具、必要支顶、安全监护、编号、分解出位、分类码放、场内运输及清理废弃物。

计量单位:m^2

定额编号			3-6-681	3-6-682	3-6-683	3-6-684
项目			板类拆除			
			立闸山花板	博脊板、棋枋板、柁挡板、象眼山花板	博缝板、挂檐(落)板、滴珠板	每增厚 1cm
			板厚 5cm	板厚 3cm	板厚 3cm	
名称		单位	消耗量			
人工	合计工日	工日	0.252	0.120	0.144	0.012
	木工普工	工日	0.151	0.072	0.086	0.007
	木工一般技工	工日	0.076	0.036	0.043	0.004
	木工高级技工	工日	0.025	0.012	0.014	0.001

工作内容：准备工具、必要支顶、安全监护、拆除后重新组装加固、安装、分类码放、场内运输清理废弃物。

计量单位：m^2

定额编号			3-6-685	3-6-686	3-6-687	3-6-688	3-6-689	3-6-690
项目			板类拆除安装					
			立闸山花板		博脊板、棋枋板、柁挡板、象眼山花板		博缝板、挂檐(落)板、滴珠板	
			板厚5cm	每增厚1cm	板厚3cm	每增厚1cm	板厚3cm	每增厚1cm
名称		单位	消耗量					
人工	合计工日	工日	0.600	0.050	0.340	0.030	0.384	0.072
	木工普工	工日	0.300	0.025	0.170	0.015	0.192	0.036
	木工一般技工	工日	0.240	0.020	0.136	0.012	0.154	0.029
	木工高级技工	工日	0.060	0.005	0.034	0.003	0.038	0.007
材料	圆钉	kg	0.2000	0.1200	0.0500	0.0200	0.2800	0.0200
	乳胶	kg	0.1500	0.0500	0.0900	0.0200	0.3500	0.0500
	其他材料费(占材料费)	%	2.00	2.00	2.00	2.00	2.00	2.00

工作内容：准备工具、选料、下料、排制丈杆、样板、制作安装就位、场内运输清理废弃物。

计量单位：m^2

定额编号			3-6-691	3-6-692	3-6-693	3-6-694	3-6-695	3-6-696
项目			立闸山花板制安				镶嵌象眼山花板制安	
			无雕饰		有雕饰		板厚3cm	每增厚1cm
			板厚5cm	每增厚1cm	板厚5cm	每增厚1cm		
名称		单位	消耗量					
人工	合计工日	工日	0.644	0.046	20.512	0.386	0.653	0.046
	木工普工	工日	0.193	0.014	0.192	0.013	0.196	0.014
	木工一般技工	工日	0.322	0.023	0.320	0.022	0.327	0.023
	木工高级技工	工日	0.129	0.009	0.128	0.009	0.131	0.009
	雕刻工一般技工	工日	—	—	11.923	0.205	—	—
	雕刻工高级技工	工日	—	—	7.949	0.137	—	—
材料	板方材	m^3	0.0748	0.0136	0.0748	0.0136	0.0476	0.0136
	圆钉	kg	0.2000	0.1200	0.2000	0.1200	0.0500	0.0200
	乳胶	kg	0.3000	0.1000	0.3000	0.1000	0.1800	0.0400
	其他材料费(占材料费)	%	1.00	1.00	1.00	1.00	1.00	—

工作内容：包括准备工具、选料、下料、场内运输及余料、废弃物的清运；博脊板、棋枋板、镶嵌柁挡板制作包括截配料、拼缝、刨光，其中博脊板、棋枋板包括挖檩窝，镶嵌柁挡板包括制作边缝压条。
博缝板制作包括截配料、拼缝、穿带、刨光、找囊、做榫、挖檩窝，悬山博缝板包括挖博缝头。
安装包括挂线、找平、钉牢，博脊板、棋枋板、镶嵌柁挡板包括钉边缝压条。　　**计量单位**：m^2

定额编号			3-6-697	3-6-698	3-6-699	3-6-700	3-6-701
项目			博脊板、棋枋板、镶嵌柁挡板制安		博缝板制安		博缝板制安
			板厚 3cm	每增厚 1cm	板厚 5cm		每增厚 1cm
					悬山	歇山	
名称		单位	消耗量				
人工	合计工日	工日	0.468	0.036	1.242	1.026	0.054
	木工普工	工日	0.140	0.011	0.373	0.308	0.016
	木工一般技工	工日	0.234	0.018	0.621	0.513	0.027
	木工高级技工	工日	0.094	0.007	0.248	0.205	0.011
材料	板方材	m^3	0.0476	0.0136	0.0770	0.0770	0.0131
	圆钉	kg	0.0500	0.0200	0.2800	0.3700	0.0200
	乳胶	kg	0.1800	0.0400	0.7000	0.7000	0.1000
	其他材料费（占材料费）	%	1.00	1.00	1.00	1.00	1.00

工作内容:准备工具、分类安装、场内运输清理废弃物。

计量单位:个

定额编号			3-6-702	3-6-703	3-6-704	3-6-705
项目			梅花钉安装(径)			
			6cm 以内	8cm 以内	10cm 以内	10cm 以外
名称		单位	消耗量			
人工	合计工日	工日	0.024	0.026	0.030	0.036
	木工普工	工日	0.007	0.008	0.009	0.011
	木工一般技工	工日	0.012	0.013	0.015	0.018
	木工高级技工	工日	0.005	0.005	0.006	0.007
材料	梅花钉	个	1.0500	1.0500	1.0500	1.0500
	圆钉	kg	0.0100	0.0300	—	—
	自制铁钉	kg	—	—	0.0400	0.0500
	其他材料费(占材料费)	%	1.00	1.00	1.00	1.00

工作内容:准备工具、选料、挂线、下料、制作、雕刻板面、安装、场内运输及清理废弃物。

计量单位:m^2

定额编号			3-6-706	3-6-707	3-6-708	3-6-709
项目			有雕饰挂檐(落)板制安(板厚 5cm)			
			雕云盘线纹	落地起万字	贴作博古花卉	板厚每增 1cm
名称		单位	消耗量			
人工	合计工日	工日	13.844	18.260	22.676	0.046
	木工普工	工日	0.179	0.179	0.179	0.014
	木工一般技工	工日	0.298	0.298	0.298	0.023
	木工高级技工	工日	0.119	0.119	0.119	0.009
	雕刻工一般技工	工日	7.949	10.598	13.248	—
	雕刻工高级技工	工日	5.299	7.066	8.832	—
材料	板方材	m^3	0.0646	0.0646	0.0770	0.0115
	圆钉	kg	0.3000	0.3000	0.4100	0.0100
	乳胶	kg	0.7000	0.7000	1.0000	0.1000
	其他材料费(占材料费)	%	1.00	1.00	1.00	1.00

工作内容:准备工具、选料、挂线、下料、制作、雕刻板面、安装、场内运输及清理废弃物;滴珠板还包括如意云头雕刻。

定额编号			3-6-710	3-6-711	3-6-712	3-6-713	3-6-714	3-6-715
项目			无雕饰挂檐(落)板制安			滴珠板制安		挂檐板安铁件
			普通板厚3cm	有挂落砖胆卡口板厚5cm	板厚每增1cm	板厚4cm	每增厚1cm	kg
			m^2					
名称		单位	消耗量					
人工	合计工日	工日	0.549	0.720	0.036	13.705	0.045	0.126
	木工普工	工日	0.165	0.216	0.011	0.224	0.014	0.038
	木工一般技工	工日	0.275	0.360	0.018	0.373	0.023	0.063
	木工高级技工	工日	0.110	0.144	0.007	0.149	0.009	0.025
	雕刻工一般技工	工日	—	—	—	7.776	—	—
	雕刻工高级技工	工日	—	—	—	5.184	—	—
材料	板方材	m^3	0.0402	0.0646	0.0115	0.0531	0.0115	—
	圆钉	kg	0.0400	0.3000	0.0100	0.2800	0.0100	—
	乳胶	kg	0.5000	0.7000	0.1000	0.6500	0.1000	—
	铁件(综合)	kg	—	—	—	—	—	1.0200
	其他材料费(占材料费)	%	1.00	1.00	1.00	1.00	1.00	1.00

2. 踏脚木、草架、楞木、沿边木、楼板、楼梯

工作内容：准备工具、必要支顶、安全监护、编号、分解出位、分类码放、场内运输及清理废弃物。

计量单位：m³

定额编号			3-6-716	3-6-717	3-6-718	3-6-719	3-6-720
项目			踏脚木拆除(截面高度)				
			20cm 以内	25cm 以内	30cm 以内	40cm 以内	40cm 以外
名称		单位	消耗量				
人工	合计工日	工日	0.280	0.252	0.240	0.230	0.220
	木工普工	工日	0.168	0.151	0.144	0.138	0.132
	木工一般技工	工日	0.084	0.076	0.072	0.069	0.066
	木工高级技工	工日	0.028	0.025	0.024	0.023	0.022

工作内容：准备工具、必要支顶、安全监护、编号、分解出位、分类码放、场内运输及清理废弃物。

定额编号			3-6-721	3-6-722	3-6-723	3-6-724	3-6-725
项目			楞木、沿边木拆除(截面高度)				木楼梯拆除
			20cm 以内	25cm 以内	30cm 以内	30cm 以外	m^2
			m^3				
名称		单位	消耗量				
人工	合计工日	工日	1.560	1.320	1.032	0.924	0.240
	木工普工	工日	0.936	0.792	0.619	0.554	0.144
	木工一般技工	工日	0.468	0.396	0.310	0.277	0.072
	木工高级技工	工日	0.156	0.132	0.103	0.092	0.024

工作内容：准备工具、必要支顶、安全监护、编号、拆除整修后重新安装、分类码放、场内运输及清理废弃物。

计量单位：m^3

定额编号			3-6-726	3-6-727	3-6-728	3-6-729	3-6-730
项目			踏脚木拆安(截面高度)				
			20cm以内	25cm以内	30cm以内	40cm以内	40cm以外
名称		单位	消耗量				
人工	合计工日	工日	8.280	7.644	7.152	6.720	6.204
	木工普工	工日	4.140	3.822	3.576	3.360	3.102
	木工一般技工	工日	3.312	3.058	2.861	2.688	2.482
	木工高级技工	工日	0.828	0.764	0.715	0.672	0.620
材料	圆钉	kg	0.4000	0.3000	0.2000	0.1000	0.0500
	其他材料费(占材料费)	%	2.00	2.00	2.00	2.00	2.00

工作内容：准备工具、必要支顶、安全监护、编号、拆除整修后重新安装、分类码放、场内运输及清理废弃物。

计量单位：m^3

定额编号			3-6-731	3-6-732	3-6-733	3-6-734
项目			楞木、沿边木拆安(截面高度)			
			20cm以内	25cm以内	30cm以内	30cm以外
名称		单位	消耗量			
人工	合计工日	工日	3.840	3.240	2.592	2.304
	木工普工	工日	1.920	1.620	1.296	1.152
	木工一般技工	工日	1.536	1.296	1.037	0.922
	木工高级技工	工日	0.384	0.324	0.259	0.230
材料	圆钉	kg	0.6300	0.3200	0.2000	0.1300
	其他材料费(占材料费)	%	2.00	2.00	2.00	2.00

工作内容：准备工具、必要支顶、安全监护、编号、拆除整修后重新安装、分类码放、场内运输及清理废弃物。

定额编号			3-6-735	3-6-736	3-6-737	3-6-738
项目			木楼板拆安		木楼梯	
			板厚 4cm	每增厚 1cm	拆修安	单独补换踏步板
			m^2			m
名称		单位	消耗量			
人工	合计工日	工日	0.324	0.040	2.160	0.144
	木工普工	工日	0.162	0.020	0.648	0.043
	木工一般技工	工日	0.130	0.016	1.080	0.072
	木工高级技工	工日	0.032	0.004	0.432	0.029
材料	板方材	m^3	—	—	0.0850	0.0203
	圆钉	kg	0.1600	0.0200	0.3000	—
	铁件 综合	kg	—	—	0.2000	—
	其他材料费(占材料费)	%	2.00	2.00	2.00	2.00

工作内容：准备工具、选料、排制丈杆、下料、画线、制作成型、场内运输清理废弃物。　　**计量单位：**m^3

定额编号			3-6-739	3-6-740	3-6-741	3-6-742	3-6-743	3-6-744
项目			踏脚木制安(截面高度)					草架及穿梁制安
			20cm 以内	25cm 以内	30cm 以内	40cm 以内	40cm 以外	
名称		单位	消耗量					
人工	合计工日	工日	18.360	15.606	12.312	10.584	8.532	70.200
	木工普工	工日	5.508	4.682	3.694	3.175	2.560	21.060
	木工一般技工	工日	9.180	7.803	6.156	5.292	4.266	35.100
	木工高级技工	工日	3.672	3.121	2.462	2.117	1.706	14.040
材料	板方材	m^3	1.0900	1.0900	1.0900	1.0900	1.0900	1.0900
	圆钉	kg	0.4000	0.3000	0.2000	0.1000	0.0500	—
	其他材料费(占材料费)	%	1.00	1.00	1.00	1.00	1.00	1.00

工作内容：准备工具、选料、排制丈杆、下料、画线、制作成型、场内运输清理废弃物。 计量单位：m^3

定额编号			3-6-745	3-6-746	3-6-747	3-6-748
项目			楞木、沿边木制安(截面高度)			
			20cm 以内	25cm 以内	30cm 以内	30cm 以外
名称		单位	消耗量			
人工	合计工日	工日	6.372	4.968	3.564	2.862
	木工普工	工日	3.186	2.484	1.782	1.431
	木工一般技工	工日	2.549	1.987	1.426	1.145
	木工高级技工	工日	0.637	0.497	0.356	0.286
材料	板方材	m^3	1.0900	1.0900	1.0900	1.0900
	圆钉	kg	0.6300	0.3200	0.2000	0.1300
	其他材料费(占材料费)	%	1.00	1.00	1.00	1.00

工作内容：准备工具、选料、下料、场内运输及清理废弃物；木楼梯制安还包括放样板以及帮板、踢板、踏板的制作安装。 计量单位：m^2

定额编号			3-6-749	3-6-750	3-6-751	3-6-752
项目			木楼板制安			木楼梯制安
			板厚 4cm	每增厚 1cm	安装后净面磨平	
名称		单位	消耗量			
人工	合计工日	工日	0.387	0.027	0.108	2.268
	木工普工	工日	0.194	0.014	0.054	0.680
	木工一般技工	工日	0.155	0.011	0.043	1.134
	木工高级技工	工日	0.039	0.003	0.011	0.454
材料	板方材	m^3	0.0626	0.0139	—	0.2125
	圆钉	kg	0.1600	0.0200	—	0.3000
	铁件(综合)	kg	—	—	—	0.4000
	防腐油	kg	—	—	—	0.2300
	其他材料费(占材料费)	%	1.00	1.00	—	1.00

3. 额枋下大雀替、菱角木、燕尾枋

工作内容：准备工具、选料、画线、制作成型、绘制图样、雕刻、安装、场内运输及清理废弃物。

计量单位：块

定额编号			3-6-753	3-6-754	3-6-755	3-6-756	3-6-757	3-6-758
项目			额枋下云龙大雀替制安(长度)					
			80cm 以内	100cm 以内	120cm 以内	140cm 以内	160cm 以内	180cm 以内
名称		单位	消耗量					
人工	合计工日	工日	10.919	15.688	21.627	28.737	37.017	46.478
	木工普工	工日	0.295	0.401	0.527	0.672	0.838	1.027
	木工一般技工	工日	0.491	0.668	0.878	1.121	1.397	1.711
	木工高级技工	工日	0.197	0.267	0.351	0.448	0.559	0.685
	雕刻工一般技工	工日	5.962	8.611	11.923	15.898	20.534	25.834
	雕刻工高级技工	工日	3.974	5.741	7.949	10.598	13.690	17.222
材料	板方材	m^3	0.0539	0.1040	0.1783	0.2815	0.4184	0.5937
	圆钉	kg	0.0100	0.0200	0.0200	0.0300	0.0400	0.0400
	乳胶	kg	0.0200	0.0300	0.0300	0.0400	0.0400	0.0500
	其他材料费(占材料费)	%	1.00	1.00	1.00	1.00	1.00	1.00

工作内容：准备工具、选料、画线、制作成型、绘制图样、雕刻、安装、场内运输及清理废弃物。

计量单位：块

定额编号			3-6-759	3-6-760	3-6-761	3-6-762	3-6-763	3-6-764
项目			额枋下卷草大雀替制安(长度)					
			60cm 以内	80cm 以内	100cm 以内	120cm 以内	140cm 以内	160cm 以内
名称		单位	消耗量					
人工	合计工日	工日	6.227	8.711	12.376	17.211	23.217	30.393
	木工普工	工日	0.212	0.295	0.401	0.527	0.672	0.838
	木工一般技工	工日	0.353	0.491	0.668	0.878	1.121	1.397
	木工高级技工	工日	0.141	0.197	0.267	0.351	0.448	0.559
	雕刻工一般技工	工日	3.312	4.637	6.624	9.274	12.586	16.560
	雕刻工高级技工	工日	2.208	3.091	4.416	6.182	8.390	11.040
材料	板方材	m^3	0.0233	0.0539	0.1040	0.1783	0.2815	0.4184
	圆钉	kg	0.0100	0.0100	0.0200	0.0200	0.0300	0.0400
	乳胶	kg	0.0200	0.0200	0.0300	0.0300	0.0400	0.0400
	其他材料费(占材料费)	%	1.00	1.00	1.00	1.00	1.00	1.00

工作内容：准备工具、选料、画线、制作成型、绘制图样、雕刻、安装、场内运输及清理废弃物。

计量单位：块

定额编号			3-6-765	3-6-766	3-6-767	3-6-768	3-6-769	3-6-770
项目			云龙骑马雀替制安(长度)					
			90cm 以内	120cm 以内	150cm 以内	180cm 以内	210cm 以内	240cm 以内
名称		单位	消耗量					
人工	合计工日	工日	11.150	16.549	23.681	32.557	43.166	55.509
	木工普工	工日	0.364	0.494	0.646	0.825	1.027	1.252
	木工一般技工	工日	0.607	0.823	1.076	1.375	1.711	2.087
	木工高级技工	工日	0.243	0.329	0.431	0.550	0.685	0.835
	雕刻工一般技工	工日	5.962	8.942	12.917	17.885	23.846	30.802
	雕刻工高级技工	工日	3.974	5.962	8.611	11.923	15.898	20.534
材料	板方材	m^3	0.0362	0.0838	0.1616	0.2770	0.4373	0.6499
	圆钉	kg	0.0100	0.0100	0.0200	0.0200	0.0300	0.0300
	乳胶	kg	0.0200	0.0300	0.0300	0.0400	0.0400	0.0500
	其他材料费(占材料费)	%	1.00	1.00	1.00	1.00	1.00	1.00

工作内容：准备工具、选料、画线、制作成型、绘制图样、雕刻、安装、场内运输及清理废弃物。

计量单位：块

定额编号			3-6-771	3-6-772	3-6-773	3-6-774	3-6-775	3-6-776
项目			卷草骑马雀替制安(长度)					
			60cm 以内	90cm 以内	120cm 以内	150cm 以内	180cm 以内	210cm 以内
名称		单位	消耗量					
人工	合计工日	工日	7.496	9.494	13.237	18.713	25.933	34.886
	木工普工	工日	0.262	0.364	0.494	0.646	0.825	1.027
	木工一般技工	工日	0.436	0.607	0.823	1.076	1.375	1.711
	木工高级技工	工日	0.174	0.243	0.329	0.431	0.550	0.685
	雕刻工一般技工	工日	3.974	4.968	6.955	9.936	13.910	18.878
	雕刻工高级技工	工日	2.650	3.312	4.637	6.624	9.274	12.586
材料	板方材	m^3	0.0112	0.0362	0.0838	0.1616	0.2770	0.4373
	圆钉	kg	0.0100	0.0100	0.0100	0.0200	0.0200	0.0300
	乳胶	kg	0.0200	0.0200	0.0300	0.0300	0.0400	0.0400
	其他材料费(占材料费)	%	1.00	1.00	1.00	1.00	1.00	1.00

工作内容：准备工具、选料、下料、画线、制作安装、场内运输及清理废弃物；雀替下云墩制作安装还包括绘制图样、雕刻。

计量单位：块

定额编号			3-6-777	3-6-778	3-6-779	3-6-780	3-6-781	3-6-782
项目			雀替下云墩制安	菱角木制安(厚度)				
				6cm 以内	7cm 以内	8cm 以内	9cm 以内	10cm 以内
名称		单位	消耗量					
人工	合计工日	工日	12.674	1.359	1.512	1.665	1.836	2.016
	木工普工	工日	0.225	0.408	0.454	0.500	0.551	0.605
	木工一般技工	工日	0.375	0.680	0.756	0.833	0.918	1.008
	木工高级技工	工日	0.150	0.272	0.302	0.333	0.367	0.403
	雕刻工一般技工	工日	7.154	—	—	—	—	—
	雕刻工高级技工	工日	4.769	—	—	—	—	—
材料	板方材	m^3	0.0255	0.0213	0.0357	0.0555	0.0817	0.1149
	乳胶	kg	—	0.0500	0.0600	0.0700	0.0800	0.0900
	其他材料费(占材料费)	%	1.00	1.00	1.00	1.00	1.00	1.00

工作内容:准备工具、选料、下料、画线、制作安装、场内运输及清理废弃物。 **计量单位**:块

定额编号			3-6-783	3-6-784	3-6-785	3-6-786	3-6-787	3-6-788
项目			燕尾枋制安(厚度)					
			3cm 以内	4cm 以内	5cm 以内	6cm 以内	7cm 以内	8cm 以内
名称		单位	消耗量					
人工	合计工日	工日	0.180	0.207	0.234	0.279	0.342	0.414
	木工普工	工日	0.054	0.062	0.070	0.084	0.103	0.124
	木工一般技工	工日	0.090	0.104	0.117	0.140	0.171	0.207
	木工高级技工	工日	0.036	0.041	0.047	0.056	0.068	0.083
材料	板方材	m^3	0.0016	0.0041	0.0083	0.0149	0.0241	0.0365
	圆钉	kg	0.0100	0.0100	0.0200	0.0300	0.0300	0.0300
	其他材料费(占材料费)	%	1.00	1.00	1.00	1.00	1.00	1.00

工作内容:准备工具、选料、下料、画线、制作安装、场内运输及清理废弃物。 **计量单位**:块

定额编号			3-6-789	3-6-790
项目			替木制作(长度)	
			100cm 以内	150cm 以内
名称		单位	消耗量	
人工	合计工日	工日	0.540	0.864
	木工普工	工日	0.162	0.259
	木工一般技工	工日	0.270	0.432
	木工高级技工	工日	0.108	0.173
材料	板方材	m^3	0.0116	0.0253
	圆钉	kg	0.0600	0.1200
	其他材料费(占材料费)	%	1.00	1.00

六、木　基　层

1. 木基层拆除

工作内容：准备工具、必要支顶、安全监护、拆除、分类码放、场内运输及清理废弃物。

定　额　编　号			3-6-791	3-6-792	3-6-793	3-6-794	3-6-795	3-6-796
项　　　目			望板拆除(厚度)		直椽、飞椽、翘飞椽、罗锅椽拆除(椽径)			
			3.5cm 以内	3.5cm 以外	8cm 以内	12cm 以内	15cm 以内	15cm 以外
			m^2		根			
名　　称		单位	消　耗　量					
人工	合计工日	工日	0.050	0.060	0.008	0.011	0.013	0.016
	木工普工	工日	0.035	0.042	0.005	0.008	0.009	0.011
	木工一般技工	工日	0.010	0.012	0.002	0.002	0.003	0.003
	木工高级技工	工日	0.005	0.006	0.001	0.001	0.001	0.002

工作内容：准备工具、必要支顶、安全监护、拆除、分类码放、场内运输及清理废弃物。　　**计量单位：**根

定　额　编　号			3-6-797	3-6-798	3-6-799	3-6-800
项　　　目			方、圆翼角椽拆除(椽径)			
			8cm 以内	12cm 以内	15cm 以内	15cm 以外
名　　称		单位	消　耗　量			
人工	合计工日	工日	0.020	0.030	0.040	0.050
	木工普工	工日	0.014	0.021	0.028	0.035
	木工一般技工	工日	0.004	0.006	0.008	0.010
	木工高级技工	工日	0.002	0.003	0.004	0.005

工作内容:准备工具、必要支顶、安全监护、拆除、分类码放、场内运输及清理废弃物。 **计量单位:**m

定额编号			3-6-801	3-6-802
项目			单独拆除大连檐	里口木拆除
名称		单位	消耗量	
人工	合计工日	工日	0.020	0.014
	木工普工	工日	0.014	0.010
	木工一般技工	工日	0.004	0.003
	木工高级技工	工日	0.002	0.001

2. 木基层拆安

工作内容:准备工具、必要支顶、安全监护、拆除、分类码放、整修、重新铺钉、场内运输及清理废弃物。

计量单位:根

定额编号			3-6-803	3-6-804	3-6-805	3-6-806
项目			直椽、飞椽、罗锅椽拆安(椽径)			
			8cm 以内	12cm 以内	15cm 以内	15cm 以外
名称		单位	消耗量			
人工	合计工日	工日	0.040	0.060	0.080	0.090
	木工普工	工日	0.028	0.042	0.056	0.063
	木工一般技工	工日	0.008	0.012	0.016	0.018
	木工高级技工	工日	0.004	0.006	0.008	0.009
材料	圆钉	kg	0.0300	—	—	—
	自制铁钉	kg	—	0.0900	0.1900	0.2100
	其他材料费(占材料费)	%	2.00	2.00	2.00	2.00

工作内容：准备工具、必要支顶、安全监护、拆除、分类码放、整修、重新铺钉、场内运输及清理废弃物。

计量单位：根

定额编号			3-6-807	3-6-808	3-6-809	3-6-810
项目			方、圆翼角椽拆安(椽径)			
			8cm 以内	12cm 以内	15cm 以内	15cm 以外
名称		单位	消耗量			
人工	合计工日	工日	0.270	0.410	0.510	0.580
	木工普工	工日	0.189	0.287	0.357	0.406
	木工一般技工	工日	0.054	0.082	0.102	0.116
	木工高级技工	工日	0.027	0.041	0.051	0.058
材料	圆钉	kg	0.0300	—	—	—
	自制铁钉	kg	—	0.0900	0.1900	0.2100
	其他材料费(占材料费)	%	2.00	2.00	2.00	2.00

工作内容：准备工具、必要支顶、安全监护、拆除、分类码放、选料、截料、整修、重新铺钉、场内运输及清理废弃物。

计量单位：根

定额编号			3-6-811	3-6-812	3-6-813
项目			旧方、圆椽长改短铺钉(椽径)		
			6cm 以内	8cm 以内	10cm 以内
名称		单位	消耗量		
人工	合计工日	工日	0.040	0.050	0.060
	木工普工	工日	0.028	0.035	0.042
	木工一般技工	工日	0.008	0.010	0.012
	木工高级技工	工日	0.004	0.005	0.006
材料	圆钉	kg	0.0200	0.0300	0.0600
	其他材料费(占材料费)	%	2.00	2.00	2.00

工作内容:准备工具、必要支顶、安全监护、拆除、分类码放、选料、截料、整修、重新铺钉、场内运输及清理废弃物。

计量单位:根

定额编号			3-6-814	3-6-815	3-6-816	3-6-817
项目			旧方、圆椽长改短铺钉(椽径)			
			12cm 以内	14cm 以内	16cm 以内	18cm 以内
名称		单位	消耗量			
人工	合计工日	工日	0.080	0.090	0.100	0.110
	木工普工	工日	0.056	0.063	0.070	0.077
	木工一般技工	工日	0.016	0.018	0.020	0.022
	木工高级技工	工日	0.008	0.009	0.010	0.011
材料	自制铁钉	kg	0.0900	0.1000	0.2000	0.2200
	其他材料费(占材料费)	%	2.00	2.00	2.00	2.00

工作内容:准备工具、必要支顶、安全监护、拆除、分类码放、整修、重新铺钉、场内运输及清理废弃物。

计量单位:m

定额编号			3-6-818	3-6-819
项目			大连檐拆安	里口木拆安
名称		单位	消耗量	
人工	合计工日	工日	0.160	0.206
	木工普工	工日	0.112	0.144
	木工一般技工	工日	0.032	0.041
	木工高级技工	工日	0.016	0.021
材料	圆钉	kg	0.0300	0.0300
	其他材料费(占材料费)	%	2.00	2.00

工作内容：准备工具、必要支顶、安全监护、拆除、分类码放、整修、重新铺钉、场内运输及清理废弃物。

计量单位：m^2

定额编号			3-6-820	3-6-821	3-6-822
项目			望板拆安		望板加钉
			厚度		
			3.5cm 以内	3.5cm 以外	
名称		单位	消耗量		
人工	合计工日	工日	0.120	0.140	0.030
	木工普工	工日	0.084	0.098	0.021
	木工一般技工	工日	0.024	0.028	0.006
	木工高级技工	工日	0.012	0.014	0.003
材料	圆钉	kg	0.1800	0.2400	0.0600
	其他材料费(占材料费)	%	2.00	2.00	2.00

3. 各种椽制安

工作内容：准备工具、选料、排制丈杆、样板、下料、画线、制作成型、分类码放、排椽挡、挂线铺钉安装、场内运输及清理废弃物。

计量单位：m

定额编号			3-6-823	3-6-824	3-6-825	3-6-826	3-6-827	3-6-828
项目			圆直椽制安(椽径)					
			6cm 以内	7cm 以内	8cm 以内	9cm 以内	10cm 以内	11cm 以内
名称		单位	消耗量					
人工	合计工日	工日	0.081	0.090	0.090	0.099	0.099	0.108
	木工普工	工日	0.032	0.036	0.036	0.040	0.040	0.043
	木工一般技工	工日	0.032	0.036	0.036	0.040	0.040	0.043
	木工高级技工	工日	0.016	0.018	0.018	0.020	0.020	0.022
材料	板方材	m^3	0.0044	0.0059	0.0076	0.0095	0.0116	0.0139
	圆钉	kg	0.0200	0.0200	0.0300	0.0300	0.0400	0.0500
	其他材料费(占材料费)	%	1.00	1.00	1.00	1.00	1.00	1.00
机械	木工圆锯机 500mm	台班	0.0080	0.0080	0.0080	0.0090	0.0090	0.0090

工作内容：准备工具、选料、排制丈杆、样板、下料、画线、制作成型、分类码放、排椽挡、挂线铺钉安装、场内运输及清理废弃物。

计量单位：m

定额编号			3-6-829	3-6-830	3-6-831	3-6-832
项目			圆直椽制安（椽径）			
			12cm 以内	13cm 以内	14cm 以内	15cm 以内
名称		单位	消耗量			
人工	合计工日	工日	0.108	0.126	0.126	0.135
	木工普工	工日	0.043	0.050	0.050	0.054
	木工一般技工	工日	0.043	0.050	0.050	0.054
	木工高级技工	工日	0.022	0.025	0.025	0.027
材料	板方材	m^3	0.0164	0.0191	0.0221	0.0252
	自制铁钉	kg	0.0500	0.0500	0.0500	0.0800
	其他材料费（占材料费）	%	1.00	1.00	1.00	1.00
机械	木工圆锯机 500mm	台班	0.0100	0.0100	0.0110	0.0110

工作内容：准备工具、选料、排制丈杆、样板、下料、画线、制作成型、分类码放、排椽挡、挂线铺钉安装、场内运输及清理废弃物。

计量单位：m

定额编号			3-6-833	3-6-834	3-6-835
项目			圆直椽制安（椽径）		
			16cm 以内	17cm 以内	18cm 以内
名称		单位	消耗量		
人工	合计工日	工日	0.135	0.144	0.144
	木工普工	工日	0.054	0.058	0.058
	木工一般技工	工日	0.054	0.058	0.058
	木工高级技工	工日	0.027	0.029	0.029
材料	板方材	m^3	0.0286	0.0322	0.0359
	自制铁钉	kg	0.0800	0.0800	0.0800
	其他材料费（占材料费）	%	1.00	1.00	1.00
机械	木工圆锯机 500mm	台班	0.0120	0.0120	0.0120

工作内容:准备工具、选料、排制丈杆、样板、下料、画线、制作成型、分类码放、排椽挡、挂线铺钉安装、场内运输及清理废弃物。

计量单位:m

定额编号			3-6-836	3-6-837	3-6-838	3-6-839	3-6-840	3-6-841
项目			圆翼角椽制安(椽径)					
			6cm 以内	7cm 以内	8cm 以内	9cm 以内	10cm 以内	11cm 以内
名称		单位	消耗量					
人工	合计工日	工日	0.193	0.202	0.212	0.221	0.239	0.248
	木工普工	工日	0.058	0.061	0.064	0.066	0.072	0.075
	木工一般技工	工日	0.097	0.101	0.106	0.110	0.120	0.124
	木工高级技工	工日	0.039	0.041	0.042	0.044	0.048	0.050
材料	板方材	m^3	0.0044	0.0059	0.0076	0.0095	0.0116	0.0139
	圆钉	kg	0.0200	0.0200	0.0300	0.0300	0.0400	0.0500
	其他材料费(占材料费)	%	1.00	1.00	1.00	1.00	1.00	1.00
机械	木工圆锯机 500mm	台班	0.0104	0.0104	0.0104	0.0110	0.0110	0.0110

工作内容:准备工具、选料、排制丈杆、样板、下料、画线、制作成型、分类码放、排椽挡、挂线铺钉安装、场内运输及清理废弃物。

计量单位:m

定额编号			3-6-842	3-6-843	3-6-844	3-6-845
项目			圆翼角椽制安(椽径)			
			12cm 以内	13cm 以内	14cm 以内	15cm 以内
名称		单位	消耗量			
人工	合计工日	工日	0.258	0.267	0.276	0.294
	木工普工	工日	0.077	0.080	0.083	0.088
	木工一般技工	工日	0.129	0.133	0.138	0.147
	木工高级技工	工日	0.052	0.053	0.055	0.059
材料	板方材	m^3	0.0164	0.0191	0.0221	0.0252
	自制铁钉	kg	0.0500	0.0500	0.0500	0.0800
	其他材料费(占材料费)	%	1.00	1.00	1.00	1.00
机械	木工圆锯机 500mm	台班	0.0120	0.0120	0.0130	0.0130

工作内容:准备工具、选料、排制丈杆、样板、下料、画线、制作成型、分类码放、排椽挡、挂线铺钉安装、场内运输及清理废弃物。

计量单位:m

定额编号			3-6-846	3-6-847	3-6-848
项目			圆翼角椽制安(椽径)		
			16cm 以内	17cm 以内	18cm 以内
名称		单位	消耗量		
人工	合计工日	工日	0.304	0.313	0.322
	木工普工	工日	0.091	0.094	0.097
	木工一般技工	工日	0.152	0.156	0.161
	木工高级技工	工日	0.061	0.063	0.064
材料	板方材	m^3	0.0286	0.0322	0.0359
	自制铁钉	kg	0.0800	0.0800	0.0800
	其他材料费(占材料费)	%	1.00	1.00	1.00
机械	木工圆锯机 500mm	台班	0.0140	0.0140	0.0140

工作内容:准备工具、选料、排制丈杆、样板、下料、画线、制作成型、分类码放、排椽挡、挂线铺钉安装、场内运输及清理废弃物。

计量单位:m

定额编号			3-6-849	3-6-850	3-6-851	3-6-852	3-6-853	3-6-854
项目			方直椽不刨光乱插头花钉(椽径)					
			5cm 以内	6cm 以内	7cm 以内	8cm 以内	9cm 以内	10cm 以内
名称		单位	消耗量					
人工	合计工日	工日	0.036	0.036	0.036	0.036	0.036	0.036
	木工普工	工日	0.014	0.014	0.014	0.014	0.014	0.014
	木工一般技工	工日	0.014	0.014	0.014	0.014	0.014	0.014
	木工高级技工	工日	0.007	0.007	0.007	0.007	0.007	0.007
材料	板方材	m^3	0.0026	0.0038	0.0052	0.0067	0.0085	0.0105
	圆钉	kg	0.0200	0.0200	0.0200	0.0300	0.0300	0.0400
	其他材料费(占材料费)	%	1.00	1.00	1.00	1.00	1.00	1.00
机械	木工圆锯机 500mm	台班	0.0080	0.0080	0.0080	0.0090	0.0090	0.0090

工作内容:准备工具、选料、排制丈杆、样板、下料、画线、制作成型、分类码放、排椽挡、挂线铺钉安装、场内运输及清理废弃物。

计量单位:m

定额编号			3-6-855	3-6-856	3-6-857	3-6-858	3-6-859	3-6-860
项目			方直椽刨光顺接铺钉(椽径)					
			5cm 以内	6cm 以内	7cm 以内	8cm 以内	9cm 以内	10cm 以内
名称		单位	消耗量					
人工	合计工日	工日	0.045	0.045	0.054	0.054	0.054	0.054
	木工普工	工日	0.018	0.018	0.022	0.022	0.022	0.022
	木工一般技工	工日	0.018	0.018	0.022	0.022	0.022	0.022
	木工高级技工	工日	0.009	0.009	0.011	0.011	0.011	0.011
材料	板方材	m^3	0.0032	0.0044	0.0059	0.0076	0.0095	0.0116
	圆钉	kg	0.0200	0.0200	0.0200	0.0300	0.0300	0.0400
	其他材料费(占材料费)	%	1.00	1.00	1.00	1.00	1.00	1.00
机械	木工圆锯机 500mm	台班	0.0080	0.0080	0.0080	0.0090	0.0090	0.0090
	木工平刨床 500mm	台班	0.0022	0.0027	0.0031	0.0036	0.0040	0.0044

工作内容:准备工具、选料、排制丈杆、样板、下料、画线、制作成型、分类码放、排椽挡、挂线铺钉安装、场内运输及清理废弃物。

计量单位:m

定额编号			3-6-861	3-6-862	3-6-863	3-6-864	3-6-865	3-6-866
项目			方翼角椽制安(椽径)					
			5cm 以内	6cm 以内	7cm 以内	8cm 以内	9cm 以内	10cm 以内
名称		单位	消耗量					
人工	合计工日	工日	0.156	0.166	0.184	0.193	0.202	0.212
	木工普工	工日	0.047	0.050	0.055	0.058	0.061	0.064
	木工一般技工	工日	0.078	0.083	0.092	0.097	0.101	0.106
	木工高级技工	工日	0.031	0.033	0.037	0.039	0.041	0.042
材料	板方材	m^3	0.0041	0.0058	0.0077	0.0099	0.0123	0.0151
	圆钉	kg	0.0200	0.0200	0.0200	0.0300	0.0300	0.0400
	其他材料费(占材料费)	%	1.00	1.00	1.00	1.00	1.00	1.00
机械	木工圆锯机 500mm	台班	0.0104	0.0104	0.0104	0.0110	0.0110	0.0110
	木工平刨床 500mm	台班	0.0028	0.0033	0.0039	0.0044	0.0050	0.0056

工作内容:准备工具、选料、排制丈杆、样板、下料、画线、制作成型、分类码放、排椽挡、挂线铺钉安装、场内运输及清理废弃物。

计量单位:根

定额编号			3-6-867	3-6-868	3-6-869	3-6-870
项目			罗锅椽制安(椽径)			
			5cm 以内	6cm 以内	7cm 以内	8cm 以内
名称		单位	消耗量			
人工	合计工日	工日	0.083	0.101	0.129	0.147
	木工普工	工日	0.025	0.030	0.039	0.044
	木工一般技工	工日	0.041	0.051	0.064	0.074
	木工高级技工	工日	0.017	0.020	0.026	0.029
材料	板方材	m^3	0.0017	0.0028	0.0041	0.0058
	圆钉	kg	0.0200	0.0200	0.0300	0.0300
	其他材料费(占材料费)	%	1.00	1.00	1.00	1.00
机械	木工圆锯机 500mm	台班	0.0260	0.0260	0.0260	0.0260

工作内容:准备工具、选料、排制丈杆、样板、下料、画线、制作成型、分类码放、排椽挡、挂线铺钉安装、场内运输及清理废弃物。

计量单位:根

定额编号			3-6-871	3-6-872	3-6-873
项目			罗锅椽制安(椽径)		
			9cm 以内	10cm 以内	11cm 以内
名称		单位	消耗量		
人工	合计工日	工日	0.184	0.230	0.258
	木工普工	工日	0.055	0.069	0.077
	木工一般技工	工日	0.092	0.115	0.129
	木工高级技工	工日	0.037	0.046	0.052
材料	板方材	m^3	0.0079	0.0108	0.0143
	圆钉	kg	0.0500	0.0600	0.0800
	其他材料费(占材料费)	%	1.00	1.00	1.00
机械	木工圆锯机 500mm	台班	0.0260	0.0260	0.0260

工作内容：准备工具、选料、排制丈杆、样板、下料、画线、制作成型、分类码放、排椽挡、挂线铺钉安装、场内运输及清理废弃物。

计量单位：根

定额编号			3-6-874	3-6-875	3-6-876	3-6-877	3-6-878
项目			飞椽制安(椽径)				
			5cm 以内	6cm 以内	7cm 以内	8cm 以内	9cm 以内
名称		单位	消耗量				
人工	合计工日	工日	0.072	0.081	0.090	0.099	0.126
	木工普工	工日	0.022	0.024	0.027	0.030	0.038
	木工一般技工	工日	0.036	0.041	0.045	0.050	0.063
	木工高级技工	工日	0.014	0.016	0.018	0.020	0.025
材料	板方材	m^3	0.0015	0.0027	0.0043	0.0065	0.0092
	圆钉	kg	0.0200	0.0200	0.0300	0.0300	0.0500
	其他材料费(占材料费)	%	1.00	1.00	1.00	1.00	1.00
机械	木工圆锯机 500mm	台班	0.0095	0.0120	0.0145	0.0170	0.0195
	木工平刨床 500mm	台班	0.0021	0.0032	0.0045	0.0060	0.0078

工作内容：准备工具、选料、排制丈杆、样板、下料、画线、制作成型、分类码放、排椽挡、挂线铺钉安装、场内运输及清理废弃物。

计量单位：根

定额编号			3-6-879	3-6-880	3-6-881	3-6-882	3-6-883
项目			飞椽制安(椽径)				
			10cm 以内	11cm 以内	12cm 以内	13cm 以内	14cm 以内
名称		单位	消耗量				
人工	合计工日	工日	0.144	0.180	0.198	0.216	0.252
	木工普工	工日	0.043	0.054	0.059	0.065	0.076
	木工一般技工	工日	0.072	0.090	0.099	0.108	0.126
	木工高级技工	工日	0.029	0.036	0.040	0.043	0.050
材料	板方材	m^3	0.0128	0.0171	0.0222	0.0283	0.0354
	圆钉	kg	0.0600	—	—	—	—
	自制铁钉	kg	—	0.0800	0.0900	0.0900	0.1000
	其他材料费(占材料费)	%	1.00	1.00	1.00	1.00	1.00
机械	木工圆锯机 500mm	台班	0.0220	0.0245	0.0270	0.0295	0.0320
	木工平刨床 500mm	台班	0.0098	0.0120	0.0144	0.0170	0.0199

工作内容：准备工具、选料、排制丈杆、样板、下料、画线、制作成型、分类码放、排椽挡、挂线铺钉安装、场内运输及清理废弃物。

计量单位：根

定额编号			3-6-884	3-6-885	3-6-886	3-6-887
项目			飞椽制安（椽径）			
			15cm 以内	16cm 以内	17cm 以内	18cm 以内
名称		单位	消耗量			
人工	合计工日	工日	0.288	0.315	0.351	0.396
	木工普工	工日	0.086	0.095	0.105	0.119
	木工一般技工	工日	0.144	0.158	0.176	0.198
	木工高级技工	工日	0.058	0.063	0.070	0.079
材料	板方材	m^3	0.0436	0.0530	0.0637	0.0756
	自制铁钉	kg	0.1900	0.2000	0.2100	0.2200
	其他材料费（占材料费）	%	1.00	1.00	1.00	1.00
机械	木工圆锯机 500mm	台班	0.0345	0.0370	0.0395	0.0420
	木工平刨床 500mm	台班	0.0230	0.0263	0.0298	0.0336

工作内容：准备工具、选料、排制丈杆、样板、下料、画线、制作成型、分类码放、排椽挡、挂线铺钉安装、场内运输及清理废弃物。

计量单位：根

定额编号			3-6-888	3-6-889	3-6-890	3-6-891	3-6-892	3-6-893
项目			翘飞椽制安（椽径 5cm 以内）			翘飞椽制安（椽径 6cm 以内）		
			头、二、三翘	四、五、六翘	六翘以上	头、二、三翘	四、五、六翘	六翘以上
名称		单位	消耗量					
人工	合计工日	工日	0.267	0.193	0.120	0.331	0.230	0.147
	木工普工	工日	0.080	0.058	0.036	0.099	0.069	0.044
	木工一般技工	工日	0.133	0.097	0.060	0.166	0.115	0.074
	木工高级技工	工日	0.053	0.039	0.024	0.066	0.046	0.029
材料	板方材	m^3	0.0044	0.0032	0.0022	0.0078	0.0057	0.0039
	圆钉	kg	0.0200	0.0200	0.0200	0.0300	0.0300	0.0300
	其他材料费（占材料费）	%	1.00	1.00	1.00	1.00	1.00	1.00
机械	木工圆锯机 500mm	台班	0.0160	0.0141	0.0121	0.0202	0.0177	0.0152
	木工平刨床 500mm	台班	0.0147	0.0109	0.0077	0.0220	0.0162	0.0114

工作内容:准备工具、选料、排制丈杆、样板、下料、画线、制作成型、分类码放、排椽挡、挂线铺钉安装、场内运输及清理废弃物。

计量单位:根

定额编号			3-6-894	3-6-895	3-6-896	3-6-897
项目			翘飞椽制安(椽径 7cm 以内)			
			头、二、三翘	四、五、六翘	七、八、九翘	九翘以上
名称		单位	消耗量			
人工	合计工日	工日	0.405	0.322	0.248	0.166
	木工普工	工日	0.121	0.097	0.075	0.050
	木工一般技工	工日	0.202	0.161	0.124	0.083
	木工高级技工	工日	0.081	0.064	0.050	0.033
材料	板方材	m^3	0.0127	0.0097	0.0072	0.0054
	圆钉	kg	0.0400	0.0400	0.0400	0.0400
	其他材料费(占材料费)	%	1.00	1.00	1.00	1.00
机械	木工圆锯机 500mm	台班	0.0244	0.0218	0.0191	0.0165
	木工平刨床 500mm	台班	0.0307	0.0239	0.0179	0.0127

工作内容:准备工具、选料、排制丈杆、样板、下料、画线、制作成型、分类码放、排椽挡、挂线铺钉安装、场内运输及清理废弃物。

计量单位:根

定额编号			3-6-898	3-6-899	3-6-900	3-6-901
项目			翘飞椽制安(椽径 8cm 以内)			
			头、二、三翘	四、五、六翘	七、八、九翘	九翘以上
名称		单位	消耗量			
人工	合计工日	工日	0.478	0.377	0.276	0.193
	木工普工	工日	0.144	0.113	0.083	0.058
	木工一般技工	工日	0.239	0.189	0.138	0.097
	木工高级技工	工日	0.096	0.075	0.055	0.039
材料	板方材	m^3	0.0191	0.0148	0.0110	0.0083
	圆钉	kg	0.0500	0.0500	0.0500	0.0500
	其他材料费(占材料费)	%	1.00	1.00	1.00	1.00
机械	木工圆锯机 500mm	台班	0.0285	0.0256	0.0227	0.0198
	木工平刨床 500mm	台班	0.0408	0.0319	0.0241	0.0173

工作内容:准备工具、选料、排制丈杆、样板、下料、画线、制作成型、分类码放、排椽挡、挂线铺钉安装、场内运输及清理废弃物。

计量单位:根

定额编号			3-6-902	3-6-903	3-6-904	3-6-905
项目			翘飞椽制安(椽径9cm以内)			
			头、二、三翘	四、五、六翘	七、八、九翘	九翘以上
名称		单位	消耗量			
人工	合计工日	工日	0.552	0.423	0.313	0.212
	木工普工	工日	0.166	0.127	0.094	0.064
	木工一般技工	工日	0.276	0.212	0.156	0.106
	木工高级技工	工日	0.110	0.085	0.063	0.042
材料	板方材	m^3	0.0277	0.0224	0.0176	0.0133
	圆钉	kg	0.0700	0.0700	0.0700	0.0700
	其他材料费(占材料费)	%	1.00	1.00	1.00	1.00
机械	木工圆锯机 500mm	台班	0.0327	0.0299	0.0271	0.0243
	木工平刨床 500mm	台班	0.0523	0.0425	0.0338	0.0260

工作内容:准备工具、选料、排制丈杆、样板、下料、画线、制作成型、分类码放、排椽挡、挂线铺钉安装、场内运输及清理废弃物。

计量单位:根

定额编号			3-6-906	3-6-907	3-6-908	3-6-909
项目			翘飞椽制安(椽径10cm以内)			
			头二、三、翘	四、五、六翘	七、八、九翘	九翘以上
名称		单位	消耗量			
人工	合计工日	工日	0.644	0.488	0.359	0.248
	木工普工	工日	0.193	0.146	0.108	0.075
	木工一般技工	工日	0.322	0.244	0.179	0.124
	木工高级技工	工日	0.129	0.098	0.072	0.050
材料	板方材	m^3	0.0382	0.0312	0.0245	0.0185
	圆钉	kg	0.0900	0.0900	0.0900	0.0900
	其他材料费(占材料费)	%	1.00	1.00	1.00	1.00
机械	木工圆锯机 500mm	台班	0.0369	0.0341	0.0309	0.0278
	木工平刨床 500mm	台班	0.0653	0.0537	0.0426	0.0327

工作内容：准备工具、选料、排制丈杆、样板、下料、画线、制作成型、分类码放、排椽挡、挂线铺钉安装、场内运输及清理废弃物。

计量单位：根

定额编号			3-6-910	3-6-911	3-6-912	3-6-913	3-6-914
项目			翘飞椽制安(椽径11cm以内)				
			头、二、三翘	四、五、六翘	七、八、九翘	十、十一、十二、十三翘	十三翘以上
名称		单位	消耗量				
人工	合计工日	工日	0.736	0.598	0.478	0.368	0.276
	木工普工	工日	0.221	0.179	0.144	0.110	0.083
	木工一般技工	工日	0.368	0.299	0.239	0.184	0.138
	木工高级技工	工日	0.147	0.120	0.096	0.074	0.055
材料	板方材	m^3	0.0514	0.0428	0.0349	0.0276	0.0205
	自制铁钉	kg	0.1200	0.1200	0.1200	0.1200	0.1200
	其他材料费(占材料费)	%	1.00	1.00	1.00	1.00	1.00
机械	木工圆锯机 500mm	台班	0.0410	0.0380	0.0349	0.0319	0.0278
	木工平刨床 500mm	台班	0.0797	0.0666	0.0546	0.0439	0.0313

工作内容：准备工具、选料、排制丈杆、样板、下料、画线、制作成型、分类码放、排椽挡、挂线铺钉安装、场内运输及清理废弃物。

计量单位：根

定额编号			3-6-915	3-6-916	3-6-917	3-6-918	3-6-919
项目			翘飞椽制安(椽径12cm以内)				
			头、二、三翘	四、五、六翘	七、八、九翘	十、十一、十二、十三翘	十三翘以上
名称		单位	消耗量				
人工	合计工日	工日	0.819	0.681	0.543	0.423	0.313
	木工普工	工日	0.246	0.204	0.163	0.127	0.094
	木工一般技工	工日	0.409	0.340	0.271	0.212	0.156
	木工高级技工	工日	0.164	0.136	0.109	0.085	0.063
材料	板方材	m^3	0.0670	0.0557	0.0454	0.0359	0.0267
	自制铁钉	kg	0.1300	0.1300	0.1300	0.1300	0.1300
	其他材料费(占材料费)	%	1.00	1.00	1.00	1.00	1.00
机械	木工圆锯机 500mm	台班	0.0452	0.0418	0.0385	0.0351	0.0306
	木工平刨床 500mm	台班	0.0955	0.0798	0.0655	0.0525	0.0375

工作内容:准备工具、选料、排制丈杆、样板、下料、画线、制作成型、分类码放、排椽挡、挂线铺钉安装、场内运输及清理废弃物。

计量单位:根

定额编号			3-6-920	3-6-921	3-6-922	3-6-923	3-6-924
项目			翘飞椽制安(椽径13cm以内)				
			头、二、三翘	四、五、六翘	七、八、九翘	十、十一、十二、十三翘	十三翘以上
名称		单位	消耗量				
人工	合计工日	工日	0.920	0.745	0.589	0.460	0.331
	木工普工	工日	0.276	0.224	0.177	0.138	0.099
	木工一般技工	工日	0.460	0.373	0.294	0.230	0.166
	木工高级技工	工日	0.184	0.149	0.118	0.092	0.066
材料	板方材	m^3	0.0859	0.0731	0.0612	0.0501	0.0374
	自制铁钉	kg	0.1400	0.1400	0.1400	0.1400	0.1400
	其他材料费(占材料费)	%	1.00	1.00	1.00	1.00	1.00
机械	木工圆锯机 500mm	台班	0.0494	0.0461	0.0429	0.0396	0.0353
	木工平刨床 500mm	台班	0.1127	0.0962	0.0811	0.0672	0.0506

工作内容:准备工具、选料、排制丈杆、样板、下料、画线、制作成型、分类码放、排椽挡、挂线铺钉安装、场内运输及清理废弃物。

计量单位:根

定额编号			3-6-925	3-6-926	3-6-927	3-6-928	3-6-929
项目			翘飞椽制安(椽径14cm以内)				
			头、二、三翘	四、五、六翘	七、八、九翘	十、十一、十二、十三翘	十三翘以上
名称		单位	消耗量				
人工	合计工日	工日	1.021	0.819	0.644	0.497	0.368
	木工普工	工日	0.306	0.246	0.193	0.149	0.110
	木工一般技工	工日	0.511	0.409	0.322	0.248	0.184
	木工高级技工	工日	0.204	0.164	0.129	0.099	0.074
材料	板方材	m^3	0.1075	0.0914	0.0766	0.0627	0.0467
	自制铁钉	kg	0.1500	0.1500	0.1500	0.1500	0.1500
	其他材料费(占材料费)	%	1.00	1.00	1.00	1.00	1.00
机械	木工圆锯机 500mm	台班	0.0535	0.0500	0.0465	0.0430	0.0383
	木工平刨床 500mm	台班	0.1314	0.1121	0.0944	0.0782	0.0589

工作内容：准备工具、选料、排制丈杆、样板、下料、画线、制作成型、分类码放、排椽挡、挂线铺钉安装、场内运输及清理废弃物。

计量单位：根

定额编号			3-6-930	3-6-931	3-6-932	3-6-933	3-6-934	3-6-935
项目			翘飞椽制安(椽径15cm以内)					
			头、二、三翘	四、五、六翘	七、八、九翘	十、十一、十二、十三翘	十四、十五、十六、十七翘	十七翘以上
名称		单位	消耗量					
人工	合计工日	工日	1.132	0.938	0.773	0.635	0.515	0.405
	木工普工	工日	0.340	0.282	0.232	0.190	0.155	0.121
	木工一般技工	工日	0.566	0.469	0.386	0.317	0.258	0.202
	木工高级技工	工日	0.226	0.188	0.155	0.127	0.103	0.081
材料	板方材	m^3	0.1331	0.1152	0.0986	0.0829	0.0644	0.0505
	自制铁钉	kg	0.2800	0.2800	0.2800	0.2800	0.2800	0.2800
	其他材料费(占材料费)	%	1.00	1.00	1.00	1.00	1.00	1.00
机械	木工圆锯机 500mm	台班	0.0577	0.0543	0.0509	0.0475	0.0430	0.0384
	木工平刨床 500mm	台班	0.1514	0.1315	0.1130	0.0958	0.0751	0.0568

工作内容：准备工具、选料、排制丈杆、样板、下料、画线、制作成型、分类码放、排椽挡、挂线铺钉安装、场内运输及清理废弃物。

计量单位：根

定额编号			3-6-936	3-6-937	3-6-938	3-6-939	3-6-940	3-6-941
项目			翘飞椽制安(椽径16cm以内)					
			头、二、三翘	四、五、六翘	七、八、九翘	十、十一、十二、十三翘	十四、十五、十六、十七翘	十七翘以上
名称		单位	消耗量					
人工	合计工日	工日	1.242	1.030	0.856	0.699	0.570	0.442
	木工普工	工日	0.373	0.309	0.257	0.210	0.171	0.133
	木工一般技工	工日	0.621	0.515	0.428	0.350	0.285	0.221
	木工高级技工	工日	0.248	0.206	0.171	0.140	0.114	0.088
材料	板方材	m^3	0.1618	0.1401	0.1199	0.1007	0.0783	0.0614
	自制铁钉	kg	0.2900	0.2900	0.2900	0.2900	0.2900	0.2900
	其他材料费(占材料费)	%	1.00	1.00	1.00	1.00	1.00	1.00
机械	木工圆锯机 500mm	台班	0.0619	0.0582	0.0546	0.0509	0.0460	0.0412
	木工平刨床 500mm	台班	0.1729	0.1502	0.1290	0.1094	0.0858	0.0649

工作内容：准备工具、选料、排制丈杆、样板、下料、画线、制作成型、分类码放、排椽挡、挂线铺钉安装、场内运输及清理废弃物。

计量单位：根

定额编号			3-6-942	3-6-943	3-6-944	3-6-945	3-6-946	3-6-947
项目			翘飞椽制安(椽径17cm以内)					
			头、二、三翘	四、五、六翘	七、八、九翘	十、十一、十二、十三翘	十四、十五、十六、十七翘	十七翘以上
名称		单位	消耗量					
人工	合计工日	工日	1.371	1.150	0.957	0.773	0.626	0.488
	木工普工	工日	0.411	0.345	0.287	0.232	0.188	0.146
	木工一般技工	工日	0.685	0.575	0.478	0.386	0.313	0.244
	木工高级技工	工日	0.274	0.230	0.191	0.155	0.125	0.098
材料	板方材	m^3	0.1951	0.1713	0.1491	0.1277	0.1025	0.0799
	自制铁钉	kg	0.3100	0.3100	0.3100	0.3100	0.3100	0.3100
	其他材料费(占材料费)	%	1.00	1.00	1.00	1.00	1.00	1.00
机械	木工圆锯机500mm	台班	0.0660	0.0625	0.0590	0.0555	0.0508	0.0460
	木工平刨床500mm	台班	0.1958	0.1724	0.1504	0.1300	0.1049	0.0824

工作内容：准备工具、选料、排制丈杆、样板、下料、画线、制作成型、分类码放、排椽挡、挂线铺钉安装、场内运输及清理废弃物。

计量单位：根

定额编号			3-6-948	3-6-949	3-6-950	3-6-951	3-6-952	3-6-953
项目			翘飞椽制安(椽径18cm以内)					
			头、二、三翘	四、五、六翘	七、八、九翘	十、十一、十二、十三翘	十四、十五、十六、十七翘	十七翘以上
名称		单位	消耗量					
人工	合计工日	工日	1.481	1.251	1.040	0.856	0.690	0.543
	木工普工	工日	0.444	0.375	0.312	0.257	0.207	0.163
	木工一般技工	工日	0.741	0.626	0.520	0.428	0.345	0.271
	木工高级技工	工日	0.296	0.250	0.208	0.171	0.138	0.109
材料	板方材	m^3	0.2318	0.2036	0.1772	0.1518	0.1219	0.0951
	自制铁钉	kg	0.3300	0.3300	0.3300	0.3300	0.3300	0.3300
	其他材料费(占材料费)	%	1.00	1.00	1.00	1.00	1.00	1.00
机械	木工圆锯机500mm	台班	0.0702	0.0665	0.0627	0.0590	0.0540	0.0490
	木工平刨床500mm	台班	0.2202	0.1939	0.1692	0.1462	0.1180	0.0928

4. 檐头部件及椽椀等制安

工作内容：准备工具、下料、画线、制作成型、挂线、重新安装、场内运输及清理废弃物。　计量单位：m

定额编号			3-6-954	3-6-955	3-6-956	3-6-957
项目			大连檐制安(椽径)			
			6cm 以内	8cm 以内	10cm 以内	12cm 以内
名称		单位	消耗量			
人工	合计工日	工日	0.072	0.081	0.090	0.099
	木工普工	工日	0.022	0.024	0.027	0.030
	木工一般技工	工日	0.036	0.041	0.045	0.050
	木工高级技工	工日	0.014	0.016	0.018	0.020
材料	板方材	m^3	0.0032	0.0056	0.0085	0.0121
	圆钉	kg	0.0300	0.0300	0.0300	0.0400
	其他材料费(占材料费)	%	1.00	1.00	1.00	1.00
机械	木工圆锯机 500mm	台班	0.0250	0.0250	0.0250	0.0250
	木工平刨床 500mm	台班	0.0021	0.0028	0.0036	0.0043

工作内容：准备工具、下料、画线、制作成型、挂线、重新安装、场内运输及清理废弃物。　计量单位：m

定额编号			3-6-958	3-6-959	3-6-960
项目			大连檐制安(椽径)		
			14cm 以内	16cm 以内	18cm 以内
名称		单位	消耗量		
人工	合计工日	工日	0.108	0.135	0.144
	木工普工	工日	0.032	0.041	0.043
	木工一般技工	工日	0.054	0.068	0.072
	木工高级技工	工日	0.022	0.027	0.029
材料	板方材	m^3	0.0164	0.0212	0.0267
	圆钉	kg	0.0400	0.0700	0.0900
	其他材料费(占材料费)	%	1.00	1.00	1.00
机械	木工圆锯机 500mm	台班	0.0250	0.0250	0.0250
	木工平刨床 500mm	台班	0.0050	0.0057	0.0064

工作内容：准备工具、下料、画线、制作成型、挂线、重新安装、场内运输及清理废弃物。 **计量单位：**m

定额编号			3-6-961	3-6-962	3-6-963	3-6-964
项目			里口木制安(椽径)			
			6cm 以内	8cm 以内	10cm 以内	12cm 以内
名称		单位	消耗量			
人工	合计工日	工日	0.108	0.119	0.130	0.140
	木工普工	工日	0.032	0.036	0.039	0.042
	木工一般技工	工日	0.054	0.059	0.065	0.070
	木工高级技工	工日	0.022	0.024	0.026	0.028
材料	板方材	m^3	0.0490	0.0870	0.0137	0.0197
	圆钉	kg	0.0300	0.0300	0.0300	0.0300
	其他材料费(占材料费)	%	1.00	1.00	1.00	1.00
机械	木工圆锯机 500mm	台班	0.0250	0.0250	0.0250	0.0250
	木工平刨床 500mm	台班	0.0021	0.0028	0.0036	0.0043

工作内容：准备工具、下料、画线、制作成型、挂线、重新安装、场内运输及清理废弃物。 **计量单位：**m

定额编号			3-6-965	3-6-966	3-6-967
项目			里口木制安(椽径)		
			14cm 以内	16cm 以内	18cm 以内
名称		单位	消耗量		
人工	合计工日	工日	0.151	0.162	0.173
	木工普工	工日	0.045	0.049	0.052
	木工一般技工	工日	0.076	0.081	0.086
	木工高级技工	工日	0.030	0.032	0.035
材料	板方材	m^3	0.0268	0.0349	0.0442
	圆钉	kg	0.0300	0.0300	0.0300
	其他材料费(占材料费)	%	1.00	1.00	1.00
机械	木工圆锯机 500mm	台班	0.0250	0.0250	0.0250
	木工平刨床 500mm	台班	0.0050	0.0057	0.0064

工作内容:准备工具、下料、画线、制作成型、挂线、重新安装、场内运输及清理废弃物。 **计量单位:**m

定额编号			3-6-968	3-6-969	3-6-970	3-6-971	3-6-972	3-6-973
项目			小连檐制安(厚度)		闸挡板制安(椽径)		隔椽板制安(椽径)	
			3cm 以内	3cm 以外	10cm 以内	10cm 以外	10cm 以内	10cm 以外
名称		单位	消耗量					
人工	合计工日	工日	0.036	0.045	0.054	0.072	0.027	0.036
	木工普工	工日	0.011	0.014	0.016	0.022	0.008	0.011
	木工一般技工	工日	0.018	0.023	0.027	0.036	0.014	0.018
	木工高级技工	工日	0.007	0.009	0.011	0.014	0.005	0.007
材料	板方材	m^3	0.0030	0.0052	0.0017	0.0034	0.0039	0.0098
	圆钉	kg	0.0200	0.0300	—	—	0.0100	0.0100
	其他材料费(占材料费)	%	1.00	1.00	1.00	1.00	1.00	1.00
机械	木工圆锯机 500mm	台班	0.0083	0.0083	0.0083	0.0083	0.0083	0.0083
	木工平刨床 500mm	台班	0.0013	0.0020	0.0044	0.0067	0.0069	0.0109

工作内容:准备工具、下料、画线、制作成型、挂线、重新安装、场内运输及清理废弃物。 **计量单位:**m

定额编号			3-6-974	3-6-975	3-6-976	3-6-977	3-6-978	3-6-979
项目			圆椽椽椀制安(椽径)					
			8cm 以内	10cm 以内	12cm 以内	14cm 以内	16cm 以内	18cm 以内
名称		单位	消耗量					
人工	合计工日	工日	0.108	0.126	0.144	0.153	0.162	0.180
	木工普工	工日	0.032	0.038	0.043	0.046	0.049	0.054
	木工一般技工	工日	0.054	0.063	0.072	0.077	0.081	0.090
	木工高级技工	工日	0.022	0.025	0.029	0.031	0.032	0.036
材料	板方材	m^3	0.0027	0.0040	0.0057	0.0075	0.0098	0.0125
	圆钉	kg	0.0100	0.0100	0.0100	0.0100	0.0100	0.0100
	其他材料费(占材料费)	%	1.00	1.00	1.00	1.00	1.00	1.00
机械	木工圆锯机 500mm	台班	0.0083	0.0083	0.0083	0.0083	0.0083	0.0083
	木工平刨床 500mm	台班	0.0056	0.0069	0.0082	0.0096	0.0109	0.0122

工作内容：准备工具、下料、画线、制作成型、挂线、重新安装、场内运输及清理废弃物。 **计量单位：**m

定额编号			3-6-980	3-6-981	3-6-982	3-6-983	3-6-984	3-6-985
项目			方椽椽椀制安(椽径)			机枋条制安(椽径)		
			6cm 以内	8cm 以内	10cm 以内	6cm 以内	8cm 以内	10cm 以内
名称		单位	消耗量					
人工	合计工日	工日	0.036	0.045	0.054	0.027	0.036	0.045
	木工普工	工日	0.011	0.014	0.016	0.011	0.014	0.018
	木工一般技工	工日	0.018	0.023	0.027	0.011	0.014	0.018
	木工高级技工	工日	0.007	0.009	0.011	0.005	0.007	0.009
材料	板方材	m^3	0.0017	0.0027	0.0040	0.0024	0.0041	0.0061
	圆钉	kg	0.0100	0.0100	0.0100	0.0100	0.0100	0.0100
	其他材料费(占材料费)	%	1.00	1.00	1.00	1.00	1.00	1.00
机械	木工圆锯机 500mm	台班	0.0083	0.0083	0.0083	0.0083	0.0083	0.0083
	木工平刨床 500mm	台班	0.0042	0.0056	0.0069	0.0042	0.0056	0.0069

工作内容：准备工具、下料、画线、制作成型、挂线、重新安装、场内运输及清理废弃物。 **计量单位：**块

定额编号			3-6-986	3-6-987	3-6-988	3-6-989	3-6-990	3-6-991
项目			枕头木制安(厚度)					
			5cm 以内	6cm 以内	7cm 以内	8cm 以内	9cm 以内	10cm 以内
名称		单位	消耗量					
人工	合计工日	工日	0.101	0.138	0.166	0.202	0.239	0.267
	木工普工	工日	0.041	0.055	0.066	0.081	0.096	0.107
	木工一般技工	工日	0.041	0.055	0.066	0.081	0.096	0.107
	木工高级技工	工日	0.020	0.028	0.033	0.040	0.048	0.053
材料	板方材	m^3	0.0024	0.0043	0.0069	0.0104	0.0148	0.0204
	圆钉	kg	0.0300	0.0300	0.0500	0.0500	0.0500	0.0600
	其他材料费(占材料费)	%	1.00	1.00	1.00	1.00	1.00	1.00
机械	木工圆锯机 500mm	台班	0.0200	0.0200	0.0200	0.0200	0.0200	0.0300
	木工平刨床 500mm	台班	0.0160	0.0160	0.0160	0.0160	0.0160	0.0240

工作内容:准备工具、下料、画线、制作成型、挂线、重新安装、场内运输及清理废弃物。　**计量单位:**块

定额编号			3-6-992	3-6-993	3-6-994	3-6-995	3-6-996	3-6-997
项目			枕头木制安(厚度)					
			11cm 以内	12cm 以内	13cm 以内	14cm 以内	15cm 以内	16cm 以内
名称		单位	消耗量					
人工	合计工日	工日	0.304	0.331	0.368	0.405	0.433	0.469
	木工普工	工日	0.121	0.133	0.147	0.162	0.173	0.188
	木工一般技工	工日	0.121	0.133	0.147	0.162	0.173	0.188
	木工高级技工	工日	0.061	0.066	0.074	0.081	0.087	0.094
材料	板方材	m^3	0.0273	0.0355	0.0452	0.0565	0.0696	0.0846
	圆钉	kg	0.0600	0.0600	0.0700	0.0700	0.0700	0.0700
	其他材料费(占材料费)	%	1.00	1.00	1.00	1.00	1.00	1.00
机械	木工圆锯机 500mm	台班	0.0350	0.0400	0.0420	0.0460	0.0500	0.0540
	木工平刨床 500mm	台班	0.0280	0.0320	0.0336	0.0368	0.0400	0.0432

工作内容：准备工具、下料、画线、制作成型、挂线、重新安装、场内运输及清理废弃物；瓦口制作不包括安装。

定额编号			3-6-998	3-6-999	3-6-1000	3-6-1001	3-6-1002	3-6-1003
项目			枕头木制安(厚度)		瓦口制作			
			17cm 以内	18cm 以内	四、五、六样琉璃瓦及削割瓦	七、八、九样琉璃瓦及1、2、3号(筒)布瓦	10号(筒)布瓦	头、1、2、3号合瓦
			块		m			
名称		单位	消耗量					
人工	合计工日	工日	0.497	0.534	0.045	0.045	0.045	0.072
	木工普工	工日	0.199	0.213	0.018	0.018	0.018	0.029
	木工一般技工	工日	0.199	0.213	0.018	0.018	0.018	0.029
	木工高级技工	工日	0.099	0.107	0.009	0.009	0.009	0.014
材料	板方材	m^3	0.1016	0.1153	0.0022	0.0016	0.0008	0.0020
	圆钉	kg	0.0800	0.0800	0.0200	0.0200	0.0100	0.0100
	其他材料费(占材料费)	%	1.00	1.00	1.00	1.00	1.00	1.00
机械	木工圆锯机 500mm	台班	0.0580	0.0648	0.0083	0.0083	0.0083	0.0083
	木工平刨床 500mm	台班	0.0464	0.0518	0.0022	0.0022	0.0022	0.0022

5. 望板制安

工作内容:准备工具、选料、下料、刨光、裁缝、截配成型、场内码放、铺钉安装、场内运输及清理废弃物。

计量单位:m^2

定额编号			3-6-1004	3-6-1005	3-6-1006	3-6-1007	3-6-1008	3-6-1009
项目			顺望板制安(厚度)			带柳叶缝望板制安(厚度)		
			2.1(1.8)cm	2.5(2.2)cm	板厚每增0.5cm	2.1(1.8)cm	2.5(2.2)cm	板厚每增0.5cm
名称		单位	消耗量					
人工	合计工日	工日	0.097	0.101	0.004	0.076	0.079	0.004
	木工普工	工日	0.058	0.061	0.002	0.045	0.048	0.002
	木工一般技工	工日	0.029	0.030	0.001	0.023	0.024	0.001
	木工高级技工	工日	0.010	0.010	0.001	0.008	0.008	0.001
材料	板方材	m^3	0.0368	0.0438	0.0088	0.0315	0.0375	0.0075
	圆钉	kg	0.1800	0.2400	0.0500	0.1300	0.1800	0.0300
	其他材料费(占材料费)	%	1.00	1.00	1.00	1.00	1.00	1.00
机械	木工圆锯机 500mm	台班	—	—	—	0.0100	0.0100	0.0100
	木工平刨床 500mm	台班	0.0194	0.0194	0.0194	0.0222	0.0222	0.0222

工作内容:准备工具、选料、下料、刨光、裁缝、截配成型、场内码放、铺钉安装、场内运输及清理废弃物。

计量单位:m^2

定额编号			3-6-1010	3-6-1011	3-6-1012	3-6-1013	3-6-1014
项目			顺望板、带柳叶缝望板刨光	毛望板铺钉(厚度)			
				1.8cm	2.1cm	2.5cm	板每增厚0.5cm
名称		单位	消耗量				
人工	合计工日	工日	0.054	0.054	0.055	0.056	0.003
	木工普工	工日	0.032	0.032	0.033	0.034	0.002
	木工一般技工	工日	0.016	0.016	0.017	0.017	0.001
	木工高级技工	工日	0.005	0.005	0.006	0.006	—
材料	板方材	m^3	—	0.0223	0.0261	0.0310	0.0062
	圆钉	kg	—	0.1300	0.1300	0.1800	0.0300
	其他材料费(占材料费)	%	—	1.00	1.00	1.00	1.00
机械	木工圆锯机 500mm	台班	0.0100	0.0098	0.0098	0.0098	—
	木工平刨床 500mm	台班	0.0222	—	—	—	—

6. 木构件防腐

工作内容：准备工具、调制防腐剂、清理木材面、涂刷、场内运输及清理废弃物。 计量单位：m^2

定额编号			3-6-1015	3-6-1016
项目			涂刷 ACQ	涂刷沥青防腐油
名称		单位	消耗量	
人工	合计工日	工日	0.072	0.120
	木工普工	工日	0.022	0.036
	木工一般技工	工日	0.043	0.072
	木工高级技工	工日	0.007	0.012
材料	季铵铜（ACQ）	kg	0.2100	—
	防腐油	kg	—	0.3150
	其他材料费（占材料费）	%	2.00	2.00

七、垂花门及牌楼特殊构部件

1. 垂花门特殊构部件拆卸

工作内容：准备工具、必要支顶、安全监护、编号、分解出位、分类码放、场内运输及清理废弃物。 计量单位：m^3

定额编号			3-6-1017	3-6-1018	3-6-1019	3-6-1020	3-6-1021	3-6-1022
项目			垂柱拆卸	中柱拆卸（柱径）			帘栊枋拆卸（截面高度）	
				20cm 以内	25cm 以内	25cm 以外	20cm 以内	20cm 以外
名称		单位	消耗量					
人工	合计工日	工日	5.280	5.520	4.200	3.720	3.120	2.640
	木工普工	工日	3.168	3.312	2.520	2.232	1.872	1.584
	木工一般技工	工日	1.584	1.656	1.260	1.116	0.936	0.792
	木工高级技工	工日	0.528	0.552	0.420	0.372	0.312	0.264

工作内容：准备工具、必要支顶、安全监护、编号、分解出位、分类码放、场内运输及清理废弃物。

计量单位：m^3

定额编号			3-6-1023	3-6-1024	3-6-1025	3-6-1026	3-6-1027	3-6-1028
项目			麻叶穿插枋拆卸（截面高度）					
			独立柱式		廊罩式		一殿一卷式	
			20cm 以内	20cm 以外	20cm 以内	20cm 以外	20cm 以内	20cm 以外
名称		单位	消耗量					
人工	合计工日	工日	4.200	3.480	3.720	3.000	3.960	3.240
	木工普工	工日	2.520	2.088	2.232	1.800	2.376	1.944
	木工一般技工	工日	1.260	1.044	1.116	0.900	1.188	0.972
	木工高级技工	工日	0.420	0.348	0.372	0.300	0.396	0.324

工作内容：准备工具、必要支顶、安全监护、编号、分解出位、分类码放、场内运输及清理废弃物。

计量单位：m^3

定额编号			3-6-1029	3-6-1030	3-6-1031	3-6-1032	3-6-1033	3-6-1034
项目			麻叶抱头梁拆卸（截面高度）					
			独立柱式		廊罩式		一殿一卷式	
			25cm 以内	25cm 以外	25cm 以内	25cm 以外	25cm 以内	25cm 以外
名称		单位	消耗量					
人工	合计工日	工日	4.680	4.080	4.200	3.720	5.880	5.160
	木工普工	工日	2.808	2.448	2.520	2.232	3.528	3.096
	木工一般技工	工日	1.404	1.224	1.260	1.116	1.764	1.548
	木工高级技工	工日	0.468	0.408	0.420	0.372	0.588	0.516

2.垂花门特殊构部件制作

工作内容: 准备工具、排制丈杆、样板、选料、下料、画线、制作成型、编号、试装、场内运输及清理废弃物;垂柱制作还包括雕刻。

计量单位:m^3

定额编号			3-6-1035	3-6-1036	3-6-1037	3-6-1038	3-6-1039	3-6-1040
项目			垂柱制作			中柱制作(柱径)		
			风摆柳垂头	莲瓣芙蓉垂头	四季花草垂头	20cm 以内	25cm 以内	25cm 以外
名称		单位	消耗量					
人工	合计工日	工日	207.436	268.639	306.871	17.388	13.392	11.232
	木工普工	工日	22.790	22.790	22.790	5.216	4.018	3.370
	木工一般技工	工日	37.984	37.984	37.984	8.694	6.696	5.616
	木工高级技工	工日	15.193	15.193	15.193	3.478	2.678	2.246
	雕刻工一般技工	工日	78.881	115.603	138.542	—	—	—
	雕刻工高级技工	工日	52.587	77.069	92.362	—	—	—
材料	板方材	m^3	1.1700	1.1700	1.1700	1.1700	1.1700	1.1700
	样板料	m^3	0.0360	0.0360	0.0360	0.0230	0.0230	0.0230
	松木规格料	m^3	—	—	0.1200	—	—	—
	其他材料费(占材料费)	%	1.00	1.00	1.00	1.00	1.00	1.00

工作内容：准备工具、排制丈杆、样板、选料、下料、画线、制作雕刻成型、编号、试装、场内运输及清理废弃物。

计量单位：m^3

定额编号			3-6-1041	3-6-1042	3-6-1043	3-6-1044	3-6-1045	3-6-1046
项目			麻叶穿插枋制作(截面高度)					
			独立柱式		廊罩式		一殿一卷式	
			20cm 以内	20cm 以外	20cm 以内	20cm 以外	20cm 以内	20cm 以外
名称		单位	消耗量					
人工	合计工日	工日	65.275	39.301	49.010	29.570	37.217	22.756
	木工普工	工日	11.146	6.707	8.100	4.892	6.901	4.212
	木工一般技工	工日	18.576	11.178	13.500	8.154	11.502	7.020
	木工高级技工	工日	7.430	4.471	5.400	3.262	4.601	2.808
	雕刻工一般技工	工日	16.874	10.167	13.206	7.957	8.528	5.229
	雕刻工高级技工	工日	11.249	6.778	8.804	5.305	5.685	3.486
材料	板方材	m^3	1.0900	1.0900	1.0900	1.0900	1.0900	1.0900
	样板料	m^3	0.0230	0.0230	0.0230	0.0230	0.0230	0.0230
	其他材料费(占材料费)	%	1.00	1.00	1.00	1.00	1.00	1.00

工作内容：准备工具、排制丈杆、样板、选料、下料、画线、制作成型、编号、试装、场内运输及清理废弃物。

计量单位：m^3

定额编号			3-6-1047	3-6-1048
项目			帘栊枋制作(截面高度)	
			20cm 以内	20cm 以外
名称		单位	消耗量	
人工	合计工日	工日	20.736	12.960
	木工普工	工日	6.221	3.888
	木工一般技工	工日	10.368	6.480
	木工高级技工	工日	4.147	2.592
材料	板方材	m^3	1.0900	1.0900
	样板料	m^3	0.0230	0.0230
	其他材料费(占材料费)	%	1.00	1.00

工作内容：准备工具、排制丈杆、样板、选料、下料、画线、制作雕刻成型、编号、试装、场内运输及清理废弃物。

计量单位：m^3

定额编号			3-6-1049	3-6-1050	3-6-1051	3-6-1052	3-6-1053	3-6-1054
项目			麻叶抱头梁制作（截面宽度）					
			独立柱式		廊罩式		一殿一卷式	
			25cm以内	25cm以外	25cm以内	25cm以外	25cm以内	25cm以外
名称		单位	消耗量					
人工	合计工日	工日	36.288	29.916	24.764	20.412	17.258	14.256
	木工普工	工日	7.128	5.903	4.536	3.733	4.212	3.483
	木工一般技工	工日	11.880	9.839	7.560	6.221	7.020	5.805
	木工高级技工	工日	4.752	3.936	3.024	2.488	2.808	2.322
	雕刻工一般技工	工日	7.517	6.143	5.787	4.782	1.931	1.588
	雕刻工高级技工	工日	5.011	4.095	3.858	3.188	1.287	1.058
材料	板方材	m^3	1.0900	1.0900	1.0900	1.0900	1.0900	1.0900
	样板料	m^3	0.0230	0.0230	0.0230	0.0230	0.0230	0.0230
	其他材料费（占材料费）	%	1.00	1.00	1.00	1.00	1.00	1.00

工作内容：准备工具、排制丈杆、样板、选料、下料、画线、制作雕刻成型、编号、试装、场内运输及清理废弃物。

定额编号			3-6-1055	3-6-1056	3-6-1057	3-6-1058
项目			折柱制作		花板制作	
			不落海棠池	落海棠池	起鼓锼雕	不起鼓锼雕
			根		块	
名称		单位	消耗量			
人工	合计工日	工日	0.166	0.386	1.766	1.689
	木工普工	工日	0.050	0.050	0.033	0.010
	木工一般技工	工日	0.083	0.083	0.055	0.017
	木工高级技工	工日	0.033	0.033	0.022	0.007
	雕刻工一般技工	工日	—	0.133	0.994	0.994
	雕刻工高级技工	工日	—	0.088	0.662	0.662
材料	松木规格料	m^3	0.0025	0.0025	0.0040	0.0030
	其他材料费（占材料费）	%	1.00	1.00	1.00	1.00

工作内容：准备工具、排制丈杆、样板、选料、下料、画线、制作雕刻成型、编号、试装、场内运输及清理废弃物。

定额编号			3-6-1059	3-6-1060
项目			荷叶墩制作	壶瓶抱牙制作
			个	块
名称		单位	消耗量	
人工	合计工日	工日	0.648	0.918
	木工普工	工日	0.032	0.178
	木工一般技工	工日	0.054	0.297
	木工高级技工	工日	0.022	0.119
	雕刻工一般技工	工日	0.324	0.194
	雕刻工高级技工	工日	0.216	0.130
材料	松木规格料	m^3	0.0020	0.0184
	圆钉	kg	0.0100	—
	其他材料费(占材料费)	%	1.00	1.00

3. 垂花门特殊构部件安装

工作内容：准备工具、复核校对尺寸、修理榫卯、安装就位、校正背实、钉绑拉杆戗木、拆拉杆戗木、场内运输及清理废弃物。

计量单位：m^3

定额编号			3-6-1061	3-6-1062	3-6-1063	3-6-1064	3-6-1065	3-6-1066
项目			垂柱安装	中柱安装(柱径)			帘栊枋安装(截面高度)	
				20cm 以内	25cm 以内	25cm 以外	20cm 以内	20cm 以外
名称		单位	消耗量					
人工	合计工日	工日	9.792	7.920	5.760	4.920	3.840	3.240
	木工普工	工日	3.917	3.168	2.304	1.968	1.536	1.296
	木工一般技工	工日	3.917	3.168	2.304	1.968	1.536	1.296
	木工高级技工	工日	1.958	1.584	1.152	0.984	0.768	0.648
材料	板方材	m^3	0.0200	0.0400	0.0400	0.0400	0.0200	0.0200
	其他材料费(占材料费)	%	2.00	2.00	2.00	2.00	2.00	2.00

工作内容：准备工具、复核校对尺寸、修理榫卯、安装就位、校正背实、钉绑拉杆戗木、拆拉杆戗木、场内运输及清理废弃物。

计量单位：m³

定额编号			3-6-1067	3-6-1068	3-6-1069	3-6-1070	3-6-1071	3-6-1072
项目			麻叶穿插枋安装(截面高度)					
			独立柱式		廊罩式		一殿一卷式	
			20cm 以内	20cm 以外	20cm 以内	20cm 以外	20cm 以内	20cm 以外
名称		单位	消耗量					
人工	合计工日	工日	5.280	4.320	4.920	3.960	5.040	4.080
	木工普工	工日	2.112	1.728	1.968	1.584	2.016	1.632
	木工一般技工	工日	2.112	1.728	1.968	1.584	2.016	1.632
	木工高级技工	工日	1.056	0.864	0.984	0.792	1.008	0.816
材料	板方材	m³	0.0200	0.0200	0.0200	0.0200	0.0200	0.0200
	其他材料费(占材料费)	%	2.00	2.00	2.00	2.00	2.00	2.00

工作内容：准备工具、复核校对尺寸、修理榫卯、安装就位、校正背实、钉绑拉杆戗木、拆拉杆戗木、场内运输及清理废弃物。

计量单位：m³

定额编号			3-6-1073	3-6-1074	3-6-1075	3-6-1076	3-6-1077	3-6-1078
项目			麻叶抱头梁安装(截面宽度)					
			独立柱式		廊罩式		一殿一卷式	
			25cm 以内	25cm 以外	25cm 以内	25cm 以外	25cm 以内	25cm 以外
名称		单位	消耗量					
人工	合计工日	工日	5.760	5.040	5.280	4.680	6.960	6.000
	木工普工	工日	2.304	2.016	2.112	1.872	2.784	2.400
	木工一般技工	工日	2.304	2.016	2.112	1.872	2.784	2.400
	木工高级技工	工日	1.152	1.008	1.056	0.936	1.392	1.200
材料	板方材	m³	0.0400	0.0400	0.0240	0.0240	0.0240	0.0240
	其他材料费(占材料费)	%	2.00	2.00	2.00	2.00	2.00	2.00

工作内容：准备工具、复核校对尺寸、修理榫卯、安装就位、校正背实、钉绑拉杆戗木、拆拉杆戗木、场内运输及清理废弃物；单独补换垂头四季花草贴脸还包括雕刻。

定额编号			3-6-1079	3-6-1080	3-6-1081	3-6-1082
项目			折柱、荷叶墩安装	花板安装	壶瓶抱牙安装	单独补换垂头四季花草贴脸
			根/个	块		
名称		单位	消耗量			
人工	合计工日	工日	0.060	0.040	0.180	1.240
	木工普工	工日	0.024	0.016	0.072	0.099
	木工一般技工	工日	0.024	0.016	0.072	0.099
	木工高级技工	工日	0.012	0.008	0.036	0.050
	雕刻工一般技工	工日	—	—	—	0.595
	雕刻工高级技工	工日	—	—	—	0.397
材料	松木规格料	m^3	—	0.0050	—	0.0020
	其他材料费(占材料费)	%	—	2.00	—	2.00

4. 牌楼特殊构部件拆卸

工作内容：准备工具、必要支顶、安全监护、编号、分解出位、分类码放、场内运输及清理废弃物。

定额编号			3-6-1083	3-6-1084	3-6-1085	3-6-1086
项目			牌楼柱拆卸(柱径)		牌楼折柱拆卸(明长)	
			40cm 以内	40cm 以外	60cm 以内	60cm 以外
			m^3		根	
名称		单位	消耗量			
人工	合计工日	工日	4.800	4.320	0.060	0.090
	木工普工	工日	2.880	2.592	0.036	0.054
	木工一般技工	工日	1.440	1.296	0.018	0.027
	木工高级技工	工日	0.480	0.432	0.006	0.009

工作内容:准备工具、必要支顶、安全监护、编号、分解出位、分类码放、场内运输及清理废弃物。

计量单位:根

定额编号			3-6-1087	3-6-1088	3-6-1089
项目			牌楼高栱柱拆卸(斗口)		
			5cm	6cm	7cm
名称		单位	消耗量		
人工	合计工日	工日	0.480	0.580	0.660
	木工普工	工日	0.288	0.348	0.396
	木工一般技工	工日	0.144	0.174	0.198
	木工高级技工	工日	0.048	0.058	0.066

工作内容:准备工具、必要支顶、安全监护、编号、分解出位、分类码放、场内运输及清理废弃物。

计量单位:块

定额编号			3-6-1090	3-6-1091	3-6-1092	3-6-1093	3-6-1094	3-6-1095
项目			牌楼坠山博缝板拆卸(斗口)					
			5cm 以内				6cm 以内	
			五踩	七踩	九踩	十一踩	五踩	七踩
名称		单位	消耗量					
人工	合计工日	工日	0.410	0.460	0.510	0.560	0.450	0.510
	木工普工	工日	0.246	0.276	0.306	0.336	0.270	0.306
	木工一般技工	工日	0.123	0.138	0.153	0.168	0.135	0.153
	木工高级技工	工日	0.041	0.046	0.051	0.056	0.045	0.051

工作内容：准备工具、必要支顶、安全监护、编号、分解出位、分类码放、场内运输及清理废弃物。

计量单位：块

定额编号			3-6-1096	3-6-1097	3-6-1098	3-6-1099	3-6-1100	3-6-1101
项目			牌楼坠山博缝板拆卸(斗口)					
			6cm 以内		7cm 以内			
			九踩	十一踩	五踩	七踩	九踩	十一踩
名称		单位	消耗量					
人工	合计工日	工日	0.552	0.612	0.480	0.540	0.600	0.660
	木工普工	工日	0.331	0.367	0.288	0.324	0.360	0.396
	木工一般技工	工日	0.166	0.184	0.144	0.162	0.180	0.198
	木工高级技工	工日	0.055	0.061	0.048	0.054	0.060	0.066

工作内容：准备工具、必要支顶、安全监护、编号、分解出位、分类码放、场内运输及清理废弃物。

定额编号			3-6-1102	3-6-1103	3-6-1104	3-6-1105
项目			龙凤板、花板拆卸厚 4cm	牌楼匾拆卸心板厚 3cm	龙凤板、花板、牌楼匾拆卸每增厚 1cm	霸王杠拆卸
			m^2			kg
名称		单位	消耗量			
人工	合计工日	工日	0.180	0.170	0.040	0.150
	木工普工	工日	0.108	0.102	0.024	0.090
	木工一般技工	工日	0.054	0.051	0.012	0.045
	木工高级技工	工日	0.018	0.017	0.004	0.015

5.牌楼特殊构部件制作

工作内容:准备工具、排制丈杆、样板、选料、下料、画线、制作成型、编号、试装、场内运输及清理废弃物。

定额编号			3-6-1106	3-6-1107	3-6-1108	3-6-1109
项目			牌楼柱制作(柱径)		牌楼折柱制作(明长)	
			40cm 以内	40cm 以外	60cm 以内	60cm 以外
			m^3		根	
名称		单位	消耗量			
人工	合计工日	工日	13.608	10.260	0.331	0.497
	木工普工	工日	4.082	3.078	0.099	0.149
	木工一般技工	工日	6.804	5.130	0.166	0.248
	木工高级技工	工日	2.722	2.052	0.066	0.099
材料	原木	m^3	1.3500	1.3500	—	—
	板方材	m^3	—	—	0.0222	0.0449
	样板料	m^3	0.0230	0.0230	—	—
	其他材料费(占材料费)	%	1.00	1.00	1.00	1.00

工作内容：准备工具、排制丈杆、样板、选料、下料、画线、制作成型、编号、试装、场内运输及清理废弃物。

计量单位：根

定额编号			3-6-1110	3-6-1111	3-6-1112	3-6-1113	3-6-1114	3-6-1115
项目			牌楼高栱柱制作(包括通天斗)斗口					
			5cm 以内				6cm 以内	
			五踩	七踩	九踩	十一踩	五踩	七踩
名称		单位	消耗量					
人工	合计工日	工日	3.672	3.888	4.104	4.320	4.104	4.320
	木工普工	工日	1.102	1.166	1.231	1.296	1.231	1.296
	木工一般技工	工日	1.836	1.944	2.052	2.160	2.052	2.160
	木工高级技工	工日	0.734	0.778	0.821	0.864	0.821	0.864
材料	板方材	m^3	0.3250	0.3320	0.3470	0.3620	0.5074	0.5316
	其他材料费(占材料费)	%	1.00	1.00	1.00	1.00	1.00	1.00

工作内容：准备工具、排制丈杆、样板、选料、下料、画线、制作成型、编号、试装、场内运输及清理废弃物。

计量单位：根

定额编号			3-6-1116	3-6-1117	3-6-1118	3-6-1119	3-6-1120	3-6-1121
项目			牌楼高栱柱制作(包括通天斗)斗口					
			6cm 以内		7cm 以内			
			九踩	十一踩	五踩	七踩	九踩	十一踩
名称		单位	消耗量					
人工	合计工日	工日	4.536	4.752	4.752	4.968	5.184	5.400
	木工普工	工日	1.361	1.426	1.426	1.490	1.555	1.620
	木工一般技工	工日	2.268	2.376	2.376	2.484	2.592	2.700
	木工高级技工	工日	0.907	0.950	0.950	0.994	1.037	1.080
材料	板方材	m^3	0.5559	0.5802	0.7455	0.7797	0.8140	0.8482
	其他材料费(占材料费)	%	1.00	1.00	1.00	1.00	1.00	1.00

工作内容:准备工具、排制丈杆、样板、选料、下料、画线、制作成型、编号、试装、场内运输及清理废弃物。

计量单位:块

定额编号			3-6-1122	3-6-1123	3-6-1124	3-6-1125	3-6-1126	3-6-1127
项目			牌楼坠山博缝板制作(斗口)					
			5cm 以内				6cm 以内	
			五踩	七踩	九踩	十一踩	五踩	七踩
名称		单位	消耗量					
人工	合计工日	工日	3.240	3.780	4.320	4.860	3.456	3.996
	木工普工	工日	0.972	1.134	1.296	1.458	1.037	1.199
	木工一般技工	工日	1.620	1.890	2.160	2.430	1.728	1.998
	木工高级技工	工日	0.648	0.756	0.864	0.972	0.691	0.799
材料	板方材	m^3	0.1094	0.1549	0.2081	0.2693	0.1737	0.2429
	圆钉	kg	0.1000	0.1200	0.1500	0.1800	0.1300	0.1500
	乳胶	kg	0.0600	0.0700	0.0800	0.0900	0.0700	0.0800
	其他材料费(占材料费)	%	1.00	1.00	1.00	1.00	1.00	1.00

工作内容:准备工具、排制丈杆、样板、选料、下料、画线、制作成型、编号、试装、场内运输及清理废弃物。

计量单位:块

定额编号			3-6-1128	3-6-1129	3-6-1130	3-6-1131	3-6-1132	3-6-1133
项目			牌楼坠山博缝板制作(斗口)					
			6cm 以内		7cm 以内			
			九踩	十一踩	五踩	七踩	九踩	十一踩
名称		单位	消耗量					
人工	合计工日	工日	4.536	5.076	3.780	4.320	4.860	5.400
	木工普工	工日	1.361	1.523	1.134	1.296	1.458	1.620
	木工一般技工	工日	2.268	2.538	1.890	2.160	2.430	2.700
	木工高级技工	工日	0.907	1.015	0.756	0.864	0.972	1.080
材料	板方材	m^3	0.3274	0.4218	0.2570	0.3609	0.4851	0.6264
	圆钉	kg	0.1700	0.2000	0.1500	0.1700	0.2000	0.2300
	乳胶	kg	0.1000	0.1200	0.0900	0.1000	0.1200	0.1500
	其他材料费(占材料费)	%	1.00	1.00	1.00	1.00	1.00	1.00

工作内容:准备工具、选料、下料、画线、绘制图样、做边框、雕刻、编号、试装、场内运输及清理废弃物。

计量单位:m^2

定额编号			3-6-1134	3-6-1135	3-6-1136	3-6-1137	3-6-1138
项目			龙凤板、花板制作		牌楼匾制作		
			厚4cm	每增厚1cm	心板厚3cm	每增厚1cm	边框雕刻
名称		单位	消耗量				
人工	合计工日	工日	45.264	5.630	1.620	0.108	17.280
	木工普工	工日	0.331	0.033	0.486	0.032	—
	木工一般技工	工日	0.552	0.055	0.810	0.054	—
	木工高级技工	工日	0.221	0.022	0.324	0.022	—
	雕刻工一般技工	工日	26.496	3.312	—	—	10.368
	雕刻工高级技工	工日	17.664	2.208	—	—	6.912
材料	板方材	m^3	0.0518	0.0115	0.0840	0.0111	—
	圆钉	kg	—	—	0.0500	0.0100	—
	乳胶	kg	0.1000	0.0500	0.1000	0.0500	—
	其他材料费(占材料费)	%	1.00	1.00	1.00	1.00	—

6. 牌楼特殊构部件安装

工作内容:准备工具、复核校对尺寸、修理榫卯、安装就位、校正背实、钉绑拉杆戗木、拆拉杆戗木、场内运输及清理废弃物。

定额编号			3-6-1139	3-6-1140	3-6-1141	3-6-1142
项目			牌楼柱安装(柱径)		牌楼折柱安装(明长)	
			40cm以内	40cm以外	60cm以内	60cm以外
			m^3		根	
名称		单位	消耗量			
人工	合计工日	工日	8.400	7.800	0.090	0.120
	木工普工	工日	3.360	3.120	0.036	0.048
	木工一般技工	工日	3.360	3.120	0.036	0.048
	木工高级技工	工日	1.680	1.560	0.018	0.024
材料	板方材	m^3	0.0400	0.0400	0.0100	0.0100
	其他材料费(占材料费)	%	2.00	2.00	2.00	2.00

工作内容:准备工具、复核校对尺寸、修理榫卯、安装就位、校正背实、钉绑拉杆戗木、拆拉杆戗木、场内运输及清理废弃物。

计量单位:根

定额编号			3-6-1143	3-6-1144	3-6-1145
项目			牌楼高栱柱安装(斗口)		
			5cm	6cm	7cm
名称		单位	消耗量		
人工	合计工日	工日	0.600	0.720	0.840
	木工普工	工日	0.240	0.288	0.336
	木工一般技工	工日	0.240	0.288	0.336
	木工高级技工	工日	0.120	0.144	0.168
材料	板方材	m^3	0.0012	0.0012	0.0012
	圆钉	kg	0.1100	0.1100	0.1100
	其他材料费(占材料费)	%	2.00	2.00	2.00

工作内容:准备工具、复核校对尺寸、安装就位、场内运输及清理废弃物。

计量单位:块

定额编号			3-6-1146	3-6-1147	3-6-1148	3-6-1149	3-6-1150	3-6-1151
项目			牌楼坠山博缝板安装(斗口)					
			5cm以内				6cm以内	
			五踩	七踩	九踩	十一踩	五踩	七踩
名称		单位	消耗量					
人工	合计工日	工日	0.960	1.020	1.080	1.140	1.000	1.060
	木工普工	工日	0.384	0.408	0.432	0.456	0.400	0.424
	木工一般技工	工日	0.384	0.408	0.432	0.456	0.400	0.424
	木工高级技工	工日	0.192	0.204	0.216	0.228	0.200	0.212
材料	圆钉	kg	0.0500	0.0500	0.0500	0.0500	0.1000	0.1000
	其他材料费(占材料费)	%	2.00	2.00	2.00	2.00	2.00	2.00

工作内容:准备工具、复核校对尺寸、安装就位、场内运输及清理废弃物。　　**计量单位**:块

定额编号			3-6-1152	3-6-1153	3-6-1154	3-6-1155	3-6-1156	3-6-1157
项目			牌楼坠山博缝板安装(斗口)					
			6cm 以内		7cm 以内			
			九踩	十一踩	五踩	七踩	九踩	十一踩
名称		单位	消耗量					
人工	合计工日	工日	1.120	1.180	1.020	1.080	1.140	1.200
	木工普工	工日	0.448	0.472	0.408	0.432	0.456	0.480
	木工一般技工	工日	0.448	0.472	0.408	0.432	0.456	0.480
	木工高级技工	工日	0.224	0.236	0.204	0.216	0.228	0.240
材料	圆钉	kg	0.1000	0.1000	0.1400	0.1400	0.1400	0.1400
	其他材料费(占材料费)	%	2.00	2.00	2.00	2.00	2.00	2.00

工作内容:准备工具、复核校对尺寸、安装就位、场内运输及清理废弃物;霸王杠安装还包括打眼、调整确定铁件位置。

定额编号			3-6-1158	3-6-1159	3-6-1160	3-6-1161	3-6-1162
项目			龙凤板、花板安装		牌楼匾安装		霸王杠安装
			厚 4cm	每增厚 1cm	心板厚 3cm	每增厚 1cm	kg
			m^2				
名称		单位	消耗量				
人工	合计工日	工日	0.240	0.050	0.220	0.050	0.120
	木工普工	工日	0.096	0.020	0.088	0.020	0.048
	木工一般技工	工日	0.096	0.020	0.088	0.020	0.048
	木工高级技工	工日	0.048	0.010	0.044	0.010	0.024
材料	圆钉	kg	0.3300	0.1000	0.4000	0.1200	—
	铁件(综合)	kg	—	—	—	—	1.0200
	扎绑绳	kg	0.1000	—	0.1000	—	—
	其他材料费(占材料费)	%	2.00	2.00	2.00	2.00	2.00

第七章　斗 栱 工 程

说　明

一、本章包括斗栱拆除，斗栱零修、维修、拆修，斗栱及附件制作，斗栱安装，斗栱保护网，共5节310个子目。

二、斗栱检修定额适用于建筑物的构架基本完好，无需拆动的情况下，对斗栱所进行的检查、简单整修加固。

三、斗栱拨正归安定额适用于构架及斗栱损坏较轻，只需拆动至檩木，不拆斗栱的情况下，对斗栱进行复位整修及简单加固。

四、斗栱检修、斗栱拨正归安定额均以平身科、柱头科为准，牌楼斗栱角科检修及拨正归安按牌楼斗栱平身科检修、拨正归安相应定额乘以系数3，其他类斗栱角科按其相应平身科、柱头科定额乘以系数2。

五、斗栱检修或斗栱拨正归安时若需添配升斗或斗耳、单才栱、昂嘴头、盖(斜)斗板、枋等另执行斗栱部件、附件添配定额。

六、添配挑檐枋、井口枋、正心枋、拽枋定额已综合考虑了各种不同截面、不同形制枋的工料差别，执行中定额均不得调整。

七、斗栱拆修定额适用于将整攒斗栱拆下进行修理的情况，定额已综合了添配缺损部件(不包括枋及斗板)的工料，执行中定额均不得调整，也不得再执行部件添配定额；但若需添换正心枋、拽枋、挑檐枋、井口枋及盖(斜)斗板等附件时应另执行附件添配定额。

八、昂翘、平座斗栱的里拽及内里品字斗栱两拽均以使用单才栱为准，若改用麻叶云栱、三幅云栱定额不做调整。

九、斗栱安装定额(不包括牌楼斗栱)以头层檐为准，二层檐斗栱安装按定额乘以系数1.1，三层檐以上斗栱安装按定额乘以系数1.2。

十、角科斗栱带枋的部件，以科中为界，外端的工料包括在角科斗栱之内，里端的枋另按附件计算。

十一、斗栱拆除、拨正归安、拆修、制作、安装定额除牌楼斗栱以5cm斗口为准外，其他斗栱均以8cm斗口为准，实际工程中斗口尺寸与定额规定不符时，按下表调整工料：

工料调整表

项目 \ 斗口		4cm	5cm	6cm	7cm	8cm	9cm	10cm	11cm	12cm	13cm	14cm	15cm
昂翘斗栱、平座斗栱、内里品字斗栱、溜金斗栱、麻叶斗栱、隔架斗栱、丁头栱	人工消耗量	0.64	0.70	0.78	0.88	1.00	1.14	1.30	1.48	1.68	1.90	2.14	2.40
	材料消耗量	0.136	0.257	0.434	0.678	1.000	1.409	1.918	2.536	3.225	4.145	5.156	6.315
牌楼斗栱	人工消耗量	0.90	1.00	1.12	1.26	1.43	—	—	—	—	—	—	—
	材料消耗量	0.530	1.000	1.688	2.637	3.890	—	—	—	—	—	—	—

十二、昂嘴剔补、斗栱拆修以及昂翘斗栱、内里品字斗栱、溜金斗栱制作等，其昂嘴头若需雕如意云头执行牌楼斗栱昂嘴雕作如意云头定额，斗口尺寸不同应换算消耗量。

十三、斗栱刷防腐剂执行本册第六章“木构架及木基层工程”相应定额。

工程量计算规则

一、斗栱拆除、检修、拨正归安、拆修、制作、安装按数量计算,角科斗栱与平身科斗栱连作者应分别计算。斗栱附件制作按数量计算(每相邻的两攒斗栱科中至科中为一档)。

二、斗栱部件添配及斗板按件计算;配换挑檐枋、井口枋、正心枋、拽枋按实做长度计算,不扣梁所占长度,角科位置量至科中。

三、昂嘴雕作如意云头、丁头栱制作(包括小斗)按数量计算。

四、斗栱保护网的拆除、拆安及安装均按网展开面积计算。

一、斗栱拆除

工作内容：准备工具、必要支顶、安全监护、编号、分解拆卸、分类码放、场内运输及清理废弃物。

计量单位：攒

定额编号			3-7-1	3-7-2	3-7-3	3-7-4
项目			昂翘斗栱、平座斗栱、内里品字斗栱拆除(8cm 斗口)			
			三踩		五踩	
			平身科、柱头科	角科	平身科、柱头科	角科
名称		单位	消耗量			
人工	合计工日	工日	0.120	0.240	0.270	0.660
	木工普工	工日	0.060	0.120	0.135	0.330
	木工一般技工	工日	0.048	0.096	0.108	0.264
	木工高级技工	工日	0.012	0.024	0.027	0.066

工作内容：准备工具、必要支顶、安全监护、编号、分解拆卸、分类码放、场内运输及清理废弃物。

计量单位：攒

定额编号			3-7-5	3-7-6	3-7-7	3-7-8
项目			昂翘斗栱、平座斗栱、内里品字斗栱拆除(8cm 斗口)			
			七踩		九踩	
			平身科、柱头科	角科	平身科、柱头科	角科
名称		单位	消耗量			
人工	合计工日	工日	0.432	1.300	0.600	2.100
	木工普工	工日	0.216	0.650	0.300	1.050
	木工一般技工	工日	0.173	0.520	0.240	0.840
	木工高级技工	工日	0.043	0.130	0.060	0.210

工作内容:准备工具、必要支顶、安全监护、编号、分解拆卸、分类码放、场内运输及清理废弃物。

计量单位:攒

定额编号			3-7-9	3-7-10	3-7-11	3-7-12
项目			溜金斗栱拆除(8cm 斗口)			
			三踩		五踩	
			平身科	角科	平身科	角科
名称		单位	消耗量			
人工	合计工日	工日	0.160	0.240	0.340	0.660
	木工普工	工日	0.080	0.120	0.170	0.330
	木工一般技工	工日	0.064	0.096	0.136	0.264
	木工高级技工	工日	0.016	0.024	0.034	0.066

工作内容:准备工具、必要支顶、安全监护、编号、分解拆卸、分类码放、场内运输及清理废弃物。

计量单位:攒

定额编号			3-7-13	3-7-14	3-7-15	3-7-16
项目			溜金斗栱拆除(8cm 斗口)			
			七踩		九踩	
			平身科	角科	平身科	角科
名称		单位	消耗量			
人工	合计工日	工日	0.540	1.300	0.760	2.100
	木工普工	工日	0.270	0.650	0.380	1.050
	木工一般技工	工日	0.216	0.520	0.304	0.840
	木工高级技工	工日	0.054	0.130	0.076	0.210

工作内容：准备工具、必要支项、安全监护、编号、分解拆卸、分类码放、场内运输及清理废弃物。

计量单位：攒

定额编号			3-7-17	3-7-18	3-7-19	3-7-20	3-7-21
项目			牌楼斗栱拆除（5cm 斗口）				
			三踩	五踩		七踩	
			平身科	平身科	角科	平身科	角科
名称		单位	消耗量				
人工	合计工日	工日	0.090	0.180	0.360	0.300	0.750
	木工普工	工日	0.045	0.090	0.180	0.150	0.375
	木工一般技工	工日	0.036	0.072	0.144	0.120	0.300
	木工高级技工	工日	0.009	0.018	0.036	0.030	0.075

工作内容：准备工具、必要支项、安全监护、编号、分解拆卸、分类码放、场内运输及清理废弃物。

计量单位：攒

定额编号			3-7-22	3-7-23	3-7-24	3-7-25
项目			牌楼斗栱拆除（5cm 斗口）			
			九踩		十一踩	
			平身科	角科	平身科	角科
名称		单位	消耗量			
人工	合计工日	工日	0.420	1.260	0.540	1.900
	木工普工	工日	0.210	0.630	0.270	0.950
	木工一般技工	工日	0.168	0.504	0.216	0.760
	木工高级技工	工日	0.042	0.126	0.054	0.190

工作内容:准备工具、必要支顶、安全监护、编号、分解拆卸、分类码放、场内运输及清理废弃物。

计量单位:攒

定额编号			3-7-26	3-7-27	3-7-28	3-7-29
项目			一斗三升斗栱拆除(8cm 斗口)		一斗二升交麻叶斗栱拆除(8cm 斗口)	
			平身科、柱头科	角科	平身科、柱头科	角科
名称		单位	消耗量			
人工	合计工日	工日	0.060	0.120	0.100	0.192
	木工普工	工日	0.030	0.060	0.050	0.096
	木工一般技工	工日	0.024	0.048	0.040	0.077
	木工高级技工	工日	0.006	0.012	0.010	0.019

工作内容:准备工具、必要支顶、安全监护、编号、分解拆卸、分类码放、场内运输及清理废弃物。

计量单位:攒

定额编号			3-7-30	3-7-31
项目			单翘麻叶云斗栱、一斗三升单栱荷叶雀替隔架斗栱、一斗二升重栱荷叶雀替隔架斗栱拆除(8cm 斗口)	十字隔架斗栱拆除(8cm 斗口)
名称		单位	消耗量	
人工	合计工日	工日	0.100	0.160
	木工普工	工日	0.050	0.080
	木工一般技工	工日	0.040	0.064
	木工高级技工	工日	0.010	0.016

二、斗栱零修、维修、拆修

1. 斗栱检修(不分斗口尺寸)

工作内容:准备工具、现场检查、统计记录各部件、附件的损坏情况、简单修理加固、场内运输及清理废弃物。

计量单位:攒

定额编号			3-7-32	3-7-33	3-7-34	3-7-35
项目			昂翘斗栱、平座斗栱、内里品字斗栱检修			
			三踩	五踩	七踩	九踩
名称		单位	消耗量			
人工	合计工日	工日	0.072	0.120	0.170	0.220
	木工普工	工日	0.036	0.060	0.085	0.110
	木工一般技工	工日	0.029	0.048	0.068	0.088
	木工高级技工	工日	0.007	0.012	0.017	0.022

工作内容:准备工具、现场检查、统计记录各部件、附件的损坏情况、简单修理加固、场内运输及清理废弃物。

计量单位:攒

定额编号			3-7-36	3-7-37	3-7-38	3-7-39
项目			溜金斗栱检修			
			三踩	五踩	七踩	九踩
名称		单位	消耗量			
人工	合计工日	工日	0.090	0.150	0.210	0.270
	木工普工	工日	0.045	0.075	0.105	0.135
	木工一般技工	工日	0.036	0.060	0.084	0.108
	木工高级技工	工日	0.009	0.015	0.021	0.027

工作内容：准备工具、现场检查、统计记录各部件、附件的损坏情况、简单修理加固、场内运输及清理废弃物。

计量单位：攒

定额编号			3-7-40	3-7-41	3-7-42	3-7-43	3-7-44
项目			牌楼斗栱检修				
			三踩	五踩	七踩	九踩	十一踩
名称		单位	消耗量				
人工	合计工日	工日	0.060	0.090	0.120	0.160	0.210
	木工普工	工日	0.030	0.045	0.060	0.080	0.105
	木工一般技工	工日	0.024	0.036	0.048	0.064	0.084
	木工高级技工	工日	0.006	0.009	0.012	0.016	0.021

工作内容：准备工具、现场检查、统计记录各部件、附件的损坏情况、简单修理加固、场内运输及清理废弃物。

计量单位：攒

定额编号			3-7-45	3-7-46	3-7-47
项目			一斗三升斗栱、一斗三升单栱荷叶雀替隔架斗栱、十字隔架斗栱检修	一斗二升交麻叶斗栱、一斗二升重栱荷叶雀替隔架斗栱检修	单翘麻叶云斗栱检修
名称		单位	消耗量		
人工	合计工日	工日	0.040	0.050	0.060
	木工普工	工日	0.020	0.025	0.030
	木工一般技工	工日	0.016	0.020	0.024
	木工高级技工	工日	0.004	0.005	0.006

2. 斗栱拨正归安

工作内容:准备工具、现场对歪闪移位的斗栱进行复位整修(不包括部件、附件的添配)、场内运输及清理废弃物。

计量单位:攒

定额编号			3-7-48	3-7-49	3-7-50	3-7-51
项目			昂翘斗栱、平座斗栱、内里品字斗栱拨正归安(8cm 斗口)			
			三踩	五踩	七踩	九踩
名称		单位	消耗量			
人工	合计工日	工日	0.180	0.360	0.540	0.720
	木工普工	工日	0.054	0.108	0.162	0.216
	木工一般技工	工日	0.090	0.180	0.270	0.360
	木工高级技工	工日	0.036	0.072	0.108	0.144

工作内容:准备工具、现场对歪闪移位的斗栱进行复位整修(不包括部件、附件的添配)、场内运输及清理废弃物。

计量单位:攒

定额编号			3-7-52	3-7-53	3-7-54	3-7-55
项目			溜金斗栱拨正归安(8cm 斗口)			
			三踩	五踩	七踩	九踩
名称		单位	消耗量			
人工	合计工日	工日	0.280	0.540	0.820	1.080
	木工普工	工日	0.084	0.162	0.246	0.324
	木工一般技工	工日	0.140	0.270	0.410	0.540
	木工高级技工	工日	0.056	0.108	0.164	0.216

工作内容：准备工具、现场对歪闪移位的斗栱进行复位整修（不包括部件、附件的添配）、场内运输及清理废弃物。

计量单位：攒

定额编号			3-7-56	3-7-57	3-7-58	3-7-59	3-7-60
项目			牌楼斗栱拨正归安（5cm 斗口）				
			三踩	五踩	七踩	九踩	十一踩
名称		单位	消耗量				
人工	合计工日	工日	0.120	0.252	0.390	0.510	0.650
	木工普工	工日	0.036	0.076	0.117	0.153	0.195
	木工一般技工	工日	0.060	0.126	0.195	0.255	0.325
	木工高级技工	工日	0.024	0.050	0.078	0.102	0.130

3. 单独添配部件、附件

工作内容：准备工具、清除斗栱已损坏部件的残存部分、丈量需添配部件尺寸、选料、下料、配制、安装新件、场内运输及清理废弃物。

计量单位：件

定额编号			3-7-61	3-7-62	3-7-63	3-7-64	3-7-65
项目			升斗添配（斗口）				
			6cm 以内	8cm 以内	10cm 以内	12cm 以内	12cm 以外
名称		单位	消耗量				
人工	合计工日	工日	0.160	0.192	0.240	0.300	0.390
	木工普工	工日	0.048	0.058	0.072	0.090	0.117
	木工一般技工	工日	0.080	0.096	0.120	0.150	0.195
	木工高级技工	工日	0.032	0.038	0.048	0.060	0.078
材料	板方材	m^3	0.0009	0.0020	0.0039	0.0065	0.0102
	乳胶	kg	0.0050	0.0060	0.0070	0.0080	0.0100
	圆钉	kg	0.0030	0.0040	0.0040	0.0060	0.0070
	其他材料费（占材料费）	%	2.00	2.00	2.00	2.00	2.00

工作内容:准备工具、清除斗栱已损坏部件的残存部分、丈量需添配部件尺寸、选料、下料、配制、安装新件、场内运输及清理废弃物。

计量单位:件

定额编号			3-7-66	3-7-67	3-7-68	3-7-69	3-7-70
项目			斗耳添配(斗口)				
			6cm 以内	8cm 以内	10cm 以内	12cm 以内	12cm 以外
名称		单位	消耗量				
人工	合计工日	工日	0.060	0.072	0.090	0.110	0.132
	木工普工	工日	0.018	0.022	0.027	0.033	0.040
	木工一般技工	工日	0.030	0.036	0.045	0.055	0.066
	木工高级技工	工日	0.012	0.014	0.018	0.022	0.026
材料	板方材	m^3	0.0002	0.0003	0.0006	0.0011	0.0016
	乳胶	kg	0.0050	0.0060	0.0070	0.0080	0.0100
	圆钉	kg	0.0020	0.0030	0.0030	0.0040	0.0050
	其他材料费(占材料费)	%	2.00	2.00	2.00	2.00	2.00

工作内容:准备工具、清除斗栱已损坏部件的残存部分、丈量需添配部件尺寸、选料、下料、配制、安装新件、场内运输及清理废弃物。

计量单位:件

定额编号			3-7-71	3-7-72	3-7-73	3-7-74	3-7-75
项目			单才栱添配(斗口)				
			6cm 以内	8cm 以内	10cm 以内	12cm 以内	12cm 以外
名称		单位	消耗量				
人工	合计工日	工日	0.330	0.410	0.520	0.660	0.840
	木工普工	工日	0.099	0.123	0.156	0.198	0.252
	木工一般技工	工日	0.165	0.205	0.260	0.330	0.420
	木工高级技工	工日	0.066	0.082	0.104	0.132	0.168
材料	板方材	m^3	0.0039	0.0092	0.0169	0.0287	0.0450
	乳胶	kg	0.0050	0.0060	0.0070	0.0080	0.0100
	圆钉	kg	0.0020	0.0030	0.0030	0.0040	0.0050
	其他材料费(占材料费)	%	2.00	2.00	2.00	2.00	2.00

工作内容：准备工具、清除斗栱已损坏部件的残存部分、丈量需添配部件尺寸、选料、下料、配制、安装新件、场内运输及清理废弃物。

计量单位：件

定额编号			3-7-76	3-7-77	3-7-78	3-7-79	3-7-80
项目			麻叶云栱添配(斗口)				
			6cm以内	8cm以内	10cm以内	12cm以内	12cm以外
名称		单位	消耗量				
人工	合计工日	工日	1.190	1.512	1.932	2.484	3.170
	木工普工	工日	0.357	0.454	0.580	0.745	0.951
	木工一般技工	工日	0.595	0.756	0.966	1.242	1.585
	木工高级技工	工日	0.238	0.302	0.386	0.497	0.634
材料	板方材	m^3	0.0048	0.0110	0.0215	0.0373	0.0591
	乳胶	kg	0.0050	0.0060	0.0070	0.0080	0.0100
	圆钉	kg	0.0020	0.0030	0.0030	0.0040	0.0050
	其他材料费(占材料费)	%	2.00	2.00	2.00	2.00	2.00

工作内容：准备工具、清除斗栱已损坏部件的残存部分、丈量需添配部件尺寸、选料、下料、配制、安装新件、场内运输及清理废弃物。

计量单位：件

定额编号			3-7-81	3-7-82	3-7-83	3-7-84	3-7-85
项目			三幅云栱添配(斗口)				
			6cm以内	8cm以内	10cm以内	12cm以内	12cm以外
名称		单位	消耗量				
人工	合计工日	工日	0.852	1.080	1.370	1.752	2.244
	木工普工	工日	0.256	0.324	0.411	0.526	0.673
	木工一般技工	工日	0.426	0.540	0.685	0.876	1.122
	木工高级技工	工日	0.170	0.216	0.274	0.350	0.449
材料	板方材	m^3	0.0081	0.0188	0.0367	0.0636	0.1009
	乳胶	kg	0.0050	0.0060	0.0070	0.0080	0.0100
	圆钉	kg	0.0020	0.0030	0.0030	0.0040	0.0050
	其他材料费(占材料费)	%	2.00	2.00	2.00	2.00	2.00

工作内容：准备工具、清除已损坏部件的残存部分、丈量需添配部件尺寸、选料、下料、配制、安装新件、场内运输及清理废弃物。

计量单位：件

定额编号			3-7-86	3-7-87	3-7-88	3-7-89	3-7-90
项目			斜斗板、盖斗板添配（斗口）				
			6cm 以内	8cm 以内	10cm 以内	12cm 以内	12cm 以外
名称		单位	消耗量				
人工	合计工日	工日	0.060	0.090	0.120	0.150	0.192
	木工普工	工日	0.018	0.027	0.036	0.045	0.058
	木工一般技工	工日	0.030	0.045	0.060	0.075	0.096
	木工高级技工	工日	0.012	0.018	0.024	0.030	0.038
材料	板方材	m^3	0.0031	0.0066	0.0122	0.0202	0.0313
	乳胶	kg	0.0050	0.0060	0.0070	0.0080	0.0100
	圆钉	kg	0.0050	0.0080	0.0100	0.0110	0.0120
	其他材料费（占材料费）	%	2.00	2.00	2.00	2.00	2.00

工作内容：准备工具、清除已损坏部件的残存部分、丈量需添配部件尺寸、选料、下料、配制、安装新件、场内运输及清理废弃物。

计量单位：件

定额编号			3-7-91	3-7-92	3-7-93	3-7-94	3-7-95
项目			宝瓶添配（斗口）				
			6cm 以内	8cm 以内	10cm 以内	12cm 以内	12cm 以外
名称		单位	消耗量				
人工	合计工日	工日	0.132	0.160	0.192	0.210	0.230
	木工普工	工日	0.040	0.048	0.058	0.063	0.069
	木工一般技工	工日	0.066	0.080	0.096	0.105	0.115
	木工高级技工	工日	0.026	0.032	0.038	0.042	0.046
材料	板方材	m^3	0.0082	0.0191	0.0361	0.0632	0.0750
	乳胶	kg	0.0050	0.0060	0.0070	0.0080	0.0100
	圆钉	kg	0.0100	0.0100	0.0100	0.0100	0.0100
	其他材料费（占材料费）	%	2.00	2.00	2.00	2.00	2.00

工作内容：准备工具、选料、剔除破损昂嘴、铲刨平整、配制修补昂嘴、场内运输及清理废弃物。

计量单位：件

定额编号			3-7-96	3-7-97	3-7-98	3-7-99	3-7-100
项目			昂嘴剔补(斗口)				
			6cm以内	8cm以内	10cm以内	12cm以内	12cm以外
名称		单位	消耗量				
人工	合计工日	工日	0.312	0.390	0.450	0.510	0.640
	木工普工	工日	0.094	0.117	0.135	0.153	0.192
	木工一般技工	工日	0.156	0.195	0.225	0.255	0.320
	木工高级技工	工日	0.062	0.078	0.090	0.102	0.128
材料	板方材	m^3	0.0012	0.0025	0.0480	0.0820	0.0129
	乳胶	kg	0.0050	0.0060	0.0070	0.0080	0.0100
	圆钉	kg	0.0100	0.0150	0.0200	0.0250	0.0400
	其他材料费(占材料费)	%	2.00	2.00	2.00	2.00	2.00

工作内容：准备工具、清除斗栱已损坏部件的残存部分、丈量需添配部件尺寸、选料、下料、配制、安装新件、场内运输及清理废弃物。

计量单位：m

定额编号			3-7-101	3-7-102	3-7-103	3-7-104	3-7-105	3-7-106
项目			配换挑檐枋、井口枋、正心枋、拽枋(斗口)					
			5cm以内	6cm以内	7cm以内	8cm以内	9cm以内	10cm以内
名称		单位	消耗量					
人工	合计工日	工日	0.150	0.160	0.180	0.192	0.220	0.240
	木工普工	工日	0.045	0.048	0.054	0.058	0.066	0.072
	木工一般技工	工日	0.075	0.080	0.090	0.096	0.110	0.120
	木工高级技工	工日	0.030	0.032	0.036	0.038	0.044	0.048
材料	板方材	m^3	0.0100	0.0140	0.0187	0.0242	0.0303	0.0371
	乳胶	kg	0.0050	0.0050	0.0060	0.0060	0.0070	0.0070
	圆钉	kg	0.0500	0.0500	0.0500	0.0500	0.0500	0.0500
	其他材料费(占材料费)	%	2.00	2.00	2.00	2.00	2.00	2.00

工作内容:准备工具、清除斗栱已损坏部件的残存部分、丈量需添配部件尺寸、选料、下料、配制、安装新件、场内运输及清理废弃物。

计量单位:m

定额编号			3-7-107	3-7-108	3-7-109	3-7-110
项目			配换挑檐枋、井口枋、正心枋、拽枋(斗口)			
			11cm 以内	12cm 以内	13cm 以内	14cm 以内
名称		单位	消耗量			
人工	合计工日	工日	0.280	0.310	0.350	0.390
	木工普工	工日	0.084	0.093	0.105	0.117
	木工一般技工	工日	0.140	0.155	0.175	0.195
	木工高级技工	工日	0.056	0.062	0.070	0.078
材料	板方材	m^3	0.0447	0.0528	0.0618	0.0713
	乳胶	kg	0.0080	0.0080	0.0100	0.0100
	圆钉	kg	0.0500	0.0500	0.0500	0.0500
	其他材料费(占材料费)	%	2.00	2.00	2.00	2.00

4. 昂翘斗栱拆修(8cm 斗口)

工作内容:准备工具、斗栱拆下、丈量尺寸、选料、下料、制作添配部件、修复加固、重新组装、摆验、场内运输及清理废弃物;不包括附件添配。

计量单位:攒

定额编号			3-7-111	3-7-112	3-7-113	3-7-114	3-7-115	3-7-116
项目			三踩昂翘斗栱拆修			五踩昂翘斗栱拆修		
			平身科	柱头科	角科	平身科	柱头科	角科
名称		单位	消耗量					
人工	合计工日	工日	3.470	3.350	7.740	5.560	8.140	14.160
	木工普工	工日	1.041	1.005	2.322	1.668	2.442	4.248
	木工一般技工	工日	1.735	1.675	3.870	2.780	4.070	7.080
	木工高级技工	工日	0.694	0.670	1.548	1.112	1.628	2.832
材料	板方材	m^3	0.0411	0.0407	0.0653	0.0772	0.0757	0.1518
	乳胶	kg	0.1500	0.1500	0.4500	0.2700	0.2700	0.8000
	圆钉	kg	0.0200	0.0300	0.0600	0.0300	0.0400	0.0900
	其他材料费(占材料费)	%	2.00	2.00	2.00	2.00	2.00	2.00

工作内容:准备工具、斗栱拆下、丈量尺寸、选料、下料、制作添配部件、修复加固、重新组装、摆验、场内运输及清理废弃物;不包括附件添配。

计量单位:攒

定额编号			3-7-117	3-7-118	3-7-119	3-7-120	3-7-121	3-7-122
项目			七踩昂翘斗栱拆修			九踩昂翘斗栱拆修		
			平身科	柱头科	角科	平身科	柱头科	角科
名称		单位	消耗量					
人工	合计工日	工日	10.164	11.930	24.170	13.044	16.032	33.520
	木工普工	工日	3.049	3.579	7.251	3.913	4.810	10.056
	木工一般技工	工日	5.082	5.965	12.085	6.522	8.016	16.760
	木工高级技工	工日	2.033	2.386	4.834	2.609	3.206	6.704
材料	板方材	m^3	0.1176	0.1161	0.2662	0.1612	0.1574	0.4166
	乳胶	kg	0.3900	0.3900	1.2000	0.5000	0.5000	1.5000
	圆钉	kg	0.0400	0.0500	0.1200	0.0500	0.0500	0.1500
	其他材料费(占材料费)	%	2.00	2.00	2.00	2.00	2.00	2.00

5. 平座斗栱拆修(8cm 斗口)

工作内容:准备工具、斗栱拆下、丈量尺寸、选料、下料、制作添配部件、修复加固、重新组装、摆验、场内运输及清理废弃物;不包括附件添配。

计量单位:攒

定额编号			3-7-123	3-7-124	3-7-125	3-7-126	3-7-127	3-7-128
项目			三踩平座斗栱拆修			五踩平座斗栱拆修		
			平身科	柱头科	角科	平身科	柱头科	角科
名称		单位	消耗量					
人工	合计工日	工日	3.280	3.000	7.200	5.232	7.740	13.164
	木工普工	工日	0.984	0.900	2.160	1.570	2.322	3.949
	木工一般技工	工日	1.640	1.500	3.600	2.616	3.870	6.582
	木工高级技工	工日	0.656	0.600	1.440	1.046	1.548	2.633
材料	板方材	m^3	0.0378	0.0376	0.0325	0.0580	0.0594	0.0920
	乳胶	kg	0.1000	0.1000	0.3000	0.2000	0.1500	0.6000
	圆钉	kg	0.0200	0.0200	0.0400	0.0300	0.0200	0.0600
	其他材料费(占材料费)	%	2.00	2.00	2.00	2.00	2.00	2.00

工作内容：准备工具、斗栱拆下、丈量尺寸、选料、下料、制作添配部件、修复加固、重新组装、摆验、场内运输及清理废弃物；不包括附件添配。

计量单位：攒

定额编号			3-7-129	3-7-130	3-7-131	3-7-132	3-7-133	3-7-134
项目			七踩平座斗栱拆修			九踩平座斗栱拆修		
			平身科	柱头科	角科	平身科	柱头科	角科
名称		单位	消耗量					
人工	合计工日	工日	9.552	11.320	22.240	12.132	14.810	31.200
	木工普工	工日	2.866	3.396	6.672	3.640	4.443	9.360
	木工一般技工	工日	4.776	5.660	11.120	6.066	7.405	15.600
	木工高级技工	工日	1.910	2.264	4.448	2.426	2.962	6.240
材料	板方材	m^3	0.1000	0.1089	0.1683	0.1341	0.1492	0.2767
	乳胶	kg	0.3000	0.3000	0.9000	0.4000	0.4000	1.2000
	圆钉	kg	0.0400	0.0400	0.0800	0.0500	0.0500	0.1000
	其他材料费(占材料费)	%	2.00	2.00	2.00	2.00	2.00	2.00

6. 内里品字斗栱拆修(8cm 斗口)

工作内容：准备工具、斗栱拆下、丈量尺寸、选料、下料、制作添配部件、修复加固、重新组装、摆验、场内运输及清理废弃物；不包括附件添配。

计量单位：攒

定额编号			3-7-135	3-7-136	3-7-137	3-7-138
项目			三踩内里品字斗栱拆修		五踩内里品字斗栱拆修	
			平身科	柱头科	平身科	柱头科
名称		单位	消耗量			
人工	合计工日	工日	3.220	3.240	5.172	7.572
	木工普工	工日	0.966	0.972	1.552	2.272
	木工一般技工	工日	1.610	1.620	2.586	3.786
	木工高级技工	工日	0.644	0.648	1.034	1.514
材料	板方材	m^3	0.0309	0.0302	0.0591	0.0552
	乳胶	kg	0.1000	0.1000	0.2000	0.2000
	圆钉	kg	0.0200	0.0200	0.0200	0.0200
	其他材料费(占材料费)	%	2.00	2.00	2.00	2.00

工作内容:准备工具、斗栱拆下、丈量尺寸、选料、下料、制作添配部件、修复加固、重新组装、摆验、场内运输及清理废弃物;不包括附件添配。

计量单位:攒

定额编号			3-7-139	3-7-140	3-7-141	3-7-142
项目			七踩内里品字斗栱拆修		九踩内里品字斗栱拆修	
			平身科	柱头科	平身科	柱头科
名称		单位	消耗量			
人工	合计工日	工日	9.324	11.124	12.000	14.640
	木工普工	工日	2.797	3.337	3.600	4.392
	木工一般技工	工日	4.662	5.562	6.000	7.320
	木工高级技工	工日	1.865	2.225	2.400	2.928
材料	板方材	m^3	0.0873	0.0867	0.1173	0.1206
	乳胶	kg	0.3900	0.3900	0.5000	0.5000
	圆钉	kg	0.0400	0.0400	0.0500	0.0500
	其他材料费(占材料费)	%	2.00	2.00	2.00	2.00

7.溜金斗栱拆修(8cm 斗口)

工作内容:准备工具、斗栱拆下、丈量尺寸、选料、下料、制作添配部件、修复加固、重新组装、摆验、场内运输及清理废弃物;不包括附件添配。

计量单位:攒

定额编号			3-7-143	3-7-144	3-7-145	3-7-146
项目			三踩溜金斗栱拆修		五踩溜金斗栱拆修	
			平身科	角科	平身科	角科
名称		单位	消耗量			
人工	合计工日	工日	10.884	13.490	12.072	24.350
	木工普工	工日	3.265	4.047	3.622	7.305
	木工一般技工	工日	5.442	6.745	6.036	12.175
	木工高级技工	工日	2.177	2.698	2.414	4.870
材料	板方材	m^3	0.0801	0.1216	0.1131	0.2166
	乳胶	kg	0.3000	0.9000	0.5500	1.6500
	圆钉	kg	0.0500	0.0700	0.0700	0.2000
	其他材料费(占材料费)	%	2.00	2.00	2.00	2.00

工作内容：准备工具、斗栱拆下、丈量尺寸、选料、下料、制作添配部件、修复加固、重新组装、摆验、场内运输及清理废弃物；不包括附件添配。

计量单位：攒

定额编号			3-7-147	3-7-148	3-7-149	3-7-150
项目			七踩溜金斗栱拆修		九踩溜金斗栱拆修	
			平身科	角科	平身科	角科
名称		单位	消耗量			
人工	合计工日	工日	20.870	37.360	30.252	43.680
	木工普工	工日	6.261	11.208	9.076	13.104
	木工一般技工	工日	10.435	18.680	15.126	21.840
	木工高级技工	工日	4.174	7.472	6.050	8.736
材料	板方材	m^3	0.1562	0.3627	0.2029	0.5388
	乳胶	kg	0.8000	2.4000	1.0000	3.0000
	圆钉	kg	0.1000	0.3000	0.1300	0.4000
	其他材料费(占材料费)	%	2.00	2.00	2.00	2.00

8. 牌楼昂翘斗栱拆修(5cm 斗口)

工作内容：准备工具、斗栱拆下、丈量尺寸、选料、下料、制作添配部件、修复加固、重新组装、摆验、场内运输及清理废弃物；不包括附件添配。

计量单位：攒

定额编号			3-7-151	3-7-152	3-7-153	3-7-154
项目			牌楼五踩昂翘斗栱拆修		牌楼七踩昂翘斗栱拆修	
			平身科	角科	平身科	角科
名称		单位	消耗量			
人工	合计工日	工日	4.180	12.760	7.120	21.744
	木工普工	工日	1.254	3.828	2.136	6.523
	木工一般技工	工日	2.090	6.380	3.560	10.872
	木工高级技工	工日	0.836	2.552	1.424	4.349
材料	板方材	m^3	0.0195	0.0453	0.0303	0.0766
	乳胶	kg	0.1500	0.4500	0.2500	0.7500
	圆钉	kg	0.0200	0.0600	0.0300	0.0900
	其他材料费(占材料费)	%	2.00	2.00	2.00	2.00

工作内容：准备工具、斗栱拆下、丈量尺寸、选料、下料、制作添配部件、修复加固、重新组装、摆验、场内运输及清理废弃物；不包括附件添配。

计量单位：攒

定额编号			3-7-155	3-7-156	3-7-157	3-7-158
项目			牌楼九踩昂翘斗栱拆修		牌楼十一踩昂翘斗栱拆修	
			平身科	角科	平身科	角科
名称		单位	消耗量			
人工	合计工日	工日	9.780	32.510	13.104	42.264
	木工普工	工日	2.934	9.753	3.931	12.679
	木工一般技工	工日	4.890	16.255	6.552	21.132
	木工高级技工	工日	1.956	6.502	2.621	8.453
材料	板方材	m^3	0.0424	0.1179	0.0562	0.1763
	乳胶	kg	0.3500	1.0000	0.4500	1.3500
	圆钉	kg	0.0400	0.1200	0.0500	0.1500
	其他材料费(占材料费)	%	2.00	2.00	2.00	2.00

9. 牌楼品字斗栱拆修(5cm 斗口)

工作内容：准备工具、斗栱拆下、丈量尺寸、选料、下料、制作添配部件、修复加固、重新组装、摆验、场内运输及清理废弃物；不包括附件添配。

计量单位：攒

定额编号			3-7-159	3-7-160	3-7-161	3-7-162
项目			牌楼品字斗栱拆修			
			三踩	五踩	七踩	九踩
名称		单位	消耗量			
人工	合计工日	工日	2.291	3.660	6.684	8.500
	木工普工	工日	0.688	1.098	2.005	2.550
	木工一般技工	工日	1.145	1.830	3.342	4.250
	木工高级技工	工日	0.458	0.732	1.337	1.700
材料	板方材	m^3	0.0089	0.0179	0.0276	0.0389
	乳胶	kg	0.1000	0.2000	0.3000	0.4000
	圆钉	kg	0.0200	0.0300	0.0400	0.0500
	其他材料费(占材料费)	%	2.00	2.00	2.00	2.00

10. 其他斗栱拆修(8cm 斗口)

工作内容：准备工具、斗栱拆下、丈量尺寸、选料、下料、制作添配部件、修复加固、重新组装、摆验、场内运输及清理废弃物；不包括附件添配。

计量单位：攒

定额编号			3-7-163	3-7-164	3-7-165
项目			一斗三升斗栱拆修		
			平身科	柱头科	角科
名称		单位	消耗量		
人工	合计工日	工日	0.900	0.890	1.452
	木工普工	工日	0.270	0.267	0.436
	木工一般技工	工日	0.450	0.445	0.726
	木工高级技工	工日	0.180	0.178	0.290
材料	板方材	m^3	0.0046	0.0039	0.0114
	乳胶	kg	0.0600	0.0600	0.0700
	圆钉	kg	0.0100	0.0100	0.0100
	其他材料费(占材料费)	%	2.00	2.00	2.00

工作内容：准备工具、斗栱拆下、丈量尺寸、选料、下料、制作添配部件、修复加固、重新组装、摆验、场内运输及清理废弃物；不包括附件添配。

计量单位：攒

定额编号			3-7-166	3-7-167	3-7-168	3-7-169
项目			一斗二升交麻叶斗栱拆修			单翘麻叶云斗栱拆修
			平身科	柱头科	角科	
名称		单位	消耗量			
人工	合计工日	工日	3.530	0.840	3.324	6.852
	木工普工	工日	1.059	0.252	0.997	2.056
	木工一般技工	工日	1.765	0.420	1.662	3.426
	木工高级技工	工日	0.706	0.168	0.665	1.370
材料	板方材	m^3	0.0037	0.0039	0.0114	0.0120
	乳胶	kg	0.0600	0.0600	0.0700	0.0600
	圆钉	kg	0.0100	0.0100	0.0100	0.0100
	其他材料费(占材料费)	%	2.00	2.00	2.00	2.00

三、斗栱及附件制作

1. 昂翘斗栱制作(8cm 斗口)

工作内容:准备工具、制、套样板、选料、下料、画线、制作成型、草架摆验、场内运输及清理废弃物(不包括垫栱板、枋、盖斗板等附件制作)。

计量单位:攒

定额编号			3-7-170	3-7-171	3-7-172	3-7-173	3-7-174	3-7-175
项目			三踩单昂斗栱制作			五踩单翘单昂斗栱制作		
			平身科	柱头科	角科	平身科	柱头科	角科
名称		单位	消耗量					
人工	合计工日	工日	7.242	6.155	15.003	11.471	10.359	30.713
	木工普工	工日	2.070	1.846	4.398	3.339	3.108	9.111
	木工一般技工	工日	3.450	3.077	7.331	5.564	5.180	15.186
	木工高级技工	工日	1.380	1.231	2.932	2.226	2.072	6.074
	雕刻工一般技工	工日	0.205	—	0.205	0.205	—	0.205
	雕刻工高级技工	工日	0.137	—	0.137	0.137	—	0.137
材料	板方材	m^3	0.1501	0.1496	0.4253	0.2776	0.2962	0.9108
	样板料	m^3	0.0050	0.0046	0.0118	0.0094	0.0113	0.0250
	乳胶	kg	0.1500	0.1500	0.4500	0.2700	0.2700	0.8000
	圆钉	kg	0.0200	0.0300	0.0600	0.0300	0.0400	0.0900
	其他材料费(占材料费)	%	1.00	1.00	1.00	1.00	1.00	1.00
机械	木工圆锯机 500mm	台班	0.1426	0.1156	0.1679	0.2566	0.2289	0.3592
	木工平刨床 500mm	台班	0.0411	0.0310	0.0484	0.0740	0.0613	0.1036

工作内容：准备工具、制、套样板、选料、下料、画线、制作成型、草架摆验、场内运输及清理废弃物（不包括垫栱板、枋、盖斗板等附件制作）。

计量单位：攒

定额编号			3-7-176	3-7-177	3-7-178	3-7-179	3-7-180	3-7-181
项目			五踩重昂斗栱制作			七踩单翘重昂斗栱制作		
			平身科	柱头科	角科	平身科	柱头科	角科
名称		单位	消耗量					
人工	合计工日	工日	11.967	11.040	31.354	16.107	15.769	49.492
	木工普工	工日	3.488	3.312	9.303	4.730	4.731	14.745
	木工一般技工	工日	5.813	5.520	15.506	7.883	7.884	24.575
	木工高级技工	工日	2.325	2.208	6.202	3.153	3.154	9.830
	雕刻工一般技工	工日	0.205	—	0.205	0.205	—	0.205
	雕刻工高级技工	工日	0.137	—	0.137	0.137	—	0.137
材料	板方材	m^3	0.2925	0.3253	0.9780	0.4401	0.4999	1.5929
	样板料	m^3	0.0097	0.0119	0.0256	0.0168	0.0160	0.0546
	乳胶	kg	0.2700	0.2700	0.2700	0.3900	0.3900	1.2000
	圆钉	kg	0.0300	0.0400	0.0900	0.0400	0.0500	0.1200
	其他材料费（占材料费）	%	1.00	1.00	1.00	1.00	1.00	1.00
机械	木工圆锯机 500mm	台班	0.2694	0.2513	0.3858	0.4067	0.3863	0.6283
	木工平刨床 500mm	台班	0.0777	0.0674	0.1113	0.1173	0.1036	0.1812

工作内容：准备工具、制、套样板、选料、下料、画线、制作成型、草架摆验、场内运输及清理废弃物（不包括垫栱板、枋、盖斗板等附件制作）。

计量单位：攒

定额编号			3-7-182	3-7-183	3-7-184
项目			九踩重翘重昂斗栱制作		
			平身科	柱头科	角科
名称		单位	消耗量		
人工	合计工日	工日	18.978	19.936	69.718
	木工普工	工日	5.591	5.981	20.813
	木工一般技工	工日	9.318	9.968	34.688
	木工高级技工	工日	3.727	3.987	13.875
	雕刻工一般技工	工日	0.205	—	0.205
	雕刻工高级技工	工日	0.137	—	0.137
材料	板方材	m^3	0.6117	0.6990	2.4339
	样板料	m^3	0.0211	0.0232	0.0863
	乳胶	kg	0.5000	0.5000	1.5000
	圆钉	kg	0.0500	0.0600	0.1500
	其他材料费（占材料费）	%	1.00	1.00	1.00
机械	木工圆锯机 500mm	台班	0.5655	0.5401	0.9599
	木工平刨床 500mm	台班	0.1631	0.1448	0.2768

2. 平座斗栱制作(8cm 斗口)

工作内容:准备工具、制、套样板、选料、下料、画线、制作成型、草架摆验、场内运输及清理废弃物(不包括垫栱板、枋、盖斗板等附件制作)。

计量单位:攒

定额编号			3-7-185	3-7-186	3-7-187	3-7-188	3-7-189	3-7-190
项目			三踩平座斗栱制作			五踩平座斗栱制作		
			平身科	柱头科	角科	平身科	柱头科	角科
名称		单位	消耗量					
人工	合计工日	工日	6.657	6.155	15.301	10.068	9.485	26.717
	木工普工	工日	1.895	1.846	4.488	2.918	2.846	7.912
	木工一般技工	工日	3.157	3.077	7.480	4.863	4.743	13.187
	木工高级技工	工日	1.263	1.231	2.992	1.945	1.897	5.275
	雕刻工一般技工	工日	0.205	—	0.205	0.205	—	0.205
	雕刻工高级技工	工日	0.137	—	0.137	0.137	—	0.137
材料	板方材	m^3	0.1352	0.1206	0.1647	0.2105	0.2178	0.4359
	样板料	m^3	0.0046	0.0040	0.0012	0.0085	0.0068	0.0245
	乳胶	kg	0.1000	0.1000	0.3000	0.2000	0.2000	0.6000
	圆钉	kg	0.0200	0.0200	0.0400	0.0300	0.0300	0.0600
	其他材料费(占材料费)	%	1.00	1.00	1.00	1.00	1.00	1.00
机械	木工圆锯机 500mm	台班	0.1250	0.1115	0.1522	0.1945	0.2014	0.4029
	木工平刨床 500mm	台班	0.0360	0.0322	0.0439	0.0561	0.0581	0.1162

工作内容:准备工具、制、套样板、选料、下料、画线、制作成型、草架摆验、场内运输及清理废弃物(不包括垫栱板、枋、盖斗板等附件制作)。

计量单位:攒

定额编号			3-7-191	3-7-192	3-7-193	3-7-194	3-7-195	3-7-196
项目			七踩平座斗栱制作			九踩平座斗栱制作		
			平身科	柱头科	角科	平身科	柱头科	角科
名称		单位	消耗量					
人工	合计工日	工日	15.036	14.794	40.373	18.945	17.213	56.028
	木工普工	工日	4.408	4.438	12.009	5.581	5.164	16.706
	木工一般技工	工日	7.347	7.397	20.016	9.301	8.607	27.843
	木工高级技工	工日	2.939	2.959	8.006	3.721	3.443	11.137
	雕刻工一般技工	工日	0.205	—	0.205	0.205	—	0.205
	雕刻工高级技工	工日	0.137	—	0.137	0.137	—	0.137
材料	板方材	m^3	0.3535	0.4045	0.7757	0.4774	0.5935	1.2483
	样板料	m^3	0.0130	0.0124	0.0490	0.0175	0.0195	0.0735
	乳胶	kg	0.3000	0.3000	0.9000	0.4000	0.4000	1.2000
	圆钉	kg	0.0400	0.0400	0.0800	0.0500	0.0500	0.1000
	其他材料费(占材料费)	%	1.00	1.00	1.00	1.00	1.00	1.00
机械	木工圆锯机 500mm	台班	0.3267	0.3737	0.7167	0.4414	0.5486	1.1541
	木工平刨床 500mm	台班	0.0942	0.0959	0.2067	0.1273	0.1582	0.3328

3. 内里品字斗栱制作(8cm 斗口)

工作内容:准备工具、制、套样板、选料、下料、画线、制作成型、草架摆验、场内运输及清理废弃物(不包括垫栱板、枋、盖斗板等附件制作)。

计量单位:攒

定额编号			3-7-197	3-7-198	3-7-199	3-7-200
项目			三踩内里品字斗栱制作		五踩内里品字斗栱制作	
			平身科	柱头科	平身科	柱头科
名称		单位	消耗量			
人工	合计工日	工日	7.066	4.582	11.471	10.819
	木工普工	工日	1.914	1.375	3.236	3.246
	木工一般技工	工日	3.191	2.291	5.393	5.410
	木工高级技工	工日	1.276	0.916	2.157	2.164
	雕刻工一般技工	工日	0.411	—	0.411	—
	雕刻工高级技工	工日	0.274	—	0.274	—
材料	板方材	m^3	0.1343	0.1206	0.2569	0.2581
	样板料	m^3	0.0043	0.0042	0.0085	0.0108
	乳胶	kg	0.1000	0.1000	0.2000	0.2000
	圆钉	kg	0.0200	0.0200	0.0200	0.0300
	其他材料费(占材料费)	%	1.00	1.00	1.00	1.00
机械	木工圆锯机 500mm	台班	0.1241	0.1115	0.2374	0.2386
	木工平刨床 500mm	台班	0.0358	0.0321	0.0685	0.0688

工作内容:准备工具、制、套样板、选料、下料、画线、制作成型、草架摆验、场内运输及清理废弃物(不包括垫拱板、枋、盖斗板等附件制作)。

计量单位:攒

定额编号			3-7-201	3-7-202	3-7-203	3-7-204
项目			七踩内里品字斗栱制作		九踩内里品字斗栱制作	
			平身科	柱头科	平身科	柱头科
名称		单位	消耗量			
人工	合计工日	工日	16.285	16.422	20.314	22.190
	木工普工	工日	4.680	4.927	5.889	6.657
	木工一般技工	工日	7.800	8.211	9.815	11.095
	木工高级技工	工日	3.120	3.284	3.926	4.438
	雕刻工一般技工	工日	0.411	—	0.411	—
	雕刻工高级技工	工日	0.274	—	0.274	—
材料	板方材	m^3	0.3784	0.4186	0.5101	0.6091
	样板料	m^3	0.0131	0.0155	0.0170	0.0228
	乳胶	kg	0.3000	0.3000	0.4000	0.4000
	圆钉	kg	0.0400	0.0400	0.0500	0.0500
	其他材料费(占材料费)	%	1.00	1.00	1.00	1.00
机械	木工圆锯机 500mm	台班	0.3497	0.3869	0.4714	0.5630
	木工平刨床 500mm	台班	0.1008	0.1116	0.1359	0.1624

4. 溜金斗栱制作(8cm 斗口)

工作内容:准备工具、制、套样板、选料、下料、画线、制作成型、草架摆验、场内运输及清理废弃物(不包括垫栱板、枋、盖斗板等附件制作)。

计量单位:攒

定额编号			3-7-205	3-7-206	3-7-207	3-7-208	3-7-209	3-7-210
项目			三踩单昂溜金斗栱制作		五踩单翘单昂溜金斗栱制作		五踩重昂溜金斗栱制作	
			平身科	角科	平身科	角科	平身科	角科
名称		单位	消耗量					
人工	合计工日	工日	16.847	28.737	22.400	45.032	23.460	47.858
	木工普工	工日	3.610	7.177	4.749	11.539	5.067	12.387
	木工一般技工	工日	6.017	11.962	7.916	19.232	8.446	20.645
	木工高级技工	工日	2.407	4.785	3.166	7.693	3.378	8.258
	雕刻工一般技工	工日	2.888	2.888	3.941	3.941	3.941	3.941
	雕刻工高级技工	工日	1.925	1.925	2.628	2.628	2.628	2.628
材料	板方材	m^3	0.3659	0.9776	0.5055	1.6130	0.5203	1.6802
	样板料	m^3	0.0075	0.0165	0.0132	0.0350	0.0136	0.0358
	乳胶	kg	0.3000	0.9000	0.5500	1.6500	0.5500	1.6500
	圆钉	kg	0.0500	0.1500	0.0700	0.0200	0.0700	0.0200
	其他材料费(占材料费)	%	1.00	1.00	1.00	1.00	1.00	1.00
机械	木工圆锯机 500mm	台班	0.3382	0.3858	0.4673	0.6362	0.4809	0.6628
	木工平刨床 500mm	台班	0.0975	0.1113	0.1347	0.1835	0.1387	0.1911

工作内容:准备工具、制、套样板、选料、下料、画线、制作成型、草架摆验、场内运输及清理废弃物(不包括垫栱板、枋、盖斗板等附件制作)。

计量单位:攒

定额编号			3-7-211	3-7-212	3-7-213	3-7-214
项目			七踩单翘重昂溜金斗栱制作		九踩重翘重昂溜金斗栱制作	
			平身科	角科	平身科	角科
名称		单位	消耗量			
人工	合计工日	工日	32.701	72.422	42.040	92.559
	木工普工	工日	6.647	18.564	8.257	23.413
	木工一般技工	工日	11.079	30.940	13.761	39.021
	木工高级技工	工日	4.432	12.376	5.505	15.608
	雕刻工一般技工	工日	6.326	6.326	8.711	8.711
	雕刻工高级技工	工日	4.217	4.217	5.807	5.807
材料	板方材	m^3	0.7114	2.7334	0.9267	4.0470
	样板料	m^3	0.0235	0.0764	0.0295	0.1208
	乳胶	kg	0.8000	2.4000	1.0000	3.0000
	圆钉	kg	0.1000	0.3000	0.1300	0.4000
	其他材料费(占材料费)	%	1.00	1.00	1.00	1.00
机械	木工圆锯机 500mm	台班	0.6577	1.0781	0.7642	1.5961
	木工平刨床 500mm	台班	0.1897	0.3109	0.2204	0.4603

5. 牌楼昂翘斗栱制作(5cm 斗口)

工作内容：准备工具、制、套样板、选料、下料、画线、制作成型、草架摆验、场内运输及清理废弃物；牌楼角科斗栱不包括与高栱柱或边柱相连的通天斗。

计量单位：攒

定额编号			3-7-215	3-7-216	3-7-217	3-7-218	3-7-219	3-7-220
项目			牌楼五踩单翘单昂斗栱制作		牌楼五踩重昂斗栱制作		牌楼七踩单翘重昂斗栱制作	
			平身科	角科	平身科	角科	平身科	角科
名称		单位	消耗量					
人工	合计工日	工日	8.602	26.330	9.034	27.020	10.856	45.512
	木工普工	工日	2.581	7.899	2.710	8.106	3.257	13.654
	木工一般技工	工日	4.301	13.165	4.517	13.510	5.428	22.756
	木工高级技工	工日	1.720	5.266	1.807	5.404	2.171	9.103
材料	板方材	m^3	0.0702	0.3138	0.0747	0.3281	0.1145	0.5409
	样板料	m^3	0.0025	0.0086	0.0029	0.0093	0.0041	0.0141
	乳胶	kg	0.1500	0.4500	0.1500	0.4500	0.2500	0.7500
	圆钉	kg	0.0200	0.0600	0.0200	0.0600	0.0300	0.0900
	其他材料费(占材料费)	%	1.00	1.00	1.00	1.00	1.00	1.00
机械	木工圆锯机 500mm	台班	0.2309	0.6928	0.2457	0.7240	0.3767	1.1944
	木工平刨床 500mm	台班	0.0592	0.1776	0.0630	0.1856	0.0965	0.3061

工作内容:准备工具、制、套样板、选料、下料、画线、制作成型、草架摆验、场内运输及清理废弃物;牌楼角科斗栱不包括与高栱柱或边柱相连的通天斗。

计量单位:攒

定额编号			3-7-221	3-7-222	3-7-223	3-7-224	3-7-225	3-7-226
项目			牌楼九踩重翘重昂斗栱制作		牌楼九踩单翘三昂斗栱制作		牌楼十一踩重翘三昂斗栱制作	
			平身科	角科	平身科	角科	平身科	角科
名称		单位	消耗量					
人工	合计工日	工日	13.644	66.902	14.159	69.386	16.992	96.876
	木工普工	工日	4.093	20.071	4.248	20.816	5.098	29.063
	木工一般技工	工日	6.822	33.451	7.079	34.693	8.496	48.438
	木工高级技工	工日	2.729	13.381	2.832	13.877	3.399	19.375
材料	板方材	m^3	0.1607	0.8023	0.1664	0.8457	0.2199	1.2098
	样板料	m^3	0.0045	0.0266	0.0045	0.0266	0.0081	0.0385
	乳胶	kg	0.3500	1.0000	0.3500	1.0000	0.4500	1.3500
	圆钉	kg	0.0400	0.1200	0.0400	0.1200	0.0500	0.1500
	其他材料费(占材料费)	%	1.00	1.00	1.00	1.00	1.00	1.00
机械	木工圆锯机 500mm	台班	0.5286	1.7715	0.5473	1.8671	0.7233	2.6708
	木工平刨床 500mm	台班	0.1355	0.4541	0.1403	0.4786	0.1854	0.6845

6. 牌楼品字斗栱制作(5cm 斗口)

工作内容:准备工具、制、套样板、选料、下料、画线、制作成型、草架摆验、场内运输及清理废弃物;牌楼角科斗栱不包括与高栱柱或边柱相连的通天斗。

计量单位:攒

定额编号			3-7-227	3-7-228	3-7-229	3-7-230
项目			牌楼品字斗栱制作			
			三踩	五踩	七踩	九踩
名称		单位	消耗量			
人工	合计工日	工日	4.683	7.415	10.838	13.625
	木工普工	工日	1.405	2.225	3.251	4.088
	木工一般技工	工日	2.341	3.708	5.419	6.813
	木工高级技工	工日	0.937	1.483	2.168	2.725
材料	板方材	m^3	0.0317	0.0644	0.1015	0.1452
	样板料	m^3	0.0012	0.0023	0.0037	0.0040
	乳胶	kg	0.0800	0.1500	0.2500	0.3500
	圆钉	kg	0.0200	0.0200	0.0300	0.0400
	其他材料费(占材料费)	%	1.00	1.00	1.00	1.00
机械	木工圆锯机 500mm	台班	0.1042	0.2118	0.3338	0.4775
	木工平刨床 500mm	台班	0.0267	0.0543	0.0855	0.1224

工作内容：准备工具、制、套样板、选料、下料、画线、制作成型、草架摆验、场内运输及清理废弃物。

计量单位：个

定额编号			3-7-231
项目			昂嘴雕作如意云头
名称		单位	消耗量
人工	合计工日	工日	0.202
	雕刻工一般技工	工日	0.121
	雕刻工高级技工	工日	0.081

7. 其他斗栱制作(8cm 斗口)

工作内容:准备工具、制、套样板、选料、下料、画线、制作成型、草架摆验、场内运输及清理废弃物(不包括垫栱板、枋、盖斗板等附件制作)。

计量单位:攒

定额编号			3-7-232	3-7-233	3-7-234	3-7-235	3-7-236	3-7-237
项目			一斗三升斗栱制作			一斗二升交麻叶斗栱制作		
			平身科	柱头科	角科	平身科	柱头科	角科
名称		单位	消耗量					
人工	合计工日	工日	1.601	1.831	7.121	4.250	1.831	7.121
	木工普工	工日	0.480	0.549	1.805	0.944	0.549	1.805
	木工一般技工	工日	0.800	0.915	3.008	1.573	0.915	3.008
	木工高级技工	工日	0.320	0.366	1.203	0.629	0.366	1.203
	雕刻工一般技工	工日	—	—	0.662	0.662	—	0.662
	雕刻工高级技工	工日	—	—	0.442	0.442	—	0.442
材料	板方材	m^3	0.0337	0.0430	0.1882	0.0850	0.0430	0.1882
	样板料	m^3	0.0011	0.0014	0.0062	0.0032	0.0014	0.0062
	乳胶	kg	0.0500	0.0500	0.0500	0.0500	0.0500	0.0500
	圆钉	kg	0.0100	0.0100	0.0100	0.0100	0.0100	0.0100
	其他材料费(占材料费)	%	1.00	1.00	1.00	1.00	1.00	1.00
机械	木工圆锯机 500mm	台班	0.0295	0.0376	0.0884	0.0295	0.0376	0.0884
	木工平刨床 500mm	台班	0.0096	0.0123	0.0288	0.0096	0.0123	0.0288

工作内容：准备工具、制、套样板、选料、下料、画线、制作成型、草架摆验、场内运输及清理废弃物(不包括垫栱板、枋、盖斗板等附件制作)。

定额编号			3-7-238	3-7-239	3-7-240	3-7-241	3-7-242
项目			单翘麻叶云斗栱制作	一斗二升重栱荷叶雀替隔架斗栱制作	一斗三升单栱荷叶雀替隔架斗栱制作	十字隔架斗栱制作	丁头栱制作(包括小斗)
			攒				份
名称		单位	消耗量				
人工	合计工日	工日	9.991	12.343	11.393	6.304	0.442
	木工普工	工日	1.325	1.716	1.431	0.898	0.133
	木工一般技工	工日	2.208	2.859	2.385	1.496	0.221
	木工高级技工	工日	0.883	1.144	0.954	0.598	0.088
	雕刻工一般技工	工日	3.345	3.974	3.974	1.987	—
	雕刻工高级技工	工日	2.230	2.650	2.650	1.325	—
材料	板方材	m^3	0.1022	0.2182	0.1877	0.1062	0.0139
	样板料	m^3	0.0034	0.0084	0.0073	0.0022	0.0005
	乳胶	kg	0.0500	0.0500	0.0500	0.0500	—
	圆钉	kg	0.0100	0.0100	0.0100	0.0100	—
	其他材料费(占材料费)	%	1.00	1.00	1.00	1.00	1.00
机械	木工圆锯机 500mm	台班	0.0354	0.0756	0.0651	0.0368	0.0048
	木工平刨床 500mm	台班	0.0115	0.0247	0.0212	0.0120	0.0016

8. 斗栱附件制作

工作内容：准备工具、制、套样板、选料、下料、画线、制作成型、场内运输及清理废弃物。　**计量单位：**档

定额编号			3-7-243	3-7-244	3-7-245	3-7-246	3-7-247
项目			垫栱板制作(8cm 斗口)				一斗三升及麻叶斗栱正心枋(8cm 斗口)
			无雕刻		包括雕金钱眼		
			单栱	重栱	单栱	重栱	
名称		单位	消耗量				
人工	合计工日	工日	0.092	0.110	0.309	0.331	0.120
	木工普工	工日	0.028	0.033	0.027	0.033	0.036
	木工一般技工	工日	0.046	0.055	0.044	0.055	0.060
	木工高级技工	工日	0.018	0.022	0.018	0.022	0.024
	雕刻工一般技工	工日	—	—	0.133	0.133	—
	雕刻工高级技工	工日	—	—	0.088	0.088	—
材料	板方材	m^3	0.0066	0.0097	0.0066	0.0097	0.0225
	圆钉	kg	—	0.0100	—	0.0100	—
	其他材料费(占材料费)	%	1.00	1.00	1.00	1.00	1.00
机械	木工圆锯机 500mm	台班	0.0083	0.0083	0.0083	0.0083	0.0083
	木工平刨床 500mm	台班	0.0014	0.0018	0.0014	0.0018	0.0014

工作内容：准备工具、制、套样板、选料、下料、画线、制作成型、场内运输及清理废弃物。　　**计量单位：**档

定额编号			3-7-248	3-7-249	3-7-250	3-7-251
项目			昂翘斗栱、平座斗栱、溜金斗栱正心及外拽附件(包括正心枋、外拽枋、挑檐枋及外拽、斜盖斗板)(8cm 斗口)			
			三踩	五踩	七踩	九踩
名称		单位	消耗量			
人工	合计工日	工日	0.414	0.718	1.132	1.426
	木工普工	工日	0.124	0.215	0.340	0.428
	木工一般技工	工日	0.207	0.359	0.566	0.713
	木工高级技工	工日	0.083	0.144	0.226	0.285
材料	板方材	m^3	0.0454	0.1096	0.1730	0.2369
	其他材料费(占材料费)	%	1.00	1.00	1.00	1.00
机械	木工圆锯机 500mm	台班	0.0333	0.0333	0.0333	0.0333
	木工平刨床 500mm	台班	0.0098	0.0236	0.0373	0.0510

工作内容：准备工具、制、套样板、选料、下料、画线、制作成型、场内运输及清理废弃物。　　**计量单位：**档

定额编号			3-7-252	3-7-253	3-7-254	3-7-255
项目			昂翘斗栱、平座斗栱里拽附件(包括里拽枋、井口枋及盖斗板)(8cm 斗口)			
			三踩	五踩	七踩	九踩
名称		单位	消耗量			
人工	合计工日	工日	0.276	0.469	0.672	0.856
	木工普工	工日	0.083	0.141	0.202	0.257
	木工一般技工	工日	0.138	0.235	0.336	0.428
	木工高级技工	工日	0.055	0.094	0.134	0.171
材料	板方材	m^3	0.0351	0.0598	0.0844	0.1091
	其他材料费(占材料费)	%	1.00	1.00	1.00	1.00
机械	木工圆锯机 500mm	台班	0.0250	0.0250	0.0250	0.0250
	木工平刨床 500mm	台班	0.0076	0.0129	0.0182	0.0235

工作内容：准备工具、制、套样板、选料、下料、画线、制作成型、场内运输及清理废弃物。　**计量单位**：档

定额编号			3-7-256	3-7-257	3-7-258	3-7-259
项目			内里品字斗栱正心附件(8cm 斗口)			
			三踩	五踩	七踩	九踩
名称		单位	消耗量			
人工	合计工日	工日	0.138	0.258	0.451	0.580
	木工普工	工日	0.041	0.077	0.135	0.174
	木工一般技工	工日	0.069	0.129	0.225	0.290
	木工高级技工	工日	0.028	0.052	0.090	0.116
材料	板方材	m^3	0.0255	0.0448	0.0674	0.0899
	其他材料费(占材料费)	%	1.00	1.00	1.00	1.00
机械	木工圆锯机 500mm	台班	0.0083	0.0083	0.0083	0.0083
	木工平刨床 500mm	台班	0.0055	0.0097	0.0145	0.0194

工作内容：准备工具、制、套样板、选料、下料、画线、制作成型、场内运输及清理废弃物。　**计量单位**：档

定额编号			3-7-260	3-7-261	3-7-262	3-7-263
项目			内里品字斗栱两拽附件 (包括拽枋、井口枋及斜斗板、盖斗板)(8cm 斗口)			
			三踩	五踩	七踩	九踩
名称		单位	消耗量			
人工	合计工日	工日	0.552	0.929	1.352	1.702
	木工普工	工日	0.166	0.279	0.406	0.511
	木工一般技工	工日	0.276	0.465	0.676	0.851
	木工高级技工	工日	0.110	0.186	0.271	0.340
材料	板方材	m^3	0.0642	0.1197	0.1693	0.2195
	其他材料费(占材料费)	%	1.00	1.00	1.00	1.00
机械	木工圆锯机 500mm	台班	0.0333	0.0333	0.0333	0.0333
	木工平刨床 500mm	台班	0.0138	0.0258	0.0365	0.0473

工作内容：准备工具、制、套样板、选料、下料、画线、制作成型、场内运输及清理废弃物。 **计量单位：**档

定额编号			3-7-264	3-7-265	3-7-266	3-7-267	3-7-268
项目			牌楼斗栱正心及两拽附件（包括正心枋、拽枋、挑檐枋及斜斗板、盖斗板）(5cm斗口)				
			三踩	五踩	七踩	九踩	十一踩
名称		单位	消耗量				
人工	合计工日	工日	0.276	0.589	0.911	1.187	1.444
	木工普工	工日	0.083	0.177	0.273	0.356	0.433
	木工一般技工	工日	0.138	0.294	0.455	0.593	0.722
	木工高级技工	工日	0.055	0.118	0.182	0.237	0.289
材料	板方材	m^3	0.0168	0.0384	0.0595	0.0809	0.1024
	其他材料费（占材料费）	%	1.00	1.00	1.00	1.00	1.00
机械	木工圆锯机 500mm	台班	0.0417	0.0417	0.0417	0.0417	0.0417
	木工平刨床 500mm	台班	0.0036	0.0083	0.0128	0.0174	0.0221

四、斗 栱 安 装

1. 昂翘、平座、内里品字斗栱安装(8cm 斗口)

工作内容：准备工具、复核尺寸、分层安装就位、相关附件安装、场内运输及清理废弃物。 **计量单位：**攒

定额编号			3-7-269	3-7-270	3-7-271	3-7-272	3-7-273	3-7-274
项目			三踩昂翘、平座、内里品字斗栱安装			五踩昂翘、平座、内里品字斗栱安装		
			平身科	柱头科	角科	平身科	柱头科	角科
名称		单位	消耗量					
人工	合计工日	工日	1.000	1.500	2.990	1.680	2.520	5.040
	木工普工	工日	0.400	0.600	1.196	0.672	1.008	2.016
	木工一般技工	工日	0.400	0.600	1.196	0.672	1.008	2.016
	木工高级技工	工日	0.200	0.300	0.598	0.336	0.504	1.008
材料	板方材	m^3	0.0010	0.0010	0.0010	0.0011	0.0011	0.0011
	其他材料费（占材料费）	%	2.00	2.00	2.00	2.00	2.00	2.00

工作内容：准备工具、复核尺寸、分层安装就位、相关附件安装、场内运输及清理废弃物。　**计量单位**：攒

定额编号			3-7-275	3-7-276	3-7-277	3-7-278	3-7-279	3-7-280
项目			七踩昂翘、平座、内里品字斗栱安装			九踩昂翘、平座、内里品字斗栱安装		
			平身科	柱头科	角科	平身科	柱头科	角科
名称		单位	消耗量					
人工	合计工日	工日	2.400	3.600	7.200	2.832	4.212	8.500
	木工普工	工日	0.960	1.440	2.880	1.133	1.685	3.400
	木工一般技工	工日	0.960	1.440	2.880	1.133	1.685	3.400
	木工高级技工	工日	0.480	0.720	1.440	0.566	0.842	1.700
材料	板方材	m^3	0.0012	0.0012	0.0012	0.0013	0.0013	0.0013
	其他材料费(占材料费)	%	2.00	2.00	2.00	2.00	2.00	2.00

2.溜金斗栱安装(8cm 斗口)

工作内容：准备工具、复核尺寸、分层安装就位、相关附件安装、场内运输及清理废弃物。　**计量单位**：攒

定额编号			3-7-281	3-7-282	3-7-283	3-7-284
项目			三踩溜金斗栱安装		五踩溜金斗栱安装	
			平身科	角科	平身科	角科
名称		单位	消耗量			
人工	合计工日	工日	1.250	1.560	2.100	6.300
	木工普工	工日	0.500	0.624	0.840	2.520
	木工一般技工	工日	0.500	0.624	0.840	2.520
	木工高级技工	工日	0.250	0.312	0.420	1.260
材料	板方材	m^3	0.0010	0.0010	0.0011	0.0011
	其他材料费(占材料费)	%	2.00	2.00	2.00	2.00

工作内容:准备工具、复核尺寸、分层安装就位、相关附件安装、场内运输及清理废弃物。 **计量单位**:攒

定额编号			3-7-285	3-7-286	3-7-287	3-7-288
项目			七踩溜金斗栱安装		九踩溜金斗栱安装	
			平身科	角科	平身科	角科
名称		单位	消耗量			
人工	合计工日	工日	3.000	9.000	3.540	10.620
	木工普工	工日	1.200	3.600	1.416	4.248
	木工一般技工	工日	1.200	3.600	1.416	4.248
	木工高级技工	工日	0.600	1.800	0.708	2.124
材料	板方材	m^3	0.0012	0.0012	0.0013	0.0013
	其他材料费(占材料费)	%	2.00	2.00	2.00	2.00

3. 牌楼斗栱安装(5cm 斗口)

工作内容:准备工具、复核尺寸、分层安装就位、相关附件安装、场内运输及清理废弃物。 **计量单位**:攒

定额编号			3-7-289	3-7-290	3-7-291	3-7-292	3-7-293
项目			牌楼三踩斗栱安装	牌楼五踩斗栱安装		牌楼七踩斗栱安装	
			平身科	平身科	角科	平身科	角科
名称		单位	消耗量				
人工	合计工日	工日	0.150	1.180	3.530	1.680	5.040
	木工普工	工日	0.060	0.472	1.412	0.672	2.016
	木工一般技工	工日	0.060	0.472	1.412	0.672	2.016
	木工高级技工	工日	0.030	0.236	0.706	0.336	1.008
材料	板方材	m^3	0.0010	0.0011	0.0011	0.0012	0.0012
	其他材料费(占材料费)	%	2.00	2.00	2.00	2.00	2.00

工作内容：准备工具、复核尺寸、分层安装就位、相关附件安装、场内运输及清理废弃物。　计量单位：攒

定额编号			3-7-294	3-7-295	3-7-296	3-7-297
项目			牌楼九踩斗栱安装		牌楼十一踩斗栱安装	
			平身科	角科	平身科	角科
名称		单位	消耗量			
人工	合计工日	工日	1.980	5.940	2.380	7.130
	木工普工	工日	0.792	2.376	0.952	2.852
	木工一般技工	工日	0.792	2.376	0.952	2.852
	木工高级技工	工日	0.396	1.188	0.476	1.426
材料	板方材	m^3	0.0013	0.0013	0.0014	0.0014
	其他材料费（占材料费）	%	2.00	2.00	2.00	2.00

4. 其他斗栱安装（8cm斗口）

工作内容：准备工具、复核尺寸、分层安装就位、相关附件安装、场内运输及清理废弃物。　计量单位：攒

定额编号			3-7-298	3-7-299	3-7-300	3-7-301	3-7-302	3-7-303
项目			一斗三升斗栱安装			一斗二升交麻叶斗栱安装		
			平身科	柱头科	角科	平身科	柱头科	角科
名称		单位	消耗量					
人工	合计工日	工日	0.150	0.192	0.250	0.210	0.180	0.252
	木工普工	工日	0.060	0.077	0.100	0.084	0.072	0.101
	木工一般技工	工日	0.060	0.077	0.100	0.084	0.072	0.101
	木工高级技工	工日	0.030	0.038	0.050	0.042	0.036	0.050
材料	板方材	m^3	0.0010	0.0010	0.0010	0.0010	0.0010	0.0010
	其他材料费（占材料费）	%	2.00	2.00	2.00	2.00	2.00	2.00

工作内容：准备工具、复核尺寸、分层安装就位、相关附件安装、场内运输及清理废弃物。 **计量单位：**攒

定额编号			3-7-304	3-7-305	3-7-306	3-7-307
项目			单翘麻叶云斗栱安装	一斗二升重栱荷叶雀替隔架斗栱安装	一斗三升单栱荷叶雀替隔架斗栱安装	十字隔架斗栱安装
名称		单位	消耗量			
人工	合计工日	工日	0.270	0.420	0.372	0.420
	木工普工	工日	0.108	0.168	0.149	0.168
	木工一般技工	工日	0.108	0.168	0.149	0.168
	木工高级技工	工日	0.054	0.084	0.074	0.084
材料	板方材	m^3	0.0010	0.0010	0.0010	0.0010
	其他材料费(占材料费)	%	2.00	2.00	2.00	2.00

五、斗栱保护网

工作内容：准备工具、场内运输及清理废弃物。

1. 斗栱保护网拆除还包括必要支顶、安全监护、编号、分解拆卸、分类码放；
2. 斗栱保护网拆安还包括拆下旧网、栽钉新网；
3. 斗栱保护网安装还包括整理安装。

计量单位：m²

定额编号			3-7-308	3-7-309	3-7-310
项目			斗栱保护网		
			拆除	拆安	安装
名称		单位	消耗量		
人工	合计工日	工日	0.060	0.480	0.340
	木工普工	工日	0.030	0.336	0.204
	木工一般技工	工日	0.024	0.096	0.102
	木工高级技工	工日	0.006	0.048	0.034
材料	镀锌拧花网	m²	—	—	1.0600
	镀锌铁丝(综合)	kg	—	0.3000	0.3000
	圆钉	kg	—	0.5000	0.5000
	其他材料费(占材料费)	%	—	2.00	2.00

第八章　木装修工程

说 明

一、本章包括槛框类,门窗扇,坐凳、倒挂楣子、栏杆、什锦窗,门窗装修附件及匾额,墙及天棚,共5节433个子目。

二、各种槛、框、通连楹、门栊拆除、检查加固、拆安、制安定额已综合考虑了隔扇、槛窗、支摘窗、屏门、大门及内檐隔扇装修的不同情况,实际工程中一律不得调整。通连楹与门栊挖弯企雕边线者执行门栊定额,否则执行通连楹定额。

三、槛框、通连楹、门栊、帘架大框拆除、检查加固、拆安定额已包括附属的门簪、楹斗、栓斗、荷叶墩、荷花栓斗等附件在内,不得再另行计算;需添换的门簪、楹斗、栓斗、荷叶墩、荷花栓斗则另按本章相应定额执行。门簪不论其截面为六边形、八边形或带梅花线角均以其外端面形制为准执行定额。楹斗不分单楹、连二楹或栓斗均执行同一定额,不得调整。

四、门窗心屉有无仔边,定额均不做调整。

五、门窗扇制安、拆修安其栓杆、门钉、面叶、大门包叶、壶瓶形护口,以及各种心屉、楣子、栏杆制安、补换棂条、拆修安其工字、握拳、卡子花、海棠线角、花牙子、骑马牙子、荷叶墩等均按本章相应子目定额另行计算。

六、心屉补换棂条定额以单层心屉为准,其单扇棂条损坏量超过40%时按心屉制作安装定额执行。

七、坐凳面需安装拉接铁件,执行第六章木构架及木基层中的相应定额。

八、天花贴梁执行天花支条定额。

九、隔扇、槛窗、帘架风门及余塞腿子、随支摘窗夹门的裙板、绦环板雕刻定额以松木单面雕刻为准,松木双面雕刻乘以系数2,硬木单面雕刻乘以系数1.8,硬木双面雕刻乘以系数3.6。

工程量计算规则

一、槛框、腰枋、通连楹、门栊按长度计算，其中槛、通连楹、门栊两端量至柱中，抱框、间框（柱）、腰枋按净长计算。

二、窗榻板、坐凳面均按柱中至柱中长度（扣除出入口处长度）乘以宽的面积计算，坐凳出入口处的膝盖腿面积应计算在内。

三、门头板、余塞板按垂直投影面积计算。

四、槛框拆钉铜皮、拆换铜皮、包钉铜皮均按展开面积计算，其中框按净长计算，槛按露明长计算。

五、帘架大框按边框外围面积计算，其下边以地面上皮为准。

六、筒子板侧板按垂直投影面积计算，顶板按水平投影面积计算。

七、过木按图示尺寸以体积计算，长度无图示者按洞口宽度乘以系数1.4。

八、各种门窗扇、坐凳楣子、倒挂楣子按边抹外围面积计算，门枢、坐凳楣子腿、白菜头等边框延伸部分均不计算面积。

九、隔扇、槛窗裙板、绦环板雕刻按裙板、绦环板垂直投影面积计算。

十、心屉按仔边外围（边抹里口）面积计算；心屉补换棂条按需补棂条的仔屉面积计算，双面夹玻（纱）心屉两面均需补换棂条者按两面计算。

十一、栏杆以地面或楼梯帮板上皮至扶手上皮间高度乘以长度（不扣望柱所占长度）以面积计算。

十二、鹅颈靠背（美人靠）按上口长以长度计算。

十三、什锦窗以水平长乘竖直高度以面积计算，其贴脸、仔屉均以单面算一份，双面算两份计算。

十四、栈板墙、护墙板、隔墙板均按垂直投影面积计算，扣除门窗洞口所占面积。

十五、帽儿梁按最大截面积乘以梁架中至中长度以体积计算。

十六、天花支条、天花贴梁以井口枋里口面阔、进深长度乘以分井路数以长度计算。

十七、天棚按主墙间面积计算，不扣柱、梁、枋所占面积。

一、槛　框　类

工作内容：准备工具、场内运输及清理废弃物。

1. 拆除还包括拆除、运至指定地点、分类码放整齐；
2. 拆安还包括拆下、修理榫卯、刮刨、校正、加楔、重新安装；
3. 检查加固还包括检查记载损坏情况，刮刨、加钉。

计量单位：m

定　额　编　号			3-8-1	3-8-2	3-8-3	3-8-4	3-8-5	3-8-6
项　　目			上槛、中槛、下槛、抱框、腰枋、间框(柱)、通连楹、门栊					
			拆除(厚度)		拆安(厚度)		检查加固(厚度)	
			10cm 以内	10cm 以外	10cm 以内	10cm 以外	10cm 以内	10cm 以外
名　称		单位	消　耗　量					
人工	合计工日	工日	0.040	0.050	0.120	0.140	0.050	0.060
	木工普工	工日	0.020	0.025	0.060	0.070	0.025	0.030
	木工一般技工	工日	0.016	0.020	0.048	0.056	0.020	0.024
	木工高级技工	工日	0.004	0.005	0.012	0.014	0.005	0.006
材料	板方材	m^3	—	—	0.0002	0.0002	0.0001	0.0001
	圆钉	kg	—	—	0.0200	0.0200	0.0100	0.0100
	乳胶	kg	—	—	0.0100	0.0100	0.0100	0.0100
	其他材料费(占材料费)	%	—	—	2.00	2.00	2.00	2.00

工作内容:准备工具、选料、下料、画线、制作成型、安装、场内运输及清理废弃物。 **计量单位:**m

定额编号			3-8-7	3-8-8	3-8-9	3-8-10	3-8-11	3-8-12
项目			上槛、中槛、下槛、风槛、抱框(柱)、腰枋、通连楹制安(厚度)					
			7cm 以内	8cm 以内	9cm 以内	10cm 以内	11cm 以内	12cm 以内
名称		单位	消耗量					
人工	合计工日	工日	0.232	0.258	0.276	0.313	0.342	0.377
	木工普工	工日	0.070	0.077	0.083	0.094	0.103	0.113
	木工一般技工	工日	0.116	0.129	0.138	0.156	0.171	0.189
	木工高级技工	工日	0.046	0.052	0.055	0.063	0.068	0.075
材料	板方材	m^3	0.0166	0.0215	0.0269	0.0321	0.0378	0.0440
	圆钉	kg	0.0100	0.0100	0.0100	0.0100	0.0100	0.0100
	乳胶	kg	0.0100	0.0100	0.0100	0.0100	0.0100	0.0100
	其他材料费(占材料费)	%	1.00	1.00	1.00	1.00	1.00	1.00
机械	木工圆锯机 500mm	台班	0.0167	0.0167	0.0167	0.0167	0.0167	0.0167
	木工平刨床 500mm	台班	0.0046	0.0046	0.0046	0.0069	0.0069	0.0069

工作内容:准备工具、选料、下料、画线、制作雕刻成型、安装、场内运输及清理废弃物。 **计量单位:**m

定额编号			3-8-13	3-8-14	3-8-15	3-8-16	3-8-17	3-8-18
项目			上槛、中槛、下槛、风槛、抱框(柱)、腰枋、通连楹制安(厚度)					
			13cm 以内	14cm 以内	15cm 以内	16cm 以内	17cm 以内	18cm 以内
名称		单位	消耗量					
人工	合计工日	工日	0.408	0.453	0.497	0.543	0.589	0.629
	木工普工	工日	0.123	0.136	0.149	0.163	0.177	0.189
	木工一般技工	工日	0.204	0.226	0.248	0.271	0.294	0.315
	木工高级技工	工日	0.082	0.091	0.099	0.109	0.118	0.126
材料	板方材	m^3	0.0495	0.0554	0.0616	0.0681	0.0749	0.0806
	圆钉	kg	0.0100	0.0100	0.0100	0.0100	0.0100	0.0100
	乳胶	kg	0.0100	0.0100	0.0100	0.0100	0.0100	0.0100
	其他材料费(占材料费)	%	1.00	1.00	1.00	1.00	1.00	1.00
机械	木工圆锯机 500mm	台班	0.0167	0.0167	0.0167	0.0167	0.0167	0.0167
	木工平刨床 500mm	台班	0.0069	0.0069	0.0069	0.0079	0.0079	—

工作内容：准备工具、选料、下料、场内运输及清理废弃物。

1. 拆钉铜皮还包括拆下铜皮、清理基层、平复铜皮、重新钉装；
2. 拆换铜皮还包括拆除铜皮、裁制铜皮、打眼加钉、钉装、安装；
3. 包钉铜皮还包括裁制铜皮、打眼加钉、钉装、安装。

计量单位：m^2

定额编号			3-8-19	3-8-20	3-8-21
项目			槛框		
			拆钉铜皮	拆换铜皮	包钉铜皮
名称		单位	消耗量		
人工	合计工日	工日	0.170	0.780	0.600
	木工普工	工日	0.085	0.390	0.300
	木工一般技工	工日	0.068	0.312	0.240
	木工高级技工	工日	0.017	0.078	0.060
材料	黄铜板 1mm 厚	m^2	—	1.3200	1.3200
	铜螺钉	个	21.4000	30.5000	30.5000
	其他材料费(占材料费)	%	1.00	1.00	1.00

工作内容：准备工具、选料、下料、画线、制作雕刻成型、安装、场内运输及清理废弃物。　**计量单位：**m

定额编号			3-8-22	3-8-23	3-8-24	3-8-25	3-8-26	3-8-27
项目			门栊制作安装(厚度)					
			8cm 以内	10cm 以内	12cm 以内	14cm 以内	16cm 以内	18cm 以内
名称		单位	消耗量					
人工	合计工日	工日	1.733	1.844	1.965	2.098	2.241	2.396
	木工普工	工日	0.354	0.388	0.424	0.464	0.507	0.553
	木工一般技工	工日	0.591	0.646	0.707	0.773	0.845	0.922
	木工高级技工	工日	0.236	0.258	0.283	0.309	0.338	0.369
	雕刻工一般技工	工日	0.331	0.331	0.331	0.331	0.331	0.331
	雕刻工高级技工	工日	0.221	0.221	0.221	0.221	0.221	0.221
材料	板方材	m^3	0.0207	0.0309	0.0423	0.0533	0.0655	0.0776
	圆钉	kg	0.0100	0.0100	0.0100	0.0100	0.0100	0.0100
	其他材料费(占材料费)	%	1.00	1.00	1.00	1.00	1.00	1.00
机械	木工圆锯机 500mm	台班	0.0083	0.0083	0.0083	0.0083	0.0083	0.0083
	木工平刨床 500mm	台班	0.0089	0.0089	0.0089	0.0089	0.0089	0.0089

工作内容：准备工具、选料、下料、画线、制作雕刻成型、安装、场内运输及清理废弃物。 **计量单位：**件

定额编号			3-8-28	3-8-29	3-8-30	3-8-31	3-8-32	3-8-33
项目			门簪制安					
			起素边(径)		起边刻字(径)		雕刻四季花草(径)	
			20cm 以内	20cm 以外	20cm 以内	20cm 以外	20cm 以内	20cm 以外
名称		单位	消耗量					
人工	合计工日	工日	1.546	2.042	2.429	3.146	2.650	3.422
	木工普工	工日	0.397	0.530	0.397	0.530	0.397	0.530
	木工一般技工	工日	0.662	0.883	0.662	0.883	0.662	0.883
	木工高级技工	工日	0.265	0.353	0.265	0.353	0.265	0.353
	雕刻工一般技工	工日	0.133	0.166	0.662	0.828	0.795	0.994
	雕刻工高级技工	工日	0.088	0.110	0.442	0.552	0.530	0.662
材料	松木规格料	m^3	0.0315	0.0591	0.0315	0.0591	0.0315	0.0591
	其他材料费(占材料费)	%	1.00	1.00	1.00	1.00	1.00	1.00

工作内容：准备工具、选料、下料、画线、制作成型、安装、场内运输及清理废弃物。 **计量单位：**件

定额编号			3-8-34	3-8-35	3-8-36	3-8-37	3-8-38	3-8-39
项目			单楹、连二楹制安(槛框厚度)					
			8cm 以内	10cm 以内	12cm 以内	14cm 以内	16cm 以内	18cm 以内
名称		单位	消耗量					
人工	合计工日	工日	0.460	0.534	0.598	0.662	0.727	0.791
	木工普工	工日	0.138	0.160	0.179	0.199	0.218	0.237
	木工一般技工	工日	0.230	0.267	0.299	0.331	0.363	0.396
	木工高级技工	工日	0.092	0.107	0.120	0.133	0.145	0.158
材料	松木规格料	m^3	0.0015	0.0025	0.0040	0.0058	0.0081	0.0105
	圆钉	kg	0.0200	0.0300	0.0400	0.0600	0.1000	0.1200
	乳胶	kg	0.0200	0.0200	0.0200	0.0300	0.0300	0.0300
	其他材料费(占材料费)	%	1.00	1.00	1.00	1.00	1.00	1.00

工作内容:准备工具、场内运输及清理废弃物。

1. 拆除还包括拆除、运至指定地点、分类码放整齐;
2. 拆安还包括拆下、修理榫卯、刮刨、校正、加楔、重新安装;
3. 检查加固还包括检查记载损坏情况,刮刨、加钉;
4. 制安还包括截配料、画线、制作成型、安装。

计量单位:m^2

定额编号			3-8-40	3-8-41	3-8-42	3-8-43	3-8-44
项目			门头板、余塞板				
			拆除	拆安	检查加固	制安(厚度)	
						2cm	每增厚0.5cm
名称		单位	消耗量				
人工	合计工日	工日	0.072	0.300	0.030	0.405	0.028
	木工普工	工日	0.036	0.150	0.015	0.121	0.008
	木工一般技工	工日	0.029	0.120	0.012	0.202	0.014
	木工高级技工	工日	0.007	0.030	0.003	0.081	0.006
材料	松木规格料	m^3	—	0.0030	0.0010	0.0311	0.0058
	圆钉	kg	—	0.1200	0.0100	0.0600	0.0100
	乳胶	kg	—	0.2500	—	0.3100	0.0700
	其他材料费(占材料费)	%	—	2.00	2.00	1.00	1.00
机械	木工圆锯机 500mm	台班	—	—	—	0.0550	—
	木工平刨床 500mm	台班	—	—	—	0.0222	—

工作内容：准备工具、场内运输及清理废弃物。

1. 拆除还包括拆除、运至指定地点、分类码放整齐；
2. 拆安还包括拆下、修理榫卯、刮刨、校正、加楔、重新安装；
3. 检查加固还包括检查记载损坏情况，刮刨、加钉；
4. 制安还包括截配料、画线、制作成型、安装。

计量单位：m^2

定额编号			3-8-45	3-8-46	3-8-47	3-8-48	3-8-49	3-8-50
项目			窗榻板					
			拆除	拆安(厚度)		检查加固	制安(厚度)	
				6cm 以内	每增厚 1.0cm		6cm 以内	每增厚 1.0cm
名称		单位	消耗量					
人工	合计工日	工日	0.084	0.240	0.030	0.120	0.791	0.046
	木工普工	工日	0.042	0.120	0.015	0.060	0.237	0.014
	木工一般技工	工日	0.034	0.096	0.012	0.048	0.396	0.023
	木工高级技工	工日	0.008	0.024	0.003	0.012	0.158	0.009
材料	板方材	m^3	—	0.0006	—	0.0020	0.0770	0.0116
	圆钉	kg	—	0.2600	—	0.0500	0.2600	—
	乳胶	kg	—	—	—	—	0.1200	0.0200
	其他材料费(占材料费)	%	—	2.00	—	2.00	1.00	1.00
机械	木工圆锯机 500mm	台班	—	—	—	—	0.0167	—
	木工平刨床 500mm	台班	—	—	—	—	0.0222	—

工作内容：准备工具、场内运输及清理废弃物。

1. 拆除还包括拆除、运至指定地点、分类码放整齐；
2. 拆安还包括拆下、修理榫卯、刮刨、校正、加楔、重新安装；
3. 检查加固还包括检查记载损坏情况，刮刨、加钉；
4. 制安还包括截配料、画线、制作成型、安装。

计量单位：m^2

定额编号			3-8-51	3-8-52	3-8-53	3-8-54	3-8-55	3-8-56
项目			帘架大框					
			拆除	拆安	检查加固	制安(边宽)		
						6cm 以内	8cm 以内	10cm 以内
名称		单位	消耗量					
人工	合计工日	工日	0.030	0.060	0.030	0.230	0.221	0.212
	木工普工	工日	0.015	0.030	0.015	0.069	0.066	0.064
	木工一般技工	工日	0.012	0.024	0.012	0.115	0.110	0.106
	木工高级技工	工日	0.003	0.006	0.003	0.046	0.044	0.042
材料	松木规格料	m^3	—	0.0001	—	0.0140	0.0179	0.0218
	圆钉	kg	—	0.0300	0.0200	0.0300	0.0300	0.0300
	铁件(综合)	kg	—	0.1100	0.0600	0.1300	0.1200	0.1200
	乳胶	kg	—	—	—	0.0200	0.0200	0.0200
	其他材料费(占材料费)	%	—	2.00	2.00	1.00	1.00	1.00
机械	木工圆锯机 500mm	台班	—	—	—	0.1250	0.1250	0.1250
	木工平刨床 500mm	台班	—	—	—	0.1111	0.1111	0.1111

工作内容:准备工具、选料、下料、画线、制作雕刻成型、安装、场内运输及清理废弃物。 **计量单位:**件

定额编号			3-8-57	3-8-58	3-8-59	3-8-60	3-8-61	3-8-62
项目			帘架荷叶墩、荷花栓斗制安(槛框厚度)					
			8cm 以内	10cm 以内	12cm 以内	14cm 以内	16cm 以内	18cm 以内
名称		单位	消耗量					
人工	合计工日	工日	0.729	0.861	0.994	1.126	1.259	1.391
	木工普工	工日	0.106	0.126	0.146	0.166	0.186	0.205
	木工一般技工	工日	0.177	0.210	0.243	0.276	0.309	0.342
	木工高级技工	工日	0.071	0.084	0.097	0.110	0.124	0.137
	雕刻工一般技工	工日	0.225	0.265	0.305	0.344	0.384	0.424
	雕刻工高级技工	工日	0.150	0.177	0.203	0.230	0.256	0.283
材料	松木规格料	m^3	0.0015	0.0025	0.0040	0.0058	0.0081	0.0104
	圆钉	kg	0.0500	0.0700	0.0900	0.1100	0.1300	0.1500
	乳胶	kg	0.0200	0.0200	0.0200	0.0300	0.0300	0.0300
	其他材料费(占材料费)	%	1.00	1.00	1.00	1.00	1.00	1.00

工作内容:准备工具、场内运输及清理废弃物。

1. 拆除还包括拆除、运至指定地点、分类码放整齐;
2. 拆安还包括拆下、修理榫卯、刮刨、校正、加楔、重新安装;
3. 检查加固还包括检查记载损坏情况,刮刨、加钉;
4. 制安还包括截配料、画线、制作成型、安装,不包括钉贴脸。

计量单位:m^2

定额编号			3-8-63	3-8-64	3-8-65	3-8-66	3-8-67
项目			筒子板				
			拆除	拆安	检查加固	制安(厚度)	
						4cm	每增厚0.5cm
名称		单位	消耗量				
人工	合计工日	工日	0.060	0.600	0.030	1.126	0.077
	木工普工	工日	0.030	0.300	0.015	0.338	0.023
	木工一般技工	工日	0.024	0.240	0.012	0.563	0.039
	木工高级技工	工日	0.006	0.060	0.003	0.225	0.016
材料	板方材	m^3	—	0.0038	—	0.0553	0.0058
	木砖	m^3	—	0.0014	—	0.0070	—
	圆钉	kg	—	0.0800	0.0400	0.0800	0.0300
	乳胶	kg	—	0.0300	—	0.2600	0.0300
	油毡	m^2	—	1.1000	—	1.1100	—
	其他材料费(占材料费)	%	—	2.00	2.00	1.00	1.00
机械	木工圆锯机 500mm	台班	—	—	—	0.0367	—
	木工平刨床 500mm	台班	—	—	—	0.0233	—

工作内容:准备工具、选料、下料、画线、制作成型、安装、场内运输及清理废弃物。

定额编号			3-8-68	3-8-69	3-8-70	3-8-71
项目			木门枕制安(长度)			过木制安
			50cm 以内	60cm 以内	60cm 以外	
			块			m^3
名称		单位	消耗量			
人工	合计工日	工日	0.276	0.331	0.442	4.195
	木工普工	工日	0.083	0.099	0.133	2.098
	木工一般技工	工日	0.138	0.166	0.221	1.678
	木工高级技工	工日	0.055	0.066	0.088	0.420
材料	板方材	m^3	0.0166	0.0284	0.0555	1.0868
	铁件(综合)	kg	0.3200	0.3400	0.3600	—
	防腐油	kg	0.0400	0.0600	0.1000	1.4300
	其他材料费(占材料费)	%	1.00	1.00	1.00	1.00
机械	木工圆锯机 500mm	台班	0.0125	0.0125	0.0125	0.0500
	木工平刨床 500mm	台班	0.0089	0.0089	0.0089	—

二、门　窗　扇

1.隔扇、槛窗

工作内容:准备工具、场内运输及清理废弃物。

1.拆除还包括拆除、运至指定地点、分类码放整齐;

2.检修还包括检查记录损坏情况,刮刨、加楔、补钉、紧固;

3.整修还包括拆下、刮刨、校正、加楔、补钉、紧固、重新安装。

计量单位:m^2

定额编号			3-8-72	3-8-73	3-8-74	3-8-75	3-8-76	3-8-77
项目			隔扇、槛窗					
			拆除		检修		整修	
			松木	硬木	松木	硬木	松木	硬木
名称		单位	消耗量					
人工	合计工日	工日	0.060	0.072	0.060	0.072	0.300	0.360
	木工普工	工日	0.030	0.036	0.030	0.036	0.150	0.180
	木工一般技工	工日	0.024	0.029	0.024	0.029	0.120	0.144
	木工高级技工	工日	0.006	0.007	0.006	0.007	0.030	0.036
材料	松木规格料	m^3	—	—	0.0003	—	0.0010	—
	硬木规格料	m^3	—	—	—	0.0003	—	0.0010
	圆钉	kg	—	—	0.0100	0.0100	0.0200	0.0200
	乳胶	kg	—	—	—	—	0.0500	0.0500
	自制门窗五金	kg	—	—	0.0200	0.0200	0.0300	0.0300
	其他材料费(占材料费)	%	—	—	2.00	2.00	2.00	2.00

工作内容：准备工具、选料、拆下解体、下料、画线、补换添配边抹心板、重新组装安装、场内运输及清理废弃物，不包括心屉补换棂条。 计量单位：m^2

定额编号			3-8-78	3-8-79	3-8-80	3-8-81	3-8-82	3-8-83
项目			隔扇拆修安					
			松木(边抹看面宽度)				硬木(边抹看面宽度)	
			6cm 以内	8cm 以内	10cm 以内	10cm 以外	6cm 以内	6cm 以外
名称		单位	消耗量					
人工	合计工日	工日	1.200	1.080	0.960	0.840	1.440	1.300
	木工普工	工日	0.600	0.540	0.480	0.420	0.720	0.650
	木工一般技工	工日	0.480	0.432	0.384	0.336	0.576	0.520
	木工高级技工	工日	0.120	0.108	0.096	0.084	0.144	0.130
材料	松木规格料	m^3	0.0139	0.0173	0.0215	0.0252	—	—
	硬木规格料	m^3	—	—	—	—	0.0139	0.0173
	圆钉	kg	0.0100	0.0100	0.0100	0.0100	0.0100	0.0100
	乳胶	kg	0.0900	0.0900	0.0900	0.0900	0.0900	0.0900
	自制门窗五金	kg	0.1700	0.1100	0.0200	0.0200	0.1700	0.1100
	木螺钉	百个	0.0600	0.0600	—	—	0.0600	0.0500
	其他材料费(占材料费)	%	2.00	2.00	2.00	2.00	2.00	2.00

工作内容：准备工具、选料、拆下解体、下料、画线、补换添配边抹心板、重新组装安装、场内运输及清理废弃物，不包括心屉补换棂条。

计量单位：m^2

定额编号			3-8-84	3-8-85	3-8-86	3-8-87
项目			槛窗拆修安（边抹看面宽度）			
			6cm以内	8cm以内	10cm以内	10cm以外
名称		单位	消耗量			
人工	合计工日	工日	0.960	0.840	0.720	0.600
	木工普工	工日	0.480	0.420	0.360	0.300
	木工一般技工	工日	0.384	0.336	0.288	0.240
	木工高级技工	工日	0.096	0.084	0.072	0.060
材料	松木规格料	m^3	0.0111	0.0141	0.0183	0.0213
	圆钉	kg	0.0100	0.0100	0.0100	0.0100
	乳胶	kg	0.0400	0.0400	0.0400	0.0400
	自制门窗五金	kg	0.2500	0.1700	0.0300	0.0300
	木螺钉	百个	0.0700	0.0500	—	—
	其他材料费（占材料费）	%	2.00	2.00	2.00	2.00

工作内容：准备工具、选料、下料、画线、制作成型、场内运输及清理废弃物。

计量单位：m^2

定额编号			3-8-88	3-8-89	3-8-90	3-8-91	3-8-92
项目			松木隔扇（不含心屉）制作				
			四抹（边抹看面宽度）			五抹（边抹看面宽度）	
			6cm以内	8cm以内	8cm以外	6cm以内	8cm以内
名称		单位	消耗量				
人工	合计工日	工日	1.435	1.214	0.994	1.656	1.435
	木工普工	工日	0.431	0.364	0.298	0.497	0.431
	木工一般技工	工日	0.718	0.607	0.497	0.828	0.718
	木工高级技工	工日	0.287	0.243	0.199	0.331	0.287
材料	松木规格料	m^3	0.0424	0.0524	0.0639	0.0449	0.0555
	乳胶	kg	0.1100	0.1100	0.1100	0.1300	0.1300
	其他材料费（占材料费）	%	1.00	1.00	1.00	1.00	1.00
机械	木工圆锯机 500mm	台班	0.0667	0.0667	0.0667	0.0667	0.0667
	木工平刨床 500mm	台班	0.0211	0.0211	0.0211	0.0211	0.0211
	木工双面压刨床 600mm	台班	0.0033	0.0033	0.0033	0.0033	0.0033

工作内容：准备工具、选料、下料、画线、制作成型、场内运输及清理废弃物。 **计量单位：**m^2

定额编号			3-8-93	3-8-94	3-8-95	3-8-96	3-8-97	3-8-98
项目			松木隔扇（不含心屉）制作					
			五抹（边抹看面宽度）		六抹（边抹看面宽度）			
			10cm 以内	10cm 以外	6cm 以内	8cm 以内	10cm 以内	10cm 以外
名称		单位	消耗量					
人工	合计工日	工日	1.214	0.994	1.766	1.546	1.325	1.104
	木工普工	工日	0.364	0.298	0.530	0.464	0.397	0.331
	木工一般技工	工日	0.607	0.497	0.883	0.773	0.662	0.552
	木工高级技工	工日	0.243	0.199	0.353	0.309	0.265	0.221
材料	松木规格料	m^3	0.0678	0.0801	0.0498	0.0609	0.0743	0.0868
	乳胶	kg	0.1300	0.1300	0.1500	0.1500	0.1500	0.1500
	其他材料费（占材料费）	%	1.00	1.00	1.00	1.00	1.00	1.00
机械	木工圆锯机 500mm	台班	0.0667	0.0667	0.0667	0.0667	0.0667	0.0667
	木工平刨床 500mm	台班	0.0211	0.0211	0.0211	0.0211	0.0211	0.0211
	木工双面压刨床 600mm	台班	0.0033	0.0033	0.0033	0.0033	0.0033	0.0033

工作内容：准备工具、选料、下料、画线、制作成型、场内运输及清理废弃物。 **计量单位：**m^2

定额编号			3-8-99	3-8-100	3-8-101	3-8-102	3-8-103	3-8-104
项目			硬木隔扇（不含心屉）制作					
			四抹（边抹看面宽度）		五抹（边抹看面宽度）		六抹（边抹看面宽度）	
			6cm 以内	6cm 以外	6cm 以内	6cm 以外	6cm 以内	6cm 以外
名称		单位	消耗量					
人工	合计工日	工日	1.693	1.454	1.987	1.720	2.116	1.858
	木工普工	工日	0.508	0.436	0.596	0.516	0.635	0.558
	木工一般技工	工日	0.846	0.727	0.994	0.860	1.058	0.929
	木工高级技工	工日	0.339	0.291	0.397	0.344	0.423	0.372
材料	硬木规格料	m^3	0.0424	0.0524	0.0449	0.0555	0.0498	0.0609
	乳胶	kg	0.1100	0.1100	0.1300	0.1300	0.1500	0.1500
	其他材料费（占材料费）	%	1.00	1.00	1.00	1.00	1.00	1.00
机械	木工圆锯机 500mm	台班	0.0667	0.0667	0.0667	0.0667	0.0667	0.0667
	木工平刨床 500mm	台班	0.0211	0.0211	0.0211	0.0211	0.0211	0.0211
	木工双面压刨床 600mm	台班	0.0033	0.0033	0.0033	0.0033	0.0033	0.0033

工作内容:准备工具、选料、下料、画线、制作成型、场内运输及清理废弃物。　　计量单位:m^2

定　额　编　号			3-8-105	3-8-106	3-8-107	3-8-108	3-8-109	3-8-110
项　　目			松木槛窗(不含心屉)制作					
			二抹(边抹看面宽度)				三抹(边抹看面宽度)	
			6cm 以内	8cm 以内	10cm 以内	10cm 以外	6cm 以内	8cm 以内
名　称		单位	消　耗　量					
人工	合计工日	工日	0.883	0.828	0.773	0.718	1.141	1.058
	木工普工	工日	0.265	0.248	0.232	0.215	0.342	0.317
	木工一般技工	工日	0.442	0.414	0.386	0.359	0.570	0.529
	木工高级技工	工日	0.177	0.166	0.155	0.144	0.228	0.212
材料	松木规格料	m^3	0.0312	0.0396	0.0489	0.0565	0.0366	0.0460
	乳胶	kg	0.0500	0.0500	0.0500	0.0500	0.0600	0.0600
	其他材料费(占材料费)	%	1.00	1.00	1.00	1.00	1.00	1.00
机械	木工圆锯机 500mm	台班	0.0400	0.0400	0.0400	0.0400	0.0400	0.0400
	木工平刨床 500mm	台班	0.0127	0.0127	0.0127	0.0127	0.0127	0.0127
	木工双面压刨床 600mm	台班	0.0020	0.0020	0.0020	0.0020	0.0020	0.0020

工作内容:准备工具、选料、下料、画线、制作成型、场内运输及清理废弃物。　　计量单位:m^2

定　额　编　号			3-8-111	3-8-112	3-8-113	3-8-114	3-8-115	3-8-116
项　　目			松木槛窗(不含心屉)制作					
			三抹(边抹看面宽度)		四抹(边抹看面宽度)			
			10cm 以内	10cm 以外	6cm 以内	8cm 以内	10cm 以内	10cm 以外
名　称		单位	消　耗　量					
人工	合计工日	工日	0.984	0.902	1.325	1.224	1.141	1.049
	木工普工	工日	0.295	0.271	0.397	0.367	0.342	0.315
	木工一般技工	工日	0.492	0.451	0.662	0.612	0.570	0.524
	木工高级技工	工日	0.197	0.180	0.265	0.245	0.228	0.210
材料	松木规格料	m^3	0.0566	0.0674	0.0432	0.0539	0.0662	0.0787
	乳胶	kg	0.0600	0.0600	0.0700	0.0700	0.0700	0.0700
	其他材料费(占材料费)	%	1.00	1.00	1.00	1.00	1.00	1.00
机械	木工圆锯机 500mm	台班	0.0400	0.0400	0.0400	0.0400	0.0400	0.0400
	木工平刨床 500mm	台班	0.0127	0.0127	0.0127	0.0127	0.0127	0.0127
	木工双面压刨床 600mm	台班	0.0020	0.0020	0.0020	0.0020	0.0020	0.0020

工作内容：准备工具、选料、下料、画线、绘制图样、制作雕刻成型、场内运输及清理废弃物。

计量单位：m^2

定额编号			3-8-117	3-8-118	3-8-119	3-8-120	3-8-121
项目			隔扇、槛窗裙板、绦环板雕刻				
			浮雕龙凤	浮雕博古花卉	浮雕夔龙、夔凤、五福捧寿	浮雕素线响云如意团线	阴刻博古花卉
名称		单位	消耗量				
人工	合计工日	工日	49.680	33.120	22.080	11.040	6.624
	雕刻工一般技工	工日	29.808	19.872	13.248	6.624	3.974
	雕刻工高级技工	工日	19.872	13.248	8.832	4.416	2.650
材料	松木规格料	m^3	0.0126	0.0084	—	—	—
	其他材料费(占材料费)	%	1.00	1.00	—	—	—

工作内容：准备工具、校正尺寸、安铁件、调试安装、场内运输及清理废弃物。

计量单位：m^2

定额编号			3-8-122	3-8-123	3-8-124	3-8-125	3-8-126	3-8-127
项目			隔扇安装					
			转轴铰接(边抹看面宽度)				鹅项碰铁铰接(边抹看面宽度)	
			6cm 以内	8cm 以内	10cm 以内	10cm 以外	6cm 以内	6cm 以外
名称		单位	消耗量					
人工	合计工日	工日	0.660	0.610	0.580	0.540	0.360	0.320
	木工普工	工日	0.198	0.183	0.174	0.162	0.108	0.096
	木工一般技工	工日	0.330	0.305	0.290	0.270	0.180	0.160
	木工高级技工	工日	0.132	0.122	0.116	0.108	0.072	0.064
材料	松木规格料	m^3	0.0074	0.0096	0.0119	0.0141	—	—
	自制门窗五金	kg	0.0400	0.0400	0.0400	0.0400	1.1500	1.1500
	圆钉	kg	0.0600	0.0600	0.0600	0.0600	—	—
	木螺钉	百个	—	—	—	—	0.2500	0.2100
	其他材料费(占材料费)	%	2.00	2.00	2.00	2.00	2.00	2.00

工作内容：准备工具、校正尺寸、安铁件、调试安装、场内运输及清理废弃物。　　**计量单位**：m^2

定额编号			3-8-128	3-8-129	3-8-130	3-8-131	3-8-132	3-8-133
项目			槛窗安装					
			转轴铰接(边抹看面宽度)				鹅项碰铁铰接(边抹看面宽度)	
			6cm 以内	8cm 以内	10cm 以内	10cm 以外	6cm 以内	6cm 以外
名称		单位	消耗量					
人工	合计工日	工日	0.780	0.720	0.660	0.600	0.400	0.360
	木工普工	工日	0.234	0.216	0.198	0.180	0.120	0.108
	木工一般技工	工日	0.390	0.360	0.330	0.300	0.200	0.180
	木工高级技工	工日	0.156	0.144	0.132	0.120	0.080	0.072
材料	松木规格料	m^3	0.0077	0.0100	0.0123	0.0146	—	—
	自制门窗五金	kg	0.0600	0.0600	0.0600	0.0600	1.7100	1.7100
	圆钉	kg	0.0600	0.0600	0.0600	0.0600	—	—
	木螺钉	百个	—	—	—	—	0.3700	0.3000
	其他材料费(占材料费)	%	2.00	2.00	2.00	2.00	2.00	2.00

2.隔扇、槛窗、风门、随支摘窗夹门心屉

工作内容：准备工具、拆下解体、量尺寸、选料、下料、修配仔边棂条、重新组装成型、场内运输及清理废弃物。　　**计量单位**：m^2

定额编号			3-8-134	3-8-135	3-8-136	3-8-137	3-8-138	3-8-139
项目			菱花心屉补换棂条					
			三交六椀(棂条厚度)			双交四椀(棂条厚度)		
			2.5cm 以内	3.0cm 以内	3.0cm 以外	2.5cm 以内	3.0cm 以内	3.0cm 以外
名称		单位	消耗量					
人工	合计工日	工日	4.080	3.840	3.600	2.880	2.640	2.400
	木工普工	工日	1.224	1.152	1.080	0.864	0.792	0.720
	木工一般技工	工日	2.040	1.920	1.800	1.440	1.320	1.200
	木工高级技工	工日	0.816	0.768	0.720	0.576	0.528	0.480
材料	松木规格料	m^3	0.0141	0.0164	0.0188	0.0099	0.0116	0.0132
	菱花扣	个	78.0000	51.0000	33.0000	54.0000	36.0000	24.0000
	乳胶	kg	0.1500	0.1500	0.1500	0.1000	0.1000	0.1000
	其他材料费(占材料费)	%	2.00	2.00	2.00	2.00	2.00	2.00

工作内容：准备工具、拆下解体、量尺寸、选料、下料、修配仔边棂条、重新组装成型、场内运输及清理废弃物；单独添配菱花扣还包括将旧菱花扣拆下、添配新菱花扣。

定额编号			3-8-140	3-8-141	3-8-142	3-8-143	3-8-144
项目			单独添配菱花扣	方格、步步紧、盘肠、拐子、套方、正万字心屉补换棂条（棂条宽度）		斜万字、冰裂纹、龟背锦、直棂条福寿心屉补换棂条（棂条宽度）	
				1.5cm 以内	1.5cm 以外	1.5cm 以内	1.5cm 以外
			100 个	m²			
名称		单位	消耗量				
人工	合计工日	工日	1.200	1.440	1.080	2.040	1.560
	木工普工	工日	0.360	0.432	0.324	0.612	0.468
	木工一般技工	工日	0.600	0.720	0.540	1.020	0.780
	木工高级技工	工日	0.240	0.288	0.216	0.408	0.312
材料	松木规格料	m³	—	0.0056	0.0067	0.0062	0.0075
	菱花扣	个	105.0000	—	—	—	—
	乳胶	kg	0.1000	0.0500	0.0600	0.0500	0.0600
	圆钉	kg	0.0400	0.0400	0.0500	0.0400	0.0500
	其他材料费(占材料费)	%	2.00	2.00	2.00	2.00	2.00

工作内容:准备工具、选料、下料、制作组装成型、安装、场内运输及清理废弃物。　　计量单位:m^2

定额编号			3-8-145	3-8-146	3-8-147	3-8-148	3-8-149	3-8-150
项目			菱花心屉制安					
			三交六椀(棂条厚度)			双交四椀(棂条厚度)		
			2.5cm 以内	3.0cm 以内	3.0cm 以外	2.5cm 以内	3.0cm 以内	3.0cm 以外
名称		单位	消耗量					
人工	合计工日	工日	13.800	13.248	12.696	9.936	9.384	8.832
	木工普工	工日	4.140	3.974	3.809	2.981	2.815	2.650
	木工一般技工	工日	6.900	6.624	6.348	4.968	4.692	4.416
	木工高级技工	工日	2.760	2.650	2.539	1.987	1.877	1.766
材料	松木规格料	m^3	0.0403	0.0470	0.0537	0.0282	0.0329	0.0376
	菱花扣	个	130.0000	85.0000	55.0000	90.0000	60.0000	40.0000
	乳胶	kg	0.2000	0.2000	0.2000	0.1600	0.1600	0.1600
	圆钉	kg	0.1000	0.1000	0.1000	0.0800	0.0800	0.0800
	自制铁钉	kg	0.1600	0.1800	0.2000	0.1600	0.1800	0.2000
	其他材料费(占材料费)	%	1.00	1.00	1.00	1.00	1.00	1.00
机械	木工圆锯机 500mm	台班	0.0417	0.0417	0.0417	0.0417	0.0417	0.0417
	木工双面压刨床 600mm	台班	0.0222	0.0222	0.0222	0.0222	0.0222	0.0222

工作内容：准备工具、选料、下料、制作组装成型、安装、场内运输及清理废弃物。　　计量单位：m^2

定额编号			3-8-151	3-8-152	3-8-153	3-8-154
项目			正方格心屉制安			
			单层(棂条宽度)		双层夹玻(棂条宽度)	
			1.5cm 以内	1.5cm 以外	1.5cm 以内	1.5cm 以外
名称		单位	消耗量			
人工	合计工日	工日	3.036	2.429	5.299	4.306
	木工普工	工日	0.911	0.729	1.590	1.292
	木工一般技工	工日	1.518	1.214	2.650	2.153
	木工高级技工	工日	0.607	0.486	1.060	0.861
材料	松木规格料	m^3	0.0172	0.0205	0.0302	0.0359
	乳胶	kg	0.0800	0.1200	0.1200	0.1300
	圆钉	kg	0.0600	0.0700	0.0600	0.0700
	自制铁钉	kg	—	—	0.1200	0.1500
	其他材料费(占材料费)	%	1.00	1.00	1.00	1.00
机械	木工圆锯机 500mm	台班	0.1667	0.1667	0.1667	0.1667
	木工双面压刨床 600mm	台班	0.0222	0.0222	0.0222	0.0222

工作内容：准备工具、选料、下料、制作组装成型、安装、场内运输及清理废弃物。　**计量单位：**m²

定额编号			3-8-155	3-8-156	3-8-157	3-8-158
项目			斜方格心屉制安			
			单层(棂条宽度)		双层夹玻(棂条宽度)	
			1.5cm 以内	1.5cm 以外	1.5cm 以内	1.5cm 以外
名称		单位	消耗量			
人工	合计工日	工日	3.422	2.760	6.017	4.858
	木工普工	工日	1.027	0.828	1.805	1.457
	木工一般技工	工日	1.711	1.380	3.008	2.429
	木工高级技工	工日	0.685	0.552	1.203	0.972
材料	松木规格料	m³	0.0173	0.0205	0.0302	0.0358
	乳胶	kg	0.0700	0.0800	0.1200	0.1300
	圆钉	kg	0.0600	0.0700	0.0600	0.0700
	自制铁钉	kg	—	—	0.1200	0.1500
	其他材料费(占材料费)	%	1.00	1.00	1.00	1.00
机械	木工圆锯机 500mm	台班	0.1667	0.1667	0.1667	0.1667
	木工双面压刨床 600mm	台班	0.0222	0.0222	0.0222	0.0222

工作内容：准备工具、选料、下料、制作组装成型、安装、场内运输及清理废弃物。 **计量单位：**m^2

定额编号			3-8-159	3-8-160	3-8-161	3-8-162
项目			灯笼框心屉制安			
			单层(棂条宽度)		双层夹玻(棂条宽度)	
			1.5cm 以内	1.5cm 以外	1.5cm 以内	1.5cm 以外
名称		单位	消耗量			
人工	合计工日	工日	2.429	1.932	4.306	3.422
	木工普工	工日	0.729	0.580	1.292	1.027
	木工一般技工	工日	1.214	0.966	2.153	1.711
	木工高级技工	工日	0.486	0.386	0.861	0.685
材料	松木规格料	m^3	0.0104	0.0123	0.0181	0.0216
	乳胶	kg	0.0700	0.0800	0.1200	0.1300
	圆钉	kg	0.0600	0.0700	0.0600	0.0700
	自制铁钉	kg	—	—	0.1200	0.1500
	其他材料费(占材料费)	%	1.00	1.00	1.00	1.00
机械	木工圆锯机 500mm	台班	0.1667	0.1667	0.1667	0.1667
	木工双面压刨床 600mm	台班	0.0222	0.0222	0.0222	0.0222

工作内容：准备工具、选料、下料、制作组装成型、安装、场内运输及清理废弃物。　**计量单位**：m²

定额编号			3-8-163	3-8-164	3-8-165	3-8-166
项目			步步紧心屉制安			
			单层(棂条宽度)		双层夹玻(棂条宽度)	
			1.5cm 以内	1.5cm 以外	1.5cm 以内	1.5cm 以外
名称		单位	消耗量			
人工	合计工日	工日	3.422	2.760	6.017	4.858
	木工普工	工日	1.027	0.828	1.805	1.457
	木工一般技工	工日	1.711	1.380	3.008	2.429
	木工高级技工	工日	0.685	0.552	1.203	0.972
材料	松木规格料	m³	0.0121	0.0143	0.0211	0.0251
	乳胶	kg	0.0700	0.0800	0.1200	0.1300
	圆钉	kg	0.0600	0.0700	0.0600	0.0700
	自制铁钉	kg	—	—	0.1200	0.1500
	其他材料费(占材料费)	%	1.00	1.00	1.00	1.00
机械	木工圆锯机 500mm	台班	0.1667	0.1667	0.1667	0.1667
	木工双面压刨床 600mm	台班	0.0222	0.0222	0.0222	0.0222

工作内容：准备工具、选料、下料、制作组装成型、安装、场内运输及清理废弃物。　　**计量单位：**m^2

定额编号			3-8-167	3-8-168	3-8-169	3-8-170
项目			盘肠心屉制安			
			单层(棂条宽度)		双层夹玻(棂条宽度)	
			1.5cm 以内	1.5cm 以外	1.5cm 以内	1.5cm 以外
名称		单位	消耗量			
人工	合计工日	工日	4.416	3.533	7.728	6.182
	木工普工	工日	1.325	1.060	2.318	1.855
	木工一般技工	工日	2.208	1.766	3.864	3.091
	木工高级技工	工日	0.883	0.707	1.546	1.237
材料	松木规格料	m^3	0.0113	0.0134	0.0197	0.0234
	乳胶	kg	0.0700	0.0800	0.1200	0.1300
	圆钉	kg	0.0600	0.0700	0.0600	0.0700
	自制铁钉	kg	—	—	0.1200	0.1500
	其他材料费(占材料费)	%	1.00	1.00	1.00	1.00
机械	木工圆锯机 500mm	台班	0.1667	0.1667	0.1667	0.1667
	木工双面压刨床 600mm	台班	0.0222	0.0222	0.0222	0.0222

工作内容：准备工具、选料、下料、制作组装成型、安装、场内运输及清理废弃物。 **计量单位：**m²

定额编号			3-8-171	3-8-172	3-8-173	3-8-174
项目			套方、正万字、拐子锦心屉制安			
			单层(棂条宽度)		双层夹玻(棂条宽度)	
			1.5cm 以内	1.5cm 以外	1.5cm 以内	1.5cm 以外
名称		单位	消耗量			
人工	合计工日	工日	4.030	3.202	7.066	5.741
	木工普工	工日	1.209	0.961	2.120	1.722
	木工一般技工	工日	2.015	1.601	3.533	2.870
	木工高级技工	工日	0.806	0.640	1.413	1.148
材料	松木规格料	m³	0.0121	0.0143	0.0211	0.0251
	乳胶	kg	0.0700	0.0800	0.1200	0.1300
	圆钉	kg	0.0600	0.0700	0.0600	0.0700
	自制铁钉	kg	—	—	0.1200	0.1500
	其他材料费(占材料费)	%	1.00	1.00	1.00	1.00
机械	木工圆锯机 500mm	台班	0.1667	0.1667	0.1667	0.1667
	木工双面压刨床 600mm	台班	0.0222	0.0222	0.0222	0.0222

工作内容：准备工具、选料、下料、制作组装成型、安装、场内运输及清理废弃物。　　**计量单位：**m^2

定额编号			3-8-175	3-8-176	3-8-177	3-8-178
项目			金线如意心屉制安			
			单层(棂条宽度)		双层夹玻(棂条宽度)	
			1.5cm 以内	1.5cm 以外	1.5cm 以内	1.5cm 以外
名称		单位	消耗量			
人工	合计工日	工日	3.662	2.981	6.514	5.134
	木工普工	工日	1.099	0.894	1.954	1.540
	木工一般技工	工日	1.831	1.490	3.257	2.567
	木工高级技工	工日	0.732	0.596	1.303	1.027
材料	松木规格料	m^3	0.0167	0.0197	0.0290	0.0344
	乳胶	kg	0.0700	0.0800	0.1200	0.1300
	圆钉	kg	0.0600	0.0700	0.0600	0.0700
	自制铁钉	kg	—	—	0.1200	0.1500
	其他材料费(占材料费)	%	1.00	1.00	1.00	1.00
机械	木工圆锯机 500mm	台班	0.1667	0.1667	0.1667	0.1667
	木工双面压刨床 600mm	台班	0.0222	0.0222	0.0222	0.0222

工作内容：准备工具、选料、下料、制作组装成型、安装、场内运输及清理废弃物。　　**计量单位：**m^2

定额编号			3-8-179	3-8-180	3-8-181	3-8-182
项目			斜万字心屉制安			
			单层(棂条宽度)		双层夹玻(棂条宽度)	
			1.5cm 以内	1.5cm 以外	1.5cm 以内	1.5cm 以外
名称		单位	消耗量			
人工	合计工日	工日	5.299	4.250	9.274	7.507
	木工普工	工日	1.590	1.275	2.782	2.252
	木工一般技工	工日	2.650	2.125	4.637	3.754
	木工高级技工	工日	1.060	0.850	1.855	1.501
材料	松木规格料	m^3	0.0121	0.0143	0.0211	0.0251
	乳胶	kg	0.0700	0.0800	0.1200	0.1300
	圆钉	kg	0.0600	0.0700	0.0600	0.0700
	自制铁钉	kg	—	—	0.1200	0.1500
	其他材料费(占材料费)	%	1.00	1.00	1.00	1.00
机械	木工圆锯机 500mm	台班	0.1667	0.1667	0.1667	0.1667
	木工双面压刨床 600mm	台班	0.0222	0.0222	0.0222	0.0222

工作内容：准备工具、选料、下料、制作组装成型、安装、场内运输及清理废弃物。 **计量单位：**m^2

定额编号			3-8-183	3-8-184	3-8-185	3-8-186
项目			龟背锦心屉制安			
			单层(棂条宽度)		双层夹玻(棂条宽度)	
			1.5cm 以内	1.5cm 以外	1.5cm 以内	1.5cm 以外
名称		单位	消耗量			
人工	合计工日	工日	4.526	3.643	7.949	6.403
	木工普工	工日	1.358	1.093	2.385	1.921
	木工一般技工	工日	2.263	1.822	3.974	3.202
	木工高级技工	工日	0.905	0.729	1.590	1.281
材料	松木规格料	m^3	0.0173	0.0205	0.0302	0.0358
	乳胶	kg	0.0700	0.0800	0.1200	0.1300
	圆钉	kg	0.0600	0.0700	0.0600	0.0700
	自制铁钉	kg	—	—	0.1200	0.1500
	其他材料费(占材料费)	%	1.00	1.00	1.00	1.00
机械	木工圆锯机 500mm	台班	0.1667	0.1667	0.1667	0.1667
	木工双面压刨床 600mm	台班	0.0222	0.0222	0.0222	0.0222

工作内容：准备工具、选料、下料、制作组装成型、安装、场内运输及清理废弃物。　　**计量单位**：m^2

定额编号			3-8-187	3-8-188	3-8-189	3-8-190
项目			冰裂纹心屉制安			
			单层(棂条宽度)		双层夹玻(棂条宽度)	
			1.5cm 以内	1.5cm 以外	1.5cm 以内	1.5cm 以外
名称		单位	消耗量			
人工	合计工日	工日	6.182	4.968	10.819	8.722
	木工普工	工日	1.855	1.490	3.246	2.617
	木工一般技工	工日	3.091	2.484	5.410	4.361
	木工高级技工	工日	1.237	0.994	2.164	1.744
材料	松木规格料	m^3	0.0169	0.0201	0.0297	0.0351
	乳胶	kg	0.0700	0.0800	0.1200	0.1300
	圆钉	kg	0.0600	0.0700	0.0600	0.0700
	自制铁钉	kg	—	—	0.1200	0.1500
	其他材料费(占材料费)	%	1.00	1.00	1.00	1.00
机械	木工圆锯机 500mm	台班	0.1667	0.1667	0.1667	0.1667
	木工双面压刨床 600mm	台班	0.0222	0.0222	0.0222	0.0222

工作内容：准备工具、选料、下料、制作组装成型、安装、场内运输及清理废弃物。　　　　**计量单位：**m^2

定额编号			3-8-191	3-8-192	3-8-193	3-8-194
项目			直棂条福寿锦心屉制安			
			单层(棂条宽度)		双层夹玻(棂条宽度)	
			1.5cm以内	1.5cm以外	1.5cm以内	1.5cm以外
名称		单位	消耗量			
人工	合计工日	工日	6.072	4.858	10.654	8.501
	木工普工	工日	1.822	1.457	3.196	2.550
	木工一般技工	工日	3.036	2.429	5.327	4.250
	木工高级技工	工日	1.214	0.972	2.131	1.700
材料	松木规格料	m^3	0.0130	0.0154	0.0227	0.0269
	乳胶	kg	0.0700	0.0800	0.1200	0.1300
	圆钉	kg	0.0600	0.0700	0.0600	0.0700
	自制铁钉	kg	—	—	0.1200	0.1500
	其他材料费(占材料费)	%	1.00	1.00	1.00	1.00
机械	木工圆锯机 500mm	台班	0.1667	0.1667	0.1667	0.1667
	木工双面压刨床 600mm	台班	0.0222	0.0222	0.0222	0.0222

3. 支 摘 窗 扇

工作内容：准备工具、场内运输及清理废弃物。

1. 拆除还包括拆除、运至指定地点、分类码放整齐；
2. 检修还包括检查记录损坏情况，刮刨、加楔、补钉、紧固；
3. 整修还包括拆下、刮刨、校正、加楔、补钉、紧固、重新安装；
4. 拆修安还包括拆下解体、画线、补换边抹棂条、重新安装。

计量单位：m^2

定额编号			3-8-195	3-8-196	3-8-197	3-8-198
项目			支摘窗扇			
			拆除	检修	整修	拆修安
名称		单位	消耗量			
人工	合计工日	工日	0.050	0.050	0.240	0.480
	木工普工	工日	0.025	0.025	0.120	0.240
	木工一般技工	工日	0.020	0.020	0.096	0.192
	木工高级技工	工日	0.005	0.005	0.024	0.048
材料	松木规格料	m^3	—	0.0003	0.0010	0.0086
	乳胶	kg	—	—	0.0500	0.1000
	圆钉	kg	—	0.0100	—	0.0600
	木螺钉	百个	—	0.0500	0.1000	—
	自制门窗五金	kg	—	0.1300	0.1300	0.3600
	其他材料费(占材料费)	%	—	2.00	2.00	2.00

工作内容：准备工具、窗扇拆下解体、选料、量尺寸、下料、补换棂条、重新组装成型、场内运输及清理废弃。

计量单位：m²

定额编号			3-8-199	3-8-200	3-8-201
项目			支摘窗扇补换棂条		
			玻璃屉、灯笼框	方格、步步紧、盘肠、套方、正万字、拐子锦	斜万字、龟背锦、冰裂纹、直棂条福寿锦
名称		单位	消耗量		
人工	合计工日	工日	0.780	1.020	1.440
	木工普工	工日	0.234	0.306	0.432
	木工一般技工	工日	0.390	0.510	0.720
	木工高级技工	工日	0.156	0.204	0.288
材料	松木规格料	m³	0.0038	0.0063	0.0063
	乳胶	kg	0.0400	0.0600	0.0600
	圆钉	kg	0.0600	0.0600	0.0600
	其他材料费(占材料费)	%	2.00	2.00	2.00

工作内容：准备工具、选料、下料、画线、制作组装成型、场内运输及清理废弃物。

计量单位：m²

定额编号			3-8-202	3-8-203	3-8-204	3-8-205	3-8-206	3-8-207
项目			支摘窗扇制作					
			无心屉固定扇	玻璃屉固定扇	正方格心屉	斜方格心屉	灯笼框心屉	步步紧心屉
名称		单位	消耗量					
人工	合计工日	工日	1.104	2.318	2.760	3.091	2.429	3.091
	木工普工	工日	0.331	0.696	0.828	0.927	0.729	0.927
	木工一般技工	工日	0.552	1.159	1.380	1.546	1.214	1.546
	木工高级技工	工日	0.221	0.464	0.552	0.618	0.486	0.618
材料	松木规格料	m³	0.0314	0.0334	0.0418	0.0418	0.0355	0.0374
	乳胶	kg	0.1200	0.1200	0.1200	0.1200	0.1200	0.1200
	圆钉	kg	0.0600	0.0600	0.0600	0.0600	0.0600	0.0600
	其他材料费(占材料费)	%	1.00	1.00	1.00	1.00	1.00	1.00
机械	木工圆锯机 500mm	台班	0.2067	0.2067	0.2067	0.2067	0.2067	0.2067
	木工平刨床 500mm	台班	0.0127	0.0127	0.0127	0.0127	0.0127	0.0127
	木工双面压刨床 600mm	台班	0.0236	0.0236	0.0236	0.0236	0.0236	0.0236

工作内容：准备工具、选料、下料、画线、制作组装成型、场内运输及清理废弃物。 **计量单位：**m^2

定额编号			3-8-208	3-8-209	3-8-210	3-8-211	3-8-212	3-8-213
项目			支摘窗扇制作					
			盘肠心屉	套方、正万字、拐子锦心屉	斜万字心屉	龟背锦心屉	冰裂纹心屉	直棂条福寿锦心屉
名称		单位	消耗量					
人工	合计工日	工日	3.533	3.312	3.974	3.643	4.637	4.416
	木工普工	工日	1.060	0.994	1.192	1.093	1.391	1.325
	木工一般技工	工日	1.766	1.656	1.987	1.822	2.318	2.208
	木工高级技工	工日	0.707	0.662	0.795	0.729	0.927	0.883
材料	松木规格料	m^3	0.0371	0.0376	0.0376	0.0403	0.0416	0.0399
	乳胶	kg	0.1200	0.1200	0.1200	0.1200	0.1200	0.1200
	圆钉	kg	0.0600	0.0600	0.0600	0.0600	0.0600	0.0600
	其他材料费(占材料费)	%	1.00	1.00	1.00	1.00	1.00	1.00
机械	木工圆锯机 500mm	台班	0.2067	0.2067	0.2067	0.2067	0.2067	0.2067
	木工平刨床 500mm	台班	0.0127	0.0127	0.0127	0.0127	0.0127	0.0127
	木工双面压刨床 600mm	台班	0.0236	0.0236	0.0236	0.0236	0.0236	0.0236

工作内容：准备工具、场内运输及清理废弃物。
1. 制作还包括选料、下料、画线、制作组装成型；
2. 安装还包括校正尺寸、安铁件、调试安装。

计量单位：m^2

定额编号			3-8-214	3-8-215	3-8-216	3-8-217
项目			支摘窗纱屉制作	支摘窗扇安装		
				合页铰接	销子固定	圆钉固定
名称		单位	消耗量			
人工	合计工日	工日	1.656	0.420	0.300	0.180
	木工普工	工日	0.497	0.126	0.090	0.054
	木工一般技工	工日	0.828	0.210	0.150	0.090
	木工高级技工	工日	0.331	0.084	0.060	0.036
材料	松木规格料	m^3	0.0222	—	—	—
	乳胶	kg	0.0700	—	—	—
	圆钉	kg	0.0300	—	—	0.1000
	木螺钉	百个	—	0.3000	—	—
	自制门窗五金	kg	—	1.3000	0.3600	—
	窗纱	m^2	1.1800	—	—	—
	其他材料费(占材料费)	%	1.00	2.00	2.00	2.00
机械	木工圆锯机 500mm	台班	0.2067	—	—	—
	木工平刨床 500mm	台班	0.0127	—	—	—
	木工双面压刨床 600mm	台班	0.0236	—	—	—

4. 各种大门扇

工作内容：准备工具、拆除、运至指定地点、分类码放整齐、场内运输及清理废弃物。　**计量单位：**m^2

定额编号			3-8-218	3-8-219	3-8-220
项目			门扇拆除		
			实榻大门	撒带大门、攒边门	屏门
名称		单位	消耗量		
人工	合计工日	工日	0.100	0.070	0.050
	木工普工	工日	0.050	0.035	0.025
	木工一般技工	工日	0.040	0.028	0.020
	木工高级技工	工日	0.010	0.007	0.005

工作内容：准备工具、拆下解体、选料、下料、整修、校正、更换破损木件、加楔、组装、安装、场内运输及清理废弃物。　**计量单位：**m^2

定额编号			3-8-221	3-8-222	3-8-223	3-8-224	3-8-225	3-8-226
项目			门扇拆修安					
			实榻大门(厚度)		撒带大门(边厚)		攒边门(边厚)	
			8cm	每增1cm	8cm	每增1cm	6cm	每增1cm
名称		单位	消耗量					
人工	合计工日	工日	1.680	0.120	0.840	0.100	1.200	0.050
	木工普工	工日	0.840	0.060	0.420	0.050	0.600	0.025
	木工一般技工	工日	0.672	0.048	0.336	0.040	0.480	0.020
	木工高级技工	工日	0.168	0.012	0.084	0.010	0.120	0.005
材料	松木规格料	m^3	0.0202	0.0014	0.0168	0.0012	0.0069	0.0012
	乳胶	kg	1.0000	0.0100	0.8000	0.0100	0.3000	—
	圆钉	kg	0.0100	—	—	—	0.0100	—
	自制门窗五金	kg	0.1000	0.0200	0.1000	0.0100	0.0700	0.0100
	其他材料费(占材料费)	%	2.00	2.00	2.00	2.00	2.00	2.00

工作内容：准备工具、拆下解体、选料、下料、整修、校正、更换破损木件、加楔、组装、安装、场内运输及清理废弃物。

计量单位：m^2

定额编号			3-8-227	3-8-228	3-8-229
项目			屏门扇拆修安		
			2.5cm 厚		每增厚 0.5cm
			鹅项碰铁铰接	转轴铰接	
名称		单位	消耗量		
人工	合计工日	工日	0.600	0.600	0.030
	木工普工	工日	0.300	0.300	0.015
	木工一般技工	工日	0.240	0.240	0.012
	木工高级技工	工日	0.060	0.060	0.003
材料	松木规格料	m^3	0.0031	0.0052	0.0004
	乳胶	kg	0.3000	0.2000	—
	圆钉	kg	0.0200	0.0500	—
	自制门窗五金	kg	0.5700	—	—
	其他材料费(占材料费)	%	2.00	2.00	2.00

工作内容：准备工具、选料、下料、画线、制作成型、安装、场内运输及清理废弃物。　**计量单位：**m^2

定额编号			3-8-230	3-8-231	3-8-232	3-8-233	3-8-234	3-8-235
项目			门扇制安					
			实榻大门(厚度)		撒带大门(边厚)		攒边门(边厚)	
			8cm	每增厚1cm	8cm	每增厚1cm	6cm	每增厚1cm
名称		单位	消耗量					
人工	合计工日	工日	4.747	0.442	2.539	0.331	3.312	0.166
	木工普工	工日	1.424	0.133	0.762	0.099	0.994	0.050
	木工一般技工	工日	2.374	0.221	1.270	0.166	1.656	0.083
	木工高级技工	工日	0.949	0.088	0.508	0.066	0.662	0.033
材料	松木规格料	m^3	0.1110	0.0127	0.0711	0.0076	0.0484	0.0074
	乳胶	kg	2.5000	0.2000	2.5000	0.2000	1.5000	—
	圆钉	kg	0.0100	—	0.0100	—	0.0100	—
	自制门窗五金	kg	0.3700	0.0700	0.3700	0.0400	0.3000	0.0400
	其他材料费(占材料费)	%	1.00	1.00	1.00	1.00	1.00	1.00
机械	木工圆锯机500mm	台班	0.0417	—	0.0833	—	0.0833	—
	木工平刨床500mm	台班	0.0233	—	0.0333	—	0.0333	—

工作内容：准备工具、选料、下料、画线、制作成型、安装、场内运输及清理废弃物。 **计量单位：**m^2

定额编号			3-8-236	3-8-237	3-8-238	3-8-239
项目			屏门扇制安			
			转轴铰接(厚度)		鹅项碰铁铰接(厚度)	
			2.5cm	每增0.5cm	2.5cm	每增0.5cm
名称		单位	消耗量			
人工	合计工日	工日	1.766	0.092	1.656	0.092
	木工普工	工日	0.530	0.028	0.497	0.028
	木工一般技工	工日	0.883	0.046	0.828	0.046
	木工高级技工	工日	0.353	0.018	0.331	0.018
材料	松木规格料	m^3	0.0427	0.0066	0.0386	0.0064
	乳胶	kg	1.0000	—	1.0000	—
	圆钉	kg	0.1000	—	0.0500	—
	自制门窗五金	kg	0.0400	—	1.1500	—
	其他材料费(占材料费)	%	1.00	1.00	1.00	1.00

三、坐凳、倒挂楣子、栏杆、什锦窗

1. 坐凳、倒挂楣子

工作内容：准备工具、场内运输及清理废弃物。

1. 拆除还包括拆除、运至指定地点、分类码放整齐；
2. 检查加固还包括检查记录损坏情况，刮刨、加钉；
3. 补换枨条还包括拆下解体、量尺寸、选料、下料、补换枨条、重新组装成型；
4. 锯截添配白菜头还包括选料、量尺寸、制作、安装。

定额编号			3-8-240	3-8-241	3-8-242	3-8-243	3-8-244
项目			坐凳、倒挂楣子		坐凳、倒挂楣子补换枨条		锯截添配白菜头
			拆除	检查加固	步步紧、灯笼框、盘肠、套方拐子、正万字	斜万字、龟背锦、冰裂纹、金线如意	个
			m^2				
名称		单位	消耗量				
人工	合计工日	工日	0.050	0.040	3.000	3.600	0.530
	木工普工	工日	0.025	0.012	0.900	1.080	0.159
	木工一般技工	工日	0.020	0.020	1.500	1.800	0.265
	木工高级技工	工日	0.005	0.008	0.600	0.720	0.106
材料	松木规格料	m^3	—	0.0001	0.0032	0.0042	0.0011
	乳胶	kg	—	0.0100	—	—	0.0200
	圆钉	kg	—	0.0200	0.0500	0.0500	0.0200
	其他材料费(占材料费)	%	—	2.00	2.00	2.00	2.00

工作内容：准备工具、选料、下料、画线、制作成型、安装、场内运输及清理废弃物。 **计量单位：**m^2

定额编号			3-8-245	3-8-246	3-8-247	3-8-248	3-8-249	3-8-250
项目			坐凳、倒挂楣子制安					
			步步紧心屉		灯笼锦心屉		盘肠锦心屉	
			软樘	硬樘	软樘	硬樘	软樘	硬樘
名称		单位	消耗量					
人工	合计工日	工日	3.551	3.772	2.778	2.999	4.894	5.097
	木工普工	工日	1.065	1.132	0.834	0.900	1.468	1.529
	木工一般技工	工日	1.776	1.886	1.389	1.500	2.447	2.548
	木工高级技工	工日	0.710	0.754	0.556	0.600	0.979	1.019
材料	松木规格料	m^3	0.0343	0.0394	0.0336	0.0389	0.0350	0.0401
	圆钉	kg	0.1100	0.1100	0.1100	0.1100	0.1100	0.1100
	乳胶	kg	0.1000	0.1000	0.1000	0.1000	0.1000	0.1000
	其他材料费(占材料费)	%	1.00	1.00	1.00	1.00	1.00	1.00
机械	木工圆锯机 500mm	台班	0.1667	0.1667	0.1667	0.1667	0.1667	0.1667
	木工双面压刨床 600mm	台班	0.0222	0.0222	0.0222	0.0222	0.0222	0.0222

工作内容：准备工具、选料、下料、画线、制作成型、安装、场内运输及清理废弃物。 **计量单位：**m^2

定额编号			3-8-251	3-8-252	3-8-253	3-8-254	3-8-255	3-8-256
项目			坐凳、倒挂楣子制安					
			金线如意心屉		套方、正万字、拐子锦心屉		斜万字锦心屉	
			软樘	硬樘	软樘	硬樘	软樘	硬樘
名称		单位	消耗量					
人工	合计工日	工日	5.759	5.980	4.545	4.766	6.201	6.422
	木工普工	工日	1.728	1.794	1.363	1.430	1.860	1.927
	木工一般技工	工日	2.880	2.990	2.272	2.383	3.100	3.211
	木工高级技工	工日	1.152	1.196	0.909	0.953	1.240	1.284
材料	松木规格料	m^3	0.0377	0.0430	0.0348	0.0399	0.0350	0.0401
	圆钉	kg	0.1100	0.1100	0.1100	0.1100	0.1100	0.1100
	乳胶	kg	0.1200	0.1200	0.1100	0.1100	0.1200	0.1200
	其他材料费(占材料费)	%	1.00	1.00	1.00	1.00	1.00	1.00
机械	木工圆锯机 500mm	台班	0.1667	0.1667	0.1667	0.1667	0.1667	0.1667
	木工双面压刨床 600mm	台班	0.0222	0.0222	0.0222	0.0222	0.0222	0.0222

工作内容：准备工具、选料、下料、画线、制作成型、安装、场内运输及清理废弃物。　　**计量单位：**m^2

定额编号			3-8-257	3-8-258	3-8-259	3-8-260	3-8-261	3-8-262
项目			坐凳、倒挂楣子制安					
			龟背锦心屉		冰裂纹心屉		直棂条福寿锦心屉	
			软樘	硬樘	软樘	硬樘	软樘	硬樘
名称		单位	消耗量					
人工	合计工日	工日	4.876	5.097	6.863	7.084	6.514	6.734
	木工普工	工日	1.463	1.529	2.059	2.125	1.954	2.020
	木工一般技工	工日	2.438	2.548	3.432	3.542	3.257	3.367
	木工高级技工	工日	0.975	1.019	1.373	1.417	1.303	1.347
材料	松木规格料	m^3	0.0410	0.0452	0.0405	0.0447	0.0359	0.0429
	圆钉	kg	0.1100	0.1100	0.1100	0.1100	0.1100	0.1100
	乳胶	kg	0.1200	0.1200	0.1500	0.1500	0.1200	0.1200
	其他材料费(占材料费)	%	1.00	1.00	1.00	1.00	1.00	1.00
机械	木工圆锯机 500mm	台班	0.1667	0.1667	0.1667	0.1667	0.1667	0.1667
	木工双面压刨床 600mm	台班	0.0222	0.0222	0.0222	0.0222	0.0222	0.0222

工作内容：准备工具、选料、下料、画线、制作成型、安装、场内运输及清理废弃物。

定额编号			3-8-263	3-8-264	3-8-265
项目			坐凳楣子制安		倒挂楣子白菜头雕做
			西洋瓶	直棂条	个
			m^2		
名称		单位	消耗量		
人工	合计工日	工日	1.126	1.347	0.442
	木工普工	工日	0.338	0.404	0.133
	木工一般技工	工日	0.563	0.673	0.221
	木工高级技工	工日	0.225	0.269	0.088
材料	松木规格料	m^3	0.0458	0.0373	—
	圆钉	kg	0.0900	0.0900	—
	乳胶	kg	0.1000	0.1000	—
	其他材料费(占材料费)	%	1.00	1.00	—

工作内容:准备工具、场内运输及清理废弃物。

1. 拆除还包括拆除、运至指定地点、分类码放整齐;
2. 检查加固还包括检查记载损坏情况,刮刨、加钉;
3. 拆安还包括拆下、修理榫卯、刮刨、校正、加楔、重新安装;
4. 制安还包括准选料、下料、画线、制作成型、安装。

计量单位:m^2

定额编号			3-8-266	3-8-267	3-8-268	3-8-269	3-8-270	3-8-271
项目			坐凳面					
			拆除	检查加固	拆安(厚度)		制安(厚度)	
					4cm	每增厚 1cm	4cm	每增厚 1cm
名称		单位	消耗量					
人工	合计工日	工日	0.072	0.120	0.220	0.012	0.684	0.055
	木工普工	工日	0.036	0.060	0.110	0.006	0.205	0.017
	木工一般技工	工日	0.029	0.048	0.088	0.005	0.342	0.028
	木工高级技工	工日	0.007	0.012	0.022	0.001	0.137	0.011
材料	板方材	m^3	—	0.0002	0.0023	0.0013	0.0522	0.0127
	圆钉	kg	—	0.0500	0.3000	—	0.2000	—
	乳胶	kg	—	—	—	—	0.0800	0.0200
	其他材料费(占材料费)	%	—	2.00	2.00	2.00	1.00	1.00
机械	木工圆锯机 500mm	台班	—	—	—	—	0.0250	—
	木工平刨床 500mm	台班	—	—	—	—	0.0256	—

2. 栏杆、望柱

工作内容：准备工具、场内运输及清理废弃物。

1. 拆除还包括拆除、运至指定地点、分类码放整齐；
2. 加固还包括检查记录损坏情况，刮刨、加钉；
3. 拆修安还包括拆下解体、选料、下料、整修、校正、更换破损木件、加楔、组装、安装。

计量单位：m^2

定额编号			3-8-272	3-8-273	3-8-274	3-8-275	3-8-276	3-8-277
项目			栏杆					
			拆除	加固		拆修安		
				寻杖栏杆	花栏杆、直档栏杆	寻杖栏杆	花栏杆	直档栏杆
名称		单位	消耗量					
人工	合计工日	工日	0.072	0.084	0.060	7.320	3.360	1.212
	木工普工	工日	0.036	0.042	0.030	1.260	1.680	0.606
	木工一般技工	工日	0.029	0.034	0.024	1.008	1.344	0.485
	木工高级技工	工日	0.007	0.008	0.006	0.252	0.336	0.121
	雕刻工一般技工	工日	—	—	—	2.880	—	—
	雕刻工高级技工	工日	—	—	—	1.920	—	—
材料	松木规格料	m^3	—	0.0002	0.0001	0.0160	0.0150	0.0120
	圆钉	kg	—	0.0200	0.0100	0.0300	0.0200	—
	铁件（综合）	kg	—	0.2500	0.2500	0.2500	0.2500	0.2500
	木螺钉	百个	—	0.1000	0.1000	0.1000	0.1000	0.1000
	其他材料费（占材料费）	%	—	2.00	2.00	2.00	2.00	2.00

工作内容：准备工具、选料、下料、画线、制作雕刻成型、安装、场内运输及清理废弃物。

定额编号			3-8-278	3-8-279	3-8-280	3-8-281	3-8-282
项目			望柱制安		栏杆制安		
			普通	带海棠池	寻杖栏杆	花栏杆	直档栏杆
			m^3		m^2		
名称		单位	消耗量				
人工	合计工日	工日	49.680	82.800	14.738	3.533	1.270
	木工普工	工日	14.904	24.840	0.778	1.060	0.381
	木工一般技工	工日	24.840	41.400	1.297	1.766	0.635
	木工高级技工	工日	9.936	16.560	0.519	0.707	0.254
	雕刻工一般技工	工日	—	—	7.286	—	—
	雕刻工高级技工	工日	—	—	4.858	—	—
材料	松木规格料	m^3	—	—	0.0586	0.0400	0.0289
	板方材	m^3	1.1700	1.1700	—	—	—
	圆钉	kg	—	—	0.0500	0.0500	0.0500
	乳胶	kg	—	—	0.2000	0.3000	0.2000
	铁件(综合)	kg	21.0000	21.0000	—	—	—
	木螺钉	百个	2.9700	2.9700	—	—	—
	其他材料费(占材料费)	%	1.00	1.00	1.00	1.00	1.00
机械	木工圆锯机 500mm	台班	0.3250	0.3250	—	—	—
	木工平刨床 500mm	台班	0.2773	0.2773	0.0137	0.0137	0.0137

工作内容：准备工具、选料、下料、画线、制作雕刻成型、安装、场内运输及清理废弃物。　**计量单位**：m

定额编号			3-8-283
项目			鹅颈靠背(美人靠)制安
名称		单位	消耗量
人工	合计工日	工日	2.318
	木工普工	工日	0.696
	木工一般技工	工日	1.159
	木工高级技工	工日	0.464
材料	松木规格料	m^3	0.1020
	圆钉	kg	0.0400
	铁件(综合)	kg	0.3400
	其他材料费(占材料费)	%	1.00
机械	木工圆锯机 500mm	台班	0.1250
	木工平刨床 500mm	台班	0.0333

3.什　锦　窗

工作内容：准备工具、检查记录损坏情况，刮刨、加楔、补钉、紧固、场内运输及清理废弃物。

计量单位：座

定额编号			3-8-284	3-8-285	3-8-286
项目			什锦窗检修(洞口面积)		
			$0.5m^2$ 以内	$0.8m^2$ 以内	$0.8m^2$ 以外
名称		单位	消耗量		
人工	合计工日	工日	0.084	0.100	0.110
	木工普工	工日	0.042	0.050	0.055
	木工一般技工	工日	0.034	0.040	0.044
	木工高级技工	工日	0.008	0.010	0.011
材料	松木规格料	m^3	0.0010	0.0010	0.0010
	圆钉	kg	0.1000	0.1200	0.1500
	乳胶	kg	0.5000	0.5000	0.5000
	其他材料费(占材料费)	%	2.00	2.00	2.00

工作内容：准备工具、选料、下料、画线、制作成型、安装、场内运输及清理废弃物。

定额编号			3-8-287	3-8-288	3-8-289	3-8-290	3-8-291	3-8-292
项目			直折线型边框什锦窗制安					
			桶座(洞口面积)			贴脸(洞口面积)		
			$0.5m^2$ 以内	$0.8m^2$ 以内	$0.8m^2$ 以外	$0.5m^2$ 以内	$0.8m^2$ 以内	$0.8m^2$ 以外
			座			份		
名称		单位	消耗量					
人工	合计工日	工日	0.519	0.644	0.883	0.534	0.662	0.920
	木工普工	工日	0.156	0.193	0.265	0.160	0.199	0.276
	木工一般技工	工日	0.259	0.322	0.442	0.267	0.331	0.460
	木工高级技工	工日	0.104	0.129	0.177	0.107	0.133	0.184
材料	松木规格料	m^3	0.0250	0.0340	0.0460	0.0060	0.0090	0.0130
	圆钉	kg	0.1000	0.1500	0.2000	0.0400	0.0500	0.0600
	乳胶	kg	0.0500	0.0600	0.0700	0.0500	0.0600	0.0700
	防腐油	kg	0.2500	0.3100	0.4000	—	—	—
	其他材料费(占材料费)	%	1.00	1.00	1.00	1.00	1.00	1.00
机械	木工圆锯机 500mm	台班	0.0685	0.0685	0.0685	0.1000	0.1000	0.1000
	木工平刨床 500mm	台班	0.0123	0.0123	0.0123	0.0100	0.0100	0.0100

工作内容：准备工具、选料、下料、画线、制作成型、安装、场内运输及清理废弃物。　　**计量单位：**扇

定额编号			3-8-293	3-8-294	3-8-295	3-8-296	3-8-297	3-8-298
项目			直折线型边框什锦窗制安					
			无椽条仔屉（洞口面积）			有椽条仔屉（洞口面积）		
			0.5m² 以内	0.8m² 以内	0.8m² 以外	0.5m² 以内	0.8m² 以内	0.8m² 以外
名称		单位	消耗量					
人工	合计工日	工日	0.478	0.589	0.810	1.987	2.340	2.926
	木工普工	工日	0.144	0.177	0.243	0.596	0.702	0.878
	木工一般技工	工日	0.239	0.294	0.405	0.994	1.170	1.463
	木工高级技工	工日	0.096	0.118	0.162	0.397	0.468	0.585
材料	松木规格料	m^3	0.0030	0.0040	0.0070	0.0080	0.0120	0.0180
	圆钉	kg	0.0400	0.0500	0.0600	0.1000	0.1500	0.2000
	乳胶	kg	0.0500	0.0600	0.0700	0.0500	0.0600	0.0700
	其他材料费（占材料费）	%	1.00	1.00	1.00	1.00	1.00	1.00

工作内容：准备工具、选料、下料、制套样板、画线、制作成型、安装、场内运输及清理废弃物。

定额编号			3-8-299	3-8-300	3-8-301	3-8-302	3-8-303	3-8-304
项目			曲线型边框什锦窗制安					
			桶座(洞口面积)			贴脸(洞口面积)		
			0.5m² 以内	0.8m² 以内	0.8m² 以外	0.5m² 以内	0.8m² 以内	0.8m² 以外
			座			份		
名称		单位	消耗量					
人工	合计工日	工日	2.340	2.585	2.944	0.754	0.938	1.251
	木工普工	工日	0.702	0.776	0.883	0.226	0.282	0.375
	木工一般技工	工日	1.170	1.293	1.472	0.377	0.469	0.626
	木工高级技工	工日	0.468	0.517	0.589	0.151	0.188	0.250
材料	松木规格料	m³	0.0300	0.0400	0.0600	0.0120	0.0180	0.0260
	圆钉	kg	0.2000	0.3000	0.5000	0.0400	0.0500	0.0600
	乳胶	kg	0.0600	0.0700	0.1000	0.0600	0.0700	0.1000
	防腐油	kg	0.2500	0.3100	0.4000	—	—	—
	其他材料费(占材料费)	%	1.00	1.00	1.00	1.00	1.00	1.00
机械	木工圆锯机 500mm	台班	0.0685	0.0685	0.0685	0.1000	0.1000	0.1000
	木工平刨床 500mm	台班	0.0123	0.0123	0.0123	0.0100	0.0100	0.0100

工作内容:准备工具、选料、下料、制套样板、画线、制作成型、安装、场内运输及清理废弃物。

计量单位:扇

定额编号			3-8-305	3-8-306	3-8-307	3-8-308	3-8-309	3-8-310
项目			曲线型边框什锦窗					
			无棂条仔屉(洞口面积)			有棂条仔屉(洞口面积)		
			$0.5m^2$ 以内	$0.8m^2$ 以内	$0.8m^2$ 以外	$0.5m^2$ 以内	$0.8m^2$ 以内	$0.8m^2$ 以外
名称		单位	消耗量					
人工	合计工日	工日	0.699	0.828	1.086	2.594	2.948	3.533
	木工普工	工日	0.210	0.248	0.326	0.778	0.884	1.060
	木工一般技工	工日	0.350	0.414	0.543	1.297	1.474	1.766
	木工高级技工	工日	0.140	0.166	0.217	0.519	0.590	0.707
材料	松木规格料	m^3	0.0060	0.0090	0.0140	0.0100	0.0140	0.0200
	圆钉	kg	0.0400	0.0500	0.0600	0.0400	0.0500	0.0600
	乳胶	kg	0.0500	0.0600	0.0700	0.2000	0.2500	0.3500
	其他材料费(占材料费)	%	1.00	1.00	1.00	1.00	1.00	1.00

四、门窗装修附件及匾额

1.木 制 附 件

工作内容:准备工具、选料、下料、绘制图样、制作雕刻成型、场内运输及清理废弃物。 **计量单位:**个

定额编号			3-8-311	3-8-312	3-8-313	3-8-314
项目			卡子花			
			四季花草(棂条空档宽度)		福寿(蝠兽)(棂条空档宽度)	
			6cm 以内	6cm 以外	6cm 以内	6cm 以外
名称		单位	消耗量			
人工	合计工日	工日	0.552	0.707	0.916	1.148
	木工普工	工日	0.010	0.013	0.010	0.013
	木工一般技工	工日	0.017	0.022	0.017	0.022
	木工高级技工	工日	0.007	0.009	0.007	0.009
	雕刻工一般技工	工日	0.331	0.397	0.530	0.662
	雕刻工高级技工	工日	0.221	0.265	0.353	0.442
材料	松木规格料	m^3	0.0003	0.0005	0.0003	0.0005
	乳胶	kg	0.0100	0.0100	0.0100	0.0100
	其他材料费(占材料费)	%	1.00	1.00	1.00	1.00

工作内容:准备工具、选料、下料、绘制图样、制作雕刻成型、场内运输及清理废弃物。　　**计量单位:**个

定额编号			3-8-315	3-8-316	3-8-317	3-8-318
项目			工字		握拳(卧蚕)	
			椽条空档宽度			
			6cm 以内	6cm 以外	6cm 以内	6cm 以外
名称		单位	消耗量			
人工	合计工日	工日	0.110	0.121	0.046	0.055
	木工普工	工日	0.033	0.036	0.014	0.017
	木工一般技工	工日	0.055	0.061	0.023	0.028
	木工高级技工	工日	0.022	0.024	0.009	0.011
材料	松木规格料	m^3	0.0004	0.0006	0.0001	0.0002
	乳胶	kg	0.0100	0.0100	0.0020	0.0020
	其他材料费(占材料费)	%	1.00	1.00	1.00	1.00

工作内容：准备工具、选料、下料、绘制图样、制作雕刻成型、场内运输及清理废弃物。

<table>
<tr><td colspan="3">定　额　编　号</td><td>3-8-319</td><td>3-8-320</td><td>3-8-321</td><td>3-8-322</td></tr>
<tr><td colspan="3" rowspan="4">项　　目</td><td>海棠花</td><td>花栏杆荷叶墩</td><td colspan="2">木门钉安装</td></tr>
<tr><td rowspan="3">份</td><td rowspan="3">块</td><td>ϕ8cm 以内</td><td>ϕ8cm 以外</td></tr>
<tr><td colspan="2">个</td></tr>
<tr></tr>
<tr><td colspan="2">名　　称</td><td>单位</td><td colspan="4">消　耗　量</td></tr>
<tr><td rowspan="6">人工</td><td>合计工日</td><td>工日</td><td>0.331</td><td>0.552</td><td>0.030</td><td>0.030</td></tr>
<tr><td>木工普工</td><td>工日</td><td>0.099</td><td>0.033</td><td>0.009</td><td>0.009</td></tr>
<tr><td>木工一般技工</td><td>工日</td><td>0.166</td><td>0.055</td><td>0.015</td><td>0.015</td></tr>
<tr><td>木工高级技工</td><td>工日</td><td>0.066</td><td>0.022</td><td>0.006</td><td>0.006</td></tr>
<tr><td>雕刻工一般技工</td><td>工日</td><td>—</td><td>0.265</td><td>—</td><td>—</td></tr>
<tr><td>雕刻工高级技工</td><td>工日</td><td>—</td><td>0.177</td><td>—</td><td>—</td></tr>
<tr><td rowspan="5">材料</td><td>松木规格料</td><td>m^3</td><td>0.0005</td><td>0.0020</td><td>—</td><td>—</td></tr>
<tr><td>圆钉</td><td>kg</td><td>—</td><td>0.0010</td><td>0.0310</td><td>—</td></tr>
<tr><td>自制铁钉</td><td>kg</td><td>—</td><td>—</td><td>—</td><td>0.0600</td></tr>
<tr><td>木门钉</td><td>个</td><td>—</td><td>—</td><td>1.0500</td><td>1.0500</td></tr>
<tr><td>其他材料费(占材料费)</td><td>%</td><td>1.00</td><td>1.00</td><td>1.00</td><td>1.00</td></tr>
</table>

工作内容:准备工具、选料、下料、绘制图样、制作雕刻成型、场内运输及清理废弃物。 **计量单位:**块

定额编号			3-8-323	3-8-324	3-8-325	3-8-326
项目			花牙子			
			卷草夔龙(长度)		四季花草(长度)	
			50cm 以内	50cm 以外	50cm 以内	50cm 以外
名称		单位	消耗量			
人工	合计工日	工日	1.413	1.866	1.744	2.418
	木工普工	工日	0.027	0.030	0.027	0.030
	木工一般技工	工日	0.044	0.050	0.044	0.050
	木工高级技工	工日	0.018	0.020	0.018	0.020
	雕刻工一般技工	工日	0.795	1.060	0.994	1.391
	雕刻工高级技工	工日	0.530	0.707	0.662	0.927
材料	松木规格料	m^3	0.0020	0.0041	0.0020	0.0041
	圆钉	kg	0.0100	0.0100	0.0100	0.0100
	乳胶	kg	0.0100	0.0100	0.0100	0.0100
	其他材料费(占材料费)	%	1.00	1.00	1.00	1.00

工作内容:准备工具、选料、下料、绘制图样、制作雕刻成型、场内运输及清理废弃物。 **计量单位:**块

定额编号			3-8-327	3-8-328	3-8-329	3-8-330
项目			骑马牙子			
			卷草夔龙(长度)		四季花草(长度)	
			75cm 以内	75cm 以外	75cm 以内	75cm 以外
名称		单位	消耗量			
人工	合计工日	工日	2.053	2.628	2.495	3.400
	木工普工	工日	0.053	0.060	0.053	0.060
	木工一般技工	工日	0.088	0.099	0.088	0.099
	木工高级技工	工日	0.035	0.040	0.035	0.040
	雕刻工一般技工	工日	1.126	1.457	1.391	1.921
	雕刻工高级技工	工日	0.751	0.972	0.927	1.281
材料	松木规格料	m^3	0.0038	0.0075	0.0038	0.0075
	乳胶	kg	0.0100	0.0100	0.0100	0.0100
	圆钉	kg	0.0100	0.0100	0.0100	0.0100
	其他材料费(占材料费)	%	1.00	1.00	1.00	1.00

工作内容:准备工具、选料、下料、制作成型、场内运输及清理废弃物。 **计量单位**:根

定额编号			3-8-331	3-8-332	3-8-333	3-8-334	3-8-335	3-8-336
项目			隔扇栓杆(长度)					
			2.0m 以内	2.5m 以内	3.0m 以内	3.5m 以内	4.0m 以内	4.5m 以内
名称		单位	消耗量					
人工	合计工日	工日	0.331	0.331	0.442	0.442	0.552	0.552
	木工普工	工日	0.166	0.166	0.221	0.221	0.276	0.276
	木工一般技工	工日	0.133	0.133	0.177	0.177	0.221	0.221
	木工高级技工	工日	0.033	0.033	0.044	0.044	0.055	0.055
材料	松木规格料	m^3	0.0090	0.0150	0.0230	0.0330	0.0460	0.0630
	其他材料费(占材料费)	%	1.00	1.00	1.00	1.00	1.00	1.00
机械	木工圆锯机 500mm	台班	0.0333	0.0333	0.0333	0.0333	0.0333	0.0333
	木工平刨床 500mm	台班	0.0160	0.0160	0.0160	0.0160	0.0160	0.0160

工作内容:准备工具、选料、下料、制作成型、场内运输及清理废弃物。 **计量单位**:根

定额编号			3-8-337	3-8-338	3-8-339	3-8-340	3-8-341	3-8-342
项目			槛窗栓杆(长度)					
			1.0m 以内	1.5m 以内	2.0m 以内	2.5cm 以内	3.0m 以内	3.5m 以内
名称		单位	消耗量					
人工	合计工日	工日	0.276	0.276	0.331	0.331	0.442	0.442
	木工普工	工日	0.138	0.138	0.166	0.166	0.221	0.221
	木工一般技工	工日	0.110	0.110	0.133	0.133	0.177	0.177
	木工高级技工	工日	0.028	0.028	0.033	0.033	0.044	0.044
材料	松木规格料	m^3	0.0050	0.0090	0.0150	0.0240	0.0350	0.0490
	其他材料费(占材料费)	%	1.00	1.00	1.00	1.00	1.00	1.00
机械	木工圆锯机 500mm	台班	0.0250	0.0250	0.0250	0.0250	0.0250	0.0250
	木工平刨床 500mm	台班	0.0107	0.0107	0.0107	0.0107	0.0107	0.0107

2.门窗五金附件

工作内容:准备工具、选料、下料、制作成型、场内运输及清理废弃物。

计量单位:件

定额编号			3-8-343	3-8-344	3-8-345	3-8-346	3-8-347	3-8-348
项目			隔扇槛窗面叶	大门包叶	铜(铁)门钉		壶瓶形护口	铁门栓
					φ8cm 以内	φ8cm 以外		
名称		单位	消耗量					
人工	合计工日	工日	0.060	0.060	0.030	0.040	0.480	0.600
	木工普工	工日	0.018	0.018	0.009	0.012	0.144	0.180
	木工一般技工	工日	0.030	0.030	0.015	0.020	0.240	0.300
	木工高级技工	工日	0.012	0.012	0.006	0.008	0.096	0.120
材料	面叶	块	1.0200	—	—	—	—	—
	包叶	块	—	1.0200	—	—	—	—
	铜(铁)门钉 φ8cm 以内	个	—	—	1.0200	—	—	—
	铜(铁)门钉 φ8cm 以外	个	—	—	—	1.0200	—	—
	壶瓶形护口	块	—	—	—	—	1.0200	—
	铁门栓	份	—	—	—	—	—	1.0200
	铜钉	kg	0.0100	0.0500	—	—	—	—
	其他材料费(占材料费)	%	1.00	1.00	1.00	1.00	1.00	1.00

3.匾额、匾托

工作内容:准备工具、选料、下料、制作雕刻成型、场内运输及清理废弃物。 **计量单位:**m²

定额编号			3-8-349	3-8-350	3-8-351	3-8-352
项目			平匾制作			
			普通(厚度)		带边框	
			4cm	每增厚1cm	雕花边框	素边框
名称		单位	消耗量			
人工	合计工日	工日	2.760	0.028	13.800	2.208
	木工普工	工日	0.828	0.008	0.414	0.066
	木工一般技工	工日	1.380	0.014	0.690	0.110
	木工高级技工	工日	0.552	0.006	0.276	0.044
	雕刻工一般技工	工日	—	—	7.452	1.192
	雕刻工高级技工	工日	—	—	4.968	0.795
材料	松木规格料	m³	0.0586	0.0118	0.0714	0.0714
	乳胶	kg	1.0400	0.0100	0.6200	0.6200
	圆钉	kg	0.0100	—	—	—
	其他材料费(占材料费)	%	1.00	1.00	1.00	1.00
机械	木工圆锯机 500mm	台班	0.0167	—	0.0167	0.0167
	木工平刨床 500mm	台班	0.0311	—	0.0167	0.0167

工作内容：准备工具、选料、下料、制作雕刻成型、场内运输及清理废弃物。　　计量单位：樘

定额编号			3-8-353	3-8-354	3-8-355	3-8-356	3-8-357	3-8-358
项目			毗卢帽斗形匾制作					
			如意(上帽长度)					
			80cm 以内	100cm 以内	120cm 以内	140cm 以内	160cm 以内	180cm 以内
名称		单位	消耗量					
人工	合计工日	工日	6.624	8.832	11.592	15.456	20.424	27.600
	木工普工	工日	0.199	0.265	0.348	0.464	0.613	0.828
	木工一般技工	工日	0.331	0.442	0.580	0.773	1.021	1.380
	木工高级技工	工日	0.133	0.177	0.232	0.309	0.409	0.552
	雕刻工一般技工	工日	3.577	4.769	6.260	8.346	11.029	14.904
	雕刻工高级技工	工日	2.385	3.180	4.173	5.564	7.353	9.936
材料	松木规格料	m^3	0.0413	0.0760	0.1262	0.1841	0.2842	0.3996
	乳胶	kg	0.5200	0.7300	1.0400	1.5500	2.3800	3.6200
	圆钉	kg	0.2100	0.3100	0.4100	0.5200	0.6200	0.7200
	其他材料费(占材料费)	%	1.00	1.00	1.00	1.00	1.00	1.00
机械	木工圆锯机 500mm	台班	0.0250	0.0250	0.0250	0.0250	0.0250	0.0250
	木工平刨床 500mm	台班	0.0333	0.0333	0.0333	0.0333	0.0333	0.0333

工作内容：准备工具、选料、下料、制作雕刻成型、场内运输及清理废弃物。 **计量单位：**樘

定额编号			3-8-359	3-8-360	3-8-361	3-8-362	3-8-363	3-8-364
项目			毗卢帽斗形匾制作					
			云龙(上帽长度)					
			80cm 以内	100cm 以内	120cm 以内	140cm 以内	160cm 以内	180cm 以内
名称		单位	消耗量					
人工	合计工日	工日	19.872	26.496	34.776	46.368	61.272	82.800
	木工普工	工日	0.596	0.795	1.043	1.391	1.838	2.484
	木工一般技工	工日	0.994	1.325	1.739	2.318	3.064	4.140
	木工高级技工	工日	0.397	0.530	0.696	0.927	1.225	1.656
	雕刻工一般技工	工日	10.731	14.308	18.779	25.039	33.087	44.712
	雕刻工高级技工	工日	7.154	9.539	12.519	16.693	22.058	29.808
材料	松木规格料	m^3	0.0434	0.0798	0.1326	0.1933	0.2985	0.4196
	乳胶	kg	0.5200	0.7300	1.0400	1.5500	2.3800	3.6200
	圆钉	kg	0.2100	0.3100	0.4100	0.5200	0.6200	0.7200
	其他材料费(占材料费)	%	1.00	1.00	1.00	1.00	1.00	1.00
机械	木工圆锯机 500mm	台班	0.0250	0.0250	0.0250	0.0250	0.0250	0.0250
	木工平刨床 500mm	台班	0.0333	0.0333	0.0333	0.0333	0.0333	0.0333

工作内容：准备工具、选料、下料、制作雕刻成型、场内运输及清理废弃物。　　**计量单位：**块

定额编号			3-8-365	3-8-366	3-8-367	3-8-368	3-8-369	3-8-370
项目			匾托制安					
			单匾托		云龙纹通匾托(长度)		万字花草通匾托(长度)	
			带万字纹	普通素面	100cm 以内	100cm 以外	100cm 以内	100cm 以外
名称		单位	消耗量					
人工	合计工日	工日	1.435	0.331	11.592	18.547	6.072	9.715
	木工普工	工日	0.099	0.099	0.166	0.265	0.166	0.265
	木工一般技工	工日	0.166	0.166	0.276	0.442	0.276	0.442
	木工高级技工	工日	0.066	0.066	0.110	0.177	0.110	0.177
	雕刻工一般技工	工日	0.662	—	6.624	10.598	3.312	5.299
	雕刻工高级技工	工日	0.442	—	4.416	7.066	2.208	3.533
材料	松木规格料	m^3	0.0090	0.0090	0.0330	0.0720	0.0330	0.0720
	其他材料费(占材料费)	%	1.00	1.00	1.00	1.00	1.00	1.00

五、墙及天棚

工作内容：准备工具、场内运输及清理废弃物。
1. 拆除还包括拆除、运至指定地点、分类码放整齐；
2. 单独补换压缝引条还包括选料下料、裁木条；
3. 制安还包括选料、下料、制作成型。

定额编号			3-8-371	3-8-372	3-8-373	3-8-374	3-8-375	3-8-376
项目			栈板墙					
			拆除	单独补换压缝引条(条宽)			制安	
				3cm 以内	4cm 以内	6cm 以内	板厚 2cm	每增厚 0.5cm
			m^2	m			m^2	
	名称	单位	消耗量					
人工	合计工日	工日	0.050	0.110	0.120	0.132	0.629	0.037
	木工普工	工日	0.025	0.055	0.060	0.066	0.189	0.011
	木工一般技工	工日	0.020	0.044	0.048	0.053	0.315	0.018
	木工高级技工	工日	0.005	0.011	0.012	0.013	0.126	0.007
材料	板方材	m^3	—	0.0020	0.0030	0.0060	0.0529	0.0103
	圆钉	kg	—	0.0300	0.0400	0.0500	0.2000	0.0600
	乳胶	kg	—	—	—	—	1.0000	0.2000
	其他材料费(占材料费)	%	—	2.00	2.00	2.00	1.00	1.00
机械	木工圆锯机 500mm	台班	—	—	—	—	0.0417	—
	木工双面压刨床 600mm	台班	—	—	—	—	0.0222	—

工作内容：准备工具、场内运输及清理废弃物。

1. 拆除还包括拆除、运至指定地点、分类码放整齐；

2. 补换面板还包括拆除、选料、画线、制作成型、安装。

计量单位：m^2

定额编号			3-8-377	3-8-378	3-8-379
项目			木护墙、壁板		
			拆除	补换面板	
				板厚 2cm	每增厚 0.5cm
名称		单位	消耗量		
人工	合计工日	工日	0.040	0.420	0.024
	木工普工	工日	0.020	0.210	0.012
	木工一般技工	工日	0.016	0.168	0.010
	木工高级技工	工日	0.004	0.042	0.002
材料	板方材	m^3	—	0.0297	0.0057
	圆钉	kg	—	0.2000	0.0500
	乳胶	kg	—	0.0400	0.0100
	其他材料费(占材料费)	%	—	2.00	2.00

工作内容：准备工具、选料、下料、制作成型、安装、场内运输及清理废弃物。

计量单位：m^2

定额编号			3-8-380	3-8-381
项目			隔墙板制安	
			板厚 2cm	每增厚 0.5cm
名称		单位	消耗量	
人工	合计工日	工日	0.342	0.022
	木工普工	工日	0.103	0.007
	木工一般技工	工日	0.171	0.011
	木工高级技工	工日	0.068	0.004
材料	板方材	m^3	0.0297	0.0057
	乳胶	kg	0.2000	0.0500
	圆钉	kg	0.1000	—
	其他材料费(占材料费)	%	1.00	1.00
机械	木工圆锯机 500mm	台班	0.0417	—
	木工双面压刨床 600mm	台班	0.0222	—

工作内容:准备工具、必要支顶、安全监护、拆除、清理码放整齐、场内运输及清理废弃物。

计量单位:块

定额编号			3-8-382	3-8-383	3-8-384	3-8-385
项目			天花井口板拆除(见方)			
			50cm 以内	60cm 以内	70cm 以内	80cm 以内
名称		单位	消耗量			
人工	合计工日	工日	0.030	0.040	0.050	0.060
	木工普工	工日	0.015	0.020	0.025	0.030
	木工一般技工	工日	0.012	0.016	0.020	0.024
	木工高级技工	工日	0.003	0.004	0.005	0.006

工作内容:准备工具、必要支顶、安全监护、拆除、清理码放整齐、场内运输及清理废弃物。

计量单位:块

定额编号			3-8-386	3-8-387	3-8-388	3-8-389
项目			天花井口板拆除(见方)			
			90cm 以内	100cm 以内	110cm 以内	120cm 以内
名称		单位	消耗量			
人工	合计工日	工日	0.070	0.080	0.100	0.110
	木工普工	工日	0.035	0.040	0.050	0.055
	木工一般技工	工日	0.028	0.032	0.040	0.044
	木工高级技工	工日	0.007	0.008	0.010	0.011

工作内容:准备工具、天花塌陷部位的支顶加固、场内运输及清理废弃物。

计量单位:m^2

定额编号			3-8-390
项目			井口天花支顶加固室内高在4.5m以内
名称		单位	消耗量
人工	合计工日	工日	1.200
	木工普工	工日	0.600
	木工一般技工	工日	0.480
	木工高级技工	工日	0.120
材料	板方材	m^3	0.0040
	圆钉	kg	0.0500
	铁件(综合)	kg	0.1000
	其他材料费(占材料费)	%	2.00

工作内容:准备工具、选料、拆下解体、补配穿带、组装、重新安装、场内运输及清理废弃物。

计量单位:块

定额编号			3-8-391	3-8-392	3-8-393	3-8-394	3-8-395
项目			天花井口板拆修安(见方)				
			50cm以内	60cm以内	70cm以内	80cm以内	90cm以内
名称		单位	消耗量				
人工	合计工日	工日	0.144	0.192	0.240	0.300	0.360
	木工普工	工日	0.072	0.096	0.120	0.150	0.180
	木工一般技工	工日	0.058	0.077	0.096	0.120	0.144
	木工高级技工	工日	0.014	0.019	0.024	0.030	0.036
材料	松木规格料	m^3	0.0013	0.0016	0.0019	0.0022	0.0026
	乳胶	kg	0.0500	0.0700	0.0900	0.1100	0.1400
	圆钉	kg	0.0100	0.0100	0.0100	0.0200	0.0200
	其他材料费(占材料费)	%	2.00	2.00	2.00	2.00	2.00

工作内容：准备工具、选料、拆下解体、补配穿带、组装、重新安装、场内运输及清理废弃物。

计量单位：块

定额编号			3-8-396	3-8-397	3-8-398
项目			天花井口板拆修安(见方)		
			100cm 以内	110cm 以内	120cm 以内
名称		单位	消耗量		
人工	合计工日	工日	0.432	0.504	0.580
	木工普工	工日	0.216	0.252	0.290
	木工一般技工	工日	0.173	0.202	0.232
	木工高级技工	工日	0.043	0.050	0.058
材料	松木规格料	m^3	0.0029	0.0032	0.0035
	乳胶	kg	0.1600	0.1800	0.2100
	圆钉	kg	0.0200	0.0200	0.0200
	其他材料费(占材料费)	%	2.00	2.00	2.00

工作内容：准备工具、选料、下料、制作成型、安装、场内运输及清理废弃物。

计量单位：块

定额编号			3-8-399	3-8-400	3-8-401	3-8-402	3-8-403	3-8-404
项目			天花井口板制安(见方)					
			50cm 以内	60cm 以内	70cm 以内	80cm 以内	90cm 以内	100cm 以内
名称		单位	消耗量					
人工	合计工日	工日	0.331	0.442	0.563	0.699	0.839	0.994
	木工普工	工日	0.099	0.133	0.169	0.210	0.252	0.298
	木工一般技工	工日	0.166	0.221	0.282	0.350	0.420	0.497
	木工高级技工	工日	0.066	0.088	0.113	0.140	0.168	0.199
材料	松木规格料	m^3	0.0114	0.0160	0.0218	0.0285	0.0361	0.0437
	乳胶	kg	0.1000	0.1600	0.2100	0.2600	0.3100	0.3600
	圆钉	kg	0.0100	0.0100	0.0100	0.0200	0.0200	0.0200
	其他材料费(占材料费)	%	1.00	1.00	1.00	1.00	1.00	1.00
机械	木工圆锯机 500mm	台班	0.0100	0.0100	0.0100	0.0100	0.0100	0.0100
	木工双面压刨床 600mm	台班	0.0320	0.0320	0.0320	0.0320	0.0320	0.0320

工作内容:准备工具、场内运输及清理废弃物。

1. 天花井口板制安还包括选料、下料、制作成型、安装;
2. 天花支条、贴梁拆除还包括必要支顶、安全监护、分类码放整齐。

定额编号			3-8-405	3-8-406	3-8-407	3-8-408	3-8-409	3-8-410
项目			天花井口板制安(见方)		天花支条、贴梁拆除(条宽)			
			110cm 以内	120cm 以内	9cm 以内	12cm 以内	15cm 以内	18cm 以内
			块		m			
名称		单位	消耗量					
人工	合计工日	工日	1.159	1.336	0.043	0.043	0.050	0.060
	木工普工	工日	0.348	0.401	0.022	0.022	0.025	0.030
	木工一般技工	工日	0.580	0.668	0.017	0.017	0.020	0.024
	木工高级技工	工日	0.232	0.267	0.004	0.004	0.005	0.006
材料	松木规格料	m^3	0.0538	0.0641	—	—	—	—
	乳胶	kg	0.4100	0.4700	—	—	—	—
	圆钉	kg	0.0300	0.0300	—	—	—	—
	其他材料费(占材料费)	%	1.00	1.00	—	—	—	—
机械	木工圆锯机 500mm	台班	0.0100	0.0100	—	—	—	—
	木工双面压刨床 600mm	台班	0.0320	0.0320	—	—	—	—

工作内容：准备工具、选料、下料、制作成型、安装、场内运输及清理废弃物。　　**计量单位：**m

定额编号			3-8-411	3-8-412	3-8-413	3-8-414	3-8-415	3-8-416
项目			天花支条、贴梁制安(条宽)					
			7.5cm	9cm	10.5cm	12cm	13.5cm	15cm
名称		单位	消耗量					
人工	合计工日	工日	0.202	0.221	0.243	0.267	0.287	0.313
	木工普工	工日	0.061	0.066	0.073	0.080	0.086	0.094
	木工一般技工	工日	0.101	0.110	0.121	0.133	0.144	0.156
	木工高级技工	工日	0.041	0.044	0.049	0.053	0.057	0.063
材料	松木规格料	m^3	0.0082	0.0121	0.0167	0.0221	0.0282	0.0351
	镀锌铁丝(综合)	kg	0.0300	0.0300	0.0300	0.0300	0.0300	0.0300
	其他材料费(占材料费)	%	1.00	1.00	1.00	1.00	1.00	1.00
机械	木工圆锯机 500mm	台班	0.0083	0.0083	0.0083	0.0083	0.0083	0.0083
	木工平刨床 500mm	台班	0.0080	0.0080	0.0080	0.0080	0.0080	0.0080

工作内容:准备工具、场内运输及清理废弃物。

1. 制安还包括选料、下料、制作成型、安装;
2. 木顶格白樘箅子拆除还包括拆除、运至指定地点、分类码放整齐;
3. 木顶格白樘箅子拆修安还包括选料、拆下解体、组装、重新安装。

定额编号			3-8-417	3-8-418	3-8-419	3-8-420	3-8-421
项目			天花支条、贴梁制安（条宽）		木顶格白樘箅子		
			16.5cm	18cm	拆除	拆修安	制作安装
			m		m^2		
名称		单位	消耗量				
人工	合计工日	工日	0.331	0.353	0.030	0.240	0.662
	木工普工	工日	0.099	0.106	0.015	0.072	0.199
	木工一般技工	工日	0.166	0.177	0.012	0.120	0.331
	木工高级技工	工日	0.066	0.071	0.003	0.048	0.133
材料	松木规格料	m^3	0.0422	0.0500	—	0.0057	0.0314
	板方材	m^3	—	—	—	0.0038	0.0075
	乳胶	kg	—	—	—	0.0800	0.0800
	圆钉	kg	—	—	—	0.0200	0.0200
	铁件(综合)	kg	—	—	—	—	0.3500
	镀锌铁丝(综合)	kg	0.0300	0.0300	—	—	0.1000
	其他材料费(占材料费)	%	1.00	1.00	—	2.00	1.00
机械	木工圆锯机 500mm	台班	0.0083	0.0083	—	—	0.2750
	木工平刨床 500mm	台班	0.0080	0.0080	—	—	0.0440

工作内容:准备工具、场内运输及清理废弃物。

1. 拆除还包括必要支顶、安全监护、拆除、运至指定地点、分类码放整齐;

2. 制安还包括选料、下料、制作成型、安装。

计量单位:m³

定额编号			3-8-422	3-8-423	3-8-424	3-8-425	3-8-426	3-8-427
项目			帽儿梁					
			拆除(径)			制安(径)		
			25cm 以内	30cm 以内	30cm 以外	25cm 以内	30cm 以内	30cm 以外
名称		单位	消耗量					
人工	合计工日	工日	1.560	1.320	1.032	11.923	9.826	7.949
	木工普工	工日	0.780	0.660	0.516	3.577	2.948	2.385
	木工一般技工	工日	0.624	0.528	0.413	5.962	4.913	3.974
	木工高级技工	工日	0.156	0.132	0.103	2.385	1.965	1.590
材料	原木	m³	—	—	—	1.2100	1.2100	1.2100
	铁件(综合)	kg	—	—	—	95.0000	80.0000	65.0000
	其他材料费(占材料费)	%	—	—	—	1.00	1.00	1.00

工作内容:准备工具、场内运输及清理废弃物。

1. 拆除还包括必要支顶、安全监护、拆除、运至指定地点、分类码放整齐;
2. 支顶加固还包括歪闪塌陷下垂的支顶加固;
3. 补换压条还包括制作压缝条、安装;
4. 制安还包括选料、下料、制作成型、安装。

定额编号			3-8-428	3-8-429	3-8-430	3-8-431	3-8-432	3-8-433
项目			仿井口天花(胶合板天棚)					
			拆除	支顶加固	补换压条	制安		
						带压条仿井口天花	普通压条	不带压条
			m^2		m	m^2		
名称		单位	消耗量					
人工	合计工日	工日	0.040	0.100	0.120	0.442	0.212	0.368
	木工普工	工日	0.020	0.050	0.060	0.133	0.064	0.110
	木工一般技工	工日	0.016	0.040	0.048	0.221	0.106	0.184
	木工高级技工	工日	0.004	0.010	0.012	0.088	0.042	0.074
材料	板方材	m^3	—	0.0030	—	0.0300	0.0225	0.0225
	松木规格料	m^3	—	—	0.0040	0.0200	—	—
	松木压条	m	—	—	—	—	4.8000	—
	胶合板 5mm	m^2	—	—	—	1.1000	1.1000	1.1000
	镀锌铁丝(综合)	kg	—	—	—	0.1200	0.1000	0.1000
	圆钉	kg	—	0.0350	0.0060	0.3000	0.1000	0.1000
	铁件(综合)	kg	—	—	—	0.3000	0.3000	0.3000
	防腐油	kg	—	—	—	0.3000	0.0270	0.0270
	其他材料费(占材料费)	%	—	2.00	2.00	1.00	1.00	1.00

第九章　场 外 运 输

说　　明

一、本章包括古建筑加工后的砖件、石制品、木构件场外运输，共20个子目。

二、本章场外运输定额系指因施工场地狭小或其他原因导致砖件、石制品、木构件需在施工现场外集中加工制作后再运至施工现场所发生的运输费用，凡在施工现场进行加工的不得执行本章定额。

三、木构件只包括柱、枋、梁、檩、角梁、由戗、承重、踏脚木、楞木、沿边木等大型木构件，其他木制品若需在场外集中加工制作不得计取场外运输费。

四、本章定额是按大中城市的交通状况及行车时速，以5t载重汽车为准，并已考虑了装载不足吨位和空驶等因素。

五、运输距离超过25km时，各地可结合当地实际情况另行处理。

六、本章定额系指人工配合加工场地和施工现场的提升吊装机械装卸车辆的条件。如遇专用吊车跟车装卸的情况，其吊车台班按实际情况另行计算，运输台班不变。

工程量计算规则

一、加工后的砖件按数量计算。

二、石制品、木构件按体积计算。其中,石制品按第一章“石作工程”,木构件按第六章“木构架及木基层工程”中制作的工程量计算规则执行。

工作内容:准备工具、成品半成品简易包装、装车、运至施工现场指定地点分类码放。　**计量单位**:100块

定　额　编　号			3-9-1	3-9-2	3-9-3	3-9-4	3-9-5
项　　目			加工后的城砖、大停泥砖、方砖运输				
			5km以内	10km以内	15km以内	20km以内	25km以内
名　称		单位	消　耗　量				
人工	合计工日	工日	0.586	0.703	0.946	1.008	1.148
	普工	工日	0.527	0.633	0.851	0.907	1.033
	一般技工	工日	0.059	0.070	0.095	0.101	0.115
材料	板方材	m^3	0.0026	0.0026	0.0026	0.0026	0.0026
	草帘	条	1.0500	1.0500	1.0500	1.0500	1.0500
	5t载重汽车	台班	0.1220	0.1464	0.1970	0.2100	0.2390

工作内容:准备工具、成品半成品简易包装、装车、运至施工现场指定地点分类码放。　**计量单位**:100块

定　额　编　号			3-9-6	3-9-7	3-9-8	3-9-9	3-9-10
项　　目			加工后的小停泥砖、开条砖运输				
			5km以内	10km以内	15km以内	20km以内	25km以内
名　称		单位	消　耗　量				
人工	合计工日	工日	0.264	0.302	0.403	0.422	0.490
	普工	工日	0.238	0.272	0.363	0.380	0.441
	一般技工	工日	0.026	0.030	0.040	0.042	0.049
材料	板方材	m^3	0.0026	0.0026	0.0026	0.0026	0.0026
	草帘	条	1.0500	1.0500	1.0500	1.0500	1.0500
	5t载重汽车	台班	0.0550	0.0630	0.0840	0.0880	0.1020

工作内容：准备工具、成品半成品简易包装、安全支护、装车、运至施工现场指定地点分类码放。

计量单位：m^3

定额编号			3-9-11	3-9-12	3-9-13	3-9-14	3-9-15
项目			石制品运输				
			5km 以内	10km 以内	15km 以内	20km 以内	25km 以内
名称		单位	消耗量				
人工	合计工日	工日	0.672	0.821	1.118	1.195	1.445
	普工	工日	0.605	0.739	1.006	1.076	1.301
	一般技工	工日	0.067	0.082	0.112	0.120	0.145
材料	板方材	m^3	0.0060	0.0060	0.0060	0.0060	0.0060
	草帘	条	1.0500	1.0500	1.0500	1.0500	1.0500
	5t 载重汽车	台班	0.1400	0.1710	0.2330	0.2940	0.3010

工作内容：准备工具、成品半成品简易包装、安全支护、装车、运至施工现场指定地点分类码放。

计量单位：m^3

定额编号			3-9-16	3-9-17	3-9-18	3-9-19	3-9-20
项目			木构件运输				
			5km 以内	10km 以内	15km 以内	20km 以内	25km 以内
名称		单位	消耗量				
人工	合计工日	工日	0.245	0.298	0.403	0.427	0.518
	普工	工日	0.221	0.268	0.363	0.384	0.466
	一般技工	工日	0.025	0.030	0.040	0.043	0.052
材料	板方材	m^3	0.0031	0.0031	0.0031	0.0031	0.0031
	型钢(综合)	kg	0.0840	0.0840	0.0840	0.0840	0.0840
	5t 载重汽车	台班	0.0510	0.0620	0.0840	0.0890	0.1080

第十章　油饰彩画工程

说　　明

一、本章包括山花板、博缝板、挂檐板油饰彩画，连檐、瓦口、椽头、椽望油饰彩画，木构架油饰彩画，斗栱、垫栱板油饰彩画，木装修油饰彩画，共5节1199个子目。

二、麻布灰地仗砍挠见木综合了各种做法的麻、布灰地仗及损毁程度，单披灰地仗砍挠见木及洗挠见木综合了各种做法的单披灰地仗及损毁程度，实际工程中不得再因具体情况调整。

三、修补地仗中捉中灰、满细灰项目均与砂石穿油灰皮项目配套使用，局部麻灰、满细灰项目与砂石穿油灰皮、局部斩砍项目配套使用，麻遍上补做地仗项目与斩砍至麻遍项目配套使用，定额的工料机消耗已包括了局部空鼓需斩砍到木骨并补做的情况，实际工程中不得因空鼓砍除面积的大小再做调整。

四、各种地仗不论汁浆或操稀底油，定额不做调整；单披灰地仗均包括木件接榫、接缝处局部糊布条。

五、油饰项目中的刷两道扣末道项目均与油漆地饰金或油漆地彩画项目配套使用。

六、歇山建筑立闸山花板油饰饰金按本章第一节山花板相应定额及工程量计算规则执行，悬山建筑的镶嵌象眼山花板、柁挡板按本章第三节上架构件相应定额及工程量计算规则执行。

七、挂檐(落)板、滴珠板正面按有无雕饰分别执行定额，底边面及背面均按无雕饰挂檐板定额执行，其正面绘制彩画按上架构件相应定额执行。

八、连檐瓦口做地仗及油饰包括瓦口及大连檐正立面，不包括大连檐底面。椽望地仗及油饰包括大连檐底面及小连檐、闸挡板、椽碗等附件在内。

九、椽头彩绘包括飞椽及檐椽端面的全部彩绘，单独在飞椽头或檐椽头绘制彩画者，根据做法分别按椽头片金彩画绘制、椽头金边彩画绘制、椽头墨(黄)线彩画绘制定额乘以系数0.5。

十、木构架油饰彩绘项目分界均以图示檐柱径(底端径)为准，上架构件包括枋下皮以上(包括柱头)的所有枋、梁、随梁、瓜柱、柁墩、角背、雷公柱、柁挡板、象眼山花板、桁檩、角梁、由戗、桁檩垫板、由额垫板、燕尾枋、承重、楞木等以及楼板的底面，下架构件包括柱、槛框、窗榻板、门头板(迎风板、走马板)、余塞板、隔墙板、护墙板、筒子板、栈板墙、坐凳面及楹斗、门簪等附件。

十一、苏式掐箍头彩画、掐箍头搭包袱彩画定额(不含油漆地苏式片金彩画)均已包括箍头、包袱外涂饰油漆的工料，箍头、包袱外涂饰油漆不再另行计算。

十二、油饰彩绘面回贴、修补均以单件构件核定，单件构件面积回贴、修补不足30%时定额不做调整，单件构件回贴、修补面积超过30%时另执行面积每增10%定额，不足10%时按10%计算。

十三、栈板墙外侧基层处理、做地仗、油饰按下架构件相应定额乘以系数1.25。

十四、木楼板基层处理、地仗及油饰定额项目只适用于其上表面，按上架构件基层处理、地仗、油饰相应定额及工程量计算规则执行。

十五、木楼梯地仗及油饰包括帮板、踢板、踩板正面和背面全部面积，不包括栏杆及扶手。木楼梯以其帮板与地面夹角小于45°为准，帮板与地面夹角大于45°小于60°时按定额乘以系数1.4，帮板与地面夹角大于60°时按定额乘以系数2.7。

十六、斗栱彩绘包括栱眼处扣油，不包括栱、升、斗背面掏里刷色，掏里刷色另行计算。

十七、斗栱昂嘴饰金以平身科昂嘴为准，柱头科昂嘴及角科由昂饰金不分头昂、二昂、三昂均按相应斗口规格昂嘴饰金定额乘以系数1.5。

十八、垫栱板油漆地饰金彩画绘制不包括油漆地的涂刷，涂刷油漆地另按油饰项目中相应的刷两道扣末道项目执行。

十九、帘架大框基层处理、做地仗、油饰定额已综合了其荷叶墩、荷花栓斗的基层处理、做地仗、油饰或纠粉的工料。

二十、与支摘窗配套的横披窗按支摘窗相应定额及工程量计算规则执行，与槛窗配套的横披窗按隔扇槛窗相应定额及工程量计算规则执行。

二十一、各种门窗扇基层处理及地仗、油饰均以双面做为准，其中隔扇、槛窗、支摘窗扇单独做外立面按定额乘以系数0.6，单独做里立面按定额乘以系数0.4，里外分色油饰者亦按此比例分摊。

二十二、大门门钉饰金不包括门钹（或兽面）、包叶，门钹（或兽面）、包叶饰金另执行相应定额。

二十三、什锦窗油饰包括贴脸、桶座、背板及心屉全部油饰，双面心屉什锦窗若只做单面按单面心屉什锦窗相应定额执行；什锦窗玻璃彩画包括擦玻璃。

二十四、楣子、栏杆基层处理及地仗、油饰均以双面做为准，其中倒挂楣子包括白菜头及花牙子在内。

二十五、大墙色边拉线包括刷砂绿大边及拉红白线，只刷大边拉单线者定额不做调整。

二十六、天花井口板彩绘包括摘安井口板，遇有海漫天花硬做（仿井口天花）其支条及井口板基层处理、地仗、彩绘定额均不做调整。

二十七、天花支条彩画及木顶格软天花回贴、修补的面积比重均以单间为单位计算。单间回贴、修补面积不足30%时定额不作调整，单间回贴、修补面积超过30%时另执行面积每增10%定额（不足10%时亦按10%执行）。

二十八、匾额油饰包括金属匾托及匾勾的油饰。

二十九、地仗分层做法见下表。

地仗分层做法表

地仗项目		分层做法（按施工操作顺序）
一布四灰		汁浆、捉缝灰、通灰、糊布、中灰、细灰、钻生桐油；
一布五灰		汁浆、捉缝灰、通灰、糊布、压布灰、中灰、细灰、钻生桐油；
一麻五灰		汁浆、捉缝灰、通灰、粘麻、压麻灰、中灰、细灰、钻生桐油；
二麻六灰		汁浆、捉缝灰、通灰、粘头层麻、压麻灰、粘二层麻、压麻灰、中灰、细灰、钻生桐油；
一麻一布六灰		汁浆、捉缝灰、通灰、粘麻、压麻灰、糊布、压布灰、中灰、细灰、钻生桐油
单皮灰	四道灰	汁浆、捉缝灰、通灰、中灰、细灰、钻生桐油；
	三道灰	汁浆、捉缝灰、中灰、细灰、钻生桐油；
	二道灰	汁浆、中灰捉缝、满细灰、钻生桐油；
	一道半灰	汁浆、中灰捉缝、找细灰、钻生桐油

三十、各类彩画特征做法见下表。

各种彩色图案内容及特征表

彩画种类		图案内容或特征
明式彩画	金线点金花枋心	大线及花心贴金，枋心内绘图案
	金线点金素枋心	大线及花心贴金，枋心内无图案
	墨线点金	大线用墨线，花心贴金，枋心内无图案
	墨线无金	全部用墨线不贴金，枋心无图案
和玺彩画	金琢墨和玺	贯套箍头，枋心、藻头、盒子内做片金龙
	片金和玺（一）	片金箍头，枋心、藻头、盒子内做片金龙或凤，主线带晕色
	片金和玺（二）	素箍头，枋心、藻头、盒子内做金龙或凤
	金琢墨龙草和玺	主线带晕色，座斗枋做攒退轱辘草，枋心、盒子内为片金龙，藻头为片金龙和攒退草调换构图
	龙草和玺	主线不带晕色，枋心、盒子内为片金龙，藻头为攒退草和片金龙调换构图
	和玺加苏画	枋心及盒子内为金龙和苏式彩墨画调换构图

续表

彩画种类		图案内容或特征
旋子彩画	金琢墨石碾玉	大线旋花、栀花均贴金退晕,旋花心、栀花心及菱角地、宝剑头均贴金
	金线烟琢墨石碾玉	大线贴金退晕,旋花,栀花墨线不退晕,其他同金琢墨石碾玉
	金线大点金	大线贴金退晕,旋花,栀花墨线不退晕,其他同上
	金线小点金	大线贴金退晕,旋花,栀花墨线不退晕,旋花心,栀花心贴金
	墨线大点金	大线及旋花、栀花均为墨线不退晕,旋花心,栀花心及菱角地、宝剑头均贴金
	墨线小点金	大线及旋花、栀花均为墨线不退晕,旋花心,栀花心贴金
	雅伍墨	全部为墨线,不退晕,不贴金
	雄黄玉	以黄调子做底色,衬托青绿旋花瓣和线条、均退晕
	金线大点金加苏画	枋心、盒子内画苏式彩画墨画,其他与金线大点金相同
宋锦彩画	片金或攒退枋心	藻头画锦纹,锦格内作染仙鹤、蝙蝠等,枋心及盒子内为片金或攒退图案
	苏画枋心	藻头画锦纹,枋心、盒子内画山水、花鸟鱼虫等彩画墨画
苏式彩画	金琢墨苏画(一)	箍头、卡子、包袱、池子均为金线攒退,包袱线退晕层次多在七道以上,包袱内做窝金地彩墨画或点金彩墨画
	金琢墨苏画(二)	包袱内内绘一般彩墨画,其他同上
	金线苏画	箍头线、包袱线(或枋心线)、池子线、取出锦线均为沥粉贴金,包袱线、池子线退晕,烟云层次为五层至七层,包袱、池子聚锦内画彩墨画
	金线掐箍头搭包袱	只画箍头及包袱,藻头部分涂刷油漆
	金线掐箍头	只画箍头,两箍头之间涂刷油漆
	金线海漫苏画	两箍头之间既无包袱、聚锦、池子,也无枋心,而是在青、绿红三种底色上分别绘出流云、折枝墨叶子花爬蔓植物花卉,在其两端靠箍头的部位可绘卡子,也可不绘卡子
	黄(墨)线苏画	包括黄线苏画、黄线掐箍头搭包袱、黄线掐箍头、黄线海漫苏画,构图格式均与相应的金线苏画相同,但不贴金
油漆地片金苏画		在油漆地上仿苏式彩画的格式做片金图案,不刷色

工程量计算规则

一、立闸山花板按露明三角形以面积计算。

二、歇山博缝板、悬山博缝板均按屋面坡长乘以博缝板宽以面积计算，梅花钉饰金按博缝板工程量以面积计算。

三、挂檐(落)板正面按垂直投影面积计算；滴珠板按凸尖处竖向高乘以滴珠板以面积计算，挂檐(落)板、滴珠板底边面及背面合计面积按其正面面积乘以系数0.8。

四、连檐瓦口按大连檐高乘以系数1.5，椽头按飞椽头竖向高乘以檐头长以面积计算，其中带角梁建筑檐头长按仔角梁端头中点连线以长度计算，硬山建筑檐头长按两山排山梁架中线间距计算，悬山建筑檐头长按两山博缝板外皮间距计算。

五、椽望按其对应屋面以面积计算，小连檐立面及闸挡板、隔椽板的面积不计算，屋角飞檐冲出部分不增加，室内外做法不同时以檩中线为界分别计算，其中：

1. 屋面坡长以脊中至檐头木基层外边线折线长为准，扣除斗栱(正心桁至挑檐桁)所掩盖的长度；

2. 硬山建筑两山边线以排山梁架轴线为准，悬山建筑两山边线以博缝外皮为准；

3. 椽肚饰金不扣除椽档面积，望板饰金不扣除椽所占面积。

六、上架枋(含箍头)、梁(含梁头)、随梁、承重、楞木等横向构件按其侧面和底面展开面积以面积计算，上面及穿插枋榫头面积均不计算；其侧面面积按截面高乘以长以面积计算，底面面积按截面宽乘以长以面积计算，扣除随梁、上槛、墙体、天花顶棚等所掩盖面积，箍头端面、梁头端面面积已包括在内不再另行增加；构件长度均以轴线间距为准，轴线外延长的箍头、梁头长度应予增加；室内外做法不同时应分别计算。

七、坐斗枋两侧面积均按其截面高乘以全长以面积计算，上面不计算。

八、挑檐枋外立面面积按其截面高乘以长以面积计算，并入上架构件工程量中，不扣除梁头及斗栱升斗所压占面积；其长度同挑檐桁长。

九、桁檩按截面周长减去上金盘宽(金盘宽按檩径1/4计)和垫板或挑檐枋所压占的宽度后乘以长度以面积计算，端面不计算，扣除顶棚所掩盖面积；其长度以轴线间距为准，轴线外延长的搭角桁檩头长度应予增加，悬山出挑桁檩头长度计算至博缝板外皮；室内外做法不同时应分别计算。

十、角梁按其侧面和底面展开面积以面积计算，其底面积按角梁宽乘以角梁长以面积计算，两侧合计面积按老角梁截面高乘以角梁长乘以系数2.5，端面面积不计算，扣除斗栱、天花掩盖的面积，其中仔角梁头长以飞椽挑出长即小连檐外皮至大连檐外皮水平间距为基数，老角梁挑出长度以檐椽平出长即挑檐桁或檐檩中至小连檐外皮间距为基数，角梁内里长以檐步架水平长为基数，正方角乘以系数1.5，六方角乘以系数1.26，八方角乘以系数1.2。

十一、由戗按其2倍截面高加底面宽之和乘以长以面积计算，不扣除桁檩、雷公柱所占面积，其长度以金步架水平长为基数，正方角乘以系数1.57，六方角乘以系数1.35，八方角乘以系数1.28。

十二、瓜柱、太平梁上雷公柱按周长乘以柱净高以面积计算，柁墩按水平周长乘以截面高以面积计算；瓜柱、柁墩均扣除嵌入墙体的面积；攒尖雷公柱按周长乘以垂头底端至由戗上皮净高以面积计算。

十三、角背两侧面均按全长乘以高以面积计算，不扣除瓜柱所掩盖面积，扣除嵌入墙体一侧的面积，两端面及上面不计算。

十四、由额垫板、桁檩垫板两面均按截面高乘以轴线间距长度以面积计算，悬山建筑两山燕尾枋长计入桁檩垫板长度中，燕尾枋不再另行计算；栱枋板(围脊板)、柁挡板、象眼山花板两面均按垂直投影面积以面积计算，其中象眼山花板上边线以望板下皮为准，不扣除桁檩窝所占面积。

十五、雀替及隔架雀替按露明长乘以全高以面积计算。

十六、牌楼花板、牌楼匾按垂直投影面积计算。

十七、下架柱按其底面周长乘以柱高(扣除计算到上架面积中的柱头高)以面积计算,扣除抱框、墙体所掩盖面积。

十八、槛框按截面周长乘以长以面积计算,扣除贴靠柱、枋、梁、榻板、墙体、地面等侧的面积;楹斗、门簪等附件基层处理、地仗、油饰不再另行计算;其中槛长以柱间净长为准,框及间柱长以上下两槛间净长为准。

十九、框线饰金按框线展开宽乘以长以面积计算。

二十、窗榻板按宽与两侧面高之和乘以柱间净长(扣除门口所占长度)以面积计算,扣除风槛所压占面积。

二十一、坐凳面按截面周长乘以柱间净长以面积计算,不扣除楣子所压占面积,出人口长度应与扣除,其膝盖腿长应予增加。

二十二、门头板(迎风板、走马板)、余塞板等两侧面及廊心均按垂直投影面积计算。

二十三、筒子板按看面及两侧边宽之和乘以立板顶板总长以面积计算。

二十四、栈板墙、木隔墙板两面及木护墙板均按垂直投影面积计算,扣除门窗洞口所占面积,木护墙板不扣除柱门所占面积。

二十五、木楼板上面按水平投影面积计算,其上面不扣除柱、隔扇下槛所占面积。

二十六、木楼梯按水平投影面积计算。

二十七、上、下架彩画回贴及修补均以单件构件展开累计面积计算,展开办法同上,回贴及修补面积比重不同时应分别按累计面积计算。

二十八、各种斗栱、垫栱板、盖斗板基层处理、做地仗、油饰、彩绘均按展开面积计算,工程量展开面积计算按下表规定执行。

斗栱展开面积表

斗栱种类		斗栱展开面积(斗口尺寸)包括 斗栱各分件正面、底面、两侧面及正心枋、拽枋正面、底面、挑檐枋底面的面积											盖斗板面积为斗栱展开面积的%	掏里面积(包括栱、升、枋的背面)为斗栱面积的%
		4cm	5cm	6cm	7cm	8cm	9cm	10cm	11cm	12cm	13cm	14cm		
昂翘、镏金斗栱外拽面	三踩单昂	0.245	0.382	0.550	0.749	0.978	1.238	1.529					13.1	19.4
	五踩单翘单昂	0.430	0.627	0.967	1.317	1.720	2.177	2.687	3.252	3.870	4.542	5.267	18.0	26.0
	三踩重昂	0.450	0.702	1.012	1.377	1.798	2.276	2.810	3.400	4.046	4.749	5.507	17.2	24.9
	七踩单翘重昂	0.631	0.986	1.420	1.933	2.525	3.195	3.945	4.773	5.680	6.666	7.731	19.4	27.9
	九踩重翘重昂	0.813	1.270	1.829	2.489	3.251	4.114	5.079	6.146	7.314	8.584	9.955	20.6	29.6
	九踩单翘三昂	0.832	1.300	1.873	2.549								20.1	28.9
	十一踩重翘三昂	1.007	1.574	2.267	3.085								21.1	30.3
昂翘斗栱里拽面	三踩	0.272	0.424	0.611	0.832	1.086	1.375	1.697	2.053	2.444	2.868	3.326	13.2	23.4
	五踩	0.469	0.733	1.056	1.438	1.878	2.376	2.934	3.550	4.225	4.958	5.750	21.9	27.2
	七踩	0.651	1.017	1.465	1.994	2.604	3.295	4.068	4.923	5.859	6.876	7.974	22.7	29.5
	九踩	0.833	1.301	1.873	2.550	3.330	4.215	5.203	6.296	7.493	8.793	10.198	23.2	30.8
溜金斗栱里拽面	三踩	0.971	1.518	2.186	2.975	3.386	4.918	6.072	7.347	8.743	10.261	11.901		
	五踩	1.081	1.688	2.431	3.309	4.322	5.470	6.753	8.172	9.725	11.413	13.237		
	七踩	1.291	2.017	2.904	3.952	5.162	6.534	8.066	9.760	11.615	13.632	15.810		
	九踩	1.491	2.330	3.355	4.566	5.964	7.548	9.319	11.276	13.419	15.749	18.265		

续表

斗栱种类		斗栱展开面积（斗口尺寸）包括斗栱各分件正面、底面、两侧面及正心枋、拽枋正面、底面、挑檐枋底面的面积											盖斗板面积为斗栱展开面积的%	掏里面积（包括栱、升、枋的背面）为斗栱面积的%
		4cm	5cm	6cm	7cm	8cm	9cm	10cm	11cm	12cm	13cm	14cm		
平座斗栱外拽面	三踩单翘	0.229	0.358	0.515	0.701	0.915	1.158	1.430	1.730	2.059	2.417	2.803	14.0	20.7
	五踩重翘	0.410	0.641	0.923	1.257	1.642	2.078	2.565	3.103	3.693	4.335	5.027	18.8	27.3
	七踩三翘	0.592	0.725	1.332	1.813	2.368	2.997	3.700	4.476	5.327	6.252	7.251	20.7	29.8
	九踩四翘	0.773	1.209	1.740	2.369	3.094	3.916	4.834	5.849	6.961	8.170	9.475	21.7	31.1
一斗三升斗栱（单拽面）		0.046	0.071	0.103	0.140	0.182	0.231	0.285						
一斗二升交麻叶斗栱（单拽面）		0.091	0.142	0.204	0.278	0.363	0.460	0.567						
单翘麻叶云斗栱（单拽面）		0.236	0.359	0.531	0.722	0.944	1.194	1.474						
十字隔架斗栱（双拽面）		0.196	0.306	0.440	0.599	0.782	0.990	1.222						
单栱垫栱板（单拽面）		0.032	0.050	0.072	0.098	0.128	0.161	0.199	0.241	0.287	0.337	0.391		
重栱垫栱板（单拽面）		0.040	0.062	0.089	0.122	0.159	0.201	0.248	0.300	0.357	0.419	0.486		

1. 表中所列面积均以平身科斗栱为准，其中除十字隔架斗栱为两个拽面的合计面积外，其余（包括垫栱板）均为一个拽面的面积，内里品字斗栱双拽合计面积，按表中昂翘斗栱里拽面积乘以系数2，牌楼昂翘、品字斗栱两拽合计面积分别按表中昂翘斗栱、平座斗栱外拽面积乘以系数2。

2. 昂翘、溜金、平座斗栱角科外拽面按其平身科外拽面积乘以系数3.5，里拽面积与平身科相同；牌楼昂翘斗栱角科按其平身科两拽合计面积乘以系数3。各种柱头斗栱里外拽面积分别按其平身科里外拽面积计算（溜金斗栱柱头科里拽面积按昂翘斗栱里拽面积计算）。

二十九、昂嘴贴金以个为单位按数量计算。

三十、垫栱板彩画回贴及彩画修补均按所回贴或修补的垫栱板单块面积累计以面积计算。

三十一、斗栱保护网油饰按面积计算。

三十二、帘架大框按框外皮围成的面积计算，其下边线以地面上皮为准，其荷叶墩、荷花栓斗不再另行计算。

三十三、隔扇及槛窗基层处理、地仗、油饰及边抹、面叶饰金均按隔扇、槛窗垂直投影面积计算，框外伸部分不计算面积；隔扇及槛窗心板饰金按其心板露明垂直投影面积计算；菱花扣饰按菱花心屉垂直面积计算；心屉衬板按心屉投影面积计算。

三十四、支摘窗扇及各种大门扇（包括门钉贴金）均按其垂直投影面积计算，门枢等框外延伸部分不计算面积；门钹饰金以数量计算。

三十五、什锦窗以数量计算。

三十六、楣子及鹅颈靠背均按其垂直投影面积计算，白菜头、楣子腿等边抹外延伸部分及花牙子不计算面积；白菜头饰金以数量计算。

三十七、花罩按垂直投影面积计算。

三十八、寻杖栏杆按地面至寻杖上皮的高度乘以长度以面积计算，棂条心栏杆、直档栏杆按垂直投影面积计算，均不扣除望柱所占长度，望柱亦不再计算面积。

三十九、墙面刷浆分别按内外墙抹灰以面积计算。

四十、墙边彩画按其外边线长乘以宽以面积计算，墙边拉线按其外边线以长度计算。

四十一、井口板彩画清理除尘、基层处理、做地仗及绘制彩画均按井口枋里皮围成的面积以面积计算，扣除梁枋所占面积，不扣除支条所占面积。

四十二、井口板彩画回贴及彩画修补按需回贴或修补的井口板单块面积累计以面积计算。

四十三、支条彩画清理除尘、修补、基层处理、做地仗、绘制彩画均按井口枋里皮围成的面积计算，扣除梁枋所占面积，不扣除井口板所占面积。

四十四、木顶格软天花彩画绘制按井口枋里皮围成的面积计算，扣除梁枋所占面积。

四十五、支条彩画及木顶格软天花回贴均依据其各间回贴（修补）的面积比重不同，分别按各间井口枋和梁枋里皮围成的面积计算。

四十六、毗卢帽斗形匾按毗卢帽横向宽乘以匾高以面积计算，其他匾按其正投影面积计算。

四十七、抱柱对按横向弧长乘以竖向高以面积计算。

一、山花板、博缝板、挂檐板油饰彩画

1.基层处理

工作内容：准备工具、成品保护、清理基层、撕缝、楦缝、挠洗、砍旧油灰、下竹钉、修补线角、场内运输及清理废弃物。

计量单位：m^2

定额编号			3-10-1	3-10-2	3-10-3	3-10-4
项目			山花板、博缝板、挂檐板砍活洗挠			
			平面		雕刻面	
			麻(布)灰地仗	单皮灰地仗	麻(布)灰地仗	单皮灰地仗
名称		单位	消耗量			
人工	合计工日	工日	0.410	0.170	0.490	0.170
	油画工普工	工日	0.369	0.153	0.441	0.153
	油画工一般技工	工日	0.041	0.017	0.049	0.017

工作内容：准备工具、成品保护、清理基层、撕缝、楦缝、下竹钉、修补线角、场内运输及清理废弃物，新木件还包括砍斧迹。

计量单位：m^2

定额编号			3-10-5	3-10-6
项目			山花板、博缝板、挂檐板	
			清理除铲	新木件砍斧迹
名称		单位	消耗量	
人工	合计工日	工日	0.060	0.170
	油画工普工	工日	0.054	0.153
	油画工一般技工	工日	0.006	0.017

工作内容：准备工具、成品保护、调兑材料、梳麻或裁布、分层披灰、麻布、打磨、场内运输及清理废弃物。

计量单位：m^2

定额编号			3-10-7	3-10-8	3-10-9	3-10-10	3-10-11	3-10-12
项目			山花板、博缝板、挂檐板平面做地仗					
			两麻六灰	一麻一布六灰	一麻五灰	一布五灰	四道灰	三道灰
名称		单位	消耗量					
人工	合计工日	工日	1.450	1.300	1.020	0.850	0.580	0.520
	油画工普工	工日	0.290	0.260	0.204	0.170	0.116	0.104
	油画工一般技工	工日	1.015	0.910	0.714	0.595	0.406	0.364
	油画工高级技工	工日	0.145	0.130	0.102	0.085	0.058	0.052
材料	面粉	kg	0.4200	0.3900	0.3000	0.2600	0.1700	0.0800
	血料	kg	9.1000	8.8600	7.2500	6.7700	4.8400	3.7900
	砖灰	kg	7.7500	7.7100	6.7600	6.5000	5.1300	3.7300
	灰油	kg	2.3300	2.1700	1.7100	1.5500	0.9500	0.4700
	生桐油	kg	0.2500	0.2500	0.2500	0.2500	0.2500	0.2500
	光油	kg	0.3200	0.3600	0.3200	0.3200	0.2900	0.2900
	精梳麻	kg	0.6800	0.3400	0.3400	—	—	—
	苎麻布	m^2	—	1.1000	—	1.1000	—	—
	其他材料费（占材料费）	%	1.00	1.00	1.00	1.00	1.00	1.00

工作内容: 准备工具、成品保护、调兑材料、梳麻或裁布、分层披灰、麻布、打磨、场内运输及清理废弃物。

计量单位:m^2

定额编号			3-10-13	3-10-14	3-10-15
项目			山花板、博缝板、挂檐板雕刻面做地仗		
			一麻一布六灰	一麻五灰	一布五灰
名称		单位	消耗量		
人工	合计工日	工日	2.520	1.970	1.630
	油画工普工	工日	0.504	0.394	0.326
	油画工一般技工	工日	1.512	1.182	0.978
	油画工高级技工	工日	0.504	0.394	0.326
材料	面粉	kg	0.4400	0.3500	0.3200
	血料	kg	10.1900	8.3400	7.7900
	砖灰	kg	8.8700	7.7700	7.4700
	灰油	kg	2.5000	1.9700	1.7900
	生桐油	kg	0.2800	0.2800	0.2800
	光油	kg	0.4100	0.3700	0.3700
	精梳麻	kg	0.3900	0.3900	—
	苎麻布	m^2	1.2670	—	1.2670
	其他材料费(占材料费)	%	1.00	1.00	1.00

工作内容：准备工具、成品保护、调兑材料、分层披灰、打磨、场内运输及清理废弃物。　**计量单位：**m²

定额编号			3-10-16	3-10-17	3-10-18	3-10-19
项目			雕刻面做地仗			
			四道灰		三道灰	
			山花板	挂檐板	山花板	挂檐板
名称		单位	消耗量			
人工	合计工日	工日	1.080	0.880	0.970	0.770
	油画工普工	工日	0.216	0.176	0.194	0.154
	油画工一般技工	工日	0.756	0.616	0.679	0.539
	油画工高级技工	工日	0.108	0.088	0.097	0.077
材料	面粉	kg	0.1900	0.2000	0.1000	0.1000
	血料	kg	5.5600	5.8100	4.3500	4.5400
	砖灰	kg	5.9000	6.1600	4.2900	4.4700
	灰油	kg	1.0900	1.1300	0.5400	0.5700
	生桐油	kg	0.2800	0.2900	0.2800	0.2900
	光油	kg	0.3300	0.3500	0.3300	0.3500
	其他材料费(占材料费)	%	1.00	1.00	1.00	1.00

2.油 饰 彩 画

工作内容:准备工具、成品保护、调兑材料、刮、帚、找腻子、打磨、分层涂刷、场内运输及清理废弃物。

计量单位:m^2

定额编号			3-10-20	3-10-21	3-10-22
项目			山花板、博缝板、挂檐板		
			平面刮腻子、刷三道油漆		
			醇酸磁漆	醇酸调合漆	颜料光油
名称		单位	消耗量		
人工	合计工日	工日	0.220	0.220	0.190
	油画工普工	工日	0.044	0.044	0.038
	油画工一般技工	工日	0.154	0.154	0.133
	油画工高级技工	工日	0.022	0.022	0.019
材料	血料	kg	0.0700	0.0700	0.0700
	光油	kg	0.0030	0.0030	—
	颜料光油	kg	—	—	0.1800
	滑石粉	kg	0.1200	0.1200	0.1200
	醇酸磁漆	kg	0.2600	—	—
	醇酸调合漆	kg	—	0.2800	—
	醇酸稀料	kg	0.0200	0.0200	—
	氧化铁红	kg	—	—	0.0900
	银朱	kg	—	—	0.0200
	红丹粉	kg	—	—	0.0800
	其他材料费(占材料费)	%	1.00	1.00	1.00

工作内容：准备工具、成品保护、调兑材料、刮、帚、找腻子、打磨、分层涂刷、场内运输及清理废弃物。

计量单位：m^2

定额编号			3-10-23	3-10-24	3-10-25	3-10-26	3-10-27
项目			山花板、博缝板、挂檐板				
			雕刻面刮腻子、刷三道油漆			光油罩一道	
			醇酸磁漆	醇酸调合漆	颜料光油	平面	雕刻面
名称		单位	消耗量				
人工	合计工日	工日	0.340	0.340	0.320	0.070	0.090
	油画工普工	工日	0.068	0.068	0.064	0.014	0.018
	油画工一般技工	工日	0.238	0.238	0.224	0.049	0.063
	油画工高级技工	工日	0.034	0.034	0.032	0.007	0.009
材料	血料	kg	0.0800	0.0800	0.0800	—	—
	滑石粉	kg	0.1400	0.1400	0.1400	—	—
	光油	kg	0.0040	0.0040	—	0.0600	0.0600
	颜料光油	kg	—	—	0.2100	—	—
	醇酸磁漆	kg	0.3000	—	—	—	—
	醇酸调合漆	kg	—	0.3200	—	—	—
	醇酸稀料	kg	0.0300	0.0300	—	—	—
	氧化铁红	kg	—	—	0.1000	—	—
	银朱	kg	—	—	0.0200	—	—
	红丹粉	kg	—	—	0.0900	—	—
	其他材料费(占材料费)	%	1.00	1.00	1.00	1.00	1.00

工作内容：准备工具、成品保护、调兑材料、打金胶油、贴金(铜)箔、支搭金帐、场内运输及清理废弃物。

计量单位：m^2

定额编号			3-10-28	3-10-29	3-10-30
项目			博缝板梅花钉贴金		
			库金	赤金	铜箔
名称		单位	消耗量		
人工	合计工日	工日	0.420	0.440	0.480
	油画工普工	工日	0.042	0.044	0.048
	油画工一般技工	工日	0.210	0.220	0.240
	油画工高级技工	工日	0.168	0.176	0.192
材料	金胶油	kg	0.0400	0.0400	0.0400
	库金箔	张	31.0000	—	—
	赤金箔	张	—	39.0000	—
	铜箔	张	—	—	27.5000
	丙烯酸清漆	kg	—	—	0.0400
	其他材料费(占材料费)	%	0.50	0.50	0.50

工作内容:准备工具、成品保护、调兑材料、打金胶油、贴金(铜)箔、刷油漆、支搭金帐、场内运输及清理废弃物。

计量单位:m^2

定额编号			3-10-31	3-10-32	3-10-33	3-10-34	3-10-35	3-10-36
项目			醇酸磁漆刷二道、贴金、扣末道油漆			刷醇酸磁漆二道、贴金、扣末道油漆		
			山花板雕刻绶带贴金			山花平面沥粉绶带贴金		
			库金	赤金	铜箔	库金	赤金	铜箔
名称		单位	消耗量					
人工	合计工日	工日	1.240	1.270	1.300	1.700	1.740	1.760
	油画工普工	工日	0.124	0.127	0.130	0.170	0.174	0.176
	油画工一般技工	工日	0.620	0.635	0.650	0.850	0.870	0.880
	油画工高级技工	工日	0.496	0.508	0.520	0.680	0.696	0.704
材料	滑石粉	kg	—	—	—	0.1200	0.1200	0.1200
	大白粉	kg	—	—	—	0.4000	0.4000	0.4000
	乳胶	kg	—	—	—	0.0900	0.0900	0.0900
	光油	kg	—	—	—	0.1000	0.1000	0.1000
	醇酸磁漆	kg	0.2500	0.2500	0.2500	0.2200	0.2200	0.2200
	醇酸稀料	kg	0.0200	0.0200	0.0200	0.0200	0.0200	0.0200
	金胶油	kg	0.0900	0.0900	0.0900	0.0800	0.0800	0.0800
	丙烯酸清漆	kg	—	—	0.0800	—	—	0.0700
	库金箔	张	103.0000	—	—	95.0000	—	—
	赤金箔	张	—	129.0000	—	—	119.0000	—
	铜箔	张	—	—	91.2700	—	—	84.2000
	其他材料费(占材料费)	%	0.50	0.50	0.50	0.50	0.50	0.50

工作内容：准备工具、成品保护、调兑材料、打金胶油、贴金(铜)箔、刷油漆、支搭金帐、场内运输及清理废弃物。

计量单位：m^2

定额编号			3-10-37	3-10-38	3-10-39	3-10-40	3-10-41	3-10-42
项目			醇酸调合漆刷二道、贴金、扣末道油漆					
			山花板雕刻绶带贴金			山花平面沥粉绶带贴金		
			库金	赤金	铜箔	库金	赤金	铜箔
名称		单位	消耗量					
人工	合计工日	工日	1.240	1.270	1.300	1.700	1.740	1.760
	油画工普工	工日	0.124	0.127	0.130	0.170	0.174	0.176
	油画工一般技工	工日	0.620	0.635	0.650	0.850	0.870	0.880
	油画工高级技工	工日	0.496	0.508	0.520	0.680	0.696	0.704
材料	滑石粉	kg	—	—	—	0.1200	0.1200	0.1200
	大白粉	kg	—	—	—	0.4000	0.4000	0.4000
	乳胶	kg	—	—	—	0.0900	0.0900	0.0900
	光油	kg	—	—	—	0.1000	0.1000	0.1000
	醇酸调合漆	kg	0.2700	0.2700	0.2700	0.2300	0.2300	0.2300
	醇酸稀料	kg	0.0200	0.0200	0.0200	0.0200	0.0200	0.0200
	金胶油	kg	0.0900	0.0900	0.0900	0.0800	0.0800	0.0800
	丙烯酸清漆	kg	—	—	0.0800	—	—	0.0700
	库金箔	张	103.0000	—	—	95.0000	—	—
	赤金箔	张	—	129.0000	—	—	119.0000	—
	铜箔	张	—	—	91.2700	—	—	84.2000
	其他材料费(占材料费)	%	0.50	0.50	0.50	0.50	0.50	0.50

工作内容：准备工具、成品保护、调兑材料、打金胶油、贴金(铜)箔、刷油漆、支搭金帐、场内运输及清理废弃物。

计量单位：m^2

定额编号			3-10-43	3-10-44	3-10-45	3-10-46	3-10-47	3-10-48
项目			颜料光油刷二道、贴金、扣末道油漆					
			山花板雕刻绶带贴金			山花平面沥粉绶带贴金		
			库金	赤金	铜箔	库金	赤金	铜箔
名称		单位	消耗量					
人工	合计工日	工日	1.220	1.260	1.280	1.680	1.720	1.740
	油画工普工	工日	0.122	0.126	0.128	0.168	0.172	0.174
	油画工一般技工	工日	0.610	0.630	0.640	0.840	0.860	0.870
	油画工高级技工	工日	0.488	0.504	0.512	0.672	0.688	0.696
材料	滑石粉	kg	—	—	—	0.1200	0.1200	0.1200
	大白粉	kg	—	—	—	0.4000	0.4000	0.4000
	颜料光油	kg	0.2100	0.2100	0.2100	0.2800	0.2800	0.2800
	乳胶	kg	—	—	—	0.0900	0.0900	0.0900
	氧化铁红	kg	0.1100	0.1100	0.1100	0.0900	0.0900	0.0900
	红丹粉	kg	0.0900	0.0900	0.0900	0.0800	0.0800	0.0800
	银朱	kg	0.0200	0.0200	0.0200	0.0200	0.0200	0.0200
	金胶油	kg	0.0900	0.0900	0.0900	0.0800	0.0800	0.0800
	丙烯酸清漆	kg	—	—	0.0800	—	—	0.0700
	库金箔	张	103.0000	—	—	95.0000	—	—
	赤金箔	张	—	129.0000	—	—	119.0000	—
	铜箔	张	—	—	91.2700	—	—	84.0000
	其他材料费(占材料费)	%	0.50	0.50	0.50	0.50	0.50	0.50

工作内容：准备工具、成品保护、调兑材料、打金胶油、贴金(铜)箔、刷油漆、支搭金帐、场内运输及清理废弃物。

计量单位：m²

定额编号			3-10-49	3-10-50	3-10-51	3-10-52	3-10-53	3-10-54
项目			醇酸磁漆刷二道、贴金、扣末道油漆					
			挂檐板雕刻大边及云盘线贴金			挂檐板平面沥粉大边及云盘线贴金		
			库金	赤金	铜箔	库金	赤金	铜箔
名称		单位	消耗量					
人工	合计工日	工日	1.180	1.220	1.300	1.780	1.820	1.900
	油画工普工	工日	0.118	0.122	0.130	0.178	0.182	0.190
	油画工一般技工	工日	0.590	0.610	0.650	0.890	0.910	0.950
	油画工高级技工	工日	0.472	0.488	0.520	0.712	0.728	0.760
材料	滑石粉	kg	—	—	—	0.1200	0.1200	0.1200
	大白粉	kg	—	—	—	0.4000	0.4000	0.4000
	乳胶	kg	—	—	—	0.0900	0.0900	0.0900
	光油	kg	—	—	—	0.1000	0.1000	0.1000
	醇酸磁漆	kg	0.2500	0.2500	0.2500	0.2200	0.2200	0.2200
	醇酸稀料	kg	0.0200	0.0200	0.0200	0.0200	0.0200	0.0200
	金胶油	kg	0.0800	0.0800	0.0800	0.0800	0.0800	0.0800
	丙烯酸清漆	kg	—	—	0.0700	—	—	0.0700
	库金箔	张	96.5000	—	—	88.5000	—	—
	赤金箔	张	—	121.0000	—	—	111.0000	—
	铜箔	张	—	—	85.5000	—	—	78.5000
	其他材料费(占材料费)	%	0.50	0.50	0.50	0.50	0.50	0.50

工作内容：准备工具、成品保护、调兑材料、打金胶油、贴金(铜)箔、刷油漆、支搭金帐、场内运输及清理废弃物。

计量单位：m^2

定额编号			3-10-55	3-10-56	3-10-57	3-10-58	3-10-59	3-10-60
项目			醇酸调合漆刷二道、贴金、扣末道油漆					
			挂檐板雕刻大边及云盘线贴金			挂檐板平面沥粉大边及云盘线贴金		
			库金	赤金	铜箔	库金	赤金	铜箔
名称		单位	消耗量					
人工	合计工日	工日	1.180	1.220	1.300	1.780	1.820	1.900
	油画工普工	工日	0.118	0.122	0.130	0.178	0.182	0.190
	油画工一般技工	工日	0.590	0.610	0.650	0.890	0.910	0.950
	油画工高级技工	工日	0.472	0.488	0.520	0.712	0.728	0.760
材料	滑石粉	kg	—	—	—	0.1200	0.1200	0.1200
	大白粉	kg	—	—	—	0.4000	0.4000	0.4000
	乳胶	kg	—	—	—	0.0900	0.0900	0.0900
	光油	kg	—	—	—	0.1000	0.1000	0.1000
	醇酸调合漆	kg	0.2700	0.2700	0.2700	0.2300	0.2300	0.2300
	醇酸稀料	kg	0.0200	0.0200	0.0200	0.0200	0.0200	0.0200
	金胶油	kg	0.0800	0.0800	0.0800	0.0800	0.0800	0.0800
	丙烯酸清漆	kg	—	—	0.0700	—	—	0.0700
	库金箔	张	96.4300	—	—	88.5000	—	—
	赤金箔	张	—	121.0000	—	—	111.0000	—
	铜箔	张	—	—	85.5000	—	—	78.4300
	其他材料费(占材料费)	%	0.50	0.50	0.50	0.50	0.50	0.50

工作内容：准备工具、成品保护、调兑材料、打金胶油、贴金(铜)箔、刷油漆、支搭金帐、场内运输及清理废弃物。

计量单位：m^2

定额编号			3-10-61	3-10-62	3-10-63	3-10-64	3-10-65	3-10-66
项目			颜料光油刷二道、贴金、扣末道油漆					
			挂檐板雕刻大边及云盘线贴金			挂檐板平面沥粉大边及云盘线贴金		
			库金	赤金	铜箔	库金	赤金	铜箔
名称		单位	消耗量					
人工	合计工日	工日	1.160	1.210	1.280	1.760	1.810	1.880
	油画工普工	工日	0.116	0.121	0.128	0.176	0.181	0.188
	油画工一般技工	工日	0.580	0.605	0.640	0.880	0.905	0.940
	油画工高级技工	工日	0.464	0.484	0.512	0.704	0.724	0.752
材料	颜料光油	kg	0.2100	0.2100	0.2100	0.2800	0.2800	0.2800
	氧化铁红	kg	0.1100	0.1100	0.1100	0.0900	0.0900	0.0900
	银朱	kg	0.0200	0.0200	0.0200	0.0200	0.0200	0.0200
	红丹粉	kg	0.0900	0.0900	0.0900	0.0800	0.0800	0.0800
	滑石粉	kg	—	—	—	0.1200	0.1200	0.1200
	大白粉	kg	—	—	—	0.4000	0.4000	0.4000
	乳胶	kg	—	—	—	0.0900	0.0900	0.0900
	金胶油	kg	0.0800	0.0800	0.0800	0.0800	0.0800	0.0800
	丙烯酸清漆	kg	—	—	0.0700	—	—	0.0700
	库金箔	张	96.4300	—	—	88.5000	—	—
	赤金箔	张	—	121.0000	—	—	111.0000	—
	铜箔	张	—	—	85.5000	—	—	78.4300
	其他材料费(占材料费)	%	0.50	0.50	0.50	0.50	0.50	0.50

工作内容：准备工具、成品保护、调兑材料、打金胶油、贴金(铜)箔、刷油漆、支搭金帐、场内运输及清理废弃物。

计量单位：m^2

定额编号			3-10-67	3-10-68	3-10-69	3-10-70	3-10-71	3-10-72
项目			醇酸磁漆刷二道、贴金、扣末道油漆					
			挂檐板雕刻大边及万字纹贴金			挂檐板平面沥粉大边及万字纹贴金		
			库金	赤金	铜箔	库金	赤金	铜箔
名称		单位	消耗量					
人工	合计工日	工日	1.180	1.220	1.300	1.990	2.030	2.090
	油画工普工	工日	0.118	0.122	0.130	0.199	0.203	0.209
	油画工一般技工	工日	0.590	0.610	0.650	0.995	1.015	1.045
	油画工高级技工	工日	0.472	0.488	0.520	0.796	0.812	0.836
材料	滑石粉	kg	—	—	—	0.1200	0.1200	0.1200
	大白粉	kg	—	—	—	0.4000	0.4000	0.4000
	乳胶	kg	—	—	—	0.1000	0.1000	0.1000
	光油	kg	—	—	—	0.0900	0.0900	0.0900
	醇酸磁漆	kg	0.2600	0.2600	0.2600	0.2200	0.2200	0.2200
	醇酸稀料	kg	0.0200	0.0200	0.0200	0.0200	0.0200	0.0200
	金胶油	kg	0.0800	0.0800	0.0800	0.0800	0.0800	0.0800
	丙烯酸清漆	kg	—	—	0.0700	—	—	0.0700
	库金箔	张	96.4300	—	—	91.6000	—	—
	赤金箔	张	—	121.0000	—	—	115.0000	—
	铜箔	张	—	—	85.5000	—	—	81.2100
	其他材料费(占材料费)	%	0.50	0.50	0.50	0.50	0.50	0.50

工作内容：准备工具、成品保护、调兑材料、打金胶油、贴金(铜)箔、刷油漆、支搭金帐、场内运输及清理废弃物。

计量单位：m^2

定额编号			3-10-73	3-10-74	3-10-75	3-10-76	3-10-77	3-10-78
项目			醇酸调合漆刷二道、贴金、扣末道油漆					
			挂檐板雕刻大边及万字纹贴金					
			库金	赤金	铜箔	库金	赤金	铜箔
名称		单位	消耗量					
人工	合计工日	工日	1.180	1.220	1.300	1.990	2.030	2.090
	油画工普工	工日	0.118	0.122	0.130	0.199	0.203	0.209
	油画工一般技工	工日	0.590	0.610	0.650	0.995	1.015	1.045
	油画工高级技工	工日	0.472	0.488	0.520	0.796	0.812	0.836
材料	滑石粉	kg	—	—	—	0.1200	0.1200	0.1200
	大白粉	kg	—	—	—	0.4000	0.4000	0.4000
	乳胶	kg	—	—	—	0.0900	0.0900	0.0900
	光油	kg	—	—	—	0.1000	0.1000	0.1000
	醇酸调合漆	kg	0.2800	0.2800	0.2800	0.2300	0.2300	0.2300
	醇酸稀料	kg	0.0200	0.0200	0.0200	0.0200	0.0200	0.0200
	金胶油	kg	0.0800	0.0800	0.0800	0.0800	0.0800	0.0800
	丙烯酸清漆	kg	—	—	0.0700	—	—	0.0700
	库金箔	张	96.4300	—	—	91.6000	—	—
	赤金箔	张	—	121.0000	—	—	115.0000	—
	铜箔	张	—	—	85.5000	—	—	81.2100
	其他材料费(占材料费)	%	0.50	0.50	0.50	0.50	0.50	0.50

工作内容：准备工具、成品保护、调兑材料、打金胶油、贴金(铜)箔、刷油漆、支搭金帐、场内运输及清理废弃物。

计量单位：m^2

定额编号			3-10-79	3-10-80	3-10-81	3-10-82	3-10-83	3-10-84
项目			颜料光油刷二道、贴金、扣末道油漆					
			挂檐板雕刻大边及万字纹贴金			挂檐板平面沥粉大边及万字纹贴金		
			库金	赤金	铜箔	库金	赤金	铜箔
名称		单位	消耗量					
人工	合计工日	工日	1.160	1.210	1.280	1.980	2.020	2.080
	油画工普工	工日	0.116	0.121	0.128	0.198	0.202	0.208
	油画工一般技工	工日	0.580	0.605	0.640	0.990	1.010	1.040
	油画工高级技工	工日	0.464	0.484	0.512	0.792	0.808	0.832
材料	滑石粉	kg	—	—	—	0.1200	0.1200	0.1200
	大白粉	kg	—	—	—	0.4000	0.4000	0.4000
	乳胶	kg	—	—	—	0.0900	0.0900	0.0900
	颜料光油	kg	0.2200	0.2200	0.2200	0.2700	0.2700	0.2700
	氧化铁红	kg	0.1000	0.1000	0.1000	0.0900	0.0900	0.0900
	银朱	kg	0.0200	0.0200	0.0200	0.0200	0.0200	0.0200
	红丹粉	kg	0.0900	0.0900	0.0900	0.0800	0.0800	0.0800
	金胶油	kg	0.0800	0.0800	0.0800	0.0800	0.0800	0.0800
	丙烯酸清漆	kg	—	—	0.0700	—	—	0.0700
	库金箔	张	96.4300	—	—	91.6000	—	—
	赤金箔	张	—	121.0000	—	—	115.0000	—
	铜箔	张	—	—	85.5000	—	—	81.2100
	其他材料费(占材料费)	%	0.50	0.50	0.50	0.50	0.50	0.50

工作内容：准备工具、成品保护、调兑材料、打金胶油、贴金(铜)箔、刷油漆、支搭金帐、场内运输及清理废弃物。

计量单位：m^2

定额编号			3-10-85	3-10-86	3-10-87	3-10-88	3-10-89	3-10-90
项目			醇酸磁漆刷二道、贴金、扣末道油漆					
			挂檐板雕刻大边及博古贴金			挂檐板平面沥粉大边及博古贴金		
			库金	赤金	铜箔	库金	赤金	铜箔
名称		单位	消耗量					
人工	合计工日	工日	1.060	1.090	1.150	1.540	1.570	1.630
	油画工普工	工日	0.106	0.109	0.115	0.154	0.157	0.163
	油画工一般技工	工日	0.530	0.545	0.575	0.770	0.785	0.815
	油画工高级技工	工日	0.424	0.436	0.460	0.616	0.628	0.652
材料	滑石粉	kg	—	—	—	0.1200	0.1200	0.1200
	大白粉	kg	—	—	—	0.4000	0.4000	0.4000
	乳胶	kg	—	—	—	0.0900	0.0900	0.0900
	光油	kg	—	—	—	0.1000	0.1000	0.1000
	醇酸磁漆	kg	0.2500	0.2500	0.2500	0.2300	0.2300	0.2300
	醇酸稀料	kg	0.0200	0.0200	0.0200	0.0200	0.0200	0.0200
	金胶油	kg	0.0700	0.0700	0.0700	0.0700	0.0700	0.0700
	丙烯酸清漆	kg	—	—	0.0600	—	—	0.0600
	库金箔	张	55.2300	—	—	51.0000	—	—
	赤金箔	张	—	69.3000	—	—	64.0000	—
	铜箔	张	—	—	49.0000	—	—	45.1500
	其他材料费(占材料费)	%	0.50	0.50	0.50	0.50	0.50	0.50

工作内容：准备工具、成品保护、调兑材料、打金胶油、贴金(铜)箔、刷油漆、支搭金帐、场内运输及清理废弃物。

计量单位：m^2

定额编号			3-10-91	3-10-92	3-10-93	3-10-94	3-10-95	3-10-96
项目			醇酸调合漆刷二道、贴金、扣末道油漆					
			挂檐板雕刻大边及博古贴金			挂檐板平面沥粉大边及博古贴金		
			库金	赤金	铜箔	库金	赤金	铜箔
名称		单位	消耗量					
人工	合计工日	工日	1.060	1.090	1.150	1.540	1.570	1.630
	油画工普工	工日	0.106	0.109	0.115	0.154	0.157	0.163
	油画工一般技工	工日	0.530	0.545	0.575	0.770	0.785	0.815
	油画工高级技工	工日	0.424	0.436	0.460	0.616	0.628	0.652
材料	滑石粉	kg	—	—	—	0.1200	0.1200	0.1200
	大白粉	kg	—	—	—	0.4000	0.4000	0.4000
	乳胶	kg	—	—	—	0.0900	0.0900	0.0900
	光油	kg	—	—	—	0.1000	0.1000	0.1000
	醇酸调合漆	kg	0.2600	0.2600	0.2600	0.2500	0.2500	0.2500
	醇酸稀料	kg	0.0200	0.0200	0.0200	0.0200	0.0200	0.0200
	金胶油	kg	0.0700	0.0700	0.0700	0.0700	0.0700	0.0700
	丙烯酸清漆	kg	—	—	0.0600	—	—	0.0600
	库金箔	张	55.2300	—	—	51.0000	—	—
	赤金箔	张	—	69.3000	—	—	64.0000	—
	铜箔	张	—	—	49.0000	—	—	45.1500
	其他材料费(占材料费)	%	0.50	0.50	0.50	0.50	0.50	0.50

工作内容：准备工具、成品保护、调兑材料、打金胶油、贴金(铜)箔、刷油漆、支搭金帐、场内运输及清理废弃物。

计量单位：m^2

定额编号			3-10-97	3-10-98	3-10-99	3-10-100	3-10-101	3-10-102
项目			颜料光油刷二道、贴金、扣末道油漆					
			挂檐板雕刻大边及博古贴金			挂檐板平面沥粉大边及博古贴金		
			库金	赤金	铜箔	库金	赤金	铜箔
名称		单位	消耗量					
人工	合计工日	工日	1.040	1.080	1.140	1.520	1.560	1.620
	油画工普工	工日	0.104	0.108	0.114	0.152	0.156	0.162
	油画工一般技工	工日	0.520	0.540	0.570	0.760	0.780	0.810
	油画工高级技工	工日	0.416	0.432	0.456	0.608	0.624	0.648
材料	滑石粉	kg	—	—	—	0.1200	0.1200	0.1200
	大白粉	kg	—	—	—	0.4000	0.4000	0.4000
	乳胶	kg	—	—	—	0.0900	0.0900	0.0900
	颜料光油	kg	0.1900	0.1900	0.1900	0.2800	0.2800	0.2800
	氧化铁红	kg	0.0900	0.0900	0.0900	0.0900	0.0900	0.0900
	银朱	kg	0.0200	0.0200	0.0200	0.0200	0.0200	0.0200
	红丹粉	kg	0.0800	0.0800	0.0800	0.0800	0.0800	0.0800
	金胶油	kg	0.0700	0.0700	0.0700	0.0700	0.0700	0.0700
	丙烯酸清漆	kg	—	—	0.0600	—	—	0.0600
	库金箔	张	55.2300	—	—	51.0000	—	—
	赤金箔	张	—	69.3000	—	—	64.0000	—
	铜箔	张	—	—	49.0000	—	—	45.1500
	其他材料费(占材料费)	%	0.50	0.50	0.50	0.50	0.50	0.50

二、连檐、瓦口、椽头、椽望油饰彩画

1. 基 层 处 理

工作内容：准备工具、成品保护、清理基层、撕缝、楦缝、下竹钉、砍旧油灰、修补线角、场内运输及清理废弃物。

计量单位：m^2

定　额　编　号			3-10-103	3-10-104	3-10-105
项　　目			连檐、瓦口、椽头旧油灰皮砍、铲除(椽径)		
			7cm 以内	12cm 以内	12cm 以外
名　　称		单位	消　耗　量		
人工	合计工日	工日	1.450	1.260	1.070
	油画工普工	工日	1.305	1.134	0.963
	油画工一般技工	工日	0.145	0.126	0.107

工作内容：准备工具、成品保护、清理基层、撕缝、楦缝、下竹钉、挠洗、砍旧油灰、修补线角、场内运输及清理废弃物。

计量单位：m^2

定　额　编　号			3-10-106	3-10-107	3-10-108
项　　目			连檐、瓦口、椽头(椽径)		
			旧油灰皮洗挠		
			7cm 以内	12cm 以内	12cm 以外
名　　称		单位	消　耗　量		
人工	合计工日	工日	1.330	1.140	0.960
	油画工普工	工日	1.197	1.026	0.864
	油画工一般技工	工日	0.133	0.114	0.096

工作内容：准备工具、成品保护、清理基层、撕缝、楦缝、下竹钉、清理除铲、修补线角、场内运输及清理废弃物。

计量单位：m^2

定额编号			3-10-109	3-10-110	3-10-111
项目			连檐、瓦口、椽头（椽径）		
			清理除铲		
			7cm 以内	12cm 以内	12cm 以外
名称		单位	消耗量		
人工	合计工日	工日	0.290	0.280	0.280
	油画工普工	工日	0.261	0.252	0.252
	油画工一般技工	工日	0.029	0.028	0.028

工作内容：准备工具、成品保护、清理基层、楦翼角椽挡包括用木楔将翼角椽根部的夹角空档楦严、钉牢、操稀底油还包括调兑材料、擦拭掸净浮土、打磨、刷油、场内运输及清理废弃物。

定额编号			3-10-112	3-10-113
项目			楦翼角椽挡	连檐、瓦口、椽头操底油
			10 个	m^2
名称		单位	消耗量	
人工	合计工日	工日	0.030	0.050
	油画工普工	工日	0.024	0.040
	油画工一般技工	工日	0.006	0.010
材料	光油	kg	—	0.0200
	醇酸稀料	kg	—	0.1100

工作内容：准备工具、成品保护、调兑材料、分层披灰、打磨、场内运输及清理废弃物。　**计量单位**：m²

定额编号			3-10-114	3-10-115	3-10-116	3-10-117	3-10-118	3-10-119
项目			连檐、瓦口、椽头四道灰(椽径)			连檐、瓦口、椽头三道灰(椽径)		
			7cm 以内	12cm 以内	12cm 以外	7cm 以内	12cm 以内	12cm 以外
名称		单位	消耗量					
人工	合计工日	工日	1.968	1.620	1.020	1.680	1.404	0.936
	油画工普工	工日	0.394	0.324	0.204	0.336	0.281	0.187
	油画工一般技工	工日	1.378	1.134	0.714	1.176	0.983	0.655
	油画工高级技工	工日	0.197	0.162	0.102	0.168	0.140	0.094
材料	面粉	kg	0.1500	0.1500	0.1500	0.0800	0.0800	0.0800
	血料	kg	4.7300	4.7300	4.7300	3.9000	3.9000	3.9000
	砖灰	kg	4.9000	4.9000	4.9000	3.7800	3.7800	3.7800
	灰油	kg	0.8000	0.8000	0.8000	0.4200	0.4200	0.4200
	光油	kg	0.3200	0.3200	0.3200	0.3200	0.3200	0.3200
	生桐油	kg	0.1700	0.1700	0.1700	0.1700	0.1700	0.1700
	其他材料费(占材料费)	%	1.00	1.00	1.00	1.00	1.00	1.00

工作内容：准备工具、成品保护、调兑材料、分层披灰、打磨、场内运输及清理废弃物。　**计量单位**：m²

定额编号			3-10-120	3-10-121	3-10-122	3-10-123	3-10-124	3-10-125
项目			椽望三道灰(椽径)			椽望二道灰(椽径)		
			7cm 以内	12cm 以内	12cm 以外	7cm 以内	12cm 以内	12cm 以外
名称		单位	消耗量					
人工	合计工日	工日	0.700	0.650	0.600	0.530	0.480	0.460
	油画工普工	工日	0.140	0.130	0.120	0.106	0.096	0.092
	油画工一般技工	工日	0.490	0.455	0.420	0.371	0.336	0.322
	油画工高级技工	工日	0.070	0.065	0.060	0.053	0.048	0.046
材料	面粉	kg	0.0400	0.0400	0.0400	—	—	—
	血料	kg	3.8900	3.8900	3.8900	2.3800	2.3800	2.3800
	砖灰	kg	3.5200	3.5200	3.5200	2.1000	2.1000	2.1000
	灰油	kg	0.2000	0.2000	0.2000	—	—	—
	光油	kg	0.1600	0.1600	0.1600	0.2200	0.2200	0.2200
	生桐油	kg	0.2200	0.2200	0.2200	0.1400	0.1400	0.1400
	其他材料费(占材料费)	%	1.00	1.00	1.00	1.00	1.00	1.00

工作内容：准备工具、成品保护、调兑材料、分层披灰、打磨、场内运输及清理废弃物。 **计量单位：**m^2

定额编号			3-10-126	3-10-127	3-10-128
项目			椽望捉中找细灰(椽径)		
			7cm 以内	12cm 以内	12cm 以外
名称		单位	消耗量		
人工	合计工日	工日	0.380	0.340	0.310
	油画工普工	工日	0.076	0.068	0.062
	油画工一般技工	工日	0.266	0.238	0.217
	油画工高级技工	工日	0.038	0.034	0.031
材料	血料	kg	0.8700	0.8700	0.8700
	砖灰	kg	0.7600	0.7600	0.7600
	光油	kg	0.1000	0.1000	0.1000
	生桐油	kg	0.1400	0.1400	0.1400
	其他材料费(占材料费)	%	1.00	1.00	1.00

2. 油 饰 彩 画

工作内容：准备工具、成品保护、调兑材料、刮、帚、找腻子、打磨、分层涂刷、场内运输及清理废弃物。

计量单位：m^2

定额编号			3-10-129	3-10-130	3-10-131	3-10-132	3-10-133	3-10-134
项目			连檐、瓦口、椽头刮腻子、油漆刷三道			椽望刮腻子、单色油漆刷三道		
			醇酸磁漆	醇酸调合漆	颜料光油	醇酸磁漆	醇酸调合漆	颜料光油
名称		单位	消耗量					
人工	合计工日	工日	0.290	0.290	0.300	0.410	0.410	0.420
	油画工普工	工日	0.058	0.058	0.060	0.082	0.082	0.084
	油画工一般技工	工日	0.203	0.203	0.210	0.287	0.287	0.294
	油画工高级技工	工日	0.029	0.029	0.030	0.041	0.041	0.042
材料	血料	kg	0.0700	0.0700	0.0700	0.1200	0.1200	0.1200
	光油	kg	0.0100	0.0100	0.0100	0.0100	0.0100	0.3970
	滑石粉	kg	0.1200	0.1200	0.1200	0.2300	0.2300	0.2300
	醇酸磁漆	kg	0.2500	—	—	0.5300	—	—
	醇酸调合漆	kg	—	0.2700	—	—	0.5600	—
	醇酸稀料	kg	0.0200	0.0200	—	0.0400	0.0400	—
	氧化铁红	kg	—	—	0.0300	—	—	0.0630
	银朱	kg	—	—	0.0200	—	—	0.0210
	红丹粉	kg	—	—	0.2000	—	—	0.3140
	其他材料费(占材料费)	%	1.00	1.00	1.00	1.00	1.00	1.00

工作内容：准备工具、成品保护、调兑材料、刮、帚、找腻子、打磨、分层涂刷、场内运输及清理废弃物。

计量单位：m^2

定额编号			3-10-135	3-10-136	3-10-137	3-10-138
项目			椽望刮腻子、红邦绿底油漆刷三道			椽望罩光油
			醇酸磁漆	醇酸调合漆	颜料光油	
名称		单位	消耗量			
人工	合计工日	工日	0.460	0.460	0.460	0.251
	油画工普工	工日	0.092	0.092	0.092	0.050
	油画工一般技工	工日	0.322	0.322	0.322	0.176
	油画工高级技工	工日	0.046	0.046	0.046	0.025
材料	血料	kg	0.1200	0.1200	0.1200	—
	滑石粉	kg	0.2300	0.2300	0.2300	—
	光油	kg	0.0100	0.0100	—	0.1264
	颜料光油	kg	—	—	0.3900	—
	醇酸磁漆	kg	0.5300	—	—	—
	醇酸调合漆	kg	—	0.5600	—	—
	醇酸稀料	kg	0.0400	0.0400	—	0.0632
	巴黎绿	kg	—	—	0.1000	—
	银朱	kg	—	—	0.0200	—
	红丹粉	kg	—	—	0.3100	—
	氧化铁红	kg	—	—	0.0600	—
	其他材料费(占材料费)	%	1.00	1.00	1.00	1.00

工作内容:准备工具、成品保护、调兑材料、起扎谱子、沥粉、打金胶油、贴金(铜)箔、刷油漆、支搭金帐、场内运输及清理废弃物。

计量单位:m^2

定额编号			3-10-139	3-10-140	3-10-141	3-10-142	3-10-143	3-10-144
项目			飞椽头、檐椽头片金彩画					
			库金			赤金		
			7cm 以内	12cm 以内	12cm 以外	7cm 以内	12cm 以内	12cm 以外
名称		单位	消耗量					
人工	合计工日	工日	12.660	9.120	5.580	13.260	9.580	5.880
	油画工普工	工日	1.266	0.912	0.558	1.326	0.958	0.588
	油画工一般技工	工日	6.330	4.560	2.790	6.630	4.790	2.940
	油画工高级技工	工日	5.064	3.648	2.232	5.304	3.832	2.352
材料	群青	kg	0.0500	0.0500	0.0500	0.0500	0.0500	0.0500
	大白粉	kg	0.5100	0.5100	0.5100	0.5100	0.5100	0.5100
	滑石粉	kg	0.4900	0.4900	0.4900	0.4900	0.4900	0.4900
	乳胶	kg	0.0500	0.0500	0.0500	0.0500	0.0500	0.0500
	醇酸黄调合漆	kg	0.0500	0.0500	0.0500	0.0500	0.0500	0.0500
	醇酸磁漆	kg	0.1200	0.1200	0.1200	0.1200	0.1200	0.1200
	醇酸稀料	kg	0.2300	0.2300	0.2300	0.2300	0.2300	—
	光油	kg	0.1000	0.1000	0.1000	0.1000	0.1000	0.1000
	金胶油	kg	0.1440	0.1350	0.1290	0.1440	0.1350	0.1290
	库金箔	张	131.5000	115.5000	110.5000	—	—	—
	赤金箔	张	—	—	—	164.5000	145.0000	138.5000
	其他材料费(占材料费)	%	0.50	0.50	0.50	0.50	0.50	0.50

工作内容:准备工具、成品保护、调兑材料、起扎谱子、沥粉、打金胶油、贴金(铜)箔、刷油漆、支搭金帐、场内运输及清理废弃物。

计量单位:m^2

定额编号			3-10-145	3-10-146	3-10-147
项目			飞椽头、檐椽头片金彩画		
			铜箔		
			7cm 以内	12cm 以内	12cm 以外
名称		单位	消耗量		
人工	合计工日	工日	13.740	9.780	6.060
	油画工普工	工日	1.374	0.978	0.606
	油画工一般技工	工日	6.870	4.890	3.030
	油画工高级技工	工日	5.496	3.912	2.424
材料	群青	kg	0.0500	0.0500	0.0500
	大白粉	kg	0.5100	0.5100	0.5100
	滑石粉	kg	0.4900	0.4900	0.4900
	乳胶	kg	0.0500	0.0500	0.0500
	醇酸黄调合漆	kg	0.0500	0.0500	0.0500
	醇酸磁漆	kg	0.1200	0.1200	0.1200
	丙烯酸清漆	kg	—	0.0600	0.0600
	醇酸稀料	kg	0.2300	0.2300	0.2300
	光油	kg	0.1000	0.1000	0.1000
	金胶油	kg	0.1440	0.1350	0.1290
	铜箔	张	—	102.5000	98.0000
	其他材料费(占材料费)	%	0.50	0.50	0.50

工作内容：准备工具、成品保护、调兑材料、起扎谱子、沥粉、打金胶油、贴金(铜)箔、刷油漆、支搭金帐、场内运输及清理废弃物。

计量单位：m^2

定额编号			3-10-148	3-10-149	3-10-150	3-10-151	3-10-152	3-10-153
项目			飞椽头片金、檐椽头百花、虎眼、福寿彩画					
			库金			赤金		
			7cm 以内	12cm 以内	12cm 以外	7cm 以内	12cm 以内	12cm 以外
名称		单位	消耗量					
人工	合计工日	工日	10.620	7.680	4.740	11.160	8.100	5.040
	油画工普工	工日	1.062	0.768	0.474	1.116	0.810	0.504
	油画工一般技工	工日	5.310	3.840	2.370	5.580	4.050	2.520
	油画工高级技工	工日	4.248	3.072	1.896	4.464	3.240	2.016
材料	巴黎绿	kg	0.0200	0.0200	0.0200	0.0200	0.0200	0.0200
	群青	kg	0.0300	0.0300	0.0300	0.0300	0.0300	0.0300
	银朱	kg	0.0100	0.0100	0.0100	0.0100	0.0100	0.0100
	红丹粉	kg	0.0100	0.0100	0.0100	0.0100	0.0100	0.0100
	石黄	kg	0.0100	0.0100	0.0100	0.0100	0.0100	0.0100
	大白粉	kg	0.4500	0.4500	0.4500	0.4500	0.4500	0.4500
	滑石粉	kg	0.4400	0.4400	0.4400	0.4400	0.4400	0.4400
	乳胶	kg	0.0500	0.0500	0.0500	0.0500	0.0500	0.0500
	无光白乳胶漆	kg	0.0900	0.0900	0.0900	0.0900	0.0900	0.0900
	醇酸调合漆	kg	0.0400	0.0400	0.0400	0.0400	0.0400	0.0400
	醇酸磁漆	kg	0.1000	0.1000	0.1000	0.1000	0.1000	0.1000
	醇酸稀料	kg	0.2300	0.2300	0.2300	0.2300	0.2300	—
	光油	kg	0.1000	0.1000	0.1000	0.1000	0.1000	0.1000
	金胶油	kg	0.1190	0.1050	0.1000	0.1190	0.1050	0.1000
	库金箔	张	105.0000	92.5000	88.5000	—	—	—
	赤金箔	张	—	—	—	132.0000	116.0000	110.5000
	其他材料费(占材料费)	%	0.50	0.50	0.50	0.50	0.50	0.50

工作内容:准备工具、成品保护、调兑材料、起扎谱子、沥粉、打金胶油、贴金(铜)箔、刷油漆、支搭金帐、场内运输及清理废弃物。

计量单位:m^2

定额编号			3-10-154	3-10-155	3-10-156
项目			飞椽头片金、檐椽头百花、虎眼、福寿彩画		
			铜箔		
			7cm 以内	12cm 以内	12cm 以外
名称		单位	消耗量		
人工	合计工日	工日	11.640	8.460	5.460
	油画工普工	工日	1.164	0.846	0.546
	油画工一般技工	工日	5.820	4.230	2.730
	油画工高级技工	工日	4.656	3.384	2.184
材料	巴黎绿	kg	0.0200	0.0200	0.0200
	群青	kg	0.0300	0.0300	0.0300
	银朱	kg	0.0100	0.0100	0.0100
	红丹粉	kg	0.0100	0.0100	0.0100
	石黄	kg	0.0100	0.0100	0.0100
	大白粉	kg	0.4500	0.4500	0.4500
	滑石粉	kg	0.4400	0.4400	0.4400
	乳胶	kg	0.0500	0.0500	0.0500
	无光白乳胶漆	kg	0.0900	0.0900	0.0900
	醇酸调合漆	kg	0.0400	0.0400	0.0400
	醇酸磁漆	kg	0.1000	0.1000	0.1000
	丙烯酸清漆	kg	—	0.0700	0.0700
	醇酸稀料	kg	0.2300	0.2300	0.2300
	光油	kg	0.1190	0.1050	0.1000
	金胶油	kg	0.0700	0.0700	0.0700
	铜箔	张	—	82.0000	78.0000
	其他材料费(占材料费)	%	0.50	0.50	0.50

工作内容： 准备工具、成品保护、调兑材料、起扎谱子、沥粉、打金胶油、贴金(铜)箔、刷油漆、支搭金帐、场内运输及清理废弃物。

计量单位：m^2

定额编号			3-10-157	3-10-158	3-10-159	3-10-160	3-10-161	3-10-162
项目			飞椽头片金、檐椽头金边彩画					
			库金			赤金		
			7cm 以内	12cm 以内	12cm 以外	7cm 以内	12cm 以内	12cm 以外
名称		单位	消耗量					
人工	合计工日	工日	6.080	4.260	2.990	6.440	4.620	3.350
	油画工普工	工日	0.608	0.426	0.299	0.644	0.462	0.335
	油画工一般技工	工日	3.040	2.130	1.495	3.220	2.310	1.675
	油画工高级技工	工日	2.432	1.704	1.196	2.576	1.848	1.340
材料	巴黎绿	kg	0.0200	0.0200	0.0200	0.0200	0.0200	0.0200
	群青	kg	0.0300	0.0300	0.0300	0.0300	0.0300	0.0300
	大白粉	kg	0.2200	0.2200	0.2200	0.2200	0.2200	0.2200
	滑石粉	kg	0.2200	0.2200	0.2200	0.2200	0.2200	0.2200
	乳胶	kg	0.0900	0.0900	0.0900	0.0900	0.0900	0.0900
	无光白乳胶漆	kg	0.0900	0.0900	0.0900	0.0900	0.0900	0.0900
	醇酸调合漆	kg	0.0300	0.0300	0.0300	0.0300	0.0300	0.0300
	醇酸磁漆	kg	0.1000	0.1000	0.1000	0.1000	0.1000	0.1000
	醇酸稀料	kg	0.2300	0.2300	0.2300	0.2300	0.2300	—
	光油	kg	0.1000	0.1000	0.1000	0.1000	0.1000	0.1000
	金胶油	kg	0.1150	0.1080	0.1030	0.1150	0.1080	0.1030
	库金箔	张	79.0000	69.5000	66.5000	—	—	—
	赤金箔	张	—	—	—	99.0000	87.0000	83.0000
	其他材料费(占材料费)	%	0.50	0.50	0.50	0.50	0.50	0.50

工作内容:准备工具、成品保护、调兑材料、起扎谱子、沥粉、打金胶油、贴金(铜)箔、刷油漆、支搭金帐、场内运输及清理废弃物。

计量单位:m^2

定额编号			3-10-163	3-10-164	3-10-165
项目			飞椽头片金、檐椽头金边彩画		
			铜箔		
			7cm 以内	12cm 以内	12cm 以外
名称		单位	消耗量		
人工	合计工日	工日	6.260	4.440	3.170
	油画工普工	工日	0.626	0.444	0.317
	油画工一般技工	工日	3.130	2.220	1.585
	油画工高级技工	工日	2.504	1.776	1.268
材料	巴黎绿	kg	0.0200	0.0200	0.0200
	群青	kg	0.0300	0.0300	0.0300
	大白粉	kg	0.2200	0.2200	0.2200
	滑石粉	kg	0.2200	0.2200	0.2200
	乳胶	kg	0.0900	0.0900	0.0900
	无光白乳胶漆	kg	0.0900	0.0900	0.0900
	醇酸调合漆	kg	0.0300	0.0300	0.0300
	醇酸磁漆	kg	0.1000	0.1000	0.1000
	醇酸稀料	kg	0.2300	0.2300	0.2300
	光油	kg	0.1000	0.1000	0.1000
	金胶油	kg	0.1150	0.1080	0.1030
	丙烯酸清漆	kg	—	0.0600	0.0600
	铜箔	张	—	61.5000	58.5000
	其他材料费(占材料费)	%	0.50	0.50	0.50

工作内容:准备工具、成品保护、调兑材料、起扎谱子、沥粉、彩画、刷油漆、场内运输及清理废弃物。

计量单位:m^2

定额编号			3-10-166	3-10-167	3-10-168	3-10-169
项目			飞椽头、檐椽头墨黄线彩画			椽头光油罩一道
			包括墨线作法			
			7cm 以内	12cm 以内	12cm 以外	
名称		单位	消耗量			
人工	合计工日	工日	3.120	1.800	1.620	0.084
	油画工普工	工日	0.312	0.180	0.162	0.017
	油画工一般技工	工日	1.560	0.900	0.810	0.059
	油画工高级技工	工日	1.248	0.720	0.648	0.008
材料	巴黎绿	kg	0.0200	0.0200	0.0200	—
	群青	kg	0.0300	0.0300	0.0300	—
	银朱	kg	0.0100	0.0100	0.0100	—
	红丹粉	kg	0.0100	0.0100	0.0100	—
	石黄	kg	0.0400	0.0400	0.0400	—
	乳胶	kg	0.0900	0.0900	0.0900	—
	无光白乳胶漆	kg	0.0900	0.0900	0.0900	—
	松烟	kg	0.0100	0.0100	0.0100	—
	光油	kg	—	—	—	0.0630
	醇酸稀料	kg	—	—	—	0.0320
	其他材料费(占材料费)	%	1.00	1.00	1.00	1.00

工作内容：准备工具、成品保护、调兑材料、起扎谱子、沥粉、打金胶油、贴金(铜)箔、刷油漆、支搭金帐、场内运输及清理废弃物。

计量单位：m^2

定额编号			3-10-170	3-10-171	3-10-172	3-10-173	3-10-174	3-10-175
项目			椽望片金彩画					
			沥粉刷醇酸磁漆贴金			沥粉刷颜料光油贴金		
			库金	赤金	铜箔	库金	赤金	铜箔
名称		单位	消耗量					
人工	合计工日	工日	3.820	3.860	3.890	3.820	3.860	3.890
	油画工普工	工日	0.382	0.386	0.389	0.382	0.386	0.389
	油画工一般技工	工日	1.910	1.930	1.945	1.910	1.930	1.945
	油画工高级技工	工日	1.528	1.544	1.556	1.528	1.544	1.556
材料	巴黎绿	kg	—	—	—	0.1000	0.1000	0.1000
	银朱	kg	—	—	—	0.0200	0.0200	0.0200
	红丹粉	kg	—	—	—	0.3100	0.3100	0.3100
	氧化铁红	kg	—	—	—	0.0600	0.0600	0.0600
	滑石粉	kg	0.6500	0.6500	0.6500	0.6500	0.6500	0.6500
	乳胶	kg	0.2500	0.2500	0.2500	0.2500	0.2500	0.2500
	醇酸磁漆	kg	0.4700	0.4700	0.4700	—	—	—
	醇酸稀料	kg	0.3600	0.3600	0.3600	—	—	—
	丙烯酸清漆	kg	—	—	0.0600	—	—	0.0600
	光油	kg	0.0400	0.0400	0.0400	—	—	—
	颜料光油	kg	—	—	—	0.4400	0.4400	0.4400
	金胶油	kg	0.0700	0.0700	0.0700	0.0700	0.0700	0.0700
	库金箔	张	96.0000	—	—	96.0000	—	—
	赤金箔	张	—	120.5000	—	—	120.5000	—
	铜箔	张	—	—	85.1700	—	—	85.1700
	其他材料费(占材料费)	%	0.50	0.50	0.50	0.50	0.50	0.50

工作内容:准备工具、成品保护、调兑材料、起扎谱子、沥粉、打金胶油、贴金(铜)箔、刷油漆、支搭金帐、场内运输及清理废弃物。

计量单位:m^2

定额编号			3-10-176	3-10-177	3-10-178	3-10-179	3-10-180	3-10-181
项目			椽肚或望板沥粉片金彩画					
			沥粉刷醇酸磁漆贴金			沥粉刷颜料光油贴金		
			库金	赤金	铜箔	库金	赤金	铜箔
名称		单位	消耗量					
人工	合计工日	工日	2.330	2.380	2.420	2.330	2.380	2.420
	油画工普工	工日	0.233	0.238	0.242	0.233	0.238	0.242
	油画工一般技工	工日	1.165	1.190	1.210	1.165	1.190	1.210
	油画工高级技工	工日	0.932	0.952	0.968	0.932	0.952	0.968
材料	巴黎绿	kg	—	—	—	0.1000	0.1000	0.1000
	银朱	kg	—	—	—	0.0200	0.0200	0.0200
	红丹粉	kg	—	—	—	0.3100	0.3100	0.3100
	氧化铁红	kg	—	—	—	0.0600	0.0600	0.0600
	滑石粉	kg	0.3300	0.3300	0.3300	0.3300	0.3300	0.3300
	乳胶	kg	0.1800	0.1800	0.1800	0.1800	0.1800	0.1800
	醇酸磁漆	kg	0.4700	0.4700	0.4700	—	—	—
	醇酸稀料	kg	0.3900	0.3900	0.3900	—	—	—
	丙烯酸清漆	kg	—	—	0.0400	—	—	0.0400
	光油	kg	0.0400	0.0400	0.0400	—	—	—
	颜料光油	kg	—	—	—	0.4200	0.4200	0.4200
	金胶油	kg	0.0400	0.0400	0.0400	0.0400	0.0400	0.0400
	库金箔	张	48.0000	—	—	48.0000	—	—
	赤金箔	张	—	60.2700	—	—	60.2700	—
	铜箔	张	—	—	42.5000	—	—	42.5000
	其他材料费(占材料费)	%	0.50	0.50	0.50	0.50	0.50	0.50

三、木构架油饰彩画

1. 上、下架除尘清理及彩画修补

工作内容:准备工具、成品保护、清理除尘、场内运输及清理废弃物。 **计量单位**:m^2

定额编号			3-10-182	3-10-183	3-10-184	3-10-185
项目			除尘清理			
			油饰面		彩绘面	
			上架	下架	上架	下架
名称		单位	消耗量			
人工	合计工日	工日	0.102	0.108	0.480	0.510
	油画工普工	工日	0.051	0.054	0.240	0.255
	油画工一般技工	工日	0.041	0.043	0.192	0.204
	油画工高级技工	工日	0.010	0.011	0.048	0.051
材料	荞麦面	kg	—	—	0.2500	0.2000
	白布	m^2	0.0500	0.0500	0.0200	0.0200

工作内容:准备工具、成品保护、清水闷透、注胶、压平、压实、场内运输及清理废弃物。 **计量单位**:m^2

定额编号			3-10-186	3-10-187	3-10-188	3-10-189
项目			彩画回贴			
			面积占30%		面积每增10%	
			上架	下架	上架	下架
名称		单位	消耗量			
人工	合计工日	工日	0.605	0.855	0.148	0.209
	油画工普工	工日	0.302	0.428	0.074	0.105
	油画工一般技工	工日	0.242	0.342	0.059	0.084
	油画工高级技工	工日	0.061	0.086	0.015	0.021
材料	乳胶	kg	0.1000	0.1500	0.0333	0.0500
	其他材料费(占材料费)	%	2.00	2.00	2.00	2.00

工作内容：准备工具、成品保护、调兑材料、随旧活补修、沥粉、彩画、打金胶油、贴金(铜)箔、支搭金帐、场内运输及清理废弃物。

计量单位：m^2

定额编号			3-10-190	3-10-191	3-10-192	3-10-193	3-10-194	3-10-195
项目			和玺彩画修补(面积占30%)					
			金琢墨			金龙或龙凤片金箍头		
			库金	赤金	铜箔	库金	赤金	铜箔
名称		单位	消耗量					
人工	合计工日	工日	1.023	1.042	1.046	0.928	0.944	0.950
	油画工普工	工日	0.102	0.104	0.105	0.093	0.094	0.095
	油画工一般技工	工日	0.512	0.521	0.523	0.464	0.472	0.475
	油画工高级技工	工日	0.409	0.417	0.418	0.371	0.378	0.380
材料	巴黎绿	kg	0.0367	0.0367	0.0367	0.0367	0.0367	0.0367
	群青	kg	0.0147	0.0147	0.0147	0.0147	0.0147	0.0147
	银朱	kg	0.0029	0.0029	0.0029	0.0029	0.0029	0.0029
	章丹	kg	0.0143	0.0143	0.0143	0.0143	0.0143	0.0143
	石黄	kg	0.0030	0.0030	0.0030	0.0030	0.0030	0.0030
	松烟	kg	0.0030	0.0030	0.0030	0.0030	0.0030	0.0030
	无光白乳胶漆	kg	0.0361	0.0361	0.0361	0.0361	0.0361	0.0361
	乳胶	kg	0.0345	0.0345	0.0345	0.0345	0.0345	0.0345
	光油	kg	0.0030	0.0030	0.0030	0.0030	0.0030	0.0030
	颜料光油	kg	0.0099	0.0099	0.0099	0.0088	0.0088	0.0088
	金胶油	kg	0.0234	0.0234	0.0234	0.0209	0.0209	0.0209
	库金箔	张	20.6742	—	—	18.4656	—	—
	赤金箔	张	—	25.9221	—	—	23.1529	—
	铜箔	张	—	—	17.9550	—	—	16.0650
	丙烯酸清漆	kg	—	—	0.0162	—	—	0.0145
	其他材料费(占材料费)	%	1.00	1.00	1.00	1.00	1.00	1.00

工作内容：准备工具、成品保护、调兑材料、随旧活补修、沥粉、彩画、打金胶油、贴金(铜)箔、支搭金帐、场内运输及清理废弃物。

计量单位：m²

定额编号			3-10-196	3-10-197	3-10-198	3-10-199	3-10-200	3-10-201
项目			和玺彩画修补(面积占30%)					
			金龙或龙凤素箍头			龙草		
			库金	赤金	铜箔	库金	赤金	铜箔
	名称	单位	消耗量					
人工	合计工日	工日	0.772	0.134	0.136	0.760	0.772	0.786
	油画工普工	工日	0.077	0.079	0.080	0.076	0.077	0.079
	油画工一般技工	工日	0.386	0.039	0.040	0.380	0.386	0.393
	油画工高级技工	工日	0.309	0.016	0.016	0.304	0.309	0.314
材料	巴黎绿	kg	0.0367	0.0367	0.0367	0.0367	0.0367	0.0367
	群青	kg	0.0147	0.0147	0.0147	0.0147	0.0147	0.0147
	银朱	kg	0.0029	0.0029	0.0029	0.0029	0.0029	0.0029
	章丹	kg	0.0143	0.0143	0.0143	0.0143	0.0143	0.0143
	石黄	kg	0.0030	0.0030	0.0030	0.0030	0.0030	0.0030
	松烟	kg	0.0030	0.0030	0.0030	0.0030	0.0030	0.0030
	无光白乳胶漆	kg	0.0361	0.0361	0.0361	0.0361	0.0361	0.0361
	乳胶	kg	0.0345	0.0345	0.0345	0.0276	0.0276	0.0276
	光油	kg	0.0030	0.0030	0.0030	0.0030	0.0030	0.0030
	颜料光油	kg	0.0083	0.0083	0.0083	0.0076	0.0076	0.0076
	金胶油	kg	0.0197	0.0197	0.0197	0.0179	0.0179	0.0179
	库金箔	张	17.3794	—	—	15.7863	—	—
	赤金箔	张	—	21.7909	—	—	19.7934	—
	铜箔	张	—	—	15.1200	—	—	13.7340
	丙烯酸清漆	kg	—	—	0.0136	—	—	0.0124
	其他材料费(占材料费)	%	1.00	1.00	1.00	1.00	1.00	1.00

工作内容：准备工具、成品保护、调兑材料、随旧活补修、沥粉、彩画、打金胶油、贴金（铜）箔、支搭金帐、场内运输及清理废弃物。

计量单位：m^2

定额编号			3-10-202	3-10-203	3-10-204	3-10-205	3-10-206	3-10-207
项目			和玺彩画修补(面积每增10%)					
			金琢墨			金龙或龙凤片金箍头		
			库金	赤金	铜箔	库金	赤金	铜箔
名称		单位	消耗量					
人工	合计工日	工日	0.341	0.348	0.348	0.310	0.314	0.317
	油画工普工	工日	0.034	0.035	0.035	0.031	0.031	0.032
	油画工一般技工	工日	0.171	0.174	0.174	0.155	0.157	0.158
	油画工高级技工	工日	0.136	0.139	0.139	0.124	0.126	0.127
材料	巴黎绿	kg	0.0122	0.0122	0.0122	0.0122	0.0122	0.0122
	群青	kg	0.0049	0.0049	0.0049	0.0049	0.0049	0.0049
	银朱	kg	0.0010	0.0010	0.0010	0.0010	0.0010	0.0010
	章丹	kg	0.0048	0.0048	0.0048	0.0048	0.0048	0.0048
	石黄	kg	0.0010	0.0010	0.0010	0.0010	0.0010	0.0010
	松烟	kg	0.0010	0.0010	0.0010	0.0010	0.0010	0.0010
	无光白乳胶漆	kg	0.0120	0.0120	0.0120	0.0120	0.0120	0.0120
	乳胶	kg	0.0115	0.0115	0.0115	0.0115	0.0115	0.0115
	光油	kg	0.0010	0.0010	0.0010	0.0010	0.0010	0.0010
	颜料光油	kg	0.0033	0.0033	0.0033	0.0029	0.0029	0.0029
	金胶油	kg	0.0078	0.0078	0.0078	0.0070	0.0070	0.0070
	库金箔	张	6.8914	—	—	6.1552	—	—
	赤金箔	张	—	8.6407	—	—	7.7176	—
	铜箔	张	—	—	5.9850	—	—	5.3550
	丙烯酸清漆	kg	—	—	0.0054	—	—	0.0048
	其他材料费(占材料费)	%	1.00	1.00	1.00	1.00	1.00	1.00

工作内容：准备工具、成品保护、调兑材料、随旧活补修、沥粉、彩画、打金胶油、贴金(铜)箔、支搭金帐、场内运输及清理废弃物。

计量单位：m^2

定额编号			3-10-208	3-10-209	3-10-210	3-10-211	3-10-212	3-10-213
项目			和玺彩画修补(面积每增10%)					
			金龙或龙凤素箍头			龙草		
			库金	赤金	铜箔	库金	赤金	铜箔
名称		单位	消耗量					
人工	合计工日	工日	0.258	0.044	0.045	0.253	0.258	0.262
	油画工普工	工日	0.026	0.026	0.027	0.025	0.026	0.026
	油画工一般技工	工日	0.129	0.013	0.013	0.127	0.129	0.131
	油画工高级技工	工日	0.103	0.005	0.005	0.101	0.103	0.105
材料	巴黎绿	kg	0.0122	0.0122	0.0122	0.0122	0.0122	0.0122
	群青	kg	0.0049	0.0049	0.0049	0.0049	0.0049	0.0049
	银朱	kg	0.0010	0.0010	0.0010	0.0010	0.0010	0.0010
	章丹	kg	0.0048	0.0048	0.0048	0.0048	0.0048	0.0048
	石黄	kg	0.0010	0.0010	0.0010	0.0010	0.0010	0.0010
	松烟	kg	0.0010	0.0010	0.0010	0.0010	0.0010	0.0010
	无光白乳胶漆	kg	0.0120	0.0120	0.0120	0.0120	0.0120	0.0120
	乳胶	kg	0.0115	0.0115	0.0115	0.0092	0.0092	0.0092
	光油	kg	0.0010	0.0010	0.0010	0.0010	0.0010	0.0010
	颜料光油	kg	0.0028	0.0028	0.0028	0.0025	0.0025	0.0025
	金胶油	kg	0.0066	0.0066	0.0066	0.0060	0.0060	0.0060
	库金箔	张	5.7931	—	—	5.2621	—	—
	赤金箔	张	—	7.2636	—	—	6.5978	—
	铜箔	张	—	—	5.0400	—	—	4.5780
	丙烯酸清漆	kg	—	—	0.0045	—	—	0.0041
	其他材料费(占材料费)	%	1.00	1.00	1.00	1.00	1.00	1.00

工作内容：准备工具、成品保护、调兑材料、随旧活补修、沥粉、彩画、打金胶油、贴金(铜)箔、支搭金帐、场内运输及清理废弃物。

计量单位：m^2

定额编号			3-10-214	3-10-215	3-10-216	3-10-217	3-10-218	3-10-219
项目			明式、旋子彩画修补(面积占30%)					
			金琢墨石碾玉			烟琢墨石碾玉、金线大点金、龙锦枋心		
			库金	赤金	铜箔	库金	赤金	铜箔
名称		单位	消耗量					
人工	合计工日	工日	0.958	0.994	0.994	0.910	0.934	0.944
	油画工普工	工日	0.096	0.099	0.099	0.091	0.093	0.094
	油画工一般技工	工日	0.479	0.497	0.497	0.455	0.467	0.472
	油画工高级技工	工日	0.383	0.398	0.398	0.364	0.374	0.378
材料	巴黎绿	kg	0.0367	0.0367	0.0367	0.0361	0.0361	0.0361
	群青	kg	0.0147	0.0147	0.0147	0.0144	0.0144	0.0144
	银朱	kg	0.0029	0.0029	0.0029	0.0029	0.0029	0.0029
	章丹	kg	0.0143	0.0143	0.0143	0.0143	0.0143	0.0143
	石黄	kg	0.0030	0.0030	0.0030	0.0030	0.0030	0.0030
	松烟	kg	0.0030	0.0030	0.0030	0.0030	0.0030	0.0030
	无光白乳胶漆	kg	0.0361	0.0361	0.0361	0.0361	0.0361	0.0361
	滑石粉	kg	0.0360	0.0360	0.0360	0.0360	0.0360	0.0360
	大白粉	kg	0.0420	0.0420	0.0420	0.0420	0.0420	0.0420
	乳胶	kg	0.0471	0.0471	0.0471	0.0469	0.0469	0.0469
	光油	kg	0.0030	0.0030	0.0030	0.0030	0.0030	0.0030
	颜料光油	kg	0.0090	0.0090	0.0090	0.0052	0.0052	0.0052
	金胶油	kg	0.0213	0.0213	0.0213	0.0118	0.0118	0.0118
	库金箔	张	18.8277	—	—	10.4638	—	—
	赤金箔	张	—	23.6069	—	—	13.1200	—
	铜箔	张	—	—	16.3800	—	—	9.1035
	丙烯酸清漆	kg	—	—	0.0147	—	—	0.0082
	其他材料费(占材料费)	%	1.00	1.00	1.00	1.00	1.00	1.00

工作内容：准备工具、成品保护、调兑材料、随旧活补修、沥粉、彩画、打金胶油、贴金(铜)箔、支搭金帐、场内运输及清理废弃物。

计量单位：m^2

定额编号			3-10-220	3-10-221	3-10-222
项目			明式、旋子彩画修补(面积占 30%)		
			明式金线点金、金线小点金、墨线大点金花枋心、龙锦枋心		
			库金	赤金	铜箔
名称		单位	消耗量		
人工	合计工日	工日	0.891	0.904	0.914
	油画工普工	工日	0.089	0.090	0.091
	油画工一般技工	工日	0.446	0.452	0.457
	油画工高级技工	工日	0.356	0.362	0.366
材料	巴黎绿	kg	0.0282	0.0282	0.0282
	群青	kg	0.0113	0.0113	0.0113
	银朱	kg	0.0029	0.0029	0.0029
	章丹	kg	0.0143	0.0143	0.0143
	石黄	kg	0.0030	0.0030	0.0030
	松烟	kg	0.0045	0.0045	0.0045
	无光白乳胶漆	kg	0.0329	0.0329	0.0329
	滑石粉	kg	0.0360	0.0360	0.0360
	大白粉	kg	0.0420	0.0420	0.0420
	乳胶	kg	0.0435	0.0435	0.0435
	光油	kg	0.0030	0.0030	0.0030
	颜料光油	kg	0.0044	0.0044	0.0044
	金胶油	kg	0.0098	0.0098	0.0098
	库金箔	张	8.6897	—	—
	赤金箔	张	—	10.8955	—
	铜箔	张	—	—	7.5600
	丙烯酸清漆	kg	—	—	0.0068
	其他材料费(占材料费)	%	1.00	1.00	1.00

工作内容：准备工具、成品保护、调兑材料、随旧活补修、沥粉、彩画、打金胶油、贴金(铜)箔、支搭金帐、场内运输及清理废弃物。

计量单位：m^2

定额编号			3-10-223	3-10-224	3-10-225	3-10-226
项目			明式、旋子彩画修补(面积占30%)			
			明式金线点金、金线小点金、墨线大点金素枋心			雅伍墨、雄黄玉、明式无金
			库金	赤金	铜箔	
名称		单位	消耗量			
人工	合计工日	工日	0.828	0.842	0.852	0.633
	油画工普工	工日	0.083	0.084	0.085	0.063
	油画工一般技工	工日	0.414	0.421	0.426	0.317
	油画工高级技工	工日	0.331	0.337	0.341	0.253
材料	巴黎绿	kg	0.0282	0.0282	0.0282	0.0282
	群青	kg	0.0113	0.0113	0.0113	0.0113
	银朱	kg	0.0029	0.0029	0.0029	0.0029
	章丹	kg	0.0143	0.0143	0.0143	0.0143
	石黄	kg	0.0030	0.0030	0.0030	0.0030
	松烟	kg	0.0045	0.0045	0.0045	0.0060
	无光白乳胶漆	kg	0.0329	0.0329	0.0329	0.0329
	滑石粉	kg	0.0360	0.0360	0.0360	—
	大白粉	kg	0.0420	0.0420	0.0420	—
	乳胶	kg	0.0435	0.0435	0.0435	0.0240
	光油	kg	0.0030	0.0030	0.0030	0.0030
	颜料光油	kg	0.0030	0.0030	0.0030	—
	金胶油	kg	0.0068	0.0068	0.0068	—
	库金箔	张	6.0104	—	—	—
	赤金箔	张	—	7.5360	—	—
	铜箔	张	—	—	5.2290	—
	丙烯酸清漆	kg	—	—	0.0047	—
	其他材料费(占材料费)	%	1.00	1.00	1.00	2.00

工作内容：准备工具、成品保护、调兑材料、随旧活补修、沥粉、彩画、打金胶油、贴金(铜)箔、支搭金帐、场内运输及清理废弃物。

计量单位：m^2

定额编号			3-10-227	3-10-228	3-10-229	3-10-230	3-10-231	3-10-232
项目			明式、旋子彩画修补(面积每增10%)					
			金琢墨石碾玉			烟琢墨石碾玉、金线大点金、龙锦枋心		
			库金	赤金	铜箔	库金	赤金	铜箔
名称		单位	消耗量					
人工	合计工日	工日	0.320	0.332	0.332	0.303	0.312	0.314
	油画工普工	工日	0.032	0.033	0.033	0.030	0.031	0.031
	油画工一般技工	工日	0.160	0.166	0.166	0.152	0.156	0.157
	油画工高级技工	工日	0.128	0.133	0.133	0.121	0.125	0.126
材料	巴黎绿	kg	0.0122	0.0122	0.0122	0.0120	0.0120	0.0120
	群青	kg	0.0049	0.0049	0.0049	0.0048	0.0048	0.0048
	银朱	kg	0.0010	0.0010	0.0010	0.0010	0.0010	0.0010
	章丹	kg	0.0048	0.0048	0.0048	0.0048	0.0048	0.0048
	石黄	kg	0.0010	0.0010	0.0010	0.0010	0.0010	0.0010
	松烟	kg	0.0010	0.0010	0.0010	0.0010	0.0010	0.0010
	无光白乳胶漆	kg	0.0120	0.0120	0.0120	0.0120	0.0120	0.0120
	滑石粉	kg	0.0120	0.0120	0.0120	0.0120	0.0120	0.0120
	大白粉	kg	0.0140	0.0140	0.0140	0.0264	0.0264	0.0264
	乳胶	kg	0.0157	0.0157	0.0157	0.0156	0.0156	0.0156
	光油	kg	0.0010	0.0010	0.0010	0.0010	0.0010	0.0010
	颜料光油	kg	0.0030	0.0030	0.0030	0.0017	0.0017	0.0017
	金胶油	kg	0.0071	0.0071	0.0071	0.0039	0.0039	0.0039
	库金箔	张	6.2759	—	—	3.4879	—	—
	赤金箔	张	—	7.8690	—	—	4.3733	—
	铜箔	张	—	—	5.4600	—	—	3.0345
	丙烯酸清漆	kg	—	—	0.0049	—	—	0.0027
	其他材料费(占材料费)	%	1.00	1.00	1.00	1.00	1.00	1.00

工作内容：准备工具、成品保护、调兑材料、随旧活补修、沥粉、彩画、打金胶油、贴金(铜)箔、支搭金帐、场内运输及清理废弃物。

计量单位：m^2

定额编号			3-10-233	3-10-234	3-10-235
项目			明式、旋子彩画修补(面积每增10%)		
			明式金线点金、金线小点金、墨线大点金花枋心、龙锦枋心		
			库金	赤金	铜箔
名称		单位	消耗量		
人工	合计工日	工日	0.298	0.302	0.304
	油画工普工	工日	0.030	0.030	0.030
	油画工一般技工	工日	0.149	0.151	0.152
	油画工高级技工	工日	0.119	0.121	0.122
材料	巴黎绿	kg	0.0094	0.0094	0.0094
	群青	kg	0.0052	0.0052	0.0052
	银朱	kg	0.0013	0.0013	0.0013
	章丹	kg	0.0066	0.0066	0.0066
	石黄	kg	0.0010	0.0010	0.0010
	松烟	kg	0.0005	0.0005	0.0005
	无光白乳胶漆	kg	0.0152	0.0152	0.0152
	滑石粉	kg	0.0120	0.0120	0.0120
	大白粉	kg	0.0140	0.0140	0.0140
	乳胶	kg	0.0145	0.0145	0.0145
	光油	kg	0.0010	0.0010	0.0010
	颜料光油	kg	0.0021	0.0021	0.0021
	金胶油	kg	0.0047	0.0047	0.0047
	库金箔	张	4.1379	—	—
	赤金箔	张	—	5.1883	—
	铜箔	张	—	—	3.6000
	丙烯酸清漆	kg	—	—	0.0032
	其他材料费(占材料费)	%	1.00	1.00	1.00

工作内容：准备工具、成品保护、调兑材料、随旧活补修、沥粉、彩画、打金胶油、贴金(铜)箔、支搭金帐、场内运输及清理废弃物。

计量单位：m^2

	定额编号		3-10-236	3-10-237	3-10-238	3-10-239
	项目		明式、旋子彩画修补(面积每增10%)			
			明式金线点金、金线小点金、墨线大点金素枋心			雅伍墨、雄黄玉、明式无金
			库金	赤金	铜箔	
	名称	单位	消耗量			
人工	合计工日	工日	0.276	0.280	0.284	0.211
	油画工普工	工日	0.028	0.028	0.028	0.021
	油画工一般技工	工日	0.138	0.140	0.142	0.106
	油画工高级技工	工日	0.110	0.112	0.114	0.084
材料	巴黎绿	kg	0.0094	0.0094	0.0094	0.0094
	群青	kg	0.0038	0.0038	0.0038	0.0038
	银朱	kg	0.0010	0.0010	0.0010	0.0010
	章丹	kg	0.0048	0.0048	0.0048	0.0048
	石黄	kg	0.0010	0.0010	0.0010	0.0010
	松烟	kg	0.0005	0.0005	0.0005	0.0020
	无光白乳胶漆	kg	0.0110	0.0110	0.0110	0.0110
	滑石粉	kg	0.0120	0.0120	0.0120	—
	大白粉	kg	0.0140	0.0140	0.0140	—
	乳胶	kg	0.0145	0.0145	0.0145	0.0080
	光油	kg	0.0010	0.0010	0.0010	0.0010
	颜料光油	kg	0.0010	0.0010	0.0010	—
	金胶油	kg	0.0023	0.0023	0.0023	—
	库金箔	张	2.0035	—	—	—
	赤金箔	张	—	2.5120	—	—
	铜箔	张	—	—	1.7430	—
	丙烯酸清漆	kg	—	—	0.0016	—
	其他材料费(占材料费)	%	1.00	1.00	1.00	2.00

工作内容：准备工具、成品保护、调兑材料、起扎谱子、沥粉、打金胶油、贴金(铜)箔、刷油漆、支搭金帐、场内运输及清理废弃物。

计量单位：m^2

定额编号			3-10-240	3-10-241	3-10-242	3-10-243	3-10-244	3-10-245
项目			宋锦彩画修补(面积占30%)			宋锦彩画修补(面积每增10%)		
			片金或攒退枋心					
			库金	赤金	铜箔	库金	赤金	铜箔
名称		单位	消耗量					
人工	合计工日	工日	1.256	1.283	1.290	0.418	0.428	0.430
	油画工普工	工日	0.126	0.128	0.129	0.042	0.043	0.043
	油画工一般技工	工日	0.628	0.642	0.645	0.209	0.214	0.215
	油画工高级技工	工日	0.502	0.513	0.516	0.167	0.171	0.172
材料	巴黎绿	kg	0.0367	0.0367	0.0367	0.0122	0.0122	0.0122
	群青	kg	0.0147	0.0147	0.0147	0.0049	0.0049	0.0049
	银朱	kg	0.0029	0.0029	0.0029	0.0010	0.0010	0.0010
	章丹	kg	0.0143	0.0143	0.0143	0.0048	0.0048	0.0048
	氧化铁红	kg	0.0030	0.0030	0.0030	0.0010	0.0010	0.0010
	石黄	kg	0.0030	0.0030	0.0030	0.0010	0.0010	0.0010
	松烟	kg	0.0030	0.0030	0.0030	0.0010	0.0010	0.0010
	大白粉	kg	0.0767	0.0767	0.0767	0.0767	0.0767	0.0767
	滑石粉	kg	0.0057	0.0057	0.0057	0.0057	0.0057	0.0057
	国画色	支	0.4500	0.4500	0.4500	0.1500	0.1500	0.1500
	无光白乳胶漆	kg	0.0361	0.0361	0.0361	0.0120	0.0120	0.0120
	乳胶	kg	0.0276	0.0276	0.0276	0.0092	0.0092	0.0092
	光油	kg	0.0030	0.0030	0.0030	0.0010	0.0010	0.0010
	颜料光油	kg	0.0090	0.0090	0.0090	0.0030	0.0030	0.0030
	金胶油	kg	0.0213	0.0213	0.0213	0.0071	0.0071	0.0071
	库金箔	张	18.8277	—	—	6.2759	—	—
	赤金箔	张	—	23.6069	—	—	7.8690	—
	铜箔	张	—	—	16.3800	—	—	5.4600
	丙烯酸清漆	kg	—	—	0.0147	—	—	0.0049
	其他材料费(占材料费)	%	0.50	0.50	0.50	0.50	0.50	0.50

工作内容：准备工具、成品保护、调兑材料、起扎谱子、沥粉、打金胶油、贴金(铜)箔、刷油漆、支搭金帐、场内运输及清理废弃物。

计量单位：m^2

定额编号			3-10-246	3-10-247	3-10-248	3-10-249	3-10-250	3-10-251
项目			宋锦彩画修补(面积占30%)			宋锦彩画修补(面积每增10%)		
			苏画枋心					
			库金	赤金	铜箔	库金	赤金	铜箔
名称		单位	消耗量					
人工	合计工日	工日	1.062	1.078	1.086	0.354	0.360	0.362
	油画工普工	工日	0.106	0.108	0.109	0.035	0.036	0.036
	油画工一般技工	工日	0.531	0.539	0.543	0.177	0.180	0.181
	油画工高级技工	工日	0.425	0.431	0.434	0.142	0.144	0.145
材料	巴黎绿	kg	0.0224	0.0224	0.0224	0.0075	0.0075	0.0075
	群青	kg	0.0089	0.0089	0.0089	0.0030	0.0030	0.0030
	银朱	kg	0.0029	0.0029	0.0029	0.0010	0.0010	0.0010
	章丹	kg	0.0143	0.0143	0.0143	0.0048	0.0048	0.0048
	氧化铁红	kg	0.0030	0.0030	0.0030	0.0010	0.0010	0.0010
	石黄	kg	0.0030	0.0030	0.0030	0.0010	0.0010	0.0010
	松烟	kg	0.0030	0.0030	0.0030	0.0010	0.0010	0.0010
	大白粉	kg	0.0767	0.0767	0.0767	0.0767	0.0767	0.0767
	滑石粉	kg	0.0057	0.0057	0.0057	0.0057	0.0057	0.0057
	国画色	支	0.4500	0.4500	0.4500	0.1500	0.1500	0.1500
	无光白乳胶漆	kg	0.0361	0.0361	0.0361	0.0120	0.0120	0.0120
	乳胶	kg	0.0257	0.0257	0.0257	0.0086	0.0086	0.0086
	光油	kg	0.0030	0.0030	0.0030	0.0010	0.0010	0.0010
	颜料光油	kg	0.0080	0.0080	0.0080	0.0027	0.0027	0.0027
	金胶油	kg	0.0188	0.0188	0.0188	0.0063	0.0063	0.0063
	库金箔	张	16.6552	—	—	5.5517	—	—
	赤金箔	张	—	20.8830	—	—	6.9610	—
	铜箔	张	—	—	14.4900	—	—	4.8300
	丙烯酸清漆	kg	—	—	0.0130	—	—	0.0043
	其他材料费(占材料费)	%	0.50	0.50	0.50	0.50	0.50	0.50

工作内容:准备工具、成品保护、调兑材料、随旧活补修、沥粉、彩画、打金胶油、贴金(铜)箔、支搭金帐、场内运输及清理废弃物。

计量单位:m²

定额编号			3-10-252	3-10-253	3-10-254	3-10-255	3-10-256	3-10-257
项目			苏式彩画修补(面积占30%)					
			金琢墨			片金箍头卡子		
			库金	赤金	铜箔	库金	赤金	铜箔
名称		单位	消耗量					
人工	合计工日	工日	1.722	1.740	1.747	1.240	1.256	1.268
	油画工普工	工日	0.172	0.174	0.175	0.124	0.126	0.127
	油画工一般技工	工日	0.861	0.870	0.873	0.620	0.628	0.634
	油画工高级技工	工日	0.689	0.696	0.699	0.496	0.502	0.507
材料	巴黎绿	kg	0.0220	0.0220	0.0220	0.0187	0.0187	0.0187
	群青	kg	0.0077	0.0077	0.0077	0.0065	0.0065	0.0065
	银朱	kg	0.0040	0.0040	0.0040	0.0040	0.0040	0.0040
	章丹	kg	0.0200	0.0200	0.0200	0.0200	0.0200	0.0200
	氧化铁红	kg	—	—	—	0.0030	0.0030	0.0030
	石黄	kg	0.0030	0.0030	0.0030	0.0030	0.0030	0.0030
	松烟	kg	0.0030	0.0030	0.0030	0.0030	0.0030	0.0030
	国画色	支	0.9000	0.9000	0.9000	0.4500	0.4500	0.4500
	无光白乳胶漆	kg	0.0682	0.0682	0.0682	0.0361	0.0361	0.0361
	乳胶	kg	0.0184	0.0184	0.0184	0.0276	0.0276	0.0276
	光油	kg	0.0030	0.0030	0.0030	0.0030	0.0030	0.0030
	颜料光油	kg	0.0059	0.0059	0.0059	0.0048	0.0048	0.0048
	金胶油	kg	0.0140	0.0140	0.0140	0.0114	0.0114	0.0114
	库金箔	张	12.4190	—	—	10.0656	—	—
	赤金箔	张	—	15.5714	—	—	12.6206	—
	铜箔	张	—	—	10.8045	—	—	8.7570
	丙烯酸清漆	kg	—	—	0.0097	—	—	0.0079
	其他材料费(占材料费)	%	1.00	1.00	1.00	1.00	1.00	1.00

工作内容：准备工具、成品保护、调兑材料、随旧活补修、沥粉、彩画、打金胶油、贴金(铜)箔、支搭金帐、场内运输及清理废弃物。

计量单位：m²

定额编号			3-10-258	3-10-259	3-10-260	3-10-261
项目			苏式彩画修补(面积占30%)			
			金线片金卡子			无金饰
			库金	赤金	铜箔	
	名称	单位	消耗量			
人工	合计工日	工日	1.216	1.224	1.232	0.978
	油画工普工	工日	0.122	0.122	0.123	0.098
	油画工一般技工	工日	0.608	0.612	0.616	0.489
	油画工高级技工	工日	0.486	0.490	0.493	0.391
材料	巴黎绿	kg	0.0187	0.0187	0.0187	0.0150
	群青	kg	0.0065	0.0065	0.0065	0.0066
	银朱	kg	0.0040	0.0040	0.0040	—
	章丹	kg	0.0200	0.0200	0.0200	0.0071
	氧化铁红	kg	0.0030	0.0030	0.0030	—
	石黄	kg	0.0030	0.0030	0.0030	—
	松烟	kg	0.0030	0.0030	0.0030	0.0045
	国画色	支	0.4500	0.4500	0.4500	—
	无光白乳胶漆	kg	0.0361	0.0361	0.0361	0.0361
	乳胶	kg	0.0276	0.0276	0.0276	0.0276
	光油	kg	0.0030	0.0030	0.0030	0.0015
	颜料光油	kg	0.0044	0.0044	0.0044	—
	金胶油	kg	0.0104	0.0104	0.0104	—
	库金箔	张	9.2328	—	—	—
	赤金箔	张	—	11.5764	—	—
	铜箔	张	—	—	8.0325	—
	丙烯酸清漆	kg	—	—	0.0072	—
	醇酸磁漆	kg	—	—	—	0.0279
	醇酸稀释剂	kg	—	—	—	0.0019
	其他材料费(占材料费)	%	1.00	1.00	1.00	2.00

工作内容：准备工具、成品保护、调兑材料、随旧活补修、沥粉、彩画、打金胶油、贴金(铜)箔、支搭金帐、场内运输及清理废弃物。

计量单位：m^2

定额编号			3-10-262	3-10-263	3-10-264
项目			苏式彩画修补(面积占30%)		
			其他彩画		
			库金	赤金	铜箔
名称		单位	消耗量		
人工	合计工日	工日	0.653	0.670	0.673
	油画工普工	工日	0.065	0.067	0.067
	油画工一般技工	工日	0.327	0.335	0.337
	油画工高级技工	工日	0.261	0.268	0.269
材料	巴黎绿	kg	0.0367	0.0367	0.0367
	群青	kg	0.0147	0.0147	0.0147
	银朱	kg	0.0029	0.0029	0.0029
	章丹	kg	0.0143	0.0143	0.0143
	氧化铁红	kg	0.0030	0.0030	0.0030
	石黄	kg	0.0030	0.0030	0.0030
	松烟	kg	0.0030	0.0030	0.0030
	国画色	支	0.4500	0.4500	0.4500
	无光白乳胶漆	kg	0.0361	0.0361	0.0361
	乳胶	kg	0.0276	0.0276	0.0276
	光油	kg	0.0030	0.0030	0.0030
	颜料光油	kg	0.0090	0.0090	0.0090
	金胶油	kg	0.0213	0.0213	0.0213
	库金箔	张	18.8277	—	—
	赤金箔	张	—	23.6069	—
	铜箔	张	—	—	16.3800
	丙烯酸清漆	kg	—	—	0.0147
	其他材料费(占材料费)	%	1.00	1.00	1.00

工作内容：准备工具、成品保护、调兑材料、随旧活补修、沥粉、彩画、打金胶油、贴金(铜)箔、支搭金帐、场内运输及清理废弃物。

计量单位：m²

定额编号			3-10-265	3-10-266	3-10-267	3-10-268	3-10-269	3-10-270
项目			苏式彩画修补（面积每增10%）					
			金琢墨			片金箍头卡子		
			库金	赤金	铜箔	库金	赤金	铜箔
名称		单位	消耗量					
人工	合计工日	工日	0.574	0.580	0.582	0.413	0.418	0.422
	油画工普工	工日	0.057	0.058	0.058	0.041	0.042	0.042
	油画工一般技工	工日	0.287	0.290	0.291	0.207	0.209	0.211
	油画工高级技工	工日	0.230	0.232	0.233	0.165	0.167	0.169
材料	巴黎绿	kg	0.0073	0.0073	0.0073	0.0187	0.0187	0.0187
	群青	kg	0.0026	0.0026	0.0026	0.0065	0.0065	0.0065
	银朱	kg	0.0013	0.0013	0.0013	0.0040	0.0040	0.0040
	章丹	kg	0.0067	0.0067	0.0067	0.0200	0.0200	0.0200
	氧化铁红	kg	—	—	—	0.0030	0.0030	0.0030
	石黄	kg	0.0010	0.0010	0.0010	0.0030	0.0030	0.0030
	松烟	kg	0.0010	0.0010	0.0010	0.0030	0.0030	0.0030
	国画色	支	0.0900	0.0900	0.0900	0.4500	0.4500	0.4500
	无光白乳胶漆	kg	0.0227	0.0227	0.0227	0.0361	0.0361	0.0361
	乳胶	kg	0.0061	0.0061	0.0061	0.0276	0.0276	0.0276
	光油	kg	0.0010	0.0010	0.0010	0.0030	0.0030	0.0030
	颜料光油	kg	0.0020	0.0020	0.0020	0.0048	0.0048	0.0048
	金胶油	kg	0.0047	0.0047	0.0047	0.0114	0.0114	0.0114
	库金箔	张	4.1397	—	—	10.0656	—	—
	赤金箔	张	—	5.1905	—	—	12.6206	—
	铜箔	张	—	—	3.6015	—	—	8.7570
	丙烯酸清漆	kg	—	—	0.0032	—	—	0.0079
	其他材料费(占材料费)	%	1.00	1.00	1.00	1.00	1.00	1.00

工作内容：准备工具、成品保护、调兑材料、随旧活补修、沥粉、彩画、打金胶油、贴金（铜）箔、支搭金帐、场内运输及清理废弃物。

计量单位：m^2

定额编号			3-10-271	3-10-272	3-10-273	3-10-274
项目			苏式彩画修补（面积每增10%）			
			金线片金卡子			无金饰
			库金	赤金	铜箔	
名称		单位	消耗量			
人工	合计工日	工日	0.406	0.408	0.410	0.326
	油画工普工	工日	0.041	0.041	0.041	0.033
	油画工一般技工	工日	0.203	0.204	0.205	0.163
	油画工高级技工	工日	0.162	0.163	0.164	0.130
材料	巴黎绿	kg	0.0187	0.0187	0.0187	0.0150
	群青	kg	0.0065	0.0065	0.0065	0.0066
	银朱	kg	0.0040	0.0040	0.0040	—
	章丹	kg	0.0200	0.0200	0.0200	0.0071
	氧化铁红	kg	0.0030	0.0030	0.0030	—
	石黄	kg	0.0030	0.0030	0.0030	—
	松烟	kg	0.0030	0.0030	0.0030	0.0045
	国画色	支	0.4500	0.4500	0.4500	—
	无光白乳胶漆	kg	0.0361	0.0361	0.0361	0.0361
	乳胶	kg	0.0276	0.0276	0.0276	0.0276
	光油	kg	0.0030	0.0030	0.0030	0.0015
	颜料光油	kg	0.0044	0.0044	0.0044	—
	金胶油	kg	0.0104	0.0104	0.0104	—
	库金箔	张	9.2328	—	—	—
	赤金箔	张	—	11.5764	—	—
	铜箔	张	—	—	8.0325	—
	丙烯酸清漆	kg	—	—	0.0072	—
	醇酸磁漆	kg	—	—	—	0.0279
	醇酸稀释剂	kg	—	—	—	0.0019
	其他材料费（占材料费）	%	1.00	1.00	1.00	2.00

工作内容:准备工具、成品保护、调兑材料、随旧活补修、沥粉、彩画、打金胶油、贴金(铜)箔、支搭金帐、场内运输及清理废弃物。

计量单位:m²

定额编号			3-10-275	3-10-276	3-10-277
项目			苏式彩画修补(面积每增10%)		
			其他彩画		
			库金	赤金	铜箔
名称		单位	消耗量		
人工	合计工日	工日	0.218	0.223	0.224
	油画工普工	工日	0.022	0.022	0.022
	油画工一般技工	工日	0.109	0.112	0.112
	油画工高级技工	工日	0.087	0.089	0.090
材料	巴黎绿	kg	0.0122	0.0122	0.0122
	群青	kg	0.0049	0.0049	0.0049
	银朱	kg	0.0010	0.0010	0.0010
	章丹	kg	0.0048	0.0048	0.0048
	氧化铁红	kg	0.0010	0.0010	0.0010
	石黄	kg	0.0010	0.0010	0.0010
	松烟	kg	0.0010	0.0010	0.0010
	国画色	支	0.1500	0.1500	0.1500
	无光白乳胶漆	kg	0.0120	0.0120	0.0120
	乳胶	kg	0.0092	0.0092	0.0092
	光油	kg	0.0010	0.0010	0.0010
	颜料光油	kg	0.0030	0.0030	0.0030
	金胶油	kg	0.0071	0.0071	0.0071
	库金箔	张	6.2759	—	—
	赤金箔	张	—	7.8690	—
	铜箔	张	—	—	5.4600
	丙烯酸清漆	kg	—	—	0.0049
	其他材料费(占材料费)	%	1.00	1.00	1.00

工作内容：准备工具、成品保护、调兑材料、随旧活补修、沥粉、彩画、打金胶油、贴金(铜)箔、支搭金帐、场内运输及清理废弃物。

计量单位：m^2

定额编号			3-10-278	3-10-279	3-10-280	3-10-281
项目			下架浑金彩画修补(面积占30%)			
			库金	赤金	库赤两色金	铜箔
名称		单位	消耗量			
人工	合计工日	工日	0.578	0.594	0.358	0.594
	油画工普工	工日	0.058	0.059	0.036	0.059
	油画工一般技工	工日	0.289	0.297	0.179	0.297
	油画工高级技工	工日	0.231	0.238	0.143	0.238
材料	滑石粉	kg	—	—	0.0612	—
	大白粉	kg	—	—	0.0714	—
	乳胶	kg	—	—	0.0332	—
	光油	kg	0.0030	0.0030	0.0010	0.0030
	颜料光油	kg	0.0454	0.0454	0.0599	0.0454
	金胶油	kg	0.0661	0.0661	0.0455	0.0661
	库金箔	张	58.6916	—	21.1208	—
	赤金箔	张	—	73.5898	26.4821	—
	铜箔	张	—	—	—	51.0615
	丙烯酸清漆	kg	—	—	—	0.0460
	其他材料费(占材料费)	%	1.00	1.00	1.00	1.00

工作内容：准备工具、成品保护、调兑材料、随旧活补修、沥粉、彩画、打金胶油、贴金(铜)箔、支搭金帐、场内运输及清理废弃物。

计量单位：m^2

定额编号			3-10-282	3-10-283	3-10-284	3-10-285
项目			下架浑金彩画修补(面积每增10%)			
			库金	赤金	库赤两色金	铜箔
名称		单位	消耗量			
人工	合计工日	工日	0.192	0.198	0.040	0.198
	油画工普工	工日	0.019	0.020	0.004	0.020
	油画工一般技工	工日	0.096	0.099	0.020	0.099
	油画工高级技工	工日	0.077	0.079	0.016	0.079
材料	滑石粉	kg	—	—	0.0204	—
	大白粉	kg	—	—	0.0238	—
	乳胶	kg	—	—	0.0111	—
	光油	kg	0.0010	0.0010	0.0003	0.0010
	颜料光油	kg	0.0151	0.0151	0.0257	0.0151
	金胶油	kg	0.0220	0.0220	0.0195	0.0220
	库金箔	张	19.5639	—	9.0518	—
	赤金箔	张	—	24.5299	11.3495	—
	铜箔	张	—	—	—	17.0205
	丙烯酸清漆	kg	—	—	—	0.0153
	其他材料费(占材料费)	%	1.00	1.00	1.00	1.00

工作内容：准备工具、成品保护、调兑材料、随旧活补修、沥粉、彩画、打金胶油、贴金(铜)箔、支搭金帐、场内运输及清理废弃物。

计量单位：m^2

定额编号			3-10-286	3-10-287	3-10-288	3-10-289	3-10-290	3-10-291
项目			下架油漆地沥粉饰金彩画修补(面积占30%)金琢墨			下架油漆地沥粉饰金彩画修补(面积占30%)片金		
			库金	赤金	铜箔	库金	赤金	铜箔
名称		单位	消耗量					
人工	合计工日	工日	0.940	0.962	1.022	0.626	0.666	0.681
	油画工普工	工日	0.094	0.096	0.102	0.063	0.067	0.068
	油画工一般技工	工日	0.470	0.481	0.511	0.313	0.333	0.341
	油画工高级技工	工日	0.376	0.385	0.409	0.250	0.266	0.272
材料	巴黎绿	kg	0.0038	0.0038	0.0038	—	—	—
	群青	kg	0.0015	0.0015	0.0015	—	—	—
	无光白乳胶漆	kg	0.0361	0.0361	0.0361	0.0361	0.0361	0.0361
	滑石粉	kg	0.0360	0.0360	0.0360	0.0360	0.0360	0.0360
	大白粉	kg	0.0420	0.0420	0.0420	0.0420	0.0420	0.0420
	乳胶	kg	0.0195	0.0195	0.0195	0.0195	0.0195	0.0195
	光油	kg	0.0030	0.0030	0.0030	0.0030	0.0030	0.0030
	颜料光油	kg	0.0099	0.0099	0.0099	—	—	—
	金胶油	kg	0.0233	0.0233	0.0233	0.0304	0.0304	0.0304
	库金箔	张	20.7104	—	—	26.8656	—	—
	赤金箔	张	—	25.9675	—	—	33.6852	—
	铜箔	张	—	—	6.0060	—	—	7.7910
	丙烯酸清漆	kg	—	—	0.0054	—	—	0.0070
	醇酸磁漆	kg	—	—	—	0.0105	0.0105	0.0105
	其他材料费(占材料费)	%	1.00	1.00	1.00	1.00	1.00	1.00

工作内容:准备工具、成品保护、调兑材料、随旧活补修、沥粉、彩画、打金胶油、贴金(铜)箔、支搭金帐、场内运输及清理废弃物。

计量单位:m^2

定额编号			3-10-292	3-10-293	3-10-294	3-10-295	3-10-296	3-10-297
项目			下架油漆地沥粉饰金彩画修补(面积每增10%)金琢墨			下架油漆地沥粉饰金彩画修补(面积每增10%)片金		
			库金	赤金	铜箔	库金	赤金	铜箔
名称		单位	消耗量					
人工	合计工日	工日	0.313	0.320	0.340	0.208	0.222	0.228
	油画工普工	工日	0.031	0.032	0.034	0.021	0.022	0.023
	油画工一般技工	工日	0.157	0.160	0.170	0.104	0.111	0.114
	油画工高级技工	工日	0.125	0.128	0.136	0.083	0.089	0.091
材料	巴黎绿	kg	0.0013	0.0013	0.0013	—	—	—
	群青	kg	0.0005	0.0005	0.0005	—	—	—
	无光白乳胶漆	kg	0.0120	0.0120	0.0120	0.0120	0.0120	0.0120
	滑石粉	kg	0.0120	0.0120	0.0120	0.0120	0.0120	0.0120
	大白粉	kg	0.0140	0.0140	0.0140	0.0140	0.0140	0.0140
	乳胶	kg	0.0065	0.0065	0.0065	0.0065	0.0065	0.0065
	光油	kg	0.0010	0.0010	0.0010	0.0010	0.0010	0.0010
	颜料光油	kg	0.0033	0.0033	0.0033	—	—	—
	醇酸磁漆	kg	—	—	—	0.0035	0.0035	0.0035
	金胶油	kg	0.0078	0.0078	0.0078	0.0101	0.0101	0.0101
	库金箔	张	6.9035	—	—	8.9552	—	—
	赤金箔	张	—	8.6558	—	—	11.2284	—
	铜箔	张	—	—	6.0060	—	—	7.7910
	丙烯酸清漆	kg	—	—	0.0054	—	—	0.0070
	其他材料费(占材料费)	%	2.00	2.00	2.00	2.00	2.00	2.00

工作内容:准备工具、成品保护、调兑材料、随旧活补修、沥粉、彩画、场内运输及清理废弃物。

计量单位:m^2

定额编号			3-10-298	3-10-299
项目			下架无金彩画修补（面积占30%）	下架无金彩画修补（面积每增10%）
名称		单位	消耗量	
人工	合计工日	工日	0.810	0.270
	油画工普工	工日	0.081	0.027
	油画工一般技工	工日	0.405	0.135
	油画工高级技工	工日	0.324	0.108
材料	巴黎绿	kg	0.0630	0.0210
	群青	kg	0.0030	0.0010
	石黄	kg	0.0080	0.0030
	松烟	kg	0.0030	0.0010
	无光白乳胶漆	kg	0.0150	0.0050
	乳胶	kg	0.0240	0.0080
	其他材料费(占材料费)	%	2.00	2.00

2.基层处理

工作内容:准备工具、成品保护、清理基层、撕缝、楦缝、下竹钉、挠洗、砍净、修补线角、场内运输及清理废弃物。

计量单位:m^2

定额编号			3-10-300	3-10-301	3-10-302	3-10-303	3-10-304	3-10-305
项目			上、下架砍净挠白					
			两麻(一麻一布)六灰		一麻(布)五(四)灰		单皮灰	
			坚硬	普通	坚硬	普通	坚硬	普通
名称		单位	消耗量					
人工	合计工日	工日	0.670	0.480	0.540	0.350	0.470	0.290
	油画工普工	工日	0.603	0.432	0.486	0.315	0.423	0.261
	油画工一般技工	工日	0.067	0.048	0.054	0.035	0.047	0.029

工作内容：准备工具、成品保护、清理基层、楦缝、下竹钉、修补线角、场内运输及清理废弃物。麻灰地仗找补砍活还包括砍掉空鼓、龟裂地仗。新木构件砍斧迹还包括砍出斧迹。

计量单位：m^2

定额编号			3-10-306	3-10-307	3-10-308
项目			上、下架		
			麻灰地仗找补砍活	清理除铲	新木构件砍斧迹
名称		单位	消耗量		
人工	合计工日	工日	0.220	0.070	0.120
	油画工普工	工日	0.198	0.063	0.108
	油画工一般技工	工日	0.022	0.007	0.012

工作内容：准备工具、成品保护、清理基层、场内运输及清理废弃物，铲混凝土板缝还包括表面流坠浆迹，砂石穿油灰皮还包括周边砍出灰口、麻口，操稀底油还包括刷油。

计量单位：m^2

定额编号			3-10-309	3-10-310	3-10-311
项目			上、下架		
			混凝土面除铲跑浆灰	砂石穿油灰皮	操稀底油
名称		单位	消耗量		
人工	合计工日	工日	0.080	0.100	0.030
	油画工普工	工日	0.072	0.090	0.024
	油画工一般技工	工日	0.008	0.010	0.006
材料	生桐油	kg	—	—	0.0100
	汽油(综合)	kg	—	—	0.0600
	其他材料费(占材料费)	%	—	—	1.00

工作内容：准备工具、成品保护、调兑材料、清理除铲、分层披灰、麻、打磨、场内运输及清理废弃物。

计量单位：m^2

定额编号			3-10-312	3-10-313	3-10-314	3-10-315
项目			修补地仗			
			捉中灰、找细灰		局部麻灰满细灰	
			上架	下架	上架	下架
名称		单位	消耗量			
人工	合计工日	工日	0.220	0.310	0.470	0.530
	油画工普工	工日	0.044	0.062	0.094	0.106
	油画工一般技工	工日	0.154	0.217	0.329	0.371
	油画工高级技工	工日	0.022	0.031	0.047	0.053
材料	面粉	kg	—	—	0.1300	0.2500
	血料	kg	3.1100	3.1100	1.3900	3.4000
	砖灰	kg	5.8000	5.8000	3.1000	3.7900
	灰油	kg	—	—	0.3000	0.6800
	光油	kg	0.3000	0.3000	0.0600	0.2500
	生桐油	kg	0.6000	0.6000	0.1500	0.1000
	精梳麻	kg	—	—	0.1200	0.1200
	其他材料费(占材料费)	%	2.00	2.00	2.00	2.00

工作内容: 准备工具、成品保护、调兑材料、清理除铲、分层披灰、麻、打磨、场内运输及清理废弃物。

计量单位:m^2

定额编号			3-10-316	3-10-317
项目			修补地仗	
			麻灰地仗	
			上架	下架
名称		单位	消耗量	
人工	合计工日	工日	0.960	1.140
	油画工普工	工日	0.192	0.228
	油画工一般技工	工日	0.672	0.798
	油画工高级技工	工日	0.096	0.114
材料	面粉	kg	0.2220	0.2220
	血料	kg	6.2240	6.4450
	砖灰	kg	5.5770	5.7930
	灰油	kg	1.2470	1.2470
	生桐油	kg	0.2570	0.2570
	光油	kg	0.3260	0.3570
	精梳麻	kg	0.2940	0.3530
	其他材料费(占材料费)	%	2.00	2.00

工作内容：准备工具、成品保护、调兑材料、梳麻或裁布、分层披灰、麻(布)、打磨、场内运输及清理废弃物。

计量单位：m^2

定额编号			3-10-318	3-10-319	3-10-320	3-10-321	3-10-322	3-10-323
项目			两麻六灰		一麻一布六灰地仗(檐柱径)			
					50cm 以内		50cm 以外	
			上架	下架	上架	下架	上架	下架
名称		单位	消耗量					
人工	合计工日	工日	1.190	1.620	1.210	1.510	1.090	1.490
	油画工普工	工日	0.238	0.324	0.242	0.302	0.218	0.298
	油画工一般技工	工日	0.833	1.134	0.847	1.057	0.763	1.043
	油画工高级技工	工日	0.119	0.162	0.121	0.151	0.109	0.149
材料	面粉	kg	0.4200	0.4200	0.3500	0.3500	0.3900	0.3900
	血料	kg	9.1000	9.3400	8.1600	8.4000	8.6200	8.8600
	砖灰	kg	7.7500	7.9700	7.0600	7.2800	7.5000	7.7100
	灰油	kg	2.3300	2.3300	1.9700	1.9700	2.1700	2.1700
	生桐油	kg	0.2500	0.2500	0.2500	0.2500	0.2500	0.2500
	光油	kg	0.3200	0.3600	0.3200	0.3600	0.3200	0.3600
	精梳麻	kg	0.6800	0.6800	0.2900	0.2900	0.3400	0.3400
	苎麻布	m^2	—	—	1.1000	1.1000	1.1000	1.1000
	其他材料费(占材料费)	%	1.00	1.00	1.00	1.00	1.00	1.00

工作内容：准备工具、成品保护、调兑材料、梳麻或裁布、分层披灰、麻(布)、打磨、场内运输及清理废弃物。

计量单位：m^2

定额编号			3-10-324	3-10-325	3-10-326	3-10-327	3-10-328	3-10-329
项目			一麻五灰地仗(檐柱径)					
			25cm 以内		50cm 以内		50cm 以外	
			上架	下架	上架	下架	上架	下架
名称		单位	消耗量					
人工	合计工日	工日	1.040	1.240	0.900	1.180	0.830	1.160
	油画工普工	工日	0.208	0.248	0.180	0.236	0.166	0.232
	油画工一般技工	工日	0.728	0.868	0.630	0.826	0.581	0.812
	油画工高级技工	工日	0.104	0.124	0.090	0.118	0.083	0.116
材料	面粉	kg	0.2300	0.2300	0.2700	0.2700	0.3000	0.3000
	血料	kg	6.3200	6.5500	6.7900	7.0300	7.2500	7.4800
	砖灰	kg	5.8900	6.1000	6.3200	6.5400	6.7600	6.9800
	灰油	kg	1.3100	1.3100	1.5100	1.5100	1.7100	1.7100
	生桐油	kg	0.2500	0.2500	0.2500	0.2500	0.2500	0.2500
	光油	kg	0.3200	0.3600	0.3200	0.3500	0.3200	0.3600
	精梳麻	kg	0.2400	0.2400	0.2900	0.2900	0.3400	0.3400
	其他材料费(占材料费)	%	1.00	1.00	1.00	1.00	1.00	1.00

工作内容：准备工具、成品保护、调兑材料、梳麻或栽布、分层披灰、麻(布)、打磨、场内运输及清理废弃物。

计量单位：m^2

定额编号			3-10-330	3-10-331	3-10-332	3-10-333	3-10-334	3-10-335
项目			一布五灰地仗(檐柱径)					
			25cm 以内		50cm 以内		50cm 以外	
			上架	下架	上架	下架	上架	下架
名称		单位	消耗量					
人工	合计工日	工日	0.960	1.120	0.820	1.040	0.730	1.030
	油画工普工	工日	0.192	0.224	0.164	0.208	0.146	0.206
	油画工一般技工	工日	0.672	0.784	0.574	0.728	0.511	0.721
	油画工高级技工	工日	0.096	0.112	0.082	0.104	0.073	0.103
材料	面粉	kg	0.2200	0.2200	0.2500	0.2500	0.2700	0.2700
	血料	kg	6.1100	6.3500	6.4500	6.6800	6.7700	7.0000
	砖灰	kg	5.6300	5.8400	6.0700	6.2900	6.5000	6.9600
	灰油	kg	1.2600	1.2600	1.4100	1.4100	1.5500	1.5500
	生桐油	kg	0.2500	0.2500	0.2500	0.2500	0.2500	0.2500
	光油	kg	0.3200	0.3600	0.3200	0.3600	0.3200	0.3600
	苎麻布	m^2	1.1000	1.1000	1.1000	1.1000	1.1000	—
	其他材料费(占材料费)	%	1.00	1.00	1.00	1.00	1.00	1.00

工作内容:准备工具、成品保护、调兑材料、梳麻或裁布、分层披灰、麻(布)、打磨、场内运输及清理废弃物。

计量单位:m^2

定额编号			3-10-336	3-10-337	3-10-338	3-10-339	3-10-340	3-10-341
项目			一布四灰地仗(檐柱径)				四道灰地仗	
			25cm 以内		25cm 以外		上架	下架
			上架	下架	上架	下架		
名称		单位	消耗量					
人工	合计工日	工日	0.860	0.960	0.760	0.920	0.540	0.720
	油画工普工	工日	0.172	0.192	0.152	0.184	0.108	0.144
	油画工一般技工	工日	0.602	0.672	0.532	0.644	0.378	0.504
	油画工高级技工	工日	0.086	0.096	0.076	0.092	0.054	0.072
材料	面粉	kg	0.1900	0.1900	0.2200	0.2200	0.1500	0.1500
	血料	kg	5.4900	5.7300	5.8300	6.0600	4.5100	4.7300
	砖灰	kg	4.8900	5.1100	5.3400	5.5400	4.6900	4.9000
	灰油	kg	1.0800	1.0800	1.2300	1.2300	0.8000	0.8000
	生桐油	kg	0.2500	0.2500	0.2500	0.2500	0.1700	0.1700
	光油	kg	0.3200	0.3600	0.3200	0.3600	0.2900	0.3200
	苎麻布	m^2	1.1000	1.1000	1.1000	1.1000	—	—
	其他材料费(占材料费)	%	1.00	1.00	1.00	1.00	1.00	1.00

工作内容：准备工具、成品保护、调兑材料、分层披灰、打磨、场内运输及清理废弃物。　　**计量单位：**m^2

定额编号			3-10-342	3-10-343	3-10-344	3-10-345	3-10-346	3-10-347
项目			三道灰地仗		混凝土面做地仗			
					血料砖灰		乳胶水泥	
			上架	下架	上架	下架	上架	下架
	名称	单位	消耗量					
人工	合计工日	工日	0.540	0.720	0.460	0.500	0.720	0.530
	油画工普工	工日	0.108	0.144	0.092	0.100	0.144	0.106
	油画工一般技工	工日	0.378	0.504	0.322	0.350	0.504	0.371
	油画工高级技工	工日	0.054	0.072	0.046	0.050	0.072	0.053
材料	面粉	kg	0.0700	0.0800	0.0500	0.0500	—	—
	血料	kg	3.6600	3.9000	2.7500	2.7500	—	—
	砖灰	kg	3.5600	3.7800	2.7700	2.7800	4.5600	4.5600
	灰油	kg	0.4200	0.4200	0.3000	0.3000	—	—
	生桐油	kg	0.1700	0.1700	0.1600	0.1600	0.1800	0.1800
	光油	kg	0.2900	0.3200	0.2400	0.2400	—	—
	乳胶	kg	—	—	—	—	0.1100	0.1100
	水泥(综合)	kg	—	—	—	—	0.3300	0.3300
	羧甲基纤维素	kg	—	—	—	—	0.1000	0.1000
	其他材料费(占材料费)	%	1.00	1.00	1.00	1.00	1.00	1.00

3.油　　饰

工作内容：准备工具、成品保护、调兑材料、刮、帚、找腻子、打磨、分层涂刷、场内运输及清理废弃物。

计量单位：m^2

定额编号			3-10-348	3-10-349	3-10-350	3-10-351	3-10-352	3-10-353
项目			刮腻子、刷醇酸磁漆			刮腻子、刷醇酸调合漆		
			上架三道	下架三道	下架四道	上架三道	下架三道	下架四道
名称		单位	消耗量					
人工	合计工日	工日	0.200	0.200	0.250	0.200	0.200	0.250
	油画工普工	工日	0.040	0.040	0.050	0.040	0.040	0.050
	油画工一般技工	工日	0.140	0.140	0.175	0.140	0.140	0.175
	油画工高级技工	工日	0.020	0.020	0.025	0.020	0.020	0.025
材料	血料	kg	0.0700	0.0700	0.0700	0.0700	0.0700	0.0700
	滑石粉	kg	0.1300	0.1300	0.1300	0.1300	0.1300	0.1300
	醇酸调合漆	kg	—	—	—	0.2800	0.2900	0.3700
	醇酸磁漆	kg	0.2600	0.2700	0.3500	—	—	—
	醇酸稀料	kg	0.0200	0.0700	0.0800	0.0200	0.0700	0.0800
	其他材料费(占材料费)	%	1.00	1.00	1.00	1.00	1.00	1.00

工作内容：准备工具、成品保护、调兑材料、刮、帚、找腻子、打磨、分层涂刷、场内运输及清理废弃物。

计量单位：m^2

定额编号			3-10-354	3-10-355	3-10-356	3-10-357
项目			刮腻子、搓颜料光油三道		刮腻子、刷地板漆三道	上、下架罩光油一道
			上架	下架		
名称		单位	消耗量			
人工	合计工日	工日	0.150	0.200	0.170	0.080
	油画工普工	工日	0.030	0.040	0.034	0.016
	油画工一般技工	工日	0.105	0.140	0.119	0.056
	油画工高级技工	工日	0.015	0.020	0.017	0.008
材料	血料	kg	0.0700	0.0700	0.0700	—
	滑石粉	kg	0.1300	0.1300	0.1300	—
	颜料光油	kg	0.2000	0.2200	—	—
	光油	kg	—	—	0.0300	0.5700
	银朱	kg	0.0200	0.0200	—	—
	红丹粉	kg	0.1800	0.1800	—	—
	氧化铁红	kg	0.0900	0.0900	—	—
	酚醛地板漆	kg	—	—	0.2800	—
	其他材料费(占材料费)	%	1.00	1.00	1.00	1.00

4.明 式 彩 画

工作内容:准备工具、成品保护、调兑材料、起扎谱子、沥粉、打金胶油、贴金(铜)箔、刷油漆、支搭金帐、场内运输及清理废弃物。

计量单位:m^2

定额编号			3-10-358	3-10-359	3-10-360	3-10-361	3-10-362	3-10-363
项目			明式金线点金花枋心彩画(檐柱径)					
			库金		赤金		铜箔	
			50cm 以内	50cm 以外	50cm 以内	50cm 以外	50cm 以内	50cm 以外
名称		单位	消耗量					
人工	合计工日	工日	2.700	2.580	2.740	2.620	2.770	2.650
	油画工普工	工日	0.270	0.258	0.274	0.262	0.277	0.265
	油画工一般技工	工日	1.080	1.032	1.096	1.048	1.108	1.060
	油画工高级技工	工日	1.350	1.290	1.370	1.310	1.385	1.325
材料	巴黎绿	kg	0.1200	0.1200	0.1200	0.1200	0.1200	0.1200
	群青	kg	0.0500	0.0500	0.0500	0.0500	0.0500	0.0500
	银朱	kg	0.0100	0.0100	0.0100	0.0100	0.0100	0.0100
	红丹粉	kg	0.0500	0.0500	0.0500	0.0500	0.0500	0.0500
	石黄	kg	0.0100	0.0100	0.0100	0.0100	0.0100	0.0100
	松烟	kg	0.0100	0.0100	0.0100	0.0100	0.0100	0.0100
	大白粉	kg	0.1400	0.1400	0.1400	0.1400	0.1400	0.1400
	滑石粉	kg	0.1200	0.1200	0.1200	0.1200	0.1200	0.1200
	乳胶	kg	0.1100	0.1100	0.1100	0.1100	0.1100	0.1100
	无光白乳胶漆	kg	0.1200	0.1200	0.1200	0.1200	0.1200	0.1200
	醇酸调合漆	kg	0.0200	0.0200	0.0200	0.0200	0.0200	0.0200
	丙烯酸清漆	kg	—	—	—	—	0.0400	0.0400
	光油	kg	0.0100	0.0100	0.0100	0.0100	0.0100	0.0100
	金胶油	kg	0.0370	0.0360	0.0370	0.0360	0.0370	0.0360
	库金箔	张	33.0000	31.5000	—	—	—	—
	赤金箔	张	—	—	41.2700	39.5000	—	—
	铜箔	张	—	—	—	—	29.2100	28.0000
	其他材料费(占材料费)	%	0.50	0.50	0.50	0.50	0.50	0.50

工作内容：准备工具、成品保护、调兑材料、起扎谱子、沥粉、打金胶油、贴金(铜)箔、刷油漆、支搭金帐、场内运输及清理废弃物。

计量单位：m^2

定额编号			3-10-364	3-10-365	3-10-366	3-10-367	3-10-368	3-10-369
项目			明式金线点金素枋心彩画(檐柱径)					
			库金		赤金		铜箔	
			50cm 以内	50cm 以外	50cm 以内	50cm 以外	50cm 以内	50cm 以外
名称		单位	消耗量					
人工	合计工日	工日	2.510	2.390	2.540	2.420	2.580	2.460
	油画工普工	工日	0.251	0.239	0.254	0.242	0.258	0.246
	油画工一般技工	工日	1.004	0.956	1.016	0.968	1.032	0.984
	油画工高级技工	工日	1.255	1.195	1.270	1.210	1.290	1.230
材料	巴黎绿	kg	0.1200	0.1200	0.1200	0.1200	0.1200	0.1200
	群青	kg	0.0500	0.0500	0.0500	0.0500	0.0500	0.0500
	银朱	kg	0.0100	0.0100	0.0100	0.0100	0.0100	0.0100
	红丹粉	kg	0.0500	0.0500	0.0500	0.0500	0.0500	0.0500
	石黄	kg	0.0100	0.0100	0.0100	0.0100	0.0100	0.0100
	松烟	kg	0.0100	0.0100	0.0100	0.0100	0.0100	0.0100
	大白粉	kg	0.1400	0.1400	0.1400	0.1400	0.1400	0.1400
	滑石粉	kg	0.1200	0.1200	0.1200	0.1200	0.1200	0.1200
	乳胶	kg	0.1100	0.1100	0.1100	0.1100	0.1100	0.1100
	无光白乳胶漆	kg	0.1200	0.1200	0.1200	0.1200	0.1200	0.1200
	醇酸调合漆	kg	0.0200	0.0200	0.0200	0.0200	0.0200	0.0200
	丙烯酸清漆	kg	—	—	—	—	0.0400	0.0400
	光油	kg	0.0100	0.0100	0.0100	0.0100	0.0100	0.0100
	金胶油	kg	0.0300	0.0290	0.0300	0.0290	0.0300	0.0290
	库金箔	张	27.0000	25.5000	—	—	—	—
	赤金箔	张	—	—	34.0000	32.0000	—	—
	铜箔	张	—	—	—	—	24.0000	23.0000
	其他材料费(占材料费)	%	0.50	0.50	0.50	0.50	0.50	0.50

工作内容：准备工具、成品保护、调兑材料、起扎谱子、沥粉、打金胶油、贴金(铜)箔、刷油漆、支搭金帐、场内运输及清理废弃物。

计量单位：m^2

定额编号			3-10-370	3-10-371	3-10-372	3-10-373	3-10-374	3-10-375
项目			明式墨线点金彩画(檐柱径)					
			库金		赤金		铜箔	
			50cm 以内	50cm 以外	50cm 以内	50cm 以外	50cm 以内	50cm 以外
	名称	单位	消耗量					
人工	合计工日	工日	2.330	2.210	2.540	2.420	2.580	2.460
	油画工普工	工日	0.233	0.221	0.254	0.242	0.258	0.246
	油画工一般技工	工日	0.932	0.884	1.016	0.968	1.032	0.984
	油画工高级技工	工日	1.165	1.105	1.270	1.210	1.290	1.230
材料	巴黎绿	kg	0.1200	0.1200	0.1200	0.1200	0.1200	0.1200
	群青	kg	0.0500	0.0500	0.0500	0.0500	0.0500	0.0500
	银朱	kg	0.0100	0.0100	0.0100	0.0100	0.0100	0.0100
	红丹粉	kg	0.0500	0.0500	0.0500	0.0500	0.0500	0.0500
	石黄	kg	0.0100	0.0100	0.0100	0.0100	0.0100	0.0100
	松烟	kg	0.0100	0.0100	0.0100	0.0100	0.0100	0.0100
	大白粉	kg	0.1400	0.1400	0.1400	0.1400	0.1400	0.1400
	滑石粉	kg	0.1200	0.1200	0.1200	0.1200	0.1200	0.1200
	乳胶	kg	0.1100	0.1100	0.1100	0.1100	0.1100	0.1100
	无光白乳胶漆	kg	0.1200	0.1200	0.1200	0.1200	0.1200	0.1200
	醇酸调合漆	kg	0.0200	0.0200	0.0200	0.0200	0.0200	0.0200
	丙烯酸清漆	kg	—	—	—	—	0.0400	0.0400
	光油	kg	0.0100	0.0100	0.0100	0.0100	0.0100	0.0100
	金胶油	kg	0.0190	0.0170	0.0190	0.0170	0.0190	0.0170
	库金箔	张	17.0000	15.4400	—	—	—	—
	赤金箔	张	—	—	21.2100	19.3200	—	—
	铜箔	张	—	—	—	—	15.0000	14.0000
	其他材料费(占材料费)	%	0.50	0.50	0.50	0.50	0.50	0.50

工作内容：准备工具、成品保护、调兑材料、起扎谱子、沥粉、刷油漆、场内运输及清理废弃物。

计量单位：m^2

定额编号			3-10-376	3-10-377
项目			明式墨线无金彩画(檐柱径)	
			50cm 以内	50cm 以外
名称		单位	消耗量	
人工	合计工日	工日	1.920	1.800
	油画工普工	工日	0.192	0.180
	油画工一般技工	工日	0.768	0.720
	油画工高级技工	工日	0.960	0.900
材料	巴黎绿	kg	0.1200	0.1200
	群青	kg	0.0500	0.0500
	银朱	kg	0.0100	0.0100
	红丹粉	kg	0.0500	0.0500
	松烟	kg	0.0100	0.0100
	乳胶	kg	0.0100	0.0100
	无光白乳胶漆	kg	0.1100	0.1100
	其他材料费(占材料费)	%	1.00	1.00

5. 清式和玺彩画

工作内容:准备工具、成品保护、调兑材料、起扎谱子、沥粉、打金胶油、贴金(铜)箔、刷油漆、支搭金帐、场内运输及清理废弃物。

计量单位:m^2

定额编号			3-10-378	3-10-379	3-10-380	3-10-381	3-10-382	3-10-383
项目			清式金琢墨和玺彩画(檐柱径)					
			库金		赤金		铜箔	
			50cm 以内	50cm 以外	50cm 以内	50cm 以外	50cm 以内	50cm 以外
名称		单位	消耗量					
人工	合计工日	工日	3.100	2.690	3.160	2.750	3.170	2.770
	油画工普工	工日	0.310	0.269	0.316	0.275	0.317	0.277
	油画工一般技工	工日	1.240	1.076	1.264	1.100	1.268	1.108
	油画工高级技工	工日	1.550	1.345	1.580	1.375	1.585	1.385
材料	巴黎绿	kg	0.1200	0.1200	0.1200	0.1200	0.1200	0.1200
	群青	kg	0.0500	0.0500	0.0500	0.0500	0.0500	0.0500
	银朱	kg	0.0100	0.0100	0.0100	0.0100	0.0100	0.0100
	红丹粉	kg	0.0500	0.0500	0.0500	0.0500	0.0500	0.0500
	石黄	kg	0.0100	0.0100	0.0100	0.0100	0.0100	0.0100
	松烟	kg	0.0100	0.0100	0.0100	0.0100	0.0100	0.0100
	大白粉	kg	0.1600	0.1600	0.1600	0.1600	0.1600	0.1600
	滑石粉	kg	0.1600	0.1600	0.1600	0.1600	0.1600	0.1600
	乳胶	kg	0.1100	0.1100	0.1100	0.1100	0.1100	0.1100
	无光白乳胶漆	kg	0.1200	0.1200	0.1200	0.1200	0.1200	0.1200
	醇酸调合漆	kg	0.0300	0.0300	0.0300	0.0300	0.0300	0.0300
	丙烯酸清漆	kg	—	—	—	—	0.0600	0.0600
	光油	kg	0.0200	0.0200	0.0200	0.0200	0.0200	0.0200
	金胶油	kg	0.0780	0.0740	0.0780	0.0740	0.0780	0.0740
	库金箔	张	69.0000	65.0000	—	—	—	—
	赤金箔	张	—	—	86.4200	81.5900	—	—
	铜箔	张	—	—	—	—	61.0000	58.0000
	其他材料费(占材料费)	%	0.50	0.50	0.50	0.50	0.50	0.50

工作内容：准备工具、成品保护、调兑材料、起扎谱子、沥粉、打金胶油、贴金(铜)箔、刷油漆、支搭金帐、场内运输及清理废弃物。

计量单位：m^2

定额编号			3-10-384	3-10-385	3-10-386	3-10-387	3-10-388	3-10-389
项目			清式片金和玺彩画(一)(片金箍头)(檐柱径)					
			库金		赤金		铜箔	
			50cm 以内	50cm 以外	50cm 以内	50cm 以外	50cm 以内	50cm 以外
名称		单位	消耗量					
人工	合计工日	工日	2.810	2.380	2.860	2.420	2.880	2.440
	油画工普工	工日	0.281	0.238	0.286	0.242	0.288	0.244
	油画工一般技工	工日	1.124	0.952	1.144	0.968	1.152	0.976
	油画工高级技工	工日	1.405	1.190	1.430	1.210	1.440	1.220
材料	巴黎绿	kg	0.1200	0.1200	0.1200	0.1200	0.1200	0.1200
	群青	kg	0.0500	0.0500	0.0500	0.0500	0.0500	0.0500
	银朱	kg	0.0100	0.0100	0.0100	0.0100	0.0100	0.0100
	红丹粉	kg	0.0500	0.0500	0.0500	0.0500	0.0500	0.0500
	石黄	kg	0.0100	0.0100	0.0100	0.0100	0.0100	0.0100
	松烟	kg	0.0100	0.0100	0.0100	0.0100	0.0100	0.0100
	大白粉	kg	0.1600	0.1600	0.1600	0.1600	0.1600	0.1600
	滑石粉	kg	0.1600	0.1600	0.1600	0.1600	0.1600	0.1600
	乳胶	kg	0.1100	0.1100	0.1100	0.1100	0.1100	0.1100
	无光白乳胶漆	kg	0.1200	0.1200	0.1200	0.1200	0.1200	0.1200
	醇酸调合漆	kg	0.0300	0.0300	0.0300	0.0300	0.0300	0.0300
	丙烯酸清漆	kg	—	—	—	—	0.0600	0.0600
	光油	kg	0.0200	0.0200	0.0200	0.0200	0.0200	0.0200
	金胶油	kg	0.0700	0.0660	0.0700	0.0660	0.0700	0.0660
	库金箔	张	61.5000	58.0000	—	—	—	—
	赤金箔	张	—	—	77.0000	72.6600	—	—
	铜箔	张	—	—	—	—	54.5700	51.3600
	其他材料费(占材料费)	%	0.50	0.50	0.50	0.50	0.50	0.50

工作内容：准备工具、成品保护、调兑材料、起扎谱子、沥粉、打金胶油、贴金(铜)箔、刷油漆、支搭金帐、场内运输及清理废弃物。

计量单位：m^2

定额编号			3-10-390	3-10-391	3-10-392	3-10-393	3-10-394	3-10-395
项目			清式片金和玺彩画(二)(素箍头)(檐柱径)					
			库金		赤金		铜箔	
			50cm 以内	50cm 以外	50cm 以内	50cm 以外	50cm 以内	50cm 以外
名称		单位	消耗量					
人工	合计工日	工日	2.340	1.960	2.390	1.980	2.410	2.030
	油画工普工	工日	0.234	0.196	0.239	0.198	0.241	0.203
	油画工一般技工	工日	0.936	0.784	0.956	0.792	0.964	0.812
	油画工高级技工	工日	1.170	0.980	1.195	0.990	1.205	1.015
材料	巴黎绿	kg	0.0900	0.0900	0.0900	0.0900	0.0900	0.0900
	群青	kg	0.0400	0.0400	0.0400	0.0400	0.0400	0.0400
	银朱	kg	0.0100	0.0100	0.0100	0.0100	0.0100	0.0100
	红丹粉	kg	0.0500	0.0500	0.0500	0.0500	0.0500	0.0500
	石黄	kg	0.0100	0.0100	0.0100	0.0100	0.0100	0.0100
	松烟	kg	0.0100	0.0100	0.0100	0.0100	0.0100	0.0100
	大白粉	kg	0.1400	0.1400	0.1400	0.1400	0.1400	0.1400
	滑石粉	kg	0.1200	0.1200	0.1200	0.1200	0.1200	0.1200
	乳胶	kg	0.1100	0.1100	0.1100	0.1100	0.1100	0.1100
	无光白乳胶漆	kg	0.1200	0.1200	0.1200	0.1200	0.1200	0.1200
	醇酸调合漆	kg	0.0300	0.0300	0.0300	0.0300	0.0300	0.0300
	丙烯酸清漆	kg	—	—	—	—	0.0600	0.0600
	光油	kg	0.0200	0.0200	0.0200	0.0200	0.0200	0.0200
	金胶油	kg	0.0670	0.0630	0.0670	0.0630	0.0670	0.0630
	库金箔	张	59.0000	55.5000	—	—	—	—
	赤金箔	张	—	—	74.0000	69.6200	—	—
	铜箔	张	—	—	—	—	52.5000	49.5500
	其他材料费(占材料费)	%	0.50	0.50	0.50	0.50	0.50	0.50

工作内容:准备工具、成品保护、调兑材料、起扎谱子、沥粉、打金胶油、贴金(铜)箔、刷油漆、支搭金帐、场内运输及清理废弃物。

计量单位:m^2

定额编号			3-10-396	3-10-397	3-10-398	3-10-399	3-10-400	3-10-401
项目			清式金琢墨龙草和玺彩画(檐柱径)					
			库金		赤金		铜箔	
			50cm 以内	50cm 以外	50cm 以内	50cm 以外	50cm 以内	50cm 以外
名称		单位	消耗量					
人工	合计工日	工日	2.300	2.000	2.340	2.040	2.380	2.080
	油画工普工	工日	0.230	0.200	0.234	0.204	0.238	0.208
	油画工一般技工	工日	0.920	0.800	0.936	0.816	0.952	0.832
	油画工高级技工	工日	1.150	1.000	1.170	1.020	1.190	1.040
材料	巴黎绿	kg	0.1200	0.1200	0.1200	0.1200	0.1200	0.1200
	群青	kg	0.0500	0.0500	0.0500	0.0500	0.0500	0.0500
	银朱	kg	0.0100	0.0100	0.0100	0.0100	0.0100	0.0100
	红丹粉	kg	0.0500	0.0500	0.0500	0.0500	0.0500	0.0500
	石黄	kg	0.0100	0.0100	0.0100	0.0100	0.0100	0.0100
	松烟	kg	0.0100	0.0100	0.0100	0.0100	0.0100	0.0100
	大白粉	kg	0.1600	0.1600	0.1600	0.1600	0.1600	0.1600
	滑石粉	kg	0.1600	0.1600	0.1600	0.1600	0.1600	0.1600
	乳胶	kg	0.1100	0.1100	0.1100	0.1100	0.1100	0.1100
	无光白乳胶漆	kg	0.1200	0.1200	0.1200	0.1200	0.1200	0.1200
	醇酸调合漆	kg	0.0300	0.0300	0.0300	0.0300	0.0300	0.0300
	丙烯酸清漆	kg	—	—	—	—	0.0600	0.0600
	光油	kg	0.0200	0.0200	0.0200	0.0200	0.0200	0.0200
	金胶油	kg	0.0580	0.0550	0.0580	0.0550	0.0580	0.0550
	库金箔	张	52.5000	49.7700	—	—	—	—
	赤金箔	张	—	—	66.0000	62.3700	—	—
	铜箔	张	—	—	—	—	47.0000	44.0000
	其他材料费(占材料费)	%	0.50	0.50	0.50	0.50	0.50	0.50

工作内容：准备工具、成品保护、调兑材料、起扎谱子、沥粉、打金胶油、贴金(铜)箔、刷油漆、支搭金帐、场内运输及清理废弃物。

计量单位：m^2

定额编号			3-10-402	3-10-403	3-10-404	3-10-405	3-10-406	3-10-407
项目			清式龙草和玺彩画(檐柱径)					
			库金		赤金		铜箔	
			50cm 以内	50cm 以外	50cm 以内	50cm 以外	50cm 以内	50cm 以外
名称		单位	消耗量					
人工	合计工日	工日	1.920	1.700	1.960	1.740	1.970	1.750
	油画工普工	工日	0.192	0.170	0.196	0.174	0.197	0.175
	油画工一般技工	工日	0.768	0.680	0.784	0.696	0.788	0.700
	油画工高级技工	工日	0.960	0.850	0.980	0.870	0.985	0.875
材料	巴黎绿	kg	0.1200	0.1200	0.1200	0.1200	0.1200	0.1200
	群青	kg	0.0500	0.0500	0.0500	0.0500	0.0500	0.0500
	银朱	kg	0.0100	0.0100	0.0100	0.0100	0.0100	0.0100
	红丹粉	kg	0.0500	0.0500	0.0500	0.0500	0.0500	0.0500
	石黄	kg	0.0100	0.0100	0.0100	0.0100	0.0100	0.0100
	松烟	kg	0.0100	0.0100	0.0100	0.0100	0.0100	0.0100
	大白粉	kg	0.1400	0.1400	0.1400	0.1400	0.1400	0.1400
	滑石粉	kg	0.1200	0.1200	0.1200	0.1200	0.1200	0.1200
	乳胶	kg	0.1100	0.1100	0.1100	0.1100	0.1100	0.1100
	无光白乳胶漆	kg	0.1100	0.1100	0.1100	0.1100	0.1100	0.1100
	醇酸调合漆	kg	0.0300	0.0300	0.0300	0.0300	0.0300	0.0300
	丙烯酸清漆	kg	—	—	—	—	0.0600	0.0600
	光油	kg	0.0100	0.0100	0.0100	0.0100	0.0100	0.0100
	金胶油	kg	0.0670	0.0630	0.0670	0.0630	0.0670	0.0630
	库金箔	张	51.5000	48.4100	—	—	—	—
	赤金箔	张	—	—	64.5000	60.6900	—	—
	铜箔	张	—	—	—	—	45.5800	43.0000
	其他材料费(占材料费)	%	0.50	0.50	0.50	0.50	0.50	0.50

工作内容：准备工具、成品保护、调兑材料、起扎谱子、沥粉、打金胶油、贴金(铜)箔、刷油漆、支搭金帐、场内运输及清理废弃物。

计量单位：m^2

定额编号			3-10-408	3-10-409	3-10-410	3-10-411	3-10-412	3-10-413
项目			清式和玺加苏画彩画(檐柱径)					
			库金		赤金		铜箔	
			50cm 以内	50cm 以外	50cm 以内	50cm 以外	50cm 以内	50cm 以外
名称		单位	消耗量					
人工	合计工日	工日	2.150	1.960	2.170	1.980	2.210	2.020
	油画工普工	工日	0.215	0.196	0.217	0.198	0.221	0.202
	油画工一般技工	工日	0.860	0.784	0.868	0.792	0.884	0.808
	油画工高级技工	工日	1.075	0.980	1.085	0.990	1.105	1.010
材料	巴黎绿	kg	0.1200	0.1200	0.1200	0.1200	0.1200	0.1200
	群青	kg	0.0500	0.0500	0.0500	0.0500	0.0500	0.0500
	银朱	kg	0.0100	0.0100	0.0100	0.0100	0.0100	0.0100
	红丹粉	kg	0.0500	0.0500	0.0500	0.0500	0.0500	0.0500
	石黄	kg	0.0100	0.0100	0.0100	0.0100	0.0100	0.0100
	松烟	kg	0.0100	0.0100	0.0100	0.0100	0.0100	0.0100
	大白粉	kg	0.1400	0.1400	0.1400	0.1400	0.1400	0.1400
	滑石粉	kg	0.1200	0.1200	0.1200	0.1200	0.1200	0.1200
	乳胶	kg	0.1100	0.1100	0.1100	0.1100	0.1100	0.1100
	无光白乳胶漆	kg	0.1100	0.1100	0.1100	0.1100	0.1100	0.1100
	醇酸调合漆	kg	0.0300	0.0300	0.0300	0.0300	0.0300	0.0300
	丙烯酸清漆	kg	—	—	—	—	0.0600	0.0600
	光油	kg	0.0100	0.0100	0.0100	0.0100	0.0100	0.0100
	金胶油	kg	0.0420	0.0400	0.0420	0.0400	0.0420	0.0400
	库金箔	张	37.7000	35.5000	—	—	—	—
	赤金箔	张	—	—	47.2500	44.5000	—	—
	铜箔	张	—	—	—	—	33.3800	31.5000
	其他材料费(占材料费)	%	0.50	0.50	0.50	0.50	0.50	0.50

6. 清式旋子彩画

工作内容：准备工具、成品保护、调兑材料、起扎谱子、沥粉、打金胶油、贴金(铜)箔、刷油漆、支搭金帐、场内运输及清理废弃物。

计量单位：m^2

定额编号			3-10-414	3-10-415	3-10-416	3-10-417	3-10-418	3-10-419
项目			清式金琢墨石碾玉旋子彩画(檐柱径)					
			库金		赤金		铜箔	
			50cm 以内	50cm 以外	50cm 以内	50cm 以外	50cm 以内	50cm 以外
名称		单位	消耗量					
人工	合计工日	工日	2.940	2.680	3.010	2.750	3.040	2.770
	油画工普工	工日	0.294	0.268	0.301	0.275	0.304	0.277
	油画工一般技工	工日	1.176	1.072	1.204	1.100	1.216	1.108
	油画工高级技工	工日	1.470	1.340	1.505	1.375	1.520	1.385
材料	巴黎绿	kg	0.1200	0.1200	0.1200	0.1200	0.1200	0.1200
	群青	kg	0.0500	0.0500	0.0500	0.0500	0.0500	0.0500
	银朱	kg	0.0100	0.0100	0.0100	0.0100	0.0100	0.0100
	红丹粉	kg	0.0500	0.0500	0.0500	0.0500	0.0500	0.0500
	石黄	kg	0.0100	0.0100	0.0100	0.0100	0.0100	0.0100
	松烟	kg	0.0100	0.0100	0.0100	0.0100	0.0100	0.0100
	大白粉	kg	0.1600	0.1600	0.1600	0.1600	0.1600	0.1600
	滑石粉	kg	0.1600	0.1600	0.1600	0.1600	0.1600	0.1600
	乳胶	kg	0.1100	0.1100	0.1100	0.1100	0.1100	0.1100
	无光白乳胶漆	kg	0.1200	0.1200	0.1200	0.1200	0.1200	0.1200
	醇酸调合漆	kg	0.0300	0.0300	0.0300	0.0300	0.0300	0.0300
	丙烯酸清漆	kg	—	—	—	—	0.0600	0.0600
	光油	kg	0.0200	0.0200	0.0200	0.0200	0.0200	0.0200
	金胶油	kg	0.0710	0.0670	0.0710	0.0670	0.0710	0.0670
	库金箔	张	63.0000	59.0000	—	—	—	—
	赤金箔	张	—	—	79.0000	74.0000	—	—
	铜箔	张	—	—	—	—	55.6400	52.4300
	其他材料费(占材料费)	%	0.50	0.50	0.50	0.50	0.50	0.50

工作内容:准备工具、成品保护、调兑材料、起扎谱子、沥粉、打金胶油、贴金(铜)箔、刷油漆、支搭金帐、场内运输及清理废弃物。

计量单位:m^2

定额编号			3-10-420	3-10-421	3-10-422	3-10-423	3-10-424	3-10-425
项目			清式金线烟琢墨石碾玉旋子彩画(檐柱径)					
			库金		赤金		铜箔	
			50cm 以内	50cm 以外	50cm 以内	50cm 以外	50cm 以内	50cm 以外
名称		单位	消耗量					
人工	合计工日	工日	2.760	2.500	2.830	2.570	2.860	2.590
	油画工普工	工日	0.276	0.250	0.283	0.257	0.286	0.259
	油画工一般技工	工日	1.104	1.000	1.132	1.028	1.144	1.036
	油画工高级技工	工日	1.380	1.250	1.415	1.285	1.430	1.295
材料	巴黎绿	kg	0.1200	0.1200	0.1200	0.1200	0.1200	0.1200
	群青	kg	0.0500	0.0500	0.0500	0.0500	0.0500	0.0500
	银朱	kg	0.0100	0.0100	0.0100	0.0100	0.0100	0.0100
	红丹粉	kg	0.0500	0.0500	0.0500	0.0500	0.0500	0.0500
	石黄	kg	0.0100	0.0100	0.0100	0.0100	0.0100	0.0100
	松烟	kg	0.0100	0.0100	0.0100	0.0100	0.0100	0.0100
	大白粉	kg	0.1600	0.1600	0.1600	0.1600	0.1600	0.1600
	滑石粉	kg	0.1600	0.1600	0.1600	0.1600	0.1600	0.1600
	乳胶	kg	0.1100	0.1100	0.1100	0.1100	0.1100	0.1100
	无光白乳胶漆	kg	0.1200	0.1200	0.1200	0.1200	0.1200	0.1200
	醇酸调合漆	kg	0.0300	0.0300	0.0300	0.0300	0.0300	0.0300
	丙烯酸清漆	kg	—	—	—	—	0.0600	0.0600
	光油	kg	0.0200	0.0200	0.0200	0.0200	0.0200	0.0200
	金胶油	kg	0.0400	0.0360	0.0400	0.0360	0.0400	0.0360
	库金箔	张	35.0000	32.0000	—	—	—	—
	赤金箔	张	—	—	44.0000	40.2200	—	—
	铜箔	张	—	—	—	—	31.0000	28.5000
	其他材料费(占材料费)	%	0.50	0.50	0.50	0.50	0.50	0.50

工作内容:准备工具、成品保护、调兑材料、起扎谱子、沥粉、打金胶油、贴金(铜)箔、刷油漆、支搭金帐、场内运输及清理废弃物。

计量单位:m^2

定额编号			3-10-426	3-10-427	3-10-428	3-10-429	3-10-430	3-10-431
项目			清式金线大点金旋子彩画(檐柱径)					
			库金			赤金		
			25cm 以内	50cm 以内	50cm 以外	25cm 以内	50cm 以内	50cm 以外
名称		单位	消耗量					
人工	合计工日	工日	2.520	2.260	1.990	2.580	2.320	2.050
	油画工普工	工日	0.252	0.226	0.199	0.258	0.232	0.205
	油画工一般技工	工日	1.008	0.904	0.796	1.032	0.928	0.820
	油画工高级技工	工日	1.260	1.130	0.995	1.290	1.160	1.025
材料	巴黎绿	kg	0.1200	0.1200	0.1200	0.1200	0.1200	0.1200
	群青	kg	0.0500	0.0500	0.0500	0.0500	0.0500	0.0500
	银朱	kg	0.0100	0.0100	0.0100	0.0100	0.0100	0.0100
	红丹粉	kg	0.0500	0.0500	0.0500	0.0500	0.0500	0.0500
	石黄	kg	0.0100	0.0100	0.0100	0.0100	0.0100	0.0100
	松烟	kg	0.0200	0.0200	0.0200	0.0200	0.0200	0.0200
	大白粉	kg	0.1400	0.1400	0.1400	0.1400	0.1400	0.1400
	滑石粉	kg	0.1200	0.1200	0.1200	0.1200	0.1200	0.1200
	乳胶	kg	0.1100	0.1100	0.1100	0.1100	0.1100	0.1100
	无光白乳胶漆	kg	0.1100	0.1100	0.1100	0.1100	0.1100	0.1100
	醇酸调合漆	kg	0.0200	0.0200	0.0200	0.0200	0.0200	0.0200
	光油	kg	0.0100	0.0100	0.0100	0.0100	0.0100	0.0100
	金胶油	kg	0.0410	0.0390	0.0370	0.0410	0.0390	0.0370
	库金箔	张	37.3800	35.0000	32.5500	—	—	—
	赤金箔	张	—	—	—	47.0000	44.0000	41.0000
	其他材料费(占材料费)	%	0.50	0.50	0.50	0.50	0.50	0.50

工作内容：准备工具、成品保护、调兑材料、起扎谱子、沥粉、打金胶油、贴金（铜）箔、刷油漆、支搭金帐、场内运输及清理废弃物。

计量单位：m^2

定额编号			3-10-432	3-10-433	3-10-434	3-10-435	3-10-436	3-10-437
项目			清式金线大点金旋子彩画（檐柱径）			清式金线大点金加苏画旋子彩画（檐柱径）		
			铜箔			库金		
			25cm 以内	50cm 以内	50cm 以外	25cm 以内	50cm 以内	50cm 以外
名称		单位	消耗量					
人工	合计工日	工日	2.570	2.360	2.100	2.480	2.330	2.170
	油画工普工	工日	0.257	0.236	0.210	0.248	0.233	0.217
	油画工一般技工	工日	1.028	0.944	0.840	0.992	0.932	0.868
	油画工高级技工	工日	1.285	1.180	1.050	1.240	1.165	1.085
材料	巴黎绿	kg	0.1200	0.1200	0.1200	0.1200	0.1200	0.1200
	群青	kg	0.0500	0.0500	0.0500	0.0500	0.0500	0.0500
	银朱	kg	0.0100	0.0100	0.0100	0.0100	0.0100	0.0100
	红丹粉	kg	0.0500	0.0500	0.0500	0.0500	0.0500	0.0500
	石黄	kg	0.0100	0.0100	0.0100	0.0100	0.0100	0.0100
	松烟	kg	0.0200	0.0200	0.0200	0.0100	0.0100	0.0100
	大白粉	kg	0.1400	0.1400	0.1400	0.1400	0.1400	0.1400
	滑石粉	kg	0.1200	0.1200	0.1200	0.1200	0.1200	0.1200
	乳胶	kg	0.1100	0.1100	0.1100	0.1100	0.1100	0.1100
	无光白乳胶漆	kg	0.1100	0.1100	0.1100	0.1100	0.1100	0.1100
	醇酸调合漆	kg	0.0200	0.0200	0.0200	0.0300	0.0300	0.0300
	丙烯酸清漆	kg	0.0400	0.0400	0.0400	—	—	—
	光油	kg	0.0100	0.0100	0.0100	0.0100	0.0100	0.0100
	金胶油	kg	0.0410	0.0390	0.0370	0.0400	0.0400	0.0400
	库金箔	张	—	—	—	26.5700	25.0000	23.6300
	铜箔	张	33.1700	31.0000	29.0000	—	—	—
	其他材料费（占材料费）	%	0.50	0.50	0.50	0.50	0.50	0.50

工作内容:准备工具、成品保护、调兑材料、起扎谱子、沥粉、打金胶油、贴金(铜)箔、刷油漆、支搭金帐、场内运输及清理废弃物。

计量单位:m^2

定额编号			3-10-438	3-10-439	3-10-440	3-10-441	3-10-442	3-10-443
项目			清式金线大点金加苏画旋子彩画(檐柱径)					
			赤金			铜箔		
			25cm 以内	50cm 以内	50cm 以外	25cm 以内	50cm 以内	50cm 以外
名称		单位	消耗量					
人工	合计工日	工日	2.520	2.360	2.210	2.540	2.390	2.230
	油画工普工	工日	0.252	0.236	0.221	0.254	0.239	0.223
	油画工一般技工	工日	1.008	0.944	0.884	1.016	0.956	0.892
	油画工高级技工	工日	1.260	1.180	1.105	1.270	1.195	1.115
材料	巴黎绿	kg	0.1200	0.1200	0.1200	0.1200	0.1200	0.1200
	群青	kg	0.0500	0.0500	0.0500	0.0500	0.0500	0.0500
	银朱	kg	0.0100	0.0100	0.0100	0.0100	0.0100	0.0100
	红丹粉	kg	0.0500	0.0500	0.0500	0.0500	0.0500	0.0500
	石黄	kg	0.0100	0.0100	0.0100	0.0100	0.0100	0.0100
	松烟	kg	0.0100	0.0100	0.0100	0.0100	0.0100	0.0100
	大白粉	kg	0.1400	0.1400	0.1400	0.1400	0.1400	0.1400
	滑石粉	kg	0.1200	0.1200	0.1200	0.1200	0.1200	0.1200
	乳胶	kg	0.1100	0.1100	0.1100	0.1100	0.1100	0.1100
	无光白乳胶漆	kg	0.1100	0.1100	0.1100	0.1100	0.1100	0.1100
	醇酸调合漆	kg	0.0300	0.0300	0.0300	0.0300	0.0300	0.0300
	丙烯酸清漆	kg	—	—	—	0.0400	0.0400	0.0400
	光油	kg	0.0100	0.0100	0.0100	0.0100	0.0100	0.0100
	金胶油	kg	0.0400	0.0400	0.0400	0.0400	0.0400	0.0400
	赤金箔	张	33.2900	31.5000	29.6100	—	—	—
	铜箔	张	—	—	—	23.5000	22.2600	21.0000
	其他材料费(占材料费)	%	0.50	0.50	0.50	0.50	0.50	0.50

工作内容：准备工具、成品保护、调兑材料、起扎谱子、沥粉、打金胶油、贴金（铜）箔、刷油漆、支搭金帐、场内运输及清理废弃物。

计量单位：m^2

定额编号			3-10-444	3-10-445	3-10-446	3-10-447	3-10-448	3-10-449
项目			清式金线小点金旋子彩画（龙锦枋心）（檐柱径）					
			库金			赤金		
			25cm 以内	50cm 以内	50cm 以外	25cm 以内	50cm 以内	50cm 以外
名称		单位	消耗量					
人工	合计工日	工日	2.280	2.160	2.040	2.330	2.210	2.090
	油画工普工	工日	0.228	0.216	0.204	0.233	0.221	0.209
	油画工一般技工	工日	0.912	0.864	0.816	0.932	0.884	0.836
	油画工高级技工	工日	1.140	1.080	1.020	1.165	1.105	1.045
材料	巴黎绿	kg	0.1200	0.1200	0.1200	0.1200	0.1200	0.1200
	群青	kg	0.0500	0.0500	0.0500	0.0500	0.0500	0.0500
	银朱	kg	0.0100	0.0100	0.0100	0.0100	0.0100	0.0100
	红丹粉	kg	0.0500	0.0500	0.0500	0.0500	0.0500	0.0500
	石黄	kg	0.0100	0.0100	0.0100	0.0100	0.0100	0.0100
	松烟	kg	0.0200	0.0200	0.0200	0.0200	0.0200	0.0200
	大白粉	kg	0.1400	0.1400	0.1400	0.1400	0.1400	0.1400
	滑石粉	kg	0.1200	0.1200	0.1200	0.1200	0.1200	0.1200
	乳胶	kg	0.1100	0.1100	0.1100	0.1100	0.1100	0.1100
	无光白乳胶漆	kg	0.1100	0.1100	0.1100	0.1100	0.1100	0.1100
	醇酸调合漆	kg	0.0200	0.0200	0.0200	0.0200	0.0200	0.0200
	光油	kg	0.0100	0.0100	0.0100	0.0100	0.0100	0.0100
	金胶油	kg	0.0370	0.0360	0.0340	0.0370	0.0360	0.0340
	库金箔	张	33.0000	31.5000	30.0000	—	—	—
	赤金箔	张	—	—	—	41.2700	39.5000	37.7000
	其他材料费（占材料费）	%	0.50	0.50	0.50	0.50	0.50	0.50

工作内容: 准备工具、成品保护、调兑材料、起扎谱子、沥粉、打金胶油、贴金(铜)箔、刷油漆、支搭金帐、场内运输及清理废弃物。

计量单位:m²

定额编号			3-10-450	3-10-451	3-10-452	3-10-453	3-10-454	3-10-455
项目			清式金线小点金旋子彩画(龙锦枋心)(檐柱径)			清式金线小点金旋子彩画(夔龙黑叶子花枋心)(檐柱径)		
			铜箔			库金		
			25cm 以内	50cm 以内	50cm 以外	25cm 以内	50cm 以内	50cm 以外
名称		单位	消耗量					
人工	合计工日	工日	2.380	2.260	2.140	2.140	2.020	1.900
	油画工普工	工日	0.238	0.226	0.214	0.214	0.202	0.190
	油画工一般技工	工日	0.952	0.904	0.856	0.856	0.808	0.760
	油画工高级技工	工日	1.190	1.130	1.070	1.070	1.010	0.950
材料	巴黎绿	kg	0.1200	0.1200	0.1200	0.1200	0.1200	0.1200
	群青	kg	0.0500	0.0500	0.0500	0.0500	0.0500	0.0500
	银朱	kg	0.0100	0.0100	0.0100	0.0100	0.0100	0.0100
	红丹粉	kg	0.0500	0.0500	0.0500	0.0500	0.0500	0.0500
	石黄	kg	0.0100	0.0100	0.0100	0.0100	0.0100	0.0100
	松烟	kg	0.0200	0.0200	0.0200	0.0200	0.0200	0.0200
	大白粉	kg	0.1400	0.1400	0.1400	0.1400	0.1400	0.1400
	滑石粉	kg	0.1200	0.1200	0.1200	0.1200	0.1200	0.1200
	乳胶	kg	0.1100	0.1100	0.1100	0.1100	0.1100	0.1100
	无光白乳胶漆	kg	0.1100	0.1100	0.1100	0.1100	0.1100	0.1100
	醇酸调合漆	kg	0.0200	0.0200	0.0200	0.0200	0.0200	0.0200
	光油	kg	0.0100	0.0100	0.0100	0.0100	0.0100	0.0100
	金胶油	kg	0.0370	0.0360	0.0340	0.0270	0.0250	0.0220
	丙烯酸清漆	kg	0.0400	0.0400	0.0400	—	—	—
	库金箔	张	—	—	—	24.0000	22.0000	21.0000
	铜箔	张	29.2100	28.0000	26.6400	—	—	—
	其他材料费(占材料费)	%	0.50	0.50	0.50	0.50	0.50	0.50

工作内容：准备工具、成品保护、调兑材料、起扎谱子、沥粉、打金胶油、贴金(铜)箔、刷油漆、支搭金帐、场内运输及清理废弃物。

计量单位：m^2

定额编号			3-10-456	3-10-457	3-10-458	3-10-459	3-10-460	3-10-461
项目			清式金线小点金旋子彩画(夔龙黑叶子花枋心)(檐柱径)					
			赤金			铜箔		
			25cm 以内	50cm 以内	50cm 以外	25cm 以内	50cm 以内	50cm 以外
名称		单位	消耗量					
人工	合计工日	工日	2.180	2.060	1.940	2.230	2.110	1.990
	油画工普工	工日	0.218	0.206	0.194	0.223	0.211	0.199
	油画工一般技工	工日	0.872	0.824	0.776	0.892	0.844	0.796
	油画工高级技工	工日	1.090	1.030	0.970	1.115	1.055	0.995
材料	巴黎绿	kg	0.1200	0.1200	0.1200	0.1200	0.1200	0.1200
	群青	kg	0.0500	0.0500	0.0500	0.0500	0.0500	0.0500
	银朱	kg	0.0100	0.0100	0.0100	0.0100	0.0100	0.0100
	红丹粉	kg	0.0500	0.0500	0.0500	0.0500	0.0500	0.0500
	石黄	kg	0.0100	0.0100	0.0100	0.0100	0.0100	0.0100
	松烟	kg	0.0200	0.0200	0.0200	0.0200	0.0200	0.0200
	大白粉	kg	0.1400	0.1400	0.1400	0.1400	0.1400	0.1400
	滑石粉	kg	0.1200	0.1200	0.1200	0.1200	0.1200	0.1200
	乳胶	kg	0.1100	0.1100	0.1100	0.1100	0.1100	0.1100
	无光白乳胶漆	kg	0.1100	0.1100	0.1100	0.1100	0.1100	0.1100
	醇酸调合漆	kg	0.0200	0.0200	0.0200	0.0200	0.0200	0.0200
	丙烯酸清漆	kg	—	—	—	0.0400	0.0400	0.0400
	金胶油	kg	0.0270	0.0250	0.0220	0.0270	0.0250	0.0220
	赤金箔	张	30.0000	27.7200	26.0000	—	—	—
	铜箔	张	—	—	—	21.4000	19.5800	18.0000
	光油	kg	0.0100	0.0100	0.0100	0.0100	0.0100	0.0100
	其他材料费(占材料费)	%	0.50	0.50	0.50	0.50	0.50	0.50

工作内容：准备工具、成品保护、调兑材料、起扎谱子、沥粉、打金胶油、贴金(铜)箔、刷油漆、支搭金帐、场内运输及清理废弃物。

计量单位：m^2

定额编号			3-10-462	3-10-463	3-10-464	3-10-465	3-10-466	3-10-467
项目			清式金线小点金旋子彩画(素枋心)(檐柱径)					
			库金			赤金		
			25cm 以内	50cm 以内	50cm 以外	25cm 以内	50cm 以内	50cm 以外
名称		单位	消耗量					
人工	合计工日	工日	1.920	1.820	1.730	1.970	1.870	1.780
	油画工普工	工日	0.192	0.182	0.173	0.197	0.187	0.178
	油画工一般技工	工日	0.768	0.728	0.692	0.788	0.748	0.712
	油画工高级技工	工日	0.960	0.910	0.865	0.985	0.935	0.890
材料	巴黎绿	kg	0.1200	0.1200	0.1200	0.1200	0.1200	0.1200
	群青	kg	0.0500	0.0500	0.0500	0.0500	0.0500	0.0500
	银朱	kg	0.0100	0.0100	0.0100	0.0100	0.0100	0.0100
	红丹粉	kg	0.0500	0.0500	0.0500	0.0500	0.0500	0.0500
	石黄	kg	0.0100	0.0100	0.0100	0.0100	0.0100	0.0100
	松烟	kg	0.0200	0.0200	0.0200	0.0200	0.0200	0.0200
	大白粉	kg	0.1400	0.1400	0.1400	0.1400	0.1400	0.1400
	滑石粉	kg	0.1200	0.1200	0.1200	0.1200	0.1200	0.1200
	乳胶	kg	0.1100	0.1100	0.1100	0.1100	0.1100	0.1100
	无光白乳胶漆	kg	0.1100	0.1100	0.1100	0.1100	0.1100	0.1100
	醇酸调合漆	kg	0.0200	0.0200	0.0200	0.0200	0.0200	0.0200
	光油	kg	0.0100	0.0100	0.0100	0.0100	0.0100	0.0100
	金胶油	kg	0.0270	0.0250	0.0230	0.0270	0.0250	0.0230
	库金箔	张	24.1500	22.0000	21.0000	—	—	—
	赤金箔	张	—	—	—	30.2400	27.7200	26.0000
	其他材料费(占材料费)	%	0.50	0.50	0.50	0.50	0.50	0.50

工作内容：准备工具、成品保护、调兑材料、起扎谱子、沥粉、打金胶油、贴金(铜)箔、刷油漆、支搭金帐、场内运输及清理废弃物。

计量单位：m^2

定额编号			3-10-468	3-10-469	3-10-470	3-10-471	3-10-472	3-10-473
项目			清式金线小点金旋子彩画(素枋心)(檐柱径)			清式墨线大点金旋子彩画(龙锦枋心)(檐柱径)		
			铜箔			库金		
			25cm 以内	50cm 以内	50cm 以外	25cm 以内	50cm 以内	50cm 以外
名称		单位	消耗量					
人工	合计工日	工日	2.020	1.920	1.820	2.160	2.000	1.850
	油画工普工	工日	0.202	0.192	0.182	0.216	0.200	0.185
	油画工一般技工	工日	0.808	0.768	0.728	0.864	0.800	0.740
	油画工高级技工	工日	1.010	0.960	0.910	1.080	1.000	0.925
材料	巴黎绿	kg	0.1200	0.1200	0.1200	0.1200	0.1200	0.1200
	群青	kg	0.0500	0.0500	0.0500	0.0500	0.0500	0.0500
	银朱	kg	0.0100	0.0100	0.0100	0.0100	0.0100	0.0100
	红丹粉	kg	0.0500	0.0500	0.0500	0.0500	0.0500	0.0500
	石黄	kg	0.0100	0.0100	0.0100	0.0100	0.0100	0.0100
	松烟	kg	0.0200	0.0200	0.0200	0.0200	0.0200	0.0200
	大白粉	kg	0.1400	0.1400	0.1400	0.1400	0.1400	0.1400
	滑石粉	kg	0.1200	0.1200	0.1200	0.1200	0.1200	0.1200
	乳胶	kg	0.1100	0.1100	0.1100	0.1100	0.1100	0.1100
	无光白乳胶漆	kg	0.1100	0.1100	0.1100	0.1100	0.1100	0.1100
	醇酸调合漆	kg	0.0200	0.0200	0.0200	0.0200	0.0200	0.0200
	丙烯酸清漆	kg	0.0400	0.0400	0.0400	—	—	—
	光油	kg	0.0100	0.0100	0.0100	0.0100	0.0100	0.0100
	金胶油	kg	0.0270	0.0250	0.0230	0.0350	0.0330	0.0310
	库金箔	张	—	—	—	30.5600	29.0000	27.5000
	铜箔	张	21.4000	20.0000	18.1900	—	—	—
	其他材料费(占材料费)	%	0.50	0.50	0.50	0.50	0.50	0.50

工作内容:准备工具、成品保护、调兑材料、起扎谱子、沥粉、打金胶油、贴金(铜)箔、刷油漆、支搭金帐、场内运输及清理废弃物。

计量单位:m^2

定额编号			3-10-474	3-10-475	3-10-476	3-10-477	3-10-478	3-10-479
项目			清式墨线大点金旋子彩画(龙锦枋心)(檐柱径)					
			赤金			铜箔		
			25cm 以内	50cm 以内	50cm 以外	25cm 以内	50cm 以内	50cm 以外
名称		单位	消耗量					
人工	合计工日	工日	2.210	2.050	1.900	2.230	2.080	1.920
	油画工普工	工日	0.221	0.205	0.190	0.223	0.208	0.192
	油画工一般技工	工日	0.884	0.820	0.760	0.892	0.832	0.768
	油画工高级技工	工日	1.105	1.025	0.950	1.115	1.040	0.960
材料	巴黎绿	kg	0.1200	0.1200	0.1200	0.1200	0.1200	0.1200
	群青	kg	0.0500	0.0500	0.0500	0.0500	0.0500	0.0500
	银朱	kg	0.0100	0.0100	0.0100	0.0100	0.0100	0.0100
	红丹粉	kg	0.0500	0.0500	0.0500	0.0500	0.0500	0.0500
	石黄	kg	0.0100	0.0100	0.0100	0.0100	0.0100	0.0100
	松烟	kg	0.0200	0.0200	0.0200	0.0200	0.0200	0.0200
	大白粉	kg	0.1400	0.1400	0.1400	0.1400	0.1400	0.1400
	滑石粉	kg	0.1200	0.1200	0.1200	0.1200	0.1200	0.1200
	乳胶	kg	0.1100	0.1100	0.1100	0.1100	0.1100	0.1100
	无光白乳胶漆	kg	0.1100	0.1100	0.1100	0.1100	0.1100	0.1100
	醇酸调合漆	kg	0.0200	0.0200	0.0200	0.0200	0.0200	0.0200
	丙烯酸清漆	kg	—	—	—	0.0400	0.0400	0.0400
	光油	kg	0.0100	0.0100	0.0100	0.0100	0.0100	0.0100
	金胶油	kg	0.0350	0.0330	0.0310	0.0350	0.0330	0.0310
	库金箔	张	38.3300	36.3300	34.5000	—	—	—
	铜箔	张	—	—	—	27.0000	26.0000	24.4000
	其他材料费(占材料费)	%	0.50	0.50	0.50	0.50	0.50	0.50

工作内容：准备工具、成品保护、调兑材料、起扎谱子、沥粉、打金胶油、贴金(铜)箔、刷油漆、支搭金帐、场内运输及清理废弃物。

计量单位：m^2

定额编号			3-10-480	3-10-481	3-10-482	3-10-483	3-10-484	3-10-485
项目			清式墨线大点金旋子彩画(素枋心)(檐柱径)					
			库金			赤金		
			25cm 以内	50cm 以内	50cm 以外	25cm 以内	50cm 以内	50cm 以外
名称		单位	消耗量					
人工	合计工日	工日	1.910	1.810	1.720	1.930	1.840	1.740
	油画工普工	工日	0.191	0.181	0.172	0.193	0.184	0.174
	油画工一般技工	工日	0.764	0.724	0.688	0.772	0.736	0.696
	油画工高级技工	工日	0.955	0.905	0.860	0.965	0.920	0.870
材料	巴黎绿	kg	0.1200	0.1200	0.1200	0.1200	0.1200	0.1200
	群青	kg	0.0500	0.0500	0.0500	0.0500	0.0500	0.0500
	银朱	kg	0.0100	0.0100	0.0100	0.0100	0.0100	0.0100
	红丹粉	kg	0.0500	0.0500	0.0500	0.0500	0.0500	0.0500
	石黄	kg	0.0100	0.0100	0.0100	0.0100	0.0100	0.0100
	松烟	kg	0.0200	0.0200	0.0200	0.0200	0.0200	0.0200
	大白粉	kg	0.1400	0.1400	0.1400	0.1400	0.1400	0.1400
	滑石粉	kg	0.1200	0.1200	0.1200	0.1200	0.1200	0.1200
	乳胶	kg	0.1100	0.1100	0.1100	0.1100	0.1100	0.1100
	无光白乳胶漆	kg	0.1100	0.1100	0.1100	0.1100	0.1100	0.1100
	醇酸调合漆	kg	0.0200	0.0200	0.0200	0.0200	0.0200	0.0200
	光油	kg	0.0100	0.0100	0.0100	0.0100	0.0100	0.0100
	金胶油	kg	0.0240	0.0230	0.0210	0.0240	0.0230	0.0210
	库金箔	张	21.0000	20.0000	19.0000	—	—	—
	赤金箔	张	—	—	—	27.0000	25.0000	23.7300
	其他材料费(占材料费)	%	0.50	0.50	0.50	0.50	0.50	0.50

工作内容：准备工具、成品保护、调兑材料、起扎谱子、沥粉、打金胶油、贴金(铜)箔、刷油漆、支搭金帐、场内运输及清理废弃物。

计量单位：m^2

定额编号			3-10-486	3-10-487	3-10-488	3-10-489	3-10-490	3-10-491
项目			清式墨线大点金旋子彩画(素枋心)(檐柱径)			清式墨线小点金旋子彩画(素枋心)(檐柱径)		
			铜箔			库金		
			25cm 以内	50cm 以内	50cm 以外	25cm 以内	50cm 以内	50cm 以外
名称		单位	消耗量					
人工	合计工日	工日	1.980	1.880	1.790	1.680	1.610	1.540
	油画工普工	工日	0.198	0.188	0.179	0.168	0.161	0.154
	油画工一般技工	工日	0.792	0.752	0.716	0.672	0.644	0.616
	油画工高级技工	工日	0.990	0.940	0.895	0.840	0.805	0.770
材料	巴黎绿	kg	0.1200	0.1200	0.1200	0.0900	0.0900	0.0900
	群青	kg	0.0500	0.0500	0.0500	0.0400	0.0400	0.0400
	银朱	kg	0.0100	0.0100	0.0100	0.0100	0.0100	0.0100
	红丹粉	kg	0.0500	0.0500	0.0500	0.0500	0.0500	0.0500
	石黄	kg	0.0100	0.0100	0.0100	0.0100	0.0100	0.0100
	松烟	kg	0.0200	0.0200	0.0200	0.0200	0.0200	0.0200
	大白粉	kg	0.1400	0.1400	0.1400	0.1100	0.1100	0.1100
	滑石粉	kg	0.1200	0.1200	0.1200	0.1000	0.1000	0.1000
	乳胶	kg	0.1100	0.1100	0.1100	0.1000	0.1000	0.1000
	无光白乳胶漆	kg	0.1100	0.1100	0.1100	0.1100	0.1100	0.1100
	醇酸调合漆	kg	0.0200	0.0200	0.0200	0.0200	0.0200	0.0200
	丙烯酸清漆	kg	0.0400	0.0400	0.0400	—	—	—
	光油	kg	0.0100	0.0100	0.0100	0.0100	0.0100	0.0100
	金胶油	kg	0.0240	0.0230	0.0210	0.0120	0.0110	0.0110
	库金箔	张	—	—	—	10.5000	10.0000	9.5000
	铜箔	张	19.0000	18.0000	17.0000	—	—	—
	其他材料费(占材料费)	%	0.50	0.50	0.50	0.50	0.50	0.50

工作内容：准备工具、成品保护、调兑材料、起扎谱子、沥粉、打金胶油、贴金(铜)箔、刷油漆、支搭金帐、场内运输及清理废弃物。

计量单位：m^2

定额编号			3-10-492	3-10-493	3-10-494	3-10-495	3-10-496	3-10-497
项目			清式墨线小点金旋子彩画(素枋心)(檐柱径)					
			赤金			铜箔		
			25cm 以内	50cm 以内	50cm 以外	25cm 以内	50cm 以内	50cm 以外
名称		单位	消耗量					
人工	合计工日	工日	1.700	1.630	1.560	1.720	1.640	1.570
	油画工普工	工日	0.170	0.163	0.156	0.172	0.164	0.157
	油画工一般技工	工日	0.680	0.652	0.624	0.688	0.656	0.628
	油画工高级技工	工日	0.850	0.815	0.780	0.860	0.820	0.785
材料	巴黎绿	kg	0.0900	0.0900	0.0900	0.0900	0.0900	0.0900
	群青	kg	0.0400	0.0400	0.0400	0.0400	0.0400	0.0400
	银朱	kg	0.0100	0.0100	0.0100	0.0100	0.0100	0.0100
	红丹粉	kg	0.0500	0.0500	0.0500	0.0500	0.0500	0.0500
	石黄	kg	0.0100	0.0100	0.0100	0.0100	0.0100	0.0100
	松烟	kg	0.0200	0.0200	0.0200	0.0200	0.0200	0.0200
	大白粉	kg	0.1100	0.1100	0.1100	0.1100	0.1100	0.1100
	滑石粉	kg	0.1000	0.1000	0.1000	0.1000	0.1000	0.1000
	乳胶	kg	0.1000	0.1000	0.1000	0.1000	0.1000	0.1000
	无光白乳胶漆	kg	0.1100	0.1100	0.1100	0.1100	0.1100	0.1100
	醇酸调合漆	kg	0.0200	0.0200	0.0200	0.0200	0.0200	0.0200
	丙烯酸清漆	kg	—	—	—	0.0200	0.0200	0.0200
	光油	kg	0.0100	0.0100	0.0100	0.0100	0.0100	0.0100
	金胶油	kg	0.0120	0.0110	0.0110	0.0120	0.0110	0.0110
	赤金箔	张	13.0000	12.3900	12.0000	—	—	—
	铜箔	张	—	—	—	9.3100	9.0000	8.5000
	其他材料费(占材料费)	%	0.50	0.50	0.50	0.50	0.50	0.50

工作内容:准备工具、成品保护、调兑材料、起扎谱子、沥粉、打金胶油、贴金(铜)箔、刷油漆、支搭金帐、场内运输及清理废弃物。

计量单位:m^2

定额编号			3-10-498	3-10-499	3-10-500	3-10-501	3-10-502	3-10-503
项目			清式墨线小点金旋子彩画(夔龙枋心)(檐柱径)					
			库金		赤金		铜箔	
			25cm以内	25cm以外	25cm以内	25cm以外	25cm以内	25cm以外
名称		单位	消耗量					
人工	合计工日	工日	1.780	1.680	1.800	1.700	1.820	1.730
	油画工普工	工日	0.178	0.168	0.180	0.170	0.182	0.173
	油画工一般技工	工日	0.712	0.672	0.720	0.680	0.728	0.692
	油画工高级技工	工日	0.890	0.840	0.900	0.850	0.910	0.865
材料	巴黎绿	kg	0.0900	0.0900	0.0900	0.0900	0.0900	0.0900
	群青	kg	0.0400	0.0400	0.0400	0.0400	0.0400	0.0400
	银朱	kg	0.0100	0.0100	0.0100	0.0100	0.0100	0.0100
	红丹粉	kg	0.0500	0.0500	0.0500	0.0500	0.0500	0.0500
	石黄	kg	0.0100	0.0100	0.0100	0.0100	0.0100	0.0100
	松烟	kg	0.0200	0.0200	0.0200	0.0200	0.0200	0.0200
	大白粉	kg	0.1100	0.1100	0.1100	0.1100	0.1100	0.1100
	滑石粉	kg	0.1000	0.1000	0.1000	0.1000	0.1000	0.1000
	乳胶	kg	0.1000	0.1000	0.1000	0.1000	0.1000	0.1000
	无光白乳胶漆	kg	0.1100	0.1100	0.1100	0.1100	0.1100	0.1100
	醇酸调合漆	kg	0.0200	0.0200	0.0200	0.0200	0.0200	0.0200
	丙烯酸清漆	kg	—	—	—	—	0.0200	0.0200
	光油	kg	0.0100	0.0100	0.0100	0.0100	0.0100	0.0100
	金胶油	kg	0.0120	0.0110	0.0120	0.0110	0.0120	0.0110
	库金箔	张	10.5000	10.0000	—	—	—	—
	赤金箔	张	—	—	13.0000	12.3900	—	—
	铜箔	张	—	—	—	—	9.3100	9.0000
	其他材料费(占材料费)	%	0.50	0.50	0.50	0.50	0.50	0.50

工作内容：准备工具、成品保护、调兑材料、起扎谱子、沥粉、打金胶油、贴金(铜)箔、刷油漆、支搭金帐、场内运输及清理废弃物。

计量单位：m^2

定额编号			3-10-504	3-10-505	3-10-506	3-10-507	3-10-508
项目			清式雅伍墨旋子彩画(檐柱径)				
			夔龙黑叶子花枋心		素枋心		
			25cm 以内	25cm 以外	25cm 以内	50cm 以内	50cm 以外
名称		单位	消耗量				
人工	合计工日	工日	1.510	1.460	1.440	1.390	1.340
	油画工普工	工日	0.151	0.146	0.144	0.139	0.134
	油画工一般技工	工日	0.604	0.584	0.576	0.556	0.536
	油画工高级技工	工日	0.755	0.730	0.720	0.695	0.670
材料	巴黎绿	kg	0.0900	0.0900	0.0900	0.0900	0.0900
	群青	kg	0.0400	0.0400	0.0400	0.0400	0.0400
	银朱	kg	0.0100	0.0100	0.0100	0.0100	0.0100
	红丹粉	kg	0.0500	0.0500	0.0500	0.0500	0.0500
	松烟	kg	0.0100	0.0100	0.0100	0.0100	0.0100
	乳胶	kg	0.1000	0.1000	0.1000	0.1000	0.1000
	无光白乳胶漆	kg	0.1100	0.1100	0.1100	0.1100	0.1100
	其他材料费(占材料费)	%	0.50	0.50	0.50	0.50	0.50

工作内容:准备工具、成品保护、调兑材料、起扎谱子、沥粉、打金胶油、贴金(铜)箔、刷油漆、支搭金帐、场内运输及清理废弃物。

计量单位:m^2

定额编号			3-10-509	3-10-510	3-10-511	3-10-512
项目			清式雄黄玉旋子彩画(檐柱径)			
			夔龙枋心		素枋心	
			25cm 以内	25cm 以外	25cm 以内	25cm 以外
名称		单位	消耗量			
人工	合计工日	工日	1.420	1.370	1.370	1.320
	油画工普工	工日	0.142	0.137	0.137	0.132
	油画工一般技工	工日	0.568	0.548	0.548	0.528
	油画工高级技工	工日	0.710	0.685	0.685	0.660
材料	巴黎绿	kg	0.0300	0.0300	0.0300	0.0300
	群青	kg	0.0300	0.0300	0.0300	0.0300
	红丹粉	kg	0.3800	0.3800	0.3800	0.3800
	石黄	kg	0.0300	0.0300	0.0300	0.0300
	松烟	kg	0.0100	0.0100	0.0100	0.0100
	大白粉	kg	0.0800	0.0800	0.0800	0.0800
	乳胶	kg	0.0700	0.0700	0.0700	0.0700
	无光白乳胶漆	kg	0.0700	0.0700	0.0700	0.0700
	其他材料费(占材料费)	%	0.50	0.50	0.50	0.50

7. 宋锦彩画

工作内容：准备工具、成品保护、调兑材料、起扎谱子、沥粉、打金胶油、贴金(铜)箔、刷油漆、支搭金帐、场内运输及清理废弃物。

计量单位：m^2

定额编号			3-10-513	3-10-514	3-10-515	3-10-516	3-10-517	3-10-518
项目			宋锦彩画					
			片金或攒退枋心			苏画枋心		
			库金	赤金	铜箔	库金	赤金	铜箔
名称		单位	消耗量					
人工	合计工日	工日	3.800	3.890	3.910	3.220	3.260	3.290
	油画工普工	工日	0.380	0.389	0.391	0.322	0.326	0.329
	油画工一般技工	工日	1.520	1.556	1.564	1.288	1.304	1.316
	油画工高级技工	工日	1.900	1.945	1.955	1.610	1.630	1.645
材料	巴黎绿	kg	0.1200	0.1200	0.1200	0.1200	0.1200	0.1200
	群青	kg	0.0500	0.0500	0.0500	0.0500	0.0500	0.0500
	银朱	kg	0.0100	0.0100	0.0100	0.0100	0.0100	0.0100
	红丹粉	kg	0.0500	0.0500	0.0500	0.0500	0.0500	0.0500
	石黄	kg	0.0100	0.0100	0.0100	0.0100	0.0100	0.0100
	松烟	kg	0.0100	0.0100	0.0100	0.0100	0.0100	0.0100
	大白粉	kg	0.2300	0.2300	0.2300	0.2300	0.2300	0.2300
	滑石粉	kg	0.1700	0.1700	0.1700	0.1700	0.1700	0.1700
	氧化铁红	kg	0.0100	0.0100	0.0100	0.0100	0.0100	0.0100
	国画色	支	1.5000	1.5000	1.5000	1.5000	1.5000	1.5000
	乳胶	kg	0.1100	0.1100	0.1100	0.1100	0.1100	0.1100
	无光白乳胶漆	kg	0.1200	0.1200	0.1200	0.1200	0.1200	0.1200
	醇酸调合漆	kg	0.0300	0.0300	0.0300	0.0300	0.0300	0.0300
	丙烯酸清漆	kg	—	—	0.0600	—	—	0.0600
	光油	kg	0.0100	0.0100	0.0100	0.0100	0.0100	0.0100
	金胶油	kg	0.0700	0.0700	0.0700	0.0700	0.0700	0.0700
	库金箔	张	63.0000	—	—	55.5000	—	—
	赤金箔	张	—	78.6500	—	—	69.6200	—
	铜箔	张	—	—	55.6400	—	—	49.2200
	其他材料费(占材料费)	%	0.50	0.50	0.50	0.50	0.50	0.50

8.苏式彩画

工作内容:准备工具、成品保护、调兑材料、起扎谱子、沥粉、打金胶油、贴金(铜)箔、刷油漆、支搭金帐、场内运输及清理废弃物。

计量单位:m^2

定额编号			3-10-519	3-10-520	3-10-521	3-10-522	3-10-523	3-10-524
项目			金琢墨苏画(一)(窝金地)(檐柱径)					
			库金		赤金		铜箔	
			25cm 以内	25cm 以外	25cm 以内	25cm 以外	25cm 以内	25cm 以外
	名称	单位	消耗量					
人工	合计工日	工日	5.218	4.980	5.270	5.090	5.290	5.110
	油画工普工	工日	0.520	0.498	0.527	0.509	0.529	0.511
	油画工一般技工	工日	2.088	1.992	2.108	2.036	2.116	2.044
	油画工高级技工	工日	2.610	2.490	2.635	2.545	2.645	2.555
材料	巴黎绿	kg	0.0700	0.0700	0.0700	0.0700	0.0700	0.0700
	群青	kg	0.0300	0.0300	0.0300	0.0300	0.0300	0.0300
	银朱	kg	0.0100	0.0100	0.0100	0.0100	0.0100	0.0100
	红丹粉	kg	0.0600	0.0600	0.0600	0.0600	0.0600	0.0600
	石黄	kg	0.0100	0.0100	0.0100	0.0100	0.0100	0.0100
	氧化铁红	kg	0.0200	0.0200	0.0200	0.0200	0.0200	0.0200
	松烟	kg	0.0100	0.0100	0.0100	0.0100	0.0100	0.0100
	大白粉	kg	0.1400	0.1400	0.1400	0.1400	0.1400	0.1400
	滑石粉	kg	0.1200	0.1200	0.1200	0.1200	0.1200	0.1200
	国画色	支	3.0000	3.0000	3.0000	3.0000	3.0000	3.0000
	乳胶	kg	0.1100	0.1100	0.1100	0.1100	0.1100	0.1100
	无光白乳胶漆	kg	0.2300	0.2300	0.2300	0.2300	0.2300	0.2300
	醇酸调合漆	kg	0.0200	0.0200	0.0200	0.0200	0.0200	0.0200
	丙烯酸清漆	kg	—	—	—	—	0.0400	0.0400
	光油	kg	0.0100	0.0100	0.0100	0.0100	0.0100	0.0100
	金胶油	kg	0.0470	0.0440	0.0470	0.0440	0.0470	0.0440
	库金箔	张	41.3700	39.0000	—	—	—	—
	赤金箔	张	—	—	52.0000	49.0000	—	—
	铜箔	张	—	—	—	—	37.0000	34.6500
	其他材料费(占材料费)	%	0.50	0.50	0.50	0.50	0.50	0.50

工作内容：准备工具、成品保护、调兑材料、起扎谱子、沥粉、打金胶油、贴金(铜)箔、刷油漆、支搭金帐、场内运输及清理废弃物。

计量单位：m^2

定额编号			3-10-525	3-10-526	3-10-527	3-10-528	3-10-529	3-10-530
项目			金琢墨苏画(二)(檐柱径)					
			库金		赤金		铜箔	
			25cm 以内	25cm 以外	25cm 以内	25cm 以外	25cm 以内	25cm 以外
名称		单位	消耗量					
人工	合计工日	工日	5.040	4.730	5.090	4.780	5.110	4.800
	油画工普工	工日	0.504	0.473	0.509	0.478	0.511	0.480
	油画工一般技工	工日	2.016	1.892	2.036	1.912	2.044	1.920
	油画工高级技工	工日	2.520	2.365	2.545	2.390	2.555	2.400
材料	巴黎绿	kg	0.0700	0.0700	0.0700	0.0700	0.0700	0.0700
	群青	kg	0.0300	0.0300	0.0300	0.0300	0.0300	0.0300
	银朱	kg	0.0100	0.0100	0.0100	0.0100	0.0100	0.0100
	红丹粉	kg	0.0600	0.0600	0.0600	0.0600	0.0600	0.0600
	石黄	kg	0.0100	0.0100	0.0100	0.0100	0.0100	0.0100
	氧化铁红	kg	0.0200	0.0200	0.0200	0.0200	0.0200	0.0200
	松烟	kg	0.0100	0.0100	0.0100	0.0100	0.0100	0.0100
	大白粉	kg	0.1400	0.1400	0.1400	0.1400	0.1400	0.1400
	滑石粉	kg	0.1200	0.1200	0.1200	0.1200	0.1200	0.1200
	国画色	支	3.0000	3.0000	3.0000	3.0000	3.0000	3.0000
	乳胶	kg	0.1100	0.1100	0.1100	0.1100	0.1100	0.1100
	无光白乳胶漆	kg	0.2300	0.2300	0.2300	0.2300	0.2300	0.2300
	醇酸调合漆	kg	0.0200	0.0200	0.0200	0.0200	0.0200	0.0200
	丙烯酸清漆	kg	—	—	—	—	0.0400	0.0400
	光油	kg	0.0100	0.0100	0.0100	0.0100	0.0100	0.0100
	金胶油	kg	0.0420	0.0390	0.0420	0.0390	0.0420	0.0390
	库金箔	张	37.0000	34.5000	—	—	—	—
	赤金箔	张	—	—	46.0000	43.4700	—	—
	铜箔	张	—	—	—	—	32.6400	31.0000
	其他材料费(占材料费)	%	0.50	0.50	0.50	0.50	0.50	0.50

工作内容：准备工具、成品保护、调兑材料、起扎谱子、沥粉、打金胶油、贴金(铜)箔、刷油漆、支搭金帐、场内运输及清理废弃物。

计量单位：m^2

定额编号			3-10-531	3-10-532	3-10-533	3-10-534	3-10-535	3-10-536
项目			金线苏画(片金箍头卡子)(檐柱径)					
			库金		赤金		铜箔	
			25cm 以内	25cm 以外	25cm 以内	25cm 以外	25cm 以内	25cm 以外
名称		单位	消耗量					
人工	合计工日	工日	3.760	3.580	3.800	3.620	3.840	3.660
	油画工普工	工日	0.376	0.358	0.380	0.362	0.384	0.366
	油画工一般技工	工日	1.504	1.432	1.520	1.448	1.536	1.464
	油画工高级技工	工日	1.880	1.790	1.900	1.810	1.920	1.830
材料	巴黎绿	kg	0.0600	0.0600	0.0600	0.0600	0.0600	0.0600
	群青	kg	0.0200	0.0200	0.0200	0.0200	0.0200	0.0200
	银朱	kg	0.0100	0.0100	0.0100	0.0100	0.0100	0.0100
	红丹粉	kg	0.0600	0.0600	0.0600	0.0600	0.0600	0.0600
	石黄	kg	0.0100	0.0100	0.0100	0.0100	0.0100	0.0100
	氧化铁红	kg	0.0200	0.0200	0.0200	0.0200	0.0200	0.0200
	松烟	kg	0.0100	0.0100	0.0100	0.0100	0.0100	0.0100
	大白粉	kg	0.1400	0.1400	0.1400	0.1400	0.1400	0.1400
	滑石粉	kg	0.1200	0.1200	0.1200	0.1200	0.1200	0.1200
	国画色	支	3.0000	3.0000	3.0000	3.0000	3.0000	3.0000
	乳胶	kg	0.1000	0.1000	0.1000	0.1000	0.1000	0.1000
	无光白乳胶漆	kg	0.2300	0.2300	0.2300	0.2300	0.2300	0.2300
	醇酸调合漆	kg	0.0200	0.0200	0.0200	0.0200	0.0200	0.0200
	丙烯酸清漆	kg	—	—	—	—	0.0400	0.0400
	光油	kg	0.0100	0.0100	0.0100	0.0100	0.0100	0.0100
	金胶油	kg	0.0380	0.0360	0.0380	0.0360	0.0380	0.0360
	库金箔	张	33.6000	31.6100	—	—	—	—
	赤金箔	张	—	—	42.0000	39.6900	—	—
	铜箔	张	—	—	—	—	30.0000	28.0000
	其他材料费(占材料费)	%	0.50	0.50	0.50	0.50	0.50	0.50

工作内容:准备工具、成品保护、调兑材料、起扎谱子、沥粉、打金胶油、贴金(铜)箔、刷油漆、支搭金帐、场内运输及清理废弃物。

计量单位:m^2

定额编号			3-10-537	3-10-538	3-10-539	3-10-540	3-10-541	3-10-542
项目			金线苏画(片金卡子)(檐柱径)					
			库金		赤金		铜箔	
			25cm 以内	25cm 以外	25cm 以内	25cm 以外	25cm 以内	25cm 以外
名称		单位	消耗量					
人工	合计工日	工日	3.680	3.580	3.710	3.600	3.730	3.620
	油画工普工	工日	0.368	0.358	0.371	0.360	0.373	0.362
	油画工一般技工	工日	1.472	1.432	1.484	1.440	1.492	1.448
	油画工高级技工	工日	1.840	1.790	1.855	1.800	1.865	1.810
材料	巴黎绿	kg	0.0600	0.0600	0.0600	0.0600	0.0600	0.0600
	群青	kg	0.0200	0.0200	0.0200	0.0200	0.0200	0.0200
	银朱	kg	0.0100	0.0100	0.0100	0.0100	0.0100	0.0100
	红丹粉	kg	0.0600	0.0600	0.0600	0.0600	0.0600	0.0600
	石黄	kg	0.0100	0.0100	0.0100	0.0100	0.0100	0.0100
	氧化铁红	kg	0.0200	0.0200	0.0200	0.0200	0.0200	0.0200
	松烟	kg	0.0100	0.0100	0.0100	0.0100	0.0100	0.0100
	大白粉	kg	0.1400	0.1400	0.1400	0.1400	0.1400	0.1400
	滑石粉	kg	0.1200	0.1200	0.1200	0.1200	0.1200	0.1200
	国画色	支	3.0000	3.0000	3.0000	3.0000	3.0000	3.0000
	乳胶	kg	0.1000	0.1000	0.1000	0.1000	0.1000	0.1000
	无光白乳胶漆	kg	0.2300	0.2300	0.2300	0.2300	0.2300	0.2300
	醇酸调合漆	kg	0.0200	0.0200	0.0200	0.0200	0.0200	0.0200
	丙烯酸清漆	kg	—	—	—	—	0.0400	0.0400
	光油	kg	0.0100	0.0100	0.0100	0.0100	0.0100	0.0100
	金胶油	kg	0.0350	0.0330	0.0350	0.0330	0.0350	0.0330
	库金箔	张	31.0000	29.0000	—	—	—	—
	赤金箔	张	—	—	38.6400	36.3300	—	—
	铜箔	张	—	—	—	—	27.2900	26.0000
	其他材料费(占材料费)	%	0.50	0.50	0.50	0.50	0.50	0.50

工作内容：准备工具、成品保护、调兑材料、起扎谱子、沥粉、打金胶油、贴金(铜)箔、刷油漆、支搭金帐、场内运输及清理废弃物。

计量单位：m^2

定额编号			3-10-543	3-10-544	3-10-545	3-10-546	3-10-547	3-10-548
项目			金线苏画(色卡子)(檐柱径)					
			库金		赤金		铜箔	
			25cm 以内	25cm 以外	25cm 以内	25cm 以外	25cm 以内	25cm 以外
名称		单位	消耗量					
人工	合计工日	工日	3.830	3.590	3.860	3.620	3.890	3.650
	油画工普工	工日	0.383	0.359	0.386	0.362	0.389	0.365
	油画工一般技工	工日	1.532	1.436	1.544	1.448	1.556	1.460
	油画工高级技工	工日	1.915	1.795	1.930	1.810	1.945	1.825
材料	巴黎绿	kg	0.0600	0.0600	0.0600	0.0600	0.0600	0.0600
	群青	kg	0.0200	0.0200	0.0200	0.0200	0.0200	0.0200
	银朱	kg	0.0100	0.0100	0.0100	0.0100	0.0100	0.0100
	红丹粉	kg	0.0600	0.0600	0.0600	0.0600	0.0600	0.0600
	石黄	kg	0.0100	0.0100	0.0100	0.0100	0.0100	0.0100
	氧化铁红	kg	0.0200	0.0200	0.0200	0.0200	0.0200	0.0200
	松烟	kg	0.0100	0.0100	0.0100	0.0100	0.0100	0.0100
	大白粉	kg	0.1400	0.1400	0.1400	0.1400	0.1400	0.1400
	滑石粉	kg	0.1200	0.1200	0.1200	0.1200	0.1200	0.1200
	国画色	支	3.0000	3.0000	3.0000	3.0000	3.0000	3.0000
	乳胶	kg	0.1000	0.1000	0.1000	0.1000	0.1000	0.1000
	无光白乳胶漆	kg	0.2300	0.2300	0.2300	0.2300	0.2300	0.2300
	醇酸调合漆	kg	0.0200	0.0200	0.0200	0.0200	0.0200	0.0200
	丙烯酸清漆	kg	—	—	—	—	0.0400	0.0400
	光油	kg	0.0100	0.0100	0.0100	0.0100	0.0100	0.0100
	金胶油	kg	0.0250	0.0230	0.0250	0.0230	0.0250	0.0230
	库金箔	张	22.0000	20.5000	—	—	—	—
	赤金箔	张	—	—	27.5000	25.7300	—	—
	铜箔	张	—	—	—	—	19.5000	18.0000
	其他材料费(占材料费)	%	0.50	0.50	0.50	0.50	0.50	0.50

工作内容：准备工具、成品保护、调兑材料、起扎谱子、沥粉、刷油漆、场内运输及清理废弃物。

计量单位：m^2

定额编号			3-10-549	3-10-550
项目			墨(黄)线苏画海漫(檐柱径)	
			25cm 以内	25cm 以外
名称		单位	消耗量	
人工	合计工日	工日	2.960	2.840
	油画工普工	工日	0.296	0.284
	油画工一般技工	工日	1.184	1.136
	油画工高级技工	工日	1.480	1.420
材料	巴黎绿	kg	0.0600	0.0600
	群青	kg	0.0200	0.0200
	银朱	kg	0.0200	0.0200
	红丹粉	kg	0.0900	0.0900
	石黄	kg	0.0100	0.0100
	氧化铁红	kg	0.0200	0.0200
	松烟	kg	0.0100	0.0100
	乳胶	kg	0.1000	0.1000
	无光白乳胶漆	kg	0.2200	0.2200
	国画色	支	2.5000	2.5000
	其他材料费(占材料费)	%	1.00	1.00

工作内容：准备工具、成品保护、调兑材料、起扎谱子、沥粉、打金胶油、贴金(铜)箔、刷油漆、支搭金帐、场内运输及清理废弃物。

计量单位：m²

定额编号			3-10-551	3-10-552	3-10-553	3-10-554	3-10-555	3-10-556
项目			金线苏画掐箍头(檐柱径)					
			库金		赤金		铜箔	
			25cm 以内	25cm 以外	25cm 以内	25cm 以外	25cm 以内	25cm 以外
名称		单位	消耗量					
人工	合计工日	工日	1.620	1.440	1.640	1.460	1.680	1.500
	油画工普工	工日	0.324	0.288	0.328	0.292	0.336	0.300
	油画工一般技工	工日	0.648	0.576	0.656	0.584	0.672	0.600
	油画工高级技工	工日	0.648	0.576	0.656	0.584	0.672	0.600
材料	巴黎绿	kg	0.0500	0.0500	0.0500	0.0500	0.0500	0.0500
	群青	kg	0.0200	0.0200	0.0200	0.0200	0.0200	0.0200
	红丹粉	kg	0.0100	0.0100	0.0100	0.0100	0.0100	0.0100
	松烟	kg	0.0100	0.0100	0.0100	0.0100	0.0100	0.0100
	大白粉	kg	0.0400	0.0400	0.0400	0.0400	0.0400	0.0400
	滑石粉	kg	0.0400	0.0400	0.0400	0.0400	0.0400	0.0400
	乳胶	kg	0.0400	0.0400	0.0400	0.0400	0.0400	0.0400
	无光白乳胶漆	kg	0.0400	0.0400	0.0400	0.0400	0.0400	0.0400
	醇酸调合漆	kg	0.1900	0.1900	0.1900	0.1900	0.1900	0.1900
	醇酸稀料	kg	0.0100	0.0100	0.0100	0.0100	0.0100	0.0100
	丙烯酸清漆	kg	—	—	—	—	0.0100	0.0100
	金胶油	kg	0.0062	0.0057	0.0062	0.0057	0.0062	0.0057
	库金箔	张	5.5900	5.0000	—	—	—	—
	赤金箔	张	—	—	7.0000	6.4100	—	—
	铜箔	张	—	—	—	—	5.0000	4.5000
	其他材料费(占材料费)	%	0.50	0.50	0.50	0.50	0.50	0.50

工作内容：准备工具、成品保护、调兑材料、起扎谱子、沥粉、打金胶油、贴金(铜)箔、刷油漆、支搭金帐、场内运输及清理废弃物。

计量单位：m^2

定额编号			3-10-557	3-10-558	3-10-559	3-10-560	3-10-561	3-10-562
项目			金线苏画掐箍头搭包袱(檐柱径)					
			库金		赤金		铜箔	
			25cm 以内	25cm 以外	25cm 以内	25cm 以外	25cm 以内	25cm 以外
名称		单位	消耗量					
人工	合计工日	工日	3.600	3.320	3.640	3.360	3.680	3.410
	油画工普工	工日	0.360	0.332	0.364	0.336	0.368	0.341
	油画工一般技工	工日	1.440	1.328	1.456	1.344	1.472	1.364
	油画工高级技工	工日	1.800	1.660	1.820	1.680	1.840	1.705
材料	巴黎绿	kg	0.0500	0.0500	0.0500	0.0500	0.0500	0.0500
	群青	kg	0.0200	0.0200	0.0200	0.0200	0.0200	0.0200
	红丹粉	kg	0.0200	0.0200	0.0200	0.0200	0.0200	0.0200
	松烟	kg	0.0100	0.0100	0.0100	0.0100	0.0100	0.0100
	大白粉	kg	0.0400	0.0400	0.0400	0.0400	0.0400	0.0400
	滑石粉	kg	0.0400	0.0400	0.0400	0.0400	0.0400	0.0400
	乳胶	kg	0.0500	0.0500	0.0500	0.0500	0.0500	0.0500
	无光白乳胶漆	kg	0.1200	0.1200	0.1200	0.1200	0.1200	0.1200
	醇酸调合漆	kg	0.0900	0.0900	0.0900	0.0900	0.0900	0.0900
	醇酸稀料	kg	0.0100	0.0100	0.0100	0.0100	0.0100	0.0100
	丙烯酸清漆	kg	—	—	—	—	0.0200	0.0200
	国画色	支	1.5000	1.5000	1.5000	1.5000	1.5000	1.5000
	金胶油	kg	0.0110	0.0100	0.0110	0.0100	0.0110	0.0100
	库金箔	张	10.0000	9.0000	—	—	—	—
	赤金箔	张	—	—	12.0000	11.0000	—	—
	铜箔	张	—	—	—	—	8.6100	8.0000
	其他材料费(占材料费)	%	0.50	0.50	0.50	0.50	0.50	0.50

工作内容:准备工具、成品保护、调兑材料、起扎谱子、沥粉、刷油漆、场内运输及清理废弃物。

计量单位:m^2

定额编号			3-10-563	3-10-564	3-10-565	3-10-566	3-10-567
项目			墨(黄)线苏画(檐柱径)				门头板、廊心墙画白活
			掐箍头		掐箍头搭包袱		
			25cm 以内	25cm 以外	25cm 以内	25cm 以外	
名称		单位	消耗量				
人工	合计工日	工日	1.280	1.160	2.820	2.700	2.640
	油画工普工	工日	0.256	0.232	0.282	0.270	0.264
	油画工一般技工	工日	0.512	0.464	1.128	1.080	1.056
	油画工高级技工	工日	0.512	0.464	1.410	1.350	1.320
材料	巴黎绿	kg	0.0500	0.0500	0.0500	0.0500	—
	群青	kg	0.0200	0.0200	0.0300	0.0300	—
	红丹粉	kg	0.0100	0.0100	0.0200	0.0200	—
	松烟	kg	0.0100	0.0100	0.0100	0.0100	—
	乳胶	kg	0.0400	0.0400	0.0500	0.0500	—
	无光白乳胶漆	kg	0.0400	0.0400	0.1200	0.1200	0.4500
	醇酸黄调合漆	kg	0.1900	0.1900	0.0900	0.0900	—
	醇酸稀料	kg	0.0100	0.0100	0.0100	0.0100	—
	国画色	支	—	—	1.5000	1.5000	4.5000
	其他材料费(占材料费)	%	1.00	1.00	1.00	1.00	1.00

工作内容:准备工具、成品保护、调兑材料、起扎谱子、沥粉、打金胶油、贴金(铜)箔、刷油漆、支搭金帐、场内运输及清理废弃物。

计量单位:m^2

定额编号			3-10-568	3-10-569	3-10-570	3-10-571	3-10-572	3-10-573
项目			金线海漫苏画(有卡子)(檐柱径)					
			库金		赤金		铜箔	
			25cm 以内	25cm 以外	25cm 以内	25cm 以外	25cm 以内	25cm 以外
名称		单位	消耗量					
人工	合计工日	工日	1.870	1.690	1.910	1.730	1.940	1.880
	油画工普工	工日	0.187	0.169	0.191	0.173	0.194	0.188
	油画工一般技工	工日	0.748	0.676	0.764	0.692	0.776	0.752
	油画工高级技工	工日	0.935	0.845	0.955	0.865	0.970	0.940
材料	巴黎绿	kg	0.0900	0.0900	0.0900	0.0900	0.0900	0.0900
	群青	kg	0.0400	0.0400	0.0400	0.0400	0.0400	0.0400
	银朱	kg	0.0200	0.0200	0.0200	0.0200	0.0200	0.0200
	红丹粉	kg	0.0900	0.0900	0.0900	0.0900	0.0900	0.0900
	石黄	kg	0.0100	0.0100	0.0100	0.0100	0.0100	0.0100
	氧化铁红	kg	0.0200	0.0200	0.0200	0.0200	0.0200	0.0200
	松烟	kg	0.0100	0.0100	0.0100	0.0100	0.0100	0.0100
	滑石粉	kg	0.1400	0.1400	0.1400	0.1400	0.1400	0.1400
	乳胶	kg	0.1200	0.1200	0.1200	0.1200	0.1200	0.1200
	无光白乳胶漆	kg	0.0700	0.0700	0.0700	0.0700	0.0700	0.0700
	醇酸调合漆	kg	0.0200	0.0200	0.0200	0.0200	0.0200	0.0200
	丙烯酸清漆	kg	—	—	—	—	0.0400	0.0400
	光油	kg	0.0100	0.0100	0.0100	0.0100	0.0100	0.0100
	金胶油	kg	0.0062	0.0058	0.0062	0.0058	0.0062	0.0058
	库金箔	张	5.5700	5.0000	—	—	—	—
	赤金箔	张	—	—	7.0000	6.4100	—	—
	铜箔	张	—	—	—	—	5.0000	4.5000
	其他材料费(占材料费)	%	0.50	0.50	0.50	0.50	0.50	0.50

工作内容:准备工具、成品保护、调兑材料、起扎谱子、沥粉、打金胶油、贴金(铜)箔、刷油漆、支搭金帐、场内运输及清理废弃物。

计量单位:m^2

定额编号			3-10-574	3-10-575	3-10-576	3-10-577	3-10-578	3-10-579
项目			金线海漫苏画(无卡子)(檐柱径)					
			库金		赤金		铜箔	
			25cm 以内	25cm 以外	25cm 以内	25cm 以外	25cm 以内	25cm 以外
名称		单位	消耗量					
人工	合计工日	工日	1.580	1.420	1.680	1.440	1.730	1.490
	油画工普工	工日	0.158	0.142	0.168	0.144	0.173	0.149
	油画工一般技工	工日	0.632	0.568	0.672	0.576	0.692	0.596
	油画工高级技工	工日	0.790	0.710	0.840	0.720	0.865	0.745
材料	巴黎绿	kg	0.0900	0.0900	0.0900	0.0900	0.0900	0.0900
	群青	kg	0.0400	0.0400	0.0400	0.0400	0.0400	0.0400
	银朱	kg	0.0200	0.0200	0.0200	0.0200	0.0200	0.0200
	红丹粉	kg	0.0900	0.0900	0.0900	0.0900	0.0900	0.0900
	石黄	kg	0.0100	0.0100	0.0100	0.0100	0.0100	0.0100
	氧化铁红	kg	0.0200	0.0200	0.0200	0.0200	0.0200	0.0200
	松烟	kg	0.0100	0.0100	0.0100	0.0100	0.0100	0.0100
	滑石粉	kg	0.1400	0.1400	0.1400	0.1400	0.1400	0.1400
	乳胶	kg	0.1200	0.1200	0.1200	0.1200	0.1200	0.1200
	无光白乳胶漆	kg	0.0700	0.0700	0.0700	0.0700	0.0700	0.0700
	丙烯酸清漆	kg	—	—	—	—	0.0400	0.0400
	光油	kg	0.0100	0.0100	0.0100	0.0100	0.0100	0.0100
	金胶油	kg	0.0062	0.0058	0.0062	0.0058	0.0062	0.0058
	库金箔	张	5.5700	5.0000	—	—	—	—
	赤金箔	张	—	—	7.0000	6.4100	—	—
	铜箔	张	—	—	—	—	5.0000	4.5000
	其他材料费(占材料费)	%	0.50	0.50	0.50	0.50	0.50	0.50

工作内容：准备工具、成品保护、调兑材料、起扎谱子、沥粉、刷油漆、场内运输及清理废弃物。

计量单位：m^2

定额编号			3-10-580	3-10-581	3-10-582	3-10-583
项目			墨(黄)线苏画海漫(檐柱径)			
			有卡子		无卡子	
			25cm 以内	25cm 以外	25cm 以内	25cm 以外
名称		单位	消耗量			
人工	合计工日	工日	1.270	1.150	1.150	1.030
	油画工普工	工日	0.127	0.115	0.115	0.103
	油画工一般技工	工日	0.508	0.460	0.460	0.412
	油画工高级技工	工日	0.635	0.575	0.575	0.515
材料	巴黎绿	kg	0.0700	0.0700	0.0700	0.0700
	群青	kg	0.0300	0.0300	0.0300	0.0300
	银朱	kg	0.0100	0.0100	0.0100	0.0100
	红丹粉	kg	0.0600	0.0600	0.0600	0.0600
	石黄	kg	0.0100	0.0100	0.0100	0.0100
	氧化铁红	kg	0.0200	0.0200	0.0200	0.0200
	松烟	kg	0.0100	0.0100	0.0100	0.0100
	乳胶	kg	0.0900	0.0900	0.0900	0.0900
	无光白乳胶漆	kg	0.2200	0.2200	0.2200	0.2200
	其他材料费(占材料费)	%	1.00	1.00	1.00	1.00

9.斑竹彩画

工作内容:准备工具、成品保护、调兑材料、起扎谱子、沥粉、打金胶油、贴金、刷油漆、支搭金帐、场内运输及清理废弃物。

计量单位:m^2

定额编号			3-10-584	3-10-585	3-10-586	3-10-587
项目			斑竹彩画(檐柱径)			
			库金		赤金	
			25cm 以内	25cm 以外	25cm 以内	25cm 以外
名称		单位	消耗量			
人工	合计工日	工日	2.940	2.700	2.980	2.740
	油画工普工	工日	0.294	0.270	0.298	0.274
	油画工一般技工	工日	1.176	1.080	1.192	1.096
	油画工高级技工	工日	1.470	1.350	1.490	1.370
材料	巴黎绿	kg	0.2100	0.2100	0.2100	0.2100
	群青	kg	0.0100	0.0100	0.0100	0.0100
	石黄	kg	0.0300	0.0300	0.0300	0.0300
	大白粉	kg	0.1100	0.1100	0.1100	0.1100
	滑石粉	kg	0.0500	0.0500	0.0500	0.0500
	乳胶	kg	0.0900	0.0900	0.0900	0.0900
	无光白乳胶漆	kg	0.0500	0.0500	0.0500	0.0500
	醇酸调合漆	kg	0.0100	0.0100	0.0100	0.0100
	光油	kg	0.0100	0.0100	0.0100	0.0100
	金胶油	kg	0.0160	0.0150	0.0160	0.0150
	库金箔	张	15.0000	14.0000	—	—
	赤金箔	张	—	—	19.0000	17.2200
	其他材料费(占材料费)	%	0.50	0.50	0.50	0.50

工作内容：准备工具、成品保护、调兑材料、起扎谱子、沥粉、打金胶油、贴金(铜)箔、刷油漆、支搭金帐、场内运输及清理废弃物。

计量单位：m^2

定额编号			3-10-588	3-10-589	3-10-590
项目			斑竹彩画(檐柱径)		
			铜箔		无金
			25cm 以内	25cm 以外	
名称		单位	消耗量		
人工	合计工日	工日	3.000	2.760	2.340
	油画工普工	工日	0.300	0.276	0.234
	油画工一般技工	工日	1.200	1.104	0.936
	油画工高级技工	工日	1.500	1.380	1.170
材料	巴黎绿	kg	0.2100	0.2100	0.2090
	群青	kg	0.0100	0.0100	0.0100
	石黄	kg	0.0300	0.0300	0.0310
	大白粉	kg	0.1100	0.1100	—
	滑石粉	kg	0.0500	0.0500	—
	乳胶	kg	0.0900	0.0900	0.0800
	无光白乳胶漆	kg	0.0500	0.0500	0.0500
	醇酸调合漆	kg	0.0100	0.0100	—
	丙烯酸清漆	kg	0.0200	0.0200	—
	光油	kg	0.0100	0.0100	—
	金胶油	kg	0.0160	0.0150	—
	铜箔	张	13.1300	12.0000	—
	其他材料费(占材料费)	%	0.50	0.50	1.00

10. 大木沥粉贴金彩画

工作内容：准备工具、成品保护、调兑材料、起扎谱子、沥粉、打金胶油、贴金(铜)箔、刷油漆、支搭金帐、场内运输及清理废弃物。

计量单位：m^2

定额编号			3-10-591	3-10-592	3-10-593	3-10-594
项目			浑金彩画(沥粉、刷醇酸磁漆一道、贴金)			
			库金	赤金	库赤两色金	铜箔
名称		单位	消耗量			
人工	合计工日	工日	1.750	1.800	1.870	1.800
	油画工普工	工日	0.175	0.180	0.187	0.180
	油画工一般技工	工日	0.700	0.720	0.748	0.720
	油画工高级技工	工日	0.875	0.900	0.935	0.900
材料	大白粉	kg	0.2200	0.2200	0.2200	0.2200
	滑石粉	kg	0.2200	0.2200	0.2200	0.2200
	乳胶	kg	0.1700	0.1700	0.1700	0.1700
	醇酸磁漆	kg	0.0600	0.0600	0.0600	0.0600
	丙烯酸清漆	kg	—	—	—	0.0600
	光油	kg	0.0500	0.0500	0.0500	0.0500
	金胶油	kg	0.0700	0.0700	0.0700	0.0700
	库金箔	张	127.0000	—	63.3700	—
	赤金箔	张	—	158.9000	79.5000	—
	铜箔	张	—	—	—	112.3500
	其他材料费(占材料费)	%	0.50	0.50	0.50	0.50

工作内容: 准备工具、成品保护、调兑材料、起扎谱子、沥粉、打金胶油、贴金(铜)箔、刷油漆、支搭金帐、场内运输及清理废弃物。

计量单位:m^2

定额编号			3-10-595	3-10-596	3-10-597	3-10-598	3-10-599	3-10-600
项目			下架彩画(沥粉、刷混色油漆二道贴金、扣末道油漆)					
			片金			金琢墨		
			库金	赤金	铜箔	库金	赤金	铜箔
名称		单位	消耗量					
人工	合计工日	工日	1.890	2.010	2.060	2.850	2.910	3.090
	油画工普工	工日	0.189	0.201	0.206	0.285	0.291	0.309
	油画工一般技工	工日	0.756	0.804	0.824	1.140	1.164	1.236
	油画工高级技工	工日	0.945	1.005	1.030	1.425	1.455	1.545
材料	巴黎绿	kg	—	—	—	0.0100	0.0100	0.0100
	群青	kg	—	—	—	0.0100	0.0100	0.0100
	大白粉	kg	0.4000	0.4000	0.4000	0.4000	0.4000	0.4000
	滑石粉	kg	0.1300	0.1300	0.1300	0.1300	0.1300	0.1300
	乳胶	kg	0.1700	0.1700	0.1700	0.1100	0.1100	0.1100
	无光白乳胶漆	kg	—	—	—	0.1200	0.1200	0.1200
	醇酸调合漆	kg	0.2200	0.2200	0.2200	0.3200	0.3200	0.3200
	丙烯酸清漆	kg	—	—	0.0600	—	—	0.0600
	光油	kg	0.0500	0.0500	0.0500	0.0500	0.0500	0.0500
	金胶油	kg	0.0700	0.0700	0.0700	0.0700	0.0700	0.0700
	库金箔	张	89.5700	—	—	69.0000	—	—
	赤金箔	张	—	112.2500	—	—	86.4200	—
	铜箔	张	—	—	79.3900	—	—	61.1000
	其他材料费(占材料费)	%	0.50	0.50	0.50	0.50	0.50	0.50

11. 其 他 彩 画

工作内容：准备工具、成品保护、调兑材料、起扎谱子、沥粉、打金胶油、贴金(铜)箔、刷油漆、支搭金帐、场内运输及清理废弃物。

计量单位：m^2

定额编号			3-10-601	3-10-602	3-10-603	3-10-604	3-10-605	3-10-606
项目			上架油漆地片金苏画					
			箍头、藻头、包袱			箍头搭包袱		
			库金	赤金	铜箔	库金	赤金	铜箔
名称		单位	消耗量					
人工	合计工日	工日	1.980	2.030	2.050	1.740	1.790	1.810
	油画工普工	工日	0.198	0.203	0.205	0.174	0.179	0.181
	油画工一般技工	工日	0.792	0.812	0.820	0.696	0.716	0.724
	油画工高级技工	工日	0.990	1.015	1.025	0.870	0.895	0.905
材料	大白粉	kg	0.2400	0.2400	0.2400	0.0800	0.0800	0.0800
	滑石粉	kg	0.2100	0.2100	0.2100	0.0800	0.0800	0.0800
	乳胶	kg	0.1300	0.1300	0.1300	0.0500	0.0500	0.0500
	醇酸调合漆	kg	0.2500	0.2500	0.2500	0.2500	0.2500	0.2500
	丙烯酸清漆	kg	—	—	0.0600	—	—	0.0600
	光油	kg	0.0300	0.0300	0.0300	0.0100	0.0100	0.0100
	金胶油	kg	0.0700	0.0700	0.0700	0.0600	0.0600	0.0600
	库金箔	张	60.0000	—	—	53.0000	—	—
	赤金箔	张	—	75.0000	—	—	66.3000	—
	铜箔	张	—	—	53.0000	—	—	47.0000
	其他材料费(占材料费)	%	0.50	0.50	0.50	0.50	0.50	0.50

工作内容：准备工具、成品保护、调兑材料、起扎谱子、沥粉、打金胶油、贴金(铜)箔、刷油漆、支搭金帐、场内运输及清理废弃物。

计量单位：m^2

定额编号			3-10-607	3-10-608	3-10-609
项目			上架油漆地片金苏画		
			掐箍头		
			库金	赤金	铜箔
名称		单位	消耗量		
人工	合计工日	工日	1.090	1.100	1.110
	油画工普工	工日	0.218	0.220	0.222
	油画工一般技工	工日	0.436	0.440	0.444
	油画工高级技工	工日	0.436	0.440	0.444
材料	大白粉	kg	0.0800	0.0800	0.0800
	滑石粉	kg	0.0800	0.0800	0.0800
	乳胶	kg	0.0500	0.0500	0.0500
	醇酸调合漆	kg	0.2700	0.2700	0.2700
	丙烯酸清漆	kg	—	—	0.0400
	光油	kg	0.0100	0.0100	0.0100
	金胶油	kg	0.0400	0.0400	0.0400
	库金箔	张	36.0000	—	—
	赤金箔	张	—	45.3600	—
	铜箔	张	—	—	32.0000
	其他材料费(占材料费)	%	0.50	0.50	0.50

工作内容：准备工具、成品保护、调兑材料、起扎谱子、沥粉、打金胶油、贴金（铜）箔、刷油漆、支搭金帐、场内运输及清理废弃物。

计量单位：m^2

定额编号			3-10-610	3-10-611	3-10-612	3-10-613	3-10-614	3-10-615
项目			浅色彩画					
			满金琢墨			金琢墨素箍头、活枋心		
			库金	赤金	铜箔	库金	赤金	铜箔
名称		单位	消耗量					
人工	合计工日	工日	2.040	2.080	2.110	1.820	1.860	1.900
	油画工普工	工日	0.204	0.208	0.211	0.182	0.186	0.190
	油画工一般技工	工日	0.816	0.832	0.844	0.728	0.744	0.760
	油画工高级技工	工日	1.020	1.040	1.055	0.910	0.930	0.950
材料	巴黎绿	kg	0.0400	0.0400	0.0400	0.0400	0.0400	0.0400
	群青	kg	0.0100	0.0100	0.0100	0.0100	0.0100	0.0100
	银朱	kg	0.0100	0.0100	0.0100	0.0100	0.0100	0.0100
	大白粉	kg	0.0800	0.0800	0.0800	0.0800	0.0800	0.0800
	滑石粉	kg	0.0800	0.0800	0.0800	0.0800	0.0800	0.0800
	广告色	只	0.5000	0.5000	0.5000	0.5000	0.5000	0.5000
	乳胶	kg	0.0700	0.0700	0.0700	0.0700	0.0700	0.0700
	无光白乳胶漆	kg	0.4500	0.4500	0.4500	0.4500	0.4500	0.4500
	醇酸调合漆	kg	0.0300	0.0300	0.0300	0.0300	0.0300	0.0300
	丙烯酸清漆	kg	—	—	0.0600	—	—	0.0600
	光油	kg	0.0100	0.0100	0.0100	0.0100	0.0100	0.0100
	金胶油	kg	0.0700	0.0700	0.0700	0.0700	0.0700	0.0700
	库金箔	张	69.3000	—	—	51.6600	—	—
	赤金箔	张	—	87.0000	—	—	65.0000	—
	铜箔	张	—	—	61.4200	—	—	46.0000
	其他材料费（占材料费）	%	0.50	0.50	0.50	0.50	0.50	0.50

工作内容：准备工具、成品保护、调兑材料、起扎谱子、沥粉、打金胶油、贴金(铜)箔、刷油漆、支搭金帐、场内运输及清理废弃物。

计量单位：m^2

定额编号			3-10-616	3-10-617	3-10-618
项目			浅色彩画		
			金琢墨素箍头、素枋心		
			库金	赤金	铜箔
名称		单位	消耗量		
人工	合计工日	工日	1.780	1.800	1.840
	油画工普工	工日	0.356	0.360	0.368
	油画工一般技工	工日	0.712	0.720	0.736
	油画工高级技工	工日	0.712	0.720	0.736
材料	巴黎绿	kg	0.0400	0.0400	0.0400
	群青	kg	0.0100	0.0100	0.0100
	银朱	kg	0.0100	0.0100	0.0100
	大白粉	kg	0.0800	0.0800	0.0800
	滑石粉	kg	0.0800	0.0800	0.0800
	广告色	只	0.5000	0.5000	0.5000
	乳胶	kg	0.0700	0.0700	0.0700
	无光白乳胶漆	kg	0.4500	0.4500	0.4500
	醇酸调合漆	kg	0.0300	0.0300	0.0300
	丙烯酸清漆	kg	—	—	0.0400
	光油	kg	0.0100	0.0100	0.0100
	金胶油	kg	0.0400	0.0400	0.0400
	库金箔	张	42.0000	—	—
	赤金箔	张	—	52.1900	—
	铜箔	张	—	—	37.0000
	其他材料费(占材料费)	%	0.50	0.50	0.50

工作内容：准备工具、成品保护、调兑材料、起扎谱子、沥粉、打金胶油、贴金(铜)箔、刷油漆、支搭金帐、场内运输及清理废弃物。

计量单位：m^2

定额编号			3-10-619	3-10-620	3-10-621	3-10-622
项目			浅色彩画			
			局部贴金			无金
			库金	赤金	铜箔	
名称		单位	消耗量			
人工	合计工日	工日	1.390	1.420	1.430	1.100
	油画工普工	工日	0.278	0.284	0.286	0.220
	油画工一般技工	工日	0.556	0.568	0.572	0.440
	油画工高级技工	工日	0.556	0.568	0.572	0.440
材料	巴黎绿	kg	0.0400	0.0400	0.0400	0.0400
	群青	kg	0.0100	0.0100	0.0100	0.0100
	银朱	kg	0.0100	0.0100	0.0100	0.0100
	石英砂(综合)	kg	—	—	—	0.0100
	大白粉	kg	0.0800	0.0800	0.0800	—
	滑石粉	kg	0.0800	0.0800	0.0800	—
	广告色	只	0.5000	0.5000	0.5000	0.5000
	乳胶	kg	0.0700	0.0700	0.0700	0.0700
	无光白乳胶漆	kg	0.4500	0.4500	0.4500	0.3700
	醇酸调合漆	kg	0.0300	0.0300	0.0300	—
	丙烯酸清漆	kg	—	—	0.0400	—
	光油	kg	0.0100	0.0100	0.0100	—
	金胶油	kg	0.0400	0.0400	0.0400	—
	库金箔	张	21.0000	—	—	—
	赤金箔	张	—	25.8300	—	—
	铜箔	张	—	—	18.3000	—
	其他材料费(占材料费)	%	0.50	0.50	0.50	1.00

工作内容：准备工具、成品保护、调兑材料、打金胶油、贴金(铜)箔、支搭金帐、场内运输及清理废弃物。

计量单位：m^2

定额编号			3-10-623	3-10-624	3-10-625
项目			框线门簪贴金		
			库金	赤金	铜箔
名称		单位	消耗量		
人工	合计工日	工日	1.680	1.760	1.920
	油画工普工	工日	0.168	0.176	0.192
	油画工一般技工	工日	0.672	0.704	0.768
	油画工高级技工	工日	0.840	0.880	0.960
材料	金胶油	kg	0.0700	0.0700	0.0700
	库金箔	张	170.0000	—	—
	赤金箔	张	—	213.0000	—
	铜箔	张	—	—	151.0000
	丙烯酸清漆	kg	—	—	0.0600
	其他材料费(占材料费)	%	0.50	0.50	0.50

四、斗栱、垫栱板油饰彩画

1. 斗栱、垫栱板除尘清理及彩画修补

工作内容:准备工具、成品保护、清理除尘、场内运输及清理废弃物。垫栱板彩画回贴还包括清水闷透、注胶、压平、压实。

计量单位:m^2

定额编号			3-10-626	3-10-627	3-10-628
项目			斗栱、垫栱板除尘清理	垫栱板彩画回贴	
				面积占 30%	面积每增 10%
名称		单位	消耗量		
人工	合计工日	工日	0.624	0.432	0.112
	油画工普工	工日	0.312	0.043	0.011
	油画工一般技工	工日	0.250	0.173	0.045
	油画工高级技工	工日	0.062	0.216	0.056
材料	乳胶	kg	—	0.1000	0.0333
	白布	m^2	0.0200	—	—
	荞麦面	kg	0.2500	—	—
	其他材料费(占材料费)	%	—	2.00	2.00

工作内容：准备工具、成品保护、调兑材料、随旧活补修、沥粉、彩画、打金胶油、贴金(铜)箔、支搭金帐、场内运输及清理废弃物。

计量单位：m^2

定额编号			3-10-629	3-10-630	3-10-631	3-10-632
项目			斗栱饰金彩画修补(面积占30%)			
			库金	赤金	铜箔	无金
名称		单位	消耗量			
人工	合计工日	工日	0.480	0.486	0.502	0.226
	油画工普工	工日	0.048	0.049	0.050	0.023
	油画工一般技工	工日	0.240	0.243	0.251	0.113
	油画工高级技工	工日	0.192	0.194	0.201	0.090
材料	巴黎绿	kg	0.0363	0.0363	0.0363	0.0363
	群青	kg	0.0470	0.0470	0.0470	0.0145
	银朱	kg	0.0031	0.0031	0.0031	0.0010
	松烟	kg	0.0030	0.0030	0.0030	—
	无光白乳胶漆	kg	0.0273	0.0273	0.0273	0.0273
	滑石粉	kg	0.0360	0.0360	0.0360	0.0360
	大白粉	kg	0.0420	0.0420	0.0420	0.0420
	乳胶	kg	0.0459	0.0459	0.0459	0.0459
	光油	kg	0.0030	0.0030	0.0030	0.0030
	颜料光油	kg	0.0045	0.0045	0.0045	—
	金胶油	kg	0.0106	0.0106	0.0106	—
	库金箔	张	8.0259	—	—	—
	赤金箔	张	—	10.0632	—	—
	铜箔	张	—	—	6.9825	—
	丙烯酸清漆	kg	—	—	0.0063	—
	其他材料费(占材料费)	%	1.00	1.00	1.00	2.00

工作内容：准备工具、成品保护、调兑材料、随旧活补修、沥粉、彩画、打金胶油、贴金(铜)箔、支搭金帐、场内运输及清理废弃物。

计量单位：m^2

定额编号			3-10-633	3-10-634	3-10-635	3-10-636
项目			斗栱饰金彩画修补(面积每增10%)			
			库金	赤金	铜箔	无金
名称		单位	消耗量			
人工	合计工日	工日	0.160	0.162	0.168	0.076
	油画工普工	工日	0.016	0.016	0.017	0.008
	油画工一般技工	工日	0.080	0.081	0.084	0.038
	油画工高级技工	工日	0.064	0.065	0.067	0.030
材料	巴黎绿	kg	0.0121	0.0121	0.0121	0.0121
	群青	kg	0.0466	0.0466	0.0466	0.0048
	银朱	kg	0.0031	0.0031	0.0031	0.0003
	松烟	kg	0.0030	0.0030	0.0030	—
	无光白乳胶漆	kg	0.0091	0.0091	0.0091	0.0091
	滑石粉	kg	0.0120	0.0120	0.0120	0.0120
	大白粉	kg	0.0140	0.0140	0.0140	0.0140
	乳胶	kg	0.0153	0.0153	0.0153	0.0153
	光油	kg	0.0010	0.0010	0.0010	0.0010
	颜料光油	kg	0.0015	0.0015	0.0015	—
	金胶油	kg	0.0035	0.0035	0.0035	—
	库金箔	张	2.6753	—	—	—
	赤金箔	张	—	3.3544	—	—
	铜箔	张	—	—	2.3275	—
	丙烯酸清漆	kg	—	—	0.0021	—
	其他材料费(占材料费)	%	1.00	1.00	1.00	2.00

工作内容：准备工具、成品保护、调兑材料、随旧活补修、沥粉、彩画、打金胶油、贴金(铜)箔、支搭金帐、场内运输及清理废弃物。

计量单位：m^2

定额编号			3-10-637	3-10-638	3-10-639
项目			垫栱板彩画修补(面积占30%)		
			片金龙凤		
			库金	赤金	铜箔
名称		单位	消耗量		
人工	合计工日	工日	0.896	0.991	0.974
	油画工普工	工日	0.090	0.091	0.097
	油画工一般技工	工日	0.448	0.500	0.487
	油画工高级技工	工日	0.358	0.400	0.390
材料	巴黎绿	kg	0.0030	0.0030	0.0030
	无光白乳胶漆	kg	0.0060	0.0060	0.0060
	滑石粉	kg	0.0277	0.0277	0.0277
	大白粉	kg	0.0323	0.0323	0.0323
	乳胶	kg	0.0180	0.0180	0.0180
	光油	kg	0.0030	0.0030	0.0030
	颜料光油	kg	0.0094	0.0094	0.0094
	金胶油	kg	0.0221	0.0221	0.0221
	库金箔	张	18.8277	—	—
	赤金箔	张	—	23.6069	—
	铜箔	张	—	—	49.1400
	丙烯酸清漆	kg	—	—	0.0442
	其他材料费(占材料费)	%	1.00	1.00	1.00

工作内容：准备工具、成品保护、调兑材料、随旧活补修、沥粉、彩画、打金胶油、贴金(铜)箔、支搭金帐、场内运输及清理废弃物。

计量单位：m^2

定额编号			3-10-640	3-10-641	3-10-642	3-10-643
项目			垫栱板彩画修补(面积占30%)			
			梵字、三宝珠			莲花献佛
			库金	赤金	铜箔	
名称		单位	消耗量			
人工	合计工日	工日	0.804	0.809	0.840	1.482
	油画工普工	工日	0.080	0.081	0.084	0.148
	油画工一般技工	工日	0.402	0.404	0.420	0.741
	油画工高级技工	工日	0.322	0.324	0.336	0.593
材料	巴黎绿	kg	0.0060	0.0060	0.0060	0.0149
	群青	kg	0.0030	0.0030	0.0030	0.0059
	银朱	kg	—	—	—	0.0030
	无光白乳胶漆	kg	0.0030	0.0030	0.0030	0.0151
	石黄	kg	—	—	—	0.0030
	松烟	kg	—	—	—	0.0030
	滑石粉	kg	0.0223	0.0223	0.0223	—
	大白粉	kg	0.0260	0.0260	0.0260	—
	乳胶	kg	0.0151	0.0151	0.0151	0.0180
	光油	kg	0.0030	0.0030	0.0030	—
	颜料光油	kg	0.0050	0.0050	0.0050	—
	金胶油	kg	0.0119	0.0119	0.0119	—
	库金箔	张	9.8966	—	—	—
	赤金箔	张	—	12.4087	—	—
	铜箔	张	—	—	25.8300	—
	丙烯酸清漆	kg	—	—	0.0232	—
	其他材料费(占材料费)	%	1.00	1.00	1.00	1.00

工作内容：准备工具、成品保护、调兑材料、随旧活补修、沥粉、彩画、打金胶油、贴金(铜)箔、支搭金帐、场内运输及清理废弃物。

计量单位：m^2

定额编号			3-10-644	3-10-645	3-10-646
项目			垫栱板彩画修补(面积每增10%)		
			片金龙凤		
			库金	赤金	铜箔
名称		单位	消耗量		
人工	合计工日	工日	0.298	0.930	0.324
	油画工普工	工日	0.030	0.030	0.032
	油画工一般技工	工日	0.149	0.500	0.162
	油画工高级技工	工日	0.119	0.400	0.130
材料	巴黎绿	kg	0.0010	0.0010	0.0010
	无光白乳胶漆	kg	0.0020	0.0020	0.0020
	滑石粉	kg	0.0092	0.0092	0.0092
	大白粉	kg	0.0108	0.0108	0.0108
	乳胶	kg	0.0060	0.0060	0.0060
	光油	kg	0.0010	0.0010	0.0010
	颜料光油	kg	0.0031	0.0031	0.0031
	金胶油	kg	0.0074	0.0074	0.0074
	库金箔	张	6.2759	—	—
	赤金箔	张	—	7.8690	—
	铜箔	张	—	—	16.3800
	丙烯酸清漆	kg	—	—	0.0147
	其他材料费(占材料费)	%	1.00	1.00	1.00

工作内容：准备工具、成品保护、调兑材料、随旧活补修、沥粉、彩画、打金胶油、贴金（铜）箔、支搭金帐、场内运输及清理废弃物。

计量单位：m^2

定额编号			3-10-647	3-10-648	3-10-649	3-10-650
项目			垫栱板彩画修补（面积每增 10%）			
			梵字、三宝珠			莲花献佛
			库金	赤金	铜箔	
名称		单位	消耗量			
人工	合计工日	工日	0.268	0.270	0.280	0.494
	油画工普工	工日	0.027	0.027	0.028	0.049
	油画工一般技工	工日	0.134	0.135	0.140	0.247
	油画工高级技工	工日	0.107	0.108	0.112	0.198
材料	巴黎绿	kg	0.0020	0.0020	0.0020	0.0050
	群青	kg	0.0010	0.0010	0.0010	0.0020
	银朱	kg	—	—	—	0.0010
	石黄	kg	—	—	—	0.0010
	松烟	kg	—	—	—	0.0010
	无光白乳胶漆	kg	0.0010	0.0010	0.0010	0.0050
	滑石粉	kg	0.0074	0.0074	0.0074	—
	大白粉	kg	0.0087	0.0087	0.0087	—
	乳胶	kg	0.0050	0.0050	0.0050	0.0060
	光油	kg	0.0010	0.0010	0.0010	—
	颜料光油	kg	0.0017	0.0017	0.0017	—
	金胶油	kg	0.0040	0.0040	0.0040	—
	库金箔	张	3.2989	—	—	—
	赤金箔	张	—	4.1362	—	—
	铜箔	张	—	—	8.6100	—
	丙烯酸清漆	kg	—	—	0.0077	—
	其他材料费（占材料费）	%	1.00	1.00	1.00	1.00

2.基 层 处 理

工作内容:准备工具、成品保护、清理基层、场内运输及清理废弃物。　　**计量单位:**m²

定　额　编　号			3-10-651	3-10-652
项　　　目			闷水挠净	清理除铲
名　　称		单位	消　耗　量	
人工	合计工日	工日	0.200	0.050
	油画工普工	工日	0.180	0.045
	油画工一般技工	工日	0.020	0.005

工作内容：准备工具、成品保护、调兑材料、清理除铲、分层披灰、布、打磨、场内运输及清理废弃物。

计量单位：m^2

定额编号			3-10-653	3-10-654	3-10-655
项目			斗栱、垫栱板地仗修补（面积占30%）	斗栱、垫栱板地仗修补（面积每增10%）	垫栱板一布四灰地仗
名称		单位	消耗量		
人工	合计工日	工日	0.096	0.031	0.756
	油画工普工	工日	0.019	0.006	0.151
	油画工一般技工	工日	0.067	0.022	0.529
	油画工高级技工	工日	0.010	0.003	0.076
材料	血料	kg	0.3430	0.1140	3.0980
	砖灰	kg	0.2950	0.0980	2.0950
	生石灰	kg	4.0000	1.0000	12.0000
	面粉	kg	0.0020	0.0010	0.0350
	灰油	kg	0.0120	0.0040	0.1990
	光油	kg	0.0310	0.0100	0.1020
	生桐油	kg	0.0210	0.0070	0.1710
	苎麻布	m^2	—	—	1.1030
	其他材料费（占材料费）	%	2.00	2.00	1.00

工作内容：准备工具、成品保护、调兑材料、分层披灰、打磨、场内运输及清理废弃物。　**计量单位**：m^2

定额编号			3-10-656	3-10-657	3-10-658	3-10-659	3-10-660	3-10-661
项目			斗栱、垫栱板地仗(斗口)					
			四道灰			三道灰		
			6cm 以内	8cm 以内	8cm 以外	6cm 以内	8cm 以内	8cm 以外
名称		单位	消耗量					
人工	合计工日	工日	0.480	0.438	0.396	0.320	0.290	0.260
	油画工普工	工日	0.096	0.088	0.079	0.064	0.058	0.052
	油画工一般技工	工日	0.336	0.307	0.277	0.224	0.203	0.182
	油画工高级技工	工日	0.048	0.044	0.040	0.032	0.029	0.026
材料	面粉	kg	0.0350	0.0350	0.0350	0.0200	0.0200	0.0200
	血料	kg	2.3840	2.3840	2.3840	1.9400	1.9400	1.9400
	砖灰	kg	1.5500	1.5500	1.5500	1.7600	1.7600	1.7600
	灰油	kg	0.1990	0.1990	0.1990	0.1000	0.1000	0.1000
	生桐油	kg	0.1100	0.1100	0.1100	0.1300	0.1300	0.1300
	光油	kg	0.1020	0.1020	0.1020	0.0800	0.0800	0.0800
	其他材料费(占材料费)	%	1.00	1.00	1.00	1.00	1.00	1.00

工作内容:准备工具、成品保护、调兑材料、分层披灰、打磨、场内运输及清理废弃物。 **计量单位**:m²

定额编号			3-10-662	3-10-663	3-10-664	3-10-665	3-10-666	3-10-667
项目			斗栱、垫栱板地仗(斗口)					
			二道灰			一道半灰		
			6cm 以内	8cm 以内	8cm 以外	6cm 以内	8cm 以内	8cm 以外
名称		单位	消耗量					
人工	合计工日	工日	0.290	0.250	0.230	0.170	0.140	0.130
	油画工普工	工日	0.058	0.050	0.046	0.034	0.028	0.026
	油画工一般技工	工日	0.203	0.175	0.161	0.119	0.098	0.091
	油画工高级技工	工日	0.029	0.025	0.023	0.017	0.014	0.013
材料	血料	kg	1.1900	1.1900	1.1900	0.4300	0.4300	0.4300
	砖灰	kg	0.6500	0.6500	0.6500	0.3800	0.3800	0.3800
	光油	kg	0.1100	0.1100	0.1100	0.0500	0.0500	0.0500
	生桐油	kg	0.1300	0.1300	0.1300	0.1300	0.1300	0.1300
	其他材料费(占材料费)	%	1.00	1.00	1.00	1.00	1.00	1.00

3.油饰彩画

工作内容:准备工具、成品保护、调兑材料、刮、帚、找腻子、打磨、分层涂刷、场内运输及清理废弃物。

计量单位:m^2

定额编号			3-10-668	3-10-669	3-10-670	3-10-671	3-10-672	3-10-673
项目			斗栱刮腻子、刷混色油漆三道(斗口)					
			醇酸磁漆			醇酸调合漆		
			6cm 以内	8cm 以内	8cm 以外	6cm 以内	8cm 以内	8cm 以外
名称		单位	消耗量					
人工	合计工日	工日	0.350	0.280	0.200	0.350	0.280	0.200
	油画工普工	工日	0.070	0.056	0.040	0.070	0.056	0.040
	油画工一般技工	工日	0.245	0.196	0.140	0.245	0.196	0.140
	油画工高级技工	工日	0.035	0.028	0.020	0.035	0.028	0.020
材料	血料	kg	0.0600	0.0600	0.0600	0.0600	0.0600	0.0600
	滑石粉	kg	0.1400	0.1400	0.1400	0.1400	0.1400	0.1400
	醇酸调合漆	kg	—	—	—	0.2800	0.2800	0.2800
	醇酸磁漆	kg	0.2600	0.2600	0.2600	—	—	—
	醇酸稀料	kg	0.0300	0.0300	0.0300	0.0300	0.0300	0.0300
	其他材料费(占材料费)	%	1.00	1.00	1.00	1.00	1.00	1.00

工作内容:准备工具、成品保护、调兑材料、刮、帚、找腻子、打磨、分层涂刷、场内运输及清理废弃物。

计量单位:m^2

定额编号			3-10-674	3-10-675	3-10-676	3-10-677	3-10-678	3-10-679
项目			垫栱板刷油漆二道扣末道(斗口)					
			醇酸磁漆			醇酸调合漆		
			6cm 以内	8cm 以内	8cm 以外	6cm 以内	8cm 以内	8cm 以外
名称		单位	消耗量					
人工	合计工日	工日	0.370	0.260	0.180	0.370	0.260	0.180
	油画工普工	工日	0.074	0.052	0.036	0.074	0.052	0.036
	油画工一般技工	工日	0.259	0.182	0.126	0.259	0.182	0.126
	油画工高级技工	工日	0.037	0.026	0.018	0.037	0.026	0.018
材料	醇酸调合漆	kg	—	—	—	0.2500	0.2500	0.2500
	醇酸磁漆	kg	0.2300	0.2300	0.2300	—	—	—
	醇酸稀料	kg	0.0300	0.0300	0.0300	0.0300	0.0300	0.0300
	其他材料费(占材料费)	%	1.00	1.00	1.00	1.00	1.00	1.00

工作内容：准备工具、成品保护、调兑材料、刮、帚、找腻子、打磨、分层涂刷、场内运输及清理废弃物。斗拱保护网油漆还包括护网油漆、除锈、刷漆。

计量单位：m^2

定额编号			3-10-680	3-10-681	3-10-682	3-10-683
项目			垫栱板刷醇酸磁漆二道扣银朱油一道(斗口)			斗栱防护网油漆
			6cm 以内	8cm 以内	8cm 以外	
名称		单位	消耗量			
人工	合计工日	工日	0.420	0.300	0.190	0.070
	油画工普工	工日	0.084	0.060	0.038	0.028
	油画工一般技工	工日	0.294	0.210	0.133	0.042
	油画工高级技工	工日	0.042	0.030	0.019	—
材料	醇酸磁漆	kg	0.1800	0.1800	0.1800	—
	醇酸调合漆	kg	—	—	—	0.0300
	醇酸稀料	kg	0.0500	0.0500	0.0500	0.0600
	酚醛防锈漆	kg	—	—	—	0.0300
	银朱	kg	0.0800	0.0800	0.0800	—
	光油	kg	0.0500	0.0500	0.0500	—
	其他材料费(占材料费)	%	1.00	1.00	1.00	1.00

工作内容:准备工具、成品保护、调兑材料、起扎谱子、沥粉、打金胶油、贴金(铜)箔、刷油漆、支搭金帐、场内运输及清理废弃物。

计量单位:m^2

定额编号			3-10-684	3-10-685	3-10-686	3-10-687	3-10-688	3-10-689
项目			斗栱金琢墨彩画(斗口)					
			库金			赤金		
			6cm 以内	8cm 以内	8cm 以外	6cm 以内	8cm 以内	8cm 以外
名称		单位	消耗量					
人工	合计工日	工日	1.340	0.910	0.530	1.360	0.920	0.540
	油画工普工	工日	0.134	0.091	0.053	0.136	0.092	0.054
	油画工一般技工	工日	0.670	0.455	0.265	0.680	0.460	0.270
	油画工高级技工	工日	0.536	0.364	0.212	0.544	0.368	0.216
材料	巴黎绿	kg	0.1300	0.1300	0.1300	0.1300	0.1300	0.1300
	群青	kg	0.0500	0.0500	0.0500	0.0500	0.0500	0.0500
	无光白乳胶漆	kg	0.0900	0.0900	0.0900	0.0900	0.0900	0.0900
	松烟	kg	0.0100	0.0100	0.0100	0.0100	0.0100	0.0100
	银朱	kg	0.0030	0.0030	0.0030	0.0030	0.0030	0.0030
	乳胶	kg	0.1100	0.1100	0.1100	0.1100	0.1100	0.1100
	醇酸磁漆	kg	0.0300	0.0300	0.0300	0.0300	0.0300	0.0300
	大白粉	kg	0.1400	0.1400	0.1400	0.1400	0.1400	0.1400
	滑石粉	kg	0.1400	0.1400	0.1400	0.1400	0.1400	0.1400
	光油	kg	0.0100	0.0100	0.0100	0.0100	0.0100	0.0100
	金胶油	kg	0.0360	0.0300	0.0270	0.0360	0.0300	0.0270
	库金箔	张	31.3700	26.0000	23.0000	—	—	—
	赤金箔	张	—	—	—	39.3400	32.5000	29.0000
	其他材料费(占材料费)	%	0.50	0.50	0.50	0.50	0.50	0.50

工作内容：准备工具、成品保护、调兑材料、起扎谱子、沥粉、打金胶油、贴金(铜)箔、刷油漆、支搭金帐、场内运输及清理废弃物。

计量单位：m^2

定额编号			3-10-690	3-10-691	3-10-692	3-10-693	3-10-694	3-10-695
项目			斗栱金琢墨彩画(斗口)			斗栱平金彩画(斗口)		
			铜箔			库金		
			6cm 以内	8cm 以内	8cm 以外	6cm 以内	8cm 以内	8cm 以外
名称		单位	消耗量					
人工	合计工日	工日	1.430	1.000	0.590	1.060	0.720	0.430
	油画工普工	工日	0.143	0.100	0.059	0.106	0.072	0.043
	油画工一般技工	工日	0.715	0.500	0.295	0.530	0.360	0.215
	油画工高级技工	工日	0.572	0.400	0.236	0.424	0.288	0.172
材料	巴黎绿	kg	0.1300	0.1300	0.1300	0.1100	0.1100	0.1100
	群青	kg	0.0500	0.0500	0.0500	0.0400	0.0400	0.0400
	无光白乳胶漆	kg	0.0900	0.0900	0.0900	0.0900	0.0900	0.0900
	松烟	kg	0.0100	0.0100	0.0100	0.0100	0.0100	0.0100
	银朱	kg	0.0030	0.0030	0.0030	0.0030	0.0030	0.0030
	乳胶	kg	0.1100	0.1100	0.1100	0.0900	0.0900	0.0900
	醇酸磁漆	kg	0.0300	0.0300	0.0300	0.0300	0.0300	0.0300
	大白粉	kg	0.1400	0.1400	0.1400	—	—	—
	滑石粉	kg	0.1400	0.1400	0.1400	—	—	—
	光油	kg	0.0100	0.0100	0.0100	0.0020	0.0020	0.0020
	金胶油	kg	0.0360	0.0300	0.0270	0.0360	0.0300	0.0270
	库金箔	张	—	—	—	31.3700	26.0000	23.0000
	铜箔	张	28.0000	23.0000	20.3300	—	—	—
	丙烯酸清漆	kg	0.0400	0.0400	0.0400	—	—	—
	其他材料费(占材料费)	%	0.50	0.50	0.50	0.50	0.50	0.50

工作内容：准备工具、成品保护、调兑材料、起扎谱子、沥粉、打金胶油、贴金(铜)箔、刷油漆、支搭金帐、场内运输及清理废弃物。

计量单位：m^2

定额编号			3-10-696	3-10-697	3-10-698	3-10-699	3-10-700	3-10-701
项目			斗栱平金彩画(斗口)					
			赤金			铜箔		
			6cm 以内	8cm 以内	8cm 以外	6cm 以内	8cm 以内	8cm 以外
名称		单位	消耗量					
人工	合计工日	工日	1.070	0.730	0.440	1.140	0.800	0.490
	油画工普工	工日	0.107	0.073	0.044	0.114	0.080	0.049
	油画工一般技工	工日	0.535	0.365	0.220	0.570	0.400	0.245
	油画工高级技工	工日	0.428	0.292	0.176	0.456	0.320	0.196
材料	巴黎绿	kg	0.1100	0.1100	0.1100	0.1100	0.1100	0.1100
	群青	kg	0.0400	0.0400	0.0400	0.0400	0.0400	0.0400
	无光白乳胶漆	kg	0.0900	0.0900	0.0900	0.0900	0.0900	0.0900
	松烟	kg	0.0100	0.0100	0.0100	0.0100	0.0100	0.0100
	银朱	kg	0.0030	0.0030	0.0030	0.0030	0.0030	0.0030
	乳胶	kg	0.0900	0.0900	0.0900	0.0900	0.0900	0.0900
	醇酸磁漆	kg	0.0300	0.0300	0.0300	0.0300	0.0300	0.0300
	光油	kg	0.0020	0.0020	0.0020	0.0020	0.0020	0.0020
	金胶油	kg	0.0360	0.0300	0.0270	0.0360	0.0300	0.0270
	赤金箔	张	39.3400	32.5000	29.0000	—	—	—
	铜箔	张	—	—	—	28.0000	23.0000	20.3300
	丙烯酸清漆	kg	—	—	—	0.0400	0.0400	0.0400
	其他材料费(占材料费)	%	0.50	0.50	0.50	0.50	0.50	0.50

工作内容:准备工具、成品保护、调兑材料、起扎谱子、沥粉、刷油漆、场内运输及清理废弃物。斗拱掏里刷色均匀一致。

计量单位:m^2

定额编号			3-10-702	3-10-703	3-10-704	3-10-705
项目			斗栱墨(黄)线彩画(斗口)			斗栱掏里刷色
			6cm 以内	8cm 以内	8cm 以外	
名称		单位	消耗量			
人工	合计工日	工日	0.580	0.380	0.190	0.060
	油画工普工	工日	0.058	0.038	0.019	0.012
	油画工一般技工	工日	0.290	0.190	0.095	0.042
	油画工高级技工	工日	0.232	0.152	0.076	0.006
材料	巴黎绿	kg	0.1100	0.1100	0.1100	0.1050
	群青	kg	0.0400	0.0400	0.0400	0.0600
	无光白乳胶漆	kg	0.0900	0.0900	0.0900	—
	松烟	kg	0.0100	0.0100	0.0100	—
	银朱	kg	0.0030	0.0030	0.0030	—
	石黄	kg	0.0400	0.0400	0.0400	—
	乳胶	kg	0.0900	0.0900	0.0900	0.0900
	光油	kg	0.0020	0.0020	0.0020	—
	其他材料费(占材料费)	%	1.00	1.00	1.00	1.00

工作内容：准备工具、成品保护、调兑材料、打金胶油、贴金、支搭金帐、场内运输及清理废弃物。

计量单位：m^2

定额编号			3-10-706	3-10-707	3-10-708	3-10-709	3-10-710	3-10-711
项目			斗栱昂嘴贴金（斗口）					
			库金			赤金		
			6cm 以内	8cm 以内	8cm 以外	6cm 以内	8cm 以内	8cm 以外
名称		单位	消耗量					
人工	合计工日	工日	0.016	0.020	0.024	0.016	0.020	0.024
	油画工普工	工日	0.002	0.002	0.002	0.002	0.002	0.002
	油画工一般技工	工日	0.008	0.010	0.012	0.008	0.010	0.012
	油画工高级技工	工日	0.006	0.008	0.010	0.006	0.008	0.010
材料	醇酸磁漆	kg	0.0010	0.0010	0.0010	0.0010	0.0010	0.0010
	金胶油	kg	0.0010	0.0010	0.0010	0.0010	0.0010	0.0010
	库金	张	0.4730	0.8400	1.3020	—	—	—
	其他材料费（占材料费）	%	0.50	0.50	0.50	0.50	0.50	0.50
	赤金	张	—	—	—	0.5880	1.0500	1.6380

工作内容：准备工具、成品保护、调兑材料、打金胶油、贴金（铜）箔、支搭金帐、场内运输及清理废弃物。

计量单位：m^2

定额编号			3-10-712	3-10-713	3-10-714
项目			斗拱昂嘴贴金（斗口）		
			铜箔		
			6cm 以内	8cm 以内	8cm 以外
名称		单位	消耗量		
人工	合计工日	工日	0.016	0.020	0.024
	油画工普工	工日	0.002	0.002	0.002
	油画工一般技工	工日	0.008	0.010	0.012
	油画工高级技工	工日	0.006	0.008	0.010
材料	醇酸磁漆	kg	0.0010	0.0010	0.0010
	金胶油	kg	0.0010	0.0010	0.0010
	铜箔	张	0.4080	0.7286	1.1365
	丙烯酸清漆	kg	0.0004	0.0007	0.0010
	其他材料费（占材料费）	%	0.50	0.50	0.50

工作内容:准备工具、成品保护、调兑材料、起扎谱子、沥粉、打金胶油、贴金、刷油漆、支搭金帐、场内运输及清理废弃物。

计量单位:m^2

定额编号			3-10-715	3-10-716	3-10-717	3-10-718	3-10-719	3-10-720
项目			垫栱板片金龙凤彩画(斗口)					
			库金			赤金		
			6cm 以内	8cm 以内	8cm 以外	6cm 以内	8cm 以内	8cm 以外
名称		单位	消耗量					
人工	合计工日	工日	1.760	1.520	1.240	1.800	1.560	1.250
	油画工普工	工日	0.176	0.152	0.124	0.180	0.156	0.125
	油画工一般技工	工日	0.880	0.760	0.620	0.900	0.780	0.625
	油画工高级技工	工日	0.704	0.608	0.496	0.720	0.624	0.500
材料	巴黎绿	kg	0.0100	0.0100	0.0100	0.0100	0.0100	0.0100
	无光白乳胶漆	kg	0.0200	0.0200	0.0200	0.0200	0.0200	0.0200
	乳胶	kg	0.0700	0.0700	0.0700	0.0700	0.0700	0.0700
	大白粉	kg	0.1000	0.1000	0.1000	0.1000	0.1000	0.1000
	滑石粉	kg	0.1000	0.1000	0.1000	0.1000	0.1000	0.1000
	光油	kg	0.0100	0.0100	0.0100	0.0100	0.0100	0.0100
	金胶油	kg	0.0740	0.0710	0.0680	0.0740	0.0710	0.0680
	库金箔	张	65.1730	62.7590	60.3450	—	—	—
	赤金箔	张	—	—	—	81.7160	78.6900	75.6630
	其他材料费(占材料费)	%	0.50	0.50	0.50	0.50	0.50	0.50

工作内容:准备工具、成品保护、调兑材料、起扎谱子、沥粉、打金胶油、贴金(铜)箔、刷油漆、支搭金帐、场内运输及清理废弃物。

计量单位:m^2

定额编号			3-10-721	3-10-722	3-10-723	3-10-724	3-10-725	3-10-726
项目			垫栱板片金龙凤彩画(斗口)			垫栱板三宝珠彩画(斗口)		
			铜箔			库金		
			6cm 以内	8cm 以内	8cm 以外	6cm 以内	8cm 以内	8cm 以外
名称		单位	消耗量					
人工	合计工日	工日	1.920	1.680	1.320	1.780	1.450	1.130
	油画工普工	工日	0.192	0.168	0.132	0.178	0.145	0.113
	油画工一般技工	工日	0.960	0.840	0.660	0.890	0.725	0.565
	油画工高级技工	工日	0.768	0.672	0.528	0.712	0.580	0.452
材料	巴黎绿	kg	0.0100	0.0100	0.0100	0.0200	0.0200	0.0200
	群青	kg	—	—	—	0.0100	0.0100	0.0100
	无光白乳胶漆	kg	0.0200	0.0200	0.0200	0.0100	0.0100	0.0100
	乳胶	kg	0.0700	0.0700	0.0700	0.0600	0.0600	0.0600
	大白粉	kg	0.1000	0.1000	0.1000	0.0800	0.0800	0.0800
	滑石粉	kg	0.1000	0.1000	0.1000	0.0800	0.0800	0.0800
	光油	kg	0.0100	0.0100	0.0100	—	—	—
	金胶油	kg	0.0740	0.0710	0.0680	0.0400	0.0370	0.0350
	丙烯酸清漆	kg	0.0600	0.0600	0.0600	—	—	—
	铜箔	张	56.7000	54.6000	52.5000	—	—	—
	库金箔	张	—	—	—	35.0000	32.5500	31.5000
	其他材料费(占材料费)	%	0.50	0.50	0.50	0.50	0.50	0.50

工作内容：准备工具、成品保护、调兑材料、起扎谱子、沥粉、打金胶油、贴金(铜)箔、刷油漆、支搭金帐、场内运输及清理废弃物。

计量单位：m^2

定额编号			3-10-727	3-10-728	3-10-729	3-10-730	3-10-731	3-10-732
项目			垫栱板三宝珠彩画(斗口)					
			赤金			铜箔		
			6cm 以内	8cm 以内	8cm 以外	6cm 以内	8cm 以内	8cm 以外
名称		单位	消耗量					
人工	合计工日	工日	1.790	1.460	1.140	1.860	1.570	1.190
	油画工普工	工日	0.179	0.146	0.114	0.186	0.157	0.119
	油画工一般技工	工日	0.895	0.730	0.570	0.930	0.785	0.595
	油画工高级技工	工日	0.716	0.584	0.456	0.744	0.628	0.476
材料	巴黎绿	kg	0.0200	0.0200	0.0200	0.0200	0.0200	0.0200
	群青	kg	0.0100	0.0100	0.0100	0.0100	0.0100	0.0100
	无光白乳胶漆	kg	0.0100	0.0100	0.0100	0.0100	0.0100	0.0100
	乳胶	kg	0.0600	0.0600	0.0600	0.0600	0.0600	0.0600
	大白粉	kg	0.0800	0.0800	0.0800	0.0800	0.0800	0.0800
	滑石粉	kg	0.0800	0.0800	0.0800	0.0800	0.0800	0.0800
	金胶油	kg	0.0400	0.0370	0.0350	0.0400	0.0370	0.0350
	丙烯酸清漆	kg	—	—	—	0.0400	0.0400	0.0400
	赤金箔	张	44.0000	41.0000	39.3800	—	—	—
	铜箔	张	—	—	—	31.0000	29.0000	28.0000
	其他材料费(占材料费)	%	0.50	0.50	0.50	0.50	0.50	0.50

工作内容:准备工具、成品保护、调兑材料、起扎谱子、沥粉、打金胶油、贴金(铜)箔、刷油漆、支搭金帐、场内运输及清理废弃物。

计量单位:m²

定额编号			3-10-733	3-10-734	3-10-735	3-10-736
项目			垫栱板佛梵字彩画			
			库金	赤金	铜箔	无金
名称		单位	消耗量			
人工	合计工日	工日	1.280	1.310	1.360	0.800
	油画工普工	工日	0.128	0.131	0.136	0.080
	油画工一般技工	工日	0.640	0.655	0.680	0.400
	油画工高级技工	工日	0.512	0.524	0.544	0.320
材料	巴黎绿	kg	0.0100	0.0100	0.0100	0.0100
	无光白乳胶漆	kg	0.0200	0.0200	0.0200	0.0200
	乳胶	kg	0.0300	0.0300	0.0300	0.0300
	醇酸调合漆	kg	—	—	—	0.0400
	大白粉	kg	0.0100	0.0100	0.0100	0.0100
	滑石粉	kg	0.0100	0.0100	0.0100	0.0100
	光油	kg	0.0100	0.0100	0.0100	0.0100
	金胶油	kg	0.0380	0.0380	0.0380	—
	丙烯酸清漆	kg	—	—	0.0400	—
	库金箔	张	32.5000	—	—	—
	赤金箔	张	—	41.0000	—	—
	铜箔	张	—	—	29.0000	—
	其他材料费(占材料费)	%	0.50	0.50	0.50	1.00

工作内容：准备工具、成品保护、调兑材料、起扎谱子、沥粉、打金胶油、贴金(铜)箔、刷油漆、支搭金帐、场内运输及清理废弃物。

计量单位：m²

定额编号			3-10-737	3-10-738	3-10-739	3-10-740
项目			垫栱板无图案彩画			垫拱板彩画
			金边			色边
			库金	赤金	铜箔	
名称		单位	消耗量			
人工	合计工日	工日	0.160	0.170	0.180	0.080
	油画工普工	工日	0.016	0.017	0.018	0.008
	油画工一般技工	工日	0.080	0.085	0.090	0.040
	油画工高级技工	工日	0.064	0.068	0.072	0.032
材料	巴黎绿	kg	0.0100	0.0100	0.0100	0.0100
	群青	kg	0.0100	0.0100	0.0100	—
	无光白乳胶漆	kg	0.0200	0.0200	0.0200	0.0200
	石黄	kg	—	—	—	0.0500
	乳胶	kg	0.0300	0.0300	0.0300	0.0300
	大白粉	kg	0.0110	0.0110	0.0110	0.0100
	滑石粉	kg	0.0110	0.0110	0.0110	—
	醇酸调合漆	kg	0.0100	0.0100	0.0100	—
	丙烯酸清漆	kg	—	—	0.0200	—
	光油	kg	0.0100	0.0100	0.0100	—
	金胶油	kg	0.0150	0.0150	0.0150	0.0200
	库金箔	张	13.0000	—	—	—
	赤金箔	张	—	16.5000	—	—
	铜箔	张	—	—	11.5000	—
	其他材料费(占材料费)	%	0.50	0.50	0.50	1.00

工作内容：准备工具、成品保护、调兑材料、起扎谱子、沥粉、刷油漆、场内运输及清理废弃物。

计量单位：m^2

定额编号			3-10-741	3-10-742	3-10-743
项目			垫栱板莲花现佛彩画		
			6cm 以内	8cm 以内	8cm 以外
名称		单位	消耗量		
人工	合计工日	工日	2.820	2.520	2.280
	油画工普工	工日	0.282	0.252	0.228
	油画工一般技工	工日	1.410	1.260	1.140
	油画工高级技工	工日	1.128	1.008	0.912
材料	巴黎绿	kg	0.0500	0.0500	0.0500
	群青	kg	0.0200	0.0200	0.0200
	无光白乳胶漆	kg	0.0500	0.0500	0.0500
	松烟	kg	0.0100	0.0100	0.0100
	银朱	kg	0.0100	0.0100	0.0100
	石黄	kg	0.0100	0.0100	0.0100
	乳胶	kg	0.0600	0.0600	0.0600
	其他材料费(占材料费)	%	1.00	1.00	1.00

五、木装修油饰彩画

1. 各种门窗、楣子、栏杆基层处理

工作内容：准备工具、成品保护、清理基层、场内运输及清理废弃物。

计量单位：m²

定额编号			3-10-744	3-10-745	3-10-746	3-10-747	3-10-748	3-10-749
项目			菱花心屉门窗地仗砍除			直棂条心屉门窗、楣子、栏杆地仗砍除		
			边抹心板麻（布）灰地仗砍除心屉单皮灰地仗砍除	单皮灰砍除	清理除铲	边抹心板麻（布）灰地仗砍除心屉单皮灰地仗砍除	单皮灰砍除	清理除铲
名称		单位	消耗量					
人工	合计工日	工日	1.560	1.080	0.120	1.140	0.840	0.100
	油画工普工	工日	1.248	0.864	0.096	0.912	0.672	0.080
	油画工一般技工	工日	0.312	0.216	0.024	0.228	0.168	0.020

工作内容：准备工具、成品保护、清理基层、场内运输及清理废弃物。砍斧迹包括清理浮灰，在构件上砍出斧印。

计量单位：m²

定额编号			3-10-750	3-10-751	3-10-752	3-10-753	3-10-754
项目			寻杖栏杆地仗砍除			各种门窗、楣子、栏杆	
			麻（布）灰地仗砍除	单皮灰地仗砍除	清理除铲	砍斧迹	清理除铲
名称		单位	消耗量				
人工	合计工日	工日	1.000	0.600	0.180	0.240	0.120
	油画工普工	工日	0.800	0.480	0.144	0.192	0.096
	油画工一般技工	工日	0.200	0.120	0.036	0.048	0.024

工作内容：准备工具、成品保护、清理基层、场内运输及清理废弃物。　　**计量单位**：m²

定额编号			3-10-755	3-10-756	3-10-757	3-10-758	3-10-759
项目			各种大门地仗砍除				
			两麻(布)六灰	一麻(布)五灰		单皮灰	
				坚硬	普通	坚硬	普通
名称		单位	消耗量				
人工	合计工日	工日	1.540	1.210	0.820	1.060	0.660
	油画工普工	工日	1.232	0.968	0.656	0.848	0.528
	油画工一般技工	工日	0.308	0.242	0.164	0.212	0.132

工作内容：准备工具、成品保护、调兑材料、梳麻或栽布、分层披灰、麻(布)、打磨、场内运输及清理废弃物。

计量单位：m^2

定额编号			3-10-760	3-10-761	3-10-762	3-10-763	3-10-764	3-10-765
项目			菱花心屉门窗地仗					
			边抹心板一麻五灰	边抹心板一布五灰	边抹一麻五灰心板糊布条三道灰	边抹心板糊布条三道灰	边抹心板三道灰	边抹心板三道灰心屉二道灰
			心屉三道灰					
名称		单位	消耗量					
人工	合计工日	工日	5.060	4.870	3.740	3.620	3.360	3.000
	油画工普工	工日	1.012	0.974	0.748	0.724	0.672	0.600
	油画工一般技工	工日	3.542	3.409	2.618	2.534	2.352	2.100
	油画工高级技工	工日	0.506	0.487	0.374	0.362	0.336	0.300
材料	面粉	kg	0.4700	0.4600	0.4000	0.1700	0.1700	0.1500
	血料	kg	14.5200	14.1300	13.2900	9.5700	9.3500	8.6100
	砖灰	kg	13.4900	12.9800	12.3200	8.9600	8.9600	8.2600
	灰油	kg	2.6400	2.5500	2.2400	1.0000	0.9100	0.8200
	光油	kg	0.7600	0.7600	0.7500	0.7000	0.7000	0.7200
	生桐油	kg	0.6500	0.6500	0.6000	0.4900	0.4900	0.3300
	精梳麻	kg	0.5100	—	0.3800	—	—	—
	苎麻布	m^2	—	2.1490	0.1100	0.3310	—	—
	其他材料费(占材料费)	%	1.00	1.00	1.00	1.00	1.00	1.00

工作内容：准备工具、成品保护、调兑材料、梳麻或栽布、分层披灰、麻(布)、打磨、场内运输及清理废弃物。

计量单位：m^2

定额编号			3-10-766	3-10-767	3-10-768	3-10-769	3-10-770	3-10-771
项目			直棂条心屉门窗、楣子、栏杆地仗					
			边抹心板一麻五灰	边抹心板一布五灰	边抹一麻五灰心板糊布条三道灰	边抹心板糊布条三道灰	边抹心板三道灰	边抹心板三道灰心屉二道灰
			心屉三道灰					
名称		单位	消耗量					
人工	合计工日	工日	4.800	4.560	3.550	3.440	3.190	2.860
	油画工普工	工日	0.960	0.912	0.710	0.688	0.638	0.572
	油画工一般技工	工日	3.360	3.192	2.485	2.408	2.233	2.002
	油画工高级技工	工日	0.480	0.456	0.355	0.344	0.319	0.286
材料	面粉	kg	0.4300	0.4200	0.3500	0.1400	0.1400	0.1300
	血料	kg	12.6700	12.3100	11.1000	7.7900	7.6000	6.3900
	砖灰	kg	11.7700	11.3100	10.3400	7.3100	7.3100	6.7800
	灰油	kg	2.4000	2.3100	1.9500	0.8400	0.7700	0.6900
	光油	kg	0.6700	0.6700	0.6300	0.6000	0.6000	0.5900
	生桐油	kg	0.5100	0.5100	0.4800	0.4200	0.4200	0.4200
	精梳麻	kg	0.4700	—	0.3500	—	—	—
	苎麻布	m^2	—	1.9840	0.0880	0.2760	—	—
	其他材料费(占材料费)	%	1.00	1.00	1.00	1.00	1.00	1.00

工作内容：准备工具、成品保护、调兑材料、梳麻或裁布、分层披灰、麻(布)、打磨、场内运输及清理废弃物。

计量单位：m^2

定额编号			3-10-772	3-10-773	3-10-774	3-10-775	3-10-776	3-10-777
项目			衬板二道灰	寻杖栏杆地仗		寻杖栏杆地仗		
				一麻五灰	一布五灰	边抹一麻五灰	边抹糊布条	边抹三道灰
						三道灰		
名称		单位	消耗量					
人工	合计工日	工日	0.500	4.580	4.390	3.600	3.360	2.880
	油画工普工	工日	0.100	0.916	0.878	0.720	0.672	0.576
	油画工一般技工	工日	0.350	3.206	3.073	2.520	2.352	2.016
	油画工高级技工	工日	0.050	0.458	0.439	0.360	0.336	0.288
材料	面粉	kg	—	0.4600	0.4400	0.2400	0.2300	0.1500
	血料	kg	2.2600	12.7800	12.3800	9.1900	8.8200	7.5900
	砖灰	kg	1.9700	11.9000	11.3900	8.7700	8.4100	7.3800
	灰油	kg	—	2.5600	2.4600	1.3500	1.2400	0.8200
	光油	kg	0.2000	0.6900	0.6900	0.6500	0.6500	0.6300
	生桐油	kg	—	0.4800	0.4800	0.3800	0.3800	0.3300
	精梳麻	kg	—	0.5100	—	0.1600	—	—
	苎麻布	m^2	—	—	2.1490	—	0.5510	—
	其他材料费(占材料费)	%	1.00	1.00	1.00	1.00	1.00	1.00

工作内容：准备工具、成品保护、调兑材料、梳麻或裁布、分层披灰、麻(布)、打磨、场内运输及清理废弃物。

计量单位：m^2

定额编号			3-10-778	3-10-779	3-10-780	3-10-781	3-10-782	3-10-783
项目			各种大门地仗					
			两麻六灰	一麻一布六灰	一麻五灰	一布五灰	一布四灰	三道灰
名称		单位	消耗量					
人工	合计工日	工日	3.240	2.980	2.330	2.060	1.850	1.440
	油画工普工	工日	0.648	0.596	0.466	0.412	0.370	0.288
	油画工一般技工	工日	2.268	2.086	1.631	1.442	1.295	1.008
	油画工高级技工	工日	0.324	0.298	0.233	0.206	0.185	0.144
材料	面粉	kg	1.0400	0.9700	0.7700	0.6900	0.6100	0.2100
	血料	kg	23.3400	22.1400	18.7000	17.5200	16.2100	10.0500
	砖灰	kg	19.9300	19.2800	17.4400	17.3900	14.9600	9.8600
	灰油	kg	5.8300	5.4400	4.2800	3.8900	3.4400	1.2000
	光油	kg	0.8900	0.8900	0.8900	0.8900	0.8900	0.8200
	生桐油	kg	0.6600	0.6600	0.6600	0.6600	0.6600	0.4500
	精梳麻	kg	1.8400	0.9200	0.9200	—	—	—
	苎麻布	m^2	—	2.7550	—	2.7550	2.7550	—
	其他材料费(占材料费)	%	1.00	1.00	1.00	1.00	1.00	1.00

2. 各种门窗、槅子、栏杆油饰彩画

工作内容：准备工具、成品保护、调兑材料、刮、帚、找腻子、打磨、分层涂刷、场内运输及清理废弃物。

计量单位：m^2

定额编号			3-10-784	3-10-785	3-10-786	3-10-787	3-10-788	3-10-789
项目			菱花心屉门窗油漆					
			醇酸磁漆		醇酸调合漆		颜料光油	
			三道	刷二道扣末道	三道	刷二道扣末道	三道	刷二道扣末道
名称		单位	消耗量					
人工	合计工日	工日	0.770	0.780	0.770	0.780	0.740	0.760
	油画工普工	工日	0.154	0.156	0.154	0.156	0.148	0.152
	油画工一般技工	工日	0.539	0.546	0.539	0.546	0.518	0.532
	油画工高级技工	工日	0.077	0.078	0.077	0.078	0.074	0.076
材料	血料	kg	0.1600	0.1600	0.1600	0.1600	0.1600	0.1600
	滑石粉	kg	0.2900	0.2900	0.2900	0.2900	0.2900	0.2900
	光油	kg	0.0100	0.0100	0.0100	0.0100	—	—
	颜料光油	kg	—	—	—	—	0.4800	0.4600
	银朱	kg	—	—	—	—	0.0500	0.0500
	章丹	kg	—	—	—	—	0.2300	0.2300
	醇酸调合漆	kg	—	—	0.7400	0.7300	—	—
	醇酸磁漆	kg	0.7200	0.7100	—	—	—	—
	醇酸稀料	kg	0.0500	0.0500	0.0500	0.0500	—	—
	其他材料费(占材料费)	%	1.00	1.00	1.00	1.00	1.00	1.00

工作内容：准备工具、成品保护、调兑材料、刮、帚、找腻子、打磨、分层涂刷、场内运输及清理废弃物。

计量单位：m^2

定额编号			3-10-790	3-10-791	3-10-792	3-10-793	3-10-794	3-10-795
项目			直棂条心屉门窗、楣子、栏杆油漆					
			醇酸磁漆		醇酸调合漆		颜料光油	
			三道	刷二道扣末道	三道	刷二道扣末道	三道	刷二道扣末道
名称		单位	消耗量					
人工	合计工日	工日	0.650	0.700	0.650	0.700	0.620	0.670
	油画工普工	工日	0.130	0.140	0.130	0.140	0.124	0.134
	油画工一般技工	工日	0.455	0.490	0.455	0.490	0.434	0.469
	油画工高级技工	工日	0.065	0.070	0.065	0.070	0.062	0.067
材料	血料	kg	0.1200	0.1200	0.1200	0.1200	0.1200	0.1200
	滑石粉	kg	0.2300	0.2300	0.2300	0.2300	0.2300	0.2300
	光油	kg	0.0100	0.0100	0.0100	0.0100	—	—
	颜料光油	kg	—	—	—	—	0.3800	0.3600
	章丹	kg	—	—	—	—	0.1800	0.1800
	银朱	kg	—	—	—	—	0.0400	0.0400
	醇酸调合漆	kg	—	—	0.5700	0.5700	—	—
	醇酸磁漆	kg	0.5600	0.5500	—	—	—	—
	醇酸稀料	kg	0.0400	0.0400	0.0400	0.0400	—	—
	其他材料费(占材料费)	%	1.00	1.00	1.00	1.00	1.00	1.00

工作内容：准备工具、成品保护、调兑材料、打金胶油、贴金、刷油漆、支搭金帐、场内运输及清理废弃物。

计量单位：m^2

定额编号			3-10-796	3-10-797	3-10-798
项目			隔扇、槛窗边抹贴金		
			两柱香		
			库金	赤金	铜箔
名称		单位	消耗量		
人工	合计工日	工日	0.140	0.150	0.180
	油画工普工	工日	0.028	0.030	0.036
	油画工一般技工	工日	0.098	0.105	0.126
	油画工高级技工	工日	0.014	0.015	0.018
材料	金胶油	kg	0.0200	0.0200	0.0200
	丙烯酸清漆	kg	—	—	0.0200
	库金箔	张	12.6000	—	—
	赤金箔	张	—	16.0000	—
	铜箔	张	—	—	11.2400
	其他材料费(占材料费)	%	0.50	0.50	0.50

工作内容:准备工具、成品保护、调兑材料、打金胶油、贴金、刷油漆、支搭金帐、场内运输及清理废弃物。铜活面叶清理打磨还包括清理浮尘、鸟粪、用荞麦面搓滚干净。

计量单位:m^2

定额编号			3-10-799	3-10-800	3-10-801	3-10-802
项目			隔扇、槛窗边抹贴金			铜活面叶清理打磨
			双皮条线			
			库金	赤金	铜箔	
名称		单位	消耗量			
人工	合计工日	工日	0.280	0.310	0.350	1.152
	油画工普工	工日	0.056	0.062	0.070	0.230
	油画工一般技工	工日	0.196	0.217	0.245	0.806
	油画工高级技工	工日	0.028	0.031	0.035	0.115
材料	金胶油	kg	0.0200	0.0200	0.0200	—
	丙烯酸清漆	kg	—	—	0.0200	—
	库金箔	张	17.0000	—	—	—
	赤金箔	张	—	21.0000	—	—
	铜箔	张	—	—	15.0000	—
	白布	m^2	—	—	—	0.1200
	砂纸	张	—	—	—	1.0000
	其他材料费(占材料费)	%	0.50	0.50	0.50	1.00

工作内容：准备工具、成品保护、调兑材料、打金胶油、贴金、刷油漆、支搭金帐、场内运输及清理废弃物。

计量单位：m^2

定额编号			3-10-803	3-10-804	3-10-805	3-10-806	3-10-807	3-10-808
项目			隔扇、槛窗面叶贴金					
			平面叶			雕花面叶		
			库金	赤金	铜箔	库金	赤金	铜箔
	名称	单位	消耗量					
人工	合计工日	工日	0.290	0.300	0.360	0.300	0.310	0.370
	油画工普工	工日	0.058	0.060	0.072	0.060	0.062	0.074
	油画工一般技工	工日	0.203	0.210	0.252	0.210	0.217	0.259
	油画工高级技工	工日	0.029	0.030	0.036	0.030	0.031	0.037
材料	金胶油	kg	0.0400	0.0400	0.0400	0.0400	0.0400	0.0400
	丙烯酸清漆	kg	—	—	0.0400	—	—	0.0400
	库金箔	张	39.0000	—	—	42.0000	—	—
	赤金箔	张	—	48.3000	—	—	53.0000	—
	铜箔	张	—	—	34.0000	—	—	37.5000
	其他材料费(占材料费)	%	0.50	0.50	0.50	0.50	0.50	0.50

工作内容：准备工具、成品保护、调兑材料、打金胶油、贴金、刷油漆、支搭金帐、场内运输及清理废弃物。

计量单位：m^2

定额编号			3-10-809	3-10-810	3-10-811	3-10-812	3-10-813	3-10-814
项目			隔扇、槛窗绦环板、门心板贴金					
			雕龙			云盘线		
			库金	赤金	铜箔	库金	赤金	铜箔
	名称	单位	消耗量					
人工	合计工日	工日	5.640	5.880	6.120	0.800	0.850	0.860
	油画工普工	工日	1.128	1.176	1.224	0.160	0.170	0.172
	油画工一般技工	工日	3.948	4.116	4.284	0.560	0.595	0.602
	油画工高级技工	工日	0.564	0.588	0.612	0.080	0.085	0.086
材料	金胶油	kg	0.0900	0.0900	0.0900	0.0400	0.0400	0.0400
	丙烯酸清漆	kg	—	—	0.0900	—	—	0.0400
	库金箔	张	163.0000	—	—	40.0000	—	—
	赤金箔	张	—	204.2900	—	—	50.0000	—
	铜箔	张	—	—	144.5000	—	—	35.3100
	其他材料费(占材料费)	%	0.50	0.50	0.50	0.50	0.50	0.50

工作内容：准备工具、成品保护、调兑材料、打金胶油、贴金、刷油漆、支搭金帐、场内运输及清理废弃物。

计量单位：m^2

定额编号			3-10-815	3-10-816	3-10-817
项目			隔扇、槛窗绦环板、门心板贴金		
			福寿		
			库金	赤金	铜箔
名称		单位	消耗量		
人工	合计工日	工日	1.440	1.500	1.560
	油画工普工	工日	0.288	0.300	0.312
	油画工一般技工	工日	1.008	1.050	1.092
	油画工高级技工	工日	0.144	0.150	0.156
材料	金胶油	kg	0.0700	0.0700	0.0700
	库金箔	张	66.0000	—	—
	赤金箔	张	—	83.0000	—
	铜箔	张	—	—	59.0000
	丙烯酸清漆	kg	—	—	0.0600
	其他材料费(占材料费)	%	0.50	0.50	0.50

工作内容：准备工具、成品保护、调兑材料、打金胶油、贴金、刷油漆、支搭金帐、场内运输及清理废弃物。

计量单位：m^2

定额编号			3-10-818	3-10-819	3-10-820	3-10-821	3-10-822	3-10-823
项目			菱花扣贴金					
			三交六椀			双交四椀		
			库金	赤金	铜箔	库金	赤金	铜箔
名称		单位	消耗量					
人工	合计工日	工日	0.480	0.500	0.600	0.420	0.440	0.530
	油画工普工	工日	0.096	0.100	0.120	0.084	0.088	0.106
	油画工一般技工	工日	0.336	0.350	0.420	0.294	0.308	0.371
	油画工高级技工	工日	0.048	0.050	0.060	0.042	0.044	0.053
材料	金胶油	kg	0.0200	0.0200	0.0200	0.0200	0.0200	0.0200
	丙烯酸清漆	kg	—	—	0.0200	—	—	0.0200
	库金箔	张	6.5000	—	—	4.0000	—	—
	赤金箔	张	—	8.0000	—	—	5.2500	—
	铜箔	张	—	—	5.3500	—	—	4.0000
	其他材料费(占材料费)	%	0.50	0.50	0.50	0.50	0.50	0.50

工作内容：准备工具、成品保护、调兑材料、刮、帚、找腻子、打磨、分层涂刷、场内运输及清理废弃物。

计量单位：m^2

定额编号			3-10-824	3-10-825	3-10-826	3-10-827
项目			直棂条心屉门窗、楣子、栏杆油漆			
			酚醛清漆		醇酸清漆	
			三道	四道	三道	四道
名称		单位	消耗量			
人工	合计工日	工日	0.740	0.890	0.740	0.890
	油画工普工	工日	0.148	0.178	0.148	0.178
	油画工一般技工	工日	0.518	0.623	0.518	0.623
	油画工高级技工	工日	0.074	0.089	0.074	0.089
材料	光油	kg	0.0800	0.0800	0.0800	0.0800
	清油	kg	0.0200	0.0200	0.0200	0.0200
	大白粉	kg	0.1800	0.1800	0.1800	0.1800
	石膏粉	kg	0.0600	0.0600	0.0600	0.0600
	色粉	kg	0.0100	0.0100	0.0100	0.0100
	醇酸调合漆	kg	0.0300	0.0300	0.0300	0.0300
	酚醛清漆	kg	0.4600	0.5900	—	—
	醇酸清漆	kg	—	—	0.4600	0.5900
	醇酸稀料	kg	0.0800	0.1000	0.0800	0.1000
	其他材料费(占材料费)	%	1.00	1.00	1.00	1.00

工作内容：准备工具、成品保护、调兑材料、刮腻子、打磨、刷色、擦蜡、场内运输及清理废弃物，烫硬蜡还包括起蜡、打擦抛光。

计量单位：m²

定额编号			3-10-828	3-10-829
项目			直棂条心屉门窗、槅子、栏杆油漆	
			润粉	
			擦软蜡	烫硬蜡
名称		单位	消耗量	
人工	合计工日	工日	0.840	1.970
	油画工普工	工日	0.168	0.394
	油画工一般技工	工日	0.588	1.379
	油画工高级技工	工日	0.084	0.197
材料	光油	kg	0.0700	0.0700
	清油	kg	0.0200	0.0200
	大白粉	kg	0.1800	0.1800
	色粉	kg	0.0100	0.0100
	醇酸调合漆	kg	0.0300	0.0300
	醇酸清漆	kg	0.0100	0.0100
	地板蜡	kg	0.1300	—
	川白蜡	kg	—	0.3600
	木炭	kg	—	0.9800
	其他材料费(占材料费)	%	1.00	1.00

工作内容:准备工具、成品保护、调兑材料、刮、帚、找腻子、打磨、分层涂刷、场内运输及清理废弃物。

计量单位:m^2

定额编号			3-10-830	3-10-831	3-10-832
项目			楣子大边刷三道 朱红油漆、心屉苏妆		楣子大边光油罩一道
			醇酸磁漆	醇酸调合漆	
名称		单位	消耗量		
人工	合计工日	工日	1.610	1.610	0.240
	油画工普工	工日	0.322	0.322	0.048
	油画工一般技工	工日	1.127	1.127	0.168
	油画工高级技工	工日	0.161	0.161	0.024
材料	巴黎绿	kg	0.0400	0.0400	—
	群青	kg	0.0200	0.0200	—
	无光白乳胶漆	kg	0.1000	0.1000	—
	银朱	kg	0.0100	0.0100	—
	红丹粉	kg	0.2400	0.2400	—
	乳胶	kg	0.0800	0.0800	—
	光油	kg	—	—	0.0500
	醇酸磁漆	kg	0.2300	—	—
	醇酸调合漆	kg	—	0.2300	—
	醇酸稀料	kg	0.0100	0.0100	—
	其他材料费(占材料费)	%	1.00	1.00	1.00

工作内容：准备工具、成品保护、打金胶油、贴金、支搭金帐、场内运输及清理废弃物。　**计量单位：**对

定额编号			3-10-833	3-10-834	3-10-835
项目			椤子白菜头贴金		
			库金	赤金	铜箔
名称		单位	消耗量		
人工	合计工日	工日	0.360	0.370	0.380
	油画工普工	工日	0.072	0.074	0.076
	油画工一般技工	工日	0.252	0.259	0.266
	油画工高级技工	工日	0.036	0.037	0.038
材料	金胶油	kg	0.0100	0.0100	0.0100
	库金箔	张	1.3000	—	—
	赤金箔	张	—	1.6400	—
	铜箔	张	—	—	1.1600
	丙烯酸清漆	kg	—	—	0.0100
	其他材料费(占材料费)	%	0.50	0.50	0.50

工作内容：准备工具、成品保护、调兑材料、刮、帚、找腻子、打磨、分层涂刷、场内运输及清理废弃物。

定额编号			3-10-836	3-10-837	3-10-838	3-10-839
项目			衬板刮腻子、刷油漆			什锦窗彩画
			醇酸磁漆二道、无光漆一道	醇酸调合漆二道、无光漆一道	二道无光漆	块
			m^2			
名称		单位	消耗量			
人工	合计工日	工日	0.380	0.380	0.260	0.240
	油画工普工	工日	0.076	0.076	0.052	0.048
	油画工一般技工	工日	0.266	0.266	0.182	0.168
	油画工高级技工	工日	0.038	0.038	0.026	0.024
材料	血料	kg	0.1100	0.1100	0.1100	—
	滑石粉	kg	0.2000	0.2000	0.1900	—
	光油	kg	0.0100	0.0100	—	—
	醇酸磁漆	kg	0.3200	—	—	—
	醇酸无光磁漆	kg	0.1800	—	0.3600	—
	醇酸稀料	kg	0.0300	0.0300	0.0200	0.0100
	醇酸无光调和漆	kg	—	0.1900	—	—
	醇酸调合漆	kg	—	0.3400	—	—
	国画色	支	—	—	—	0.2500
	其他材料费(占材料费)	%	1.00	1.00	1.00	1.00

工作内容：准备工具、成品保护、调兑材料、刮、帚、找腻子、打磨、分层涂刷、场内运输及清理废弃物。

计量单位：m^2

定额编号			3-10-840	3-10-841	3-10-842	3-10-843	3-10-844	3-10-845
项目			寻杖栏杆刮腻子刷混色油漆					
			醇酸磁漆		醇酸调合漆		颜料光油	
			三道	刷二道扣末道及彩画	三道	刷二道扣末道及彩画	三道	刷二道扣末道及彩画
名称		单位	消耗量					
人工	合计工日	工日	0.500	0.530	0.500	0.530	0.480	0.500
	油画工普工	工日	0.100	0.106	0.100	0.106	0.096	0.100
	油画工一般技工	工日	0.350	0.371	0.350	0.371	0.336	0.350
	油画工高级技工	工日	0.050	0.053	0.050	0.053	0.048	0.050
材料	巴黎绿	kg	—	0.0200	—	0.0200	—	0.0200
	群青	kg	—	0.0100	—	0.0100	—	0.0100
	无光白乳胶漆	kg	—	0.0200	—	0.0200	—	0.0200
	红丹粉	kg	—	0.0200	—	0.0200	0.1600	0.1600
	银朱	kg	—	—	—	—	0.0300	0.0300
	石黄	kg	—	0.0200	—	0.0200	—	0.0200
	乳胶	kg	—	0.0200	—	0.0200	—	0.0200
	血料	kg	0.1100	0.1100	0.1100	0.1100	0.1100	0.0900
	滑石粉	kg	0.2000	0.2000	0.2000	0.2000	0.2000	0.1700
	光油	kg	0.0100	0.0100	0.0100	0.0100	—	—
	颜料光油	kg	—	—	—	—	0.3300	0.2700
	醇酸调合漆	kg	—	—	0.5100	0.4700	—	—
	醇酸磁漆	kg	0.4900	0.4600	—	—	—	—
	醇酸稀料	kg	0.0300	0.0300	0.0300	0.0300	—	—
	其他材料费(占材料费)	%	1.00	1.00	1.00	1.00	1.00	1.00

工作内容：准备工具、成品保护、打金胶油、贴金、支搭金帐、场内运输及清理废弃物。　**计量单位**：m^2

定额编号			3-10-846	3-10-847	3-10-848
项目			寻杖栏杆贴金		
			库金	赤金	铜箔
名称		单位	消耗量		
人工	合计工日	工日	0.280	0.310	0.350
	油画工普工	工日	0.056	0.062	0.070
	油画工一般技工	工日	0.196	0.217	0.245
	油画工高级技工	工日	0.028	0.031	0.035
材料	金胶油	kg	0.0400	0.0400	0.0400
	库金箔	张	24.0000	—	—
	赤金箔	张	—	30.2600	—
	铜箔	张	—	—	21.4000
	丙烯酸清漆	kg	—	—	0.0400
	其他材料费(占材料费)	%	0.50	0.50	0.50

工作内容：准备工具、成品保护、调兑材料、刮、帚、找腻子、打磨、分层涂刷、场内运输及清理废弃物。

计量单位：m^2

定额编号			3-10-849	3-10-850	3-10-851	3-10-852	3-10-853	3-10-854
项目			撒带大门、攒边门刮腻子刷混色油漆					
			醇酸磁漆		醇酸调合漆		颜料光油	
			三道	四道	三道	四道	三道	四道
名称		单位	消耗量					
人工	合计工日	工日	0.534	0.666	0.534	0.666	0.804	1.014
	油画工普工	工日	0.107	0.133	0.107	0.133	0.161	0.203
	油画工一般技工	工日	0.374	0.466	0.374	0.466	0.563	0.710
	油画工高级技工	工日	0.053	0.067	0.053	0.067	0.080	0.101
材料	血料	kg	0.0710	0.0870	0.0710	0.0870	0.1800	0.2190
	滑石粉	kg	0.1240	0.1530	0.1240	0.1530	0.3130	0.3850
	颜料光油	kg	—	—	—	—	0.8060	1.0300
	醇酸磁漆	kg	0.2820	0.3580	—	—	—	—
	醇酸稀释剂	kg	0.0170	0.0250	0.0190	0.0260	—	—
	醇酸调合漆	kg	—	—	0.6950	0.8840	—	—
	醇酸稀料	kg	—	—	—	—	0.0520	0.0770
	其他材料费(占材料费)	%	1.00	1.00	1.00	1.00	1.00	1.00

工作内容:准备工具、成品保护、调兑材料、刮、帚、找腻子、打磨、分层涂刷、场内运输及清理废弃物。

计量单位:m^2

定额编号			3-10-855	3-10-856	3-10-857	3-10-858	3-10-859	3-10-860
项目			实榻大门、屏门刮腻子刷混色油漆					
			醇酸磁漆		醇酸调合漆		颜料光油	
			三道	四道	三道	四道	三道	四道
名称		单位	消耗量					
人工	合计工日	工日	0.456	0.570	0.456	0.570	0.684	0.858
	油画工普工	工日	0.091	0.114	0.091	0.114	0.137	0.172
	油画工一般技工	工日	0.319	0.399	0.319	0.399	0.479	0.601
	油画工高级技工	工日	0.046	0.057	0.046	0.057	0.068	0.086
材料	血料	kg	0.0710	0.0870	0.0710	0.0870	0.1540	0.1880
	滑石粉	kg	0.1240	0.1530	0.1240	0.1530	0.2680	0.3290
	颜料光油	kg	—	—	—	—	0.6900	0.8820
	醇酸磁漆	kg	0.2820	0.3580	—	—	—	—
	醇酸稀释剂	kg	0.0170	0.0250	0.0190	0.0260	—	—
	醇酸调合漆	kg	—	—	0.5950	0.7590	—	—
	醇酸稀料	kg	—	—	—	—	0.0450	0.0650
	其他材料费(占材料费)	%	1.00	1.00	1.00	1.00	1.00	1.00

工作内容：准备工具、成品保护、打金胶油、贴金、支搭金帐、场内运输及清理废弃物。　　**计量单位：**对

定额编号			3-10-861	3-10-862	3-10-863
项目			门钹贴金		
			库金	赤金	铜箔
名称		单位	消耗量		
人工	合计工日	工日	0.120	0.120	0.132
	油画工普工	工日	0.024	0.024	0.026
	油画工一般技工	工日	0.084	0.084	0.092
	油画工高级技工	工日	0.012	0.012	0.013
材料	金胶油	kg	0.0100	0.0100	0.0100
	库金箔	张	8.0000	—	—
	赤金箔	张	—	10.5000	—
	铜箔	张	—	—	8.0000
	其他材料费(占材料费)	%	0.50	0.50	0.50

工作内容：准备工具、成品保护、打金胶油、贴金、支搭金帐、场内运输及清理废弃物。　　**计量单位：**m^2

定额编号			3-10-864	3-10-865	3-10-866	3-10-867	3-10-868	3-10-869
项目			门钉贴金					
			九路钉			七路钉		
			库金	赤金	铜箔	库金	赤金	铜箔
名称		单位	消耗量					
人工	合计工日	工日	0.640	0.670	0.710	0.400	0.420	0.440
	油画工普工	工日	0.128	0.134	0.142	0.080	0.084	0.088
	油画工一般技工	工日	0.448	0.469	0.497	0.280	0.294	0.308
	油画工高级技工	工日	0.064	0.067	0.071	0.040	0.042	0.044
材料	金胶油	kg	0.0700	0.0700	0.0700	0.0400	0.0400	0.0400
	库金箔	张	40.0000	—	—	24.0000	—	—
	赤金箔	张	—	50.0000	—	—	30.5000	—
	铜箔	张	—	—	35.3100	—	—	21.4000
	丙烯酸清漆	kg	—	—	0.0600	—	—	0.0400
	其他材料费(占材料费)	%	0.50	0.50	0.50	0.50	0.50	0.50

3. 天花、顶棚、墙面除尘清理及彩画修补

工作内容：准备工具、成品保护、清理除尘、场内运输及清理废弃物。 **计量单位**：m^2

定额编号			3-10-870	3-10-871
项目			彩画清理除尘	
			井口板	支条
名称		单位	消耗量	
人工	合计工日	工日	0.402	0.408
	油画工普工	工日	0.201	0.204
	油画工一般技工	工日	0.161	0.163
	油画工高级技工	工日	0.040	0.041
材料	荞麦面	kg	0.2150	0.1600
	白布	m^2	0.0170	0.0130

工作内容：准备工具、成品保护、清水闷透、注胶、压平、压实、场内运输及清理废弃物。 **计量单位**：m^2

定额编号			3-10-872	3-10-873	3-10-874	3-10-875	3-10-876	3-10-877
项目			井口板彩画回贴		支条彩画回贴		木顶格软天花彩画回贴	
			面积占30%	面积每增10%	面积占30%	面积每增10%	面积占30%	面积每增10%
名称		单位	消耗量					
人工	合计工日	工日	0.504	0.121	0.510	0.126	0.252	0.066
	油画工普工	工日	0.050	0.012	0.051	0.013	0.025	0.007
	油画工一般技工	工日	0.252	0.061	0.255	0.063	0.126	0.033
	油画工高级技工	工日	0.202	0.048	0.204	0.050	0.101	0.026
材料	乳胶	kg	0.1050	0.0350	0.0672	0.0224	0.0315	0.0105
	其他材料费(占材料费)	%	2.00	2.00	2.00	2.00	2.00	2.00

工作内容:准备工具、成品保护、调兑材料、随旧活补修、沥粉、彩画、打金胶油、贴金(铜)箔、支搭金帐、场内运输及清理废弃物。

计量单位:m^2

	定额编号		3-10-878	3-10-879	3-10-880	3-10-881	3-10-882	3-10-883
	项目		井口板彩画修补(面积占30%)					
			金琢墨岔角云片金鼓子心			金琢墨岔角云做染鼓子心		
			库金	赤金	铜箔	库金	赤金	铜箔
	名称	单位	消耗量					
人工	合计工日	工日	2.188	2.192	2.228	2.246	2.313	2.256
	油画工普工	工日	0.219	0.219	0.223	0.225	0.231	0.226
	油画工一般技工	工日	1.094	1.096	1.114	1.123	1.157	1.128
	油画工高级技工	工日	0.875	0.877	0.891	0.898	0.925	0.902
材料	巴黎绿	kg	0.0314	0.0314	0.0314	0.0314	0.0314	0.0314
	群青	kg	0.0072	0.0072	0.0072	0.0072	0.0072	0.0072
	银朱	kg	0.0031	0.0031	0.0031	0.0031	0.0031	0.0031
	章丹	kg	0.0031	0.0031	0.0031	0.0031	0.0031	0.0031
	石黄	kg	0.0031	0.0031	0.0031	0.0031	0.0031	0.0031
	松烟	kg	0.0031	0.0031	0.0031	0.0031	0.0031	0.0031
	无光白乳胶漆	kg	0.0224	0.0224	0.0224	0.0373	0.0373	0.0373
	滑石粉	kg	0.0310	0.0310	0.0310	0.0310	0.0310	0.0310
	大白粉	kg	0.0420	0.0420	0.0420	0.0420	0.0420	0.0420
	乳胶	kg	0.0430	0.0430	0.0430	0.0483	0.0483	0.0483
	光油	kg	0.0031	0.0031	0.0031	0.0031	0.0031	0.0031
	颜料光油	kg	0.0085	0.0085	0.0085	0.0061	0.0061	0.0061
	金胶油	kg	0.0201	0.0201	0.0201	0.0144	0.0144	0.0144
	库金箔	张	17.8139	—	—	12.7449	—	—
	赤金箔	张	—	22.3357	—	—	15.9800	—
	铜箔	张	—	—	15.4980	—	—	15.4980
	丙烯酸清漆	kg	—	—	0.0139	—	—	0.0139
	其他材料费(占材料费)	%	1.00	1.00	1.00	1.00	1.00	1.00

工作内容：准备工具、成品保护、调兑材料、随旧活补修、沥粉、彩画、打金胶油、贴金(铜)箔、支搭金帐、场内运输及清理废弃物。

计量单位：m^2

定额编号			3-10-884	3-10-885	3-10-886
项目			井口板彩画修补(面积占30%)		
			烟琢墨岔角云片金鼓子心		
			库金	赤金	铜箔
名称		单位	消耗量		
人工	合计工日	工日	1.764	1.770	1.788
	油画工普工	工日	0.176	0.177	0.179
	油画工一般技工	工日	0.882	0.885	0.894
	油画工高级技工	工日	0.706	0.708	0.715
材料	巴黎绿	kg	0.0314	0.0314	0.0314
	群青	kg	0.0072	0.0072	0.0072
	银朱	kg	0.0031	0.0031	0.0031
	章丹	kg	0.0031	0.0031	0.0031
	石黄	kg	0.0031	0.0031	0.0031
	松烟	kg	0.0031	0.0031	0.0031
	无光白乳胶漆	kg	0.0373	0.0373	0.0373
	滑石粉	kg	0.0310	0.0310	0.0310
	大白粉	kg	0.0420	0.0420	0.0420
	乳胶	kg	0.0483	0.0483	0.0483
	光油	kg	0.0031	0.0031	0.0031
	颜料光油	kg	0.0061	0.0061	0.0061
	金胶油	kg	0.0144	0.0144	0.0144
	库金箔	张	12.7449	—	—
	赤金箔	张	—	15.9800	—
	铜箔	张	—	—	15.4980
	丙烯酸清漆	kg	—	—	0.0139
	其他材料费(占材料费)	%	1.00	1.00	1.00

工作内容：准备工具、成品保护、调兑材料、随旧活补修、沥粉、彩画、打金胶油、贴金(铜)箔、支搭金帐、场内运输及清理废弃物。

计量单位：m^2

定额编号			3-10-887	3-10-888	3-10-889	3-10-890
项目			井口板彩画修补(面积占30%)			
			烟琢墨岔角云做染鼓子心			无金饰
			库金	赤金	铜箔	
名称		单位	消耗量			
人工	合计工日	工日	1.936	1.936	1.938	2.166
	油画工普工	工日	0.194	0.194	0.194	0.217
	油画工一般技工	工日	0.968	0.968	0.969	1.083
	油画工高级技工	工日	0.774	0.774	0.775	0.866
材料	巴黎绿	kg	0.0314	0.0314	0.0314	0.0314
	群青	kg	0.0072	0.0072	0.0072	0.0083
	银朱	kg	0.0031	0.0031	0.0031	0.0031
	章丹	kg	0.0031	0.0031	0.0031	0.0031
	石黄	kg	0.0031	0.0031	0.0031	0.0031
	松烟	kg	0.0031	0.0031	0.0031	0.0031
	无光白乳胶漆	kg	0.0373	0.0373	0.0373	0.0373
	滑石粉	kg	0.0310	0.0310	0.0310	0.0310
	大白粉	kg	0.0420	0.0420	0.0420	0.0420
	乳胶	kg	0.0483	0.0483	0.0483	0.0483
	光油	kg	0.0031	0.0031	0.0031	0.0031
	颜料光油	kg	0.0029	0.0029	0.0029	—
	金胶油	kg	0.0070	0.0070	0.0070	—
	库金箔	张	6.1552	—	—	—
	赤金箔	张	—	7.7176	—	—
	铜箔	张	—	—	5.3550	—
	丙烯酸清漆	kg	—	—	0.0048	—
	其他材料费(占材料费)	%	1.00	1.00	1.00	2.00

工作内容：准备工具、成品保护、调兑材料、随旧活补修、沥粉、彩画、打金胶油、贴金(铜)箔、支搭金帐、场内运输及清理废弃物。

计量单位：m^2

定额编号			3-10-891	3-10-892	3-10-893	3-10-894	3-10-895	3-10-896
项目			井口板彩画修补(面积每增10%)					
			金琢墨岔角云片金鼓子心			金琢墨岔角云做染鼓子心		
			库金	赤金	铜箔	库金	赤金	铜箔
名称		单位	消耗量					
人工	合计工日	工日	0.491	0.516	0.542	0.504	0.520	0.752
	油画工普工	工日	0.049	0.052	0.054	0.050	0.052	0.075
	油画工一般技工	工日	0.246	0.258	0.271	0.252	0.260	0.376
	油画工高级技工	工日	0.196	0.206	0.217	0.202	0.208	0.301
材料	巴黎绿	kg	0.0105	0.0105	0.0105	0.0105	0.0105	0.0105
	群青	kg	0.0024	0.0024	0.0024	0.0024	0.0024	0.0024
	银朱	kg	0.0010	0.0010	0.0010	0.0010	0.0010	0.0010
	章丹	kg	0.0010	0.0010	0.0010	0.0010	0.0010	0.0010
	石黄	kg	0.0010	0.0010	0.0010	0.0010	0.0010	0.0010
	松烟	kg	0.0010	0.0010	0.0010	0.0010	0.0010	0.0010
	无光白乳胶漆	kg	0.0075	0.0075	0.0075	0.0124	0.0124	0.0124
	滑石粉	kg	0.0103	0.0103	0.0103	0.0103	0.0103	0.0103
	大白粉	kg	0.0140	0.0140	0.0140	0.0140	0.0140	0.0140
	乳胶	kg	0.0143	0.0143	0.0143	0.0161	0.0161	0.0161
	光油	kg	0.0010	0.0010	0.0010	0.0010	0.0010	0.0010
	颜料光油	kg	0.0028	0.0028	0.0028	0.0017	0.0017	0.0017
	金胶油	kg	0.0067	0.0067	0.0067	0.0041	0.0041	0.0041
	库金箔	张	5.9380	—	—	3.6448	—	—
	赤金箔	张	—	7.4452	—	—	4.5700	—
	铜箔	张	—	—	5.1660	—	—	4.5700
	丙烯酸清漆	kg	—	—	0.0046	—	—	0.0029
	其他材料费(占材料费)	%	1.00	1.00	1.00	1.00	1.00	1.00

工作内容：准备工具、成品保护、调兑材料、随旧活补修、沥粉、彩画、打金胶油、贴金(铜)箔、支搭金帐、场内运输及清理废弃物。

计量单位：m²

定额编号			3-10-897	3-10-898	3-10-899
项目			井口板彩画修补(面积每增10%)		
			烟琢墨岔角云片金鼓子心		
			库金	赤金	铜箔
名称		单位	消耗量		
人工	合计工日	工日	0.396	0.396	0.596
	油画工普工	工日	0.040	0.040	0.060
	油画工一般技工	工日	0.198	0.198	0.298
	油画工高级技工	工日	0.158	0.158	0.238
材料	巴黎绿	kg	0.0105	0.0105	0.0105
	群青	kg	0.0024	0.0024	0.0024
	银朱	kg	0.0010	0.0010	0.0010
	章丹	kg	0.0010	0.0010	0.0010
	石黄	kg	0.0010	0.0010	0.0010
	松烟	kg	0.0010	0.0010	0.0010
	无光白乳胶漆	kg	0.0124	0.0124	0.0124
	滑石粉	kg	0.0103	0.0103	0.0103
	大白粉	kg	0.0140	0.0140	0.0140
	乳胶	kg	0.0161	0.0161	0.0161
	光油	kg	0.0010	0.0010	0.0010
	颜料光油	kg	0.0020	0.0020	0.0020
	金胶油	kg	0.0048	0.0048	0.0048
	库金箔	张	4.2483	—	—
	赤金箔	张	—	5.3267	—
	铜箔	张	—	—	5.1660
	丙烯酸清漆	kg	—	—	0.0046
	其他材料费(占材料费)	%	1.00	1.00	1.00

工作内容：准备工具、成品保护、调兑材料、随旧活补修、沥粉、彩画、打金胶油、贴金(铜)箔、支搭金帐、场内运输及清理废弃物。

计量单位：m^2

定额编号			3-10-900	3-10-901	3-10-902	3-10-903
项目			井口板彩画修补(面积每增10%)			
			烟琢墨岔角云做染鼓子心			无金饰
			库金	赤金	铜箔	
名称		单位	消耗量			
人工	合计工日	工日	0.434	0.434	0.646	0.486
	油画工普工	工日	0.043	0.043	0.065	0.049
	油画工一般技工	工日	0.217	0.217	0.323	0.243
	油画工高级技工	工日	0.174	0.174	0.258	0.194
材料	巴黎绿	kg	0.0105	0.0105	0.0105	0.0105
	群青	kg	0.0024	0.0024	0.0024	0.0028
	银朱	kg	0.0010	0.0010	0.0010	0.0010
	章丹	kg	0.0010	0.0010	0.0010	0.0010
	石黄	kg	0.0010	0.0010	0.0010	0.0010
	松烟	kg	0.0010	0.0010	0.0010	0.0010
	无光白乳胶漆	kg	0.0124	0.0124	0.0124	0.0124
	滑石粉	kg	0.0103	0.0103	0.0103	0.0103
	大白粉	kg	0.0140	0.0140	0.0140	0.0140
	乳胶	kg	0.0161	0.0161	0.0161	0.0161
	光油	kg	0.0010	0.0010	0.0010	0.0010
	颜料光油	kg	0.0010	0.0010	0.0010	—
	金胶油	kg	0.0023	0.0023	0.0023	—
	库金箔	张	2.0517	—	—	—
	赤金箔	张	—	2.5725	—	—
	铜箔	张	—	—	1.7850	—
	丙烯酸清漆	kg	—	—	0.0016	—
	其他材料费(占材料费)	%	1.00	1.00	1.00	2.00

工作内容：准备工具、成品保护、调兑材料、随旧活补修、沥粉、彩画、打金胶油、贴金(铜)箔、支搭金帐、场内运输及清理废弃物。

计量单位：m^2

定额编号			3-10-904	3-10-905	3-10-906
项目			支条彩画修补(面积占30%)		
			金琢墨燕尾		
			库金	赤金	铜箔
名称		单位	消耗量		
人工	合计工日	工日	0.811	0.822	0.864
	油画工普工	工日	0.081	0.082	0.086
	油画工一般技工	工日	0.406	0.411	0.432
	油画工高级技工	工日	0.324	0.329	0.346
材料	巴黎绿	kg	0.0441	0.0441	0.0441
	群青	kg	0.0031	0.0031	0.0031
	银朱	kg	0.0031	0.0031	0.0031
	章丹	kg	0.0031	0.0031	0.0031
	石黄	kg	0.0031	0.0031	0.0031
	松烟	kg	0.0031	0.0031	0.0031
	无光白乳胶漆	kg	0.0056	0.0056	0.0056
	滑石粉	kg	0.0230	0.0230	0.0230
	大白粉	kg	0.0420	0.0420	0.0420
	乳胶	kg	0.0433	0.0433	0.0433
	光油	kg	0.0030	0.0030	0.0030
	颜料光油	kg	0.0045	0.0045	0.0045
	金胶油	kg	0.0105	0.0105	0.0105
	库金箔	张	9.3052	—	—
	赤金箔	张	—	11.6672	—
	铜箔	张	—	—	8.0955
	丙烯酸清漆	kg	—	—	0.0073
	其他材料费(占材料费)	%	1.00	1.00	1.00

工作内容：准备工具、成品保护、调兑材料、随旧活补修、沥粉、彩画、打金胶油、贴金(铜)箔、支搭金帐、场内运输及清理废弃物。

计量单位：m^2

定额编号			3-10-907	3-10-908	3-10-909	3-10-910
项目			支条彩画修补(面积占30%)			
			烟琢墨燕尾			无金饰
			库金	赤金	铜箔	
名称		单位	消耗量			
人工	合计工日	工日	0.630	0.638	0.676	0.488
	油画工普工	工日	0.063	0.064	0.068	0.049
	油画工一般技工	工日	0.315	0.319	0.338	0.244
	油画工高级技工	工日	0.252	0.255	0.270	0.195
材料	巴黎绿	kg	0.0441	0.0441	0.0441	0.0441
	群青	kg	0.0031	0.0031	0.0031	0.0031
	银朱	kg	0.0031	0.0031	0.0031	0.0031
	章丹	kg	0.0031	0.0031	0.0031	0.0031
	石黄	kg	0.0031	0.0031	0.0031	0.0031
	松烟	kg	0.0031	0.0031	0.0031	0.0031
	无光白乳胶漆	kg	0.0056	0.0056	0.0056	0.0056
	滑石粉	kg	0.0230	0.0230	0.0230	0.0120
	大白粉	kg	0.0420	0.0420	0.0420	0.0120
	乳胶	kg	0.0433	0.0433	0.0433	0.0214
	光油	kg	0.0030	0.0030	0.0030	0.0031
	颜料光油	kg	0.0028	0.0028	0.0028	—
	金胶油	kg	0.0066	0.0066	0.0066	—
	库金箔	张	5.8655	—	—	—
	赤金箔	张	—	7.3544	—	—
	铜箔	张	—	—	5.1030	—
	丙烯酸清漆	kg	—	—	0.0046	—
	其他材料费(占材料费)	%	1.00	1.00	1.00	2.00

工作内容：准备工具、成品保护、调兑材料、随旧活补修、沥粉、彩画、打金胶油、贴金(铜)箔、支搭金帐、场内运输及清理废弃物。

计量单位：m^2

定额编号			3-10-911	3-10-912	3-10-913
项目			支条彩画修补(面积每增10%)		
			金琢墨燕尾		
			库金	赤金	铜箔
名称		单位	消耗量		
人工	合计工日	工日	0.182	0.187	0.190
	油画工普工	工日	0.018	0.019	0.019
	油画工一般技工	工日	0.091	0.093	0.095
	油画工高级技工	工日	0.073	0.075	0.076
材料	巴黎绿	kg	0.0147	0.0147	0.0147
	群青	kg	0.0010	0.0010	0.0010
	银朱	kg	0.0010	0.0010	0.0010
	章丹	kg	0.0010	0.0010	0.0010
	石黄	kg	0.0010	0.0010	0.0010
	松烟	kg	0.0010	0.0010	0.0010
	无光白乳胶漆	kg	0.0019	0.0019	0.0019
	滑石粉	kg	0.0077	0.0077	0.0077
	大白粉	kg	0.0140	0.0140	0.0140
	乳胶	kg	0.0144	0.0144	0.0144
	光油	kg	0.0010	0.0010	0.0010
	颜料光油	kg	0.0015	0.0015	0.0015
	金胶油	kg	0.0035	0.0035	0.0035
	库金箔	张	3.1017	—	—
	赤金箔	张	—	3.8891	—
	铜箔	张	—	—	2.6985
	丙烯酸清漆	kg	—	—	0.0024
	其他材料费(占材料费)	%	1.00	1.00	1.00

工作内容：准备工具、成品保护、调兑材料、随旧活补修、沥粉、彩画、打金胶油、贴金(铜)箔、支搭金帐、场内运输及清理废弃物。

计量单位：m^2

定额编号			3-10-914	3-10-915	3-10-916	3-10-917
项目			支条彩画修补(面积每增10%)			
			烟琢墨燕尾			无金饰
			库金	赤金	铜箔	
名称		单位	消耗量			
人工	合计工日	工日	0.141	0.233	0.226	0.110
	油画工普工	工日	0.014	0.100	0.023	0.011
	油画工一般技工	工日	0.071	0.074	0.113	0.055
	油画工高级技工	工日	0.056	0.059	0.090	0.044
材料	巴黎绿	kg	0.0147	0.0147	0.0147	0.0147
	群青	kg	0.0010	0.0010	0.0010	0.0010
	银朱	kg	0.0010	0.0010	0.0010	0.0010
	章丹	kg	0.0010	0.0010	0.0010	0.0010
	石黄	kg	0.0010	0.0010	0.0010	0.0010
	松烟	kg	0.0010	0.0010	0.0010	0.0010
	无光白乳胶漆	kg	0.0019	0.0019	0.0019	0.0019
	滑石粉	kg	0.0077	0.0077	0.0077	0.0040
	大白粉	kg	0.0140	0.0140	0.0140	0.0040
	乳胶	kg	0.0144	0.0144	0.0144	0.0071
	光油	kg	0.0010	0.0010	0.0010	0.0010
	颜料光油	kg	0.0009	0.0009	0.0009	—
	金胶油	kg	0.0022	0.0022	0.0022	—
	库金箔	张	1.9552	—	—	—
	赤金箔	张	—	2.4515	—	—
	铜箔	张	—	—	1.7010	—
	丙烯酸清漆	kg	—	—	0.0015	—
	其他材料费(占材料费)	%	1.00	1.00	1.00	2.00

工作内容:准备工具、成品保护、调兑材料、随旧活补修、沥粉、彩画、打金胶油、贴金(铜)箔、支搭金帐、场内运输及清理废弃物。

计量单位:m^2

定额编号			3-10-918	3-10-919	3-10-920	3-10-921	3-10-922
项目			木顶格软天花彩画修补(面积占30%)				
			有燕尾			有燕尾无饰金	无燕尾无饰金
			库金	赤金	铜箔		
名称		单位	消耗量				
人工	合计工日	工日	0.720	0.716	0.737	0.593	0.522
	油画工普工	工日	0.072	0.072	0.074	0.059	0.052
	油画工一般技工	工日	0.360	0.358	0.368	0.297	0.261
	油画工高级技工	工日	0.288	0.286	0.295	0.237	0.209
材料	巴黎绿	kg	0.0451	0.0451	0.0451	0.0451	0.0451
	群青	kg	0.0102	0.0102	0.0102	0.0102	0.0102
	银朱	kg	0.0031	0.0031	0.0031	0.0031	0.0031
	章丹	kg	0.0031	0.0031	0.0031	0.0031	0.0031
	石黄	kg	0.0031	0.0031	0.0031	0.0031	0.0031
	松烟	kg	0.0031	0.0031	0.0031	0.0031	0.0031
	无光白乳胶漆	kg	0.0056	0.0056	0.0056	0.0056	0.0056
	滑石粉	kg	0.0360	0.0360	0.0360	0.0360	—
	大白粉	kg	0.0420	0.0420	0.0420	0.0420	—
	乳胶	kg	0.0568	0.0568	0.0568	0.0568	0.0373
	光油	kg	0.0031	0.0031	0.0031	0.0031	0.0031
	颜料光油	kg	0.0045	0.0045	0.0045	—	—
	金胶油	kg	0.0105	0.0105	0.0105	—	—
	库金箔	张	9.3052	—	—	—	—
	赤金箔	张	—	11.6672	—	—	—
	铜箔	张	—	—	8.0955	—	—
	丙烯酸清漆	kg	—	—	0.0073	—	—
	其他材料费(占材料费)	%	1.00	1.00	1.00	2.00	2.00

工作内容：准备工具、成品保护、调兑材料、随旧活补修、沥粉、彩画、打金胶油、贴金(铜)箔、支搭金帐、场内运输及清理废弃物。

计量单位：m^2

定额编号			3-10-923	3-10-924	3-10-925	3-10-926	3-10-927
项目			木顶格软天花彩画修补(面积每增10%)				
			有燕尾				无燕尾无饰金
			库金	赤金	铜箔	无饰金	
名称		单位	消耗量				
人工	合计工日	工日	0.240	0.238	0.246	0.198	0.174
	油画工普工	工日	0.024	0.024	0.025	0.020	0.017
	油画工一般技工	工日	0.120	0.119	0.123	0.099	0.087
	油画工高级技工	工日	0.096	0.095	0.098	0.079	0.070
材料	巴黎绿	kg	0.0150	0.0150	0.0150	0.0150	0.0150
	群青	kg	0.0034	0.0034	0.0034	0.0034	0.0034
	银朱	kg	0.0010	0.0010	0.0010	0.0010	0.0010
	章丹	kg	0.0010	0.0010	0.0010	0.0010	0.0010
	石黄	kg	0.0010	0.0010	0.0010	0.0010	0.0010
	松烟	kg	0.0010	0.0010	0.0010	0.0010	0.0010
	无光白乳胶漆	kg	0.0019	0.0019	0.0019	0.0019	0.0019
	滑石粉	kg	0.0120	0.0120	0.0120	0.0120	—
	大白粉	kg	0.0140	0.0140	0.0140	0.0140	—
	乳胶	kg	0.0189	0.0189	0.0189	0.0189	0.0124
	光油	kg	0.0010	0.0010	0.0010	0.0010	0.0010
	颜料光油	kg	0.0015	0.0015	0.0015	—	—
	金胶油	kg	0.0035	0.0035	0.0035	—	—
	库金箔	张	3.1017	—	—	—	—
	赤金箔	张	—	3.8891	—	—	—
	铜箔	张	—	—	2.6985	—	—
	丙烯酸清漆	kg	—	—	0.0024	—	—
	其他材料费(占材料费)	%	1.00	1.00	1.00	2.00	2.00

4. 天花、顶棚、墙面基层处理

工作内容:准备工具、成品保护、清理基层、场内运输及清理废弃物。 **计量单位:**m^2

定额编号			3-10-928	3-10-929	3-10-930	3-10-931
项目			摘上天花	井口板地仗砍除		
				麻(布)灰地仗砍除	单皮灰地仗砍除	清理除铲
名称		单位	消耗量			
人工	合计工日	工日	0.040	0.290	0.240	0.030
	油画工普工	工日	0.032	0.261	0.216	0.027
	油画工一般技工	工日	0.008	0.029	0.024	0.003

工作内容:准备工具、成品保护、清理基层、场内运输及清理废弃物。 **计量单位:**m^2

定额编号			3-10-932	3-10-933	3-10-934
项目			支条地仗砍除		
			麻(布)灰地仗砍除	单皮灰地仗砍除	清理除铲
名称		单位	消耗量		
人工	合计工日	工日	0.240	0.200	0.030
	油画工普工	工日	0.216	0.180	0.027
	油画工一般技工	工日	0.024	0.020	0.003

工作内容：准备工具、成品保护、清理除铲、分层披灰、布(麻)、打磨、场内运输及清理废弃物。

计量单位：m^2

定　额　编　号			3-10-935	3-10-936	3-10-937	3-10-938
项　　目			修补地仗			
			井口板		支条	
			面积占30%	面积每增10%	面积占30%	面积每增10%
名　称		单位	消　耗　量			
人工	合计工日	工日	0.800	0.179	0.680	0.156
	油画工普工	工日	0.160	0.036	0.136	0.031
	油画工一般技工	工日	0.560	0.125	0.476	0.109
	油画工高级技工	工日	0.080	0.018	0.068	0.016
材料	面粉	kg	0.0630	0.0210	0.0299	0.0099
	血料	kg	1.8081	0.6027	0.9623	0.3207
	砖灰	kg	1.6426	0.5475	0.9726	0.3242
	灰油	kg	0.3572	0.1190	0.1622	0.0540
	生桐油	kg	0.0670	0.0223	0.0407	0.0135
	光油	kg	0.0877	0.0292	0.0595	0.0198
	精梳麻	kg	0.0710	0.0236	—	—
	苎麻布	m^2	—	—	0.2178	0.0726
	其他材料费(占材料费)	%	2.00	2.00	2.00	2.00

工作内容：准备工具、成品保护、调兑材料、梳麻或裁布、分层披灰、麻（布）、打磨、场内运输及清理废弃物。

计量单位：m²

定额编号			3-10-939	3-10-940	3-10-941	3-10-942	3-10-943	3-10-944
项目			井口板地仗			支条地仗		
			一麻五灰	一布五灰	三道灰	一麻五灰	溜布条四道灰	三道灰
名称		单位	消耗量					
人工	合计工日	工日	1.070	0.860	0.500	1.040	0.940	0.720
	油画工普工	工日	0.214	0.172	0.100	0.208	0.188	0.144
	油画工一般技工	工日	0.749	0.602	0.350	0.728	0.658	0.504
	油画工高级技工	工日	0.107	0.086	0.050	0.104	0.094	0.072
材料	面粉	kg	0.2000	0.1900	0.0600	0.1500	0.0900	0.0500
	血料	kg	5.4300	5.2600	3.1500	4.0400	2.8900	2.3400
	砖灰	kg	5.0700	4.8400	3.0700	3.7700	3.0000	2.2800
	灰油	kg	1.1300	1.0800	0.3600	0.8400	0.5100	0.2700
	生桐油	kg	0.2100	0.2100	0.1700	0.1600	0.1300	0.1300
	光油	kg	0.2800	0.2800	0.2500	0.2100	0.1900	0.1900
	精梳麻	kg	0.2300	—	—	0.1700	—	—
	苎麻布	m²	—	0.9370	—	—	0.7050	—
	其他材料费（占材料费）	%	1.00	1.00	1.00	1.00	1.00	1.00

5. 天花、顶棚、墙面油饰彩画

工作内容:准备工具、成品保护、调兑材料、起扎谱子、沥粉、打金胶油、贴金(铜)箔、刷油漆、支搭金帐、场内运输及清理废弃物。

计量单位:m^2

定额编号			3-10-945	3-10-946	3-10-947	3-10-948	3-10-949	3-10-950
项目			井口板金琢墨岔角云、金琢墨及片金鼓子心彩画(边长)					
			库金		赤金		铜箔	
			50cm 以内	50cm 以外	50cm 以内	50cm 以外	50cm 以内	50cm 以外
名称		单位	消耗量					
人工	合计工日	工日	3.720	2.900	3.780	2.960	3.840	3.010
	油画工普工	工日	0.372	0.290	0.378	0.296	0.384	0.301
	油画工一般技工	工日	1.488	1.160	1.512	1.184	1.536	1.204
	油画工高级技工	工日	1.860	1.450	1.890	1.480	1.920	1.505
材料	巴黎绿	kg	0.1000	0.1000	0.1000	0.1000	0.1000	0.1000
	群青	kg	0.0200	0.0200	0.0200	0.0200	0.0200	0.0200
	银朱	kg	0.0100	0.0100	0.0100	0.0100	0.0100	0.0100
	红丹粉	kg	0.0100	0.0100	0.0100	0.0100	0.0100	0.0100
	石黄	kg	0.0100	0.0100	0.0100	0.0100	0.0100	0.0100
	松烟	kg	0.0100	0.0100	0.0100	0.0100	0.0100	0.0100
	大白粉	kg	0.1300	0.1300	0.1300	0.1300	0.1300	0.1300
	滑石粉	kg	0.0900	0.0900	0.0900	0.0900	0.0900	0.0900
	白矾	kg	0.0200	0.0200	0.0200	0.0200	0.0200	0.0200
	乳胶	kg	0.0700	0.0700	0.0700	0.0700	0.0700	0.0700
	无光白乳胶漆	kg	0.0700	0.0700	0.0700	0.0700	0.0700	0.0700
	醇酸调合漆	kg	0.0300	0.0300	0.0300	0.0300	0.0300	0.0300
	丙烯酸清漆	kg	—	—	—	—	0.0600	0.0600
	光油	kg	0.0100	0.0100	0.0100	0.0100	0.0100	0.0100
	金胶油	kg	0.0600	0.0600	0.0600	0.0600	0.0600	0.0600
	库金箔	张	59.4300	59.4300	—	—	—	—
	赤金箔	张	—	—	74.5500	74.5500	—	—
	铜箔	张	—	—	—	—	52.6400	52.6400
	其他材料费(占材料费)	%	0.50	0.50	0.50	0.50	0.50	0.50

工作内容：准备工具、成品保护、调兑材料、起扎谱子、沥粉、打金胶油、贴金(铜)箔、刷油漆、支搭金帐、场内运输及清理废弃物。

计量单位：m^2

定额编号			3-10-951	3-10-952	3-10-953	3-10-954	3-10-955	3-10-956
项目			井口板金琢墨岔角云、做染鼓子心彩画(边长)					
			库金		赤金		铜箔	
			50cm 以内	50cm 以外	50cm 以内	50cm 以外	50cm 以内	50cm 以外
名称		单位	消耗量					
人工	合计工日	工日	3.820	3.080	3.840	3.120	3.890	3.140
	油画工普工	工日	0.382	0.308	0.384	0.312	0.389	0.314
	油画工一般技工	工日	1.528	1.232	1.536	1.248	1.556	1.256
	油画工高级技工	工日	1.910	1.540	1.920	1.560	1.945	1.570
材料	巴黎绿	kg	0.1000	0.1000	0.1000	0.1000	0.1000	0.1000
	群青	kg	0.0200	0.0200	0.0200	0.0200	0.0200	0.0200
	银朱	kg	0.0100	0.0100	0.0100	0.0100	0.0100	0.0100
	红丹粉	kg	0.0100	0.0100	0.0100	0.0100	0.0100	0.0100
	石黄	kg	0.0100	0.0100	0.0100	0.0100	0.0100	0.0100
	松烟	kg	0.0100	0.0100	0.0100	0.0100	0.0100	0.0100
	大白粉	kg	0.1100	0.1100	0.1100	0.1100	0.1100	0.1100
	滑石粉	kg	0.0900	0.0900	0.0900	0.0900	0.0900	0.0900
	白矾	kg	0.0200	0.0200	0.0200	0.0200	0.0200	0.0200
	乳胶	kg	0.0700	0.0700	0.0700	0.0700	0.0700	0.0700
	无光白乳胶漆	kg	0.0600	0.0600	0.0600	0.0600	0.0600	0.0600
	醇酸调合漆	kg	0.0200	0.0200	0.0200	0.0200	0.0200	0.0200
	丙烯酸清漆	kg	—	—	—	—	0.0400	0.0400
	光油	kg	0.0100	0.0100	0.0100	0.0100	0.0100	0.0100
	金胶油	kg	0.0400	0.0400	0.0400	0.0400	0.0400	0.0400
	库金箔	张	36.4400	36.4400	—	—	—	—
	赤金箔	张	—	—	46.0000	46.0000	—	—
	铜箔	张	—	—	—	—	32.3100	32.3100
	其他材料费(占材料费)	%	0.50	0.50	0.50	0.50	0.50	0.50

工作内容：准备工具、成品保护、调兑材料、起扎谱子、沥粉、打金胶油、贴金（铜）箔、刷油漆、支搭金帐、场内运输及清理废弃物。

计量单位：m^2

	定额编号		3-10-957	3-10-958	3-10-959	3-10-960	3-10-961	3-10-962
项目			井口板烟琢墨岔角云、片金鼓子心彩画（边长）					
			库金		赤金		铜箔	
			50cm 以内	50cm 以外	50cm 以内	50cm 以外	50cm 以内	50cm 以外
	名称	单位	消耗量					
人工	合计工日	工日	3.000	2.290	3.020	2.320	3.080	2.380
	油画工普工	工日	0.300	0.229	0.302	0.232	0.308	0.238
	油画工一般技工	工日	1.200	0.916	1.208	0.928	1.232	0.952
	油画工高级技工	工日	1.500	1.145	1.510	1.160	1.540	1.190
材料	巴黎绿	kg	0.1000	0.1000	0.1000	0.1000	0.1000	0.1000
	群青	kg	0.0200	0.0200	0.0200	0.0200	0.0200	0.0200
	银朱	kg	0.0100	0.0100	0.0100	0.0100	0.0100	0.0100
	红丹粉	kg	0.0100	0.0100	0.0100	0.0100	0.0100	0.0100
	石黄	kg	0.0100	0.0100	0.0100	0.0100	0.0100	0.0100
	松烟	kg	0.0100	0.0100	0.0100	0.0100	0.0100	0.0100
	大白粉	kg	0.1100	0.1100	0.1100	0.1100	0.1100	0.1100
	滑石粉	kg	0.0900	0.0900	0.0900	0.0900	0.0900	0.0900
	白矾	kg	0.0200	0.0200	0.0200	0.0200	0.0200	0.0200
	乳胶	kg	0.0700	0.0700	0.0700	0.0700	0.0700	0.0700
	无光白乳胶漆	kg	0.0600	0.0600	0.0600	0.0600	0.0600	0.0600
	醇酸调合漆	kg	0.0200	0.0200	0.0200	0.0200	0.0200	0.0200
	丙烯酸清漆	kg	—	—	—	—	0.0400	0.0400
	光油	kg	0.0100	0.0100	0.0100	0.0100	0.0100	0.0100
	金胶油	kg	0.0400	0.0400	0.0400	0.0400	0.0400	0.0400
	库金箔	张	42.5000	42.5000	—	—	—	—
	赤金箔	张	—	—	53.5500	53.5500	—	—
	铜箔	张	—	—	—	—	38.0000	38.0000
	其他材料费（占材料费）	%	0.50	0.50	0.50	0.50	0.50	0.50

工作内容:准备工具、成品保护、调兑材料、起扎谱子、沥粉、打金胶油、贴金(铜)箔、刷油漆、支搭金帐、场内运输及清理废弃物。

计量单位:m^2

定额编号			3-10-963	3-10-964	3-10-965	3-10-966	3-10-967	3-10-968
项目			井口板烟琢墨岔角云、做染攒退鼓子心彩画(边长)					
			库金		赤金		铜箔	
			50cm 以内	50cm 以外	50cm 以内	50cm 以外	50cm 以内	50cm 以外
名称		单位	消耗量					
人工	合计工日	工日	3.290	2.690	3.300	2.700	3.340	2.750
	油画工普工	工日	0.329	0.269	0.330	0.270	0.334	0.275
	油画工一般技工	工日	1.316	1.076	1.320	1.080	1.336	1.100
	油画工高级技工	工日	1.645	1.345	1.650	1.350	1.670	1.375
材料	巴黎绿	kg	0.1000	0.1000	0.1000	0.1000	0.1000	0.1000
	群青	kg	0.0200	0.0200	0.0200	0.0200	0.0200	0.0200
	银朱	kg	0.0100	0.0100	0.0100	0.0100	0.0100	0.0100
	红丹粉	kg	0.0100	0.0100	0.0100	0.0100	0.0100	0.0100
	石黄	kg	0.0100	0.0100	0.0100	0.0100	0.0100	0.0100
	松烟	kg	0.0100	0.0100	0.0100	0.0100	0.0100	0.0100
	大白粉	kg	0.1100	0.1100	0.1100	0.1100	0.1100	0.1100
	滑石粉	kg	0.0900	0.0900	0.0900	0.0900	0.0900	0.0900
	白矾	kg	0.0200	0.0200	0.0200	0.0200	0.0200	0.0200
	乳胶	kg	0.0700	0.0700	0.0700	0.0700	0.0700	0.0700
	无光白乳胶漆	kg	0.0600	0.0600	0.0600	0.0600	0.0600	0.0600
	醇酸调合漆	kg	0.0200	0.0200	0.0200	0.0200	0.0200	0.0200
	丙烯酸清漆	kg	—	—	—	—	0.0400	0.0400
	光油	kg	0.0100	0.0100	0.0100	0.0100	0.0100	0.0100
	金胶油	kg	0.0400	0.0400	0.0400	0.0400	0.0400	0.0400
	库金箔	张	20.5000	20.5000	—	—	—	—
	赤金箔	张	—	—	25.7300	25.7300	—	—
	铜箔	张	—	—	—	—	18.0000	18.0000
	其他材料费(占材料费)	%	0.50	0.50	0.50	0.50	0.50	0.50

工作内容：准备工具、成品保护、调兑材料、起扎谱子、沥粉、打金胶油、贴金(铜)箔、刷油漆、支搭金帐、场内运输及清理废弃物。

计量单位：m^2

定额编号			3-10-969	3-10-970	3-10-971	3-10-972	3-10-973	3-10-974
项目			井口板金琢墨岔角云、五彩龙鼓心					
			库金		赤金		铜箔	
			50cm 以内	50cm 以外	50cm 以内	50cm 以外	50cm 以内	50cm 以外
名称		单位	消耗量					
人工	合计工日	工日	6.720	4.820	6.740	4.850	6.780	4.900
	油画工普工	工日	0.672	0.482	0.674	0.485	0.678	0.490
	油画工一般技工	工日	2.688	1.928	2.696	1.940	2.712	1.960
	油画工高级技工	工日	3.360	2.410	3.370	2.425	3.390	2.450
材料	巴黎绿	kg	0.0600	0.0600	0.0600	0.0600	0.0600	0.0600
	群青	kg	0.0200	0.0200	0.0200	0.0200	0.0200	0.0200
	银朱	kg	0.0100	0.0100	0.0100	0.0100	0.0100	0.0100
	红丹粉	kg	0.0100	0.0100	0.0100	0.0100	0.0100	0.0100
	石黄	kg	0.0100	0.0100	0.0100	0.0100	0.0100	0.0100
	松烟	kg	0.0100	0.0100	0.0100	0.0100	0.0100	0.0100
	大白粉	kg	0.1000	0.1000	0.1000	0.1000	0.1000	0.1000
	滑石粉	kg	0.0700	0.0700	0.0700	0.0700	0.0700	0.0700
	白矾	kg	0.0200	0.0200	0.0200	0.0200	0.0200	0.0200
	乳胶	kg	0.0700	0.0700	0.0700	0.0700	0.0700	0.0700
	无光白乳胶漆	kg	0.1200	0.1200	0.1200	0.1200	0.1200	0.1200
	醇酸调合漆	kg	0.0400	0.0400	0.0400	0.0400	0.0400	0.0400
	丙烯酸清漆	kg	—	—	—	—	0.0400	0.0400
	光油	kg	0.0100	0.0100	0.0100	0.0100	0.0100	0.0100
	金胶油	kg	0.0400	0.0400	0.0400	0.0400	0.0400	0.0400
	库金箔	张	36.4400	36.4400	—	—	—	—
	赤金箔	张	—	—	46.0000	46.0000	—	—
	铜箔	张	—	—	—	—	32.3100	32.3100
	其他材料费(占材料费)	%	0.50	0.50	0.50	0.50	0.50	0.50

工作内容:准备工具、成品保护、调兑材料、起扎谱子、沥粉、打金胶油、贴金(铜)箔、刷油漆、支搭金帐、场内运输及清理废弃物。

计量单位:m^2

定额编号			3-10-975	3-10-976	3-10-977	3-10-978	3-10-979	3-10-980
项目			井口板金琢墨岔角云、五彩龙鼓子心彩画(边长)					
			库金		赤金		铜箔	
			50cm 以内	50cm 以外	50cm 以内	50cm 以外	50cm 以内	50cm 以外
名称		单位	消耗量					
人工	合计工日	工日	5.750	4.100	5.760	4.120	5.800	4.150
	油画工普工	工日	0.575	0.410	0.576	0.412	0.580	0.415
	油画工一般技工	工日	2.300	1.640	2.304	1.648	2.320	1.660
	油画工高级技工	工日	2.875	2.050	2.880	2.060	2.900	2.075
材料	巴黎绿	kg	0.0600	0.0600	0.0600	0.0600	0.0600	0.0600
	群青	kg	0.0200	0.0200	0.0200	0.0200	0.0200	0.0200
	银朱	kg	0.0100	0.0100	0.0100	0.0100	0.0100	0.0100
	红丹粉	kg	0.0100	0.0100	0.0100	0.0100	0.0100	0.0100
	石黄	kg	0.0100	0.0100	0.0100	0.0100	0.0100	0.0100
	松烟	kg	0.0100	0.0100	0.0100	0.0100	0.0100	0.0100
	大白粉	kg	0.1000	0.1000	0.1000	0.1000	0.1000	0.1000
	滑石粉	kg	0.0700	0.0700	0.0700	0.0700	0.0700	0.0700
	白矾	kg	0.0200	0.0200	0.0200	0.0200	0.0200	0.0200
	乳胶	kg	0.0700	0.0700	0.0700	0.0700	0.0700	0.0700
	无光白乳胶漆	kg	0.1200	0.1200	0.1200	0.1200	0.1200	0.1200
	醇酸调合漆	kg	0.0200	0.0200	0.0200	0.0200	0.0200	0.0200
	丙烯酸清漆	kg	—	—	—	—	0.0400	0.0400
	金胶油	kg	0.0400	0.0400	0.0400	0.0400	0.0400	0.0400
	光油	kg	0.0100	0.0100	0.0100	0.0100	0.0100	0.0100
	库金箔	张	20.5000	20.5000	—	—	—	—
	赤金箔	张	—	—	26.0000	26.0000	—	—
	铜箔	张	—	—	—	—	18.1900	18.1900
	其他材料费(占材料费)	%	0.50	0.50	0.50	0.50	0.50	0.50

工作内容：准备工具、成品保护、调兑材料、起扎谱子、沥粉、打金胶油、贴金(铜)箔、刷油漆、支搭金帐、场内运输及清理废弃物。

计量单位：m^2

定额编号			3-10-981	3-10-982	3-10-983	3-10-984	3-10-985	3-10-986
项目			井口板带朔火六字真言彩画(边长)					
			库金		赤金		铜箔	
			50cm 以内	50cm 以外	50cm 以内	50cm 以外	50cm 以内	50cm 以外
名称		单位	消耗量					
人工	合计工日	工日	3.900	3.350	3.940	3.380	4.010	3.470
	油画工普工	工日	0.390	0.335	0.394	0.338	0.401	0.347
	油画工一般技工	工日	1.560	1.340	1.576	1.352	1.604	1.388
	油画工高级技工	工日	1.950	1.675	1.970	1.690	2.005	1.735
材料	巴黎绿	kg	0.1000	0.1000	0.1000	0.1000	0.1000	0.1000
	群青	kg	0.0200	0.0200	0.0200	0.0200	0.0200	0.0200
	银朱	kg	0.0100	0.0100	0.0100	0.0100	0.0100	0.0100
	红丹粉	kg	0.0100	0.0100	0.0100	0.0100	0.0100	0.0100
	石黄	kg	0.0100	0.0100	0.0100	0.0100	0.0100	0.0100
	松烟	kg	0.0100	0.0100	0.0100	0.0100	0.0100	0.0100
	大白粉	kg	0.1200	0.1200	0.1200	0.1200	0.1200	0.1200
	滑石粉	kg	0.0900	0.0900	0.0900	0.0900	0.0900	0.0900
	白矾	kg	0.0200	0.0200	0.0200	0.0200	0.0200	0.0200
	乳胶	kg	0.0700	0.0700	0.0700	0.0700	0.0700	0.0700
	无光白乳胶漆	kg	0.0800	0.0800	0.0800	0.0800	0.0800	0.0800
	醇酸调合漆	kg	0.0400	0.0400	0.0400	0.0400	0.0400	0.0400
	丙烯酸清漆	kg	—	—	—	—	0.0600	0.0600
	光油	kg	0.0100	0.0100	0.0100	0.0100	0.0100	0.0100
	金胶油	kg	0.0700	0.0700	0.0700	0.0700	0.0700	0.0700
	库金箔	张	52.5000	52.5000	—	—	—	—
	赤金箔	张	—	—	66.0000	66.0000	—	—
	铜箔	张	—	—	—	—	46.5500	46.5500
	其他材料费(占材料费)	%	0.50	0.50	0.50	0.50	0.50	0.50

工作内容：准备工具、成品保护、调兑材料、起扎谱子、沥粉、打金胶油、贴金(铜)箔、刷油漆、支搭金帐、场内运输及清理废弃物。

计量单位：m^2

定额编号			3-10-987	3-10-988	3-10-989	3-10-990	3-10-991	3-10-992
项目			井口板不带朔火六字真言彩画(边长)					
			库金		赤金		铜箔	
			50cm 以内	50cm 以外	50cm 以内	50cm 以外	50cm 以内	50cm 以外
名称		单位	消耗量					
人工	合计工日	工日	5.820	4.910	5.860	4.940	5.930	5.020
	油画工普工	工日	0.582	0.491	0.586	0.494	0.593	0.502
	油画工一般技工	工日	2.328	1.964	2.344	1.976	2.372	2.008
	油画工高级技工	工日	2.910	2.455	2.930	2.470	2.965	2.510
材料	巴黎绿	kg	0.1000	0.1000	0.1000	0.1000	0.1000	0.1000
	群青	kg	0.0200	0.0200	0.0200	0.0200	0.0200	0.0200
	银朱	kg	0.0100	0.0100	0.0100	0.0100	0.0100	0.0100
	红丹粉	kg	0.0100	0.0100	0.0100	0.0100	0.0100	0.0100
	石黄	kg	0.0100	0.0100	0.0100	0.0100	0.0100	0.0100
	松烟	kg	0.0100	0.0100	0.0100	0.0100	0.0100	0.0100
	大白粉	kg	0.1200	0.1200	0.1200	0.1200	0.1200	0.1200
	滑石粉	kg	0.0900	0.0900	0.0900	0.0900	0.0900	0.0900
	白矾	kg	0.0200	0.0200	0.0200	0.0200	0.0200	0.0200
	乳胶	kg	0.0700	0.0700	0.0700	0.0700	0.0700	0.0700
	无光白乳胶漆	kg	0.0800	0.0800	0.0800	0.0800	0.0800	0.0800
	醇酸调合漆	kg	0.0400	0.0400	0.0400	0.0400	0.0400	0.0400
	丙烯酸清漆	kg	—	—	—	—	0.0600	0.0600
	光油	kg	0.0100	0.0100	0.0100	0.0100	0.0100	0.0100
	金胶油	kg	0.0700	0.0700	0.0700	0.0700	0.0700	0.0700
	库金箔	张	52.5000	52.5000	—	—	—	—
	赤金箔	张	—	—	66.0000	66.0000	—	—
	铜箔	张	—	—	—	—	46.5500	46.5500
	其他材料费(占材料费)	%	0.50	0.50	0.50	0.50	0.50	0.50

工作内容：准备工具、成品保护、调兑材料、起扎谱子、沥粉、刷油漆、场内运输及清理废弃物。

计量单位：m^2

定额编号			3-10-993	3-10-994	3-10-995	3-10-996	3-10-997	3-10-998
项目			井口板无金彩画(边长)					
			染攒退鼓子心		五彩龙鼓子心		六字真言鼓子心	
			50cm 以内	50cm 以外	50cm 以内	50cm 以外	50cm 以内	50cm 以外
名称		单位	消耗量					
人工	合计工日	工日	2.360	1.980	5.500	3.860	3.180	2.630
	油画工普工	工日	0.236	0.198	0.550	0.386	0.318	0.263
	油画工一般技工	工日	0.944	0.792	2.200	1.544	1.272	1.052
	油画工高级技工	工日	1.180	0.990	2.750	1.930	1.590	1.315
材料	巴黎绿	kg	0.1000	0.1000	0.0600	0.0600	0.0900	0.0900
	群青	kg	0.0200	0.0200	0.0200	0.0200	0.0200	0.0200
	银朱	kg	0.0100	0.0100	0.0100	0.0100	0.0100	0.0100
	红丹粉	kg	0.0100	0.0100	0.0100	0.0100	0.0100	0.0100
	石黄	kg	0.0100	0.0100	0.0100	0.0100	0.0100	0.0100
	松烟	kg	0.0100	0.0100	0.0100	0.0100	0.0100	0.0100
	大白粉	kg	0.0900	0.0900	0.0900	0.0900	0.1000	0.1000
	滑石粉	kg	0.0900	0.0900	0.0900	0.0900	0.1000	0.1000
	白矾	kg	0.0200	0.0200	0.0200	0.0200	0.0200	0.0200
	乳胶	kg	0.0800	0.0800	0.0800	0.0800	0.0800	0.0800
	无光白乳胶漆	kg	0.1200	0.1200	0.1200	0.1200	0.0600	0.0600
	醇酸调合漆	kg	0.0400	0.0400	0.0400	0.0400	0.0400	0.0400
	其他材料费(占材料费)	%	1.00	1.00	1.00	1.00	1.00	1.00

工作内容：准备工具、成品保护、调兑材料、起扎谱子、沥粉、打金胶油、贴金(铜)箔、刷油漆、支搭金帐、场内运输及清理废弃物。

计量单位：m^2

定额编号			3-10-999	3-10-1000	3-10-1001	3-10-1002	3-10-1003	3-10-1004
项目			支条金琢墨燕尾彩画(边长)					
			库金		赤金		铜箔	
			50cm 以内	50cm 以外	50cm 以内	50cm 以外	50cm 以内	50cm 以外
名称		单位	消耗量					
人工	合计工日	工日	1.380	1.190	1.390	1.200	1.490	1.300
	油画工普工	工日	0.138	0.119	0.139	0.120	0.149	0.130
	油画工一般技工	工日	0.552	0.476	0.556	0.480	0.596	0.520
	油画工高级技工	工日	0.690	0.595	0.695	0.600	0.745	0.650
材料	巴黎绿	kg	0.1500	0.1500	0.1500	0.1500	0.1500	0.1500
	群青	kg	0.0100	0.0100	0.0100	0.0100	0.0100	0.0100
	银朱	kg	0.0100	0.0100	0.0100	0.0100	0.0100	0.0100
	红丹粉	kg	0.0100	0.0100	0.0100	0.0100	0.0100	0.0100
	石黄	kg	0.0100	0.0100	0.0100	0.0100	0.0100	0.0100
	松烟	kg	0.0100	0.0100	0.0100	0.0100	0.0100	0.0100
	大白粉	kg	0.0700	0.0700	0.0700	0.0700	0.0700	0.0700
	滑石粉	kg	0.0400	0.0400	0.0400	0.0400	0.0400	0.0400
	白矾	kg	0.0200	0.0200	0.0200	0.0200	0.0200	0.0200
	乳胶	kg	0.0900	0.0900	0.0900	0.0900	0.0900	0.0900
	无光白乳胶漆	kg	0.0200	0.0200	0.0200	0.0200	0.0200	0.0200
	醇酸调合漆	kg	0.0200	0.0200	0.0200	0.0200	0.0200	0.0200
	丙烯酸清漆	kg	—	—	—	—	0.0400	0.0400
	光油	kg	0.0100	0.0100	0.0100	0.0100	0.0100	0.0100
	金胶油	kg	0.0400	0.0400	0.0400	0.0400	0.0400	0.0400
	库金箔	张	31.0000	31.0000	—	—	—	—
	赤金箔	张	—	—	39.0000	39.0000	—	—
	铜箔	张	—	—	—	—	27.5000	27.5000
	其他材料费(占材料费)	%	0.50	0.50	0.50	0.50	0.50	0.50

工作内容：准备工具、成品保护、调兑材料、起扎谱子、沥粉、打金胶油、贴金(铜)箔、刷油漆、支搭金帐、场内运输及清理废弃物。

计量单位：m^2

定额编号			3-10-1005	3-10-1006	3-10-1007	3-10-1008	3-10-1009	3-10-1010
项目			支条烟琢墨燕尾彩画(边长)					
			库金		赤金		铜箔	
			50cm 以内	50cm 以外	50cm 以内	50cm 以外	50cm 以内	50cm 以外
	名称	单位	消耗量					
人工	合计工日	工日	1.070	0.890	1.080	0.900	1.160	0.980
	油画工普工	工日	0.107	0.089	0.108	0.090	0.116	0.098
	油画工一般技工	工日	0.428	0.356	0.432	0.360	0.464	0.392
	油画工高级技工	工日	0.535	0.445	0.540	0.450	0.580	0.490
材料	巴黎绿	kg	0.1500	0.1500	0.1500	0.1500	0.1500	0.1500
	群青	kg	0.0100	0.0100	0.0100	0.0100	0.0100	0.0100
	银朱	kg	0.0100	0.0100	0.0100	0.0100	0.0100	0.0100
	红丹粉	kg	0.0100	0.0100	0.0100	0.0100	0.0100	0.0100
	石黄	kg	0.0100	0.0100	0.0100	0.0100	0.0100	0.0100
	松烟	kg	0.0100	0.0100	0.0100	0.0100	0.0100	0.0100
	大白粉	kg	0.0700	0.0700	0.0700	0.0700	0.0700	0.0700
	滑石粉	kg	0.0400	0.0400	0.0400	0.0400	0.0400	0.0400
	白矾	kg	0.0200	0.0200	0.0200	0.0200	0.0200	0.0200
	乳胶	kg	0.0600	0.0600	0.0600	0.0600	0.0600	0.0600
	无光白乳胶漆	kg	0.0200	0.0200	0.0200	0.0200	0.0200	0.0200
	醇酸调合漆	kg	0.0200	0.0200	0.0200	0.0200	0.0200	0.0200
	丙烯酸清漆	kg	—	—	—	—	0.0400	0.0400
	光油	kg	0.0100	0.0100	0.0100	0.0100	0.0100	0.0100
	金胶油	kg	0.0400	0.0400	0.0400	0.0400	0.0400	0.0400
	库金箔	张	19.5000	19.5000	—	—	—	—
	赤金箔	张	—	—	24.5000	24.5000	—	—
	铜箔	张	—	—	—	—	17.3300	17.3300
	其他材料费(占材料费)	%	0.50	0.50	0.50	0.50	0.50	0.50

工作内容：准备工具、成品保护、调兑材料、起扎谱子、沥粉、打金胶油、贴金(铜)箔、刷油漆、支搭金帐、场内运输及清理废弃物。井口线刷色还包括码井口线。 **计量单位：m²**

定额编号			3-10-1011	3-10-1012	3-10-1013	3-10-1014	3-10-1015	3-10-1016
项目			无金燕尾彩画(边长)		无燕尾支条			无燕尾支条
			50cm 以内	50cm 以外	井口线贴金		无燕尾无饰金	井口线刷色
					库金	赤金	铜箔	
名称		单位	消耗量					
人工	合计工日	工日	0.830	0.650	0.180	0.190	0.220	0.070
	油画工普工	工日	0.083	0.065	0.018	0.019	0.022	0.007
	油画工一般技工	工日	0.332	0.260	0.072	0.076	0.088	0.028
	油画工高级技工	工日	0.415	0.325	0.090	0.095	0.110	0.035
材料	巴黎绿	kg	0.1500	0.1500	0.1400	0.1400	0.1400	0.1400
	群青	kg	0.0100	0.0100	—	—	—	—
	银朱	kg	0.0100	0.0100	—	—	—	—
	红丹粉	kg	0.0100	0.0100	—	—	—	—
	石黄	kg	0.0100	0.0100	—	—	—	—
	松烟	kg	0.0100	0.0100	—	—	—	—
	大白粉	kg	0.0400	0.0400	—	—	—	—
	滑石粉	kg	0.0400	0.0400	—	—	—	—
	白矾	kg	0.0200	0.0200	—	—	—	—
	乳胶	kg	0.1000	0.1000	0.0600	0.0600	0.0600	0.0600
	无光白乳胶漆	kg	0.0200	0.0200	—	—	—	—
	醇酸调合漆	kg	0.0200	0.0200	0.0200	0.0200	0.0200	—
	光油	kg	0.0100	0.0100	—	—	—	—
	金胶油	kg	—	—	0.0400	0.0400	0.0400	—
	库金箔	张	—	—	16.5000	—	—	—
	赤金箔	张	—	—	—	20.7000	—	—
	铜箔	张	—	—	—	—	14.5000	—
	丙烯酸清漆	kg	—	—	—	—	0.0400	—
	其他材料费(占材料费)	%	1.00	1.00	0.50	0.50	0.50	1.00

工作内容：准备工具、成品保护、调兑材料、起扎谱子、沥粉、打金胶油、贴金(铜)箔、刷油漆、支搭金帐、场内运输及清理废弃物。

计量单位：m^2

定额编号			3-10-1017	3-10-1018	3-10-1019	3-10-1020	3-10-1021
项目			木顶格软天花彩画				
			有燕尾				无燕尾无金饰
			库金	赤金	铜箔	无饰金	
名称		单位	消耗量				
人工	合计工日	工日	2.828	2.860	2.946	2.370	2.088
	油画工普工	工日	0.283	0.286	0.295	0.237	0.209
	油画工一般技工	工日	1.414	1.430	1.473	1.185	1.044
	油画工高级技工	工日	1.131	1.144	1.178	0.948	0.835
材料	巴黎绿	kg	0.1505	0.1505	0.1505	0.1505	0.1505
	群青	kg	0.0339	0.0339	0.0339	0.0339	0.0339
	银朱	kg	0.0105	0.0105	0.0105	0.0105	0.0105
	章丹	kg	0.0105	0.0105	0.0105	0.0105	0.0105
	石黄	kg	0.0105	0.0105	0.0105	0.0105	0.0105
	松烟	kg	0.0105	0.0105	0.0105	0.0105	0.0105
	无光白乳胶漆	kg	0.0188	0.0188	0.0188	0.0188	0.0188
	滑石粉	kg	0.1200	0.1200	0.1200	0.1200	—
	大白粉	kg	0.1400	0.1400	0.1400	0.1400	—
	乳胶	kg	0.1892	0.1892	0.1892	0.1892	0.1242
	光油	kg	0.0100	0.0100	0.0100	0.0100	0.0100
	颜料光油	kg	0.0148	0.0148	0.0148	—	—
	金胶油	kg	0.0349	0.0349	0.0349	—	—
	库金箔	张	31.0174	—	—	—	—
	赤金箔	张	—	38.8908	—	—	—
	铜箔	张	—	—	2.5100	—	—
	丙烯酸清漆	kg	—	—	0.0522	—	—
	其他材料费(占材料费)	%	0.50	0.50	0.50	1.00	1.00

工作内容：准备工具、成品保护、调兑材料、起扎谱子、沥粉、打金胶油、贴金(铜)箔、刷油漆、支搭金帐、场内运输及清理废弃物。

计量单位：m^2

定额编号			3-10-1022	3-10-1023	3-10-1024	3-10-1025	3-10-1026	3-10-1027
项目			新式金琢墨天花(边长)					
			库金		赤金		铜箔	
			50cm 以内	50cm 以外	50cm 以内	50cm 以外	50cm 以内	50cm 以外
	名称	单位	消耗量					
人工	合计工日	工日	3.290	2.740	3.340	2.770	3.400	2.860
	油画工普工	工日	0.329	0.274	0.334	0.277	0.340	0.286
	油画工一般技工	工日	1.316	1.096	1.336	1.108	1.360	1.144
	油画工高级技工	工日	1.645	1.370	1.670	1.385	1.700	1.430
材料	巴黎绿	kg	0.1000	0.1000	0.1000	0.1000	0.1000	0.1000
	群青	kg	0.0200	0.0200	0.0200	0.0200	0.0200	0.0200
	银朱	kg	0.0100	0.0100	0.0100	0.0100	0.0100	0.0100
	红丹粉	kg	0.0100	0.0100	0.0100	0.0100	0.0100	0.0100
	石黄	kg	0.0100	0.0100	0.0100	0.0100	0.0100	0.0100
	松烟	kg	0.0100	0.0100	0.0100	0.0100	0.0100	0.0100
	大白粉	kg	0.1300	0.1300	0.1300	0.1300	0.1300	0.1300
	滑石粉	kg	0.0900	0.0900	0.0900	0.0900	0.0900	0.0900
	白矾	kg	0.0200	0.0200	0.0200	0.0200	0.0200	0.0200
	乳胶	kg	0.0700	0.0700	0.0700	0.0700	0.0700	0.0700
	无光白乳胶漆	kg	0.0700	0.0700	0.0700	0.0700	0.0700	0.0700
	醇酸调合漆	kg	0.0300	0.0300	0.0300	0.0300	0.0300	0.0300
	光油	kg	0.0100	0.0100	0.0100	0.0100	0.0100	0.0100
	金胶油	kg	0.0600	0.0600	0.0600	0.0600	0.0600	0.0600
	库金箔	张	59.4300	59.4300	—	—	—	—
	赤金箔	张	—	—	74.5500	74.5500	—	—
	铜箔	张	—	—	—	—	52.6400	52.6400
	丙烯酸清漆	kg	—	—	—	—	0.0600	0.0600
	其他材料费(占材料费)	%	0.50	0.50	0.50	0.50	0.50	0.50

工作内容:准备工具、成品保护、调兑材料、起扎谱子、沥粉、打金胶油、贴金(铜)箔、刷油漆、支搭金帐、场内运输及清理废弃物。

计量单位:m^2

定额编号			3-10-1028	3-10-1029	3-10-1030	3-10-1031	3-10-1032	3-10-1033
项目			新式金线方圆鼓子心天花(边长)					
			库金		赤金		铜箔	
			50cm 以内	50cm 以外	50cm 以内	50cm 以外	50cm 以内	50cm 以外
	名称	单位	消耗量					
人工	合计工日	工日	2.840	2.270	2.860	2.280	2.900	2.330
	油画工普工	工日	0.284	0.227	0.286	0.228	0.290	0.233
	油画工一般技工	工日	1.136	0.908	1.144	0.912	1.160	0.932
	油画工高级技工	工日	1.420	1.135	1.430	1.140	1.450	1.165
材料	巴黎绿	kg	0.1000	0.1000	0.1000	0.1000	0.1000	0.1000
	群青	kg	0.0200	0.0200	0.0200	0.0200	0.0200	0.0200
	银朱	kg	0.0100	0.0100	0.0100	0.0100	0.0100	0.0100
	红丹粉	kg	0.0100	0.0100	0.0100	0.0100	0.0100	0.0100
	石黄	kg	0.0100	0.0100	0.0100	0.0100	0.0100	0.0100
	松烟	kg	0.0100	0.0100	0.0100	0.0100	0.0100	0.0100
	大白粉	kg	0.1100	0.1100	0.1100	0.1100	0.1100	0.1100
	滑石粉	kg	0.0900	0.0900	0.0900	0.0900	0.0900	0.0900
	白矾	kg	0.0200	0.0200	0.0200	0.0200	0.0200	0.0200
	乳胶	kg	0.0700	0.0700	0.0700	0.0700	0.0700	0.0700
	无光白乳胶漆	kg	0.1200	0.1200	0.1200	0.1200	0.1200	0.1200
	醇酸调合漆	kg	0.0100	0.0100	0.0100	0.0100	0.0100	0.0100
	光油	kg	0.0100	0.0100	0.0100	0.0100	0.0100	0.0100
	金胶油	kg	0.0200	0.0200	0.0200	0.0200	0.0200	0.0200
	库金箔	张	20.5000	20.5000	—	—	—	—
	赤金箔	张	—	—	25.7300	25.7300	—	—
	铜箔	张	—	—	—	—	18.0000	18.0000
	丙烯酸清漆	kg	—	—	—	—	0.0200	0.0200
	其他材料费(占材料费)	%	0.50	0.50	0.50	0.50	0.50	0.50

工作内容：准备工具、成品保护、调兑材料、起扎谱子、沥粉、打金胶油、贴金(铜)箔、刷油漆、支搭金帐、场内运输及清理废弃物。

计量单位：m^2

定额编号			3-10-1034	3-10-1035	3-10-1036	3-10-1037	3-10-1038	3-10-1039
项目			灯花					
			金琢墨(带岔角)			局部贴金(一)		
			库金	赤金	铜箔	库金	赤金	铜箔
名称		单位	消耗量					
人工	合计工日	工日	5.640	5.680	5.750	4.200	4.240	4.560
	油画工普工	工日	0.564	0.568	0.575	0.420	0.424	0.456
	油画工一般技工	工日	2.256	2.272	2.300	1.680	1.696	1.824
	油画工高级技工	工日	2.820	2.840	2.875	2.100	2.120	2.280
材料	巴黎绿	kg	0.0500	0.0500	0.0500	0.0500	0.0500	0.0500
	群青	kg	0.0100	0.0100	0.0100	0.0100	0.0100	0.0100
	银朱	kg	0.0100	0.0100	0.0100	0.0100	0.0100	0.0100
	红丹粉	kg	0.0100	0.0100	0.0100	0.0100	0.0100	0.0100
	石黄	kg	0.0100	0.0100	0.0100	0.0100	0.0100	0.0100
	松烟	kg	0.0100	0.0100	0.0100	0.0100	0.0100	0.0100
	大白粉	kg	0.1300	0.1300	0.1300	0.1300	0.1300	0.1300
	滑石粉	kg	0.0900	0.0900	0.0900	0.0900	0.0900	0.0900
	乳胶	kg	0.0300	0.0300	0.0300	0.0300	0.0300	0.0300
	无光白乳胶漆	kg	0.4500	0.4500	0.4500	0.4500	0.4500	0.4500
	醇酸调合漆	kg	0.0300	0.0300	0.0300	0.0100	0.0100	0.0100
	丙烯酸清漆	kg	—	—	0.0600	—	—	0.0100
	光油	kg	0.0100	0.0100	0.0100	0.0100	0.0100	0.0100
	金胶油	kg	0.0700	0.0700	0.0700	0.0200	0.0200	0.0200
	库金箔	张	59.4300	—	—	21.0000	—	—
	赤金箔	张	—	74.5500	—	—	26.2500	—
	铜箔	张	—	—	52.6400	—	—	18.0600
	其他材料费(占材料费)	%	0.50	0.50	0.50	0.50	0.50	0.50

工作内容：准备工具、成品保护、调兑材料、起扎谱子、沥粉、打金胶油、贴金（铜）箔、刷油漆、支搭金帐、场内运输及清理废弃物。

计量单位：m^2

定额编号			3-10-1040	3-10-1041	3-10-1042	3-10-1043
项目			灯花			
			局部贴金（二）			沥粉无金
			库金	赤金	铜箔	
名称		单位	消耗量			
人工	合计工日	工日	4.560	4.600	4.670	4.010
	油画工普工	工日	0.456	0.460	0.467	0.401
	油画工一般技工	工日	1.824	1.840	1.868	1.604
	油画工高级技工	工日	2.280	2.300	2.335	2.005
材料	巴黎绿	kg	0.0500	0.0500	0.0500	0.0500
	群青	kg	0.0100	0.0100	0.0100	0.0100
	银朱	kg	0.0100	0.0100	0.0100	0.0100
	红丹粉	kg	0.0100	0.0100	0.0100	0.0100
	石黄	kg	0.0100	0.0100	0.0100	0.0100
	松烟	kg	0.0100	0.0100	0.0100	0.0100
	大白粉	kg	0.1300	0.1300	0.1300	0.1000
	滑石粉	kg	0.0900	0.0900	0.0900	0.1000
	乳胶	kg	0.0300	0.0300	0.0300	0.0300
	无光白乳胶漆	kg	0.4500	0.4500	0.4500	0.4500
	醇酸调合漆	kg	0.0300	0.0300	0.0300	0.0100
	光油	kg	0.0100	0.0100	0.0100	0.0100
	金胶油	kg	0.0400	0.0400	0.0400	—
	库金箔	张	42.0000	—	—	—
	赤金箔	张	—	52.0000	—	—
	铜箔	张	—	—	36.2300	—
	丙烯酸清漆	kg	—	—	0.0400	—
	其他材料费（占材料费）	%	0.50	0.50	0.50	1.00

工作内容：准备工具、成品保护、调兑材料、起扎谱子、彩画、场内运输及清理废弃物。墙面拉线还包括弹线、找规矩、刷色。

定额编号			3-10-1044	3-10-1045	3-10-1046
项目			墙边切活彩面	大墙色边拉线	
				油线	色线
			m^2	m	
名称		单位	消耗量		
人工	合计工日	工日	2.760	0.040	0.040
	油画工普工	工日	0.552	0.008	0.008
	油画工一般技工	工日	1.104	0.016	0.016
	油画工高级技工	工日	1.104	0.016	0.016
材料	巴黎绿	kg	0.3800	—	—
	群青	kg	0.1600	—	—
	松烟	kg	0.0100	—	—
	色粉	kg	—	—	0.0100
	乳胶	kg	0.1100	—	0.0100
	醇酸磁漆	kg	—	0.0100	—
	醇酸稀料	kg	—	0.0100	—
	其他材料费(占材料费)	%	1.00	1.00	1.00

工作内容：准备工具、成品保护、调兑材料、找腻子、喷刷浆、场内运输及清理废弃物。　**计量单位：**m^2

定额编号			3-10-1047	3-10-1048
项目			墙面起底子、刮腻子、刷浆	
			红浆	黄浆
名称		单位	消耗量	
人工	合计工日	工日	0.060	0.070
	油画工普工	工日	0.024	0.028
	油画工一般技工	工日	0.030	0.035
	油画工高级技工	工日	0.006	0.007
材料	氧化铁红	kg	0.1700	—
	地板黄	kg	—	0.0200
	乳胶	kg	0.0300	0.0300
	石膏粉	kg	0.0300	0.0300
	大白粉	kg	0.0600	0.4000
	滑石粉	kg	0.0200	0.0600
	羧甲基纤维素	kg	0.0100	0.0200
	其他材料费(占材料费)	%	1.00	1.00

6. 雀替、花板、花罩除尘清理及彩画修补

工作内容：准备工具、成品保护、清理除尘、场内运输及清理废弃物，彩画回贴还包括清水闷透、注胶、压平、压实。

计量单位：m^2

定额编号			3-10-1049	3-10-1050	3-10-1051
项目			雀替、花板彩画		
			清理除尘	回贴	
				面积占 30%	面积每增减 10%
名称		单位	消耗量		
人工	合计工日	工日	0.600	1.253	0.345
	油画工普工	工日	0.300	0.125	0.035
	油画工一般技工	工日	0.240	0.626	0.172
	油画工高级技工	工日	0.060	0.501	0.138
材料	乳胶	kg	—	0.1000	0.0333
	白布	m^2	0.1100	—	—
	荞麦面	kg	0.4100	—	—
	其他材料费(占材料费)	%	—	2.00	2.00

工作内容:准备工具、成品保护、调兑材料、随旧活补修、沥粉、彩画、打金胶油、贴金(铜)箔、支搭金帐、场内运输及清理废弃物。

计量单位:m²

定额编号			3-10-1052	3-10-1053	3-10-1054
项目			雀替彩画修补(面积占30%)		
			金边金龙、金边金琢墨		
			库金	赤金	铜箔
名称		单位	消耗量		
人工	合计工日	工日	2.651	2.828	3.030
	油画工普工	工日	0.265	0.283	0.303
	油画工一般技工	工日	1.326	1.414	1.515
	油画工高级技工	工日	1.060	1.131	1.212
材料	巴黎绿	kg	0.0100	0.0100	0.0100
	群青	kg	0.0040	0.0040	0.0040
	无光白乳胶漆	kg	0.0125	0.0125	0.0125
	乳胶	kg	0.0120	0.0120	0.0120
	颜料光油	kg	0.0495	0.0495	0.0495
	醇酸稀料	kg	0.0045	0.0045	0.0045
	金胶油	kg	0.0622	0.0622	0.0622
	库金	张	55.0347	—	—
	赤金	张	—	69.0047	—
	铜箔	张	—	—	47.8800
	丙烯酸清漆	kg	—	—	0.0431
	其他材料费(占材料费)	%	1.00	1.00	1.00

工作内容：准备工具、成品保护、调兑材料、随旧活补修、沥粉、彩画、打金胶油、贴金(铜)箔、支搭金帐、场内运输及清理废弃物。

计量单位：m²

	定额编号		3-10-1055	3-10-1056	3-10-1057	3-10-1058
	项目		雀替彩画修补(面积占30%)			
			金边攒退、金边纠粉			无金饰
			库金	赤金	铜箔	
	名称	单位	消耗量			
人工	合计工日	工日	0.979	0.988	1.012	0.612
	油画工普工	工日	0.098	0.099	0.101	0.061
	油画工一般技工	工日	0.489	0.494	0.506	0.306
	油画工高级技工	工日	0.392	0.395	0.405	0.245
材料	巴黎绿	kg	0.0415	0.0415	0.0415	0.0346
	群青	kg	0.0166	0.0166	0.0166	0.0138
	银朱	kg	0.0014	0.0014	0.0014	0.0014
	章丹	kg	0.0071	0.0071	0.0071	0.0071
	石黄	kg	0.0050	0.0050	0.0050	0.0030
	松烟	kg	—	—	—	0.0060
	无光白乳胶漆	kg	0.0125	0.0125	0.0125	0.0125
	乳胶	kg	0.0678	0.0678	0.0678	0.0367
	光油	kg	0.0030	0.0030	0.0030	0.0030
	颜料光油	kg	0.0489	0.0489	0.0489	0.0742
	醇酸稀料	kg	0.0034	0.0034	0.0034	0.0048
	金胶油	kg	0.0154	0.0154	0.0154	—
	库金	张	13.6138	—	—	—
	赤金	张	—	17.0696	—	—
	铜箔	张	—	—	11.8440	—
	丙烯酸清漆	kg	—	—	0.0107	—
	其他材料费(占材料费)	%	1.00	1.00	1.00	2.00

工作内容：准备工具、成品保护、调兑材料、随旧活补修、沥粉、彩画、打金胶油、贴金(铜)箔、支搭金帐、场内运输及清理废弃物。

计量单位：m^2

定额编号			3-10-1059	3-10-1060	3-10-1061
项目			雀替彩画修补(面积每增10%)		
			金边金龙、金边金琢墨		
			库金	赤金	铜箔
名称		单位	消耗量		
人工	合计工日	工日	0.858	0.924	0.990
	油画工普工	工日	0.086	0.092	0.099
	油画工一般技工	工日	0.429	0.462	0.495
	油画工高级技工	工日	0.343	0.370	0.396
材料	巴黎绿	kg	0.0033	0.0033	0.0033
	群青	kg	0.0013	0.0013	0.0013
	无光白乳胶漆	kg	0.0042	0.0042	0.0042
	乳胶	kg	0.0040	0.0040	0.0040
	颜料光油	kg	0.0165	0.0165	0.0165
	醇酸稀料	kg	0.0015	0.0015	0.0015
	金胶油	kg	0.0207	0.0207	0.0207
	库金箔	张	18.3449	—	—
	赤金箔	张	—	23.0016	—
	铜箔	张	—	—	15.9600
	丙烯酸清漆	kg	—	—	0.0144
	其他材料费(占材料费)	%	1.00	1.00	1.00

工作内容：准备工具、成品保护、调兑材料、随旧活补修、沥粉、彩画、打金胶油、贴金(铜)箔、支搭金帐、场内运输及清理废弃物。

计量单位：m^2

定额编号			3-10-1062	3-10-1063	3-10-1064	3-10-1065
项目			雀替彩画修补(面积每增10%)			
			有金饰	金边攒退、金边纠粉		无金饰
			库金	赤金	铜箔	
名称		单位	消耗量			
人工	合计工日	工日	0.317	0.320	0.328	0.198
	油画工普工	工日	0.032	0.032	0.033	0.020
	油画工一般技工	工日	0.158	0.160	0.164	0.099
	油画工高级技工	工日	0.127	0.128	0.131	0.079
材料	巴黎绿	kg	0.0138	0.0138	0.0138	0.0115
	群青	kg	0.0055	0.0055	0.0055	0.0046
	银朱	kg	0.0005	0.0005	0.0005	0.0005
	章丹	kg	0.0024	0.0024	0.0024	0.0024
	石黄	kg	0.0017	0.0017	0.0017	0.0010
	松烟	kg	—	—	—	0.0020
	无光白乳胶漆	kg	0.0042	0.0042	0.0042	0.0042
	乳胶	kg	0.0111	0.0111	0.0111	0.0122
	光油	kg	0.0010	0.0010	0.0010	0.0010
	颜料光油	kg	0.0163	0.0163	0.0163	0.0247
	醇酸稀料	kg	0.0011	0.0011	0.0011	0.0016
	金胶油	kg	0.0051	0.0051	0.0051	—
	库金箔	张	4.5379	—	—	—
	赤金箔	张	—	5.6899	—	—
	铜箔	张	—	—	3.9480	—
	丙烯酸清漆	kg	—	—	0.0036	—
	其他材料费(占材料费)	%	1.00	1.00	1.00	2.00

工作内容:准备工具、成品保护、调兑材料、随旧活补修、沥粉、彩画、打金胶油、贴金(铜)箔、支搭金帐、场内运输及清理废弃物。

计量单位:m^2

定额编号			3-10-1066	3-10-1067	3-10-1068	3-10-1069
项目			云龙花板彩画修补(面积占30%)			
			浑金			
			库金	赤金	库赤两色金	铜箔
名称		单位	消耗量			
人工	合计工日	工日	4.713	4.837	5.098	5.123
	油画工普工	工日	0.471	0.484	0.510	0.512
	油画工一般技工	工日	2.357	2.418	2.549	2.562
	油画工高级技工	工日	1.885	1.935	2.039	2.049
材料	血料	kg	0.0318	0.0318	0.0318	0.0318
	滑石粉	kg	0.0539	0.0539	0.0539	0.0539
	颜料光油	kg	0.2101	0.2101	0.2101	0.2101
	金胶油	kg	0.1167	0.1167	0.0852	0.1167
	库金箔	张	103.1901	—	41.4209	—
	赤金箔	张	—	129.3837	42.4923	—
	铜箔	张	—	—	—	29.9250
	丙烯酸清漆	kg	—	—	—	0.0269
	其他材料费(占材料费)	%	1.00	1.00	1.00	1.00

工作内容：准备工具、成品保护、调兑材料、随旧活补修、沥粉、彩画、打金胶油、贴金(铜)箔、支搭金帐、场内运输及清理废弃物。

计量单位：m^2

定额编号			3-10-1070	3-10-1071	3-10-1072
项目			云龙花板彩画修补(面积占30%)		
			颜料光油刷一道油扣油提地贴金		
			库金	赤金	铜箔
名称		单位	消耗量		
人工	合计工日	工日	4.646	4.767	5.050
	油画工普工	工日	0.465	0.477	0.505
	油画工一般技工	工日	2.323	2.383	2.525
	油画工高级技工	工日	1.858	1.907	2.020
材料	血料	kg	0.0318	0.0318	0.0318
	滑石粉	kg	0.0539	0.0539	0.0539
	巴黎绿	kg	0.0401	0.0401	0.0401
	群青	kg	0.0161	0.0161	0.0161
	章丹	kg	0.0060	0.0060	0.0060
	无光白乳胶漆	kg	0.0150	0.0150	0.0150
	乳胶	kg	0.0321	0.0321	0.0321
	颜料光油	kg	0.1376	0.1376	0.1376
	金胶油	kg	0.0642	0.0642	0.0642
	库金箔	张	56.7545	—	—
	赤金箔	张	—	71.1611	—
	铜箔	张	—	—	16.4588
	丙烯酸清漆	kg	—	—	0.0148
	其他材料费(占材料费)	%	1.00	1.00	1.00

工作内容：准备工具、成品保护、调兑材料、随旧活补修、沥粉、彩画、打金胶油、贴金(铜)箔、支搭金帐、场内运输及清理废弃物。

计量单位：m²

定额编号			3-10-1073	3-10-1074	3-10-1075	3-10-1076
项目			云龙花板彩画修补(面积占30%)			
			局部贴金纠粉			无金
			库金	赤金	铜箔	
名称		单位	消耗量			
人工	合计工日	工日	1.032	0.979	1.020	0.728
	油画工普工	工日	0.094	0.098	0.102	0.073
	油画工一般技工	工日	0.469	0.489	0.510	0.364
	油画工高级技工	工日	0.469	0.392	0.408	0.291
材料	血料	kg	0.0318	0.0318	0.0318	0.0984
	滑石粉	kg	0.0539	0.0539	0.0539	0.1673
	巴黎绿	kg	0.0831	0.0831	0.0831	0.3177
	群青	kg	0.0332	0.0332	0.0332	0.1271
	章丹	kg	0.0060	0.0060	0.0060	0.0200
	无光白乳胶漆	kg	0.0150	0.0150	0.0150	0.0500
	乳胶	kg	0.0665	0.0665	0.0665	0.2625
	颜料光油	kg	0.0537	0.0537	0.0537	—
	金胶油	kg	0.0082	0.0082	0.0082	—
	库金箔	张	7.2414	—	—	—
	赤金箔	张	—	9.0796	—	—
	铜箔	张	—	—	2.1000	—
	丙烯酸清漆	kg	—	—	0.0019	—
	醇酸磁漆	kg	—	—	—	0.1387
	醇酸稀释剂	kg	—	—	—	0.0082
	其他材料费(占材料费)	%	1.00	1.00	1.00	2.00

工作内容：准备工具、成品保护、调兑材料、随旧活补修、沥粉、彩画、打金胶油、贴金（铜）箔、支搭金帐、场内运输及清理废弃物。

计量单位：m^2

定额编号			3-10-1077	3-10-1078	3-10-1079	3-10-1080
项目			云龙花板彩画修补（面积每增10%）			
			浑金			
			库金	赤金	库赤两色金	铜箔
名称		单位	消耗量			
人工	合计工日	工日	1.518	1.558	1.650	1.650
	油画工普工	工日	0.152	0.156	0.165	0.165
	油画工一般技工	工日	0.759	0.779	0.825	0.825
	油画工高级技工	工日	0.607	0.623	0.660	0.660
材料	血料	kg	0.0106	0.0106	0.0106	0.0106
	滑石粉	kg	0.0180	0.0180	0.0180	0.0180
	颜料光油	kg	0.0700	0.0700	0.0700	0.0700
	金胶油	kg	0.0389	0.0389	0.0284	0.0389
	库金箔	张	34.3967	—	13.8070	—
	赤金箔	张	—	43.1279	14.1641	—
	铜箔	张	—	—	—	29.9250
	丙烯酸清漆	kg	—	—	—	0.0269
	其他材料费（占材料费）	%	1.00	1.00	1.00	1.00

工作内容：准备工具、成品保护、调兑材料、随旧活补修、沥粉、彩画、打金胶油、贴金(铜)箔、支搭金帐、场内运输及清理废弃物。

计量单位：m^2

定额编号			3-10-1081	3-10-1082	3-10-1083
项目			云龙花板彩画修补(面积每增10%)		
			颜料光油刷一道油扣油提地贴金		
			库金	赤金	铜箔
名称		单位	消耗量		
人工	合计工日	工日	1.518	1.558	1.650
	油画工普工	工日	0.152	0.156	0.165
	油画工一般技工	工日	0.759	0.779	0.825
	油画工高级技工	工日	0.607	0.623	0.660
材料	血料	kg	0.0106	0.0106	0.0106
	滑石粉	kg	0.0180	0.0180	0.0180
	巴黎绿	kg	0.0134	0.0134	0.0134
	群青	kg	0.0054	0.0054	0.0054
	章丹	kg	0.0060	0.0060	0.0060
	无光白乳胶漆	kg	0.0150	0.0150	0.0150
	乳胶	kg	0.0107	0.0107	0.0107
	颜料光油	kg	0.0459	0.0459	0.0459
	金胶油	kg	0.0214	0.0214	0.0214
	库金箔	张	18.9182	—	—
	赤金箔	张	—	23.7204	—
	铜箔	张	—	—	16.4588
	丙烯酸清漆	kg	—	—	0.0148
	其他材料费(占材料费)	%	1.00	1.00	1.00

工作内容：准备工具、成品保护、调兑材料、随旧活补修、沥粉、彩画、打金胶油、贴金(铜)箔、支搭金帐、场内运输及清理废弃物。

计量单位：m^2

定额编号			3-10-1084	3-10-1085	3-10-1086	3-10-1087
项目			云龙花板彩画修补(面积每增10%)			
			局部贴金纠粉			无金
			库金	赤金	铜箔	
名称		单位	消耗量			
人工	合计工日	工日	0.303	0.317	0.330	0.238
	油画工普工	工日	0.030	0.032	0.033	0.024
	油画工一般技工	工日	0.152	0.158	0.165	0.119
	油画工高级技工	工日	0.121	0.127	0.132	0.095
材料	血料	kg	0.0106	0.0106	0.0106	0.0984
	滑石粉	kg	0.0180	0.0180	0.0180	0.1673
	巴黎绿	kg	0.0277	0.0277	0.0277	0.3177
	群青	kg	0.0111	0.0111	0.0111	0.1271
	章丹	kg	0.0020	0.0020	0.0020	0.0067
	无光白乳胶漆	kg	0.0050	0.0050	0.0050	0.0167
	乳胶	kg	0.0222	0.0222	0.0222	0.2625
	颜料光油	kg	0.0179	0.0179	0.0179	—
	金胶油	kg	0.0027	0.0027	0.0027	—
	库金箔	张	2.4138	—	—	—
	赤金箔	张	—	3.0265	—	—
	铜箔	张	—	—	2.1000	—
	丙烯酸清漆	kg	—	—	0.0019	—
	醇酸磁漆	kg	—	—	—	0.1387
	醇酸稀释剂	kg	—	—	—	0.0082
	其他材料费(占材料费)	%	1.00	1.00	1.00	2.00

7. 雀替、花板、花罩基层处理

工作内容：准备工具、成品保护、清理基层、场内运输及清理废弃物。　　**计量单位：**m^2

定额编号			3-10-1088	3-10-1089
项目			雀替、花板、花罩砍活	
			闷水洗挠	清理除铲
名称		单位	消耗量	
人工	合计工日	工日	0.960	0.140
	油画工普工	工日	0.864	0.126
	油画工一般技工	工日	0.096	0.014
材料	搓草	kg	0.0100	—
	碳酸钠（纯碱）	kg	0.0200	—

工作内容：准备工具、成品保护、清理除铲、分层披灰、打磨、场内运输及清理废弃物。　　**计量单位：**m^2

定额编号			3-10-1090	3-10-1091
项目			雀替、花板、花罩修补地仗（面积占30%）	雀替、花板、花罩修补地仗（面积每增10%）
名称		单位	消耗量	
人工	合计工日	工日	0.890	0.200
	油画工普工	工日	0.178	0.040
	油画工一般技工	工日	0.623	0.140
	油画工高级技工	工日	0.089	0.020
材料	面粉	kg	0.0126	0.0042
	血料	kg	1.2620	0.4206
	砖灰	kg	1.1126	0.3708
	灰油	kg	0.0630	0.0210
	光油	kg	0.0501	0.0222
	生桐油	kg	0.0667	0.0167
	其他材料费（占材料费）	%	2.00	2.00

工作内容：准备工具、成品保护、调兑材料、分层披灰、打磨、场内运输及清理废弃物。 **计量单位：**m²

定额编号			3-10-1092	3-10-1093	3-10-1094
项目			雀替、花板、花罩地仗		
			三道灰	二道灰	一道半灰
名称		单位	消耗量		
人工	合计工日	工日	1.370	1.030	0.430
	油画工普工	工日	0.274	0.206	0.086
	油画工一般技工	工日	0.959	0.721	0.301
	油画工高级技工	工日	0.137	0.103	0.043
材料	面粉	kg	0.0400	—	—
	血料	kg	3.7900	2.2100	0.7300
	砖灰	kg	3.4300	1.9100	0.6400
	灰油	kg	0.2000	—	—
	光油	kg	0.1600	0.2000	0.0800
	生桐油	kg	0.2100	0.1400	0.1400
	其他材料费(占材料费)	%	1.00	1.00	1.00

8. 雀替、花板、花罩油饰彩画

工作内容:准备工具、成品保护、调兑材料、刮、帚、找腻子、打磨、分层涂刷、场内运输及清理废弃物。

计量单位:m²

<table>
<tr><td colspan="3">定　额　编　号</td><td>3-10-1095</td><td>3-10-1096</td><td>3-10-1097</td><td>3-10-1098</td></tr>
<tr><td colspan="3" rowspan="2">项　　　目</td><td colspan="2">雀替、花板刮腻子、油漆刷三道</td><td rowspan="2">光油罩一道</td><td rowspan="2">清油罩一道</td></tr>
<tr><td>醇酸磁漆</td><td>醇酸调合漆</td></tr>
<tr><td colspan="2">名　　称</td><td>单位</td><td colspan="4">消　耗　量</td></tr>
<tr><td rowspan="4">人工</td><td>合计工日</td><td>工日</td><td>0.380</td><td>0.380</td><td>0.120</td><td>0.120</td></tr>
<tr><td>油画工普工</td><td>工日</td><td>0.076</td><td>0.076</td><td>0.024</td><td>0.024</td></tr>
<tr><td>油画工一般技工</td><td>工日</td><td>0.266</td><td>0.266</td><td>0.084</td><td>0.084</td></tr>
<tr><td>油画工高级技工</td><td>工日</td><td>0.038</td><td>0.038</td><td>0.012</td><td>0.012</td></tr>
<tr><td rowspan="8">材料</td><td>血料</td><td>kg</td><td>0.1200</td><td>0.1200</td><td>—</td><td>—</td></tr>
<tr><td>滑石粉</td><td>kg</td><td>0.2200</td><td>0.2200</td><td>—</td><td>—</td></tr>
<tr><td>醇酸磁漆</td><td>kg</td><td>0.5200</td><td>—</td><td>—</td><td>—</td></tr>
<tr><td>醇酸调合漆</td><td>kg</td><td>—</td><td>0.5400</td><td>—</td><td>—</td></tr>
<tr><td>光油</td><td>kg</td><td>—</td><td>—</td><td>0.1200</td><td>—</td></tr>
<tr><td>酚醛清漆</td><td>kg</td><td>—</td><td>—</td><td>—</td><td>0.1600</td></tr>
<tr><td>醇酸稀料</td><td>kg</td><td>0.0400</td><td>0.0400</td><td>—</td><td>0.0100</td></tr>
<tr><td>其他材料费(占材料费)</td><td>%</td><td>1.00</td><td>1.00</td><td>1.00</td><td>1.00</td></tr>
</table>

工作内容：准备工具、成品保护、调兑材料、刮、帚、找腻子、打磨、分层涂刷、场内运输及清理废弃物，擦软蜡还包括打磨、刷色、擦蜡。烫硬蜡还包括打擦抛光。 计量单位：m^2

定额编号			3-10-1099	3-10-1100	3-10-1101	3-10-1102	3-10-1103	3-10-1104
项目			花罩刮腻子刷色、刷清漆				花罩刮腻子刷色	
			酚醛清漆		醇酸清漆		擦软蜡	烫硬蜡
			三道	四道	三道	四道		
名称		单位	消耗量					
人工	合计工日	工日	0.480	0.600	0.480	0.600	0.600	1.800
	油画工普工	工日	0.096	0.120	0.096	0.120	0.120	0.360
	油画工一般技工	工日	0.336	0.420	0.336	0.420	0.420	1.260
	油画工高级技工	工日	0.048	0.060	0.048	0.060	0.060	0.180
材料	光油	kg	0.0900	0.0900	0.1000	0.1000	0.1000	0.1000
	清油	kg	0.0200	0.0200	0.0200	0.0200	0.0200	0.0200
	石膏粉	kg	0.0800	0.0800	0.0800	0.0800	—	—
	大白粉	kg	0.2200	0.2200	0.2200	0.2200	0.2200	0.2200
	色粉	kg	0.0040	0.0040	0.0040	0.0040	0.0040	0.0040
	醇酸调合漆	kg	0.0400	0.0400	0.0400	0.0400	0.0400	0.0400
	醇酸清漆	kg	—	—	0.5500	0.7100	—	—
	醇酸稀料	kg	0.1000	0.1400	0.1000	0.1400	—	—
	酚醛清漆	kg	0.5500	0.7100	—	—	—	—
	地板蜡	kg	—	—	—	—	0.1400	—
	川白蜡	kg	—	—	—	—	—	0.3700
	其他材料费(占材料费)	%	1.00	1.00	1.00	1.00	1.00	1.00

工作内容：准备工具、成品保护、调兑材料、起扎谱子、沥粉、打金胶油、贴金、刷油漆、支搭金帐、场内运输及清理废弃物。

计量单位：m^2

定额编号			3-10-1105	3-10-1106	3-10-1107	3-10-1108	3-10-1109	3-10-1110
项目			雀替彩画					
			金边金龙			金边金琢墨		
			库金	赤金	铜箔	库金	赤金	铜箔
	名称	单位	消耗量					
人工	合计工日	工日	7.800	8.400	9.000	2.880	2.900	2.980
	油画工普工	工日	0.780	0.840	0.900	0.288	0.290	0.298
	油画工一般技工	工日	3.120	3.360	3.600	1.152	1.160	1.192
	油画工高级技工	工日	3.900	4.200	4.500	1.440	1.450	1.490
材料	巴黎绿	kg	—	—	—	0.1300	0.1300	0.1300
	群青	kg	—	—	—	0.0500	0.0500	0.0500
	无光白乳胶漆	kg	—	—	—	0.0400	0.0400	0.0400
	银朱	kg	—	—	—	0.0100	0.0100	0.0100
	红丹粉	kg	—	—	—	0.0200	0.0200	0.0200
	石黄	kg	—	—	—	0.0100	0.0100	0.0100
	氧化铁红	kg	—	—	—	0.0100	0.0100	0.0100
	乳胶	kg	—	—	—	0.1100	0.1100	0.1100
	醇酸调合漆	kg	0.1900	0.1900	0.1900	0.1400	0.1400	0.1400
	醇酸稀料	kg	0.0200	0.0200	0.0200	—	—	—
	大白粉	kg	—	—	—	0.0700	0.0700	0.0700
	滑石粉	kg	—	—	—	0.0700	0.0700	0.0700
	金胶油	kg	0.0900	0.0900	0.0900	0.0700	0.0700	0.0700
	丙烯酸清漆	kg	—	—	0.0800	—	—	0.0600
	库金箔	张	252.2300	—	—	79.0000	—	—
	赤金箔	张	—	316.2700	—	—	99.2700	—
	铜箔	张	—	—	223.6300	—	—	70.0000
	其他材料费(占材料费)	%	0.50	0.50	0.50	0.50	0.50	0.50

工作内容:准备工具、成品保护、调兑材料、起扎谱子、沥粉、打金胶油、贴金、刷油漆、支搭金帐、场内运输及清理废弃物。

计量单位:m^2

定额编号			3-10-1111	3-10-1112	3-10-1113	3-10-1114	3-10-1115	3-10-1116
项目			雀替彩画					
			金边攒退			金边纠粉		
			库金	赤金	铜箔	库金	赤金	铜箔
名称		单位	消耗量					
人工	合计工日	工日	2.280	2.300	2.380	2.140	2.160	2.230
	油画工普工	工日	0.228	0.230	0.238	0.214	0.216	0.223
	油画工一般技工	工日	0.912	0.920	0.952	0.856	0.864	0.892
	油画工高级技工	工日	1.140	1.150	1.190	1.070	1.080	1.115
材料	巴黎绿	kg	0.1300	0.1300	0.1300	0.1100	0.1100	0.1100
	群青	kg	0.0500	0.0500	0.0500	0.0400	0.0400	0.0400
	无光白乳胶漆	kg	0.0400	0.0400	0.0400	0.0400	0.0400	0.0400
	银朱	kg	0.0100	0.0100	0.0100	0.0100	0.0100	0.0100
	红丹粉	kg	0.0200	0.0200	0.0200	0.0200	0.0200	0.0200
	石黄	kg	0.0100	0.0100	0.0100	—	—	—
	氧化铁红	kg	0.0100	0.0100	0.0100	—	—	—
	乳胶	kg	0.1400	0.1400	0.1400	0.1100	0.1100	0.1100
	醇酸调合漆	kg	0.1500	0.1500	0.1500	0.1500	0.1500	0.1500
	金胶油	kg	0.0400	0.0400	0.0400	0.0400	0.0400	0.0400
	丙烯酸清漆	kg	—	—	0.0400	—	—	0.0400
	库金箔	张	45.3600	—	—	45.3600	—	—
	赤金箔	张	—	57.0000	—	—	57.0000	—
	铜箔	张	—	—	40.0000	—	—	40.0000
	其他材料费(占材料费)	%	0.50	0.50	0.50	0.50	0.50	0.50

工作内容:准备工具、成品保护、调兑材料、起扎谱子、沥粉、打金胶油、贴金、刷油漆、支搭金帐、场内运输及清理废弃物。

计量单位:m²

定额编号			3-10-1117	3-10-1118	3-10-1119	3-10-1120	3-10-1121	3-10-1122
项目			雀替彩画		云龙花板浑金刮腻子、垫光油漆刷一道			
			无金黄边		库金	赤金	库金 35% 赤金 65%	铜箔
			攒退	纠粉				
名称		单位	消耗量					
人工	合计工日	工日	1.800	1.660	13.800	14.160	15.000	15.000
	油画工普工	工日	0.180	0.166	1.380	1.416	1.500	1.500
	油画工一般技工	工日	0.720	0.664	5.520	5.664	6.000	6.000
	油画工高级技工	工日	0.900	0.830	6.900	7.080	7.500	7.500
材料	巴黎绿	kg	0.1100	0.1100	—	—	—	—
	群青	kg	0.0400	0.0400	—	—	—	—
	无光白乳胶漆	kg	0.0400	0.0400	—	—	—	—
	银朱	kg	0.0100	—	—	—	—	—
	红丹粉	kg	0.0200	0.0200	—	—	—	—
	石黄	kg	0.0100	0.0100	—	—	—	—
	氧化铁红	kg	0.0100	—	—	—	—	—
	乳胶	kg	0.1100	0.1100	—	—	—	—
	血料	kg	—	—	0.1900	0.1900	0.1900	0.1900
	滑石粉	kg	—	—	0.3600	0.3600	0.3600	0.3600
	光油	kg	—	—	0.2100	0.2100	0.2100	0.2100
	醇酸调合漆	kg	0.2000	0.2100	—	—	—	—
	醇酸磁漆	kg	—	—	0.2800	0.2800	0.2800	0.2800
	醇酸稀料	kg	—	—	0.0300	0.0300	0.0300	0.0300
	金胶油	kg	—	—	0.1700	0.1700	0.1700	0.1700
	丙烯酸清漆	kg	—	—	—	—	—	0.1700
	库金箔	张	—	—	441.0000	—	154.5000	—
	赤金箔	张	—	—	—	552.3400	359.6100	—
	铜箔	张	—	—	—	—	—	391.0000
	其他材料费(占材料费)	%	1.00	1.00	0.50	0.50	0.50	0.50

工作内容:准备工具、成品保护、调兑材料、起扎谱子、沥粉、打金胶油、贴金、刷油漆、支搭金帐、场内运输及清理废弃物。

计量单位:m^2

定额编号			3-10-1123	3-10-1124	3-10-1125
项目			云龙花板垫颜料光油刷一道油扣油提地贴金		
			库金	赤金	铜箔
名称		单位	消耗量		
人工	合计工日	工日	12.600	12.840	13.200
	油画工普工	工日	1.260	1.284	1.320
	油画工一般技工	工日	5.040	5.136	5.280
	油画工高级技工	工日	6.300	6.420	6.600
材料	血料	kg	0.1600	0.1600	0.1600
	滑石粉	kg	0.3100	0.3100	0.3100
	颜料光油	kg	0.1800	0.1800	0.1800
	醇酸磁漆	kg	0.2400	0.2400	0.2400
	醇酸稀料	kg	0.0300	0.0300	0.0300
	金胶油	kg	0.1500	0.1500	0.1500
	丙烯酸清漆	kg	—	—	0.1500
	库金箔	张	333.9400	—	—
	赤金箔	张	—	419.0000	—
	铜箔	张	—	—	296.0000
	其他材料费(占材料费)	%	0.50	0.50	0.50

工作内容：准备工具、成品保护、调兑材料、起扎谱子、沥粉、打金胶油、贴金、刷油漆、支搭金帐、场内运输及清理废弃物。

计量单位：m^2

定额编号			3-10-1126	3-10-1127	3-10-1128	3-10-1129
项目			云龙花板局部纠粉			
			贴金			无金
			库金	赤金	铜箔	
名称		单位	消耗量			
人工	合计工日	工日	2.760	2.880	3.000	2.160
	油画工普工	工日	0.276	0.288	0.300	0.216
	油画工一般技工	工日	1.104	1.152	1.200	0.864
	油画工高级技工	工日	1.380	1.440	1.500	1.080
材料	巴黎绿	kg	0.2600	0.2600	0.2600	0.2800
	群青	kg	0.1100	0.1100	0.1100	0.1200
	无光白乳胶漆	kg	0.0500	0.0500	0.0500	0.0500
	银朱	kg	—	—	—	0.0100
	红丹粉	kg	0.0200	0.0200	0.0200	0.0100
	石黄	kg	—	—	—	0.0100
	乳胶	kg	0.2400	0.2400	0.2400	0.2800
	醇酸调合漆	kg	0.0900	0.0900	0.0900	—
	丙烯酸清漆	kg	—	—	0.0400	—
	金胶油	kg	0.0400	0.0400	0.0400	—
	库金箔	张	24.0000	—	—	—
	赤金箔	张	—	30.0000	—	—
	铜箔	张	—	—	21.4000	—
	其他材料费(占材料费)	%	0.50	0.50	0.50	1.00

9. 匾额、抱柱对子基层处理

工作内容: 准备工具、成品保护、清理基层、撕缝、楦缝、下竹钉、修补线角、场内运输及清理废弃物。

计量单位:m²

定额编号			3-10-1130	3-10-1131	3-10-1132	3-10-1133	3-10-1134	3-10-1135
项目			牌楼匾砍活			雕刻毗卢帽斗形匾砍活		
			边框洗、剔、挠		边框清理除铲	边框洗、剔、挠		边框清理除铲
			匾心麻(布)灰砍活	匾心单皮灰砍活	匾心斧迹砍活	匾心麻(布)灰砍活	匾心单皮灰砍活	匾心斧迹砍活
名称		单位	消耗量					
人工	合计工日	工日	2.040	1.640	1.150	7.200	6.960	1.440
	油画工普工	工日	1.836	1.476	1.035	6.480	6.264	1.296
	油画工一般技工	工日	0.204	0.164	0.115	0.720	0.696	0.144

工作内容: 准备工具、成品保护、清理基层、场内运输及清理废弃物。

计量单位:m²

定额编号			3-10-1136	3-10-1137	3-10-1138
项目			如意边毗卢帽斗形匾砍活		
			麻(布)灰砍活	单皮灰砍活	斧迹砍活
名称		单位	消耗量		
人工	合计工日	工日	1.080	0.900	0.380
	油画工普工	工日	0.972	0.810	0.342
	油画工一般技工	工日	0.108	0.090	0.038

工作内容：准备工具、成品保护、清理基层、撕缝、楦缝、下竹钉、挠洗、砍旧油灰、修补线角、场内运输及清理废弃物。

计量单位：m²

定额编号			3-10-1139	3-10-1140	3-10-1141
项目			雕刻边框匾、抱柱对子砍活		
			边框洗、剔、挠		边框清理除铲
			匾心麻(布)灰砍活	匾心单皮灰砍活	匾心斧迹砍活
名称		单位	消耗量		
人工	合计工日	工日	1.800	1.620	0.360
	油画工普工	工日	1.620	1.458	0.324
	油画工一般技工	工日	0.180	0.162	0.036

工作内容：准备工具、成品保护、清理基层、场内运输及清理废弃物。

计量单位：m²

定额编号			3-10-1142	3-10-1143	3-10-1144	3-10-1145
项目			素边框及无边框匾、抱柱对子砍活			旧匾额挠、字洗剔
			麻(布)灰砍活	单皮灰砍活	斧迹砍活	
名称		单位	消耗量			
人工	合计工日	工日	0.840	0.660	0.300	1.200
	油画工普工	工日	0.756	0.594	0.270	1.080
	油画工一般技工	工日	0.084	0.066	0.030	0.120
材料	脱化剂	kg	—	—	—	0.3000

工作内容：准备工具、成品保护、清理基层、拓字、放样、雕刻文字、堆塑、场内运输及清理废弃物。

计量单位：m^2

	定额编号		3-10-1146	3-10-1147	3-10-1148	3-10-1149	3-10-1150
项目			匾字				
			起铜字、擦洗、定位、重钉	配五合板、假铜字	堆灰刻字钻生油	灰刻字	木刻字
	名称	单位	消耗量				
人工	合计工日	工日	1.320	2.400	6.000	7.200	7.800
	油画工普工	工日	0.264	0.480	1.200	1.440	1.560
	油画工一般技工	工日	0.924	1.680	4.200	5.040	5.460
	油画工高级技工	工日	0.132	0.240	0.600	0.720	0.780
材料	面粉	kg	—	—	0.3000	—	—
	血料	kg	—	—	3.3000	—	—
	砖灰	kg	—	—	4.9500	—	—
	灰油	kg	—	—	1.5000	—	—
	光油	kg	—	—	0.1500	—	—
	生桐油	kg	—	—	0.5500	0.2000	—
	盐酸	kg	0.1100	—	—	—	—
	五合板	m^2	—	1.1000	—	—	—
	圆钉	kg	—	0.3000	—	—	—
	其他材料费(占材料费)	%	1.00	1.00	1.00	1.00	—

工作内容：准备工具、成品保护、调兑材料、梳麻或裁布、分层披灰、麻（布）、打磨、场内运输及清理废弃物。

计量单位：m²

定额编号			3-10-1151	3-10-1152	3-10-1153	3-10-1154	3-10-1155	3-10-1156
项目			牌楼匾雕刻边框单皮灰、匾心做			牌楼匾素边框匾心做		
			一麻五灰	一布五灰	三道灰	一麻五灰	一布五灰	三道灰
名称		单位	消耗量					
人工	合计工日	工日	5.040	4.800	4.440	2.040	1.680	1.140
	油画工普工	工日	1.008	0.960	0.888	0.408	0.336	0.228
	油画工一般技工	工日	3.528	3.360	3.108	1.428	1.176	0.798
	油画工高级技工	工日	0.504	0.480	0.444	0.204	0.168	0.114
材料	面粉	kg	0.3400	0.3200	0.1200	0.6100	0.5500	0.1700
	血料	kg	9.7100	9.2900	6.1000	14.5000	13.5400	7.5700
	砖灰	kg	9.0000	8.6900	5.8800	13.5200	13.0000	7.4500
	灰油	kg	1.9000	1.7700	0.6500	3.4200	3.1100	0.9500
	光油	kg	0.4500	0.4500	0.4200	0.6500	0.6500	0.5900
	生桐油	kg	0.3800	0.3800	0.2900	0.4900	0.4900	0.3400
	精梳麻	kg	0.2900	—	—	0.5800	—	—
	苎麻布	m²	—	1.3230	—	—	2.2040	—
	其他材料费（占材料费）	%	1.00	1.00	1.00	1.00	1.00	1.00

工作内容:准备工具、成品保护、调兑材料、梳麻、分层披灰、麻、打磨、场内运输及清理废弃物。

计量单位:m^2

定额编号			3-10-1157	3-10-1158	3-10-1159	3-10-1160	3-10-1161	3-10-1162
项目			毗卢帽斗形匾雕刻边框单皮灰、匾心做			毗卢帽斗形匾如意边框单皮灰、匾心做		
			两麻六灰	一麻五灰	三道灰	两麻六灰	一麻五灰	三道灰
名称		单位	消耗量					
人工	合计工日	工日	15.000	14.400	13.200	9.120	7.200	5.160
	油画工普工	工日	3.000	2.880	2.640	1.824	1.440	1.032
	油画工一般技工	工日	10.500	10.080	9.240	6.384	5.040	3.612
	油画工高级技工	工日	1.500	1.440	1.320	0.912	0.720	0.516
材料	面粉	kg	0.3900	0.3400	0.2300	0.7100	0.5600	0.2300
	血料	kg	13.4400	12.5400	10.8700	18.8400	16.1000	10.9600
	砖灰	kg	12.6000	12.1200	10.5500	16.6300	15.1500	10.6500
	灰油	kg	2.1800	1.8800	1.2800	4.0700	3.1500	1.3100
	光油	kg	0.8900	0.8900	0.8800	0.9200	0.9200	0.8800
	生桐油	kg	0.4900	0.4900	0.4600	0.5600	0.5600	0.4600
	精梳麻	kg	0.3600	0.1800	—	1.0900	0.5500	—
	其他材料费(占材料费)	%	1.00	1.00	1.00	1.00	1.00	1.00

工作内容：准备工具、成品保护、调兑材料、梳麻、分层披灰、麻、打磨、场内运输及清理废弃物。

计量单位：m^2

定额编号			3-10-1163	3-10-1164	3-10-1165	3-10-1166	3-10-1167	3-10-1168
项目			匾额、抱柱对子雕刻边框单皮灰、匾心做			匾额、抱柱对子素边框及无边框、匾心做		
			两麻六灰	一麻五灰	三道灰	两麻六灰	一麻五灰	三道灰
名称		单位	消耗量					
人工	合计工日	工日	7.500	6.660	4.560	8.160	6.840	4.200
	油画工普工	工日	1.500	1.332	0.912	1.632	1.368	0.840
	油画工一般技工	工日	5.250	4.662	3.192	5.712	4.788	2.940
	油画工高级技工	工日	0.750	0.666	0.456	0.816	0.684	0.420
材料	面粉	kg	0.6000	0.5300	0.1600	0.8000	0.6700	0.1800
	血料	kg	15.4300	14.3100	8.6700	18.6800	16.4600	8.8000
	砖灰	kg	14.0300	13.4400	8.3200	16.5500	15.3500	8.5100
	灰油	kg	3.3600	2.9900	0.9600	4.5000	3.7700	1.0200
	光油	kg	0.7600	0.7600	0.7200	0.7800	0.7800	0.7100
	生桐油	kg	0.5000	0.5000	0.3800	0.5400	0.5400	0.3800
	精梳麻	kg	0.8100	0.5900	—	1.2500	0.8100	—
	其他材料费(占材料费)	%	1.00	1.00	1.00	1.00	1.00	1.00

10. 匾额、抱柱对子油漆饰金

工作内容：准备工具、成品保护、调兑材料、打金胶油、贴金(铜)箔、刷油漆、支搭金帐、场内运输及清理废弃物。

计量单位：m^2

定额编号			3-10-1169	3-10-1170	3-10-1171	3-10-1172	3-10-1173	3-10-1174
项目			牌楼匾边框浑金、匾心扫青					
			雕刻边框			素边框		
			库金	赤金	铜箔	库金	赤金	铜箔
名称		单位	消耗量					
人工	合计工日	工日	6.120	6.360	6.720	3.180	3.300	3.480
	油画工普工	工日	1.224	1.272	1.344	0.636	0.660	0.696
	油画工一般技工	工日	2.448	2.544	2.688	1.272	1.320	1.392
	油画工高级技工	工日	2.448	2.544	2.688	1.272	1.320	1.392
材料	群青	kg	0.1100	0.1100	0.1100	0.1000	0.1000	0.1000
	乳胶	kg	0.1100	0.1100	0.1100	0.1100	0.1100	0.1100
	醇酸调合漆	kg	0.1700	0.1700	0.1700	0.1200	0.1200	0.1200
	金胶油	kg	0.1100	0.1100	0.1100	0.0900	0.0900	0.0900
	库金箔	张	200.3400	—	—	145.0000	—	—
	赤金箔	张	—	251.2000	—	—	181.5900	—
	铜箔	张	—	—	177.6200	—	—	128.4000
	丙烯酸清漆	kg	—	—	0.1000	—	—	0.0800
	其他材料费(占材料费)	%	0.50	0.50	0.50	0.50	0.50	0.50

工作内容：准备工具、成品保护、调兑材料、打金胶油、贴金(铜)箔、刷油漆、支搭金帐、场内运输及清理废弃物。

计量单位：m^2

定额编号			3-10-1175	3-10-1176	3-10-1177
项目			牌楼匾素边框红地金线、匾心扫青		
			库金	赤金	铜箔
名称		单位	消耗量		
人工	合计工日	工日	1.560	1.680	1.800
	油画工普工	工日	0.312	0.336	0.360
	油画工一般技工	工日	0.624	0.672	0.720
	油画工高级技工	工日	0.624	0.672	0.720
材料	群青	kg	0.1100	0.1100	0.1100
	乳胶	kg	0.1100	0.1100	0.1100
	醇酸磁漆	kg	0.2000	0.2000	0.2000
	醇酸调合漆	kg	0.0600	0.0600	0.0600
	醇酸稀料	kg	0.0200	0.0200	0.0200
	金胶油	kg	0.0700	0.0700	0.0700
	库金箔	张	75.0000	—	—
	赤金箔	张	—	94.0000	—
	铜箔	张	—	—	66.3400
	丙烯酸清漆	kg	—	—	0.0600
	其他材料费(占材料费)	%	0.50	0.50	0.50

工作内容:准备工具、成品保护、调兑材料、打金胶油、贴金(铜)箔、刷油漆、支搭金帐、场内运输及清理废弃物。

计量单位:m^2

定额编号			3-10-1178	3-10-1179	3-10-1180	3-10-1181	3-10-1182	3-10-1183
项目			毗卢帽斗形匾					
			雕刻毗卢浑金、匾心扫青			如意边毗卢帽红地金线匾心扫青		
			库金	赤金	铜箔	库金	赤金	铜金
名称		单位	消耗量					
人工	合计工日	工日	7.680	8.040	8.880	1.680	1.700	1.740
	油画工普工	工日	1.536	1.608	1.776	0.336	0.340	0.348
	油画工一般技工	工日	3.072	3.216	3.552	0.672	0.680	0.696
	油画工高级技工	工日	3.072	3.216	3.552	0.672	0.680	0.696
材料	群青	kg	0.0400	0.0400	0.0400	0.0400	0.0400	0.0400
	乳胶	kg	0.0400	0.0400	0.0400	0.0400	0.0400	0.0400
	醇酸磁漆	kg	0.4500	0.4500	0.4500	0.4700	0.4700	0.4700
	醇酸调合漆	kg	0.0200	0.0200	0.0200	0.0200	0.0200	0.0200
	醇酸稀料	kg	0.0300	0.0300	0.0300	0.0200	0.0200	0.0200
	金胶油	kg	0.1300	0.1300	0.1300	0.0900	0.0900	0.0900
	库金箔	张	262.0000	—	—	62.6300	—	—
	赤金箔	张	—	328.3800	—	—	78.5000	—
	铜箔	张	—	—	232.0000	—	—	55.5000
	丙烯酸清漆	kg	—	—	0.1200	—	—	0.0800
	其他材料费(占材料费)	%	0.50	0.50	0.50	0.50	0.50	0.50

工作内容:准备工具、成品保护、调兑材料、打金胶油、贴金(铜)箔、刷油漆、支搭金帐、场内运输及清理废弃物。

计量单位:m^2

定额编号			3-10-1184	3-10-1185	3-10-1186	3-10-1187	3-10-1188	3-10-1189
项目			匾额、抱柱对子					
			雕刻边框浑金、匾心扫青			素边框浑金、匾心扫青		
			库金	赤金	铜箔	库金	赤金	铜箔
名称		单位	消耗量					
人工	合计工日	工日	2.480	2.580	2.680	1.240	1.270	1.320
	油画工普工	工日	0.496	0.516	0.536	0.248	0.254	0.264
	油画工一般技工	工日	0.992	1.032	1.072	0.496	0.508	0.528
	油画工高级技工	工日	0.992	1.032	1.072	0.496	0.508	0.528
材料	群青	kg	0.0500	0.0500	0.0500	0.0500	0.0500	0.0500
	乳胶	kg	0.0500	0.0500	0.0500	0.0500	0.0500	0.0500
	醇酸磁漆	kg	0.3000	0.3000	0.3000	0.2300	0.2300	0.2300
	醇酸调合漆	kg	0.0200	0.0200	0.0200	0.0600	0.0600	0.0600
	醇酸稀料	kg	0.0200	0.0200	0.0200	0.0200	0.0200	0.0200
	金胶油	kg	0.0900	0.0900	0.0900	0.0700	0.0700	0.0700
	库金箔	张	109.5000	—	—	73.6200	—	—
	赤金箔	张	—	137.2600	—	—	92.3100	—
	铜箔	张	—	—	97.0000	—	—	65.2700
	丙烯酸清漆	kg	—	—	0.0800	—	—	0.0600
	其他材料费(占材料费)	%	0.50	0.50	0.50	0.50	0.50	0.50

工作内容:准备工具、成品保护、调兑材料、打金胶油、贴金(铜)箔、刷油漆、支搭金帐、场内运输及清理废弃物。

计量单位:m²

定额编号			3-10-1190	3-10-1191	3-10-1192
项目			油漆地贴金字		
			库金	赤金	铜箔
名称		单位	消耗量		
人工	合计工日	工日	3.600	3.852	4.105
	油画工普工	工日	0.720	0.770	0.821
	油画工一般技工	工日	1.440	1.541	1.642
	油画工高级技工	工日	1.440	1.541	1.642
材料	库金箔	张	132.0000	—	—
	赤金箔	张	—	165.0000	—
	铜箔	张	—	—	115.0000
	金胶油	kg	0.1700	0.1700	0.1700
	丙烯酸清漆	kg	—	—	0.1600
	其他材料费(占材料费)	%	0.50	0.50	0.50

工作内容：准备工具、成品保护、调兑材料、刮找腻子、分层涂刷、场内运输及清理废弃物。

计量单位：m^2

定额编号			3-10-1193	3-10-1194	3-10-1195	3-10-1196
项目			匾额、抱柱对子			
			刮腻子、磁漆刷三道		刷腻子、磨退出亮	
			醇酸磁漆	硝基磁漆	醇酸磁漆	硝基磁漆
名称		单位	消耗量			
人工	合计工日	工日	0.720	0.790	1.150	1.300
	油画工普工	工日	0.144	0.158	0.230	0.260
	油画工一般技工	工日	0.504	0.553	0.805	0.910
	油画工高级技工	工日	0.072	0.079	0.115	0.130
材料	巴黎绿	kg	0.0700	0.0700	0.0700	0.0700
	乳胶	kg	0.0300	0.0300	0.0300	0.0300
	血料	kg	0.1600	0.1400	0.0800	0.0900
	滑石粉	kg	0.2800	0.2800	0.1500	0.1500
	醇酸磁漆	kg	0.6000	—	0.6700	0.2700
	硝基磁漆	kg	—	0.6300	—	0.4500
	醇酸稀料	kg	0.0300	—	0.0600	—
	硝基稀料	kg	—	0.0300	—	0.0400
	打光剂	kg	—	—	0.0200	0.0200
	上光蜡	kg	—	—	0.0100	0.0100
	其他材料费(占材料费)	%	1.00	1.00	1.00	1.00

工作内容：准备工具、成品保护、调兑材料、刮找腻子、分层涂刷、场内运输及清理废弃物。

计量单位：m^2

定额编号			3-10-1197	3-10-1198	3-10-1199
项目			匾额、抱柱对子		
			润粉、刷色、刷理清漆、磨退出亮		
			醇酸清漆	硝基清漆	丙烯酸木器漆
名称		单位	消耗量		
人工	合计工日	工日	1.200	1.560	1.260
	油画工普工	工日	0.240	0.312	0.252
	油画工一般技工	工日	0.840	1.092	0.882
	油画工高级技工	工日	0.120	0.156	0.126
材料	巴黎绿	kg	0.0700	0.0700	0.0700
	乳胶	kg	0.0300	0.0300	0.0300
	光油	kg	0.0500	0.0700	0.0500
	清油	kg	0.0200	0.0200	0.0200
	大白粉	kg	0.1000	0.1000	0.1000
	色粉	kg	0.0020	0.0020	0.0020
	酒精	kg	0.0200	0.0200	—
	漆片(各种规格)	kg	0.0040	0.0100	—
	醇酸磁漆	kg	0.2900	0.2700	0.2700
	醇酸清漆	kg	0.3300	—	—
	醇酸稀料	kg	0.0800	0.0200	0.0200
	硝基清漆	kg	—	0.3300	—
	硝基稀料	kg	—	0.0800	—
	二甲苯	kg	—	—	0.0500
	打光剂	kg	0.0200	0.0200	0.0200
	上光蜡	kg	0.0100	0.0100	0.0100
	丙烯酸木器漆	kg	—	—	0.3500
	其他材料费(占材料费)	%	1.00	1.00	1.00

第十一章　裱 糊 工 程

说　明

一、本章裱糊工程,共 14 个子目。

二、本章各项定额所列的主要材料品种、规格与设计要求不同时,可以换算,但人工和材料消耗量不得调整。

三、裱糊纸天棚定额内已综合了检查口、灯杆、托座、透气孔的工料,执行中不得调整。

四、白樘箅子、门窗隔扇、顶墙裱糊工程按设计的分层要求执行相应的定额。

五、梁柱包括底层和面层。

工程量计算规则

裱糊工程均以展开面积计算，不扣除柱、垛及 $0.5m^2$ 以内的孔洞面积。

工作内容：准备工具、成品保护、调兑材料、清理基层、涂刷粘接剂、裁纸、拼缝、修边、场内运输及清理废弃物。白樘箅子、门窗隔扇还包括钉帽、铁件的防锈处理。　**计量单位**：m^2

定额编号			3-11-1	3-11-2	3-11-3	3-11-4	3-11-5
项目			铲除旧底	白樘箅子、门窗隔扇			
				锦锻面层	绫绢面层	纱芒面层	白布层
名称		单位	消耗量				
人工	合计工日	工日	0.060	0.289	0.240	0.289	0.336
	裱糊工普工	工日	0.054	0.058	0.048	0.058	0.067
	裱糊工一般技工	工日	0.006	0.202	0.168	0.202	0.235
	裱糊工高级技工	工日	—	0.029	0.024	0.029	0.034
材料	织锦缎	m^2	—	1.1692	—	—	—
	绫绢	m^2	—	—	1.1128	—	—
	纱芒布	m^2	—	—	—	1.1128	—
	白布	m^2	—	—	—	—	1.0766
	淀粉	kg	—	0.0536	0.0536	0.0536	0.0536
	秋皮钉	kg	—	—	—	—	0.0222
	其他材料费(占材料费)	%	—	1.00	1.00	1.00	1.00

工作内容：准备工具、成品保护、调兑材料、清理基层、涂刷粘接剂、裁纸、拼缝、修边、场内运输及清理废弃物。白樘箅子、门窗隔扇还包括钉帽、铁件的防锈处理。　**计量单位：**m^2

定额编号			3-11-6	3-11-7	3-11-8	3-11-9	3-11-10
项目			白樘箅子、门窗隔扇				
			麻布层	麻呈文纸	大白纸	银花纸	高丽纸
名称		单位	消耗量				
人工	合计工日	工日	0.336	0.059	0.065	0.156	0.079
	裱糊工普工	工日	0.067	0.012	0.013	0.031	0.016
	裱糊工一般技工	工日	0.235	0.041	0.045	0.109	0.055
	裱糊工高级技工	工日	0.034	0.006	0.007	0.016	0.008
材料	粗纺亚麻布	m^2	1.0732	—	—	—	—
	大白纸 440mm×308mm	张	—	4.4370	—	—	—
	麻呈文纸 440mm×615mm	张	—	—	7.9662	—	—
	银花纸 440mm×410mm	张	—	—	—	7.2900	—
	高丽纸 1230mm×880mm	张	—	—	—	—	0.9792
	淀粉	kg	0.0536	0.0809	0.0809	0.0746	0.0809
	秋皮钉	kg	0.0222	—	—	—	—
	其他材料费(占材料费)	%	1.50	1.50	2.00	2.00	2.00

工作内容：准备工具、成品保护、调兑材料、清理基层、涂刷粘接剂、裁纸、拼缝、修边、场内运输及清理废弃物。

计量单位：m^2

定额编号			3-11-11	3-11-12	3-11-13	3-11-14
项目			顶、墙		梁、柱	
			大白纸	银花纸	大白纸	银花纸
名称		单位	消耗量			
人工	合计工日	工日	0.085	0.096	0.096	0.120
	裱糊工普工	工日	0.017	0.019	0.019	0.024
	裱糊工一般技工	工日	0.060	0.067	0.067	0.084
	裱糊工高级技工	工日	0.009	0.010	0.010	0.012
材料	大白纸 440mm×308mm	张	7.9662	—	7.9662	—
	银花纸 440mm×410mm	张	—	7.2900	—	7.2900
	淀粉	kg	0.0746	0.0746	0.1785	0.1785
	其他材料费(占材料费)	%	2.00	2.00	2.00	2.00

第十二章　古建筑脚手架工程

说　明

一、本章古建脚手架，共100个子目。

二、本章脚手架各子目所列材料均为一次性支搭材料投入量。

三、本章定额除个别子目外，均包括了相应的铺板，如需另行铺板、落翻板时，应单独执行铺板、落翻板的相应子目。

四、定额中不包括安全网的挂、拆，如需挂、拆安全网时，单独执行相应定额。

五、双排椽望油活架子均综合考虑了六方、八方和圆形等多种支搭方法。

六、正吻脚手架仅适用于琉璃七样以上、布瓦1.2m以上吻(兽)的安装及玻璃六样以上的打点。

七、单、双排座车脚手架仅适用于城台或城墙的拆砌、装修之用。如城台之上另有建筑物时，应另执行相应定额。

八、屋面脚手架及歇山排山脚手架均已综合了重檐和多重檐建筑，如遇重檐和多重檐建筑定额不得调整。

九、垂岔脊脚手架适用于各种单坡长在5m以上的屋面调修垂岔脊之用，但如遇歇山建筑已支搭了歇山排山脚手架或硬悬山建筑已支搭了供调脊用的脚手架，则不应再执行垂岔脊定额。

十、屋面马道适用于屋面单坡长6m以上，运送各种吻、兽、脊件之用。

十一、牌楼脚手架执行双排齐檐脚手架。

十二、大木安装围撑脚手架适用于古建筑木构件安装或落架大修后为保证木构架临时支撑稳定之用。

十三、大木安装起重架适用于大木安装时使用。

十四、防护罩棚脚手架综合了各种屋面形式和重檐、多重檐以及出入口搭设护头棚、上人马道(梯子)、落翻板、局部必要拆改等各种因素；包括双排齐檐脚手架、双排椽望油活脚手架、歇山排山脚手架、吻脚手架、宝顶脚手架等，不包括满堂红脚手架、内檐及廊步装饰掏空脚手架、卷扬机起重架等，以及密目网挂拆、安装临时避雷防护措施，发生时另行计算。

十五、各种脚手架规格及用途见下表。

古建筑脚手架规格及用途一览表

脚手架名称	适用范围	立杆间距(m)	横杆间距(m)	备　注
双排齐檐脚手架	屋面修缮、外墙装修	1.5～1.8	1.5～1.8	包括铺一层板
双排椽望油活脚手架	室外椽飞、上架大木油活	1.5～1.8	1.5～1.8	
城台单排座车脚手架	墙面打点、刷浆、抹灰	1.5～1.8	1.5～1.8	每层端头铺板
城台双排座车脚手架	墙面打点、刷浆、抹灰	1.5～1.8	1.2～1.8	拆砌步距1.2m、抹灰步距1.6～1.8m
内檐及廊步掏空脚手架	室内不带顶棚装饰	1.5～1.8	1.8	包括错台铺板及端头铺板
歇山排山脚手架	调修歇山垂岔脊及山花博缝板油漆	1.2～1.5	1.2～1.5	三步以下铺一层板，七步以下铺两层板，十步以下铺三层板
满堂红脚手架	室内装修、吊顶修缮	1.5～1.8	1.5～1.8	顶步及四周铺板
屋面支杆	屋面查补	3.0	1.2～1.4	

续表

脚手架名称	适用范围	立杆间距(m)	横杆间距(m)	备　　注
正脊扶手盘	正脊勾抹打点			
骑马脚手架	檐下无架子或利用不上,为稳定屋面支杆			
檐头倒绑扶手	檐下无架子,沿顺垄杆在檐头绑扶手			
垂岔脊脚手架	调垂脊、岔脊之用			
吻及宝顶脚手架	吻及宝顶之用	1.2		琉璃七样以上、布瓦1.2m以上的正吻安装及六样以上打点
卷扬机脚手架	垂直运输	1.2~1.5	1.2~1.5	每结构层铺一层板
斜道	供施工人员行走及少量材料运输	1.0~1.2	1.2	
落料溜槽	自房顶倒运渣土			
防护罩棚综合脚手架	屋面工程、外檐等整体修缮工程	1.5	1.5	

工程量计算规则

一、双排齐檐脚手架分步数按实搭长度计算,步数不同时应分段计算。

二、城台用单、双排脚手架分步数按实搭长度计算。

三、双排油活脚手架均分步按檐头长度计算。重檐或多重檐建筑以首层檐长度计算。其上各层檐长度不计算。悬山建筑的山墙部分长度以前后台明外边线为准计算长度。

四、满堂红脚手架分步数按实搭水平投影面积计算。

五、内檐及廊步掏空脚手架分步数,以室内及廊步地面面积计算;步数按实搭平均高度为准。

六、歇山排山脚手架,自博脊根的横杆起为一步,分步以座计算。

七、屋面支杆按屋面面积计算;正脊扶手盘、骑马架子均按正脊长度,檐头倒绑扶手按檐头长度,垂岔脊架子按垂岔脊长度,屋面马道按实搭长度计算;吻及宝顶架子以座计算。

八、大木安装围撑脚手架以外檐柱外皮连线里侧面积计算,其高度以檐柱高度为准。

九、大木安装起重脚手架以面宽排列中前檐柱至后檐柱连线按座计算,其高度以檐柱高度为准。六方亭及六方亭以上按两座计算。

十、地面运输马道按实搭长度计算。

十一、卷扬机脚手架分搭设高度按座计算。

十二、一字斜道及之字斜道分搭设高度按座计算。

十三、落料溜槽分高度以座计算。

十四、护头棚按实搭面积计算。

十五、封防护布、立挂密目网均按实际面积计算。

十六、安全网的挂拆、翻挂均按实际长度计算。

十七、单独铺板分高度按实铺长度计算,落翻板按实铺长度计算。

十八、防护罩棚综合脚手架按台明外围水平投影面积计算,无台明者按围护结构外围水平投影面积计算。

工作内容:准备工具、选料、搭架子、铺板、预留人行通道、拆除、架木码放、场内运输及清理废弃物。

计量单位:10m

定额编号			3-12-1	3-12-2	3-12-3	3-12-4	3-12-5
项目			双排齐檐脚手架				
			二步	三步	四步	五步	六步
名称		单位	消耗量				
人工	合计工日	工日	1.770	1.950	2.300	2.820	3.560
	架子工普工	工日	0.531	0.585	0.690	0.846	1.068
	架子工一般技工	工日	0.885	0.975	1.150	1.410	1.780
	架子工高级技工	工日	0.354	0.390	0.460	0.564	0.712
材料	钢管	m	191.5040	265.3240	356.1440	525.2880	575.0320
	木脚手板	块	18.3750	18.3750	18.3750	18.3750	18.3750
	扣件	个	47.2500	71.4000	94.5000	110.3000	127.1000
	底座	个	13.7000	13.7000	13.7000	13.7000	13.7000
	镀锌铁丝 10#	kg	3.0100	3.0100	3.0100	3.0100	3.0100
	其他材料费(占材料费)	%	1.00	1.00	1.00	1.00	1.00
机械	载重汽车 5t	台班	0.1700	0.2100	0.2600	0.3500	0.3800

工作内容:准备工具、选料、搭架子、铺板、预留人行通道、拆除、架木码放、场内运输及清理废弃物。

计量单位:10m

定额编号			3-12-6	3-12-7	3-12-8	3-12-9	3-12-10
项目			双排齐檐脚手架				
			七步	八步	九步	十步	十一步
名称		单位	消耗量				
人工	合计工日	工日	4.420	5.270	6.420	7.840	9.570
	架子工普工	工日	1.326	1.581	1.926	2.352	2.871
	架子工一般技工	工日	2.210	2.635	3.210	3.920	4.785
	架子工高级技工	工日	0.884	1.054	1.284	1.568	1.914
材料	钢管	m	654.1920	836.1040	904.9160	967.4280	1205.8840
	木脚手板	块	18.3750	18.3750	18.3750	18.3750	18.3750
	扣件	个	165.9000	184.8000	201.6000	224.1000	254.1000
	底座	个	13.7000	13.7000	13.7000	13.7000	13.7000
	镀锌铁丝 10#	kg	3.0100	3.0100	3.0100	3.0100	3.0100
	其他材料费(占材料费)	%	1.00	1.00	1.00	1.00	1.00
机械	载重汽车 5t	台班	0.4300	0.5200	0.5600	0.6000	0.7200

工作内容：准备工具、选料、搭架子、铺板、预留人行通道、拆除、架木码放、场内运输及清理废弃物。

计量单位：10m

定额编号			3-12-11	3-12-12	3-12-13
项目			双排齐檐脚手架		
			十二步	十三步	十四步
名称		单位	消耗量		
人工	合计工日	工日	11.470	12.410	13.340
	架子工普工	工日	3.441	3.723	4.002
	架子工一般技工	工日	5.735	6.205	6.670
	架子工高级技工	工日	2.294	2.482	2.668
材料	钢管	m	1256.3460	1316.6580	1551.6480
	木脚手板	块	19.6880	19.6880	19.6880
	扣件	个	277.2000	304.5000	321.3000
	底座	个	13.7000	13.7000	13.7000
	镀锌铁丝 10#	kg	3.0100	3.0100	3.0100
	其他材料费(占材料费)	%	1.00	1.00	1.00
机械	载重汽车 5t	台班	0.7600	0.8000	0.9300

工作内容：准备工具、选料、搭架子、预留人行通道、三步以下铺一层板、七步以下铺二层板、十步以下铺三层板并包括逐层翻板、遇重檐建筑还包括绑拉杆、拆除、架木码放、场内运输及清理废弃物。

计量单位：10m

定额编号			3-12-14	3-12-15	3-12-16	3-12-17	3-12-18
项目			双排椽望油活脚手架				
			一步	二步	三步	四步	五步
名称		单位	消耗量				
人工	合计工日	工日	2.190	2.610	3.180	4.150	5.280
	架子工普工	工日	0.657	0.783	0.954	1.245	1.584
	架子工一般技工	工日	1.095	1.305	1.590	2.075	2.640
	架子工高级技工	工日	0.438	0.522	0.636	0.830	1.056
材料	钢管	m	157.2000	204.0000	252.6000	338.4000	475.2000
	木脚手板	块	18.5000	18.5000	18.5000	31.5000	31.5000
	扣件	个	20.0000	96.0000	121.0000	173.0000	230.0000
	底座	个	11.0000	11.0000	11.0000	11.0000	11.0000
	镀锌铁丝 10#	kg	2.7000	2.7000	2.7000	5.4000	5.4000
	其他材料费(占材料费)	%	1.00	1.00	1.00	1.00	1.00
机械	载重汽车 5t	台班	0.1450	0.1840	0.2190	0.3080	0.3940

工作内容：准备工具、选料、搭架子、预留人行通道、三步以下铺一层板、七步以下铺二层板、十步以下铺三层板并包括逐层翻板、遇重檐建筑还包括绑拉杆、拆除、架木码放、场内运输及清理废弃物。

计量单位：10m

定额编号			3-12-19	3-12-20	3-12-21	3-12-22
项目			双排椽望油活脚手架			
			六步	七步	八步	九步
名称		单位	消耗量			
人工	合计工日	工日	5.950	7.520	9.510	12.060
	架子工普工	工日	1.785	2.256	2.853	3.618
	架子工一般技工	工日	2.975	3.760	4.755	6.030
	架子工高级技工	工日	1.190	1.504	1.902	2.412
材料	钢管	m	511.2000	555.6000	716.5830	903.0000
	木脚手板	块	31.5000	31.5000	44.7500	44.7500
	扣件	个	262.0000	295.0000	362.0000	426.0000
	底座	个	11.0000	11.0000	11.0000	11.0000
	镀锌铁丝 10#	kg	5.4000	5.4000	8.1000	8.1000
	其他材料费(占材料费)	%	1.00	1.00	1.00	1.00
机械	载重汽车 5t	台班	0.4180	0.4470	0.5890	0.6640

工作内容：准备工具、选料、搭架子、预留人行通道、三步以下铺一层板、七步以下铺二层板、十步以下铺三层板并包括逐层翻板、遇重檐建筑还包括绑拉杆、拆除、架木码放、场内运输及清理废弃物。

计量单位：10m

定额编号			3-12-23	3-12-24	3-12-25	3-12-26
项目			双排椽望油活脚手架			
			十步	十一步	十二步	十三步
名称		单位	消耗量			
人工	合计工日	工日	15.310	19.600	25.080	32.100
	架子工普工	工日	4.593	5.880	7.524	9.630
	架子工一般技工	工日	7.655	9.800	12.540	16.050
	架子工高级技工	工日	3.062	3.920	5.016	6.420
材料	钢管	m	1008.0000	1108.8000	1306.8000	1451.4000
	木脚手板	块	44.7500	44.7500	44.7500	44.7500
	扣件	个	463.0000	494.0000	590.0000	631.0000
	底座	个	11.0000	11.0000	11.0000	11.0000
	镀锌铁丝 10#	kg	8.1000	10.8000	10.8000	10.8000
	其他材料费(占材料费)	%	1.00	1.00	1.00	1.00
机械	载重汽车 5t	台班	0.7670	0.8290	0.9580	1.0450

工作内容:准备工具、选料、搭架子、铺板、预留人行通道、拆除、架木码放、场内运输及清理废弃物。

计量单位:10m

定额编号			3-12-27	3-12-28	3-12-29	3-12-30	3-12-31
项目			城台用座车脚手架				
			单排				
			二步	三步	四步	五步	六步
名称		单位	消耗量				
人工	合计工日	工日	2.160	3.240	4.320	5.400	6.480
	架子工普工	工日	0.648	0.972	1.296	1.620	1.944
	架子工一般技工	工日	1.080	1.620	2.160	2.700	3.240
	架子工高级技工	工日	0.432	0.648	0.864	1.080	1.296
材料	木脚手板	块	17.8500	25.0000	31.5000	38.0000	44.7500
	扣件	个	119.0000	173.0000	237.0000	284.0000	322.0000
	底座	个	12.0000	12.0000	12.0000	12.0000	12.0000
	钢管	m	322.2000	405.0000	559.8000	639.0000	734.4000
	镀锌铁丝 10#	kg	2.9900	4.5000	6.1000	7.5900	(9.0800)
	其他材料费(占材料费)	%	1.00	1.00	1.00	1.00	1.00
机械	载重汽车 5t	台班	0.2570	0.3290	0.4420	0.5070	0.5620

工作内容：准备工具、选料、搭架子、铺板、预留人行通道、拆除、架木码放、场内运输及清理废弃物。

计量单位：10m

定额编号			3-12-32	3-12-33	3-12-34	3-12-35	3-12-36
项目			城台用座车脚手架				
			双排				
			二步	三步	四步	五步	六步
名称		单位	消耗量				
人工	合计工日	工日	4.320	6.480	8.640	10.800	12.960
	架子工普工	工日	1.296	1.944	2.592	3.240	3.888
	架子工一般技工	工日	2.160	3.240	4.320	5.400	6.480
	架子工高级技工	工日	0.864	1.296	1.728	2.160	2.592
材料	钢管	m	349.2000	448.2000	565.2000	707.4000	801.0000
	木脚手板	块	21.0000	27.5000	34.2500	40.7500	47.2500
	扣件	个	129.0000	182.0000	254.0000	305.0000	372.0000
	底座	个	18.0000	18.0000	18.0000	18.0000	18.0000
	镀锌铁丝 10#	kg	2.9800	4.4900	6.0000	7.5000	9.0000
	其他材料费(占材料费)	%	1.00	1.00	1.00	1.00	1.00
机械	载重汽车 5t	台班	0.2830	0.3650	0.4580	0.5640	0.6450

工作内容：准备工具、选料、搭架子、移动脚手架、临时绑扎天称、挂滑轮、拆除、架木码放、场内运输及清理废弃物。

计量单位：座

定额编号			3-12-37	3-12-38	3-12-39	3-12-40
项目			大木安装起重脚手架			
			6m 以内	7m 以内	8m 以内	9m 以内
名称		单位	消耗量			
人工	合计工日	工日	5.760	6.300	6.840	7.740
	架子工普工	工日	1.728	1.890	2.052	2.322
	架子工一般技工	工日	2.880	3.150	3.420	3.870
	架子工高级技工	工日	1.152	1.260	1.368	1.548
材料	钢管	m	163.2000	240.0000	332.4000	388.2000
	木脚手板	块	5.0000	7.5000	7.5000	12.5000
	扣件	个	40.0000	50.0000	70.0000	90.0000
	底座	个	6.0000	8.0000	12.0000	16.0000
	镀锌铁丝 10#	kg	2.0000	3.0000	4.2000	5.5000
	其他材料费(占材料费)	%	1.00	1.00	1.00	1.00
机械	载重汽车 5t	台班	0.1160	0.1280	0.1380	0.1530

工作内容:准备工具、选料、搭架子、移动脚手架、临时绑扎天称、挂滑轮、拆除、架木码放、场内运输及清理废弃物。

计量单位:座

定额编号			3-12-41	3-12-42	3-12-43
项目			大木安装起重脚手架		
			10m 以内	12m 以内	15m 以内
名称		单位	消耗量		
人工	合计工日	工日	9.000	10.800	12.900
	架子工普工	工日	2.700	3.240	3.870
	架子工一般技工	工日	4.500	5.400	6.450
	架子工高级技工	工日	1.800	2.160	2.580
材料	钢管	m	438.0000	548.4000	637.2000
	木脚手板	块	15.0000	17.5000	17.5000
	扣件	个	110.0000	130.0000	150.0000
	底座	个	20.0000	24.0000	30.0000
	镀锌铁丝 10#	kg	6.5000	7.5000	8.5000
	其他材料费(占材料费)	%	1.00	1.00	1.00
机械	载重汽车 5t	台班	0.1860	0.3830	0.4350

工作内容:准备工具、选料、搭架子、校正大木构架、拨正、临时支杆打戗、拆除、场内运输及清理废弃物。

计量单位:10m²

定额编号			3-12-44	3-12-45	3-12-46	3-12-47
项目			大木安装围撑脚手架			
			二步	三步	四步	五步
名称		单位	消耗量			
人工	合计工日	工日	1.440	1.920	2.400	2.880
	架子工普工	工日	0.432	0.576	0.720	0.864
	架子工一般技工	工日	0.720	0.960	1.200	1.440
	架子工高级技工	工日	0.288	0.384	0.480	0.576
材料	钢管	m	123.0000	145.2000	183.6000	214.2000
	木脚手板	块	12.5000	12.5000	12.5000	12.5000
	扣件	个	55.0000	62.0000	78.0000	91.0000
	底座	个	3.0000	3.0000	3.0000	3.0000
	镀锌铁丝 10#	kg	5.0000	8.0000	10.0000	12.0000
	扎绑绳	kg	0.3000	0.3000	0.3000	0.3000
	其他材料费(占材料费)	%	1.00	1.00	1.00	1.00
机械	载重汽车 5t	台班	0.1160	0.1290	0.1530	0.1720

工作内容：准备工具、选料、搭架子、校正大木构架、拨正、临时支杆打戗、拆除、场内运输及清理废弃物。

计量单位：$10m^2$

定额编号			3-12-48	3-12-49	3-12-50
项目			大木安装围撑脚手架		
			六步	七步	八步
名称		单位	消耗量		
人工	合计工日	工日	3.410	3.840	4.320
	架子工普工	工日	1.023	1.152	1.296
	架子工一般技工	工日	1.705	1.920	2.160
	架子工高级技工	工日	0.682	0.768	0.864
材料	钢管	m	239.4000	295.2000	334.2000
	木脚手板	块	12.5000	12.5000	12.5000
	扣件	个	102.0000	118.0000	131.0000
	底座	个	3.0000	3.0000	3.0000
	镀锌铁丝 10#	kg	15.0000	17.0000	19.0000
	扎绑绳	kg	0.3000	0.3000	0.3000
	其他材料费(占材料费)	%	1.00	1.00	1.00
机械	载重汽车 5t	台班	0.1870	0.2190	0.2420

工作内容:准备工具、选料、搭架子、移动脚手架、临时绑扎天称、挂滑轮、拆除、架木码放、场内运输及清理废弃物。

计量单位:10m²

定额编号			3-12-51	3-12-52	3-12-53	3-12-54	3-12-55
项目			满堂红脚手架				
			二步	三步	四步	五步	六步
名称		单位	消耗量				
人工	合计工日	工日	0.950	1.070	1.200	1.340	1.700
	架子工普工	工日	0.285	0.321	0.360	0.402	0.510
	架子工一般技工	工日	0.475	0.535	0.600	0.670	0.850
	架子工高级技工	工日	0.190	0.214	0.240	0.268	0.340
材料	钢管	m	62.6400	85.3200	130.3800	153.3600	176.0400
	木脚手板	块	15.0000	17.5000	20.0000	21.2500	22.5000
	扣件	个	37.8000	48.3000	57.8000	67.2000	73.5000
	底座	个	2.8000	2.8000	2.8000	2.8000	2.8000
	镀锌铁丝 10#	kg	0.5400	0.7500	1.8900	1.9800	2.1600
	其他材料费(占材料费)	%	1.00	1.00	1.00	1.00	1.00
机械	载重汽车 5t	台班	0.0900	0.1100	0.1500	0.1700	0.1800

工作内容：准备工具、选料、搭架子、垫板、搭架子、铺板、拆除、架木码放、场内运输及清理废弃物。

计量单位：10m

定额编号			3-12-56	3-12-57	3-12-58	3-12-59	3-12-60
项目			内檐及廊步装饰掏空脚手架				
			二步	三步	四步	五步	六步
名称		单位	消耗量				
人工	合计工日	工日	1.860	2.600	3.190	3.760	4.340
	架子工普工	工日	0.558	0.780	0.957	1.128	1.302
	架子工一般技工	工日	0.930	1.300	1.595	1.880	2.170
	架子工高级技工	工日	0.372	0.520	0.638	0.752	0.868
材料	钢管	m	126.6000	170.4000	211.8000	241.8000	269.4000
	木脚手板	块	13.2500	15.7500	18.5000	21.0000	23.7500
	扣件	个	49.0000	75.0000	86.0000	112.0000	134.0000
	底座	个	6.0000	6.0000	6.0000	6.0000	6.0000
	镀锌铁丝 10#	kg	2.7400	2.9900	3.2800	3.9900	4.4900
	其他材料费(占材料费)	%	1.00	1.00	1.00	1.00	1.00
机械	载重汽车 5t	台班	0.1180	0.1530	0.1860	0.2140	0.2410

工作内容：准备工具、选料、搭架子、垫板、绑拉杆、立杆、搭架子、铺板、拆除、架木码放、场内运输及清理废弃物。

计量单位：座

定额编号			3-12-61	3-12-62	3-12-63	3-12-64
项目			歇山排山脚手架			
			一步	二步	三步	四步
名称		单位	消耗量			
人工	合计工日	工日	3.550	4.960	8.140	9.620
	架子工普工	工日	1.065	1.488	2.442	2.886
	架子工一般技工	工日	1.775	2.480	4.070	4.810
	架子工高级技工	工日	0.710	0.992	1.628	1.924
材料	钢管	m	81.0000	311.4000	355.2000	473.4000
	木脚手板	块	5.2500	9.2500	13.2500	18.5000
	扣件	个	29.0000	143.0000	187.0000	239.0000
	镀锌铁丝 10#	kg	1.0500	1.7600	2.5000	3.5000
	其他材料费(占材料费)	%	1.00	1.00	1.00	1.00
机械	载重汽车 5t	台班	0.0670	0.2230	0.2670	0.3550

工作内容:准备工具、选料、搭架子、铺板、拆除、架木码放、场内运输及清理废弃物。

定额编号			3-12-65	3-12-66	3-12-67	3-12-68	3-12-69	3-12-70
项目			屋面支杆	正脊扶手盘	骑马脚手架	檐头倒绑扶手	垂岔脊脚手架	屋面马道
			$10m^2$	10m				
名称		单位	消耗量					
人工	合计工日	工日	0.910	5.450	4.220	1.510	2.520	7.200
	架子工普工	工日	0.273	1.635	1.266	0.453	0.756	2.160
	架子工一般技工	工日	0.455	2.725	2.110	0.755	1.260	3.600
	架子工高级技工	工日	0.182	1.090	0.844	0.302	0.504	1.440
材料	钢管	m	12.0000	124.8000	88.2000	73.2000	42.6000	250.8000
	木脚手板	块	—	13.2500	—	—	8.0000	13.2500
	扣件	个	5.0000	80.0000	40.0000	46.0000	17.0000	120.0000
	镀锌铁丝 10#	kg	—	2.4200	7.3500	6.8300	1.0500	2.5000
	其他材料费(占材料费)	%	1.00	1.00	1.00	1.00	1.00	1.00
机械	载重汽车 5t	台班	0.0070	0.1180	0.0480	0.0430	0.0470	0.1870

工作内容：准备工具、选料、搭架子、铺板、拆除、架木码放、场内运输及清理废弃物。

定额编号			3-12-71	3-12-72	3-12-73	3-12-74
项目			地面运输马道	吻脚手架	宝顶脚手架	
					1m 以内	1m 以外
			10m	座	座	
名称		单位	消耗量			
人工	合计工日	工日	2.190	6.700	7.200	10.800
	架子工普工	工日	0.657	2.010	2.160	3.240
	架子工一般技工	工日	1.095	3.350	3.600	5.400
	架子工高级技工	工日	0.438	1.340	1.440	2.160
材料	钢管	m	130.4100	218.4000	234.6000	283.8000
	木脚手板	块	23.6250	18.5000	15.7500	26.2500
	扣件	个	87.2000	134.0000	88.0000	109.0000
	镀锌铁丝 10#	kg	11.7000	3.5000	2.9900	4.7300
	其他材料费(占材料费)	%	1.00	1.00	1.00	1.00
机械	载重汽车 5t	台班	0.1600	0.2790	0.1860	0.2490

工作内容：准备工具、选料、搭架子、铺板、拆除、架木码放、场内运输及清理废弃物。　**计量单位**：座

定额编号			3-12-75	3-12-76	3-12-77
项目			卷扬机起重架		
			二层高	三层高	四层高
名称		单位	消耗量		
人工	合计工日	工日	11.140	14.950	18.550
	架子工普工	工日	3.342	4.485	5.565
	架子工一般技工	工日	5.570	7.475	9.275
	架子工高级技工	工日	2.228	2.990	3.710
材料	钢管	m	410.7600	609.3000	746.7000
	木脚手板	块	13.6500	27.6250	42.0000
	扣件	个	126.0000	189.0000	268.8000
	底座	个	8.4000	8.4000	12.6000
	镀锌铁丝 10#	kg	1.2800	2.5700	3.8600
	钢筋 ϕ10 以内	kg	—	—	18.7200
	其他材料费(占材料费)	%	1.00	1.00	1.00
机械	载重汽车 5t	台班	0.3000	0.4700	0.6000

工作内容：准备工具、选料、搭架子、铺板、拆除、架木码放、场内运输及清理废弃物。 **计量单位**：座

定额编号			3-12-78	3-12-79	3-12-80	3-12-81	3-12-82	3-12-83
项目			钢管之字斜道					
			三步以下	六步以下	九步以下	十二步以下	十五步以下	十八步以下
名称		单位	消耗量					
人工	合计工日	工日	6.760	14.070	25.200	40.320	57.600	75.810
	架子工普工	工日	2.028	4.221	7.560	12.096	17.280	22.743
	架子工一般技工	工日	3.380	7.035	12.600	20.160	28.800	37.905
	架子工高级技工	工日	1.352	2.814	5.040	8.064	11.520	15.162
材料	钢管	m	442.2000	756.0000	1105.8000	1582.2000	1785.6000	2116.8000
	木脚手板	块	35.5000	71.0000	106.2500	141.7500	177.2500	211.0000
	扣件	个	166.0000	276.0000	440.0000	585.0000	718.0000	867.0000
	底座	个	22.0000	22.0000	22.0000	22.0000	22.0000	22.0000
	镀锌铁丝 10#	kg	6.7500	13.5000	20.2400	27.1400	33.7500	40.5500
	板方材	m^3	0.0570	0.1130	0.1700	0.2270	0.2800	0.3400
	圆钉	kg	1.5200	2.9800	4.4700	5.9600	7.4700	9.1350
	其他材料费(占材料费)	%	1.00	1.00	1.00	1.00	1.00	1.00
机械	载重汽车 5t	台班	0.3690	0.6640	0.9790	1.3500	1.6000	1.9600

工作内容：准备工具、选料、搭架子、铺板、绑斜戗、绑落料溜槽、拆除、架木码放、场内运输及清理废弃物。

计量单位：座

定额编号			3-12-84	3-12-85	3-12-86	3-12-87	3-12-88
项目			钢管一字斜道	落料溜槽			
				10m 以内	15m 以内	20m 以内	25m 以内
名称		单位	消耗量				
人工	合计工日	工日	1.220	9.720	16.200	22.680	29.900
	架子工普工	工日	0.366	2.916	4.860	6.804	8.970
	架子工一般技工	工日	0.610	4.860	8.100	11.340	14.950
	架子工高级技工	工日	0.244	1.944	3.240	4.536	5.980
材料	钢管	m	515.3400	254.0400	356.5800	468.3600	592.2000
	木脚手板	块	55.1250	76.1250	110.2500	149.6250	178.5000
	扣件	个	220.5000	38.9000	67.2000	94.5000	121.8000
	底座	个	29.4000	4.2000	6.3000	8.4000	8.4000
	镀锌铁丝 10#	kg	7.8200	9.9500	13.3000	16.4500	20.2000
	板方材	m^3	0.0930	—	—	—	—
	圆钉	kg	2.9900	—	—	—	—
	其他材料费(占材料费)	%	1.00	1.00	1.00	1.00	1.00
机械	载重汽车 5t	台班	0.4900	0.3700	0.5300	0.7200	0.8700

工作内容：准备工具、选料、搭架子、铺板、绑斜戗、绑落料溜槽、拆除、架木码放、场内运输及清理废弃物。

计量单位：10m²

定额编号			3-12-89	3-12-90	3-12-91	3-12-92
项目			护头棚		封防护布	脚手架立挂密目网
			靠架子搭	独立搭		
名称		单位	消耗量			
人工	合计工日	工日	1.920	2.400	0.360	0.358
	架子工普工	工日	0.576	0.720	0.108	0.107
	架子工一般技工	工日	0.960	1.200	0.180	0.179
	架子工高级技工	工日	0.384	0.480	0.072	0.072
材料	钢管	m	75.6000	102.6000	—	—
	木脚手板	块	13.2500	13.2500	—	—
	扣件	个	37.0000	43.0000	—	—
	底座	个	2.8000	2.8000	—	—
	镀锌铁丝 10#	kg	1.4700	1.4700	4.5000	—
	彩条布	m²	12.0000	12.0000	12.0000	—
	密目网	m²	—	—	—	10.2500
	其他材料费(占材料费)	%	1.00	1.00	1.00	1.00
机械	载重汽车 5t	台班	0.0890	0.1060	—	0.7200

工作内容:准备工具、选料、搭架子、铺板、绑斜戗、绑落料溜槽、拆除、架木码放、场内运输及清理废弃物。

计量单位:10m

定额编号			3-12-93	3-12-94	3-12-95	3-12-96	3-12-97
项目			支撑式安全网		单独铺板		落、翻板
			挂、拆	翻挂	六步以下	六步以上	
名称		单位	消耗量				
人工	合计工日	工日	0.650	0.470	0.410	0.490	0.230
	架子工普工	工日	0.195	0.141	0.123	0.147	0.069
	架子工一般技工	工日	0.325	0.235	0.205	0.245	0.115
	架子工高级技工	工日	0.130	0.094	0.082	0.098	0.046
材料	钢管	m	32.4000	—	63.0000	63.0000	6.3000
	木脚手板	块	—	—	17.8500	17.8500	—
	扣件	个	18.0000	—	35.7000	35.7000	4.3000
	镀锌铁丝 10#	kg	4.5000	—	2.8400	2.8400	0.6700
	安全网	m^2	40.5000	—	—	—	—
	其他材料费(占材料费)	%	1.00	1.00	1.00	1.00	1.00
机械	载重汽车 5t	台班	0.0300	—	0.1100	0.1100	0.0100

工作内容：准备工具、选料、搭架子、铺板、预留人行通道、搭上人马道(梯子)、铺钉屋面板、落翻板、局部必要拆改、配合卸载、拆除、架木码放、场内运输及清理废弃物。

计量单位：10m²

定额编号			3-12-98	3-12-99	3-12-100
项目			防护罩棚脚手架		
			檐高4米以下	檐高4～7米	檐高7米以上
名称		单位	消耗量		
人工	合计工日	工日	4.996	4.050	5.644
	架子工普工	工日	1.499	1.215	1.693
	架子工一般技工	工日	2.498	2.025	2.822
	架子工高级技工	工日	0.999	0.810	1.129
材料	钢管	m	304.6050	247.4370	342.9270
	木脚手板	块	15.1200	9.3600	7.1100
	扣件	个	140.9400	129.4200	188.2800
	彩钢板 δ0.5	m²	21.6800	18.5000	18.9600
	板方材	m³	0.0540	0.0234	0.0225
	镀锌瓦钉带垫	个	0.3300	0.2880	0.2780
	镀锌铁丝 10#	kg	3.4380	2.0844	1.9017
	其他材料费(占材料费)	%	1.00	1.00	1.00
机械	载重汽车 5t	台班	0.5310	0.4150	0.5490

附录一　传统古建筑常用灰浆配合比表

计量单位：m^3

序　　号		1	2	3	4	5	6
灰浆名称		掺灰泥					
		3∶7	4∶6	5∶5	6∶4	7∶3	8∶2
材料名称	单位	消　耗　量					
生石灰	kg	196.2000	261.6000	327.0000	392.4000	457.8000	523.2000
黄土	m^3	0.9200	0.7800	0.6500	0.5300	0.3900	0.2600

计量单位：m^3

序　　号		7	8	9	10	11
灰浆名称		麻刀灰	大麻刀白灰	中麻刀白灰	小麻刀白灰	护板灰
材料名称	单位	消　耗　量				
生石灰	kg	654.0000	654.0000	654.0000	654.0000	654.0000
麻刀	kg	13.5000	49.5400	29.7200	23.1200	16.5100

计量单位：m^3

序　号		12	13	14	15	16	17
灰浆名称		浅月白 大麻刀灰	浅月白 中麻刀灰	浅月白 小麻刀灰	深月白 大麻刀灰	深月白 中麻刀灰	深月白 小麻刀灰
材料名称	单位	消　耗　量					
生石灰	kg	654.0000	654.0000	654.0000	654.0000	654.0000	654.0000
青灰	kg	85.0000	85.0000	85.0000	98.4000	98.4000	98.4000
麻刀	kg	48.8600	29.0400	22.4000	49.5400	29.7200	23.1200

计量单位：m^3

序　号		18	19	20	21	22
灰浆名称		大麻刀红灰	中麻刀红灰	小麻刀红灰	红素灰	大麻刀黄灰
材料名称	单位	消　耗　量				
生石灰	kg	654.0000	654.0000	654.0000	654.0000	654.0000
氧化铁红	kg	42.5100	42.5100	42.5100	42.5100	—
地板黄	kg	—	—	—	—	42.5100
麻刀	kg	49.5400	29.7200	23.1200	—	49.5400

计量单位：m^3

序　　号		23	24	25	26	27	28
灰浆名称		老浆灰	桃花浆	深月白浆	浅月白浆	素白灰浆	油灰
材料名称	单位	消　耗　量					
生石灰	kg	654.0000	196.2000	654.0000	654.0000	654.0000	—
青灰	kg	163.5000	—	98.3000	85.0000	—	—
黄土	m^3	—	0.9100	—	—	—	—
白灰	kg	—	—	—	—	—	134.7200
面粉	kg	—	—	—	—	—	218.4000
生桐油	kg	—	—	—	—	—	392.9000

附录二　明清古建筑
常用砖件规格表

材料名称	计量单位	规格(mm)
大城砖	块	480×240×128
二样城砖	块	448×224×112
大停泥砖	块	416×208×80
小停泥砖	块	288×144×64
大开条砖	块	260×130×50
小开条砖	块	245×125×40
蓝四丁砖	块	240×115×53
沙滚子砖	块	320×160×80
斧刃砖	块	240×120×40
地趴砖	块	384×192×96
尺二方砖	块	384×384×58
尺四方砖	块	448×448×64
尺七方砖	块	544×544×80

主 管 单 位:北京市建设工程造价管理处
主 编 单 位:北京京园诚得信工程管理有限公司
编 制 人 员:冯志祥 安庆进 李 维 赵 雷 朱 江 朱红星 李冬艳 肖复员 纪爱军 李卫东 马立丛 张 鹏 许芳彩
审 查 专 家:胡传海 王海宏 胡晓丽 董士波 王中和 杨廷珍 张红标 刘国卿 毛宪成 王亚晖 范 磊 付卫东 孙丽华 刘 颖 丁 燕 高小华 林其浩 万彩林 王 伟
软件操作人员:可 伟 赖勇军 孟 涛